Josef Seegen

Der Diabetes Mellitus auf Grundlage zahlreicher Beobachtungen

Josef Seegen

Der Diabetes Mellitus auf Grundlage zahlreicher Beobachtungen

ISBN/EAN: 9783743652101

Hergestellt in Europa, USA, Kanada, Australien, Japan

Cover: Foto ©berggeist007 / pixelio.de

Weitere Bücher finden Sie auf **www.hansebooks.com**

DER

DIABETES MELLITUS

AUF

GRUNDLAGE ZAHLREICHER BEOBACHTUNGEN

DARGESTELLT

VON

DR. J. SEEGEN,

Ö. A. PROF. DER MEDICIN AN DER WIENER UNIVERSITÄT.

DRITTE UMGEARBEITETE UND VERMEHRTE AUFLAGE.

BERLIN 1893.

VERLAG VON AUGUST HIRSCHWALD.

NW, UNTER DEN LINDEN 68.

Vorwort zur ersten Auflage.

Ich habe mich seit 15 Jahren mit Vorliebe mit dem Studium des Diabetes beschäftigt. Meine erste Arbeit über diese Krankheit erschien in der Wiener medicinischen Wochenschrift im Jahre 1857, und seitdem habe ich in kürzeren oder längeren Zwischenräumen meine Erfahrungen in der medicinischen Wochenschrift und in Virchow's Archiv niedergelegt. Wenn Diabetes mellitus aufgehört hat ein seltenes Beobachtungsobject zu sein, wenn im Gegenteile manche sonst unerklärt gebliebene Krankheitsbilder auf die Anwesenheit von Zucker zurückgeführt werden können, darf ich mir mit Befriedigung sagen, dass meine Arbeiten mit beigetragen haben diese mildere Erscheinungsform des Diabetes kennen zu lehren.

Die Zahl meiner Beobachtungen ist in den letzten Jahren bedeutend gestiegen, ich hatte Gelegenheit mehr als zwei hundert Fälle von Diabetes mellitus zu behandeln, und in allen Fällen durch selbstausgeführte Harnanalysen über den Verlauf derselben eine verlässliche Controle zu führen.

Ich lege in dieser Schrift den grösseren Teil dieser Beobachtungen nieder und entwickle auf Grundlage derselben die Ansichten, die ich mir über das Wesen, über den Verlauf, wie über Behandlung gebildet habe.

Ich habe nur selten die in der Literatur zerstreute wertvolle Casuistik benützt, ich wollte keine literarhistorische Monographie schreiben, ich wollte nur mitteilen was ich gesehen, und wie ich mir die Erscheinungen zurecht gelegt habe.

Ich gebe nichts Ganzes und Abgeschlossenes, überall klaffen weite Lücken, und gar manche der niedergelegten Ansichten dürfte durch neue Beobachtungen modificirt werden; aber trotzdem glaubte ich mit der Veröffentlichung dieser Schrift nicht länger warten

zu sollen, denn: Erstens hat sich bereits jetzt Vieles für die Praxis
sehr Werthvolle aus der grösseren Reihe von Beobachtungen ergeben;
ich erwähne z. B. die prognostisch so wichtige Unterscheidung der
verschiedenen Formen des Diabetes, die Bedeutung der diätetischen
Behandlung, den Einfluss des Kurgebrauches in Carlsbad. Dieses und
manches Andere ist als unzweifelhafte Errungenschaft festzuhalten.

Die Darlegung eines reichen Materials hat aber noch eine
andere Bedeutung. Es können durch dieselbe manche irrige theoretische Anschauungen, die auf Grundlage von vereinzelten Thatsachen gewonnen wurden, berichtigt werden. Wir danken dem
physiologischen Experimente die bedeutendsten Aufschlüsse über die
Quelle der Zuckerbildung im Organismus, wie über die Entstehungsursachen des Diabetes, aber alle Theorien, welche bis
heute von Physiologen über das Wesen des Diabetes aufgestellt
wurden, sind der ärztlichen Erfahrung gegenüber nicht stichhältig.
Die Theorie, auf Grundlage eines Experimentes oder einer vereinzelten Beobachtung aufgestellt, passt für manche Fälle, während
andere ihr widersprechen.

Nirgend stellt es sich vielleicht klarer heraus als bei Diabetes,
wie die physiologische Forschung und die exacte ärztliche Beobachtung Hand in Hand gehen müssen, wenn es sich darum handelt
das Wesen einer Krankheit, ihre innerste Natur zu erkennen.

Ich habe die grossen physiologischen Entdeckungen von Bernard, Pavy u. A., welche die Basis unserer heutigen Anschauungen
über Diabetes bilden, entwickelt, ich habe es versucht, jene physiologischen Theorien kritisch zu beleuchten, welche nicht im vollen
Einklange mit den Ergebnissen der klinischen Beobachtung sind,
ich bemühte mich die Zusammengehörigkeit dieser doppelten Beobachtung, der physiologischen wie der pathologischen, nachzuweisen,
und es wäre mir die grösste Genugthuung, wenn das beigebrachte
Beobachtungsmaterial für diese gemeinsame Arbeit benützt werden
könnte.

WIEN, Ende Februar 1870.

J. Seegen.

Vorwort zur zweiten Auflage.

Meine vor 5 Jahren erschienene Monographie über Diabetes hat von Seiten der gesammten medicinischen Presse, wie von Seiten der auf praktischem Gebiete wirkenden Collegen die freundlichste Aufnahme gefunden. Viele meiner Anschauungen sind mit und ohne Nennung meines Namens als fest begründet in die neuere Diabetesliteratur übergegangen. Es beweist dies am besten, dass diese Anschauungen nicht am Schreibtische entstanden waren, dass sie vielmehr aus den beobachteten Thatsachen sich entwickelten, oder eigentlich nur die gemachten Beobachtungen in bündiger Form zusammengefasst darlegten. Die überaus zahlreichen Fälle von Diabetes, welche ich seit dem Erscheinen der ersten Auflage dieser Monographie zu sehen Gelegenheit hatte, haben daher auch meine Ansichten in keinem nach irgend einer Richtung wesentlichen Punkte zu ändern vermocht. Leider waren sie auch nicht im Stande die vielen dunklen Partien in unserem Wissen in Bezug auf Diabetes zu erhellen. Nach dieser Richtung dürfte nur von der experimentellen Physiologie und Pathologie unter steter Controle der ärztlichen Beobachtung Günstiges zu erwarten sein.

Ich habe es unterlassen neue Krankengeschichten mitzuteilen, da mir das Beweismaterial ein genügend grosses schien, im Texte wurden hie und da, als weitere Belege für einen oder den anderen Ausspruch bezeichnende Fälle mitgeteilt. Den zahlreichen experimentellen Arbeiten die in den letzten Jahren erschienen sind, habe ich volle Rechnung getragen, jede wichtige Thatsache mitgeteilt, und, soweit ich es auf Grundlage meiner Erfahrungen zu thun im Stande war, dieselben kritisch beleuchtet.

Nur für meinen Ausspruch, dass der normale Harn des gesunden Menschen keinen Zucker enthalte, und dass jede continuirliche Zuckerausscheidung im Harne als Krankheitssymptom aufzufassen sei, habe ich durch Mitteilung meiner ausgedehnten in Bezug auf diese Frage angestellten Untersuchungen das Beweismaterial beigebracht.

Das Kapitel über Zuckerbestimmung im Harne ist wesentlich vermehrt worden, und ich habe meine Methode minimale Mengen Zucker nachzuweisen in extenso mitgeteilt.

Und so übergebe ich dieses Buch in etwas veränderter Form zum zweitenmale meinen Collegen und wünsche, dass es dieselbe freundliche Aufnahme finden möge wie sein Vorgänger.

WIEN, am Ostersonntag 1875.

J. Seegen.

Vorwort zur dritten Auflage.

In die lange Pause zwischen Veröffentlichung der 2. Auflage dieser Monographie und heute fallen meine eigenen physiologischen Arbeiten über Zuckerbildung im Thierkörper. Als die 2. Auflage erschien, stand ich noch ganz auf dem Standpunkte Pavy's, dass die Zuckerbildung in der Leber eine postmortale Erscheinung sei. Von diesem Standpunkte aus musste die während des Lebens auftretende Zuckerbildung als pathologischer Process aufgefasst werden, und jedes Atom Zucker, welches im lebenden Blut erscheint, war als anomaler Blutbestandteil anzusehen, der durch die Nieren eliminirt werden muss. Als treuer Anhänger der Lehre Pavy's ging ich an meine erste physiologische Arbeit auf diesem Gebiete, und als die Resultate mich in Bezug auf die Richtigkeit jener Lehre irre machten, begann ich selbstständig die Prüfung der Thatsachen. Schon die ersten Schritte bestätigten, dass die Zuckerbildung eine normale Function der Leber sei. Für diese Entdeckung Bernard's gelang es mir, ein reiches Beweismaterial zu erbringen — aber im Gegensatze zu Bernard fand ich, dass nicht das von Bernard als Glycogen bezeichnete Leberamylum das Material für die Zuckerbildung in der Leber sei, dass dieser Leberzucker vielmehr aus Eiweisskörpern und aus Fett entstehe. Ich zeigte durch viele, unter allen Ernährungsbedingungen angestellte Versuchsreihen, dass das Blut aller Gefässprovinzen 0,1—0,2 pCt. Zucker enthält, und dass dieser Zuckergehalt selbst bis zum Inanitionstode vorhanden ist. Ich stellte durch Versuche, bei welchen die Leber ausgeschaltet wurde, fest, dass der Zucker aus dem Blute rasch verschwindet, wenn die Quelle, aus welcher er zuströmt, verschlossen ist. Dem Zuströmen von Zucker ent-

spricht der Verbrauch desselben, und das Gleichbleiben des Zuckergehaltes des Blutes beweist, dass die Quelle, aus welcher das Blut
mit Zucker versorgt wird, stättig fliesst. Es ist mir auch gelungen, annähernd die Grösse der Zuckerbildung zu ermitteln, und es
stellte sich heraus, dass beim Menschen viele Hunderte von Grammen Zucker täglich aus der Leber in die Circulation gelangen.
Für die Bildung dieser Zuckermenge wird ein grosser Teil des
Nahrungsmateriales verwendet, und es ergibt sich mit zwingender
Notwendigkeit, dass der Blutzucker die Kraftquelle für Wärmebildung und Arbeitsleistung ist.

Mit den neugewonnenen physiologischen Thatsachen muss
gerechnet werden, wenn es sich darum handelt, dem Wesen
der noch immer für uns in vielen Punkten räthselhaften Krankheit, dem Wesen des Diabetes mellitus, näher zu treten. Die
Zuckerbildung ist kein anomaler, pathologischer Vorgang, sie
ist eine der wichtigsten Functionen des Thierkörpers, mit dem
Zucker wird nicht ein dem Blute fremder Körper, es wird das für
die Arbeit des Lebens wichtige Brennmaterial ausgeschieden. Jede
richtige Auffassung des diabetischen Processes muss an die gehemmte Umsetzung des Zuckers anknüpfen und die Gründe für
diese Hemmung zu erkennen suchen.

Viele der neugewonnenen physiologischen Thatsachen decken
sich in schöner Weise mit den klinischen Erfahrungen, ich erwähne
nur den so ganz verschiedenen Verlauf und Ausgang der zwei
Formen des Diabetes, die durch die verschiedene Bedeutung des
ausgeschiedenen Zuckers erst ins volle Verständnis gerückt sind.
Ebenso wirft die experimentell festgestellte hemmende Einwirkung
von allerlei Nervengiften auf den Zuckerumsatz ein erhellendes
Streiflicht auf den Zusammenhang des Diabetes mit Nervenerkrankungen.

Ich habe dem Verlangen nach einer neuen Auflage erst jetzt
entsprochen, weil es mir wünschenswert war, die Ergebnisse der
physiologischen Forschung dem weiteren Kreise der Collegen, d. h.
jedem gebildeten Arzte zugänglich zu machen.

Die Zahl der Diabetesfälle, die ich zu beobachten Gelegenheit hatte, ist seit dem Erscheinen der 2. Auflage sehr wesentlich
vermehrt, und wenn auch nur wenige neue klinische Thatsachen zur

Beòbachtung kamen, haben sich die früheren zumeist bestätigt und vertieft, und wurde ein reiches Material für manche wertvolle statistische Details gewonnen. Ich habe die Zahl der Krankengeschichten aus früher angeführten Gründen nicht vermehrt, aber die neuen Beobachtungen vielfach im Texte verwertet.

Ich habe auch der enorm angewachsenen Literatur über Diabetes nur in bescheidenstem Maasse Rechnung getragen. Natürlich habe ich jeder bedeutenden Thatsache, die geeignet ist, das Dunkel zu erhellen, volle Beachtung geschenkt.

Es geschieht nicht oft, dass eine monographische Arbeit mehrere Auflagen erlebt. Diese Monographie dankt die ihr zu Teil gewordene freundliche Aufnahme gewiss dem Umstande, dass sie selbst beobachtete Thatsachen registrirte und in den Schlüssen nicht weiter ging, als die Thatsachen dazu berechtigten. Ich habe bei meinen physiologischen Forschungen denselben Standpunkt streng eingehalten. Und so möge diese neue Auflage, mit der ich an der Neige meines Lebens zum letztenmal vor meine Collegen trete, ebenso freundlich aufgenommen werden, wie ihre Vorgängerinnen.

WIEN, 1. Februar 1893.

J. Seegen.

INHALT.

I. Capitel.

II. Capitel.

III. Capitel.

IV. Capitel.

V. Capitel.

VII. Capitel.

VIII. Capitel.

IX. Capitel.

X. Capitel.

I. CAPITEL.

Die Quellen der Zuckerbildung im Organismus.

Alle Theorien über Diabetes knüpfen an die Kenntnis, die wir über die Quellen erlangen, aus welchen der Zucker im Organismus stammt. In dem Maasse, als durch die Arbeiten der Physiologen unsere Kenntnisse nach dieser Richtung sich entwickelt haben, ist auch unsere Anschauung über Diabetes eine wesentlich veränderte geworden.

Früher dachte man, der thierische Organismus sei nicht fähig, Zucker zu bilden, der Zucker, der im Organismus vorhanden ist, oder aus demselben ausgeführt wird, müsse von aussen in Form von Nahrung eingeführt sein. Später lehrte die Physiologie, dass mehrere Secrete des thierischen Körpers, dass insbesondere Speichel und pankreatisches Secret im Stande seien, Stärkemehl, Dextrin und Gummi in Zucker umzuwandeln, und dass alle die genannten Stoffe diese Umwandlung erleiden müssen, ehe sie in Chylus übergeführt und vom Körper für seine Ernährungszwecke verwertet werden können. Mit dieser Erkenntnis war eine neue Quelle für den aus dem Organismus ausgeführten Zucker entdeckt; der Körper konnte Zucker ausführen, ohne dass ihm eine Spur davon von aussen zugeführt wurde. Aber noch immer glaubte man, der Zucker stamme direct und ausschliesslich aus der Nahrung und zwar aus pflanzlicher Nahrung; er sei ein Umwandlungsproduct der eingeführten Kohlehydrate. Dass auch ein fleischfressendes Thier Zucker bilden könne, schien unmöglich. Claude Bernard[*]) war der Erste,

---

[*]) Claude Bernard, Leçons de Physiologie expérimentale. Paris 1855.

der ungefähr um's Jahr 1848 die wichtige Entdeckung machte, dass die Leber der fleischfressenden Thiere ebensowol wie die der pflanzenfressenden Thiere Zucker enthalte. Er untersuchte die Leber von frisch getöteten Thieren der verschiedensten Klassen, er untersuchte ferner die Lebern von mehreren hingerichteten oder durch einen Unfall gestorbenen, früher gesunden Menschen und fand stets Zucker in der Leber. Um die Unabhängigkeit der Zuckerbildung von der Nahrung nachzuweisen, fütterte Bernard Hunde 6—8 Monate ausschliesslich mit Fleisch. Nach dieser Zeit wurden die Thiere getötet, die Leber enthielt 1,9 pCt. Zucker; derselbe procentische Zuckergehalt fand sich auch in der Leber der pflanzenfressenden Thiere. Bernard's Versuch wurde von anderen Forschern wiederholt, und immer dasselbe Resultat gefunden. Frerichs*) fand in der Leber von Katzen, welche er 8 Tage bloss mit Fleisch gefüttert hatte, approximativ ebensoviel Zucker, als in der Leber solcher Katzen, die gemischte Kost erhielten. Die Leber von Fledermäusen war nach 8 wöchentlichem Winterschlafe noch reich an Zucker. Schiff**) hatte wie Bernard die Leber von Thieren der verschiedensten Klassen untersucht; er fand in allen Zucker, nur die Fröschlebern enthielten während des Winters keinen Zucker.

Nach diesen Erfahrungen war es erwiesen, dass der in der Leber gefundene Zucker nicht von aussen stamme, und die Idee lag nahe, dass der Zucker in der Leber gebildet werde. Um darüber vollkommen in's Klare zu kommen, machte Bernard den folgenden, berühmt gewordenen Fundamentalversuch. Er tötete einen in voller Verdauung befindlichen Fleischfresser, eine Katze oder einen Hund, durch den Genickstich, unterband rasch den Stamm der Pfortader, legte ferner zwei Ligaturen an die untere Hohlvene, und zwar die eine zwischen Nierenvenen und Leber und die andere oberhalb der Einmündung der Lebervenen, nahm Blut aus der Pfortader und Blut aus der zwischen den zwei Ligaturen befindlichen Hohlvene und fand das Pfortaderblut vollkommen

*) Frerichs, Ueber Verdauung in Wagner's Handwörterbuch d. Physiologie. III. Band. 1. Abthlg.
**) J. M. Schiff, Untersuchungen über die Zuckerbildung in der Leber etc. Würzburg 1859.

zuckerfrei, während das Blut aus der Hohlvene. also das aus der Leber stammende Blut, reich an Zucker war. Lehmann*) hat fast gleichzeitig in ganz gleicher Weise wie Bernard dasselbe Experiment an drei frisch getöteten Pferden ausgeführt und dasselbe Resultat gehabt. Das zur Leber fliessende Pfortaderblut enthielt nur Spuren Zucker; bei einem Pferde war die quantitative Bestimmung gar nicht ausführbar, die zwei anderen Analysen ergaben: 0,055 pCt. und 0,0052 pCt. Zucker, während das Lebervenenblut zuckerreich gefunden wurde; der feste Rückstand enthielt: 0,635 pCt., 0,776 pCt. und 0,893 pCt. Zucker.

Eine andere wichtige Beobachtung, die Bernard machte, war die, dass die zuckerhaltige Leber, welche durch einen, in die Pfortader eingeleiteten Wasserstrahl so lange ausgespült wurde, bis aller Zucker verschwunden war, nach längerem Liegen abermals zuckerhaltig wurde. Auf Grundlage dieser Versuche und Beobachtungen glaubte Bernard aussprechen zu dürfen, dass die Zuckerbildung ein physiologischer Process sei, und dass die Leber das Organ sei, welches mit dieser Function betraut ist.

Im Jahre 1857 gelang es Bernard und Hensen, einen Körper in der Leber nachzuweisen und zu isoliren, aus welchem, wie Bernard annahm, der Zucker gebildet wird. Derselbe wurde in folgender Weise gewonnen: Die Leber des frisch getöteten Thieres wurde rasch für einige Minuten in siedendes Wasser eingetragen, dann in einem Mörser fein zerrieben, und mit etwas angesäuertem Wasser ein Decoct gemacht. Das Filtrat dieses Decocts wurde mit der fünf- oder sechsfachen Alkoholmenge versetzt; es scheidet sich eine weisse, rasch zu Boden fallende Masse aus, die durch Kochen mit Kali noch von anhaftenden organischen Substanzen gereinigt werden muss. Dieses weisse Präcipitat ist dem Stärkemehl und Dextrin analog, durch Kochen mit Mineralsäuren, durch Speichel, Pankreassaft, Blutserum und kaltes, wässeriges Leberextract wird dasselbe in Zucker übergeführt. Aus diesem Material bildet die Leber — nach Bernard's Ansicht — den Zucker; dasselbe ist

---

*) Lehmann, Bericht der Gesellschaft der Wissenschaft zu Leipzig. 1850. III. Band.

nach ihm das Substrat für die glycogene Function der Leber, und darum nannte es Bernard Glycogen.

Der aus der Leber stammende Zucker wird nach Bernard in's Blut übergeführt, gelangt durch die untere Hohlvene in's Herz, und von dort in die Lungen; in den Lungen wird der Zucker verbrannt, und das in's Herz zurückfliessende arterielle Blut ist fast zuckerfrei. Bei einer vergleichenden Analyse der verschiedenen Blutarten fand Bernard, dass das Blut der unteren Hohlvene wie das des rechten Herzens zuckerreich sei, während das Arterienblut nur Spuren Zucker enthalte.

Alle Beobachtungen von Bernard wurden von vielen anderen Forschern vollkommen bestätigt, und es schien auch seine Theorie, dass die Zuckerbildung ein normaler Lebensvorgang sei, und dass die Leber das Organ für die Zuckerbildung sei, festgestellt zu sein. Pavy*), der ebenfalls ein eifriger Anhänger der Bernard'schen Theorie war, hatte zum Behufe eines Versuches über die vermeintliche Zuckerzerstörung in der Lunge mittelst Katheters Blut aus dem rechten Herzen eines lebenden Thieres gewonnen, und als er dasselbe auf seinen Zuckergehalt prüfte, fand er, dass es bloss Spuren von Zucker enthalte, während er sonst in dem Blute, das er wie Bernard aus dem rechten Herzen getöteter Thiere gewann, einen reichen Zuckergehalt nachweisen konnte. Nachdem er diese Erfahrung durch wiederholte Versuche bestätigt fand, kam er zuerst auf den Gedanken, dass die Umwandlung des sogenannten Glycogens in Zucker nicht während des Lebens stattfinde, dass diese Umwandlung ein postmortaler Vorgang sei. Um dieses zu beweisen, musste die Leber unmittelbar nach der Tötung des Thieres in einen Zustand versetzt werden, der jeder nachträglichen Zuckerbildung Einhalt thut. Wenn man eine organische Substanz unter den Gefrierpunkt erkaltet, wird dadurch jeder in derselben vor sich gehende chemische Process suspendirt, durch Siedhitze wird jedes Ferment zerstört; durch die Einflüsse der höheren wie der niederen Temperatur glaubte Pavy den physiologischen Zustand der Leber fixirt zu haben, und das Nichtauftreten von Zucker sollte beweisen, dass die lebende Leber keinen

---

*) Pavy, On the alleged sugar forming function of the liver. London 1861.

Zucker bereite. Durch den Genickstich wurde ein Thier getötet, mit der grössten Raschheit die Unterleibshöhle geöffnet, ein Stück der Leber rasch abgeschnitten und in eine bereit gehaltene Kältemischung eingetaucht. Die gefrorene Leberpartie wurde dann in kleine Stücke geschnitten, diese in einem Mörser zerrieben, und die Pulpa in siedendes Wasser eingetragen, das milchige Decoct wurde filtrirt und auf Zucker geprüft. Er erhielt keine oder nur eine minimale Zuckerreaction, wenn der Vorgang sorgfältig ausgeführt wurde. Dasselbe Resultat erlangte Pavy, wenn ein Stück der Leber eines in vorher beschriebener Weise behandelten Thieres in siedendes Wasser getaucht wurde und in demselben zwei Minuten siedete. In dem in der früher angegebenen Weise bereiteten Leberdecocte fand er nur Spuren von Zucker. Wenn dagegen ein etwa eine halbe Stunde im Leibe zurückgebliebenes Leberstück in gleicher Weise extrahirt, und das Extract mit Fehling'scher Lösung auf Zucker geprüft wurde, erhielt er einen reichen Niederschlag von Kupferoxydul.

Meissner und Ritter haben die eben genannten Versuche Pavy's wiederholt und gleichfalls constatirt, dass die frische Leber keinen Zucker enthalte; Ritter*) hat einen Versuch mit der Leber lebender Thiere angestellt. Einem Kaninchen wurde der Bauch rasch mit einem grossen Schnitte geöffnet, ein Stück Leber abgeschnitten, und dieses möglichst rasch in bereit stehendes, siedendes Wasser eingetragen. Das aus dieser Leber gewonnene Extract enthielt keine Spur von Zucker. Gerade diese kleine Differenz, welche in den Ergebnissen dieser Versuche gegenüber von jenen Pavy's besteht, sollte bestätigen, dass die Zuckerbildung ein postmortaler Vorgang sei; der kleine Zeitraum, welcher in Pavy's Versuchen zwischen Tötung des Thieres und Oeffnung des Bauches verstrich, sollte genügt haben, um eine Spur Zucker zu bilden, und diese fand sich im Decocte wieder. Ritter nahm wenige Minuten nach dem Tode des Thieres ein dem ersten Stücke nahezu gleich grosses Leberstück, machte aus demselben ein Extract; dasselbe reducirte schon ganz deutlich Kupferoxyd, und die

---

*) Ritter, Ueber das Amylum und den Zucker der Leber. Zeitschr. f. rat. Med. Bd. 2.

folgenden Stücke, die in kleinen Zwischenräumen extrahirt wurden, zeigten einen um so grösseren Zuckerreichtum, je später nach dem Tode des Thieres das Extract bereitet wurde.

Schiff*) hat die Versuche Pavy's an Hunden, an Katzen, an Kaninchen und Hasen angestellt. Die im Momente der Tötung von einem Gehilfen in siedendes Wasser oder in Eis eingetragene Leber blieb zuckerfrei. In einer zweiten Reihe von Versuchen suchte er die Leber unter den dem Leben ähnlichen Bedingungen zu prüfen. Da er nicht an lebenden Thieren experimentiren wollte, hat er eine andere Methode versucht. Er tötete Thiere, indem er ihnen etwas Curare unter die Haut einbrachte. Im Momente, wo die Thiere zu schwanken anfingen, leitete er rasch künstliche Respiration ein. Durch Vorversuche überzeugte er sich, dass die Curarevergiftung, wenn rechtzeitig künstliche Respiration eingeleitet wurde, keine Glykosurie verursache. Den so behandelten Thieren wurden in verschiedenen Zeiträumen Leberstücke ausgeschnitten, und das Extract derselben auf Zucker geprüft. Es war nie eine Spur Zucker zu finden. Sowie aber die künstliche Respiration unterbrochen wurde, enthielt das zunächst ausgeschnittene Leberstück reichlich Zucker.

Ritter hat ferner, um das aus der Leber stammende Blut auf Zuckergehalt zu prüfen, Blut aus dem rechten Ventrikel des lebenden Thieres mittelst elastischen Katheters und zur Vergleichung Blut aus einer Arterie oder Vene des Beines genommen. Das Ergebnis des mehrere Male wiederholten Versuches war, dass das Blut des rechten Herzens ebenso wie das arterielle Blut kleine Mengen Zuckers enthalte, dass aber das Blut des rechten Herzens durchaus nicht durch einen grösseren Zuckergehalt vor anderen Blutarten ausgezeichnet ist.

Pavy hat diese minimalen Zuckermengen, welche das aus dem rechten Ventrikel entnommene Blut enthält, bestimmt; er fand in drei Versuchen: 0,0047 pCt., 0,0058 pCt., 0,0073 pCt. Nach dem Tode enthielt das Herzblut zwischen 0,7 bis 0,9 pCt. Pavy machte die Erfahrung, dass das mittelst Katheters entzogene Blut

---

*) Schiff, Nouvelles recherches sur la Glycogénie. Journ. de l'Anat. et de Physiologie. 1866.

zuckerreicher werde, wenn das Thier während der Operation unruhig ist, Widerstand leistet, starke Muskelbewegung macht, oder
wenn das Athmen beengt wird. Er meint nach dem Grade der
Ruhe, welche das Thier bei der Operation beobachtet, schon im
vorhinein zu wissen, wie gross der Zuckergehalt des extrahirten
Blutes sein werde.

M'Donell*) hat gleichfalls Pavy's Versuche sowol in Bezug
auf's Blut, wie in Bezug auf die Leber mit manchen Varianten
wiederholt. Er behauptet, es sei ihm durch grosse Uebung gelungen, lebenden Thieren Blut mittelst Katheters aus dem rechten
Herzen zu entziehen, ohne dass die Thiere grösseren Widerstand
leisteten. Innerhalb zwei Minuten gewann er 2—3 Unzen Blut;
zwölf Experimente, die er an Hunden ausführte, die durch mehrere
Wochen vor der Operation ausschliesslich mit Fleisch gefüttert
waren, gaben folgende Resultate: Das Blut von sieben Hunden
enthielt keine Spur von Zucker, das von fünf Hunden gab eine
sehr schwache Reaction; es waren Zuckerspuren vorhanden.
M'Donell glaubt, dass diese Zuckerspuren nur auf Rechnung des
fast unvermeidlichen Kampfes der Thiere zu setzen sind. Die Versuche mit der Leber frisch getöteter Thiere wurden ganz nach
Pavy's Methode ausgeführt. Die Leberstücke, die unmittelbar in
siedendes Wasser oder in Eis eingetragen wurden, enthielten Zuckerspuren, während gleich grosse Stücke, die 20 Minuten nach dem
Tode extrahirt wurden, 12,5 und 3,5 Gran Zucker enthielten.
M'Donell hat, um noch in anderer Weise den Zustand des Lebens
in der Leber gleichsam fest zu halten, ein Stachelschwein langsam zum Erfrieren gebracht; die Leber des erfrorenen Thieres war
vollständig zuckerfrei.

Lussana**) hat gleichfalls in der Leber lebender Thiere
keinen Zucker gefunden.

Um die wunderbare, mit dem Tode so rasch eintretende chemische Veränderung in der Leber begreiflich zu machen, hat Pavy
auf die Gerinnung des Blutes als auf einen der postmortalen
Zuckerbildung analogen Vorgang hingewiesen. Die Ursache der

---

*) M'Donell, Observations on the function of the liver. Dublin 1865,
**) J. Lussana, Ann. di chim. applic. alla med. 1876.

mit dem Tode eintretenden Umwandlung des Leberamylum oder
der amyloiden Lebersubstanz (so nennt Pavy das von Bernard
als Glykogen bezeichnete Leberproduct) sei ebensowenig aufgeklärt,
wie die Ursache der Blutgerinnung.

Die Ansichten über die Ursachen der Umwandlung des Leberamylums in Zucker gehen weit auseinander und werden von den
verschiedenen Forschern durch die widersprechendsten Beobachtungen gestützt.

Einige Forscher und unter ihnen Pavy glauben, dass das
Blut als solches durch seine Berührung mit dem Glykogen dieses
in Zucker umzuwandeln im Stande sei. Während des Lebens
sind Blut und Glykogen räumlich getrennt, und wegen der geringen Diffusionsfähigkeit des Leberamylums könne allenfalls eine
Spur von Amylum in das circulirende Blut diffundiren, und diese
Spur werde auch wirklich in Zucker umgewandelt. Pavy stützte
diese Ansicht dadurch, dass er Leberamylum in's Blut injicirte;
es trat nach seiner Beobachtung starker Zuckergehalt des Blutes
und des Harnes auf.

Tieffenbach fand gleichfalls, wenn er Glykogen in's Blut
injicirte, schon nach 2 Minuten den Zuckergehalt vermehrt. Ritter
und Schiff haben dieses Experiment wiederholt und haben negative Resultate erlangt.

Tiegl*) glaubt auf Grundlage zahlreicher Experimente gleichfalls dem Blute die saccharificirende Wirkung zuschreiben zu
müssen, und zwar werden Amylum und Glykogen dann durch
das Blut in Zucker umgewandelt, wenn in dem Blute durch
irgend eine Veranlassung die roten Blutkörperchen zerstört werden.
Ein directes Ferment konnte Tiegl nicht aus der Leber extrahiren.

Im Gegensatze zu den genannten Forschern glaubten Bernard,
Hensen und v. Wittich**), dass die Leber ein Ferment enthalte, welches die Umwandlung von Glykogen in Zucker bewirke.
v. Wittich hat dieses Ferment aus Lebern dargestellt, die durch
Auswaschen vollständig blutfrei gemacht wurden.

---

*) Tiegl, Ueber die Fermentwirkung des Blutes. Pflüger's Arch. Bd. VI.
**) v. Wittich, Ueber das Leberferment. Pflügers Arch. Bd. VII.

Im Jahre 1877 hat Bernard in einer der Akademie mitgeteilten Arbeit*) alle Einwendungen gegen die physiologische
Zuckerbildung in der Leber zu widerlegen gesucht. Die genannte
Abhandlung enthält die letzte experimentelle Arbeit seines Lebens,
und er hat durch dieselbe seiner grossen Entdeckung eine kräftige
Stütze gegeben. Bernard's neue Experimente wurden an lebenden Thieren, an Hunden und Kaninchen ausgeführt. Es wurde
dem lebenden Thiere durch einen Schnitt in der Linea alba der
Bauch weit geöffnet, die Leber hervorgezogen und, nachdem ein
Lappen an seiner Basis entweder durch eine Ligatur abgebunden
oder durch eine Quetschpincette abgeklemmt war, ein Stück dieses
Lappens abgeschnitten und in siedendes Wasser geworfen; nach
20—30—60 Minuten wurden weitere Stücke der Leber dem lebenden Thiere ausgeschnitten und in gleicher Weise wie das erste Stück
behandelt. Alle diese Stücke enthielten Zucker, und zwar
die gleiche Menge, nämlich 0,23—0,24 pCt. Hier konnte also
von einer postmortalen Zuckerbildung keine Rede sein. Nach dem
Tode fand Bernard die Zuckerbildung fortdauern, und er erklärte
die Anhäufung von Zucker nur dadurch veranlasst, dass der gebildete Zucker nicht durch die Circulation fortgeschafft wird. Die
Versuche der Gegner, wie Pavy, Meissner, Ritter etc., sind
nach Bernard „mit Irrtümern behaftet"; sie haben den Zucker
im Beginne nicht quantitativ bestimmt und haben auch Methoden
angewendet, die es unmöglich machten, kleine Mengen zu bestimmen;
sie sahen, dass ein dem lebenden Thiere entnommenes Leberstück
arm an Zucker sei, und dass der Zuckergehalt in demselben rasch
wachse; sie dachten also, der Zucker bilde sich infolge der Ab-
trennung der Leber vom Organismus entweder, weil dann der
Nerveneinfluss aufgehört habe, oder weil in diesem Momente ein
postmortales Ferment in Wirksamkeit getreten sei.

Aber das Gegenteil ist wahr, die Zuckerbildung ist eine physiologische Function, sie inhärirt dem Lebergewebe und sie dauert
nach dem Tode noch eine Zeit fort, ebenso wie dem Magen seine
Verdauungsfähigkeit und den Muskeln ihre Contractionsfähigkeit

---

*) Cl. Bernard, Critique expérimentale sur la fonction glycogénique
du foie. Compt. rend. T. 84. 1877.

auch nach dem Tode noch einige Zeit erhalten bleiben. In einer Anmerkung fügt Bernard hinzu: „Das Lebergewebe fährt fort, Zucker zu bilden während eines Zeitabschnittes, der zur angehäuften Glykogenmasse im Verhältnisse steht."

In einer zweiten Abhandlung*) bespricht er den Mechanismus der Zuckerbildung. Er hält an der 22 Jahre vorher entwickelten Ansicht fest, dass der Zucker aus der von ihm entdeckten in der Leber gebildeten, dem Amylum verwandten Substanz entstehe. Das Glykogen wird durch den Einfluss eines diastatischen Ferments in Glukose umgewandelt, ebenso wie die Stärke in der keimenden Pflanze durch die Diastase in Zucker umgewandelt wird.

Bernard hat nach Wittich's Methode das Leberferment isolirt, indem er die von der Pfortader aus ausgewaschene und von Zucker und Glykogen befreite (!) Leber mit Glycerin extrahirte. Er sagt selbst, dass es schwer sei, das Ferment zu isoliren, weil Ferment und Glykogen im selben Medium löslich und durch gleiche Mittel präcipitirt werden, und er fügt hinzu, dass der durch Alkohol aus dem Glycerinextract präcipitirte Niederschlag die diastatische Wirkung in geringerem Grade besitze, als der Glycerinextract selbst.

„In der Leber findet sich Zucker, Glykogen und Ferment". In der toten Leber dauert die Zuckerbildung fort auf Kosten des Glykogen: „es besteht ein Verhältnis (une corrélation proportionelle) zwischen diesen zwei Substanzen im Lebergewebe, und in dem Maasse, als der Zucker wächst, nimmt das Glykogen ab". Durch Eintauchen in kochendes Wasser oder in Eis wird die Zuckerbildung aufgehalten, weil im ersten Falle das Ferment coagulirt, und im zweiten seine diastatische Fähigkeit gebunden wird.

Die Zuckerbildung in der Leber, so schliesst Bernard, ist Produkt eines doppelten Mechanismus; der erste ist die Stärkebildung in der Leber, der zweite die Umwandlung dieser Stärke in Zucker. Das Wie der Stärkebildung ist uns nicht bekannt, dagegen ist der Umwandlungsprocess dieser Stärke in Zucker vollkommen gekannt, und ist diese Zuckerbildung im Pflanzen- wie im Thierreiche vollkommen identisch, sowol in Bezug auf das um-

---

*) Cl. Bernard, Critique expérimentale sur le mécanisme de la formation du sucre dans le foie. Compt. rend. T. 85. Sept. 1877.

gewandelte Material, wie auf das die Umwandlung bewirkende Ferment.

Ich habe Bernard's Ansichten ausführlich entwickelt und es oft mit seinen eigenen Worten gethan; es wird dadurch klar werden, dass alles von Bernard experimentell Bewiesene eine unerschütterliche Basis für unsere Vorstellungen über Zuckerbildung in der Leber zu bilden vermag, dass dagegen Manches, was er aus Analogieen als unzweifelhaft erwiesen voraussetzte, durch das Experiment nicht vollständig bestätigt wurde.

Dalton*) hat ebenfalls den Zuckergehalt der Leber des lebenden Thieres zu bestimmen gesucht, und es ist ihm gelungen, nachzuweisen, dass die lebende Leber 0,2—0,4 pCt. Zucker enthält.

Pavy**) kritisirt in einer späteren Arbeit Bernard's Versuche und wendet insbesondere gegen dieselben ein, dass Bernard zu wenig Wasser für seine Versuche angewendet habe, 60 g für 20 g Leber; dass durch dieses ungünstige Verhältnis zwischen Wasser und Leber letztere im Stande gewesen sei, das kochende Wasser abzukühlen, infolge dessen sei das Ferment nicht zerstört worden und konnte im Gegentheile in der höheren Temperatur energischer auf die Umwandlung des Glykogens wirken. Er stellte nun auch Versuche an lebenden Thieren an und erhielt 0,02 bis 0,06 pCt. Leberzucker. Diese Quantität ist minimal, und Pavy findet darin eine Bestätigung für seine frühere Annahme, dass die Leber im Leben keinen Zucker bilde. Nach seiner Ansicht ist die Leber kein Zucker producirendes Organ, sie assimilirt im Gegentheile den Zucker, der sonst in's Blut gelangen und mit dem Urin ausgeschieden würde. Die Spuren von Zucker, die in der lebenden Leber gefunden werden, sind aus der überaus leichten Umwandelbarkeit der amyloiden Substanz leicht erklärlich. Dieser gleichsam gegen den Willen der Leber gebildete Zucker geht in's Blut über und wird mit dem Harn ausgeschieden. Die Zuckerbildung in der Leber ist ein krankhafter Process, und als dessen Folge erscheint der anomal gebildete Zucker im Harne — es entsteht Diabetes.

---

*) Dalton, Sugar formation in the liver. Transactions of the New York Academy. 1871.

**) Pavy, On certain points connected with Diabetes. The Croonian lectures. 1878.

Es stehen also auch heute noch die Anschauungen von Bernard und von Pavy unvermittelt einander gegenüber.

Sie stimmen nur in einem Punkte überein, dass beide den Leberzucker aus dem Leberglykogen entstehen lassen und zwar durch Einwirkung eines Ferments. Aber während Bernard festgestellt hat, dass diese Umwandlung im Leben stattfinde, und dass die Zuckerbildung eine physiologische Function der Leber sei, glaubt Pavy Beweise dafür erbracht zu haben, dass die Einwirkung des Ferments auf das Glykogen nur nach dem Tode des Thieres stattfinde, und dass die Zuckerbildung ein postmortaler Vorgang sei.

Die Physiologen neigen nach der einen oder nach der anderen Seite. Im grossen Ganzen hatte bis auf die jüngste Zeit Pavy's Ansicht eine grössere Zahl von Anhängern unter den deutschen Physiologen, wenn es auch bei dieser Auffassung unerklärlich ist, woher der als zweifellos festgestellte Blutzucker stammt. Pavy's Anschauung war nur so lange verständlich, als man, wie er es selbst anfangs, und wie sein eifrigster Jünger M'Donell es noch heute thut, angenommen hat, dass das normale, gesunde Blut keinen Zucker enthält. Heute kann sich jeder Student überzeugen, dass das aus der Ader eines Thieres oder eines Menschen gelassene Blut unter allen Bedingungen Zucker enthält, und zwar in nicht unbeträchtlicher Menge. Pavy und seine Anhänger müssen die Antwort auf die Frage schuldig bleiben, woher dieser Blutzucker stammt.

Ich selbst gehörte früher zu den eifrigsten Anhängern Pavy's, ich hatte natürlich seine ganze damalige Lehre als feststehend acceptirt; jede Spur Zucker, welche sich im Blute fand, galt mir als Ausdruck einer krankhaften, anomalen Leberfunction. Die ersten Schritte selbstständiger physiologischer Forschung auf diesem Gebiete machten mich an Pavy's Anschauungen irre, während sie zugleich den Glauben, dass der Leberzucker aus Glykogen stamme, zu erschüttern begannen. Ich habe dann durch mehr als 15 Jahre in zahlreichen, nach allen Richtungen angestellten Versuchen die Fragen zu beantworten versucht über das Entstehen des Zuckers in der Leber, über den Umfang dieser Zuckerbildung, wie über die Bedeutung derselben für den Thierkörper, und ich

will hier in gedrängter Kürze diese Arbeiten resumiren; und muss
Jeden, dem es darum zu thun ist, über diese hochwichtige, tief in
die thierische Oekonomie eingreifende Frage zur vollen Kenntnis
zu gelangen, auf meine über diesen Gegenstand publicirten Arbeiten verweisen*).

Die ersten Versuche, die ich zum Teile in Gemeinschaft mit
Dr. Kratschmer ausführte, waren noch in gutem Glauben an die
Richtigkeit von Pavy's Lehre unternommen und hatten zur Aufgabe, festzustellen, ob Fermente auf die bei verschiedener Ernährungsweise der Thiere gewonnenen Glykogenarten verschieden
wirkten. Ich fand, dass dies nicht der Fall sei, dass sowol Glykogen von Brothunden wie von Fleischhunden durch Speichel, wie
durch Pankreasferment qualitativ wie quantitativ in gleicher Weise
verändert wurden. Dabei stellte sich heraus, dass der durch diese
Fermente gebildete Zucker nicht Traubenzucker sei. O. Nasse,
Musculus und Mering bestätigten dies, und die letzteren stellten
fest, dass der durch Fermente gebildete Zucker Maltose sei. Im
Gegensatze zu diesem durch Fermente gebildeten Zucker ist, wie
wir ermittelt haben, der aus der Leber gewonnene Zucker ausschliesslich Traubenzucker. Es war schon dadurch zweifelhaft geworden, dass die Zuckerbildung in der Leber auf die Fermentwirkung zu beziehen sei. Da man sich aber denken konnte, dass
das Leberferment anders wirke als die anderen gekannten dialy-
tischen Fermente, suchte ich nach einem Leberfermente. Es wurden nach der Methode von Wittich Lebern von frisch getöteten
Kaninchen durch Auswaschen und durch wiederholtes Behandeln
mit Alkohol zuckerfrei gemacht und mit Glycerin verrieben. Wenn
dieses Glycerinextract mit einer Glykogenlösung zusammengebracht,
und die Lösung nach einiger Zeit mit Fehling'scher Lösung geprüft wurde, entstand die schönste Reduction von Kupferoxydul.
Dieselbe Reduction trat aber auch ein, wenn das Glycerinextract
mit Wasser verdünnt und dieses verdünnte Extract mit Kupferlösung geprüft wurde. Das Glycerinextract enthielt Glykogen,

---

*) Seegen, Zuckerbildung im Thierkörper, ihr Umfang und ihre Be-
deutung. Berlin 1890.
Seegen, Studien über Stoffwechsel im Thierkörper. Berlin 1887.

dem ein diastatisches Ferment beigemengt war. Durch Zusatz von
Alkohol fiel ein reicher weisser Niederschlag aus, der ebenfalls
zum grössten Teil aus Glykogen bestand. Von einem Isoliren des
Ferments kann also keine Rede sein. Weitere Versuche lehrten,
dass auch gekochte Leber in der gleichen Weise mit Glycerin behandelt, ein Extract liefert, welches quantitativ wie qualitativ dieselbe reducirende Wirkung übt, wie das aus der frischen Leber
bereitete. Es war also dadurch der Beweis geliefert, dass es sich
bei dieser Reduction nicht um ein specifisches diastatisches Ferment handle, da dieses beim Kochen natürlich wirkungslos geworden wäre. Wir stellten ferner durch zahlreiche Versuche fest,
dass die verschiedenen Körperorgane, dass endlich auch alle
Eiweisskörper die gleiche diastatische Wirkung üben; dass also die
Wirkung der Leber durchaus nicht auf ein specifisches Leberferment
zu beziehen sei.

Die beiden Thatsachen, dass der Leberzucker vom Ferment-
zucker verschieden ist, und zweitens, dass ein Leberferment nicht
nachweisbar ist, hatten die allen früheren Forschungen zugrunde
liegende Annahme, der Leberzucker werde durch Einwirkung eines
Ferments auf das Leberglykogen gebildet, haltlos gemacht. Es
war aber nun denkbar, dass vielleicht etwa in der Leber sich
bildende Säuren die Umwandlung des Glykogens bewirken, und
wir versuchten, ob durch die in der Leber nachgewiesenen und
aus ihr gewonnenen Säuren, wie Milchsäure, Essigsäure, Ameisen-
säure eine Umwandlung des Glykogens bewirkt werden könne.
Wir erhielten aber nur negative Resultate.

Es drängte sich mir nun jener für die damalige Zeit ganz
ketzerische Gedanke auf, ob wirklich das Glykogen das Material
sei, aus welchem der in jeder Leber nachweisbare Zucker entstehe.
Bernard hatte für dieses in die Wissenschaft eingeführte Dogma
keine experimentellen Beweise erbracht; er hatte dasselbe nur aus
der Analogie zwischen Leberamylum und der pflanzlichen Stärke
erschlossen, und seinen Ausspruch, es bestehe ein Verhältnis zwischen Zucker und Glykogen, hat er nie durch einen Versuch gestützt. Durch Bernard wie durch viele Andere war die Thatsache festgestellt, dass die Zuckerbildung in der toten Leber
fortschreitet. Wenn nun der Zucker wirklich aus Glykogen ent-

steht, müsste genau in dem Maasse, als der Zucker zunimmt, das Glykogen abnehmen. Wenn dies nicht der Fall ist, wenn eine Zuckerzunahme stattfindet, und das in der Leber angehäufte Kapital an Glykogen sich entweder gar nicht oder nicht entsprechend der Zuckerzunahme verringert, so war es erwiesen, dass der Zucker aus einem anderen Bildungsmaterial stammt. Auf diese Erwägung gestützt, stellten wir eine Reihe von Versuchen an. Es wurde verschiedenen Thieren, Hunden, Kaninchen, Meerschweinchen, Kälbern, ein Stück der Leber im Momente des Todes excidirt, dasselbe gewogen und rasch in siedendes Wasser eingetragen, Zucker- und Glykogengehalt bestimmt*). Der Leberrest wurde in mehrere Stücke geschnitten, diese gewogen, und nach Ablauf von verschiedenen Zeiträumen abermals Zucker- und Glykogengehalt in jedem Stücke bestimmt, wodurch die Ziffern für die Feststellung des Verhältnisses zwischen Zucker und Glykogen gewonnen wurden. Ich teile nachstehend einige an Hunden angestellte Versuche beispielsweise mit.

Leber-stück.	Zeit der Untersuchung.	Leberzucker in pCt.	Glykogen in pCt.	
	Hund A.			
I.	nach 3 Minuten	0,46	7,7	
II.	„ 1 Stunde	1,17	7,8	
III.	„ 24 Stunden	1,97	7,0	Beide Hunde
IV.	„ 48 „	2,10	6,6	waren reich-
				lich mit Brot
	Hund B.			genährt.
I.	nach 3 Minuten	0,55	11,15	
II.	„ 1 Stunde	1,95	11,05	
III.	„ 24 Stunden	3,42	10,90	
IV.	„ 72 „	3,05	10,50	

*) Durch Vorversuche war festgestellt worden, dass Zucker und Glykogen in der gesammten Leber gleichmässig verteilt sind, und dass die Leber nach dieser Richtung als Einheit anzusehen ist. R. Külz und Cramer fanden den gleichfalls, dass die Leber in allen Teilen gleich viel Glykogen enthalte.

Leber-stück.	Zeit der Untersuchung.	Leberzucker in pCt.	Glykogen in pCt.	
		Hund A'		
I.	nach 1 Minute	0,4	10,1	
II.	„ 10 Minuten	1,6	10,2	Beide Hunde
III.	„ 8 Stunden	1,9	10,4	waren reich-
IV.	„ 24 „	2,5	10,8	lich mit Brot
V.	„ 48 „	3,2	10,4	genährt.
		Hund B'		
I.	nach 1 Minute	0,51	8,86	
II.	„ 2 Stunden	1,80	8,90	
III.	„ 72 „	2,84	8,58	

Die mitgeteilten Versuche ergaben als Resultat, dass, während der Zuckergehalt von 0,4—0,5 pCt. bis auf 3 pCt. anwächst, das Glykogen in seinem Bestande entweder ganz unverändert bleibt oder nur eine sehr geringe Einbusse erleidet.

Die Glykogenabnahme tritt in der Hundeleber ziemlich spät, gewöhnlich erst 48 Stunden nach dem Tode des Thieres, auf, also zu einer Zeit, wo die Zuckerzunahme nahezu gänzlich sistirt ist. Bei anderen Thieren, speciell bei Kaninchen, ist die Glykogenabnahme viel rascher nach dem Tode nachzuweisen. Aber auch bei diesen Thieren wächst in der ersten Stunde nach der Tötung der Zuckergehalt sehr bedeutend, während das Glykogen unverändert bleibt oder nur eine geringe Einbusse erleidet. Will man daher bei Kaninchen die Unabhängigkeit der Zuckerbildung vom Glykogen nachweisen, muss das erste unmittelbar nach dem Tode oder während des Lebens entnommene Leberstück mit einem zweiten Stück verglichen werden, welches erst eine Stunde nach dem Tode verarbeitet wurde. Dieser Cardinalpunkt wurde von Böhm und Hofmann, von Delprat, von Girard und von Panormoff ausser Acht gelassen, und darum kamen sie dazu, einen der Zuckerzunahme nicht bloss entsprechenden, sondern denselben sogar weit überschreitenden Glykogenschwund nachweisen zu können. Ich muss, um hier nicht in Details zu gehen, die ausserhalb des Rahmens dieser Arbeit liegen, auf meine ausführliche Widerlegung (Pflüger's Archiv, Bd. 40 und 41) hinweisen.

Ich habe aber auch auf experimentellem Wege festgestellt, dass der Glykogenschwund in der toten Leber mit der Zuckerbildung nicht im Zusammenhange steht, dass der erstere vielmehr ein postmortaler Vorgang sei, den man zu hemmen imstande ist, wenn man die Leber durch Blut und Aspiration lebend erhält. Ich habe diese Versuche an Hunden, Kaninchen und Kälbern angestellt und dabei die interessante Thatsache constatirt, dass nicht bloss keine der Zuckerzunahme entsprechende Glykogenabnahme zu constatiren ist, sondern dass nebst der Zuckervermehrung auch die übrigen in der Leber vorhandenen Kohlehydrate vermehrt sind; das heisst mit anderen Worten, dass in der überlebenden Leber neben Zucker eine Neubildung von anderen Kohlehydraten stattgehabt hat.

Ich habe ferner in einer Reihe von Versuchen nachgewiesen, dass in einem mit frischem Blute übergossenen Leberbrei (auch ohne Aspiration) die Zuckerzunahme weit grösser ist, als in einem Controlstücke, welches die gleiche Zeit ohne Blut gestanden hat. Nebst dem Zucker haben sich in dem mit Blut übergossenen Leberstücke auch noch andere Kohlehydrate gebildet, da die Gesammtsumme der Kohlehydrate grösser ist, als der Zuckerzunahme entspricht. Durch diese einfachen, so leicht auszuführenden Versuche ist wol die Anschauung, dass der Leberzucker aus Glykogen stammt, endgiltig beseitigt.

Und wenn es noch einer weiteren Stütze für die Unabhängigkeit der Zuckerbildung vom Glykogen bedürfte und für die Thatsache, dass das Material, aus welchem der Zucker stammt, ein anderes sei, ist diese durch jene Versuche gegeben, bei welchen Thiere durch 8—10 Tage hungerten oder nahezu ausschliesslich mit Fett gefüttert wurden. Der Glykogengehalt jener Lebern war minimal oder Null, während der Zuckergehalt derselben im Momente des Todes und das Anwachsen desselben nach dem Tode ebenso bedeutend war, wie bei den glykogenreichen Lebern.

Die früher genannten Versuche, bei denen wir das unmittelbar nach der Tötung excidirte Leberstück mit späteren Leberstücken verglichen, hatten uns belehrt, dass jenes erste Stück stets eine beträchtliche Menge Zucker enthält.

Ich habe noch eine weitere Reihe von Versuchen an Thieren der verschiedensten Klassen ausgeführt, bei denen ich ein Leberstück entweder dem lebenden Thiere selbst, oder im Momente der Tötung, während das Herz noch kräftig schlug, excidirte, und ausnahmslos fand ich, dass dasselbe Zucker enthalte. Diese Erfahrung war in voller Uebereinstimmung mit den Versuchsresultaten von Bernard und Dalton. Aber während jene Forscher nur 0,2—0,3 pCt. Zucker gefunden hatten, konnten wir ausnahmslos in der dem lebenden Thiere excidirten Leber einen Zuckergehalt von 0,4—0,5 pCt. nachweisen. Wir fanden einen grösseren Zuckergehalt, weil die von uns angewendete Methode es ermöglichte, die Leber vollständig zu erschöpfen, was durch die von Bernard und Dalton angewandten Methoden nicht möglich war, und der kleine Zuckergehalt, welchen Pavy in der Leber fand, ist dadurch begründet, dass seine Extractionsmethode es ihm nur ermöglichte, einen kleinen Bruchteil des vorhandenen Zuckers zu erhalten.

Der Zuckergehalt der Leber wächst, wie bereits früher erwähnt, noch nach dem Tode an. Unsere Versuche lehrten, dass in der ersten Stunde nach der Tötung des Thieres die Zuckerzunahme, wenn man die Gesammtzunahme des Zuckers in der toten Leber gleich 100 setzt, etwa 50 pCt. beträgt, und in den ersten 24 Stunden etwa 80—90 pCt. jener Gesammtzunahme ausmacht. Und es ist mehr als wahrscheinlich, dass diese Zunahme schon in die ersten Stunden dieses Zeitraumes fällt, und sich an die energische Zuckerbildung in der ersten Stunde anschliesst. Schon dieser Umstand, dass die grosse Zuckerzunahme in der Leber auf die ersten Stunden nach dem Tode fällt und allmälig abnimmt, weist darauf hin, dass diese Zuckerbildung noch eine Function der überlebenden Zelle ist.

Um aber für diese Anschauung einen experimentellen Beweis zu erbringen, versuchte ich es, die Lebensenergie der Zelle durch lebend erhaltenes Blut zu steigern, und es stellte sich, wie die nachstehende kleine Tabelle lehrt, heraus, dass in einem so behandelten Leberstücke die Zuckerbildung und, wie bereits früher erwähnt, die Bildung der Gesammtkohlehydrate grösser ist, als in einer zweiten ohne Blut behandelten Leberportion.

Versuchsnummer.	Thier-gattung.	5 Minuten bis ½ Stunde nach der Tötung.		20—24 Stunden nach Tötung			
				ohne Blut.		mit Blut und Aspiration.	
		Zucker in pCt.	Gesammt-kohle-hydrate in pCt.	Zucker in pCt.	Gesammt-kohle-hydrate in pCt.	Zucker in pCt.	Gesammt-kohle-hydrate in pCt.
		A.		B.		C.	
I.	Kalb	1,13	2,75	1,82	3,4	2,4	5,12
II.	Kaninchen	0,55	4,87	4,25	5,5	4,9	8,30
III.	Kaninchen	0,62	3,33	2,64	3,5	3,8	5,60
IV.	Kalb	1,45	3,10	2,07	3,5	2,60	5,60
V.	Hund	0,90	2,00	2,80	3,76	3,71	5,10

Nun wird es auch klar, wie es kommt, dass Pavy in dem dem lebenden Thiere excidirten und in siedendes Wasser oder in eine Kältemischung geworfenen Leberstücke keine oder nur minimale Zuckerspuren erhalten hat. Die beobachtete Thatsache ist vollkommen richtig, nur die Deutung ist falsch. Pavy hat durch diesen Vorgang nicht, wie er meinte, das Leberferment zerstört, sondern er hat das Leben der Zelle vernichtet, und diese war unfähig, Zucker zu bilden.

Wenn auch die Ergebnisse all der genannten Versuche keinen Zweifel übrig lassen, dass die Leber die Fähigkeit besitzt, Zucker zu bilden, so genügten dieselben nicht, um darüber Aufschluss zu geben, wie diese Function im Leben sich gestaltet, und welchen Umfang sie hat. Um darüber in's Klare zu kommen, war es nötig, den Zuckergehalt des in die Leber einströmenden und des aus der Leber austretenden Blutes genau zu bestimmen. Bernard hat die Bestimmung des Zuckergehaltes dieser zwei Blutarten in seinem früher erwähnten Fundamentalversuche zur Basis seiner Theorie gemacht. Aber die Bestimmung war an dem eben getöteten Thiere ausgeführt und Pavy konnte mit Recht einwenden, dass die Differenz des Zuckergehaltes in den beiden Blutarten nur auf Rechnung einer postmortalen Zuckerbildung zu setzen sei. Pavy selbst hat den Zuckergehalt der beiden Blutarten niemals verglichen. Mir schien dieser Vergleich die Hauptsache, und ich habe nahezu 70 Versuche ausgeführt, bei welchen ich den Zuckergehalt dieser beiden Blutarten bestimmte. Maassgebend für die Richtigkeit dieser Versuche war, dass die beiden Blutarten genau getrennt gesammelt wurden. Das Pfortaderblut erhielt ich stets durch Einführung einer Canüle von der Milzvene bis in den Stamm der Pfortader. Das Lebervenenblut war nach drei verschiedenen Methoden gesammelt, die sich nur durch die Grösse des Eingriffs unterschieden, aber ausnahmslos reines Lebervenenblut lieferten. Das Lebervenenblut wurde gesammelt: A. nach einer etwas modificirten, von v. Mering erdachten Methode. Es wurde eine lange Canüle in die Vena cava ascendens eingeführt, bis zur Höhe der Einmündung der Lebervenen vorgeschoben, und ein Ligaturfaden um dieselbe oberhalb der Einmündung der Nierenvene angelegt. Es wurde nachher ein Zwischenrippenraum geöffnet, künstliche Respiration eingeleitet, um die Vena cava dicht oberhalb des Zwerchfelles ein Ligaturfaden geschlungen; während dieser fest zugezogen wurde, wurde der Stab aus der grossen Canüle herausgezogen und das im Strahl ausströmende Blut gesammelt. In einer zweiten Methode B. wurde der Bauch weit geöffnet, die Leber hervorgezogen, bis die Lebervenen sichtbar waren, und in eine derselben eine nach v. Basch's Angabe construirte, im rechten Winkel gekrümmte, mit einem Stahlende montirte Canüle eingestossen. In einer dritten Methode C. endlich, die von Pál und Ikalowicz ersonnen wurde, wird eine gekrümmte Metallcanüle durch die Vena jugularis dextra in die Vena cava inferior und von da durch einen geschickten Handgriff in eine der vielen Lebervenen, die in die Vena cava einmünden, eingeführt. Nachstehende Tabelle giebt die gewonnenen Resultate:

Methoden:

A.			B.			C.		
Versuchs-nummer.	Pfort-ader.	Leber-vene.	Versuchs-nummer.	Pfort-ader.	Leber-vene.	Versuchs-nummer.	Pfort-ader.	Leber-vene.
I.	0,080	0,160	XXVIII.	0,138	0,256	LXI.	0,101	0,258
		(Narc.)	XXIX.	0,180	0,200	LXII.	0,090	0,175
II.	0,126	0,200	XXX.	0,121	0,189	LXIII.	0,107	0,209
III.	0,109	0,198	XXXI.	0,132	0,196	LXIV.	0,120	0,287
IV.	0,121	0,285	XXXII.	0,121	0,265			
V.	0,105	0,369	XXXIII.	0,112	0,265			
VI.	0,112	0,251	XXXIV.	0,171	0,279			
VII.	0,103	0,164	XXXV.	0,132	0,215			
VIII.	0,119	0,280	XXXVI.	0,091	0,156			
IX.	0,133	0,350	XXXVII.	0,169	0,190			
X.	0,166	0,268	XXXVIII.	0,156	0,200			
XI.	0,163	0,424	XXXIX.	0,120	0,346			
XII.	0,158	0,409	XL.	0,170	0,252			
XIII.	0,123	0,215	XLI.	0,138	0,241			
XIV.	0,120	0,183	XLII.	0,120	0,190			
XV.	0,200	0,299	XLIII.	0,207	0,270			
XVI.	0,250	0,359	XLIV.	0,170	0,250			
XVII.	0,264	0,272	XLV.	0,186	0,250			
XVIII.	0,320	0,347	XLVI.	0,176	0,238			
XIX.	0,192	0,367	XLVII.	0,144	0,250			
XX.	0,258	0,294	XLVIII.	0,192	0,265			
XXI.	0,141	0,430	XLIX.	0,137	0,200			
XXII.	0,143	0,300	L.	0,161	0,210			
XXIII.	0,110	0,230	LI.	0,101	0,230			
XXIV.	0,160	0,300	LII.	0,145	0,384			
XXV.	0,150	0,282	LIII.	0,104	0,202			
XXVI.	0,155	0,228	LIV.	0,128	0,230			
XXVII.	0,120	0,270	LV.	0,129	0,222			
			LVI.	0,109	0,210			
			LVII.	0,100	0,156			
			LVIII.	0,120	0,270			
			LIX.	0,111	0,256			
			LX.	0,114	0,196			
Mittel aus 27 Versuchen			Mittel aus 33 Versuchen			Mittel aus 4 Versuchen		
0,155	0,284		0,136	0,234		0,104	0,234	
Diff. + 0,129			Diff. + 0,098			Diff. + 0,130		

Ausnahmslos war in allen diesen Versuchen der Zuckergehalt
des Lebervenenblutes grösser als der des Pfortaderblutes, im Durchschnitt war das Lebervenenblut um 80—100 pCt. zuckerreicher
als das Pfortaderblut. Nur in den Versuchen nach Methode B. ist
die Differenz kleiner, weil bei einer nicht geringen Zahl von Versuchen, bei welchen die Canüle in eine Lebervene eingestossen
wurde, diese einriss, die Canüle herausgeschleudert wurde, und das
Blut in den Bauchraum floss, aus dem es zur Analyse genommen
wurde. Es konnte solchem Blute auch Blut aus der Vena cava
beigemischt, und der Zuckergehalt dadurch diluirt sein. Die Versuche wurden bei Thieren unter den verschiedensten Ernährungsbedingungen angestellt. Eine beträchtliche Zahl von Thieren kam
direct vom Händler, bei dem sie mit Hundefutter schlecht ernährt
wurden, auf den Operationstisch; bei den anderen Versuchsthieren
ging dem Versuche eine bestimmte Ernährungsweise voraus, und
zwar wurden acht Thiere durch 8—10 Tage ausschliesslich mit
Fleisch, andere ebenso lange mit Kohlehydraten (Reis oder Kartoffeln), wieder andere mit Dextrin oder mit Zucker gefüttert, acht
Thiere erhielten nahezu ausschliesslich Fett als Nahrung, und acht
Thiere hatten vor Anstellung des Versuches acht bis zehn Tage
gehungert.

Die nachstehende kleine Tabelle enthält übersichtlich die in
Bezug auf den Zuckergehalt der beiden Blutarten erlangten Resultate
bei verschiedener Ernährung.

Zahl der Versuche.	Art der Ernährung.	Zuckergehalt in pCt.			Zuckerplus im Lebervenenblute.	
		Carotis.	Pfortader.	Leber-vene.	absolut.	relativ in pCt.
8	Hunger	0,157	0,147	0,260	0,113	76
9	Stärke	0,150	0,147	0,261	0,114	77
6	Zucker	0,165	0,186	0,265	0,079	42
4	Dextrin u. Zucker	0,176	0,258	0,327	0,069	26
8	Fleisch	0,155	0,141	0,281	0,140	99
8	Fett	0,128	0,114	0,217	0,113	90
43						

Das aus der Leber ausströmende Blut ist unter allen
Ernährungsbedingungen zuckerreicher als das in die
Leber gelangende Blut.
Die geringste procentische Zuckerzunahme fand sich bei Fütterung mit Zucker und Dextrin. Sie beträgt blos 26—42 pCt. Aber
eine einfache Erwägung belehrt uns, dass dieses Zuckerplus nicht
der Ausdruck ist für den wirklichen Gewinn des Blutes an Leberzucker. Bei Zucker- und Dextrinfütterung gelangt durch die schnelle
Resorption dieses Nährmaterials eine grosse Menge Nahrungszucker
in den ersten Stunden nach der Fütterung rasch in's Pfortaderblut,
was sich schon darin ausspricht, dass dieses Blut weit zuckerreicher
ist, als bei jeder anderen Ernährungsart. Der mit dem Pfortaderblute in die Leber gelangte Zucker wird aber zum grossen Teile
in der Leber in Glykogen umgewandelt, und man müsste imstande
sein, die Grösse des in Form von Glykogen zurückgehaltenen
Zuckers zu messen, um die volle Grösse des in der Leber aufgenommenen Zuckers ziffermässig feststellen zu können. Bei Stärke-
mehlfütterung ist die Umwandlung der Stärke in Zucker eine sehr
langsame; derselbe wird nur allmälig durch die Pfortader der
Leber zugeführt. Würde der Leberzucker, wie Bernard annahm,
nur aus Glykogen entstehen, könnte sowol bei Stärke-, wie bei
Zuckerfütterung, da das gesammte Glykogen aus diesem Ernährungs-
material stammt, auch nicht ein Atom Zucker mehr ausgeführt
werden, als mit dem Pfortaderblute zugeführt wird. Die Zuckerzunahme bei diesen Fütterungsformen weist also schon darauf hin,
dass der Leberzucker nicht aus Nahrungszucker stammt.
Noch eclatanter zeigt sich dies bei den anderen Ernährungs-
formen. Die Zuckerzunahme bei Fleischfütterung beträgt nahezu
100 pCt., d. h. die Zuckerausfuhr ist nahezu doppelt so gross, als
die Zuckereinfuhr. Dieser ausgeführte Zucker kann nur aus den
der Leber zugeführten Bestandteilen des Fleisches stammen. Bei
der Fettfütterung beträgt das Zuckerplus des Lebervenenblutes nahezu
90 pCt., und da dieses das fast ausschliessliche Nährmaterial war,
muss es auch zur Grundlage für die Zuckerbildung in der Leber
gedient haben.
Bei den Hungerthieren könnte der aus der Leber ausgeführte
Zucker nur auf Kosten des vor dem Hungern in der Leber ange-

gesammelten Glykogens oder aus den Körperbestandteilen selbst gebildet worden sein. Das Glykogen war nach 8—10 Hungertagen auf ein Minimum herabgesunken und würde also auch nicht für einen kleinen Bruchteil des in den letzten Tagen ausgeführten Zuckers hingereicht haben. Ich habe bei einigen Thieren während der Hungerperiode, wie während der Fettfütterung den durch den Harn ausgeschiedenen Stickstoff bestimmt und dadurch die Grösse der Fleischumsetzung ermittelt. Das umgesetzte Fleisch kann auch nur zu einem kleinen Teile für die Zuckerbildung gereicht haben. Es muss also auch während des Hungerns das Fett zum grossen Teile das Material für die Zuckerbildung geliefert haben. **Die Eiweisskörper und das Fett sind die Grundstoffe, aus welchen die Leber den Zucker bildet.**

Dass Zucker aus Albuminaten gebildet wird, ist eine längst bekannte, kaum mehr angezweifelte Thatsache. Ich habe schon vor mehr als 30 Jahren*) darauf hingewiesen, dass hochgradige Diabetiker auch bei ausschliesslicher Ernährung mit Beefsteaks reichlich Zucker im Harn ausscheiden. v. Mering und E. Külz haben diese Thatsache dadurch bestätigt, dass sie Diabeteskranke unter Controle nur Fleisch essen liessen und eine nicht unbeträchtliche Zuckerausscheidung fanden. Die von v. Mering angestellten Fütterungsversuche bei Phloridzindiabetes, sowie jene von v. Mering und Minkowski bei dem nach Pankreasexstirpation entstehenden Diabetes bestätigen gleichfalls die Zuckerausscheidung bei ausschliesslicher Fleischnahrung. Ich habe auch directe experimentelle Beweise für die Zuckerbildung aus Albuminaten erbracht, indem ich Thiere mit Pepton fütterte oder ihnen eine Peptonlösung in die Vena jugularis injicirte. Die unmittelbar nach dem Tode excidirte Leber war weit zuckerreicher, als die normale Leber. Auch wenn Leberbrei mit Peptonlösung zusammengebracht wurde, war die Zuckerbildung eine grössere, als in einem Controlstücke ohne Peptonlösung.

v. Mering hat auch bei Hungerthieren Phloridzindiabetes erzeugt. Am 20. Hungertage schied das Thier 13,9 pCt. Zucker aus, und dieser konnte nach Mering nur aus Albuminaten stammen, da Glykogen nicht vorhanden war und die Bildung aus

---

*) Seegen, Beiträge zur Casuistik der Melliturie. Virchow's Arch. 1861.

Fetten nach Mering unwahrscheinlich sei, weil die Fettzufuhr bei
Diabetes die Zuckerausscheidung nicht steigert, weil ferner aus Fett
kein Glykogen entsteht, und endlich weil, wenn allenfalls aus Glycerin Zucker entstehen könnte, die Zuckerausfuhr nie eine beträchtliche sein würde.

Ich habe aber auf experimentellem Wege nachgewiesen, dass
die Leber aus neutralem Fette, aus Seifen, wie aus Fettsäuren
Zucker zu bilden imstande ist. Die Zuckerbildung aus Fett stimmt
nicht in den Rahmen unserer heutigen physiologischen und chemischen
Anschauungen und wird von den Physiologen noch angezweifelt.
Aber es ist längst bekannt, dass bei der Keimung fetthaltiger
Samen Stärke und Zucker aus Fett gebildet werden, und einige
Pflanzenphysiologen (Peters, Boussingault, Planta u. A.)
haben mit der Waage in der Hand den Nachweis geliefert, dass
beim Keimen der Fettsamen nicht blos ein kleiner, dem Glycerin
entsprechender Teil der Fettsäuren in Kohlehydrate umgewandelt
wird, sondern dass nahezu der ganze Fettbestand der Samen verschwindet, um in Form von Stärke und Zucker im Keimling wieder
zu erscheinen. Die Leber vermag gleichfalls diese Umwandlung zu
bewirken, und mehr als durch meine Experimente ist dies durch
meine Versuche mit ausschliesslicher Fettnahrung, sowie durch
Hungerversuche festgestellt.

Als Durchschnitt aus allen meinen Thierversuchen ergab sich,
dass das Zuckerplus im Lebervenenblute gegenüber dem Pfortaderblute 70—80 pCt. beträgt, d. h. mit anderen Worten, dass je
100 ccm Lebervenenblut 0,1—0,13 g Zucker in der Leber
aufnehmen.

Bleile*) hat an sechs mit Zucker und Dextrin gefütterten
Thieren vergleichende Blutbestimmungen gemacht. Bei zwei Versuchen wurde das Lebervenenblut nach Bernard gesammelt, also
kein reines Leberblut erhalten; bei vier Thieren wurde das Lebervenenblut nach v. Mering's Methode gewonnen, und der Zuckergehalt des Lebervenenblutes immer grösser gefunden, als der des
Pfortaderblutes. Die Differenz war keine sehr grosse, sie stimmt mit
der von mir bei gleicher Fütterung gefundenen mässigen Differenz

---

*) Bleile, Ueber den Zuckergehalt des Blutes. Du-Bois' Arch. 1876.

überein. Es war nämlich ein Teil des Nahrungszuckers als Glykogen
zurückgehalten; der Leberzucker trat auch an die Stelle dieses zurückgehaltenen Nahrungszuckers, was natürlich in der Differenz
nicht zum Ausdrucke kommen konnte. Bleile, welcher noch ganz
im Banne der Pavy'schen Anschauungen stand, glaubte aus dieser
geringen Differenz den Schluss ziehen zu können, „dass die Leber
nicht in nennenswertem Maasse mindernd oder mehrend auf den von
der Pfortader zugebrachten Zucker wirke". Bleile wäre zu einem
anderen Schlusse gekommen, wenn er seine Thiere statt mit Zucker
und Dextrin mit Fleisch oder Fett gefüttert hätte; die Grösse der
Zuckerdifferenz wäre dann eine so schlagende gewesen, dass jeder
Zweifel an ihrer Provenienz ausgeschlossen gewesen wäre.

Abeles[*]) hatte zuerst in einer Reihe von Versuchen das Blut
der Pfortader und das aus der Vena cava ascendens oberhalb der
Lebervenen gesammelt und den Zuckergehalt in beiden Gebieten
gleich gefunden. Sein aus diesen Versuchen gezogener Schluss,
dass die Leber keinen Zucker bilde, war unberechtigt, weil er kein
wirkliches Lebervenenblut untersuchte. Später hat Abeles[**]) vier
vergleichende Versuche über den Zuckergehalt des Pfortader- und
Lebervenenblutes angestellt, und zwar wurde das Lebervenenblut
nach der von mir ausgeführten modificirten v. Mering'schen Methode gesammelt. Er fand den Zuckergehalt des Lebervenenblutes
um 100 pCt. und darüber grösser, als den des Pfortaderblutes.
In einer dritten Reihe von Versuchen wurde das Lebervenenblut
nach der Methode (C.) von Pál-Ikalowicz gesammelt, und das
Resultat war, dass der Zuckergehalt des Lebervenenblutes nur
mässig grösser sei als der des Pfortaderblutes. Aus der Verschiedenheit der Resultate jener Versuche, bei welchen das Lebervenenblut nach v. Mering, und jenen, in welchen es nach Pál-
Ikalowicz gesammelt wurde, glaubte Abeles den Schluss ziehen
zu können, dass ein grosser Teil des in meinen Versuchen gefundenen Zuckergehaltes des Lebervenenblutes auf Rechnung des Leberinsults zu beziehen sei, der durch die von mir angewendeten Me-

---

[*]) Abeles, Der physiologische Zuckergehalt des Blutes. Wien. med.
Jahrb. 1875.
[**]) Abeles, Zur Frage der Zuckerbildung in der Leber. Wien. med.
Jahrb. 1887.

thoden der Lebervenenblutentnahme gesetzt sei. Ich habe, um die
Berechtigung dieser Annahme zu ermitteln, auch einige Versuche
nach der Methode C. ausgeführt, und wie die oben (S. 21) angeführte Tabelle nachweist, war auch in diesen Versuchen der Zuckergehalt des Lebervenenblutes beträchtlich grösser, ja sogar noch
grösser, als in dem nach den früheren Methoden gesammelten. Die
Differenz in den Ergebnissen dieser nach gleicher Methode ausgeführten Versuche lag darin, dass Abeles diese Versuche an chloroformirten Thieren machte, während ich alle meine Versuche an
nicht chloroformirten Thieren anstellte. Der Umstand, dass bei
den chloroformirten Thieren das Lebervenenblut weniger Zucker
enthielt, wurde, zumal von Pflüger[*]), dahin gedeutet, dass die
vermehrte Zuckerbildung in meinen Versuchen zu beziehen sei auf
„die Stärke der Erschütterung des Nervensystems, welche mit dem
blutigen Eingriff am lebenden Körper verbunden zu sein pflegt".
Ich habe eine Reihe von Versuchen über den Einfluss des
Anästhesirens auf die Zuckerbildung angestellt[**]), und zwar wurden
die Thiere sowol durch Chloroform- wie durch Morphiumeinspritzungen
anästhesirt, und das Lebervenenblut nach den drei bekannten Methoden gesammelt. Die Versuche ergaben, dass die Narkose die
Zuckerausfuhr aus der Leber zuweilen wesentlich verringerte, speciell
gilt dies für die Chloroformnarkose. Am wenigsten macht sich der
Einfluss der Anästhesirung bei der Morphiumnarkose geltend, und
selbst in der tiefsten Narkose nach Morphium war der Zuckergehalt
des Lebervenenblutes fast doppelt so gross als der des Pfortaderblutes.
Durch diese Versuchsergebnisse ist die ganz willkürliche Annahme widerlegt, dass die Zuckervermehrung auf die durch die
Operation hervorgerufene Erschütterung des Nervensystems zu beziehen sei. Einwürfe dieser Art sind überhaupt nur Umschreibungen
jener von Pavy erdachten Sträubungstheorie. Pavy hatte nämlich
behauptet, dass die Leber nur dann Zucker bilde, wenn das Thier

---

[*]) Pflüger's Archiv. Bd. L. Heft 7 u. 8.
[**]) Seegen, Ueber Zuckerbildung in der Leber und über den Einfluss
der Chloroformnarkose. Centralbl. f. d. med. Wissensch. 1887. No. 31 u. 32.
Seegen, Der Einfluss von Chloral, Morphium und Curare auf die
Zuckerbildung und Zuckerumsetzung. Centralbl. f. d. med. Wissensch. 1888.
No. 14 u. 15.

sich sträube, weil dann durch den Widerstand des Thieres die Leber comprimirt, und Glykogen in das durch die Leber circulirende Blut gepresst werde. Diese Auffassung hatte natürlich nur so lange einen Schein von Berechtigung, als man nicht imstande war, Zucker im Blute nachzuweisen. Nachdem es festgestellt ist, dass in dem Blute aller Gefässprovinzen unter allen Bedingungen Zucker in nicht unbeträchtlicher Menge gefunden wird, seitdem ferner unzweifelhaft feststeht, dass das Glykogen mit der Zuckerbildung in der Leber gar nichts zu thun hat, hat diese Sträubungstheorie jede Berechtigung verloren, und sie wird dadurch nicht beweiskräftiger, wenn sie umschrieben und als Wirkung des Leberinsults oder des Shoks eingeführt wird.

Der in der Leber aufgenommene Zucker gelangt in die Circulation und verteilt sich im Gesammtblute. Zucker ist ein normaler Blutbestandteil, und zwar gehört derselbe nicht zu den minimalen Bestandteilen. Das Blut enthält im Durchschnitte bei den verschiedensten Thierklassen 0,1—0,2 pCt. Zucker. Ein Zuckergehalt über 0,2 pCt. findet sich nur ganz ausnahmsweise. Es ist vollkommen unrichtig, wenn Pavy meinte, dass nur bei Thieren, die sich sträubten, Blutzucker nachgewiesen werden kann. Man kann, wie ich bereits früher erwähnte, einem Menschen durch einen Schröpfkopf oder durch eine kleine Venaesection eine kleine Menge Blutes entziehen und wird ausnahmslos Zucker nachweisen können.

Der Blutzucker ist mit Traubenzucker identisch. Es ist dies im Laboratorium von E. Ludwig durch die Analyse von Ochsenblut festgestellt worden[*). Gährung, Reduction und Polarisation, die mit der Blutzuckerlösung vorgenommen wurden, stimmten für Dextrose. Pickardt[**) hat in jüngster Zeit im Laboratorium von Hoppe aus einer Blutzuckerlösung auch Glykosazon dargestellt.

Es genügen 15—20 ccm Blut, um quantitative Analysen auszuführen und durch Titrirung den Zuckergehalt genau zu bestimmen.

Das Blut aller Gefässprovinzen, natürlich das der Lebervene ausgenommen, enthält ganz gleiche Mengen Zucker. Ich habe zahlreiche vergleichende Bestimmungen zwischen dem Blute der Carotis

---

*) Seegen, Pflüger's Archiv. Bd. XXXIV.
**) Zeitschr. f. phys. Chemie. Bd. XVII. 2. u. 3. Heft.

und dem der Jugularis ausgeführt, sowie zwischen dem Carotisblute und dem Blute aus dem rechten Herzen. Einige Beispiele geben die gewonnenen Resultate.

	Herzblut:	Carotisblut:
I.	0,114	0,107
II.	0,154	0,161
III.	0,153	0,145

	Carotis:	Jugularis:
I.	0,110	0,117
II.	0,127	0,107
III.	0,124	0,143

Ich habe gleichfalls eine grosse Zahl quantitativer Bestimmungen beim Menschen ausgeführt, und zwar erhielt ich das für die Untersuchung bestimmte Blut, indem ich durch einen oder zwei blutige Schröpfköpfe 15—20 ccm Blut sammelte. Die nachstehende Tabelle gibt das Resultat von an Menschen ausgeführten Blutzuckerbestimmungen.

Versuchs-nummer.	Im Normalblute.		
	S t a n d.	Alter.	Zuckergehalt in pCt.
I.	Tagelöhner . .	20	0,174
II.	Lackirer . .	20	0,170
III.	Tapezirer .	25	0,159
IV.	Bäcker . . .	21	0,162
V.	Buchbinder. .	22	0,178
VI.	Hausknecht	20	0,180
VII.	Vergolder .	—	0,181
VIII.	Diener .	30	0,160
IX.	Soldat .	27	0,194
X.	Techniker	—	0,125

Die Ernährung hat auf den Zuckergehalt des Blutes auch keinen sehr beträchtlichen Einfluss. Im Mittel aus je 8—10 Versuchen fand ich den Zuckergehalt der Carotis bei Fleischfütterung 0,155 pCt., bei Stärkefütterung 0,150 pCt., und selbst nach zehn-

tägigem Hungern, und wenn die Thiere dem Inanitionstode nahe
waren, enthielt das Carotisblut doch immer im Durchschnitte
0,157 pCt. Zucker.

Die Gleichmässigkeit oder das nur in geringen Grenzen stattfindende Schwanken im Zuckergehalte des Blutes spricht schon
dafür, dass der Zucker in dem Maasse, als er neu gebildet wird,
auch wieder für Zwecke des thierischen Haushaltes zerstört wird.
Würde die Umsetzung mit der Bildung nicht Schritt halten, müsste
in kürzester Zeit das Blut übermässig zuckerreich werden, und der
Zucker auch in den Sekreten erscheinen. Den directen Beweis für
die stets erfolgende Umsetzung des Blutzuckers erhält man durch
Versuche, bei welchen die Leber ausgeschaltet wird. Eine grosse
Reihe von ähnlichen Ausschaltungsversuchen haben Bock und
Hoffmann*) ausgeführt. Sie fanden: 1) Wenn man die Leber aus
der Circulation vollständig ausschaltet und noch die Art. coeliaca
und meseraica mit den anliegenden Lymphgefässen unterbindet,
wird das Blut in 45 Minuten zuckerfrei, 2) wenn man die Leber
aus der Circulation ausschaltet und die Aorta vor Abgang der
Coeliaca und den Ductus thoracicus ebenda unterbindet, wird das
Blut in 80 Minuten zuckerfrei. Ich habe drei Versuche über Ausschaltung der Leber ausgeführt. Das Blut wurde vor der Ausschaltung entnommen, dann im ersten Versuche 70 Minuten, im
zweiten 30 Minuten nach der Ausschaltung; in einem dritten Versuche bei einem sehr kräftigen Hunde wurde eine zweite Blutportion nach 40 Minuten und eine dritte nach 60 Minuten entnommen. Nachstehende kleine Tabelle enthält die erhaltenen
Resultate.

Versuchs-nummer.	Carotis I. Zuckergehalt in pCt.	Carotis II. Zuckergehalt in pCt.	Carotis III. Zuckergehalt in pCt.
I.	0,146	0,04	—
II.	0,136	0,06	—
III.	0,230	0,16	0,12

*) Bock u. Hoffmann, Experimentalstudien üb. Diabetes. Berlin 1874.

Infolge des tiefen Eingriffes zum Behufe der Leberausschaltung sank der Blutdruck sehr bedeutend, und die zweite Blutentnahme erfolgte gewöhnlich, wenn der Blutdruck auf 40 mm und darunter gesunken war und die Thiere nahezu sterbend waren. Wie natürlich, war der gesammte Stoffwechsel, also auch die Umsetzung des Blutzuckers, nach der Ausschaltung sehr herabgesetzt, und die gefundenen Ziffern können nicht als Maassstab für die Grösse des Zuckerumsatzes beim normalen Thiere angesehen werden.

Diese Ausschaltungsversuche liefern, wenn es dessen bedürfte, auch einen weiteren Beweis dafür, dass der Blutzucker aus der Leber stammt, und dass beim normalen Thiere der Zuckerumsetzung auch immer neue Zufuhr entspricht. Minkowski hat Gänse vollständig entlebert; die Thiere ertrugen diesen Eingriff über 20 Stunden, und es stellte sich heraus, dass das Blut der so behandelten Thiere nach dieser Zeit vollständig zuckerfrei war.

Von grosser Bedeutung wäre es, zu ermitteln, wie viel Zucker innerhalb einer Zeiteinheit, z. B. innerhalb 24 Stunden aus der Leber in's Blut gelangt. Leider stehen dieser Ermittelung unbesiegbare Schwierigkeiten entgegen, und wir können nur zu annähernden Ziffern gelangen. Die Basis für diese Bestimmung bilden zwei Factoren, erstens die Zuckermenge, mit welcher sich das Blut in der Leber befrachtet, zweitens die Blutmenge, welche in einer Zeiteinheit durch die Leber strömt.

Der erste Factor wurde durch Vergleichung der beiden Blutarten ermittelt und wir fanden, dass das Blut in der Leber im Mittel 0,1 pCt. Zucker aufnimmt. Aber diese Ziffer ist keine absolut genaue, da wir nicht wissen, ob die Zuckerbildung stetig und in gleichem Maasse von statten geht, ob also jede Blutmenge, die durch die Leber strömt, die gleiche Zuckermenge aufnimmt. Da aber unsere Versuche unter den verschiedensten Ernährungsbedingungen, zu den verschiedensten Zeiten nach der Nahrungsaufnahme und während lange fortgesetzten Hungerns stattfanden und ausnahmslos ein Zuckerplus in der Lebervene gefunden wurde, so ist wol die Annahme berechtigt, dass die Zuckerausfuhr eine continuirliche ist, und die Durchschnittsziffer der Ausfuhr von 0,1 pCt. kann gleichfalls als berechtigte Grundlage für die Berechnung dienen.

Man hat es in verschiedener Weise versucht, zu einer annähernd richtigen Vorstellung zu gelangen über die Blutmenge, die in einer Zeiteinheit durch die Leber strömt. Ich habe es dadurch zu ermitteln gesucht, dass ich an curarisirten Thieren eine Canüle von der Milzvene bis in den Stamm der Pfortader einführte und diese abschnürte. Das unter einem Drucke von 8,2 mm Hg ausströmende Blut wurde in gemessenen Cylindern gesammelt, und mittelst Metronom die Secundenzahl festgestellt, welche das Einfüllen eines Cylinders gedauert hatte. Es stellte sich bei diesen Versuchen heraus, dass z. B. bei einem Hunde von 10 kg Körpergewicht 50 ccm Blut innerhalb 30 Secunden durch die Pfortader in die Leber eintreten. Es gibt dies für 24 Stunden eine Blutmenge von 144 l. Wenn berücksichtigt wird, dass bei diesen Versuchen die Milzvene abgebunden war, dass also die Blutmenge aus der Milz nicht in die Pfortader strömen konnte, was auch ein rasches Anschwellen der Milz zur Folge hatte; wenn ferner in Erwägung gezogen wird, dass das aus der Leberarterie in die Leber gelangende und durch die Lebervene ausströmende Blut nicht in Rechnung gezogen ist, ist es wol unzweifelhaft, dass die Menge des die Leber durchströmenden Blutes weit grösser ist, als ich auf Grundlage dieser Versuche annahm. Flügge, Heidenhain, v. Mering, Bleile haben in anderer Weise die Grösse des Blutdurchgangs durch die Leber innerhalb einer Zeiteinheit zu ermitteln gesucht und kamen zu Ziffern, die noch bedeutender sind, als die von mir durch den directen Versuch gefundenen.

Bei einem 10 kg schweren Hunde strömen ca. 144 l Blut innerhalb 24 Stunden durch die Leber, und wenn das Blut in derselben 0,1 pCt. Zucker aufgenommen hat, würden innerhalb dieser Zeit 144 g Zucker in die Circulation gelangt sein. Die Blutmenge eines Thieres steht im Verhältnis zum Körpergewicht, sie beträgt $1/_{13}$ desselben. Bei einem Menschen von 70—80 kg Gewicht würden also täglich 700—800 g Zucker in der Leber gebildet und in die Circulation geführt.

Die genannten Zahlen sind, wie gesagt, nur annähernde, da es uns nie gelingen wird, die beiden Factoren, die als Grundlage für unsere Kenntnis der Grösse der Zuckerausfuhr dienen müssen, nämlich die Grösse des Blutstromes durch die Leber und die Grösse der Befrachtung, mit absoluter Genaüigkeit zu ermitteln. Aber ich habe meiner Berechnung die kleinsten Ziffern zugrunde gelegt, so dass denselben wahrscheinlich der Fehler anhaftet, unter der Wirklichkeit zu stehen.

Erst mit der Erkenntnis des Umfanges der Zuckerbildung in der Leber sind wir auch zur Einsicht über die grosse Bedeutung dieses in der Leber gebildeten Zuckers gelangt. Die Zuckerbildung ist eine der wichtigsten Functionen des Thierkörpers. Der Blutzucker ist das Brennmaterial für Wärmebildung und mechanische Arbeitsleistung. Diese Bedeutung des Blutzuckers ist nicht eine hypothetische Anschauung, sie tritt uns mit zwingender Notwendigkeit entgegen, wenn wir uns die Vorgänge bei ausschliesslicher Fleischnahrung klar machen.

Ich habe z. B. bei einem Hunde von 41 k gefunden, dass die Blutmenge, welche innerhalb 24 Stunden die Leber durchströmt, 433 l betrug. Bei diesem Thiere war der Zuckergehalt des in die Leber einströmenden Blutes 0,112 pCt. und der des ausströmenden Blutes 0,256 pCt. Die Zuckerzunahme betrug 0,144 pCt. Wenn aber auch die für dieselbe gefundene Durchschnittsziffer von 0,1 g als Grundlage der Berechnung genommen würde, hatte dieses Versuchsthier innerhalb 24 Stunden 433 g Zucker aus der Leber in die Circulation geführt. In 100 g Traubenzucker sind enthalten 40 g Kohlenstoff. Für die Bildung von 433 g Zucker mussten verbraucht werden 173 g Kohlenstoff; und wenn dieser Kohlenstoff ausschliesslich aus Eiweisskörpern stammt, ist derselbe enthalten in 323 g Eiweiss; bei Ernährung mit magerem Fleische braucht das Thier 1300 g Fleisch, um den für die Zuckerbildung nötigen Kohlenstoff dem Körper zuzuführen. Ein Thier von diesem Körpergewichte bedarf erfahrungsgemäss, um auf seinem Bestande zu bleiben, circa 1500 g Fleisch, wenn es ausschliesslich mit magerem Fleische gefüttert wird. Dieses Fleisch enthält 200 g Kohlenstoff; wenn davon etwa 15—20 g zur Bildung von Harnstoff verwendet werden, diente nahezu der gesammte übrige Kohlenstoff der Nahrung für die Zuckerbildung. In dem Blutzucker ist also nahezu das ganze Brennmaterial der Eiweissnahrung enthalten.

In den Versuchen mit Fettfütterung und in den Hungerversuchen habe ich durch die quantitative Bestimmung des ausgeschiedenen Harnstoffes nachgewiesen, dass die während dieser Fütterungsperioden umgesetzten Eiweisskörper kaum ausgereicht hätten für die Zuckerbildung von 24 Stunden. Der bei weitem grösste Teil des Zuckers muss also während dieser Perioden aus dem verfütterten oder aus dem vom Körper zugesetzten Fett entstanden sein. Es ist also auch bei Fetternährung wie bei Hunger das verbrauchte Nähr- oder Körpermaterial zum grössten Teile für die Zuckerbildung verwendet worden.

Mit der Fett- und Fleischnahrung führen wir dem Körper die Spannkräfte zu, welche den Körper für seine Leistungen befähigen. Die Leber ist mit der Aufgabe betraut, aus diesem Nährmaterial den Zucker, d. h. den Brennstoff zu bilden, welcher in die Circulation gelangt, von da in alle Gewebe geführt, in diesen je nach Bedarf oxydirt und in lebendige Kraft umgesetzt wird.

An der Bildung des Blutzuckers ist der Nahrungszucker, mindestens direct, unbeteiligt. Eiweiss und Fett sind das Material, aus welchem der Blutzucker stammt. Für die Ernährung des Erwachsenen, welche die Aufgabe hat, dem Körper die Spannkräfte für die Arbeit des Lebens zuzuführen, sind Fleisch und Fett gleichwertig, da aus beiden dasselbe Brennmaterial, der Zucker, stammt. Und wenn auch nicht geleugnet werden kann, dass der Fleischnahrung eine höhere Dignität zukommt, da nur sie allein ohne weitere Zuthat einen Körper vollständig ernähren kann, d. h. dass nur sie ihm mit der nötigen Spannkraft auch das Material für die durch Abnützung verloren gegangene und neu zu bildende Körpersubstanz zuführt, so kann die Fettnahrung doch einen gleichen Wert als Kraftquelle beanspruchen; und in der Massenernährung und in der Ernährung herabgekommener mittelloser Kranker muss dem billigeren Fett ein viel breiterer Platz in der Ernährung eingeräumt werden, als dies bis jetzt geschehen ist.

Im Gegensatze zur Blutzuckerbildung hat der Nahrungszucker, d. h. sowohl der direct zugeführte, wie der aus Stärkemehl entstandene, einen hervorragenden Anteil an der Bildung von Glykogen. Bernard*) hat die Beobachtung gemacht, dass, wenn Trauben-

---

*) Bernard, Leçons de physiol. expérimentale. Paris 1855. 7. leçon.

zuckerlösung in einen Zweig der Pfortader injicirt wird, kein Zucker mit dem Harne ausgeschieden wird, während dies der Fall ist, wenn die Zuckerlösung in eine andere Körpervene eingespritzt wird. Schöpfer*) hat diesen Versuch von Bernard mehrfach wiederholt und gefunden, dass bei einer Einspritzung in die Vena cruralis der Harn nicht unbeträchtliche Mengen Zucker enthielt, während bei einer Einspritzung in eine Vena meseraica der Harn vollständig zuckerfrei war. Diese Versuche lehren, dass der in das Pfortadersystem gelangende Zucker in der Leber zurückgehalten wird.

Pavy**) hat über die Beziehung zwischen Nahrung und Bildung von Leberamylum ausgedehnte Versuchsreihen angestellt. Er fand bei Hunden, die ausschliesslich mit Fleisch gefüttert waren, das Verhältnis des Lebergewichtes zu dem des Thieres wie 1 : 30 und den Glykogengehalt im Durchschnitt 7 pCt. Bei Hunden, welche mit Brot und Kartoffeln gefüttert waren, war die Leber noch einmal so gross, als bei den mit Fleisch gefütterten Thieren, das Gewichtsverhältnis zwischen Leber und Körper war 1 : 15 und die Durchschnittsmenge des Glykogens betrug 17 pCt. Aehnliche Versuche stellte Pavy auch an Kaninchen an. Bei Hungerkaninchen fand er das Verhältnis von Lebergewicht zum Thiergewicht wie 1 : 30, den Gehalt an Glykogen zu 1,4 pCt., bei den mit Stärke und Zucker gefütterten Thieren stellte sich das Verhältnis von Lebergewicht zu Körpergewicht wie 1 : 13, das Leberglykogen betrug ebenfalls circa 17 pCt. Er hat an Kaninchen die Wirkung der verschiedenen Nahrungsmittel geprüft und folgende Resultate erhalten:

Stärke- und Rohrzuckernahrung ergab den grössten
   Amylumgehalt . . . . 12,9—27,6 pCt.,
Stärke, Zucker und Eiweiss bei 2 Thieren . . 15,7—17,0 ,,
1¹/₂ Unz. arab. Gummi als ausschliessliche Nahrung 10,9 — 4,8 ,,
6 Unz. Olivenöl gab einmal Spuren, bei 2 Thieren   Null,
Gelatine von 80—150 Gran gab einmal Spuren,
   bei 2 Thieren . . . .   Null,
Eiweiss von 4 Eiern gab Spuren, von 2 Eiern .   Null.

---

*) Schöpfer, Archiv f. experim. Pathologie. I.
**) Pavy, The influence of diet on the liver.

Die drei letztgenannten Ernährungsversuche waren also in ihren Wirkungen auf Leberamylum mit Hunger gleichbedeutend.

M'Donell*), der gleichfalls über den Einfluss verschiedener Ernährungsarten auf Leberamylum Versuche angestellt hat, fand in einer Hundeleber bei Fütterung mit Stärke und Zucker 980 Gran, bei Glutenbrotfütterung 125 Gran, bei Fettfütterung Spuren und bei Gelatinefütterung Null Glykogen.

Tscherinoff**) hat Hühner in verschiedener Weise ernährt. Er fand nach zweitägigem Hungern 0,5—0,6 pCt., nach ebenso langer Fleischfütterung 1 pCt., nach Reisfütterung 5—7 pCt. und nach Rohr- und Traubenzuckerfütterung 9—12 pCt. Glykogen.

Ich habe in meinen Fütterungsversuchen zum Behufe der Blutzuckerbestimmung auch die anderen Kohlehydrate der Leber quantitativ bestimmt; die Hunger- wie die Fütterungsperioden hatten stets 8—10 Tage gedauert; die in beistehender Tabelle enthaltenen Ziffern geben den Gehalt an Kohlehydraten in Procenten als Mittel aus den verschiedenen Versuchen. In diesen Kohlehydraten ist Dextrin mit eingeschlossen, da ich die Fällung des Leberdecoctes nicht mit schwachem, sondern stets mit 93 proc. Alkohol bewirkte.

Art der Ernährung.	Zahl der Versuchs- thiere.	Gehalt der Leber an Glykogen + Dextrin in pCt.
Hunger . . .	8	1,67
Fett . .	6	0,93
Stärkekuchen	9	6,00
Rohrzucker . .	5	9,40
Zucker + Dextrin	2	12,10

Ich fand ferner in anderen Versuchsreihen bei 5 ausschliesslich mit Brot gefütterten Hunden dreimal 10—11 pCt., zweimal 7—9 pCt. Glykogen + Dextrin, während ein mit Fleisch ge-

---

*) l. c.
**) Tscherinoff, Ueber die Abhängigkeit des Glykogengehalts der Leber von der Nahrung. Sitz.-Ber. d. Wiener Akad. Bd. 51.

fütterter Hund nur 3,7 pCt. hatte. Diese Ziffern geben nicht den absoluten Gehalt an Glykógen, aber sie genügen doch, um folgende Punkte festzustellen:

1. Der geringste Glykogengehalt ist bei Fettnahrung vorhanden.

2. Bei ausschliesslicher Fleischnahrung ist der Glykogengehalt nicht unbeträchtlich.

3. Bei Stärkemehlnahrung wird der Glykogengehalt beträchtlicher, und zwar ist er bei jener Stärkenahrung, die rasch verdaut wird, wie bei der Brotfütterung, sehr beträchtlich, während er bei Nahrung mit Stärkekuchen, die nur sehr langsam verdaut werden, bei denen also die Verdauungsproducte nur sehr langsam zur Resorption kommen, viel geringer, aber immerhin noch weit grösser ist als bei Fleischnahrung.

4. Am beträchtlichsten ist der Glykogengehalt bei Fütterung mit jenen Kohlehydraten, die sehr rasch resorbirt werden, also bei Zucker- und Dextrinfütterung.

E. Külz[*)] hat Hühner nach 3 tägiger Carenz 8—43 Tage lang mit Fleisch gefüttert, welchem jede Spur von Glykogen und Inosit durch 2 tägiges Digeriren mit Wasser von 30—38 ° entzogen war. Der Glykogengehalt der Leber betrug 0,14—1,44 pCt. Wenn er Hühner nach längerem Fasten mit kohlehydratfreiem Fibrin und Caseïn, ferner mit Serum- und Eieralbumin fütterte, enthielt die Leber 0,9—2,9 pCt. Diese Versuche bestätigen, dass aus Eiweiss Glykogen gebildet wird. Bei Fütterung mit Kohlehydraten fand er, dass das Glykogen nach 4 Stunden in der Leber erscheint, bis zur 16. Stunde wächst und nach 24 Stunden beträchtliche Abnahme zeigt.

Zahlreiche weitere Versuche wurden auch über den Schwund des Glykogens angestellt von Luchsinger, Salomon u. A. Mit dem Eintritt der Hungerzeit schwindet das Glykogen allmälig aus der Leber, doch ist diese Schwundzeit verschieden nach Art des Thieres und nach dem Stande der vorherigen Ernährung. Im allgemeinen sind 8—10 Hungertage nötig, um bei Hunden den Glykogengehalt auf ein Minimum herabzudrücken.

[*)] In: Festschrift für C. Ludwig. Marburg 1890.

E. Külz*) hat die interessante Beobachtung gemacht, dass bei angestrengter Arbeit das Leberglykogen rasch schwindet. Bei 4 von 5 wohlgenährten Hunden, welche 6—8 Stunden lang einen Wagen zogen und dann getötet wurden, war der Glykogengehalt der Leber vollständig geschwunden, und nur bei einem alten fettreichen Thiere war noch Glykogen in der Leber nachzuweisen.

Die sehr wichtige Frage, welchen Zwecken der thierischen Oekonomie das Glykogen dient, ist noch ganz ungelöst. Dass dasselbe im Verhältnis zu seiner Bildung auch eine Umwandlung erfahren muss, geht schon aus der einfachen Thatsache hervor, dass es auch bei reichster Fütterung mit Kohlehydraten bald an eine obere Grenze anlangt, über die es nicht ansteigt. Die Erfahrung, dass so viele Menschen, ja selbst ganze Nationen vorwaltend Stärkemehlnahrung geniessen und vollständig leistungsfähig sind, weist darauf hin, dass die Kohlehydrate im thierischen Haushalte eine entsprechende Verwenduug finden müssen.

Die directe Zuckerbildung aus Glykogen ist durch meine zahlreichen und vielfach modificirten Versuche ausgeschlossen. Pavy hat die Ansicht ausgesprochen, dass das Glykogen zur Fettbildung diene und auf die Thatsache hingewiesen, dass bei reichlich mit Kohlehydraten gefütterten Thieren eine sehr bedeutende Glykogenbildung in der Leber und gleichzeitig Fettansatz stattfindet. Dass Fett aus Kohlehydraten gebildet werden kann, ist jetzt unzweifelhaft von Tscherwinski, Soxhlet, J. Munk u. A. festgestellt. Die genannten Forscher stellten Versuche an, bei welchen sie den Thieren neben sehr kleinen Eiweissmengen reichliche Mengen von Kohlehydraten gaben. Die Thiere hatten so viel Fett angesetzt, dass dasselbe unmöglich aus der Spaltung der Eiweisskörper gebildet werden konnte. Wenn also die Kohlehydrate nicht direct Zucker bilden, so könnten sie es auf indirectem Wege thun durch das aus ihnen entstandene Fett. Die Kohlehydrate würden als Nährmaterial gegen Fett nur darum zurückstehen, weil der Umwandlungsprocess eine Summe von Arbeit in Anspruch nimmt, die durch directe Zufuhr erspart wird.

---

*) Külz, Ueber den Einfluss angestrengter Köperbewegung auf den Glykogengehalt der Leber. Pflüger's Arch. Bd. 24.

Nächst der Leber bilden die Muskeln die zweite Stätte, an welcher Glykogen in beträchtlicher Menge sich findet. O. Nasse*) hat durch zahlreiche Versuche nachgewiesen, dass das Glykogen ein normaler Bestandteil des Muskels sei. Dasselbe findet sich ausnahmslos in allen Muskeln, aber die Quantität, in welcher es in den verschiedenen Muskeln auftritt, ist eine sehr wechselnde; nach Nasse's Untersuchungen an Kaninchen, Hunden und Katzen schwankt der Glykogengehalt je nach den verschiedenen Muskelpartieen zwischen 0,4 und 0,9 pCt. Nach Untersuchungen aus Külz's Laboratorium ist der Glykogengehalt der Muskeln ein grösserer.

Durch viele Beobachter, insbesondere durch S. Weiss**), ist festgestellt, dass auch der Gehalt an Muskelglykogen von der Nahrung beeinflusst wird. Bei Fütterung mit Reis und Rohrzucker war der Gehalt des Muskels an Glykogen grösser, als bei Fibrin- und Fetternährung, doch ist dieser Einfluss lange nicht so bedeutend, wie der auf das Leberglykogen. Durch Hunger schwindet auch das Muskelglykogen ziemlich rasch.

Nächst dem Glykogen bildet der Zucker einen constanten Bestandteil des Muskels, wie dies G. Meissner***) bereits vor vielen Jahren nachgewiesen hat.

Nach O. Nasse fehlt dem Muskel der Zucker im normalen Ruhezustande und tritt erst mit der Muskelstarre auf. Ich habe in zahlreichen Versuchen lebenden Hunden Muskelfleisch excidirt, fein geschnitten und in bereitstehendes kochendes Wasser eingetragen. Ausnahmslos fand ich nebst Glykogen auch Zucker in dem Muskelextract, und ich habe diesen Zucker nicht blos durch Reduction bestimmt, sondern auch durch Gährung, und erhielt durch dieselbe fast stets gegen 90 pCt. des durch die Reduction ermittelten Zuckers. Wenn die Muskeln längere Zeit liegen, nimmt der Glykogengehalt ab, und es steigt dafür der

---

*) Nasse, Zur Physiologie der contractilen Substanz. Pflüger's Arch. Bd. 2 und 14.

**) S. Weiss, Zur Statik des Glykogens im Thierkörper. Wien. Acad. Ber. Bd. 64.

***) Meissner, Zur Kenntnis der Stoffmetamorphose im Muskel. Götting. Nachrichten. 1861.

Gehalt an Zucker. Ich will aus meinen Versuchen zwei Beispiele als Beleg anführen:

Versuch I. Hundefleisch.

a) Frisch:

       Glykogen . . . . 0,28 pCt.

       Zucker . . . . . 0,15 pCt.

b) Nach 24 Stunden:

       Glykogen . . . . 0,13 pCt.

       Zucker . . . . 0,24 pCt.

Versuch II. Pferdefleisch.

a) Direct von der Fleischbank:

       Glykogen . 0,41 pCt.

       Zucker . . 0,15 pCt.

b) Nach 3 Tagen:

       Glykogen . . 0,13 pCt.

       Zucker . . 0,277 pCt.

c) Nach 6 Tagen:

       Glykogen . 0,155 pCt.

       Zucker . . . 0,367 pCt.

Die Umwandlung des Glykogens in Zucker haben sowohl Meissner wie Nasse auf ein eigenes Muskelferment bezogen, und Nasse stellte nur die Frage, ob dieses Muskelferment schon in vivo existire und etwa nur in der Starre durch Verschiebung der Teilchen mit dem Glykogen in Berührung komme, oder erst postmortal entstehe. Mir ist es nicht gelungen, ein eigenes Muskelferment darzustellen, ich habe im Gegenteil gefunden, dass der aus frischem Fleische, wie aus gekochtem Fleische nach v. Wittich's Methode bereitete Glycerinauszug qualitativ wie quantitativ die gleiche sehr mässige diastatische Wirkung üben; und es schien mir darum sehr wahrscheinlich, dass die Muskelzelle ebenso wie die Leberzelle die Fähigkeit besitze, die Umwandlung des Glykogens in Zucker zu bewerkstelligen. Diese Annahme wurde dadurch bestätigt, dass es mir gelang, mittelst Muskelbreies, der durch arteriell erhaltenes Blut überlebend erhalten wurde, grössere

Glykogenmengen in Zucker umzuwandeln. Das nachfolgende Beispiel soll als Beleg dienen:

$$
\begin{aligned}
&\text{Hundefleisch} && . && 50 \text{ g,} \\
&\text{Blut} . . && . && 90 \text{ g,} \\
&\text{Glykogen} && . . . . && 1,5 \text{ g.}
\end{aligned}
$$

Durch 6½ Stunden mit dem Aspirator in Verbindung. Es wurde gefunden:

$$
\begin{aligned}
&\text{Glykogen} && . . . && \text{Spuren,} \\
&\text{Zucker} . && . . . && 1,2 \text{ g} = 1,3 \text{ g Glykogen.}
\end{aligned}
$$

Unbeantwortet ist noch die Frage, woher das Glykogen des Muskels stammt. Wird es im Muskel selbst gebildet oder gelangt es aus der Leber in den Muskel? Manche Beobachter haben Kohlehydrate im Blute nachgewiesen. Es wäre denkbar, dass dieses im Blute circulirende Glykogen in den Muskeln deponirt werde. Ich konnte in vielen Versuchen nur ein- oder zweimal nachweisen, dass das Blut ausser Zucker auch noch geringe Mengen anderer Kohlehydrate enthält. Es wurde nämlich die durch Enteiweissung gewonnene und eingeengte Blutflüssigkeit, in welcher der Zucker bestimmt worden war, mit 10 proc. Salzsäure in einer Glasröhre eingeschlossen und durch lange Zeit im Wasserbade einer hohen Temperatur ausgesetzt. Der Zuckergehalt der so behandelten Flüssigkeit war nahezu immer derselbe, wie der der ursprünglichen Flüssigkeit. Immerhin wäre es denkbar, dass Kohlehydrate, die durch unsere analytischen Methoden in kleinen Blutmengen nicht nachgewiesen werden können, mit dem Blutstrome aus der Leber ausgeführt werden, und dass auch diese kleinen Mengen in toto zu einer nicht unbeträchtlichen Ablagerung von Glykogen führen könnten. In jüngster Zeit hat Huppert (Centralblatt für Physiologie, Bd. 6, No. 14) mitgeteilt, dass es ihm gelungen sei, Glykogen aus Blut darzustellen, im Liter Blut sollen 0,005—0,010 g vorhanden sein.

E. Külz hat wertvolle Versuche mitgeteilt, welche darauf hinweisen, dass Glykogen in dem Muskel selbst entstehen kann. Külz exstirpirte Fröschen die Leber und injicirte diesen entleberten Fröschen subcutan Zucker. Der Glykogengehalt ihrer Muskeln war grösser als jener von entleberten Controlfröschen, denen

keine Injection gemacht wurde. Külz hat ferner Hundeschenkel
mit Blut, welchem 0,1—0,3 pCt. Rohr- oder Traubenzucker zugesetzt war, durch 6—7 Stunden künstlich durchblutet und fand
bei diesem eine Glykogenzunahme von 0,15—0,46 g im Vergleiche
mit dem Glykogen des Schenkels der anderen Seite, der mit de-
fibrinirtem, nicht mit Zucker versetztem Blute durchblutet war.

Denkbar wäre es also, dass das Muskelglykogen aus dem
Blutzucker selbst entstehe und zwar, dass ein kleiner Bruchteil
desselben in den Muskeln als Reservestoff abgelagert wird. Ein
ähnliches Vorkommen von Stärke wird auch in Pflanzenteilen beobachtet, in welchen diese nicht producirt wird, und diese Stärke-
wanderung ist nur so zu erklären, dass Stärke in Zucker umgewandelt von Zelle zu Zelle sich fortbewegt und im Ablagerungsorte
wieder in Stärke zurückverwandelt wird.

Es ist von grossem Interesse, darüber in's Klare zu kommen,
ob und inwieweit das Muskelglykogen an der Arbeitsleistung des
Körpers beteiligt ist. Einige Beobachtungen sprechen mit Bestimmtheit dafür, dass das Muskelglykogen bei Arbeitsleistung umgesetzt wird. S. Weiss tetanisirte Froschschenkel bis zur voll-
kommenen Erschöpfung und bestimmte in diesen tetanisirten
Schenkeln, wie in den nicht tetanisirten der anderen Seite den
Gehalt an Glykogen. Die tetanisirten enthielten 24 — 50 pCt.
weniger Glykogen, als die Schenkel der anderen Seite.

Chauveau und Kaufmann fanden im Masseter nach langer
Ruhe 0,177 g Glykogen; der Masseter der anderen Seite, welcher
untersucht wurde, nachdem das Thier eine halbe Stunde gefressen
hatte, enthielt 0,139 g Glykogen. Bei hungernden Thieren, welche
angestrengte Arbeit leisten, sahen Külz u. A. das Glykogen rasch
verschwinden. Die von mir beobachtete Thatsache, dass der durch
arterielles Blut lebend erhaltene Muskel imstande ist, beträchtliche Mengen Glykogen in Zucker umzusetzen, spricht auch dafür,
dass der Muskel das in ihm angehäufte Glykogen in das für die
Körperleistungen entsprechende Heizmaterial, in Zucker, umsetzt.
Die angeführten Beobachtungen deuten mit Bestimmtheit darauf
hin, dass das Muskelglykogen als Arbeitsmaterial verwertet wird.
Dagegen führt schon eine einfache Erwägung zu dem Schlusse,
dass das Glykogen doch nur eine ganz untergeordnete Bedeutung

für die Arbeitsleistungen des Körpers besitzt. Vor allem sprechen gegen die grosse Bedeutung des Glykogens als Arbeitsmaterial die Hungerversuche. Zahlreiche Beobachtungen lehrten, dass das Muskelglykogen während des Hungerns nur sehr langsam abnimmt, und es braucht z. B. bei Hunden einer vierzehntägigen Carenz und darüber, bis alles Glykogen aus dem Muskel geschwunden ist. Denken wir uns beispielsweise einen Hund von 40 kg Körpergewicht; der Muskelbestand dieses Thieres beträgt ca. 45 pCt. des gesammten Körpergewichts, also ungefähr 18 kg. Wenn wir die höchste Ziffer, die Nasse in einigen Muskeln gefunden, nämlich 0,9 pCt., als Glykogengehalt sämmtlicher Muskeln annehmen, würde derselbe doch nur ca. 16 g betragen. Die Leber eines 40 kg schweren Hundes ist ungefähr 800—1000 g schwer. Selbst bei der Annahme, dass der Hungerzeit eine reiche Fütterung mit Amylaceis vorausgegangen ist, würde der Glykogengehalt der Leber ungefähr 5—6 pCt. betragen, also in Summe 48—60 g. Wenn auch während der Carenzzeit das Leberglykogen allmälig dem Muskel zugeführt wird, würden diesem Thiere für die ganze Carenzzeit 70—80 g Glykogen zur Verfügung stehen. Es wird doch wol Niemand daran denken, dass das Verbrennen dieser mässigen Menge Glykogen ausreichen werde für die Wärmebildung und weitere Arbeitsleistung des hungernden Thieres. Noch ungünstiger stellen sich die Verhältnisse bei Hungerthieren, welche im Beginn der Hungerperiode eine anstrengende Arbeit geleistet haben. Es ist, wie früher erwähnt, festgestellt, dass ein hungerndes, angestrengt arbeitendes Thier schon nach wenigen Stunden seinen Glykogenbestand eingebüsst hat. Nun geht aber ein solches Thier nicht nach dem ersten Hungertage zu Grunde, kann im Gegenteil noch sehr viele Tage leben, und wenn es auch bald unfälig wird, angestrengte mechanische Arbeit zu leisten, muss es doch, so lange es athmet, die nicht unbeträchtliche innere Arbeit leisten und muss die verloren gegangene Wärme immer neu bilden. Mit Recht hat schon Nasse in seiner Arbeit über Muskelglykogen es ausgesprochen: „Es liegt auf der Hand, dass das Glykogen nicht imstande ist, die Muskelarbeit zu decken, und dass man sich nach anderen Quellen der Muskelkraft umsehen müsse". Dieser Ausspruch wird noch weit berechtigter, wenn man nicht blos an

Muskelarbeit, sondern an die Gesammtarbeit des Körpers denkt.
Zu dieser Gesammtleistung vermag das Glykogen nur einen kleinen
Bruchteil beizutragen. Wir kommen also zu dem Schlusse: Das
Muskelglykogen, welches wahrscheinlich aus dem Blutzucker in den Muskeln als Reservestoff niedergelegt
wird, ist imstande, durch seine Umsetzung dem Muskel
Kraft zuzuführen und sich an der Muskelarbeit mitzu-
beteiligen. Der Blutzucker ist die eigentliche Kraftquelle für alle Körperleistungen.

II. CAPITEL.

Die Zuckerausscheidung im Harn.

Wir nennen Diabetes mellitus einen Krankheitsprocess, der sich dadurch charakterisirt, dass im Harn stetig Zucker ausgeschieden wird.

Mit dem Worte Diabetes, von διαβαίνω, durchgehen, stammend, drückt man das bei den meisten hierhergehörigen Krankheitsfällen in die Augen fallendste Symptom, die reiche Harnausscheidung, aus. Bei genauerer Einsichtsnahme in die Beschaffenheit des Harnes stellte es sich heraus, dass übermässige Harnsecretion vorhanden sein kann, ohne dass im Harn ein anomaler Bestandteil enthalten ist, dass wieder in anderen Fällen der Harn einen im gesunden Harn nicht vorkommenden Bestandteil, Traubenzucker nämlich, enthält.

Darauf stützte man die Unterscheidung der in anderen Erscheinungen oft analogen Krankheitsbilder in Diabetes insipidus und Diabetes mellitus.

Eine reichere Casuistik hat gelehrt, dass mit der Zuckerausscheidung nicht immer Polyurie vorhanden ist. Der Ausdruck Diabetes ist im etymologischen Sinne nicht immer zutreffend, um das Krankheitsbild zu bezeichnen. Zweckmässiger wäre es, die Krankheit Melliturie oder Glykosurie zu nennen; denn die Zuckerausscheidung ist 1. das constante, nie fehlende Symptom, und 2. diese anomale Zuckerausscheidung ist unzweifelhaft die Ursache aller anderen bei diesem Krankheitsprocesse auftretenden Erscheinungen, sie bestimmt den ganzen Krankheitsverlauf und -Ausgang, sie bildet den Kernpunkt des ganzen Processes.

Seit langer Zeit wird die Frage ventilirt, ob Zucker ein normaler Harnbestandteil sei oder nicht. Zahlreiche Forscher haben sich durch ausgedehnte Versuchsreihen an der Lösung dieser Frage beteiligt, und noch immer ist die Lösung nicht endgiltig und über jeden Zweifel feststehend gefunden.

An der Spitze jener Forscher, welche bewiesen zu haben glaubten, dass Zucker ein normaler Harnbestandteil sei, stand Brücke. Eine Darstellung oder Reingewinnung von Traubenzucker aus Harn hatte er nie versucht; er wie alle, die nach ihm forschten, suchten den Zucker durch die denselben charakterisirenden Eigenschaften im Harn nachzuweisen. Eine der am meisten charakteristischen Eigenschaften ist das Reductionsvermögen des Zuckers in alkalischer Lösung gegenüber Metalloxyden. Aber da auch andere Bestandteile des Harnes diese Eigenschaft besitzen, war es nötig, diese auszuschliessen, auszuscheiden und den im Harn vermuteten Zucker zu isoliren. Brücke*) hat dieses nach doppelter Methode zu erreichen gesucht, und zwar 1. indem er Zuckerkali darzustellen versuchte, 2. indem er ein Bleisaccharat darstellte. Mit den aus dem normalen Harn gewonnenen, vermeintlichen einfachen Zuckerverbindungen hat er die bekannten Zuckerreactionen ausgeführt und positive Resultate bekommen. Brücke hat mit dem Bleisaccharate nicht blos Reductionserscheinungen erlangt, er hat auch nach geschehener Zerlegung desselben die Gährungsprobe angestellt und Kohlensäure erhalten.

Bence Jones hat die Versuche Brücke's wiederholt. Er hat den vermeintlichen Zucker als Bleisaccharat isolirt und nach geschehener Zerlegung desselben gleichfalls Gährungsproben gemacht und im Gegensatze zu Brücke ziffermässig die gewonnene Menge Kohlensäure festgestellt. Die aus 14 l Harn gewonnene Kohlensäuremenge betrug 14 mg gleich 0,0002 pCt Zucker. Bence Jones und Huizinga, ein weiterer Anhänger Brücke's, haben aus der Vergährung des zerlegten Bleisaccharats nicht blos Kohlensäure, sondern auch das zweite Gährungsproduct, den Alkohol, nachgewiesen.

---

*) Brücke, Sitzungsberichte d. k. Wiener Akademie d. Wissenschaften. Bd. XXIX.

Kühne*) ging noch weiter als diese Forscher; nach ihm soll der Harn 0,1 pCt. Zucker enthalten, ohne dass er für diese Behauptung irgend einen Versuch als Beweis beibringt. Die Unrichtigkeit von Kühne's Annahme konnte durch positive Beweise widerlegt werden. Es gelang mir, im genuinen Harn, welchem ich 0,01 bis 0,03 pCt. Zucker zusetzte, denselben nach meiner später mitzuteilenden Methode nachzuweisen; wenn solcher Harn durch Kohle filtrirt wird, geben Filtrat und Waschwässer mit Fehling'scher Lösung behandelt, die eclatanteste Reaction, Ausscheidung von Kupferoxydul und Kupferoxydulhydrat. Aus dem alkoholischen Extracte eines Harnes, welchem man 0,1—0,08 pCt. Zucker zusetzt, ist man imstande, Zuckerkali als eine schöne firnisartige Ausscheidung darzustellen, und die kleinsten Mengen dieser Ausscheidung geben alle Zuckerreactionen. Aus Harnen, welche 0,05—0,03 pCt. Zucker enthalten, habe ich Bleiverbindungen dargestellt, welche nach Zerlegung nicht blos alle Reductionserscheinungen in eclatanter Weise zeigten, sondern bei welchen durch Gährungsproben sowohl in der Eudiometerröhre wie im Kölbchen eine Kohlensäuremenge sich entwickelte, die der vorhandenen Zuckermenge entsprach, und mit welchen durch den Polarisationsapparat der Zucker nachzuweisen war.

Brücke und Bence Jones haben nur minimale Zuckermengen im Harn nachgewiesen, und ich habe mich in einer langen, ausgedehnten, auf viele Versuche gestützten Arbeit bemüht, die Grenze zu bestimmen, bis zu welcher man durch unsere heutigen Untersuchungsmethoden Zucker mit Bestimmtheit im Harn nachweisen kann. Für den genuinen Harn sind alle diese Methoden vollkommen unzureichend. Brücke hat aber nicht mit genuinem Harn gearbeitet, er hat aus grossen Mengen, 10 l und darüber, den Zucker zu isoliren getrachtet. Ich habe nachgewiesen, dass seine Isolirungsmethoden ihm vollkommen unrichtige Resultate geben mussten.

Er hatte Zuckerkali dargestellt, indem er den alkoholischen Extract des Harns mit alkalischer Kalilösung bis zur deutlichen Alkalescenz der Mischung versetzte und das ganze wolbedeckt im kalten Raume durch 24 Stunden stehen liess. Boden und Wände des Glases waren mit einem krystallinischen Ueberzuge be-

---

*) Kühne, Lehrb. d. physiol. Chemie. 1868.

deckt; diesen hielt Brücke für Zuckerkali, und mit demselben hat
er die Reductionserscheinungen erhalten. In Brücke's alkoholischer
Harnzuckerlösung waren 80 pCt. Alkohol vorhanden. Ich habe
nachgewiesen, indem ich reichlich mit Zucker versetzten Harn mit
Alkohol bis zu verschiedener Concentration vermischte und dann
alkoholische Kalilösung zusetzte, dass das gebildete Zuckerkali
sich so lange löste, bis der Alkoholgehalt auf 94 pCt. gestiegen
war. Erst dann blieb die gebildete Ausscheidung von Zuckerkali
ungelöst; aber sie hatte kein krystallinisches Aussehen,
war nicht farblos, sondern stellte eine gelbe, an der
Luft rasch braun werdende firnisartige Masse dar. Weitere
Versuche zeigten, dass die Grenze der Löslichkeit des Zuckerkali
in Alkohol bei 90 pCt. liegt; der von Brücke gefundene krystallinische Beschlag konnte also unmöglich Zuckerkali sein, sondern
war offenbar aus anderen Harnbestandteilen entstanden, und diese
gaben mit Fehling'scher Lösung eine schwache dichroitische
Trübung.

Die zweite Methode, nach welcher Brücke den Zucker isolirte,
war die, dass er ein Bleisaccharat darstellte. Ich habe wiederholt
diese Darstellung von Bleisaccharaten nach Brücke's Methode mit
8 l Harn versucht und konnte mit dem zerlegten Bleiniederschlag
wol eine schwache Reduction der Fehling'schen Lösung erhalten.
Dagegen konnte ich mit demselben weder mittelst Gährung noch
durch den Polarisationsapparat Zucker nachweisen. Wenn ich dagegen diesen 8 l Harn 0,5 g Zucker zusetzte, konnte mit der
zerlegten Bleiverbindung die eclatanteste Reduction bewirkt werden und etwa $^2/_3$ des zugesetzten Zuckers mittelst Gährung wie
mit Hilfe des Polarisationsapparates nachgewiesen werden. Es ist
also dadurch positiv erwiesen, dass der normale Harn nicht
0,006 pCt. Zucker enthalten könne.

Die schwachen Reductionserscheinungen, welche Brücke erhalten hat, sind durch die mit dem Bleiniederschlage ausgefallene
Harnsäure veranlasst, während seine positiven Gährungsresultate so
minimaler Natur waren, dass sie zweifellos auf Selbstvergährung
der Hefe zu setzen waren. Meine Versuche, die ich schon wegen
der historischen Bedeutung des Gegenstandes in extenso dieser
Arbeit beischliesse, haben nicht besagt, dass der Harn unmöglich

Spuren von Zucker enthalten könne, aber sie beweisen auf's eclatanteste, dass es sich eben nur um ganz minimale Spuren handeln kann, die mit unseren Mitteln im genuinen Harn absolut nicht nachweisbar sind.

Külz[*]) ist es nicht gelungen, aus je 100 l Harn gesunder Arbeiter, nach Fällung desselben durch Bleiessig und Ammon, Zucker nachzuweisen.

Später hat Abeles[**]) durch eine modificirte Methode Bleisaccharate aus Harn dargestellt und in allen Zucker nachgewiesen. Ich will auf die Einwürfe gegen diese Arbeit hier nicht näher eingehen, ich will nicht erörtern, ob es sich bei dieser Untersuchung um Harn von Gesunden handelte, ich will ferner nicht berücksichtigen, dass spätere Forscher darauf hingewiesen, dass es sich um eine Verbindung der Glykuronsäuren handeln könne — aber von allen Einwänden abgesehen, geht aus Abeles' Ziffern hervor, dass der Zuckergehalt ein unendlich kleiner ist und nur einige Zehntausendstel eines Procentes trägt.

Molisch[***]) hat eine andere Methode für den Nachweis des Zuckers im Harn angegeben. Es werden zur Harnlösung einige Tropfen einer 15 — 20 proc. alkoholischen α-Naphtollösung zugesetzt, umgeschüttelt und nun 1 — 2 Volumen concentrirte Schwefelsäure zugefügt; nach dem Mischen nimmt die Flüssigkeit eine violette, in's Purpurne gehende Farbe an. Da auch normaler Harn diese Reaction gibt, hat Molisch daraus geschlossen, dass der normale Harn Zucker enthalte. Ich habe nachgewiesen, dass reine Eiweisskörper diese Reaction geben, und da nach Posner u. A. der normale Harn Spuren von Eiweiss enthalten soll, wäre die Reaction von Molisch durchaus nicht als beweisend für den Zuckergehalt des normalen Harns anzusehen.

v. Udránszky[†]), der es bestätigte, dass auch Eiweisskörper die Molisch'sche Reaction geben, und dieses auf die Bildung von Furfurol bezieht, glaubte den Nachweis für den Zuckergehalt des

---

[*]) Külz, Pflüger's Archiv. Bd. 13.
[**]) Abeles, Centralbl. f. d. med. Wiss. 1879.
[***]) Molisch, Sitzungsb. d. Wien. Acad. d. Wiss. XCIII. 2. Abt.
[†]) v. Udránszky, Zeitschr. f. phys. Chemie. 1888. Bd. 12.

normalen Harns dadurch liefern zu können, dass schon 1—2 Tropfen
Harn die Reaction geben; aber wenn der Harn Eiweissspuren enthält, sind auch diese Spuren in den wenigen zu der Reaction verwendeten Tropfen vorhanden und können daher den positiven Ausfall der Reaction für sich in Anspruch nehmen.

Wird nach Baumann*) normaler Harn mit Benzoylchlorid
und Natronlauge geschüttelt, so erhält man einen Niederschlag von
Benzoylverbindungen, und Wedenski**) will in diesem Niederschlage Zucker gefunden haben. Der Beweis ist, wie v. Udránszky
bemerkt, nicht vollständig hergestellt, da Wedenski nur die reducirende Wirkung seiner Substanz nachgewiesen, aber ihr Verhalten
gegen polarisirtes Licht und gegen Hefe nicht festgestellt hat.

Moritz***) hat den normalen Gehalt des Harns an Zucker dadurch zu erweisen gesucht, dass er aus grossen Harnmengen (6 bis
17 l) zuerst ein Bleisaccharat darstellte und nach der Zerlegung
desselben die wasserklare Flüssigkeit nach Fischer's Methode†)
mit Phenylhydrazin und Natronacetat behandelte. Er erhielt Krystallflocken, welche mit Rücksicht auf ihr Aussehen und den Schmelz-
punkt (205°) als Phenylglykosazon anzusehen waren. Die gefundene Menge war gewiss nur eine sehr geringe, da aus 6—17 l
eine quantitativ nicht bestimmbare Menge von Krystallflocken gewonnen werden konnte. Immerhin würden diese Versuche, wenn
sie sich weiter bestätigten, den ersten unzweifelhaften Nachweis
liefern, dass der normale Harn Zucker enthält.

Aber auch der unzweifelhafte Nachweis dieser kleinen Mengen
Zucker im normalen Harn hat einen grossen Teil seiner physiologischen und pathologischen Bedeutung verloren, seitdem es feststeht, dass das Blut reichlich Zucker enthält, und viele hundert
Gramm Zucker im Laufe eines Tages aus der Leber ausgeführt
mit dem Blute durch den ganzen Körper strömen; es ist da nicht
blos denkbar, sondern sogar wahrscheinlich, dass ein Minimum
dieses Zuckers unverwertet durch den Harn ausgeschieden werden kann.

*) Baumann, Berichte d. dtsch. chem. Gesellsch. 1886. Bd. 15.
**) Wedenski, Zeitschr. f. phys. Chemie. 1888. Bd. 13.
***) Moritz, Dtsch. Archiv f. klin. Med. Bd. 46.
†) Fischer, Berichte d. dtsch. chem. Gesellsch. 1887. Bd. 20.

Nach dem heutigen Stande der Frage können wir mit Bestimmtheit sagen, dass selbst mit den empfindlichsten uns zu Gebote stehenden Mitteln für Bestimmung kleiner Zuckermengen es noch Niemandem gelungen ist, Zucker im genuinen Harn nachzuweisen. Der Zuckernachweis ist immer nur gelungen, wenn grosse Mengen Harn verarbeitet wurden, und der vermeintliche Zucker in einer oder der anderen Weise isolirt wurde. Und wie bereits erwähnt, vermögen wir, speciell mit meiner Kohlenprobe, unendlich kleine Mengen Zucker mit Bestimmtheit nachzuweisen. Bei Zusatz von 0,01 pCt. Zucker bekommen wir mit der Kohlenprobe eclatante Reactionen, und bei Zusatz von 0,05 pCt. bin ich noch imstande, nach dieser Methode eine quantitative Analyse auszuführen. Der normale Harn gibt diese Reaction nicht; ich kann also mit Bestimmtheit sagen, der normale Harn enthält nicht 0,01 pCt. Zucker. Wem es beliebt, kann sich denken, dass eine Zuckermenge, die jenseits dieser Grenze liegt, im normalen Harn enthalten ist. Aber für den practischen Arzt genügt es, zu wissen, dass jeder directe Zuckernachweis in einer kleineren Menge genuinen Harns, wie sie sonst zu einer Analyse verwendet wird, als Anomalie anzusehen ist; und für mich ist jede Zuckerausscheidung, die durch die Kohlenprobe mit Sicherheit nachzuweisen ist, eine pathologische Erscheinung.

Die nächste Frage ist nun, wird zuweilen unter physiologischen Verhältnissen auch eine grössere Menge Zucker durch den Harn ausgeschieden, oder ist jede Zuckerausscheidung, die über jene minimalen nicht direct zu bestimmenden Spuren hinausgeht, unter allen Bedingungen die Folge eines pathologischen Processes?

Zahlreiche Beobachtungen liegen vor, dass bei übermässigem Zuckergenuss leicht nachweisbare Zuckermengen im Harn erscheinen. Worm-Müller*) hat an Menschen nach dieser Richtung eine grössere Versuchsreihe angestellt. Er fand, dass bei gesunden Menschen nach reichlicher Einfuhr von Rohrzucker (50—250 g), Milch- und Traubenzucker (100—250 g) und Honig (50 g) 3 bis 4 Stunden nach der Einfuhr etwa 1 pCt. des eingeführten Zuckers durch den Harn ausgeführt werden. Laevulose aus dem Honig geht

―――――――

*) Worm-Müller, Pflüger's Arch. Bd. 34.

4*

nicht in den Harn über. Nach reichster Stärkefütterung war kein
Zucker im Harn nachzuweisen. Bei Diabetes wird bekanntlich auch
nach Stärkezufuhr Zucker ausgeschieden, und zwar erfolgt die Ausscheidung rascher nach dem Genusse von gekochter als nach Einfuhr von ungekochter Stärke. In meinen[*]) Fütterungsversuchen
an Hunden fand ich, dass wenn nach zweitägigem Hungern mit
einem Male 100—120 g Rohrzucker in Stücken, ohne jede weitere
Nahrung, und Wasser nach Belieben eingeführt werden, ein kleiner
Bruchteil des Zuckers im Harn wieder erscheint; ich fand aber im
Gegensatz zu Worm-Müller im Harn sowol Invertzucker als
Rohrzucker. Das Verhältnis in der Quantität der Ausscheidung
der beiden Zuckerarten war nicht immer dasselbe. An manchen
Beobachtungstagen enthält der Harn 1,6—2 pCt. vergährbaren
Zuckers. Die Menge des reducirenden Zuckers ist 1,1—1,5 pCt.,
während die Rohrzuckerausscheidung $1/_3$—$1/_4$ der Invertzuckeraus-
scheidung beträgt. An einem anderen Tage beträgt die Gesammtzuckerausscheidung 7 pCt., während die Ausscheidung des reducirenden Zuckers nur 3 pCt. beträgt. Die Rohrzuckerausscheidung ist
an diesem Tage grösser als die Ausscheidung des Invertzuckers.
In Summa ist die Gesammtzuckerausscheidung durch den Harn, so
beträchtlich sie auch an einzelnen Tagen zu sein scheint, nicht sehr
gross im Verhältnis zur eingeführten Zuckermenge. In einer Versuchsreihe wurden 520 g Zucker gegeben und 15,2 g ausgeschieden,
also circa 3 pCt. der Einfuhr. In einer zweiten Versuchsperiode
wurden als Nahrung genossen 750 g Zucker und nur 7,4 g ausgeführt, = 1 pCt. der Einfuhr.

Hofmeister[**]) hat ähnliche Versuche mit verschiedenen Zuckerarten an kleinen Hunden angestellt und gleichfalls Zuckerausscheidung nachgewiesen. Er nennt die Zuckermenge, bis zu welcher
der eingeführte Zucker vom Organismus bewältigt werden kann,
die Assimilationsgrenze und bestimmt diese per Kilo Körpergewicht.
Die Assimilationsgrenze für Rohrzucker wäre 3,6 g per Kilo Körpergewicht, für Traubenzucker 2—2,5 g, während sie für Milchzucker

---

[*]) Seegen, Ueber Zucker im Harn bei Rohrzuckerfütterung. Pflüger's
Archiv. Bd. 37.
[**]) Hofmeister, Archiv f. exper. Path. etc. 1889. Bd. 25.

und Galaktose unter 1 g war. Bei Erhöhung der Zufuhr steigt die Ausscheidung, doch wird nicht das ganze über die Assimilationsgrenze eingenommene Zuckerplus wieder ausgeschieden. Hofmeister fand auch, dass kleine Hunde nach 3—20 tägigem Hungern nach Einfuhr von 20 g Stärke circa $^3/_1$ g Zucker im Harn ausschieden. Durch das Hungern soll die Assimilationsfähigkeit sehr herabgesetzt werden, und Hofmeister bezeichnet diesen Zustand als Hungerdiabetes.

Moritz*) fand eine Zuckerausscheidung nach reichlicher Zufuhr von Fruchteis und Champagner, und Kratschmer beobachtete einigemale, dass nach übermässigem Biergenuss etwas Zucker im Harn ausgeschieden wurde.

Solche Ausscheidungen im Harn werden als alimentäre Glykosurie bezeichnet. Sie charakterisiren sich dadurch, dass die Zuckerausscheidung sehr rasch nach übermässiger Zufuhr von Zucker stattfindet, und dass schon einige Stunden nach dem Zuckergenuss die Ausscheidung wieder aufhört. Bei dieser Form der alimentären Glykosurie braucht die Assimilationsfähigkeit der Leber noch gar nicht herabgesetzt zu sein, ebensowenig, als wir sagen können, die Verdauungsfähigkeit des Magens sei herabgesetzt, wenn derselbe nach plötzlicher überreicher Nahrungszufuhr diese nicht bewältigen kann.

Wie sehr es darauf ankommt, unter welchen Bedingungen die Zuckernahrung geboten wird, beweisen die Versuche von Kraus und Ludwig**) an Gesunden. Es wurden bei einigen jungen gesunden Individuen 200 g chemisch reiner Traubenzucker eingeführt, und kaum eine Spur Zucker im Harn nachgewiesen. Aber ihre Zuckerzufuhr fand bald nach einer Mittagsmalzeit statt, die Zuckerlösung mischte sich mit dem Speisebrei, kam infolge dessen langsamer zur Resorption, und darum erfolgte auch keine Zuckerausscheidung. Ebenso sehen wir in den Versuchen von Worm-Müller, die an gesunden kräftigen Männern ausgeführt wurden, dass bei einer Zufuhr von 58 g 0,8 g ausgeschieden wurden, während ein anderes Mal bei einer Einfuhr von 100 g der Harn zuckerfrei war. Aber jene 58 g

---

*) Moritz, Münchener med. Wochenschr. 1891.
**) Kraus und Ludwig, Wiener klin. Wochenschr. 1891.

wurden auf nüchternen Magen genommen, während in dem Versuche
mit 100 g auf die Zuckerzufuhr sogleich eine Malzeit folgte.

Kraus und Ludwig haben aber auch eine Reihe von Versuchen mit Zuckereinfuhr an Kranken angestellt, und zwar an
solchen, die an Lebercirrhose oder an Morbus Basedowii litten, in
einem Falle war eine Pankreascyste vorhanden. In einzelnen dieser
Fälle wurde ein Bruchteil der eingeführten Zuckermenge, der zuweilen nicht klein war, ausgeschieden, in einzelnen trat auch eine
Zuckerausfuhr ein nach stärkemehlhaltiger Nahrung. In diesen
Fällen war unzweifelhaft die Assimilationsfähigkeit der Leber herabgesetzt, und diese Zuckerausscheidung war bereits eine pathologische.
Wirklich war auch in einem Falle bei Cirrhosis hepatis die Zuckerausscheidung nach Zuckerzufuhr nicht blos während des Versuchs-
verlaufes eine immer stärkere geworden, sie dauerte noch 7 Tage
fort, trotzdem der Kranke zu seiner gewöhnlichen gemischten Nahrung zurückgekehrt war.

Die alimentäre Mellituric charakterisirt sich dadurch, dass der
Zucker nur vorübergehend und meist nur nach überreicher Zucker-
zufuhr ausgeschieden wird. Vorübergehende Melliturien werden bei
Wöchnerinnen beobachtet. Sinety bezieht diese Glykosurie auf
Milchstauung, Hempel*) fand bei Wöchnerinnen einen Zuckergehalt
von 0,17—1,6 pCt., die Menge war beeinflusst von der Grösse der
Secretion und der Stauung.

Nach Anästhesirung mit Chloroform und Morphium treten kleine
Zuckermengen im Harn auf, ebenso nach Strychninvergiftung. In
zwei Fällen von Kohlenoxydgasvergiftung hat Kahler**) nicht unbeträchtliche Mengen Zucker im Harn nachgewiesen. In einem
schweren Falle wurden innerhalb 24 Stunden 10,8 g, in einem leichteren Falle 4,8 g ausgeschieden.

v. Mering hat die interessante Entdeckung gemacht, dass
durch Einnahme von Phloridzin sowol per os als in Form von
Injectionen Zuckerausscheidung durch den Harn veranlasst wird.
Diese Zuckerausscheidung ist keine minimale; es werden 6—9 pCt.
und darüber ausgeschieden. Die Zuckerausfuhr findet nicht auf

---

*) Hempel, Archiv f. Gynäkologie. VIII. Bd.
**) Kahler, Prager med. Wochenschr. 1881.

Kosten von Glykogen statt, wie dies durch Versuche an hungernden Thieren nachgewiesen wurde. Am 20. Hungertage schied das
Thier noch 13,9 pCt. Zucker aus. Der ausgeführte Zucker war also
unzweifelhaft auf Kosten von Albuminaten und Fett entstanden.
Aber auch hier ist die Zuckerausscheidung nur eine vorübergehende.
Bei einem Menschen, welcher täglich durch 30 Tage zwei Injectionen von je 1 g Phloridzin erhielt, betrug die Ausscheidung pro
die bis zu 97,6 g, hörte aber einen Tag nach der Injection auf.

Moritz und Prausnitz*) haben an Hunden unter den verschiedensten Ernährungsbedingungen Phloridzindiabetes erzeugt und
gleichfalls gefunden, dass die Zuckerausscheidung unter allen Ernährungsbedingungen und auch beim Hungern stattfindet. Ihre
Hunde schieden 6—13 pCt. Zucker aus. Die Zuckerausfuhr begann
3 Stunden nach der Einverleibung, stieg durch 20 Stunden an und
hörte nach 30—36 Stunden vollständig auf.

Alle die genannten wie viele andere Arten experimenteller Gly-
kosurien sind vorübergehend: ist dagegen die Ausscheidung eine constante, von der Malzeit unabhängige, so ist sie stets eine pathologische,
und selbst die kleinste im genuinen Harn nachweisbare Zuckerausfuhr ist als Ausdruck eines pathologischen Processes aufzufassen.

Manche Autoren über Diabetes, so unter Anderen auch Pavy**)
und Vogel***), haben von einer unschuldigen Melliturie gesprochen
und stellen diese in Gegensatz zu Diabetes mellitus. So bezeichnet
Vogel mit Mellturie jene Fälle von Zuckerausscheidung, die nicht
mit excessiver Harnausscheidung einhergehen, und Pavy stützte
seine Ansicht dadurch, dass er wiederholt bei auf's Geratewol vorgenommenen Harnen von Spitalskranken, z. B. von Phthisikern,
kleine Mengen Zucker gefunden hat.

Abeles†) hat nach meiner Methode, und nur diese ist für
die Entdeckung von Zuckerspuren verlässlich, den Harn von
30 Schwangeren und 20 Säugenden untersucht und Zuckerspuren
entdeckt, die er nach vergleichenden Versuchen mit künstlichem
Zuckerharn auf weniger als 0,02 pCt. schätzt. Von 225 Kranken,

---

*) Moritz und Prausnitz, Zeitschr. f. Biologie. Bd. XXV.
**) Pavy, On the nature and treatment of Diabetes. London 1869.
***) Vogel, Virchow's Handb. d. spec. Path. u. Therap. Bd. VI./II.
†) Abeles, Wiener med. Wochenschr. 1874.

deren Harn er untersuchte, hatten 68 ebenfalls Zuckerspuren; und zwar waren unter 36 Geisteskranken 9, unter 66 Phthisikern 18, unter 6 an Klappenfehlern Leidenden 4, welche Zuckerspuren ausschieden. Nur bei einem einzigen Individuum fand sich ein Zuckergehalt von 0,3 pCt., es konnten aber auch bei demselben alle diabetischen Symptome nachgewiesen werden.

Die Unterscheidung, die Vogel zwischen Mellituric und Diabetes macht auf Grundlage der vorhandenen oder fehlenden Polyurie, ist durch die Thatsachen durchaus nicht begründet. Ich habe zahlreiche Fälle beobachtet, wo trotz sehr mässiger Harnausscheidung alle Symptome des Diabetes vorhanden waren.

Ich führe aus vielen anderen als besonders bezeichnend den Fall No. 28 an. Er ist einer der hochgradigsten Fälle von Diabetes, den ich zu beobachten Gelegenheit hatte. Ein junger Mann von 30 Jahren, der wahrscheinlich an einer Gehirnaffection litt, übermässig fettleibig war, wurde im Jahre 1860 hochgradig diabetisch, magerte rasch ab, wurde von Durst und Trockenheit im Munde gequält. Auf Anwendung von ausschliesslicher Fleischkost besserten sich alle Symptome. Als ich den Patienten sah, schwankte die tägliche Harnausscheidung zwischen 1300—1800 ccm, die Zuckerausscheidung war auch keine sehr grosse, sie schwankte zwischen 40—60 g per Tag; hier war also Mellituric ohne Polyurie; trotzdem steigerten sich von Tag zu Tag alle Symptome, und nach einem Jahre starb Patient.

Einen weiteren, sehr instructiven Beleg für die Identität von Mellituric und Diabetes bietet ferner der Fall No. 16. Patient war in hohem Grade fettleibig gewesen, hatte wegen dieser Fettleibigkeit Carlsbad gebraucht. Allmälig begann er magerer zu werden, und fühlte sich anfangs dabei sehr wol. Später trat Mattigkeit auf, Trockenheit im Munde, häufiger Harndrang. Bei der Untersuchung enthielt der Harn Spuren von Zucker, die Harnquantität war stets gering, sie stieg nie über 1800 ccm in 24 Stunden. Nach 8 tägigem Kurgebrauch war keine Spur Zucker vorhanden, Patient fühlte sich frisch, die Stimmung wurde gut, das Kraftgefühl kehrte zurück. Wenn irgendwo, wäre man doch in diesem Falle berechtigt gewesen, an eine ungefährliche Mellituric zu denken, und die Prognose gut zu stellen. Aber der Verlauf entsprach dieser Anschauung nicht; schon im nächsten Jahre bei Rückkehr des Patienten waren bemerkenswerte Zuckermengen vorhanden, die nicht ganz schwanden. Trotzdem die Zuckermenge noch immer sehr mässig und die Harnausscheidung gering war, hatten die Kräfte merklich abgenommen, und die Besserung während des zweiten Kurgebrauches war keine entschiedene. Im Winter steigerten sich alle Symptome des Diabetes, und Patient starb an Erschöpfung.

Im Jahre 1870 schickte Prof. Niemeyer einen Patienten zu mir, der alle Symptome des hochgradigen Diabetes hatte, insbesondere war die Muskelschwäche eine excessive, die tägliche Harnmenge betrug zwischen 1000—1100 cmm. Niemeyer schrieb mir: „Dieser Fall ist für mich der erste Beweis, dass Sie Recht haben, die Polyurie nicht als das für die Bedeutung des Diabetes maassgebende Symptom anzusehen."

Man hört so oft als Beweis für unschuldige Mell018urie Fälle anführen, bei welchen eine Zuckerausscheidung durch Jahre besteht, ohne dass bemerkenswerte krankhafte Symptome vorhanden sind. Ich könnte dagegen bemerken, dass ich trotz sehr reicher Erfahrung noch niemals Gelegenheit hatte, einen Menschen zu sehen, welcher mit Bestimmtheit Zucker ausschied, ohne dass nicht auch krankhafte Symptome vorhanden gewesen wären. Ich gestehe, dass ich auch in der Literatur keinen von einem Arzte beobachteten Fall gefunden habe, der eine Zuckerausscheidung bei einem vollständig gesunden Menschen constatirte. Es hat nicht jede Zuckerausscheidung sogleich schwere, auch dem mit ärztlicher Beobachtung nicht Vertrauten in die Augen springende Symptome zur Folge, es kommt auch häufig vor, wie wir dies später noch näher besprechen, dass Zuckerausscheidung mehr oder weniger rasch deletär wirkt. Wir haben constatirt, dass der Organismus vieler Diabetiker durch Jahre hindurch den Zuckerverlust ohne Nachteil erträgt. Wir beobachten auf dem Gebiete des Diabetes eben nur, was wir in Bezug auf jede andere schwere Erkrankung erfahren, dass nämlich die Widerstandsfähigkeit gegen die Verheerungen der Krankheit nach der Individualität in den weitesten Grenzen schwankt. Was z. B. von Tuberculose gilt, hat auch für Diabetes seine Geltung. Das eine Individuum geht in Wochen oder Monaten an der Krankheit zu Grunde, während das andere Individuum sich jahrelang ver-

hältnissmässig wol erhält, aber beide Individuen sind krank, und
wie es keine unschuldige Tuberculose gibt, so gibt es auch keine
unschuldige Melliturie.

Gerade in Bezug auf die zufällig bei gesunden (!) Individuen
entdeckte Zuckerausscheidung, die als Beweis angeführt wird, dass
die Zuckerausscheidung ein unschuldiger physiologischer Process sein
könne, möchte ich auch einige Erfahrungen mitteilen.

Der eine Fall betrifft einen mir teuer gewesenen Freund, den
berühmten Physiologen Prof. C . . . Derselbe, in Carlsbad anwesend, untersuchte seinen Harn zufällig zum Behufe eines Experimentes, und fand in demselben reichlich Zucker, er wurde dadurch
gar nicht besorgt gemacht, denn er fühlte sich wol, war sehr gut
genährt, hielt also die Zuckerausscheidung für ein unschuldiges
Vorkommen. Bei näherer Prüfung stellte es sich heraus, dass zuweilen Durst, Dürre im Munde vorhanden war, dass die Muskelkraft, dass die geschlechtliche Potenz nicht dem Alter und dem
kräftigen Aussehen entsprechend seien. Allmälig und sehr langsam traten krankhafte Erscheinungen in mehr markirter Weise
hervor, insbesondere der gänzliche Verlust des früher reichen Fett-
polsters, Muskelschwäche. Während in den ersten 5—6 Jahren
nach der Auffindung des Zuckers eine mässige Beschränkung der
Zuckereinfuhr genügte, um den Zucker aus dem Harne verschwinden zu machen, wurde später, sowie zucker- oder amylumhaltige
Nahrung eingeführt wurde, Zucker im Harn nachgewiesen. Die
mässige Toleranz des Organismus für Amylacea hatte aufgehört.
Nach weiteren zwei Jahren enthielt auch der Nachtharn Zucker,
und endlich allmälig steigerten sich auch die anderen diabetischen
Symptome, insbesondere in der Sphäre des Nervenlebens, es trat
bei dem heiteren, lebensfrohen Mann hochgradige Melancholie auf.
Aus einer leichten zufälligen Verletzung einer Zehe bildete sich
eine stark eiternde Wundfläche, infolge von Eiterresorption traten
Abscesse in den verschiedenen Körperteilen auf, denen der unglück-
liche Kranke schliesslich erlag.

Ein zweiter Fall betraf eine Dame, die ihren Mann begleitete,
und die mir bei Gelegenheit eines leichten Unwolseins ihre Zunge
zeigte; ich fand dieselbe rissig, mit hypertrophirten Papillen, und

wurde dadurch veranlasst, den Harn zu untersuchen, derselbe enthielt deutlich kleine Mengen Zucker. Als ich Patientin vorsichtig näher examinirte, erfuhr ich, dass die Mutter der Patientin an Diabetes leide, dass die Patientin selbst oft von Dürre im Munde gequält werde, dass sie vor einigen Jahren an einem Auge eine plötzliche Abnahme der Sehkraft empfunden habe, dass Graefe der consultirt wurde, eine Urinuntersuchung veranlasste und später als einzigen Rat Fleischkost angeordnet habe. Die mässige Zuckerausscheidung ohne Polyurie hatte also einige der schwersten Symptome des Diabetes veranlasst.

Der dritte Fall betraf einen 30 Jahre alten Herrn, dessen Harn untersucht wurde, als er sein Leben versichern wollte; der Harn enthielt Zucker und der Betreffende wurde abgewiesen. Als ich ihn sah, wog er 204 Pfd., war im Gesichte gut gefärbt, transpirirte stark, die 24stündige Harnmenge betrug 1600 ccm, und enthielt eine sehr geringe Menge Zucker bei nahezu ausschliesslicher Fleischkost. Es schien fast komisch, dass die Versicherungs-Gesellschaft einen solchen Mann zurückgewiesen hatte. Bei näherem Examen erfuhr ich, dass der Vater an Diabetes mellitus gestorben sei, dass Patient sich nach den geringsten Muskelanstrengungen sehr müde fühle, dass seit einem Jahre seine geschlechtliche Potenz sehr abgenommen habe, und jeder Coitus ihn erschöpfe. Hier waren also offenbar schon Symptome von Diabetes mellitus trotz mässiger Polyurie, und der flüchtige Beobachter hätte den Mann für vollkommen gesund gehalten.

Zahlreich kommen gerade in neuester Zeit Fälle zur Behandlung, bei welchen der Harn nur kleine Mengen Zucker enthält. Die Harnuntersuchung wurde in allen diesen Fällen veranlasst durch unerklärte Störungen im Bereiche des Nervenlebens, durch Ernährungsanomalien, durch Abnahme der Sehkraft, Verlust der Muskelenergie, durch manche andere in den Kreis des Diabetes gehörige Symptome, insbesondere durch Dürre im Munde und häufige Harnausscheidung. Fast niemals ist Polyurie vorhanden, die Zuckermenge ist auch eine unbedeutende, und doch ist sie allein für alle diese, dem Diabetes mellitus zukommenden Störungen verantwortlich zu machen. Denn mit dem Schwinden des Zuckers schwinden auch alle die genannten Symptome.

Ich habe unter drei verschiedenen Bedingungen kleine Zuckermengen im Harn nachweisen können.

I. Im Jnitialstadium des wirklichen Diabetes mellitus.

Dieses Leiden kommt zwar ausnahmslos zur ärztlichen Beobachtung, wenn Zucker im Harn bereits in grösserer Menge vorhanden
ist, wenn derselbe mindestens 0,5 pCt. enthält. Ich habe aber doch
mehrere Male Gelegenheit gehabt, Fälle zu sehen, bei denen die
ersten Untersuchungen so kleine Mengen Zucker enthielten, dass
dieselben nur mittelst der Kohlenprobe unzweifelhaft festgestellt
werden konnten, und die sich allmälig zu vollem Diabetes entwickelten. Nebst den bereits erwähnten Fällen möchte ich noch
folgende anführen:

Graf K., ein ungarischer Magnat, fettleibig, sehr nervös, fast
hysterisch, hat keine andere Klage als Trockenheit im Munde und
grosses Mattigkeitsgefühl. Ich konnte im Harne nur mittelst der
Kohlenprobe Zucker nachweisen. Als ich ihn nach einem Jahre
wieder sah, enthielt der Harn 3 pCt. Zucker, und bei ausschliesslicher Fleischkost sank der Zucker wieder auf Spuren. Es trat
später eine gewisse Toleranz für Amylacea ein, d. h. er konnte
eine mässige Menge amylumhaltiger Nahrung geniessen, ohne dass
Zucker mit den gewöhnlichen Proben nachgewiesen werden konnte,
und ein verehrter Kliniker, Prof. Bamberger, bezeichnete mir
gegenüber den Patienten als Diabetomanen. Die gewöhnliche Untersuchung hatte keinen Zucker im Harn nachgewiesen. Ich konnte
stets mit der Kohlenprobe deutliche Zuckerspuren entdecken. Ich
habe den Fall 10—12 Jahre zu beobachten Gelegenheit gehabt.
Es war ein Lebemann, welcher auf die Dauer nicht strenge Diät
beobachtete, und so kam es, dass sein Harn später fast immer
2—3 pCt. Zucker enthielt. Durch eine jährliche Kur in Carlsbad,
durch den Aufenthalt im Süden während des Winters, erhielt er
sich lange erträglich gesund und hatte nur durch seine grosse Fettleibigkeit zu leiden. Plötzlich starb er infolge einer Gehirnblutung.

Zweimal hatte ich Gelegenheit, bei Kindern von Diabetikern
durch das Auffinden von Zuckerspuren den beginnenden Diabetes
zu entdecken.

Mr. D—o aus Californien, sehr nervös, aber wölgenährt,
54 Jahre alt, hat einen leichten Diabetes; der höchste Zuckergehalt

bei mässigem Genuss von Amylaceen war zwischen 1 und 2 pCt. Sein Kind, ein Knabe von 12 Jahren, wurde etwas unwol, und ich nahm die Gelegenheit wahr, den Harn zu prüfen. Derselbe enthielt Spuren von Zucker. Nach zwei Jahren brachte Herr D. den Knaben wieder mit. Der Harn enthielt bereits quantitativ bestimmbare Zuckermengen, und einige diabetische Symptome, insbesondere grosse Mattigkeit, waren bereits vorhanden.

Herr S—r, dessen diabetische Mutter ich seit vielen Jahren behandelte, wurde in seinem 22. Jahre auffallend fettleibig. Damals untersuchte ich den Harn und fand Spuren Zucker. Als er nach einigen Jahren wieder kam, war er wesentlich abgemagert, die 24 stündige Harnmenge betrug 4230 ccm mit 2,8 pCt. Zucker. Der Zucker verschwand bei Ausschluss von Amylaceis. Aber ein stets anhaltender, oft heftig werdender Kopfschmerz, Verminderung der Sehkraft deuteten auf eine Gehirnaffection, und der kaum 30 Jahre alte Mann soll, wie ich erfuhr, auf der Strasse tot zusammengestürzt sein.

II. Sehr kleine Mengen Zucker treten sehr oft symptomatisch auf:

a) bei übermässig Fettleibigen,

b) im hohen Alter,

c) bei einer grossen Reihe von nervösen Leiden, insbesondere bei Neurasthenie.

Bei im Alter sehr vorgeschrittenen, sonst gesunden Menschen hat das Auftreten von kleinen Zuckermengen, selbst von 0,1 und 0,2 pCt. keine Bedeutung. Die Hauptbeschwerden, über welche sie klagen, und welche die Untersuchung veranlassen, sind eine gewisse Trockenheit im Munde und ein häufiges Harnbedürfnis ohne Polyurie. Ich sah nie, dass ernstere diabetische Symptome zum Durchbruch kamen, und es ist ganz unnötig, das Regime wesentlich zu beschränken. Bei Fettleibigen ist das Vorkommen von Zuckerspuren schon etwas ernster zu nehmen, da das Auftreten von Diabetes bei übermässig Fettleibigen so häufig ist, dass man fast geneigt sein könnte, schon die übermässige Fettleibigkeit, zumal wenn sie in jungen Jahren auftritt, für einen Vorläufer jener als Diabetes bezeichneten Stoffwechsel-Anomalie anzusehen. Es empfiehlt sich daher, solchen Fettleibigen, in deren Harn man

Spuren von Zucker entdeckt, einen beschränkten Gebrauch von Amylaceen ernstlich zu empfehlen.

Sehr beachtenswert ist die Anwesenheit von Zucker bei nervösen Störungen, insbesondere bei verschiedenen Formen der Neurasthenie. Das Vorhandensein von sehr kleinen Mengen Zucker ist meist mit wesentlich gesunkener Muskelenergie, mit sehr geringer körperlicher Leistungsfähigkeit verbunden, und der Gesundheitszustand solcher Individuen ist in höherem Grade labil, als es den oft nicht sehr bedeutenden nervösen Symptomen entspricht. Ich will aus einer grossen Anzahl von Beobachtungen nur einige zur Illustration anführen:

Frau M., 45 Jahre alt, aus gesunder Familie stammend, war stets das Bild blühender Gesundheit. Nach ganz ungewöhnlich lange dauernden kummervollen Aufregungen fing sie plötzlich an, abzumagern, fühlte sich sehr matt. In den verschiedenen Körperregionen meldeten sich neuralgische Schmerzen, die Sehkraft wurde schwächer ohne nachweisbare Ursache, allmälig entwickelte sich hochgradige Muskelschwäche, die sich auch mehreremale in bedrohlichen Anfällen von Herzschwäche äusserte. Das quälendste Symptom war Trockenheit im Munde. Die Harnanalyse ergab 0,05—0,1 pCt. Zucker und Oxalate in grosser Menge. Bei antidiabetischer Diät schwand der Zucker und mit ihm die genannten Symptome.

Mr. T—y, ein Engländer, etwa 40 Jahre alt, stets gesund, hatte eine zahlreiche Familie. Nach einer heftigen psychischen Erschütterung klagte er über grosses Mattigkeitsgefühl, und die geschlechtliche Potenz nahm auffallend ab, nach wenigen Monaten war vollständige Impotenz vorhanden. Bei der Harnuntersuchung fand ich 0,2 pCt. Zucker. Der Zucker verminderte sich auf deutliche, nur durch die Kohlenprobe nachweisbare Spuren, aber die nervöse Erregbarkeit und die Impotenz änderten sich nicht.

Bei den Fällen dieser Art schreitet die kleine Zuckerausscheidung niemals zu einem hochgradigen Diabetes fort, und ein grosser Teil der vorhandenen krankhaften Symptome ist gewiss nicht auf Rechnung der übermässigen Zuckerausscheidung zu setzen; aber die Erfahrung hat mich gelehrt, dass durch eine nicht strenge antidiabetische Diät der Zucker verschwindet und mit ihm auch manche der durch das Vorhandensein des Zuckers bedingten Symptome.

Sehr charakteristisch nach dieser Richtung ist folgender Fall. Eine junge, sehr lymphatische Dame, deren Vater an Diabetes gestorben war, war auffallend fettleibig geworden, und es entwickelten sich ohne irgend ein weiteres Symptom zahlreiche Furunkel an den äusseren Geschlechtsteilen; dabei waren Erscheinungen von Neurasthenie vorhanden. Ich konnte nur mit der Kohlenprobe Zucker entdecken. Bei reichlichem Genuss von Amylaceis vermehrten sich die Zuckerspuren, ohne je beträchtlich zu werden. Nach vollständigem Ausschluss von Amylaceen verschwanden diese Zuckerspuren und damit auch die Furunkulose, welche monatelang gedauert hatte. Eine Beschränkung mehlhaltiger Nahrung und der Genuss von Eisen haben mehrere Jahre, so lange dauerte meine Beobachtungszeit, die Dame wieder vollkommen wol erhalten.

Ich möchte hier noch zwei Fälle einschalten, die als Diabetes insipidus angesehen wurden, und bei denen die Kohlenprobe Spuren von Zucker nachgewiesen hat.

Herr St—m, 37 Jahre alt, hat im November 1877 einen Sturz aus dem Wagen auf den Kopf gethan. Im Februar 1878 stellte sich furchtbarer Durst ein zugleich mit Appetitlosigkeit. In wenigen Wochen magerte Patient um 28 Pfd. ab. Die Harnausscheidung betrug 12 l. Als ich ihn sah, Juni 1878, betrug die Harnmenge 8 l, das specifische Gewicht 1002 und, wie es in der von einem Apotheker gemachten Analyse hiess, war der Harn zuckerfrei; die Potenz war erloschen und hochgradige Muskelschwäche vorhanden. Ich liess den Patienten durch drei Tage gemischte Kost geniessen. Von einem einige Stunden nach dem Essen untersuchten Harn wurden etwa 200 ccm durch Blutkohle filtrirt, und das Waschwasser zeigte eine sehr schöne Reduction der Fehling'schen Lösung. Nach dreiwöchentlichem Gebrauche von Carlsbader Wasser und der gewohnten antidiabetischen Diät sank die Harnmenge auf 5 l, und bei einer Probe mit gemischter Nahrung, bei welcher reichlich Zucker eingenommen wurde, konnte ich auch mit der Kohlenprobe keinen Zucker nachweisen. Die Potenz

war wieder erwacht, und Patient hatte an Körpergewicht zugenommen.

Herr T--e, 28 Jahre alt, Vater an Apoplexie gestorben, Geschwister gesund, fiel 1865 von einem 4 Klafter hohen Gerüst,
war nur einen Moment bewusstlos ohne weitere Folgen, fühlte sich
stets gesund, wog 150 Pfd. Fast 10 Jahre später, im December
1873, trat plötzlich Durst auf mit reichlichster Harnausscheidung.
Als ich den Patienten sah, Mai 1874, war derselbe noch wol-
genährt, wog 145 Pfd., hatte keine Kopfschmerzen; Potenz wie
Muskelkraft hatten wesentlich abgenommen. Das Hauptsymptom
ist der Durst; Patient trinkt über 6 l Wasser und scheidet ca. 7 l
Harn aus. Filtrat und Waschwasser des durch Kohle filtrirten
Harnes reduciren deutlich die Fehling'sche Lösung.

Diese zwei Fälle lassen es wünschenswert erscheinen, dass in
allen Fällen von sogenanntem Diabetes insipidus die Kohlenprobe
angestellt werde, insbesondere dann, wenn mit den Erscheinungen
der Hydrurie auch noch andere, dem Diabetes mellitus zukommende
Symptome mit vorhanden sind.

III. Sehr kleine Mengen Zucker sind nahezu immer vorhanden, wenn ein Fall von Diabetes mit Erfolg behandelt, und alle
Symptome nahezu geschwunden sind. Es gilt dies insbesondere
für jene Form des Diabetes, die wir als die leichte bezeichnen,
und die schon durch den blossen Ausschluss von Zucker und
stärkemehlhaltiger Nahrung gebessert wird. Bekanntlich ist in
diesen Fällen die Wirkung, welche durch die Veränderung des Regimes hervorgebracht wird, eine ganz eclatante. Innerhalb weniger
Tage schwinden nach streng eingehaltenem antidiabetischen Regime
alle lästigen Symptome, wie Polyurie, Polydipsie u. s. w. Die
Körperkräfte kehren zurück, der Patient fühlt sich wohl, und
schon nach einiger Zeit kann selbst in einem Harn, der früher
5—6 pCt. Zucker hatte, nach den gewöhnlichen Methoden kein
Zucker nachgewiesen werden. Diese Fälle werden von vielen
Aerzten als geheilte Fälle von Diabetes bezeichnet. Das Regime
wird nun gelockert, und der Patient, den man für geheilt erklärt
hatte, streift bald die leisen Fesseln ab, durch welche ihn die
ärztliche Vorsicht noch eine Weile beschränken wollte; und über
kurz oder lang gewahren Arzt und Patient mit Schrecken, dass

alle diabetischen Symptome wiedergekehrt sind, und nun heisst es, es sei eine Recidive aufgetreten. Aber es war keine Recidive, der Diabetes war nie geheilt gewesen. Hätte man eine feine Zuckererkennungsprobe angestellt, würde man erfahren haben, dass immer kleine Mengen Zucker vorhanden waren, oder dass sie auftraten, wenn nur mässige Mengen Kohlehydrate genossen wurden. Ich konnte diese Thatsache mittelst der Kohlenprobe unzählige Male constatiren, und darum muss ich es als meine Erfahrung aussprechen, dass ich nie einen geheilten Fall von Diabetes gesehen habe. Der Diabetiker hatte, wenn auch aller Zucker verschwunden war, die Assimilationsfähigkeit für Kohlehydrate verloren, oder sie war bei ihm wesentlich geringer, als bei gesunden Individuen. Wenn diese Thatsache von den Aerzten gewürdigt und zur Basis ihrer Behandlung gemacht wird, können solche Diabetiker sich jahrzehntelang wol erhalten. Ihr Leiden beschränkt sich dann auf das Entbehren einer gewissen Zahl von Speisen. Wenn dagegen dieser Erfahrung nicht Rechnung getragen wird, und der sogenannt geheilte Diabetiker sich in der Wahl seiner Speisen nicht beschränkt, wird allmälig die Assimilationsfähigkeit für Kohlehydrate weiter herabgesetzt, und Quantitäten dieser Nahrung, welche früher vertragen wurden, führen schon zu einer beträchtlichen Zuckerausscheidung im Harn, und es kommen selbst Fälle vor, wo bei solchen sogenannt geheilten Diabetikern die schwere Form auftritt und dieselben rasch zu Grunde gehen.

Das Erkennen kleiner Mengen von Zucker hat also nicht blos theoretische Bedeutung, es greift tief ein in das Wirken des Arztes, es unterstützt ihn in der Diagnose, es beeinflusst häufig die Prognose und dient als Leitstern für die therapeutische wie für die diätetische Behandlung.

III. CAPITEL.

Ueber das Wesen des Diabetes.

Es giebt kaum einen anderen Krankheitsprocess, der zu so vielen und verschiedenen Theorien Veranlassung gegeben hat, als der Diabetes mellitus. Wie bei keinem anderen krankhaften Vorgange nahmen auch Physiologen an seiner Erforschung den gleich lebhaften Anteil wie die Pathologen. Man hoffte mit der Erkenntnis des diabetischen Processes einen Einblick in einen wichtigen Vorgang des Stoffwechsels zu thun. Die Erscheinungen lockten immer wie Teile eines Rätsels. Durch ein glückliches Aperçu glaubte man die Lösung dieses Rätsels finden zu müssen und mit der Erkenntnis des Krankheitsprocesses auch Kenntnis über wichtige Vorgänge der thierischen Oekonomie zu gewinnen. Die Physiologen waren sehr lange die Führer in Bezug auf die Theorien, welche über den Diabetes mellitus aufgestellt wurden; und jede auf physiologischem Gebiete gewonnene hierher gehörige Erfahrung glaubte man zum Ausgangspunkte einer neuen Theorie machen zu können. Es ist dadurch einerseits die grosse Zahl der Theorien erklärt, und andererseits ist es dadurch auch begreiflich, dass diese Theorien nur sehr ephemerer Natur waren und rasch von anderen verdrängt wurden. Es deckten sich nämlich nur sehr selten die auf irrig gedeutete physiologische Thatsachen aufgebauten Theorien mit den am Kranken gemachten klinischen Erfahrungen.

Früher wurde der Diabetes mellitus für eine Krankheit der Harnorgane angesehen, da man bald in den quantitativ wie qualitativ anomalen Ausscheidungen dieser Organe das vorwaltendste Krankheitssymptom erkannte. Heute wird diese Ansicht von Niemand mehr vertreten. Jeder weiss, dass die Niere eben nur das Organ ist, welches den ihr im Blute zugeführten unverwerteten Zucker ausscheidet. Eine Widerlegung jener Ansicht, welche in dem Diabetes eine Nierenkrankheit sah, ist heute zwecklos.

Seit dem Ende des vorigen Jahrhunderts und bis auf die neueste Zeit wurde von verschiedenen Autoren eine fehlerhafte Magenverdauung als Ursache der Zuckerbildung angesehen. Rollo sprach zuerst die Ansicht aus, dass der fehlerhaft bereitete Magensaft die eingeführten Amylaceen in Zucker umwandle. Mit der Entdeckung, dass die Amylaceen schon im Munde durch den Speichel in Zucker umgewandelt werden, während gerade der Magensaft diese Umwandlung sistire, verlor diese Theorie den Boden. Später hat Bouchardat dieselbe in anderer Form wieder aufgenommen. Er behauptete nämlich, dass zwar normaler Magensaft die Zuckerumwandlung sistire, dass aber durch Magenerkrankung in demselben ein Ferment erzeugt werde, welches diese Umwandlung begünstige, dass in Folge dieser raschen Umwandlung das Blut mit Zucker überladen, und dieser in Folge dessen durch den Harn ausgeschieden werde. Aber das Ferment, welches diese Eigenschaften besitzen soll, ist von Niemandem beobachtet oder gar dargestellt worden. M'Gregor führte gleichfalls den Diabetes auf Magenerkrankung zurück und stützte diese Theorie durch ein Experiment. Er gab Gesunden und Diabetikern ausschliesslich Fleischnahrung durch drei Tage, nachdem er vorher Magen und Darm durch Brech- und Purgirmittel von stärkemehl- und von zuckerhaltigen Speiseresten gereinigt hatte. Nach diesen 3 Tagen gab er einige Stunden nach eingenommener Fleischmalzeit dem Gesunden und dem Diabetiker ein Brechmittel. Die erbrochenen Massen des Gesunden waren zuckerfrei, während die des Diabetikers eine deutliche Zuckerreaction gaben. Er schloss daraus, dass auch Fleischspeisen im Magen in Zucker umgewandelt werden. Aber dieses Experiment verlor jede beweisende Kraft durch ein Gegenexperiment von Bernard, durch welches constatirt wurde, dass der Mageninhalt eines nüchternen oder fastenden Diabetikers gleichfalls Zucker enthalte. Der Zucker stammte also nicht aus

der Umwandlung der Speisen, sondern war im Magensecrete der
Diabetiker enthalten, gerade so, wie viele andere Secrete des Diabetikers zuckerreich sind. Die Casuistik spricht auch nicht
dafür, dass eine Magenerkrankung die Ursache des Diabetes sein könne. Fast alle Diabetiker haben eine ungewöhnlich gute Verdauung, und wenn ein Gastricismus vorhanden ist,
wurde er gewöhnlich durch zu reichliche Malzeiten oder durch
ausschliessliche Fleischnahrung hervorgerufen.

Mit der wichtigen Entdeckung Bernard's, dass die Leber
das Organ für Zuckerbildung sei, wendeten sich alle Theorien über
Diabetes einer neuen Richtung zu, und Bernard's Entdeckung
wurde der Ausgangspunkt für dieselben.

Die Zuckerbildung ist nach Bernard ein physiologischer Vorgang, und die Leber ist mit dem Processe der Zuckerbildung betraut. Man hatte jetzt nicht mehr zu fragen, woher der Zucker
stamme, sondern woher es komme, dass der normal gebildete
Zucker sich im Blute anhäufe und durch die Nieren ausgeschieden werde, während er im gesunden Individuum für die
Zwecke des Lebens im Körper verbraucht, oder, wie Bernard
früher annahm, in den Lungen verbrannt wurde. Der Weg für
die Erklärung war ein doppelter; man konnte sich denken, dass
entweder

1. Zucker in zu grosser Menge gebildet werde,

2. dass der in normaler Quantität gebildete Zucker nicht verbrannt werde.

In dem ersten Falle wäre die Leber die Krankheitsursache,
sie erzeugt mehr Zucker, als dem Bedarfe entspricht. Der Stoffumsatz ist gestört, das Blut ist mit Zucker überladen, und es
entstehen alle Symptome des Diabetes. Für die übermässige Production wurde als Beweis angeführt die mit Diabetes zuweilen
vorkommende Leberhyperämie. Die Section hatte auch in einzelnen Fällen einen grossen Blutreichtum der Leber nachgewiesen.
Das Bildungsmaterial war also massenhaft vorhanden, und in Folge
dessen konnte die Zuckerproduction anomal gross sein.

Die andere Ansicht, dass die Verbrennung des normal gebildeten Zuckers mangelhaft sei, hatte auch eine grösse Anzahl von
Anhängern.

Zucker ist das wichtigste Brennmaterial für Krafterzeugung im Organismus. Wenn nicht genügend Sauerstoff zugeführt wird, oder wenn die Organe, in welchen die Verbrennung von statten gehen sollte, krank sind, dann muss die Verbrennung eine gestörte sein, und der Zucker im Blute zurückbleiben. Diese Ansicht wurde von älteren Schriftstellern (Reynoso, Dechambre) dadurch gestützt, dass sie auf eine bei Greisen und Phthisikern vorhandene Melliturie hinwiesen. Die genaue Untersuchung hat diese Beweise als nicht stichhaltig zurückgewiesen. Man beobachtet die schwersten Lungenerkrankungen mit hochgradiger Dyspnoe — also mit sehr gestörter Sauerstoffaufnahme — ohne dass eine bemerkenswerte Zuckerausscheidung vorhanden ist.

Bence Jones*) sieht im Diabetes ebenfalls eine mangelhafte Oxydation; aber er glaubt nicht, dass es an Sauerstoff fehle, um den Zucker zu verbrennen, es handle sich nach seiner Ansicht um eine viel complicirtere Störung des normalen chemischen Processes. Er vergleicht die Zuckerverbrennung mit dem ausser dem Organismus vor sich gehenden Gährungsprocesse. Es sind gewisse Bedingungen nötig, damit derselbe normal von statten gehe. Ist dieser Process im Gang, dann geht er ununterbrochen vor sich, so lange gährungsfähiges Material vorhanden ist. Werden die Bedingungen auch nur im mindesten geändert, dann tritt auch eine Modification des ganzen Processes ein. „Wird die gährende Flüssigkeit durch irgend einen Eingriff gestört, so hört damit der chemische Process auf." In dieser Weise ist es zu deuten, wenn durch Reizung gewisser Stellen der Nervencentra temporärer Diabetes hervorgerufen wird; die Verletzung afficirt das Gefässsystem in einer Weise, dass durch dieselbe der chemische Process unterbrochen wird. Analoge Ursachen können auch den dauernden Diabetes hervorrufen.

Pettenkofer und Voit**) haben auf Grundlage einer grösseren Reihe von Untersuchungen, welche sie mit Hilfe des Respi-

---

*) Bence Jones, Lectures on chimical diseases. Med. Times and Gazette. 1865.
**) Pettenkofer und Voit, Ueber den Stoffverbrauch bei der Zuckerharnruhr. Zeitschr. f. Biologie. 3. Bd. IV. Heft.

rationsapparates über den Gesammtstoffumsatz eines Diabetikers
ausgeführt haben, eine Theorie des Diabetes construirt. Die wichtigsten Ergebnisse ihrer umfangreichen Untersuchungen waren zweifacher Art.

1. Der Stoffumsatz des Diabetikers ist grösser als der der
Gesunden. Trotz reichlicher Nahrungsaufnahme bleibt er doch im
steten Hungerzustande; er hat nicht nur das Gefühl des Hungers,
sondern er magert auch beständig ab.

2. Der Diabetiker nimmt weniger Sauerstoff auf als
der Gesunde. Bei mittlerer Kost, welche einen normalen Mann
völlig erhält, braucht der Gesunde 832 g Sauerstoff, der Diabetiker 680 g. Bei eiweissreicher Kost nahm der Gesunde 863 g
Sauerstoff, der Diabetiker 613 g auf. Bei eiweissfreier Nahrung
jener 850 g, dieser 610 g, und während einer 24 stündigen Hungerperiode nahm der Gesunde 760 g Sauerstoff ein, der Diabetiker
344 g, obwol die Stickstoffausfuhr bei Beiden nahezu gleich war.

„Der Diabetiker verbraucht alle Stoffe seines Körpers in
grösserer Menge, er nimmt aber dabei trotzdem weniger Sauerstoff
von aussen in Beschlag als der Gesunde. Dies sind die Thatsachen, welche in den Vordergrund treten, und die einer näheren
Betrachtung unterworfen werden müssen; es frägt sich, ob daraus
der Hauptunterschied beim Diabetes mellitus, die Abscheidung des
Zuckers mit genügender Notwendigkeit folgt." Die so gestellte
Frage wird dahin beantwortet: „dass weder die grössere Zersetzung
für sich, noch die geringere Sauerstoffaufnahme für sich im stande
wären, eine Zuckerausscheidung im Harne zu bedingen. Eine blosse
Steigerung der Zersetzung hat nie Zuckerharnruhr zur Folge.
Eine Steigerung der Stoffzufuhr macht normal, sobald mehr zersetzt wird, eine entsprechende Steigerung der Sauerstoffzufuhr.
Wird aber mehr Stoff in den Körper eingeführt als schliesslich
verbrennen könnte, so erfolgt entweder die Zersetzung nicht, oder
sie geht beim Eiweiss nur bis zur Bildung von Fett vor, es wird
Eiweiss und Fett angesetzt."

Auch die verminderte Sauerstoffaufnahme kann keinen Diabetes erzeugen.

„Wenn beim Gesunden wenig Sauerstoff in's Blut gelangt und
dabei viel zersetzbares Material, so zerfällt letzteres nicht, sondern

wird aufgespeichert. Auch grössere Zersetzung, verbunden mit einer geringeren Sauerstoffaufnahme, würde noch nicht Zuckerausscheidung im Harn nach sich ziehen. Es handelt sich beim Diabetes um ein Missverhältnis zwischen dem Gang der Zersetzung und der Sauerstoffaufnahme."

„Die Erscheinungen beim Diabetes zeigen, dass Zersetzung und zur Verbrennung der Producte nötiger Sauerstoff unabhängig von einander erfolgen (?), aber beim Gesunden eine Regulirung vorhanden ist. . . . . Beim normalen Menschen ist der Gang der Zersetzung bis zu einem gewissen Grade an den verfügbaren Sauerstoff gebunden, beim Diabetiker ist ein Missverhältnis zwischen beiden eingetreten. Nicht eine grössere Zersetzung allein oder eine geringere Sauerstoffeinnahme allein bringt den Diabetes hervor, auch nicht beide miteinander; wenn bei gleicher Eiweisszersetzung und gleicher Sauerstoffaufnahme wie beim Gesunden, bei welchem das aus dem Eiweiss entstandene Fett zum grössten Teile zu Kohlensäure und Wasser oxydirt, zum Teil aber wegen Mangel an Sauerstoff als solches angesetzt wird, aus irgend einem Grunde dieses Fett weiter sich zersetzt, indem es nur soviel Sauerstoff aufnimmt, um in Zucker überzugehen, nicht aber um zu Kohlensäure und Wasser zu verbrennen, so muss Diabetes mellitus erfolgen. Die geringe Sauerstoffaufnahme führt nur dann zum Diabetes mellitus, wenn die gewöhnliche oder gesteigerte Zersetzung über Stoffe hinausgeht, welche unverbrannt im Körper nicht verbleiben können, und die grössere Zersetzung führt nicht dazu, wenn genug Sauerstoff zur Verbrennung eingenommen wird, oder der Zerfall nur bis zu Producten vorschreitet, welche normale Körperbestandteile bilden. Es ist ein Missverhältnis im Gange der Zersetzung und der Menge des Sauerstoffes."

Pettenkofer und Voit fragen weiter, „woher es komme, dass mehr Stoff verbraucht und weniger Sauerstoff aufgenommen werde", und beantworten die Frage dahin, dass das Organeiweiss der Diabetiker wenig stabil sei: sie führen als Belege alle Symptome des Diabetes an, welche darauf hinweisen, dass die Gewebe des Diabetikers eine grosse Neigung zum Zerfall haben, wie Furunculose, spontane Gangrän der Extremitäten, Erweichung der Lunge, Schwund

des Pankreas, Lockerwerden und Caries der Zähne, Ausfallen der
Haare etc. „Alle diese Erscheinungen zeigen zur Genüge, dass der
Zusammenhalt des Gewebes gelockert ist, und desshalb soviel in
Zersetzung übergeht, dass eben nur die äusserste Erhöhung der Ein-
nahmen die Ausgaben deckt. Das oft plötzliche Eintreten der
Krankheit nach Gemütsaffecten, schweren Leiden, nach starker Erkältung, kurz nach heftigen Eingriffen, lässt eine solche Lockerung
im Bestande der Zellen und Aenderungen in den Zellen nicht unmöglich erscheinen; sowie wir wissen, dass z. B. die Hefe durch
Erschütterung und Reiben die Fähigkeit verliert, Zucker in Kohlensäure und Alkohol umzuwandeln." Die verminderte Sauerstoffeinnahme soll ebenfalls die Folge dieser Gewebsveränderungen sein;
„sie kann veranlasst sein durch eine Verminderung in der Zahl der
Blutkörperchen, oder ihrer Fähigkeit, Sauerstoff zu binden, oder
durch eine Aenderung des Gewebes überhaupt, infolge deren dem
Blute weniger Sauerstoff entzogen wird, also dann kein neuer zum
Ersatz eintritt. Es ist uns wahrscheinlich, dass mit der Neigung
der Organe zum Zerfall und der leichten Zersetzbarkeit, ihre Fähigkeit, Sauerstoff aufzunehmen, gemindert wird". Die Gefahr des
Diabetes besteht in der gesteigerten Zersetzung der Organgewebe.
Die Zuckerausscheidung sei durchaus ein untergeord-
netes Symptom, „man kann sich auch denken, dass statt des
Zuckers Milchsäure und Buttersäure übrig bleibe; es ist also das
Auftreten des Zuckers nicht das Wichtige, ja selbst nicht die Sauer-
stoffarmut, sondern der unabhängig von der Oxydation erfolgende,
übermässige Stoffwechsel".

„Wir haben in der Zuckerharnruhr", so schliessen die Verfasser, „eine Aenderung in den normalen Zersetzungsprocessen,
eine Nutritionsstörung erkannt, nur durch das Studium der Ge-
sammtprocesse im Körper, der Athmung und Zersetzung im Gesammtorganismus und nicht durch minutiöse Untersuchung aus dem
Zusammenhang gerissener Organe konnte man zu dieser Einsicht
gelangen."

Ich habe die Theorie von Pettenkofer und Voit in extenso
und meist mit ihren eigenen Worten mitgeteilt, weil ich den ganzen,
grossen Wert ihrer Untersuchungen, „die zum erstenmale Stoff-
wechselbilanz eines Kranken darstellt", vollkommen anerkenne, weil

ich es ganz würdige, welchen Wert solche Arbeiten, wenn sie fortgesetzt und vervielfältigt werden, für die Zukunft der Medicin haben können; aber ich kann die Ansicht der Verfasser nicht teilen, dass durch diese Arbeit über das Wesen des Diabetes genauere Aufschlüsse erlangt sind. Es ist unzweifelhaft ein grosser Fortschritt auf der Bahn der Erkenntnis, dass, während früher durch die pathologische Anatomie die Veränderungen in den Formen der erkrankten Teile erkannt wurden, nun durch pathologisch-chemische Untersuchungen Einsicht über „das veränderte Geschehen" im Körper erlangt wird. Aber wie es ein Irrtum ist, die durch Krankheit gesetzten Formveränderungen für die Krankheit selbst zu halten, ebenso irrtümlich ist es, das durch Krankheit hervor-gerufene „veränderte Geschehen" für das Wesen der Krankheit zu nehmen, und diesen Irrtum haben die Forscher in der von ihnen gegebenen Theorie über das Wesen des Diabetes begangen. Das Untersuchungsobject war ein an hochgradigem Diabetes erkranktes Individuum; die Untersuchung ergab: gesteigerten Stoffumsatz, ver-minderte Sauerstoffzufuhr. Ist es nun nicht natürlicher und der nüchternen Anschauung entsprechender, diese beiden im Verlaufe des Diabetes auftretenden Anomalien für die Folgen der Krankheit des anomalen Stoffumsatzes zu erkennen, als in denselben das Wesen der Krankheit zu sehen?

Ist es nicht wahrscheinlicher, wie auch Meissner*) in seiner trefflichen Analyse der Pettenkofer-Voit'schen Arbeit bemerkt, dass die verminderte Sauerstoffaufnahme „als Folge davon aufge-fasst werden kann, dass der Diabetiker so viel Material, welches sonst in anderer Form der Oxydation unterliegt und viel Sauerstoff bindet, unverbrannt, unbenutzt hinausgeben muss, dass also, da der Zucker der Verbrennung sich entzieht, ein geringeres Sauerstoff-Bedürfnis da ist." Und ist der grössere Umsatz von Nahrung und Gewebselementen nicht gleichfalls eine Folge jener Zuckerausschei-dung? Der Körper muss eine Summe von Arbeit leisten, er muss seinen Körper auf einer für's Leben nötigen Temperatur erhalten. Da nun ein Teil des eingeführten Materials für Kraftentwicklung

---

*) Meissner, Bericht über die Fortschritte der Anatomie und Physio-logie im Jahre 1867. S. 405.

unverwertet ausgeschieden wird, muss natürlich eine grössere Menge in die Umsetzung einbezogen werden. Die grosse Umsetzung ist wie alle jene Erscheinungen, welche von Pettenkofer und Voit als Beweise für die Labilität der Gewebe des Diabetikers mit Recht angeführt worden sind, nur im Gefolge des Diabetes aufgetreten, können also nicht für dessen Entstehen verantwortlich gemacht werden.

Wieder anders gestalteten sich die Anschauungen über Diabetes mellitus, als Pavy, Ritter, Schiff u. A. nachgewiesen zu haben glaubten, dass Zuckerbildung keine normale, physiologische Function sei. Nun konnte man nicht mehr das Wesen des Diabetes in excessiver Zuckerbildung oder in mangelhafter Verbrennung des quantitativ normal gebildeten Zuckers sehen. Das Vorhandensein von Zucker ist, so wurde angenommen, der Ausdruck für einen im normalen Körper nicht vorkommenden Process, es ist das Ergebnis eines fehlerhaften, im gesunden Leben nicht stattfindenden Stoffumsatzes. Und nun war die Frage, wodurch wird diese Anomalie im Stoffumsatze veranlasst? Wodurch geschieht es, dass es im Leben zu einer Umsetzung kommt, die sonst nur mit dem Aufhören des Lebens beginnt?

Diese Cardinalfrage suchte man mit Hilfe des physiologischen Experimentes zu lösen.

Das physiologische Experiment lehrt, dass es möglich sei, durch bestimmte Eingriffe auf den Organismus schon im Leben eine Zuckerbildung und Ausscheidung durch die Nieren zu veranlassen, einen künstlichen Diabetes zu erzeugen.

Die Bedingungen, durch welche im Leben eine Zuckerausscheidung veranlasst wird, hat Pavy in drei Gruppen zusammengefasst:

1. Veränderungen im Blutgefässsystem.
2. Veränderung des Blutes.
3. Verletzungen des Nervensystems.

ad 1. Pavy glaubt, dass durch die starke Contraction der Bauchpresse und durch starken Druck auf die Leber ein Uebertritt von Leberamylum in die Blutbahn veranlasst werde, und dass durch den Contact des Leberamylums mit dem Blute dasselbe in Zucker übergeführt werde. Er unterstützte diese Ansicht durch ein Experiment: er injicirte Leberamylum in das kreisende Blut und fand schon nach kurzer Zeit den Urin zuckerhaltig. Schiff und Ritter, die das Eperiment gleichfalls gemacht haben, bekamen ein negatives Resultat. Für Pavy stand die Thatsache fest, dass durch anomale, die Respiration beengende Muskelcontractionen kleine Mengen Zucker im Blute und im Harne auftreten, und auf Zuckerbildung infolge von Muskelcontractionen und Druck auf die Leber wurden jene temporären und in kleinen Mengen auftretenden Zuckerausscheidungen bezogen, die zuweilen bei Keuchhusten, bei Lungenentzündungen oder bei sonst erschwerter Respiration beobachtet werden.

ad 2. Veränderungen im Blute sollten auch in einzelnen Fällen die anomale Umwandlung des Leberamylum in Zucker veranlassen.

Bekannt ist es, dass Chloroforminhalation oft Zuckerausscheidung veranlasst. In neuerer Zeit werden Beobachtungen über eine Reihe anderer Stoffe mitgeteilt, deren Eintragung in's Blut Diabetes hervorrufen soll.

Böck und Hoffmann*) fanden, dass die Einspritzung grosser Mengen einer 1 proc. Kochsalzlösung Zuckerharnen verursache. Der Harn enthielt 0,1—0,2 pCt. Zucker. Hier konnte es freilich fraglich sein, ob die Blutveränderung die Ursache der Melliturie ist, oder ob der Zucker einfach aus der Leber ausgespült wird, wie Külz meint. Für letztere Anschauung spricht, dass bei lange dauernder Einspritzung der Zuckergehalt des Harns allmälig minimal wird und schliesslich ganz verschwindet. Wenn nach dem Aufhören der Zuckerausscheidung die Thiere getötet wurden, enthielt die Leber weder Zucker noch Glykogen.

Külz**) erzeugte Melliturie durch Einspritzung von kohlensaurem, essigsaurem, bernsteinsaurem Natron in 1 proc. Lösungen.

Küntzel***) bekam ein gleiches Resultat, wenn er Lösungen von kohlensaurem, phosphorsaurem und schwefelsaurem Natron in

---

*) Bock und Hoffmann, Ueber eine neue Entstehung von Melliturie. Archiv der Anat. u. Phys. 1871.
**) Külz, Beiträge zur Hydrämie und Melliturie. Eckhard's Beiträge. Bd. VI. 1871.
***) Küntzel, Beiträge zur Lehre von der Melliturie. Inaugural-Dissert. Berlin 1872.

$\frac{1}{2}$ bis 1 procentigen Lösungen und Gummi arabicum in stärkerer Lösung einspritzte.

T. A. Hofmann*) erzeugte einen 24 Stunden anhaltenden Diabetes, wenn er Kaninchen Amylnitrit subcutan injicirte. Eulenburg und Guttmann**) bestätigen diese Thatsache, sie erhielten, wenn sie grosse letale Dosen injicirten, bis 2 pCt. Zucker.

Ewald***) erzeugte durch subcutane Injection von Nitrobenzol bei Kaninchen Diabetes, der bis zur 20. Stunde nach der Injection andauerte; bei Hunden hatte die subcutane Injection nicht den gleichen Erfolg, aber wenn Nitrobenzol durch den Mund eingeführt wurde, erschien Zucker im Harn.

Dass Curareinjectionen Diabetes erzeugen, wurde von mehreren Forschern und neuestens wieder von Eckhardt bestätigt.

Dr. Harley hat beobachtet, dass die Injection von Aether und Ammoniak in's Pfortadersystem temporären Diabetes verursacht. Pavy erzeugte künstlichen Diabetes durch Injection von Phosphorsäure in's Blut. Umgekehrt hat Pavy beobachtet, dass der bekannte Bernard'sche Diabetesstich nicht gelang, wenn früher kohlensaures Natron in's Blut injicirt war. Diese Thatsachen sollen beweisen, dass die Beschaffenheit des Blutes von grossem Einflusse ist, und dass Veränderungen in der Blutzusammensetzung die Ursache des Diabetes sein können.

Quinquaud fand, dass nach Phosphor- und Arsenvergiftung der Zuckerstich in seiner Wirkung sehr verringert wird; Florizet fand nach Bromkaliumeinnahme den Zuckerstich wirkungslos.

M. Schiff†) legt der Blutveränderung die grösste Bedeutung bei, er sieht in ihr die Ursache sowol für die postmortale Zuckerbildung wie auch für das Entstehen des Diabetes. Schiff meint, dass unmittelbar nach dem Tode sich ein Ferment im Blute entwickle, und dieses Ferment veranlasse die Umwandlung der glykogenen Substanz in Zucker.

---

*) Archiv f. Anat. u. Phys. 1872.
**) Archiv f. Anat. u. Phys. 1872.
***) Ewald, Ein neues Verfahren Glykosurie zu erzeugen. Centralbl. f. d. med. Wissensch. 1873. No. 52.
†) Journal de l'Anatomie et de Physiologie. 1866.

ad 3. In die dritte Reihe von Störungen, welche im Stande sind, Zuckerharnen zu erzeugen, gehören Verletzungen im Gebiete des Nervensystems.

Bernard machte zuerst die Entdeckung, dass ein Stich in die vierte Gehirnkammer, oberhalb der Ursprungsstelle des Nervus vagus, künstlichen Diabetes erzeuge. Bernard glaubte anfangs, diesen Effect so deuten zu dürfen, dass dieser Stich den Vagus reize, und da der Vagus Fäden an die Leber abgiebt, werde durch diese Reizung die glykogene Leberfunction erhöht. Bernard kam von dieser Ansicht zurück, als er in einem anderen, zur Controle dieser Theorie angestellten Experimente den Vagus durchschnitt, und bei Reizung der unteren oder peripherischen Schnittfläche keinen Diabetes erzeugte, während die Reizung des oberen oder centralen Endes denselben Erfolg hatte, wie der Stich in die Rautengrube. Pavy fand, dass, wenn ein Thier durch Trennung der Medulla oblongata getötet, und künstliche Respiration eingeleitet und unterhalten wurde, der Harn nach einer Stunde zuckerhaltig war. Nach Trennung des Rückenmarkes sowohl unterhalb der Nervi phrenici als auch oberhalb derselben, in welchem Falle künstliche Respiration unterhalten werden musste, entstand kein Diabetes. Auch wenn das Rückenmark und die Nervi vagi durchschnitten waren, erschien kein Zucker.

Arthaud und Butte fanden nach Vagusverletzungen oder Verletzung des centralen Endes desselben Zucker im Harn.

Schiff konnte Diabetes erzeugen, wenn er mittelst Nadel das Rückenmark vor und hinter dem Ursprung der Brachialnerven teilweise zerstörte. Bei Fröschen und Kaninchen erzeugte er Diabetes durch Trennung der hinteren Rückenmarksstränge. Ratten konnte er durch Trennen der hinteren und seitlichen Stränge des Rückenmarks permanent diabetisch machen, und auch nach vollständiger Trennung des Rückenmarkes konnte er einen wochenlang andauernden Diabetes erzeugen, wenn er darauf bedacht war, das Sinken der Körpertemperatur zu verhüten, und wenn das durch die Verletzung hervorgebrachte Fieber nicht zu stark war.

Pavy hat das Verhältnis des Sympathicus zum künstlichen Diabetes studirt. Trennung des Carotisteiles des Sympathicus hatte keine Wirkung auf den Harn; dagegen erzeugt die Verletzung des

Vertebralgeflechtes des Sympathicus stets Diabetes. Trennung der Nervenfäden zwischen dem oberen Brustganglion und dem Vertebralkanal auf beiden Seiten des Halses ergab nach einer halben Stunde einen stark zuckerhaltigen Harn. Wurden die Fäden nur auf einer Seite getrennt, enthielt der Harn nach anderthalb Stunden nur Spuren von Zucker, sowie dann die Fäden auf der anderen Seite getrennt wurden, ergab der Harn eine starke Zuckerreaction. Ebenso fand Pavy, dass eine Verletzung oder Abtragung des oberen Cervicalganglions den Harn zuckerhaltig mache. In einigen Fällen wurde der Zucker des Harns, welcher nach Abtragung beider Cervicalganglien auftrat, quantitativ bestimmt. Eine halbe Stunde nach dem Experimente enthielt der Urin 20,5 Gran auf die Unze, d. i. über 4 pCt., nach 2 Stunden enthielt er 11,4 Gran. In einem zweiten Experimente enthielt er 22,8 Gran auf die Unze eine Stunde 20 Minuten nach der Operation, und 34 Gran eine halbe Stunde später. Bei der Operation an dem Brusttheile des Sympathicus waren die Ergebnisse unsicher, die Trennung ergab in Bezug auf Zuckerharn bald ein positives und bald ein negatives Resultat.

Eckhard*) bestätigt Bernard's Angabe, dass nach Durchschneidung der beiden Nervi splanchnici der Diabetesstich stets unwirksam sei. Die Splanchnici scheinen also die Bahn zu sein, auf welcher sich die bei der Piqûre wirksamen Vorgänge bewegen.

Eckhard prüfte die Durchschneidung des Splanchnicus nach dessen Eintritt in die Bauchhöhle, wie auf verschiedenen Punkten seines Verlaufes oberhalb des Zwerchfells. Die Durchschneidungen waren zur Erzeugung des Diabetes stets unwirksam.

Die Exstirpation des obersten Halsganglions fand Eckhard zur Erzeugung des Diabetes unwirksam, dagegen hatte die Durchschneidung des Ganglion cervicale inferius regelmässig nach Verlauf von $3/_4$–1 Stunde das Auftreten eines reichlichen Diabetes zur Folge. Die Durchschneidung des 1. und 2. Brustganglions hatte gleichfalls eine, aber weniger starke Zuckerausscheidung zur Folge.

Auch auf die Durchschneidung des 1. Brustnerven oder des letzten Halsnerven erfolgte Diabetes.

---

*) C. Eckhard, Die Stellung der Nerven beim künstlichen Diabetes. Beiträge zur Anat. u. Phys. IV.

Eckhard*) erzeugte ferner bei Hunden, welchen er den hinteren Lappen des Wurms des kleinen Gehirns mechanisch verletzte, Hydrämie und Zuckerausscheidung; er nennt diesen Lappen des Wurms Lobus hydrämicus et diabeticus. Nach der Durchschneidung der Splanchnici konnte ebensowenig wie durch die Piqûre vom kleinen Gehirn aus Hydrämie oder Diabetes erzeugt werden.

Cyon und Aladoff**) bestätigten die Angaben Eckhard's in Bezug auf das Auftreten von Diabetes beim Hunde nach Durchschneidung des unteren Cervicalganglions oder oberen Brustganglions. Sie hatten den gleichen Erfolg nach Exstirpation dieser Ganglien, sowie nach Durchschneidung der beiden Rami vertebrales oder der beiden den Annulus Vieussenii bildenden Nerven. Die Durchschneidung des Grenzstranges zwischen 10. und 11. oder 11. und 12. Rippe verhindert das Auftreten des Diabetes nach Durchschneidung des Ganglion cervicale inferius. Wenn aber zuerst durch Exstirpation des Ganglions Diabetes erzeugt war, wurde dieser durch Durchschneidung des Grenzstranges nicht aufgehoben.

Es steht nach allen diesen Versuchen fest, dass Verletzungen im Gebiete des Nervensystems, insbesondere Verletzungen einer bestimmten Stelle der Medulla oblongata, sowie einiger Partien des Sympathicus Melliturie erzeugen.

Wie diese Wirkung zu Stande kommt, ist noch völlig unerklärt. Pavy hatte geglaubt, in der Medulla oblongata sei das Nervencentrum, welches jener Leberfunction vorstehe, durch welche die amyloide Substanz für die Zwecke des Organismus umgewandelt werde. Durch Verletzung dieses Centrums oder durch Aufhebung der Transmission dieses Nerveneinflusses auf die Leber verfalle das Leberamylum den chemischen Einflüssen, und es trete ebenso wie nach dem Tode die Umwandlung in Zucker ein. Für das Organ der Transmission glaubte er den Sympathicus halten zu dürfen, und darum würde durch Störungen in dieser Bahn gleichfalls die normale Umwandlung des Leberamylums aufgehoben. Spätere Ver-

---

*) C. Eckhard, Untersuchungen über Hydrämie. Beiträge. Bd. VI.
**) Cyon und Aladoff, Die Rolle der Nerven bei Erzeugung von künstlichem Diabetes mellitus. Bulletin de l'academie imperiale de St. Petersbourg. T. VIII.

suche brachten Pavy von dieser Theorie ab. Er durchschnitt nämlich im kleinen Netze alle Nerven, welche zur Leber gehen, nachdem er die Leberarterie, die Vena portae und den Gallengang sorgfältig isolirt hatte, und diese Durchschneidung hatte keine Melliturie zur Folge.

Die Wirkung der Nervenverletzung konnte auch so gedeutet werden, dass durch dieselbe eine vermehrte Blutzuströmung zur Leber stattfinde, und dass dadurch die Zuckerbildung veranlasst sei. Die Erfahrung hat nämlich gezeigt, dass nach Zerstörung des oberen Cervicalganglions oder nach Trennung des Nervenfadens zwischen dem oberen und unteren Cervicalganglion der Blutreichtum in der der Verletzung entsprechenden Kopfhälfte ein vermehrter ist. Das Ohr wird gerötet und zeigt bei der Berührung, wie bei der thermometrischen Untersuchung, eine höhere Temperatur. Nun wäre es denkbar, dass durch diese Verletzungen auch ein grösserer Blutreichtum der Leber hervorgerufen werde, und dass diese Hyperämie die Ursache der Zuckerbildung sei. Pavy hat, um diese Theorie zu prüfen, die Leberarterien unterbunden, und nachher das obere Cervicalganglion zerstört; der Urin wurde gleichfalls zuckerhaltig, die quantitative Analyse ergab eine Stunde nach der Operation $8\frac{1}{2}$ Gran und 2 Stunden nachher 12 Gran Zucker auf die Unze. Die gesteigerte Vascularität nach Durchschneidung des Sympathicus ist veranlasst durch Paralyse der Muskelschichten der Arterien. Die Gefässe können dem äusseren Blutdrucke keinen Widerstand leisten, und so entsteht eine Blutüberfüllung. Eine solche Blutüberfüllung ist aber in der Leber unmöglich, wenn die Arteria hepatica unterbunden ist; die Verletzung des Sympathicus müsste also in diesem Falle ein negatives Resultat haben, wenn die Zuckerbildung das Resultat der Blutüberfüllung wäre.

Schiff führt auch die Wirkungen des bekannten Diabetesstiches auf eine durch diesen Stich veranlasste Leberhyperämie zurück. Er sagt, dass er lange, ehe Bernard durch die Punction in die vierte Gehirnkammer Diabetes erzeugt hatte, bereits nachgewiesen habe, dass eine Verletzung des Nervencentrums in dieser Gegend eine Ausdehnung der kleineren Gefässe des Darmes und der Leber zur Folge habe, und dass dadurch eine Art paralytischer Hyperämie dieser Organe entstehe. Mit dieser Blutstagnation entwickelt sich ein Ferment, und dieses Ferment ist die Ursache der Zuckerbildung. Diese passive Blutüberfüllung muss nicht gerade in der Leber vorhanden sein, um Diabetes hervorzurufen; jede Verlangsamung des Blutumlaufes in einem etwas grösseren Gefässgebiete veranlasst Fermentbildung und wird dadurch Ursache der Melliturie.

Eckhard betrachtet die Diabetes erzeugende Durchschneidung jener sympathischen Ganglien, wie die Durchschneidung der in diese Ganglien eintretenden Nervenbahnen, als eine Reizung und zwar als eine mechanische Reizung. Cyon und Aladoff sprachen sich gegen die Reizung als Ursache aus, da sie den Diabetes auch entstehen sahen, wenn die Ganglien vorsichtig exstirpirt wurden. Nach ihrer Ansicht handelt es sich bei dieser Durchschneidung um die Lähmung der im Annulus Vieussenii vorhandenen vasomotorischen Nerven der Lebergefässe. Warum die Durchschneidung des Splanchnicus oder des Grenzstranges an oben bezeichneter Stelle die Piqûre wie die Ganglienexstirpation für die Hervorbringung des Diabetes unwirksam machen, erklären sie dadurch, dass durch diese Splanchnicusdurchschneidung oder durch die Durchschneidung des Grenzstranges grosse Gefässgebiete gelähmt werden; durch diese Lähmung entsteht eine so grosse Blutanhäufung in den gelähmten Gebieten, dass die Blutanhäufung in der Leber durch Lähmung ihrer Gefässnerven auf ein Minimum reducirt werde, dagegen wird die einmal durch Piqûre oder Exstirpation der Ganglien bewirkte Blutvermehrung in der Leber durch die nachfolgende Lähmung anderer grosser Gefässgebiete nicht sobald wieder beseitigt, und der zuerst erzeugte Diabetes hält nach der Durchschneidung der Splanchnici oder des Grenzstranges noch an.

Wie ist diese Anschauung von Cyon und Aladoff mit der Ansicht Schiff's zu vereinigen, dass jede auch von der Leber entfernte Blutstagnation einen Diabetes zu bewirken im Stande sei? Es müsste nach dieser Ansicht die Splanchnicusdurchschneidung allein durch Lähmung weiterer Gefässbezirke Diabetes bewirken.

Wie ist überhaupt die Ansicht haltbar, dass der durch Nervenverletzung entstandene Diabetes auf Lähmung der vasomotorischen Nerven der Lebergefässe zu beziehen sei, nachdem Pavy im Stande war, nach Unterbindung der Arteria hepatica einen wirksamen Diabetesstich auszuführen?

Das Gelingen des Stichs nach Unterbindung der Arteria hepatica beweist, dass nicht die durch diese Verletzung erzeugte Hyperämie mit der Zuckerbildung im Zusammenhange ist. Die früher erwähnten Versuche Pavy's über Umwandlung von Leberamylum in Zucker im circulirenden Blute, und über Einführung von Speichel in's Blut, ohne dass Zuckerbildung entsteht, machten auch die Annahme, dass ein im Blut sich bildendes Ferment die Zuckerbildung veranlasse, zweifelhaft und entzogen allen Theorien, welche den Diabetes auf Fermentwirkungen zurückführen, den Boden.

Als einen Nachzügler jener Lehre, welche dem diastatischen Ferment eine grosse Bedeutung bei der Entstehung des Diabetes einräumt, erkennen wir die Theorie von W. Ebstein[*]). Ebstein hat die interessante Beobachtung gemacht, dass die diastatische Wirkung der saccharificirenden Fermente auf Glykogen durch Kohlensäure gehemmt wird. In der im Organismus stets gebildeten Kohlensäure sieht Ebstein den Regulator für die Fermentwirkung auf Glykogen. Gestützt auf die Beobachtungen von Pettenkofer und Voit, dass beim Diabetiker die Kohlensäurebildung eine viel geringere sei, glaubt Ebstein in dieser verringerten Kohlensäurebildung die Ursache der vermehrten Fermentwirkung auf das Glykogen zu sehen und die Zuckerausscheidung im Harn, sowie alle Erscheinungen des Diabetes erklären zu können. Gegen diese Theorie ist einzuwenden, dass 1. die verminderte Kohlensäurebildung eben nur eine Folge des diabetischen Processes und auf verminderte Verbrennung des Zuckers zurückzuführen ist, dass 2. der Zucker, zumal beim schweren Diabetes, niemals aus Glykogen stammt, und dass 3. ein Ferment, welches die Umsetzung des Glykogens in Zucker bewirkt, niemals nachgewiesen worden ist.

Nach den Physiologen bekamen in neuerer Zeit wieder Pathologen das Wort. Mering und Minkowski[**]) haben eine der interessantesten Beobachtungen gemacht, welche auf dem Gebiete der experimentellen Pathologie jemals gemacht wurden. Es ist ihnen gelungen, durch vollständige oder nahezu vollständige Exstirpation des Pankreas Diabetes hervorzubringen; und es war nicht

---

[*]) W. Ebstein, Die Zuckerharnruhr. 1887.
[**]) Archiv f. exper. Pathol. Bd. XXVI.

wie bei den zahlreichen anderen Versuchen zur Erzeugung eines
künstlichen Diabetes, wie etwa durch Piqûre, durch Einfluss von
Phloridzin, blos eine grössere oder geringere, rasch vorübergehende
oder länger andauernde Zuckerausscheidung, sondern es wurde ein
wirklicher Diabetes mit allen der Zuckerausscheidung folgenden
Symptomen erzeugt. Es entstand Polyurie, Polyphagie, Abmagerung, Kräfteschwund u. s. w. bis zum letalen Ende. Der so entstandene Diabetes war von der Nahrung nicht beeinflusst. Er trat
auf bei ausschliesslichem Genuss von Fleisch und Fettnahrung,
ebenso wie bei Einfuhr von Amylaceis, und er war ebenso vorhanden bei ausschliesslichem Hungern. Der durch Pankreasexstirpation hervorgerufene Diabetes war also ein vollständiger Diabetes
der schweren Form.

Lépine, Hédon, v. Harley u. A. haben die Versuche von
v. Mering und Minkowski mit gleichem Erfolge ausgeführt, und
Hédon hat die Technik des Verfahrens wesentlich vervollständigt.
Wie natürlich glaubten jetzt viele, jeder Diabetes sei durch Erkrankung des Pankreas veranlasst, und Lépine*) begnügte sich nicht
damit, diesen Ausspruch zu thun, er will auch gefunden haben, wieso
die Pankreasexstirpation den Diabetes veranlasse. Auf Grundlage
von Versuchen kommt er zu dem Resultate, dass im Pankreas ein
Ferment gebildet werde, welches in's Blut gelangt, die Umwandlung
des Blutzuckers bewirkt. Mit der Exstirpation des Pankreas fehlt
dieses Ferment, der Zucker kann nicht umgesetzt, muss durch den
Harn ausgeschieden werden, und durch die Unfähigkeit des Blutes, den
Zucker umzusetzen, entstehen alle schweren diabetischen Symptome.

Die Umsetzung des Zuckers im Blute nennt Lépine das
glykolytische Vermögen — pouvoir glycolytique — des Blutes, und
das Ferment, durch welches die Umwandlung bewirkt wird, bezeichnet er als glykolytisches Ferment — ferment glycolytique.
Lépine hat seine „Entdeckung", die er „nicht als Theorie, sondern
als Thatsache" bezeichnet, vorzüglich durch Beweise gestützt, welche
sich auf die bekannte Beobachtung beziehen, dass der Blutzucker
allmälig aus dem den Gefässen entnommenem Blute verschwindet.

---

*) Lépine, Le ferment glycolytique et la pathogénie du diabète.
Paris 1891.

Schon Bernard hat beobachtet, dass das aus der Ader gelassene Blut sehr rasch seinen Zuckergehalt verliert, und er erklärte
sogar in dieser Weise die eigentümliche Erscheinung, dass viele
Forscher nicht imstande waren, im Blute Zucker nachzuweisen.
Auch Pavy hatte diese Zuckerabnahme in dem aus der Ader gelassenen Blute als eine beträchtliche nachgewiesen, doch soll sie
nach ihm nicht so rasch erfolgen, wie Bernard es angibt.

Ich habe durch zahlreiche Beobachtungen nachgewiesen, dass
Blut, welches im warmen Raume steht, allmälig seinen Zuckergehalt verliert, während es denselben bei niederer Temperatur
unverändert erhält. Sö fand ich z. B.:

A.

Blut, direct untersucht .	.	0,117 pCt. Zucker,
Nach 48 Stunden bei 15 "	.	0,056 „ „
„ 48 „ „ 6 ⁰	.	0,114 „ „

B.

Blut, direct untersucht .	. .	0,120 „ „
Nach 24 Stunden bei 15 ⁰	.	0,083 „ „
„ 48 „ „ 15 ⁰	. . .	0,060 „ „
„ 96 „ „ 15 ⁰	. . . . .	0,030 „ „
Dasselbe Blut, bei einer Temperatur von 7—8 ⁰		
vor dem Fenster gestanden, nach 96 Stunden	0,111 „ „	

Nach Lépine soll nun diese Zuckerumsetzung, die nach dem
Tode beobachtet wird, die Fortsetzung jener sein, welche während
des Lebens durch das glykolytische aus dem Pankreas stammende
Ferment vor sich geht. Als Beweis dafür hat er den folgenden
Versuch angeführt. Er bestimmte den Zuckergehalt des unmittelbar dem Gefässe entnommenen Blutes. Es wurden ferner 3 Blut-
portionen desselben Thieres unmittelbar, nachdem sie in Ballons
aufgefangen waren, in Wasserbäder von je 39⁰, 46⁰, 54,5⁰ gestellt
und in denselben eine Stunde belassen. Bei 30⁰ verlor das Blut
innerhalb dieser Zeit 25—30 pCt. seines Zuckergehalts, im höher
erwärmten Ballon war der Zuckerverlust ein grösserer, in dem bei
54,5⁰ gestandenen Ballon war der Zuckerverlust Null, und da bei
dieser Temperatur die Fermente unwirksam werden, folgert Lépine
daraus, dass der Zuckerverlust auf Rechnung dieses Ferments statt-

gefunden hat. Lépine hat ferner Versuche angestellt mit Blut von Thieren, denen das Pankreas exstirpirt, und die dadurch diabetisch gemacht waren, bei diesem Blute war der Zuckerverlust bei einer Temperatur von 39^0 nur 6—8 pCt., dieser geringere Zuckerverlust ist nach Lépine durch das Fehlen des glykolytischen Ferments bedingt, und da bei dem diabetischen Thier das Pankreas exstirpirt war, scheint für Lépine die Thatsache unzweifelhaft festgestellt, dass dieses Ferment aus dem Pankreas stammt.

Minkowski[*]) hat einen analogen Versuch mit dem Blute eines durch Pankreasexstirpation diabetisch gemachten Hundes angestellt und gibt an, innerhalb einer Stunde einen solchen Zuckerschwund gefunden zu haben, „dass die absolute Menge des zersetzten Zuckers sogar erheblich grösser war, als die Menge, welche in der gleichen Zeit aus normalem Blut zu verschwinden pflegt".

F. Kraus[**]) hat das glykolytische Vermögen des aus der Ader gelassenen Blutes bestimmt aus der Menge der Kohlensäure, die sich innerhalb einer gewissen Zeit im Blute gebildet hatte. Diese Menge war sehr mässig, sie schwankte bei dem Blute verschiedener Versuchspersonen in weiten Grenzen, und dieselben Schwankungen fanden sich in den Versuchen, welche mit dem Blute diabetischer Menschen angestellt wurden.

Ich habe[***]) die Versuche von Lépine genau, wie er sie angibt, wiederholt. Ich fand bei dem Blut, welches bei einer Temperatur von 39^0—52^0 durch eine Stunde gestanden hatte, einen Zuckerverlust, der aber kaum 8 pCt. betrug. Dagegen war der Zuckerverlust beträchtlich grösser in einer Blutportion, welche bei der gleichen Temperatur drei Stunden gestanden hatte, und er war noch grösser bei Blut, das 6—9 Stunden gestanden hat. So war z. B. bei einem Hunde der direct bestimmte Zucker 0,146 pCt., in dem eine Stunde bei 39^0 gestandenen 0,138 pCt., in dem drei Stunden gestandenen 0,070 pCt. und nach neun Stunden bei der gleichen Temperatur 0,047 pCt. In dem Blute, welches bei $54,5^0$ gestanden war, wurde keine Zuckerabnahme gefunden. Dieser Be-

---

[*]) Minkowski, Berliner klin. Wochenschr. 1892. No. 5.
[**]) Zeitschr. f. klin. Medicin. Bd. XXI. Heft 3 und 4.
[***]) Centralbl. f. Physiologie. 1891. No. 25 und 26.

fund war in Uebereinstimmung mit dem von Lépine und wies
darauf hin, dass die Zuckerumsetzung die Wirkung eines Ferments
war, das durch die rasche Erhitzung des Blutes auf 54,5° unwirksam gemacht wurde. Aber der Umstand, dass die Zuckerumsetzung
grösser wurde mit der Zeitdauer, d. h. dass sie um so grösser war,
je länger das Blut aus dem lebenden Körper entfernt war, spricht
schon dafür, dass diese Zuckerumsetzung nicht die Fortsetzung eines
im Leben stattfindenden Processes sei, sondern dass sie eine postmortale Erscheinung ist.

Ich setzte in weiteren Versuchen dem Blute Chloroform zu,
durch welches, wie Salkowski angibt, das Protoplasma getötet
wird, und die Umsetzung war genau dieselbe wie in einer Control-
portion, welcher kein Chloroform zugesetzt war. Ich habe endlich
schon gefaultem Blute eine grosse Menge Zucker — etwa 1 pCt.
und darüber — zugesetzt und durch dasselbe bei 37—39° während
24 Stunden Luft durchgeleitet. Das Blut verlor seine Lackfarbe
und den fauligen Geruch; aber auch der Zucker war vollständig
geschwunden, was abermals beweist, dass die Zuckerumsetzung
die Wirkung eines Ferments ist, aber dass dieses Ferment erst
durch eine postmortale Blutzersetzung sich entwickelt.

Noch schlagender ist dies dadurch bewiesen, dass ich in einigen Versuchen das Blut bis zur Temperatur erhitzte, bei welchem
ein vorhandenes Enzym zerstört werden musste, dann diesem Blute
Zucker zusetzte und durch 20—24 Stunden Luft bei 37° durch-
leitete, der zugesetzte Zucker war ganz oder zum grossen Teile
zerstört.

Es ist wol zweifellos, dass auch während des Lebens Zucker
im Blute wie in allen Geweben und Gewebsflüssigkeiten umgesetzt
wird, da die Zuckerumsetzung die Quelle der Wärmebildung ist.
Wodurch diese Zuckerumsetzung vermittelt wird, wissen wir nicht.
Die Zuckerumsetzung, welche in dem den Gefässen entnommenen
Blute beobachtet wird, gestattet keine Rückschlüsse auf ein bei der
Zuckerumsetzung im circulirenden Blute wirksames glykolytisches
Enzym, auf dessen Natur und Ursprung.

Lépine's Erklärung für den Pankreasdiabetes ist vollständig
hinfällig. Derselbe bleibt nach wie vor ein Rätsel. Und dieses wird

noch dadurch interessanter, dass Minkowski*) und Hédon**) durch Versuche festgestellt haben, dass nach extraperitonealer Transplantation eines Pankreasstückes und nachher erfolgter vollständiger Pankreasexstirpation kein Diabetes auftritt, dass dieser dagegen sogleich in voller Intensität zur Erscheinung kommt, wenn das transplantirte Pankreasstück entfernt wird. Diese Versuche beweisen, wie Hédon sich ausdrückt, „in unwiderleglicher Weise", dass das Pankreas auch als Blutdrüse functionirt, aber die Art dieser Function und ihr Zusammenhang mit der Hervorbringung des Diabetes ist vorläufig nicht aufgeklärt. Gewiss ist mancher Fall von Diabetes auf Erkrankung des Pankreas zu beziehen. Einzelne klinische Erscheinungen weisen auf den Zusammenhang von Diabetes und Pankreaserkrankung hin; ich erwähne z. B. einen von Le Noble mitgeteilten Fall von leichtem Diabetes, bei welchem der ausgeschiedene Zucker Maltose war und im Stuhl 30 pCt. Fett sich vorfanden. Der Zusammenhang wird, weil klinische Erfahrungen über Pankreaserkrankungen selten sind, viel deutlicher durch die anatomischen Befunde an Leichen von Diabetikern, da in einer guten Zahl von Fällen Veränderungen im Pankreas nachzuweisen sind, wie dies später ausführlicher erörtert werden soll. Aber es ist gewiss vollständig irrig, den Diabetes ausschliesslich auf eine Erkrankung des Pankreas zurückzuführen, und es steht eine solche Annahme mit der klinischen Beobachtung in grellstem Widerspruche, da in der Mehrzahl der Diabeteserkrankungen ihre Aetiologie auf ganz andere Momente hinweist.

Ich habe stets vermieden, Theorien über das Entstehen von Diabetes mellitus zu machen. Als ich noch im Banne der Pavy'schen Anschauung stand, hatte ich mir das Entstehen des Diabetes der ersten Form so zurecht gelegt, dass bei Diabetes, ähnlich wie es bei der gesunden Leber nach dem Tode entsteht, ein vorhandenes Ferment auf das Glykogen einwirke und Zucker bilde. In ganz analoger Weise fasst auch Pavy den diabetischen Process auf. Für ihn ist die Leber ein Organ, in welchem aller eingeführte Zucker in Form von Glykogen zurückgehalten wird, damit nichts davon in die Blutbahn gelange. Denn, so sagt er***). „wenn

---

*) l. c.
**) Compt. rend. 1. Août 1892.
***) l. c.

der leicht diffundible Zucker in die Blutbahn gelangt, müsste er auch notwendig durch den Harn ausgeschieden werden, und wir müssten alle diabetisch sein". Für mich hatte damals nur die Erklärung der schweren Form des Diabetes Schwierigkeit, und ich wagte die Hypothese, dass das Leberamylum eine verschiedene Resistenz Fermenten gegenüber habe, je nachdem es aus Kohlehydraten entstehe oder sich aus Eiweisskörpern abspalte. Das erste sei minder resistent, gehe also durch die Fermentwirkung rascher in Zucker über, und erzeuge so die leichte Form des Diabetes, während letzteres als minder labil längeren Widerstand zu leisten im stande sei. Diese Hypothese hat sich durch meine eigenen ad hoc angestellten Versuche als unhaltbar erwiesen, denn es stellte sich heraus, dass Brotglykogen wie Fleischglykogen allen gekannten Fermenten gegenüber sich gleich verhalten. Aber meine Hypothese ist nicht unfruchtbar geblieben; denn meine vergleichenden Untersuchungen über das Verhalten der beiden Glykogenarten gegen Fermente wurden zum Ausgangspunkte für meine physiologischen Untersuchungen über die Zuckerbildung im Thierkörper, und haben wol für alle Zeiten festgestellt, dass die Zuckerbildung nicht nur eine normale Function der Leber sei, sondern dass sie überhaupt zu den wichtigsten Functionen derselben gehört, und dass der in der Leber gebildete Zucker mit den bedeutungsvollsten Aufgaben der thierischen Oeconomie betraut ist. Meine Hypothese über das Entstehen der beiden Formen des Diabetes, die ich niemals als Theorie aufgestellt habe, fusste auf Pavy's Anschauungen, und sie hatte vollständig den Boden verloren, seitdem es festgestellt ist, dass Zucker ein Product der normalen Leberfunction ist, und in Hunderten von Grammen täglich in die Circulation gelangt, ohne dass derselbe in nachweisbarer Weise durch den Harn ausgeschieden wird.

Bernard*) hatte sich das Entstehen des Diabetes so zurecht gelegt, dass er sagte, „das Blut könne nur ein gewisses Quantum von Zucker vertragen. Wenn diese Quantität entweder durch Ueberproduction oder durch gestörte Umsetzung überschritten sei, müsse diese Menge durch den Harn ausgeschieden werden, also

---

*) Bernard, Vorlesungen über Diabetes. 1878.

das Hauptsymptom des Diabetes zu stande kommen". Bernard hat die Glykosurie als gesteigerte Glykämie definirt, und es soll nach seiner Annahme, sowie das Blut einen Zuckergehalt von über 0,25 pCt. habe, auch der Zucker im Harn erscheinen. Durch meine Untersuchung an diabetischen Kranken ist auch diese Anschauung hinfällig geworden. Ich habe wiederholt das Blut von Diabeteskranken untersucht, nachdem ich aus 10 Untersuchungen an gesunden Menschen als Mittel für den procentischen Blutzuckergehalt die Ziffer 0,17 festgestellt hatte (S. 29).

No.	Name.	Form.	Harn-zucker.	Blut-zucker in pCt.	Anmerkung.
1.	Frau A.	schwere	{386 g {355 g [1])	{0,476 {0,436 [1])	[1]) Zweite Untersuchung nach 3 Wochen Spitalaufenthalt.
2.	Frau B.	schwere	390 g	0,377	
3.	Frau C.	schwere	305 g	0,417	
4.	Herr X.	schwere	2 pCt.	0,341	
5.	Herr L.	leichte	0,2 pCt.	0,185	
6.	Herr S. P.	leichte	Spuren	0,123	
7.	Herr L.	leichte	{3,8 pCt.[1]) {0,6 pCt.[2])	{0,182 [1]) {0,181 [2])	[1]) Nach Nahrung von Amylaceen. [2]) Nach zweitägiger absoluter Fleischkost.
8.	Mr. M.	schwere	{2,4 pCt. {1,7 pCt.[1])	{0,254 {0,230 [1])	Hereditär. [1]) Zweite Untersuchung nach 14 Tagen.
9.	Herr D. Z.	schwere	0,8 pCt.	0,233	Hereditär.
10.	Herr B. S.	leichte	{0,2 pCt. {1,4 pCt.[1])	{0,182 {0,180 [1])	[1]) Nach Stärkemehlnahrung.
11.	Dr. M.	schwere	3,5 pCt	0,480	
12.	Herr K.	schwere	{1,4 pCt. {0,6 pCt.[1])	{0,314 {0,192 [1])	[1]) Nach einmonatlicher strenger Diät.

Pavy teilt gleichfalls mehrere Untersuchungen über Blutzucker bei Diabetikern mit. Dreimal fand er bei einer Zuckerausscheidung von 9—10 pCt. einen Blutzuckergehalt von 0,49 bis 0,57 pCt., zweimal 0,28 pCt. und 0,26 pCt. und zweimal 0,18 pCt. und 0,15 pCt., während der Harn 4,8—3,1 pCt. Zucker enthielt.

Wenn wir die von mir bei Diabetikern gefundenen Resultate mit den bei Gesunden gefundenen vergleichen, so ergibt sich, dass

bei Diabetikern der schweren Form der Zuckergehalt beträchtlich
grösser ist als bei gesunden Individuen. Von 8 Diabetikern dieser
Form lag der Zuckergehalt sechsmal jenseits der Grenze, welche
Bernard als die normale bezeichnet hatte. Zwei Diabetiker der
schweren Form hatten einen Blutzuckergehalt, welcher nach Bernard noch innerhalb der Toleranznorm läge. Bei den Kranken
mit der leichten Form des Diabetes war der Zuckergehalt des
Blutes kaum über die von mir gefundene Norm im gesunden Menschen erhöht, und von Interesse war es, dass bei zwei Individuen
dieser Categorie nach reicher Einfuhr von Amylaceen der Zuckergehalt des Harns bedeutend vermehrt wurde, ohne dass der Blutzuckergehalt gesteigert wurde. Es ist also nicht richtig, dass
die gesteigerte Glykämie eine notwendige Bedingung für
die Glykosurie ist.

Und so bleibt die Frage: Wie können wir das Entstehen des
Diabetes mit den gewonnenen physiologischen Thatsachen in Einklang bringen? Ich denke mir nun, dass den zwei verschiedenen
Formen des Diabetes auch verschiedene krankhafte Vorgänge entsprechen. Bei der ersten Form des Diabetes stammt der Zucker,
der durch den Harn ausgeschieden wird, unzweifelhaft aus dem
Nahrungszucker. Dies ist keine theoretische Annahme; es ist nur
die Formulirung einer Erfahrung. Denn so wie wir die Einfuhr
von Kohlehydraten abschneiden, ist auch die Zuckerausfuhr gehemmt. Eine gleichfalls nicht in Frage zu stellende Thatsache
ist es, dass bei einem normalen Individuum mit der Einfuhr von
Zucker oder Kohlehydraten eine sehr bedeutende Glykogenbildung
stattfindet. Wir haben uns also nur zu denken, dass bei der ersten
Form des Diabetes die eingeführten und in Zucker umgewandelten
Kohlehydrate entweder direct in die Blutbahn gelangen, ohne von
der Leber für die Glykogenbildung verwertet zu werden, oder dass
das aus demselben gebildete Glykogen nicht in normaler Weise
verwendet, sondern in Zucker übergeführt wird. Ob das eine oder
das andere stattfindet, wäre nur dann zu entscheiden, wenn wir
wüssten, wie es sich mit der Glykogenbildung bei den Diabetikern
verhält. Darüber liegen keine Erfahrungen vor; denn die Beobachtung, die Frerichs anführt, dass beim Einstich in die Leber
eines lebenden Diabetikers glykogenhaltiges Leberparenchym ge-

wonnen wurde, ist nicht beweisend für diese Frage, da bei einem solchen Versuche doch nur ein Atom Glykogen gewonnen werden konnte. Wichtiger sind für die Entscheidung dieser Frage Beobachtungen, die bei der Erzeugung von künstlichem Diabetes gemacht wurden. So fand Langendorff*), dass er nur bei solchen Fröschen Strychnin-Diabetes erzeugen konnte, deren Lebern glykogenreich waren, und er fand, dass in diesen Lebern beim Aufhören des Diabetes nahezu kein Glykogen vorhanden war, während die Lebern von Controlthieren von Glykogen strotzten. Auch manche Versuche von Luchsinger**) ergaben das Resultat, dass der Zuckerstich unwirksam ist, wenn, wie bei Hungerthieren, kein Leberglykogen vorhanden war, dass bei geringen Glykogenmengen die Wirkung des Stiches eine vorübergehende ist. dass also der Zucker aus dem vorhandenen Glykogen entstanden sein musste. In dem einen wie in dem anderen Falle, ob die Zuckerausscheidung dadurch stattfindet, dass die Leber nicht im Stande ist, aus den eingeführten Kohlehydraten Glykogen zu bilden, oder dass sie unfähig war, das gebildete Glykogen festzuhalten und in normaler Weise zu verwerten, müssen wir den Diabetes auf eine Anomalie in der Leberzelle zurückführen. und Diabetes dieser Form wäre also aufzufassen als eine Zuckerausscheidung in Folge der Unfähigkeit der Leberzelle, die eingeführten Kohlehydrate in normaler Weise zu assimiliren.

Diese Form des Diabetes könnte man also mit Recht die hepatogene nennen. Es handelt sich hier nicht — und das muss hervorgehoben werden — um eine makroskopisch nachweisbare Lebererkrankung; im Gegenteil lehrt die Erfahrung, dass die schwersten Lebererkrankungen mit den weitgehendsten anatomischen Veränderungen keinen Diabetes erzeugen, und andererseits finden wir in zahlreichen Sectionsprotokollen von an Diabetes Verstorbenen keine irgend bemerkenswerten Veränderungen im Leberparenchym verzeichnet. Wir können uns nur denken, dass jene Leberzellen, welche mit der Glykogenbildung betraut sind, in ihrer Leistungs-

---

*) Du Bois' Archiv f. Physiol. 1887.
**) Luchsinger, Experimentelle Beiträge zur Physiologie und Pathologie des Glykogens. 1875.

fähigkeit gehemmt sind, ohne dass wir nach dem heutigen Stande
unseres pathologischen Wissens fähig sind, anzugeben, in welcher
Weise diese Hemmung zu stande kommt, und ohne dass wir es
vermögen, die mit dieser herabgesetzten Assimilationsfähigkeit unzweifelhaft einhergehenden anatomischen oder chemischen Veränderungen der Zelle zur Erscheinung zu bringen.

Von manchen Seiten wird die alimentäre Glykosurie mit Diabetes der leichten Form in Beziehung gebracht. Beide haben das
Eine gemein, dass nur Nahrungszucker ausgeschieden wird; aber
damit endet auch jede Analogie. Bei der alimentären Glykosurie
ist ein rasch vorübergehendes gleichsam mechanisches Ueberströmen
des in zu grossen Mengen zugeführten Zuckers vorhanden, während bei der leichten Form des Diabetes das Leistungsvermögen der
Leber wirkich vermindert ist, und die Assimilationsgrenze darum
je nach dem Grade der Erkrankung mehr oder weniger tief steht.

Hofmeister*) wollte den Diabetes aus dem von ihm beobachteten sogenannten Hungerdiabetes erklären. Wie durch den
Hunger die Assimilationsgrenze momentan herabgesetzt wird, so
sollte durch ein dauerndes Heruntergekommensein eines Individuums die Herabsetzung eine dauerhafte sein, und darum einen
permanenten Diabetes bewirken. Gegen diese Auffassung ist einzuwenden, dass es erstens nicht fest steht, ob nicht die Glykosurie
nach Hunger eben nur auch, wie jede alimentäre Glykosurie, auf
ein zu rasches Einströmen von Zucker zu beziehen ist; zweitens
tritt der Diabetes der leichten Form, und nur von diesem könnte
die Rede sein, durchaus nicht bei herabgekommenen Individuen
auf. Die meisten Diabetiker dieser Form sind im Gegenteil im
Anfang sehr gut genährt, und machen durchaus nicht den Eindruck von Hungerleidern. Das Herabgekommensein ist eine späte
Folge dieser Form und kann also nicht als Ursache aufgefasst
werden.

Bei der zweiten Form des Diabetes ist das Glykogen unbeteiligt. Die Zuckerausscheidung erfolgt, auch wenn nicht eine
Spur von Kohlehydraten eingeführt wird, und es ist wol kaum zu
bezweifeln, dass bei dieser Form der normal gebildete Leber-

---

*) Hofmeister, Zeitschr. f. experim. Pathol. Bd. XXVI.

zucker in grösserer oder geringerer Menge zur Ausscheidung kommt. Der Leberzucker wird, wie wir dies oben auseinandergesetzt, unausgesetzt im Körper verbrannt. Es ist zweifellos, dass diese Umsetzung des gebildeten Zuckers nicht in einem einzelnen Organe statthat, sondern dass dieselbe wahrscheinlich im gesammten Körper vor sich geht, und dass bei dieser Oxydation Spannkräfte frei werden, die sich in Wärme und mechanische Arbeit umsetzen. Ich habe in einer Reihe von Versuchen nachgewiesen, dass Muskel, welche durch arterielles Blut lebend erhalten wurden, imstande sind, zugeführten Traubenzucker zu zerstören. Gewiss kommt diese Fähigkeit auch den meisten anderen Gewebselementen zu, und es wird erst die Aufgabe der Forschung sein, zu ermitteln, in welchem Maasse sich die verschiedenen Körperelemente an dieser Umsetzung beteiligen. Die Zuckerausscheidung durch den Harn besagt also, dass diese Umsetzung gehemmt ist, oder mit anderen Worten: Die Zuckerausscheidung durch den Harn ist der Ausdruck dafür, dass der gesammte Körper oder ein mehr oder weniger grosser Teil seiner Elemente die Fähigkeit verloren habe, den durch das Blut ihm zugeführten Zucker umzusetzen. Während also beim Diabetes der ersten Form die Functionsfähigkeit eines Organs, die der Leberzellen, in Frage gestellt ist, ist beim Diabetes der zweiten Gruppe das Zellenleben des Gesammtorganismus zur Vollbringung einer seiner wichtigsten Functionen nicht mehr voll befähigt. Es ergibt sich daraus naturgemäss die auch mit der Erfahrung stimmende so ganz verschiedene prognostische Bedeutung dieser zwei Formen des Diabetes. Die erste Form ist eine verhältnismässig leichte Krankheit. Wenn die Patienten die Kohlehydrate vermeiden und in der Lage sind, andere Nahrung in genügender Menge einzuführen, können sie trotz der latenten Krankheit recht lange leben und sich verhältnismässig wohl befinden. Diese Erfahrung ist mit dem Wesen dieser Erkrankung, wie wir es auffassen, in voller Uebereinstimmung. Die Leberzelle hat die Eigenschaft verloren, den eingeführten Zucker zu verwerten und als Glykogen anzusammeln. Es ist damit ein Reservestoff, der wahrscheinlich von nicht zu unterschätzender Bedeutung ist, dem Körper verloren. Aber der Organismus ist dadurch noch nicht in irgend einer Thätigkeit gehemmt, die zu den

Lebensbedingungen gehört. Anders ist es bei den Diabetikern der zweiten Art. Diese sind nicht blos abgemagert, sie werden in kürzester Zeit vollkommen kraft- und energielos, ihre Muskeln verlieren jede Leistungsfähigkeit; die geringste Arbeit ermüdet sie, ihre Wärmebildung ist herabgesetzt, und dem kleinsten Leiden gegenüber sind sie widerstandslos und gehen rasch zu Grunde. Es stimmt das vollkommen mit der Vorstellung, die wir uns über das Wesen dieser Erkrankung machen. Die Umsetzung des Zuckers ist die wichtigste Bedingung für ein normales, gesundes Leben. An diese Umsetzung ist die Leistungsfähigkeit des Körpers gebunden; sowie sie in irgend einer Weise gemindert ist, muss auch die Leistungsfähigkeit herabgesetzt werden, und der Körper ebenso rasch zu Grunde gehen, wie die Flamme erlischt, wenn ihr kein Oel zugeführt wird, oder das zugeführte Oel nicht verwertet werden kann.

Es ist mir gelungen, durch Versuche zu ermitteln, dass unter Einwirkung äusserer Agentien, speciell unter der Einwirkung einiger Gifte, die Umsetzung des Blutzuckers wesentlich herabgesetzt wird. Es sind dies insbesondere die Anästhetica und das Curare.

Ich habe in 20 Versuchen diese Einwirkung zum Gegenstande meiner Untersuchung gemacht, und zwar, indem ich den Zuckergehalt des Carotisblutes vor und nach der Narkose bestimmte. In einigen Versuchsreihen wurde das Carotisblut nach der Narkotisirung in mehreren zeitlich auseinanderliegenden Proben entnommen. Um dem Einwurfe zu begegnen, dass in diesen Versuchen etwaige Verschiedenheiten im Zuckergehalte durch die Häufigkeit der Venaesectionen veranlasst seien, habe ich in 6 Versuchen an nicht vergifteten Thieren Carotisblut in 3—4 Proben entnommen, und zwar unmittelbar nachdem das Thier aufgebunden war, ferner $^1/_4$—$^1/_2$ bis $^3/_4$ Stunden nach dem Aufbinden. Die jeweilig entnommene Blutmenge war 40—50 ccm. In allen diesen Versuchen an nicht vergifteten Thieren erhielt ich das konstante Resultat, dass das Carotisblut aller dieser demselben Thiere entnommenen Blutproben ganz genau den gleichen Zuckergehalt ergab.

Ich lasse nun die Ergebnisse der Analysen des Carotisblutes vergifteter Thiere in nachstehender Tabelle folgen.

Zuckergehalt des Carotisblutes in Procenten:

Versuchs- nummer.	Zustand des Thieres.	Zeit der Un'ersuchung.	Versuchs- nummer.	Zustand des Thieres.	Zeit der Untersuchung.

Chloroform.

Versuchs- nummer.	Zustand des Thieres.	Zeit der Un'ersuchung.	Versuchs- nummer.	Zustand des Thieres.	Zeit der Untersuchung.
I.	a) 0,117	vor Narkose	V.	a) 0,137	vor Narkose
	b) 0,200	nach Narkose		b) 0,135	nach Narkose
			VI.	a) 0,120	vor Narkose
II.	a) 0,111	vor Narkose		b) 0,129	5 Min. n. Narkose
	b) 0,173	nach Narkose		c) 0,147	nach 15 Minuten
				d) 0,157	30 Minuten
III.	a) 0,135	vor Narkose			
	b) 0,155	nach Narkose	VII.	a) 0,103	vor Narkose
				b) 0,122	5 Min. n. Narkose
IV.	a) 0,084	vor Narkose		c) 0,175	20 Min. n. Narkose
	b) 0,098	nach Narkose		d) 0,333	40 Min. n. Narkose
					Blut ganz dunkel, venös.

Morphiumeinspritzung.

Versuchs- nummer.	Zustand des Thieres.	Zeit der Un'ersuchung.	Versuchs- nummer.	Zustand des Thieres.	Zeit der Untersuchung.
VIII.	a) 0,137	vor Narkose	IX.	a) 0,125	vor Narkose
	b) 0,170	nach Narkose		b) 0,278	nach Narkose
X.	a) 0,095	vor Narkose	XIII.	a) 0,117	vor Narkose
	b) 0,164	nach Narkose		b) 0,153	5 Min. n. Narkose
				c) 0,188	20 Min. n. Narkose
XI.	a) 0,144	vor Narkose	XIV.	a) 0,106	vor Narkose
	b) 0,202	nach Narkose		b) 0,114	5 Min. n. Narkose
				c) 0,149	20 Min. n. Narkose
XII.	a) 0,180	vor Narkose	XV.	a) 0,117	vor Narkose
	b) 0,202	nach Narkose		b) 0,153	5 Min. n. Narkose
				c) 0,188	20 Min. n. Narkose
				d) 0,180	30 Min. n. Narkose

Curarisirung.

Versuchs- nummer.	Zustand des Thieres.	Zeit der Un'ersuchung.	Versuchs- nummer.	Zustand des Thieres.	Zeit der Untersuchung.
	a) 0,103	vor Curarisirung	XIX.	a) 0,120	vor Curarisirung
	b. 0,113	30 Min. nach Cur.		b) 0,238	15 Min. n. Cur.
				c) 0,266	2 Stunden n. Cur.
XVII.	a) 0,125	vor Curarisirung			
	b) 0,172	25 Min. nach Cur.	XX.	a) 0,166	gleich n. Cur.
				b) 0,240	nach 30 Min.
XVIII.	a) 0,122	vor Curarisirung		c) 0,280	nach 1 Stunde
	b) 0.159	nach Curarisirung		d) 0,204	nach 2 Stunden
					Thier elend.

Es stellte sich also mit wenigen Ausnahmen heraus, dass das in der Narkose oder nach Curarisirung entnommene Blut zuckerreicher ist, als das vor der Narkose oder Curarisirung geprüfte Blut. J. Otto fand gleichfalls, dass nach Morphiumnarkose die Zuckermenge von 0,100 auf 0,119 pCt., nach Chloroformnarkose von 0,129 auf 0,149 stieg. Andere von mir angestellte Versuche hatten gezeigt, dass durch die Narkose, speciell durch die Chloroformirung, die Zuckerbildung in der Leber eher herabgesetzt wird, es kann also die Steigerung des Blutzuckergehaltes nach Narkotisirung nicht auf gesteigerte Zuckerbildung bezogen werden. Ich habe überdies in einigen meiner Versuche nebst der vergleichenden Zuckerbestimmung im Carotisblute vor und während der Narkose auch den Zuckergehalt des Lebervenenblutes während der Narkose bestimmt, und ich fand in einzelnen Versuchen, dass das in der Narkose entnommene Carotisblut reicher an Zucker war, als das ebenfalls in der Narkose entnommene Lebervenenblut; so war im Versuche XI. der Zuckergehalt des Carotisblutes infolge der Narkose von 0,144 auf 0,204 gestiegen, während das Lebervenenblut nur 0,186 pCt. Zucker enthielt. In einem anderen Versuche war der Zuckergehalt des Carotisblutes vor der Narkose 0,128 pCt., das nach der Morphiumnarkose entnommene Carotisblut hatte 0,278 pCt., während das gleichfalls in der Narkose vorher entnommene Lebervenenblut nur 0,196 pCt. Zucker enthielt. Die Thatsache des vermehrten Zuckergehaltes der in der Narkose oder nach Curarisirung entnommenen Blutproben kann also nur so aufgefasst werden, dass durch die Narkose oder durch die Curarisirung die Umsetzung des Blutzuckers gehemmt wurde.

Ich habe bei allen meinen Vergiftungsversuchen danach gefahndet, ob Zucker im Harn vorhanden sei. Mir ist es nur bei je zwei mit Morphium und Curare vergifteten Thieren gelungen, kleine Mengen Harn zur Analyse zu erhalten. Bei allen anderen vergifteten Thieren fand ich die Blase vollständig zusammengezogen und nur wenige Tropfen Harn waren in derselben vorhanden. In den zur Analyse gelangten vier Harnproben konnte ich mit Hilfe meiner Kohlenprobe deutliche Spuren von Zucker nachweisen. Bernard und andere Beobachter haben angegeben, dass nach Curarevergiftung der Harn stets Zucker enthalte. Bei meinen Chloroformversuchen

fand ich niemals Harn in der Blase, aber ich untersuchte vier Harnproben, die mir von einer chirurgischen Klinik zugeschickt wurden,
und zwar von Kranken, die behufs grösserer Operationen von 20 bis
50 Minuten Dauer narkotisirt worden waren. In allen diesen vier
Fällen konnte ich in dem nach der Narkose gelassenen Harn
mittelst meiner Kohlenprobe im Filtrat wie im Waschwasser eine
deutliche Reduction der Fehling'schen Lösung in Form einer Ausscheidung von dichtem gelben Oxydulhydrat nachweisen.

Wenn man also nicht berechtigt ist, auf Grundlage meiner
Vergiftungsversuche von Morphium-, Chloroform- oder Curare-Dia-
betes zu sprechen, so beweisen doch dieselben Versuche, dass der
gestörte Zuckerumsatz sehr bald eine, wenn auch nur geringe,
Zuckerausscheidung zur Folge hat, und fortgesetzte Untersuchungen
dürften bestätigen, dass alle durch Gifte veranlassten Glykosurieen
auf gehemmten Zuckerumsatz und Anhäufung von Zucker im Blute
zu beziehen sind.

Diese Vergiftungsversuche liefern auch den Beweis, dass selbst
minimale Zuckerausscheidungen schon eine hochgradige pathologische
Bedeutung haben, da sie der Ausdruck sind für schwere Störungen
im thierischen Haushalt, wie solche durch Anästhetica und Curare
gesetzt sind.

Es drängt sich uns zunächst die Frage auf: Wie kommt der
normale Diabetes zustande? Oder mit anderen Worten: Durch
welche Veranlassung wird die Fähigkeit der Körperzellen, den normal gebildeten Leberzucker umzusetzen, gehemmt? Diese Frage
steht der Lösung noch ferne, aber wir können doch mit Bestimmtheit sagen, dass Störungen im Gebiete des Nervenlebens
zu den hervorragendsten ätiologischen Momenten gehören, welche
Diabetes veranlassen. Bei 90 Kranken von 100 kann man beobachten, dass Störungen im Gebiete des Nervenlebens vorhanden sind. Ich will nicht von schweren Erkrankungen im
Centralnervensystem sprechen, die zuweilen mit Diabetes vergesellschaftet sind. Dieses Zusammenvorkommen ist verhältnismässig nicht sehr häufig, aber unzählige Male werden Anomalien beobachtet, die, wenn sie auch nicht auf anatomische Veränderungen zurückzuführen sind, doch von jedem beobachtenden
Arzt als Anomalien im Nervenleben aufgefasst werden. Bei den

zahlreichen Fällen von erblichem Diabetes beobachtet man, dass von Mitgliedern einer und derselben Familie einige psychisch erkrankt sind, meist an Melancholie leiden, die nicht selten zum Selbstmord führt, während andere Glieder dieser Familie diabetisch sind. Die nächsten Ursachen des Diabetes sind sehr häufig auf deprimirende Gemütsaffecte, auf schwere Sorgen, auf einen Shock infolge irgend eines grossen Unglücksfalles zurückzuführen, mit einem Worte, es bleibt für den auf diesem Gebiete erfahrenen Arzt kein Zweifel, dass in der grossen Mehrzahl der Fälle Störungen im Gebiete des Nervenlebens an dem Zustandekommen des Diabetes beteiligt sind.

Diese Thatsachen mahnen an die Wirkung jener Gifte, bei welchen auf experimentellem Wege eine Hemmung der Zuckerumsetzung nachgewiesen wurde.

Gewiss ist das Entstehen des Diabetes auch durch andere Momente veranlasst, und die Beobachtungen v. Mering's und Minkowski's weisen ebenso wie die anatomischen Beobachtungen darauf hin, dass Pankreaserkrankungen an der Entstehung des Diabetes beteiligt sind. Wir stehen der vollständigen Lösung der Frage nach dem Zustandekommen des Diabetes noch ferne, aber ich glaube mit Befriedigung aussprechen zu dürfen, dass in meiner Theorie des Diabetes das physiologische Experiment sich mit den gefundenen klinischen Thatsachen deckt, und es muss der weiteren Forschung anheimgestellt werden, alle Wurzeln des Zustandekommens des Diabetes bloszulegen, mit anderen Worten, die Bedingungen kennen zu lehren, durch welche die Leberzellen in der leichten Form und die Zellen des Gesammtorganismus in der schweren Form in ihrer Leistungsfähigkeit gehemmt sind.

IV. CAPITEL.

Formen des Diabetes.

Wer Gelegenheit hat, eine grössere Zahl von Diabeteskranken zu sehen, dem stellen sich zwei Formen der Krankheit dar, die zwar in den Hauptsymptomen übereinstimmen, aber in ihrer Einwirkung auf den Gesammtorganismus so grundverschieden sind, dass sie wie zwei verschiedene Krankheitsbilder zur Erscheinung kommen.

1. Die Kranken der ersten Art sind oft gut genährt, zuweilen fettleibig, oft ist diese Fettleibigkeit ganz anomal, ich sah Diabetiker mit einem Gewichte von 125 kg. Das Gesicht ist oft gut gefärbt, zuweilen übermässig geröthet, die Haut ist nicht spröde, zuweilen feucht, in einzelnen Fällen ist übermässige Schweissbildung vorhanden. Der Hunger ist selten zum unstillbaren Heisshunger gesteigert. Durst und Harnausscheidung sind nur zeitweilig bedeutend.

2. Die Kranken der zweiten Art sind schon nach kürzerem Bestehen des Leidens in hohem Grade abgemagert, die Haut ist trocken, dürr, schuppig, das Gesicht ist entweder ganz bleich oder bläulich geröthet, die Muskelkraft ist auf ein Minimum gesunken, dabei ist meist ein nicht zu stillender Heisshunger vorhanden, die anderen Symptome des Diabetes, zumal Durst und Harnsecretion, sind excessiv.

Bei näherer Erforschung dieser zwei, in ihren Erscheinungen so verschiedenen Formen stellt sich ein sehr wesentlicher Unterschied heraus in Bezug auf die Quelle, aus welcher bei ihnen der

7*

Zucker kommt. Die Kranken der ersten Art scheiden nur dann Zucker im Harn aus, wenn sie Zucker oder Stärkemehlnahrung einführen; wird ihnen diese Nahrung entzogen, verschwindet damit auch jede Zuckerausscheidung und jedes Symptom des Diabetes. Bei den Kranken der zweiten Art ist durch die Entziehung der zuckerhaltigen Nahrung die Zuckerausscheidung nicht aufgehoben, sie dauert fort, auch wenn die Kranken ausschliesslich Fleischkost geniessen. Dabei ist aber zu berücksichtigen, was meist übersehen wird, und was, wie wir später hören werden, für die antidiabetische Behandlung von so grosser Wichtigkeit ist, dass auch bei den Kranken der zweiten Art die Einfuhr zuckerhaltiger Nahrung die Zuckerausfuhr und damit die Symptome des Diabetes steigert. Die Zuckerausfuhr ist in keiner der beiden Formen von der Nahrung unabhängig; der Unterschied liegt darin, dass in der ersten Form die Zuckerausfuhr ausschliesslich von Zucker- und Stärkeeinfuhr abhängig ist, während in der zweiten Form auch dann Zucker ausgeschieden wird, wenn in der Nahrung keine zuckerhaltige Substanz eingeführt wird. .

Im Jahre 1861 veröffentlichte ich in Virchow's Archiv die ersten 14 Diabetesfälle, die ich selbst beobachtet hatte. Schon auf Grundlage dieser Beobachtungen hatte ich erkannt, dass Diabetes in zwei Formen zur Erscheinung kommt, dass bei den Kranken der einen Art nur dann Zucker ausgeschieden wird, wenn sie Kohlehydrate geniessen, und dass mit dem Ausschluss der Kohlehydrate aus der Nahrung der Zucker aus dem Harn, und mit ihm alle diabetischen Symptome verschwinden; während bei den Kranken der anderen Art die Zuckerausscheidung anhält, auch wenn kein Atom von Amylum oder zuckerhaltiger Nahrung eingeführt wird. Mit Rücksicht auf die prognostische Bedeutung der beiden Diabetesformen nannte ich jene Form, bei welcher der Zucker aus der eingeführten zucker- oder amylumhaltigen Nahrung stammt, die leichte, diejenige, welche von der Nahrung unbeeinflusst bleibt, die schwere Form des Diabetes. Die Einteilung war nicht am Schreibtische entstanden, sie hatte greifbare Thatsachen fixirt, sie wurde darum von allen Aerzten, welche Diabeteskranke in grosser Zahl zu beobachten Gelegenheit hatten, angenommen. Anfangs wurde mein Name für die Begründung dieser Einteilung genannt,

später wurde er weggelassen, und es war dies ganz begreiflich;
denn es bezeichnet am besten, dass eine richtige Beobachtung ein
Stück unseres wissenschaftlichen Besitzes geworden ist, wenn der
Name des Beobachters nicht mehr genannt wird. In neuester Zeit
gefallen sich einige Autoren auf dem Gebiete des Diabetes darin,
die Beobachtung der beiden Formen auf M. Traube zurückzuführen,
und ich glaube, es ist im Interesse historischer Wahrheit nicht
uninteressant, zu wissen, wie weit dies berechtigt ist. M. Traube*),
der nicht Arzt ist, hatte im Jahre 1848 den Harn eines ihm be-
freundeten jungen Diabetikers wiederholt auf Zucker untersucht
und gefunden, dass die Zuckerausscheidung sich eng an die eingeführten Malzeiten anschliesst, und dass, wenn die Nahrungsaufnahme seit vielen Stunden sistirt war, der Zucker allmälig verschwindet, dass z. B. der Morgenharn stets zuckerfrei war, und er
schloss daraus, dass der ausgeschiedene Zucker Nahrungszucker sei.
Nach einigen Monaten sah er denselben Patienten in Carlsbad wieder,
untersuchte auch dort wiederholt den Harn, und da stellte es sich
heraus, dass auch der Morgens gelassene Harn Zucker enthalte,
und Traube folgerte daraus, dass dieser Zucker nicht aus der
Nahrung stamme, „sondern in völliger Unabhängigkeit von der Verdauung vom Organismus selbst producirt sei und ein wirkliches
Sekret darstelle". Er nahm an, dass die Krankheit jetzt in ein
schwereres Stadium getreten sei, in welchem „auch ein Teil des
von der Leber producirten Zuckers durch den Harn ausgeschieden
wird". Es war gewiss eine glückliche Intuition, aus einer Beobachtung zu erkennen, dass der Zucker des Diabetikers aus zwei
Quellen stammen könne; aber einen Beweis für die Richtigkeit
dieser Anschauung konnte er in diesem einen Falle um so weniger
finden, als der Patient niemals aufgehört hatte, Amylacea zu geniessen. Er brauchte nur in Carlsbad mehr davon genossen zu
haben, worauf der mitgeteilte Speisezettel hinweist, oder es braucht
nur in der Zwischenzeit der beiden Untersuchungsreihen die Toleranz
für Amylum geringer geworden zu sein, um die reichere Zuckerausscheidung und auch die Zuckerausscheidung in den Morgen-

---

*) M. Traube, Ueber die Gesetze der Zuckerausscheidung im Diabetes
mellitus. Virchow's Archiv. Bd. IV. 1852.

stunden zu erklären. M. Traube wurde zu diesem Errathen der
Wahrheit — wenn ich mich so ausdrücken darf — angeregt durch
seine Begeisterung für die damals bekannt gewordene und mit
Jubel aufgenommene Entdeckung Cl. Bernard's, dass die Leber
Zucker producire; er sah im Diabetes mellitus, um mit seinen
Worten zu reden, „diejenige Veränderung des menschlichen Or-
ganismus, durch welche unserer Forschung eine Leberfunction zu-
gänglich gemacht wird, die bei normaler Beschaffenheit unseres
Organismus unserer Wahrnehmung völlig entgeht". Traube meint
auch, dass aus der Zuckermenge, welche im Morgenharn seines
Diabetikers enthalten war, sich die stündliche Zuckerbildung in der
Leber auf mindestens 3 g per Stunde berechnen lasse. Es ist dies,
wie er sagt, ein Minimum, „weil wahrscheinlich nicht aller in der
Leber gebildete Zucker in den Harn überging". Traube hatte
also die ganze Bedeutung der Entdeckung Bernard's geahnt, und
es war ein geistreicher Gedanke, die Beobachtung an einem Diabetiker für die Erkenntnis des Umfanges dieser physiologischen
Function heranziehen zu wollen.

Heute, wo ich nahezu 1000 Diabetiker beobachtet habe, steht
es für mich gerade so fest, wie zu jener Zeit, wo ich 14 gut
beobachtete Fälle mitgeteilt habe, dass Diabetes mellitus nur
in den zwei skizzirten Formen ohne Misch- oder Mittelform zur Erscheinung kommt.

Die Diabeteskranken der beiden Formen charakterisiren sich,
wie oben dargelegt, oft schon in ihrer äusseren Erscheinung. Die
Franzosen nennen darum den Diabetes der einen Art diabète gras
und den der anderen Art diabète maigre. Aber dieses charakteristische Aussehen ist nicht immer vorhanden, und ein hochgradiger Diabetiker der ersten Form, der lange eine unzweckmässige
Diät geführt hat, kann das volle Bild eines hochgradigen Diabetikers
der schweren Form zeigen, während umgekehrt ein Diabetiker der
schweren Form, der imstande ist, sich wohl zu ernähren, und
Amylacea vermeidet, nicht den Eindruck zu machen braucht, als
ob er an der schweren Form des Diabetes leidet.

Auch die Symptome, die den Diabetes auszeichnen, kommen
bei beiden Formen zur Beobachtung. Die schwersten Erscheinungen des Diabetes können bei Kranken der leichten Form wie bei

jenen der schweren Form vorkommen. Polyurie, unstillbarer Durst, Heisshunger, alle Erscheinungen, die als eine Folge der Labilität der Gewebe auftreten, wie Furunkulose etc., sind beiden Formen eigen. Die Zuckerausscheidung ist sowol in Bezug auf den procentischen Gehalt, wie in Bezug auf absolute Quantität bei unbotmässigen Diabetikern der leichten Form in der Regel grösser, als bei Diabetikern der schweren Form.

Es gibt nur ein Merkmal, um beide Formen auseinanderzuhalten, und das ist ihre Beziehung zu der eingeführten Nahrung. Und da, wie gesagt, die Prognose bei den beiden Formen eine ganz verschiedene ist, darf der Arzt nie sein Urteil über die Bedeutung der Krankheit abgeben, ehe er die Form festgestellt hat; und um dieses thun zu können, muss er in folgender Weise verfahren. Der Kranke, der sich ihm präsentirt, wird veranlasst, durch 2—3 Tage amylum- und zuckerreiche Kost zu geniessen. Der Harn, welcher 3—4 Stunden nach der Hauptmalzeit gelassen wird, kommt zur Untersuchung, und der Zuckergehalt wird quantitativ festgestellt. Darauf wird der Kranke durch 2—3 Tage auf absolute oder nahezu absolute Fleischkost gesetzt, und der einige Stunden nach Tisch gelassene Harn abermals geprüft. Ist der Zucker nun ganz oder nahezu ganz geschwunden, dann kann mit Bestimmtheit ausgesprochen werden, dass der Kranke an der leichten Form des Diabetes leidet. Ist hingegen die Zuckerquantität zwar verringert, aber immer noch beträchtlich, etwa 1—2 pCt., dann handelt es sich zweifellos um die schwere Form des Diabetes. Im allgemeinen genügen wenige Tage für die Feststellung der Diagnose. Hie und da beobachtet man auch Fälle, wo erst nach längerer Fleischkost der Zucker ganz oder nahezu ganz verschwindet. Es sind dies meist solche Fälle, die entweder lange nicht erkannt wurden, oder die durch Verschulden des Kranken durch sehr lange Zeit eine sehr unzweckmässige Diät beobachtet hatten.

Die Prognose ist, wie erwähnt, bei den beiden Formen eine ganz verschiedene. Es hängt dies damit zusammen, dass der bei den beiden Formen ausgeschiedene Zucker aus verschiedener Quelle stammt.

Diabeteskranke der leichten Form scheiden nur Nahrungszucker aus, d. h. jenes Material, aus welchem der normale Mensch das

Glykogen bildet. Kranke dieser Art verlieren allmälig ihr Fettpolster. Wenn sie in der günstigen Lage sind, reichlich Fleisch-
und Fettnahrung zu geniessen, wird ihnen damit das Arbeitsmaterial
für die Körperarbeit zugeführt, und sie bleiben vollständig leistungsfähig. Die Diabetiker der schweren Form scheiden den Leberzucker
mit dem Harn aus, d. h. sie verlieren jenes Brennmaterial, welches
den Körper arbeitsfähig erhält, es muss also über kurz oder lang
zu vollständigem Bankerott kommen.

Beide Formen des Diabetes sind in ihrer Intensität sehr wesentlich verschieden. Beim Diabetes der leichten Form schwankt je
nach der Individualität die Toleranz für Amylacea in weiten Grenzen.
Es gibt Kranke, welche ein mässiges Quantum von Kohlehydraten
vollständig verwerten können, ohne dass Zucker ausgeführt wird,
und nur bei zu grosser Einfuhr erscheint Zucker im Harn. Dagegen
gibt es auch genug Diabetiker dieser Form, bei denen auf kleinste
Zufuhr von Amylaceis eine Zuckerausfuhr antwortet; es sind dies
meist vernachlässigte oder lange nicht erkannte Fälle. Aber auch
Diabetes der schweren Form kommt, wenn auch viel seltener, in
verschiedenen Graden zur Erscheinung.

Die beiden Formen des Diabetes werden bekanntlich von
manchen Autoren als Stadien aufgefasst, und zwar soll die leichte
Form dem ersten, die schwere Form dem zweiten Stadium der
Krankheit entsprechen. Die klinische Beobachtung scheint mit
dieser Auffassung im Widerspruche zu stehen. Der Begriff der
Stadien hat zur Bedingung, dass das zweite Stadium immer nur
dem ersten folgen kann. Man muss ferner in Analogie mit anderen
Krankheiten annehmen, dass in der Regel die Krankheit nicht bei
dem ersten Stadium stehen bleibt. Diese beiden Annahmen sind
für Diabetes nicht zutreffend. Es begegnen uns nicht selten Diabeteskranke, bei denen die Krankheit schon im Beginne alle Merk-
male der schweren Form an sich trägt. Ich will nicht von jenen
Diabetikern reden, denen wir in den Spitälern begegnen, und die
in der grossen Zahl an der schweren Form leiden. Diese Kranken,
zumeist den ärmeren Volksklassen angehörig, suchen erst ihre Zu-
flucht im Spital, wenn die Krankheit so weit vorgeschritten ist,
dass sie durch dieselbe in ihrer Berufstätigkeit gehindert sind.
Dem Eintritte in das Spital ist offenbar eine lange Zeit des Krank-

seins vorausgegangen, und da wäre es immerhin denkbar, dass jenes erste Stadium für den Arzt unbeachtet geblieben ist. Aber ich hatte nicht selten Gelegenheit, jugendliche Diabetiker der wohlhabenden Klassen zu beobachten, bei denen die Erkrankung rasch erkannt wurde und die, wenn sie mir entgegentraten, schon alle Symptome des schweren Diabetes aufwiesen. Insbesondere machte ich diese Beobachtung bei Kindern, die aus diabetischen Familien stammen. Ich erinnere mich an die Familie eines Advokaten aus einer österreichischen Provinzialhauptstadt; die Mutter war an Diabetes gestorben, ebenso ein Mädchen von 14 Jahren. Ich hatte darauf aufmerksam gemacht, dass die anderen Kinder genau beobachtet werden müssten, und hatte schon aus Vorsicht angeordnet, dass ihnen nicht zu viel Mehl- oder Zuckernahrung geboten werde. Drei Kinder derselben Familie wurden mir im Laufe der Jahre vorgestellt, sowie die ersten, der Umgebung nur zu sehr bekannten Symptome zum Vorschein kamen; immer waren es Fälle der schweren Form von Diabetes, und die Kinder gingen meist nach ein bis zwei Jahren zu Grunde. Aber unerwähnt möchte ich doch nicht lassen, dass ich auch zwei jugendliche Individuen beobachtet habe, einen Knaben von 8 und einen anderen von 12 Jahren, beide Fälle hereditär, bei welchen der Diabetes zuerst in leichter Form auftrat. Aber auch noch mehr spricht gegen die Auffassung von Stadien die Thatsache, dass zahllose Diabetiker, ja man könnte sagen der grösste Teil der zur Beobachtung kommenden Diabetiker, glücklicherweise der leichten Form des Diabetes angehören, und dass diese Form bei zweckmässiger Diät bis zum Tode unverändert bleibt. Ich kenne einzelne Diabetiker, die seit 20 Jahren krank sind. Bei einer grossen Zahl der von mir beobachteten Fälle dauerte das Leiden 10 bis 12 Jahre; viele dieser Patienten sind nicht übermässig strenge in ihrer Diät, und der Harn enthält stets mehrere Procente Zucker, und nicht wenige sind vollkommen berufstüchtig geblieben. Viele andere dieser Kranken starben nach einer grösseren oder kürzeren Reihe von Jahren entweder an einer intercurrirenden Krankheit oder an Krankheiten, die vielleicht dem Diabetes zu Grunde lagen, nicht selten an Gehirnblutungen. Die schwere Form, also das zweite Stadium, war niemals aufgetreten.

Wenn ich mich auch gegen die Auffassung der zwei Formen

als zwei Stadien auf Grundlage meiner Beobachtungen aussprechen
muss, kann ich doch nicht leugnen, dass ich wiederholt Gelegenheit
hatte, den Uebergang der ersten Form in die zweite zu beobachten;
insbesondere war dies bei jenen Diabetikern der Fall, bei denen
das Leiden lange verkannt war, und die sehr unzweckmässiges Regime geführt hatten. Als ich solche das erste Jahr sah, konnte
noch durch geordnete Diät und den Einfluss von Carlsbad die
Zuckerausscheidung zum Verschwinden gebracht werden; im zweiten
oder dritten Jahre war das nicht mehr der Fall. Bei jugendlichen
Individuen, insbesondere bei solchen, bei welchen der Diabetes nach
einer anomalen, krankhaften Fettbildung aufgetreten war, sah ich
gleichfalls den ursprünglich leichten Diabetes sehr bald in die
schwere Form übergehen, und auch bei den oben angeführten Knaben folgte der nur kurz dauernden leichten Form rasch die
schwere.

Der charakteristische Unterschied zwischen den beiden Formen
des Diabetes besteht in ihrem verschiedenen Verhalten gegenüber
der eingeführten Nahrung. Bei der leichten Form wird bei ausschliesslicher Fleischkost kein Zucker ausgeführt, während bei der
schweren Form auch bei ausschliesslicher Fleischkost Zucker im
Harn und mit diesem die diabetischen Erscheinungen nachweisbar
sind. Mit anderen Worten heisst dies: Bei Diabetes der leichten
Form wird nur Nahrungszucker, bei Diabetes der schweren Form
Leberzucker ausgeführt. Und dieser markante Unterschied weist
schon darauf hin, dass die zwei Diabetesformen als zwei verschiedene Krankheitsprocesse aufzufassen sind; dass bei dem ersten
Process nur die Assimilation der Kohlehydrate oder die weitere
Umwandlung des aus ihnen gebildeten Glykogens gestört ist, während bei dem anderen die Verwertung des Leberzuckers gehemmt
ist. Ich habe bereits in dem früheren Capitel mitgeteilt, wie ich
mir die Entstehung der beiden Formen zurechtlege; aber von jeder
theoretischen Auffassung abgesehen, besagt schon diese Thatsache,
dass es sich bei den beiden Formen um verschiedene pathologische
Processe handelt.

Nun ist es immerhin denkbar, dass zu jenem Process, welcher die leichte Form bedingt, sich, zumal bei herabgekommenen
Kranken, der zweite gesellt. Aber ein durch den pathologischen

Process selbst bedingtes naturgemässes Fortschreiten der ersten Form in die zweite ist ausgeschlossen, und daher die Auffassung dieser beiden Formen als Stadien desselben Krankheitsprocesses weder theoretisch noch praktisch berechtigt.

Die leichte Form des Diabetes wird selten bei jugendlichen Individuen beobachtet. Mit sehr seltenen Ausnahmen gehört jeder Diabetes, der im jugendlichen Alter, und zwar vom Kindesalter bis etwa zum 30. Lebensjahre auftritt, der schweren Form an. Die zweite Form habe ich sowohl bei jungen wie bei alten Individuen gesehen. Ich kann mich auch der Bemerkung, die Pavy macht, nicht anschliessen, dass die milde Form nur bei alten Leuten auftrete. Ich habe bei Männern zwischen 30 und 50 Jahren nicht selten die leichte Form beobachtet. In den meisten Fällen von leichtem Diabetes im mittleren Alter ist mässige Fettleibigkeit vorangegangen, und oft waren die Kranken, wenn sie zur Beobachtung kamen, noch sehr fettleibig.

Ich habe schon in einem früheren Capitel erwähnt, dass bei vielen Nervenleiden, insbesondere bei hochgradigen Fällen von Neurasthenie, bei Tabikern und Geisteskranken Spuren von Zucker im Harn vorkommen. Diese Zuckerausfuhr ist selbst bei Zufuhr von Kohlehydraten immer nur eine sehr mässige, kaum einige Zehntel Procent betragende. Hochgradige diabetische Symptome kommen selten zur Beobachtung. Zumeist sind Dürre im Mund und ein häufiges Bedürfnis, Harn zu lassen, die Erscheinungen, welche die Harnuntersuchung veranlassen. Doch habe ich nicht selten ein beträchtliches Gesunkensein der geschlechtlichen Potenz, Muskelschwäche und einmal auch Furunkulose mit diesen minimalen Zuckerausscheidungen beobachtet. Wenn auch die Zuckerausscheidung bei jedem Diabeteskranken gewiss nur als Folgeerscheinung eines noch nicht ganz aufgeklärten krankhaften Stoffumsatzes aufzufassen ist, so sind doch die Symptome des Diabetes so sehr in den Vordergrund getreten, dass sie das Krankheitsbild beherrschen und Verlauf und Ausgang bestimmen. Bei den genannten Kranken mit minimaler Zuckerausscheidung dagegen bleiben die durch sie veranlassten Symptome stets in bescheidenen Grenzen, und sie bilden gleichsam nur ein Symptom des anderen im Vordergrunde stehenden Krankheitsprocesses. Ich möchte darum

Fälle dieser Art nicht den beiden genannten Formen einreihen, sondern sie nur als symptomatischen Diabetes oder besser als symptomatische Glykosurie bezeichnen.

Nicht selten wird von intermittirendem Diabetes gesprochen. Man ist nur dann berechtigt, von einem intermittirenden Diabetes zu reden, wenn unter denselben diätetischen Bedingungen zeitweilig Zucker vorhanden ist und zeitweilig wieder gänzlich verschwindet. Ich habe nicht Gelegenheit gehabt, solche Fälle zu beobachten. Mir sind nur einige Fälle bekannt, welche Kranke betrafen, die an intermittirendem Fieber litten, und bei welchen die behandelnden Aerzte mit dem Auftreten des Anfalles Zucker nachgewiesen haben. Es ist eine alltägliche Erscheinung, dass bei Diabetikern der leichten Form der Zucker verschwindet, sowie die Kohlehydrate ausgeschlossen werden, und wieder erscheint, wenn die Kranken die Diät nicht berücksichtigen. Wie natürlich können Fälle dieser Art nicht als intermittirende aufgefasst werden; denn unter gleichen Bedingungen war die Zuckerausscheidung, wie man dies voraussagen konnte, stets wieder vorhanden. Es kommt nicht selten vor, dass bei Kranken der leichten Form, die durch lange Zeit eine strenge Diät beobachtet haben, und bei denen der Zucker aus dem Harn ganz geschwunden war, auch nach Zufuhr von mässigen Mengen von Kohlehydraten keine Zuckerausfuhr stattfindet, und dass diese sogleich wieder auftritt, wenn grosse Mengen Amylaceen rücksichtslos genossen werden. Aber auch hier kann nicht von einem intermittirenden Diabetes gesprochen werden, sondern nur von einer Besserung des Krankheitsprocesses. Es ist durch lange fortgesetzte Fleischdiät die Toleranz- oder Assimilationsgrenze für Amylacea gestiegen, und darum kann eine bescheidene Menge Kohlehydrate genossen werden, ohne dass Zucker ausgeführt wird. Man hat es dann mit einem gebesserten Falle von Diabetes, aber durchaus nicht mit einer intermittirenden Form zu thun. Ich habe überdies die Erfahrung gemacht, dass selbst bei Diabetikern der leichten Form, die eine strenge Diät beobachten, durch meine Kohlenprobe stets Spuren Zucker im Harn nachgewiesen werden können, und genaue Beobachtung der sogenannten intermittirenden Fälle würde lehren, dass stets etwas Zucker vorhanden ist.

Manche Autoren sprechen auch von Mischformen und zählen dahin jene Fälle, bei welchen zuweilen auch bei ausschliesslicher Fleischkost Zucker im Harn vorhanden ist, zuweilen aber nicht nachgewiesen werden kann. Auch diese Form ist mir nicht zur Beobachtung gekommen, und ich kann mir nur denken, dass das zeitweilige Nichtauffinden von Zucker dadurch veranlasst wurde, dass zu verschiedenen Tageszeiten gelassene Harnpartien als Vergleichsobjecte gewählt wurden, was nicht berechtigt ist, da der Harn zu verschiedenen Tageszeiten mehr oder weniger zuckerhaltig ist, und es auch nicht selten vorkommt, dass auch bei einem zweifellosen Diabetiker manche Harnpartien zuckerfrei gefunden werden, wenn nicht durch eine subtile Methode nach den stets vorhandenen Zuckerspuren gefahndet wird.

V. CAPITEL.

Aetiologie.

Ich habe bereits in dem früheren Capitel dargelegt, dass uns die Entstehungsursache des Diabetes noch in vielen Fällen unbekannt ist, dass wir, gestützt auf die klinische Beobachtung, in einer sehr grossen Zahl von Fällen das veranlassende Moment in krankhafter Affection der Nerven und der Nervencentralorgane zu suchen haben. Die wissenschaftliche Feststellung der Aetiologie bleibt für alle Krankheitsprocesse eine sehr schwierige Aufgabe; wir sind dabei so häufig auf Angaben und Anschauungen von Laien angewiesen, und wir müssen strenge Kritik üben, um das post hoc nicht mit dem propter hoc zu verwechseln. Bei chronischen Krankheiten, wo selbst dem Kranken die ersten Symptome der Krankheit entgehen, ist die Zurückführung auf das veranlassende Moment noch schwieriger, und es müssen alle Angaben über Entstehungsursachen mit grosser Vorsicht aufgenommen werden. Unter diesem ausdrücklichen Vorbehalte will ich die Ergebnisse aus meinen Beobachtungen — soweit sie auf Aetiologie Bezug haben — hier zusammenfassen:

1. Keine einzige nüchterne Beobachtung lässt uns die Entstehung des Diabetes auf eine Magenerkrankung zurückführen. Einige unserer Kranken geben an, dass sie früher an Verdauungsstörungen gelitten haben, aber wir vermögen nirgends das Auftreten des Diabetes auf jene Zeit zurückzuführen, in welcher die Verdauung gestört war. Mit dem Diabetes ist fast ausnahmslos eine gute Verdauung vorhanden.

Ich habe in Carlsbad, wo man Gelegenheit hat, die ganze Scala von Verdauungsstörungen zu beobachten, den Harn von Individuen mit den mannigfachsten Magenerkrankungen sehr häufig auf Zucker untersucht. Niemals erhielt ich ein positives Resultat. In einzelnen Fällen beobachtete ich Spuren eines reducirenden Körpers; gewöhnlich verschwand die reducirende Eigenschaft, wenn ich die Harnsäure ausgeschieden hatte; ein unzweifelhaftes Vorhandensein von Zucker konnte ich bis jetzt bei einer Magenerkrankung nicht entdecken.

2. In einer kleinen Zahl von Fällen weist die Palpation und Percussion eine anatomische Veränderung der Leber, und zwar eine Vergrösserung nach. Ich fand in ungefähr 10 Fällen die Leber vergrössert, die Vergrösserung traf vorzüglich den rechten Leberlappen, sie betrug von 2—8 cm. Die bedeutendste Vergrösserung finden wir in dem Falle No. 32; die Leber ragt eine Handbreite unter dem Rippenrande und unter dem Processus ensiformis hervor, bis nahe an den Nabel. In allen Fällen ist die vergrösserte Leber glatt, in einzelnen ziemlich derb anzufühlen, sie ist zuweilen gegen stärkeren Druck empfindlich, der Rand ist scharf oder stumpf. Die Vergrösserung ist in den meisten Fällen die Folge einer Leberhyperämie, in einzelnen Fällen ist eine Fettleber vorhanden. Ob und in wie weit die Leberveränderung mit dem Diabetes im Zusammenhange ist, kann nicht bestimmt werden. Gerade diese Leberveränderungen kommen so häufig, zumal in mittlerem Lebensalter zur Beobachtung, dass ihr Vorkommen mit Diabetes auch nur ein zufälliges sein kann. Ich habe bei vielen Individuen mit ausgeprägter Leberhyperämie und Fettleber den Harn auf Zucker untersucht, und erhielt stets ein negatives Resultat. Einen Zusammenhang zwischen Zuckerausscheidung und Leberanschwellung konnte ich nur in einem Falle beobachten.

Die 54jährige Patientin war ziemlich fettleibig und klagte häufig über Druck in der Lebergegend. Die Symptome des Diabetes hatten sich nach heftigen Gemütserschütterungen zuerst gezeigt. Als ich die Patientin sah, ragte die Leber 5 cm unter dem Rippenrande hervor, war glatt anzufühlen, gegen Druck empfindlich; der Zuckergehalt betrug 4,8 pCt. Der Diabetes besserte sich, und das Lebervolumen nahm ab. Bei der Rückkehr der Pa-

tientin im nächsten Jahre war die Leber fast normal, und der
Harn enthielt nur Spuren Zucker. Während des Kurverlaufes traten plötzlich Leberschmerzen auf, die Untersuchung ergab eine beträchtliche Anschwellung. Der Harn enthielt 0,9 pCt. Zucker*).

Französische Autoren geben an, dass Lebercirrhose nicht selten mit Zuckerausscheidung vergesellschaftet sei. Ich habe viele
Fälle von Lebercirrhose auf Zuckerausscheidung untersucht und
keine nachweisen können. Nur in einem Falle sah ich einen
hochgradigen Diabetes zugleich mit sogenannter biliärer Cirrhose,
und der behandelnde französische Arzt gab an, dass die Cirrhose
und der Ikterus dem Diabetes vorangegangen waren.

Bei Gallensteinkranken, die ich auf Zuckerausscheidung untersuchte, konnte ich nie eine solche nachweisen. Auch kam mir
kein Diabetesfall mit Cholelithiasis vergesellschaftet vor.

3. In einzelnen Fällen wird der Diabetes auf vorangegan-
genes Wechselfieber zurückgeführt. Ich habe einen bestimmten
Zusammenhang nur in wenigen Fällen nachzuweisen vermocht.
Bemerkenswert ist der Fall No. 6. Die Zuckerausscheidung
war in diesem Falle eine intermittirende, und zwar trat
nach langer, genauer Beobachtung des behandelnden Arztes Dr.
Lenzberg nur dann Zucker in mässiger Menge auf, wenn ein
Fieberparoxysmus vorhergegangen war oder nach typischen Gesetzen hätte vorhergehen müssen. Der innige Zusammenhang zwischen Intermittens und Zuckerausscheidung wurde noch deutlicher
durch die Wirkung des Chininum sulfuricum, welches im stande
war, die typisch auftretende Zuckerausscheidung vollständig zu
beseitigen, die aber sofort wieder auftrat, wenn das Mittel ausgesetzt wurde. In dem Falle No. 32 gibt Patient an, dass er
nach einer Reise in Holland durch zwei Jahre an periodisch auftretendem intermittirenden Fieber gelitten habe, und zwar sollen
die Anfälle immer 2—3 Nächte hintereinander aufgetreten und
dann wieder ausgeblieben sein. Patient datirt die ersten Sym-

---

*) Auch in diesem Falle trat plötzlich eine halbseitige Lähmung auf,
und war dadurch bewiesen, dass ein Nervencentralleiden vorhanden gewesen
war, und dass die Coincidenz von Leberschmerzen und dem Wiedererscheinen
von Zucker anders gedeutet werden müsste.

ptome des Diabetes aus jener Periode; erst 5 Jahre später trat
Diabetes intensiv auf. In den beiden Fällen No. 30 und No. 135
hatten die Patienten einige Jahre vor dem Auftreten des Diabetes an hartnäckigem Wechselfieber in Südungarn (im Banate)
gelitten.

Sehr interessant ist ferner der Fall 72. Der 58 Jahre alte
Patient hatte viel an Wechselfieber gelitten. Das Wechselfieber
blieb aus, aber nach einiger Zeit traten die heftigsten Kopfschmerzen
auf, und zwar trat der Schmerz stets zu der Stunde auf, in
welcher sonst die Fieberanfälle aufgetreten waren. Die
Anfälle liessen eine unverhältnissmässige Erschöpfung zurück, die
vorgenommene Harnuntersuchung wies eine beträchtliche Menge
Zucker nach.

Burdel*) hat das Auftreten von Zucker während der Paroxys-
men von Wechselfieber häufig beobachtet, in 40 Fällen hochgradiger
Malariacachexie will er 32 mal Zucker gefunden haben.

Sorel und Dieu finden keinen Zusammenhang zwischen Diabetes und Malaria, während Calmette in Tunis, wo sehr häufig
Diabetes vorkommt, gefunden hat, dass alle Diabetiker früher Malaria hatten. Er fand nach Ablauf der Malaria auch viel oxal-
sauren Kalk im Harn und glaubt an einen Zusammenhang von
Diabetes mit Malaria durch die Oxalurie.

4. In einer bedeutenden Anzahl der von mir beobachteten Fälle
ist dem Diabetes eine Erkrankung in den Centralnervenorganen
vorangegangen.

Ich will einige der hierhergehörigen Fälle hervorheben:

H. C. (No. 17). Bei dem früher kräftigen Patienten entwickelten sich allmälig Bewegungsstörungen, er konnte die Feder
nicht mehr regieren, das Gehen wurde ihm schwer. Als ich den
Patienten sah, war sein Gang schlotternd, das rechte Bein wurde
nachgeschleppt, der Druck der rechten Hand ist minder kräftig als
der der linken, Patient vermag die Feder nicht zu halten, wenn er sie
zu fassen sucht, entsteht ein Krampf in den Fingern, und die Feder
wird weggeschnellt; das Sprechen ist etwas erschwert, doch wird

---

*) Burdel, De la glycosurie éphémère dans les fièvres pallustres. Union
médicale. 1872.

die Zunge in der Medianlinie herausgestreckt. Die Harnmenge war
mässig, Zucker 2,2 pCt. Später besserten sich alle Erscheinungen
im Gebiete des Nervensystems, und mit denselben verschwand auch
der Zucker, nach einigen Jahren ging Patient an Albuminurie zu
Grunde.

H. H—ch (No. 47) stürzte in seinem 12. Jahre bewusstlos zusammen, und weiss, dass er damals längere Zeit krank war, ohne
dass er genau die Symptome angeben kann. In seinem 24. Jahre
traten die Zeichen des Diabetes auf. Als ich ihn sah, fand ich die
rechte Gesichtshälfte starr, der Mund ist beim Lachen schief nach
links gezogen, die linke Gesichtsfalte ist vorhanden, die rechte ist
verstrichen, die Zunge weicht beim Herausstrecken nach rechts ab,
der Druck der linken Hand ist kräftiger als der der rechten, sonst
ist in der Bewegung der Extremitäten nichts Anomales. Der Diabetes war hochgradig, circa 5000 ccm Harn in 24 Stunden mit
7,8 pCt. Zucker. Die diabetischen Erscheinungen besserten sich
während des Kurgebrauches bedeutend, auf der Heimreise stürzte
er im Eisenbahnwagen plötzlich bewusstlos zusammen und war
auf der rechten Seite gelähmt, das Bewusstsein kehrte nicht wieder, er starb nach einigen Tagen.

H. W. (No. 135), dessen Bruder gleichfalls diabetisch ist,
hatte viel an Schwindel gelitten. Langsam und stetig entwickelten sich alle Erscheinungen des Diabetes. Eines Tages gesellte
sich zu dem Schwindel Erbrechen, es vergingen ihm für einen
Augenblick die Sinne, wie er sich ausdrückt, und am nächsten
Morgen war die rechte Seite gelähmt.

Die beiden nachfolgenden Fälle sind von besonderem Interesse,
weil durch die Section die Gehirnaffection bestätigt ist. Der
erste Fall beweist, wie langsam sich oft das Gehirnleiden entwickelt, und wie lange es besteht, ehe es Diabetes erzeugt, und
ist in sofern eine Bestätigung für den Zusammenhang der schon
im 12. Jahre zur Erscheinung gekommenen Gehirnaffection mit
dem spät aufgetretenen Diabetes in dem vorher (No. 47) skizzirten Falle.

H. v. L. (No. 108). Der Vater war an Apoplexie gestorben,
Patient als Kind kräftig, geistig gut entwickelt. In seinem 15.
Jahre fiel er auf's Hinterhaupt und verlor dabei das Be-

wusstsein. Durch ein halbes Jahr nach dem Falle konnte er nicht gehen; diese Erscheinung besserte sich, aber es traten ungefähr 6 Monate nach dem Sturze alle 14 Tage Anfälle von heftigen Kopfschmerzen auf, die sich von der Stirn nach rückwärts erstreckten. Um diese Zeit begann er auch doppelt zu sehen. Sonst war er sehr wohl, und wurde in kurzer Zeit auffallend corpulent. Im 21. Jahre nahm das Doppeltsehen an Intensität zu, und der Gang wurde schwankend. Bald wurde auch die rechte Hand schwächer, Patient konnte die Feder nicht dirigiren. Alle diese Symptome steigerten sich, während zugleich die Erscheinungen des Diabetes auftraten, er rasch abmagerte und kraftlos wurde.

Ich fand den Patienten noch mässig gut genährt, die Muskeln der linken Körperhälfte gut entwickelt, die Muskeln der rechten Seite, zumal die des Armes, atrophisch. Der Tastsinn der rechten Hand war ganz erloschen, aber in derselben grosse Empfindlichkeit für Temperaturunterschiede und für Schmerz vorhanden, links war das Tastgefühl normal, aber Unempfindlichkeit für Temperatur und Schmerz. Ging schwankend, fühlte den Boden unter dem rechten Fusse weniger als unter dem linken. Parese aller rechtseitigen Augenmuskeln, besonders des Rectus internus. Harnmenge in 24 Stunden 4900, Zucker 338 g.

Alle Erscheinungen besserten sich während des Kurgebrauches, der Zuckergehalt sank auf 156 g. Zu Hause befand sich der Patient eine Weile besser, später trat Husten mit blutigen Sputis und Haemoptoë auf, nach 2 Monaten starb der Patient.

Der Schädel wurde geöffnet, es fand sich ein Tumor, der die ganze rechte Hälfte der Medulla oblongata einnahm, und ohne scharfe Grenzen in dieselbe überging. Der Tumor war ein Spindelzellensarkom; die weiteren Details sind im Anhange mit der ausführlichen Krankengeschichte angegeben.

Fr. R—r. (No. 46). Die Mutter der Patientin war wiederholt melancholisch gewesen, endete ihr Leben durch Selbstmord. Patientin gebar 5 Kinder, von denen 4 im Alter zwischen 1 bis 5 Jahren an nicht näher bezeichneten Kopfleiden starben. Der Zwillingsbruder der Patientin ist blödsinnig. Patientin selbst war

wiederholt melancholisch und nahe daran, in eine Irrenanstalt gebracht zu werden. Der Zustand besserte sich, sie wurde wohler,
aber litt sehr an Schlaflosigkeit, an grosser Erregbarkeit und
rasch wechselnder Stimmung, plötzliche Sprünge von Trübsinn zur
Lustigkeit. Nach anstrengender Krankenpflege, bei welcher Patientin auch gemütlich sehr afficirt war, trat der Diabetes auf,
der rasch sehr hochgradig wurde und nach 18 Monaten tötlich
endete. Bei der Section fand sich eine Trübung der Meningen,
im rechten Occipitallappen eine ungefähr thalergrosse,
missfarbige, hart anzufühlende Stelle mit zahlreichen,
dicht aneinander gereihten capillären Blutextravasaten.
Die Gehirnmasse war ödematös, etwas dunkler gefärbt,
in's Graue spielend.

F. G. (No. 124), ein sehr nervöses Individuum, hat viel in
venere excedirt, hatte sehr an Syphilis gelitten. In den letzten
Jahren kamen häufig Anfälle von bohrendem Kopfschmerze, zu
denen sich zuweilen Schwindel gesellte. Nach einem solchen Anfalle wurde die linke Körperhälfte paretisch, ein Gefühl von Eingeschlafensein in Händen und Füssen, eine leichte Anästhesie.
Bald darauf traten die Erscheinungen von Diabetes auf; da gleichzeitig bohrende Kopfschmerzen und Exostosen an der Tibia vorhanden sind, ist der Gedanke nahe gelegt, dass auch die Gehirnaffection secundärer Natur ist.

In einem Falle (No. 28), einen 30jährigen Reiterofficier betreffend, war mit dem Diabetes eine Zungenparalyse aufgetreten.
In drei Fällen (No. 19, 71, 82) ist Doppeltsehen vorhanden. In
dem Falle No. 71 ist der Diabetes acut aufgetreten, das Individuum ist hochgradig nervös, die Hände zittern und können nur
mit Mühe Gegenstände festhalten.

Bei einer jungen, sehr nervösen Frau (No. 76) deutet eine
Ptosis palpebrarum auf eine Erkrankung des Oculomotorius.

In 10 Fällen waren dem Diabetes constante, heftige Kopfschmerzen, die dreimal die Gegend des Hinterhauptes trafen, vorangegangen.

Von einem dieser Fälle H. B—r. (No. 91) ist zu bemerken,
dass derselbe in seinem 4. Jahre einen heftigen Fall gethan hat,
durch 14 Tage bewusstlos blieb, und dann durch ein Jahr an

Händen und Füssen gelähmt war. Mit Ausnahme von häufigen, heftigen Kopfschmerzen hat er sich sonst wohl gefühlt. Im 17. Jahre hatte er häufige, nächtliche Pollutionen, die Symptome des Diabetes entwickelten sich nur sehr allmälig.

H. E. B. (No. 98), 29 Jahre alt, hat seit seinen Knabenjahren an Anfällen von heftigen Kopfschmerzen gelitten, und der Diabetes datirt offenbar auch aus jener Zeit; denn schon damals hatte er häufig das Bedürfnis Harn zu lassen. Er litt schon in seinen Knabenjahren mehrere Jahre an Furunkulose, und alle Zähne wurden cariös, später kamen Perioden, in denen der Kopfschmerz nicht auftrat, und dann war auch das Allgemeinbefinden gut. Mit jedem erneuerten Auftreten von Kopfschmerzanfällen erschienen auch die Zeichen des Diabetes. Der Patient ist hochgradig nervös, seine Aengstlichkeit, seine Besorgnis und Unruhe bei jeder wirklichen oder imaginären Gefahr, gehörten fast in das Bereich der Psychosen. Der Fall ist noch nach manchen Richtungen interessant, er bildet erstens einen Beleg dafür, wie lange manchmal ein Diabetes ertragen wird; es ist ferner bei diesem Kranken die Geschlechtslust übermässig erregt, und die Potenz ist wenig afficirt.

Manche Analogie mit diesem Falle hat ein anderer, No. 8, der ebenfalls ein hochgradig erregbares Individuum betrifft. Dasselbe hat auch seit früher Jugend viel an Kopfschmerz gelitten, die Zuckerausscheidung ist bedeutend, dauert nachweisbar schon 10 Jahre, und die geschlechtliche Lust ist im ganzen Krankheitsverlaufe übermässig rege.

H. B—n (No. 77) empfand nach vorangegangener übermässiger, anhaltender Geistesanstrengung an einzelnen streng umschriebenen Stellen des Vorderkopfes heftige Kopfschmerzen. An diesen Stellen fielen die Haare aus, und bald traten auch die Symptome des Diabetes auf.

Mme. A—r, eine wohlgenährte, 47 Jahre alte Dame erzählte, dass sie lange Zeit vor dem Auftreten des Diabetes an einer eigentümlichen, sie sehr quälenden Empfindung im Hinterhaupte gelitten habe; es sei ihr — nach ihrer Beschreibung — gewesen, als ob man ihr mit einem feinen Wasserstrahle auf's Hinterhaupt spritzte.

Frl. D—z, eine Landwirtin, 25 Jahre alt, sehr kräftig gebaut, erzählt, dass sie ohne bekannte Ursache angefangen habe, an häufigen, heftigen, vom Hinterhaupte ausgehenden Schmerzen zu leiden. Dabei sei der Mund dürr gewesen, sie habe oft Urin lassen müssen, sie wurde von Tag zu Tag matter, und musste endlich das Bett hüten. Die Analyse wies sehr kleine Mengen Zucker nach.

Nicht selten sind Traumen, die den Schädel betreffen, unmittelbar Ursache des Diabetes. Ich habe 13 Beobachtungen von Sturz auf Kopf und Rücken gemacht, wonach Diabetes aufgetreten ist. Bei zweien dieser Fälle, die bereits früher erwähnt wurden, trat nach dem Sturze hochgradige Hydrurie auf, und konnte nur durch die Kohlenprobe Zucker nachgewiesen werden. Bei manchen dieser Fälle waren nach dem Sturze Symptome von Gehirnerschütterung, bei einigen Lähmungen aufgetreten, bei anderen war dies nicht der Fall. Die diabetischen Erscheinungen, insbesondere Durst und Polyurie traten meist rasch, nach wenigen Tagen auf. Wiederholt konnte schon innerhalb 8 Tagen eine beträchtliche Zuckerausscheidung nachgewiesen werden.

Scheurlein teilt einen Fall mit, wo bald nach einer durch Sturz aus dem Fenster hervorgebrachten Luxation des 12. Brustwirbels und Compression des ersten Lendenwirbels hochgradiger Diabetes entstand, der nach circa 4 Wochen geschwunden war.

Auch manche psychische Störungen, die dem Diabetes vorangegangen, weisen auf eine Gehirnaffection zurück und lassen diese als die wahrscheinlichste Quelle des Diabetes erkennen.

Ein höchst interessantes Beispiel nach dieser Richtung ist der folgende Fall.

Hr. H. (No. 134), 47 Jahre alt, der Vater B. ist an Gehirnerweichung gestorben, der Patient ist sehr nervös, leicht erregbar. Eines Tages, als er an einem offenen Fenster stand, überkam ihn plötzlich wie eine Manie die Idee, sich aus dem Fenster zu stürzen, und es bedurfte der grössten Willensstärke, diesem Drange nicht zu folgen. Aehnliche Anfälle hatte Patient noch wiederholt; er beschreibt den Anfall als mit einem grossen, physischen Unbehagen verbunden, die Brust beklommen, ein unendliches Angstgefühl; Griesinger, an den Patient sich wegen dieses Zustandes wendete, veranlasste eine Harnanalyse, und diese ergab 3—4 pCt. Zucker.

H. W. (No. 116) war sehr ängstlich, oft schwermütig, litt oft an Schwindelanfällen. Zwei seiner Geschwister haben in Anfällen von Melancholie ihr Leben durch Selbstmord geendet.

H. W. (No. 119) litt an hochgradiger Hypochondrie. Die ersten Erscheinungen von Diabetes sind auf jene Zeit zurückzuführen.

Eine meiner jüngsten Patientinnen, ein Mädchen von 11 Jahren, litt sehr viel an Kopfschmerz; die Mutter war geisteskrank. Die Kleine hat einen im Verhältnisse zum Körper auffallend grossen Kopf, sie ist ängstlich, scheu, der Blick unruhig, sie begreift vollkommen, was man mit ihr spricht, aber die Reception ist langsam, die Antworten erfolgen träge. Der Diabetes war hochgradig.

Als hierher gehörig erwähnenswert ist noch folgender Fall:

Mme. S—b (No. 63) wurde plötzlich von einer Neuralgie befallen, welche die Gegend des Nervus cutaneus plantaris innehielt, von dem inneren Knöchel bis längs der inneren Seite der Ferse. Die Neuralgie bestand durch einige Jahre trotz aller angewendeten Mittel. Mit dem Verschwinden derselben trat hochgradiger Diabetes auf. Durch den Kurgebrauch wurden die Symptome gemildert, erschienen aber im Frühjahre wieder, plötzlich traten Erscheinungen einer Gehirnaffection auf, die sonst sehr gutmütige Frau wurde in hohem Grade aufgeregt, tobte gegen ihre Umgebung; dabei heftiges Erbrechen und Klagen über bohrende Kopfschmerzen. Am 2. Tage wurde sie apathisch, klagte nur noch unausgesetzt über fürchterliches Kopfweh. Der spärliche Harn enthielt Eiweiss und Zucker, am Ende des 2. Tages schwand das Bewusstsein, und am 4. Tage trat der Tod ein.

Psychische Anomalien fand ich ferner bei H. L—d, 42 Jahre alt; er stand einem Geschäfte vor, in welchem er angestrengt arbeiten musste, wurde aber zur Leitung dieses Geschäftes in den letzten Jahren dadurch untauglich, dass er nie zu einem Entschlusse kommen konnte. Allmälig kamen Erscheinungen des Diabetes. Ich fand nur Spuren Zucker.

H. C—f, die Mutter diabetisch, ist in einem apoplektischen

Anfalle gestorben, die Schwester geisteskrank. Er selbst war geistig frisch, wohl aussehend; klagt nur, dass er seit Jahren oft nicht imstande sei, einen auftauchenden Gedanken unausgesprochen zu lassen trotz der stärksten Willensenergie. In seinem 46. Jahre traten die Erscheinungen des Diabetes auf.

Mrs. M—s litt durch mehr als 20 Jahre an einem leichten Diabetes. Sie war sehr fromm, und ihre stete Klage war, dass sie sich an einen bestimmten Psalm nicht erinnern könne. Eines Morgens stürzte sie aus dem Bette auf die Schläfe, wurde bewusstlos in's Bett gebracht, darauf traten Delirien ein; dann sagte sie ununterbrochen bis zu ihrem Tode jenen Psalm her, dessen sie sich nicht hatte entsinnen können.

Fr. P—s, 50 Jahre alt; Gesichtsparese, Zunge schief nach rechts ausweichend, linke Nasalfalte verstrichen; war eine tüchtige Geschäftsfrau, und verlor plötzlich die Fähigkeit zu rechnen.

H. P—y, Verlust des Gedächtnisses für Namen vorangegangen.

Baron D—t, ein ungewöhnlich kräftiger, sehr fettleibiger Mann, stand an der Spitze eines grossen geschäftlichen Unternehmens. Der sehr aufgeklärte Mann wurde allmälig fanatisch fromm, es artete diese Frömmigkeit in religiösen Wahnsinn aus, später traten andere Wahnvorstellungen, besonders Verfolgungswahn hinzu, und zugleich traten alle diabetischen Symptome in hohem Grade auf. Patient starb in einer Irrenanstalt.

Alle diese Thatsachen sprechen dafür, dass die Veranlassung zur Zuckerausscheidung nicht selten durch eine krankhafte Affection des Nervencentralorgans gegeben sei.

Aber noch ein weiterer Umstand spricht dafür, dass Störungen im Gebiete des Nervenlebens die Zuckerausscheidung und damit den Diabetes mellitus veranlassen. Wer Gelegenheit hatte, viele Diabetiker zu sehen, der hat es erfahren, dass die meisten Kranken das Entstehen ihres Leidens auf grosse gemütliche Aufregung, auf schweren ungewöhnlichen Kummer, auf lange quälende Sorgen, auf eine plötzliche, erschütternde Aufregung zurückführen. Aetiologische Momente, die der Laie angibt, haben nicht den Wert eines Experimentes; sie erlangen ihre vollgiltige Bedeutung, wenn sie so gleichmässig von vielen Kranken angeführt werden. In einzelnen Fällen geben die Kranken an, mit Bestimmtheit den Beginn des Leidens auf eine Gemütserschütterung zurückführen zu können. Ich erwähne die folgenden Fälle:

H. B—g (No. 29) gibt an, dass er vollkommen gesund und kräftig gewesen sei, bis er eines Tages bei seiner Rückkehr von einer Reise durch ein sehr schmerzliches Familiendrama auf's Heftigste erschüttert wurde. Schon am nächsten Tage habe er heftigen Durst empfunden und musste oft Urin lassen; von da ab entwickelten sich alle weiteren Erscheinungen des Diabetes.

Baron K—m (No. 44), ein 22jähriger Officier, wohnte im Juli auf der Stube eines Kameraden einem Duell bei; der eine der Kämpfenden, ein Freund des Patienten, blieb auf der Stelle tot; von dem Tage ab wurde der früher heitere junge Mann hochgradig verstimmt, magerte bald ab, schon im September wurde hochgradiger Diabetes nachgewiesen.

H. P. (No. 85), ein sehr kräftiger Officier, 37 Jahre alt, erhielt eines Tages während des Essens einen Brief, der ihm grosse moralische Erregung und heftigen Aerger verursachte, es stellte sich Appetitlosigkeit und Verstimmung ein, er magerte rasch ab, und nach zwei Monaten wurden von dem Arzt 5,5 pCt. Zucker im Harne nachgewiesen.

Sehr bezeichnend ist folgender Fall: Ein Eisenbahnconducteur K—t erlebte einen heftigen Zusammenstoss von zwei Zügen. Ohne verletzt zu sein, war er den ganzen Tag sehr aufgeregt und zitterte durch 24 Stunden. Schon einige Minuten nach dem Zusammenstoss empfand er heftigen Durst, der einige Wochen andauerte, er fühlte sich von diesem Momente auch schwächer. Als die Schwäche zunahm, und der Durst wieder auftrat, wendete er sich an einen Arzt, der reichlich Zucker im Harn nachwies.

J. Sch—s, 12 Jahre alt, verspürte unmittelbar nach einer beim Umfallen einer Petroleumlampe erlittenen Verbrennung und dem dadurch veranlassten heftigen Schreck starken Durst, worauf bald alle Symptome auftraten.

Unter den mitgeteilten Krankengeschichten beziehen sich vier auf junge Mädchen; bei einem derselben war erbliche Disposition vorhanden, der Vater war an Diabetes gestorben, bei den drei anderen war schwerer Kummer in Folge unglücklicher Liebe vorangegangen.

Ich hatte mehrfach Gelegenheit, bei Diabetikern die Einwirkung von schwerer Gemütserschütterung durch Nachrichten von Todesfällen, schweren Erkrankungen zu beobachten; immer war der Harn der nächsten 24 Stunden zuckerreicher, und dem entsprechend waren die diabetischen Erscheinungen, vorzüglich das Durstgefühl, vermehrt. In einem Falle sah ich durch das Auftreten eines heftigen physischen Schmerzes infolge eines Gichtanfalls, den Zucker, der früher fast verschwunden war, in ziemlicher Menge wieder erscheinen.

Bei einzelnen dieser Kranken hatte ich speciell Gelegenheit, mich zu überzeugen, dass mit jeder grossen Nervenerregung die Symptome des Diabetes und die Zuckerausscheidung sich wesentlich vermehren. Ich möchte folgende Beispiele anführen: H. K—r, ein reicher Bierbrauer, der zugleich Bürgermeister in einem der Vororte Wien's war, ein hochgradig nervöser Mann aus diabetischer Familie litt an Diabetes der leichten Form. Bei entsprechend mässiger, antidiabetischer Diät befand er sich vollkommen wohl, und der Harn war zuckerfrei. Nur wenn er in seiner amtlichen Stellung gezwungen war, hochgestellte Personen zu empfangen oder zu ihnen in Audienz zu gehen, konnte mit Sicherheit Zucker im Harn nachgewiesen werden.

In einem anderen Falle, H. G—e, ein Neurastheniker, der an häufigen Anfällen von Asthma nervosum litt, der überdies durch allerlei schmerzliche Verhältnisse in seiner Familie schwer afficirt war, sah ich zweimal nach Empfang von Briefen, die einen sehr peinlichen Inhalt hatten, den Zuckergehalt des Harns von einigen Zehntel Procent auf 3 und 4 pCt. steigen.

Wenn es auch unzweifelhaft ist, dass nervöse Leiden oder Erkrankungen der Nervencentralorgane eine sehr häufige Ursache des Diabetes sind, ist darum noch immer nicht der Zusammenhang zwischen diesen Erkrankungen und Diabetes klargestellt. Dass zahllose Nervenkrankheiten, psychische Leiden und Affectionen des Centralnervensystems nicht von Diabetes begleitet werden, ist jedem Arzt bekannt. Wenn ich es erwähne, geschieht es nur darum, um den Einwurf zurückzuweisen, welchen manche Aerzte gegen den

Zusammenhang zwischen Nervenerkrankungen und Diabetes dadurch vorzubringen suchen, dass sie Fälle anführen, wo bei hochgradigen Nervenerkrankungen, selbst bei Sectionsbefunden an den sogenannten classischen Stellen, wie in der vierten Gehirnkammer, im Pons, der Rautengrube, kein Diabetes im Leben nachgewiesen wurde.

Immerhin wäre es wünschenswert, dass bei jeder hochgradigen nervösen wie psychischen Erkrankung Harnanalysen nach den empfindlichsten Methoden angestellt würden. Es würde sich dann vielleicht doch ein Zusammenhang zwischen Melliturie und Nervenerkrankungen häufiger herausstellen, als bis jetzt auf Grundlage schwerer Diabetesfälle, die mit den genannten Krankheiten zusammen vorkommen, angenommen werden kann.

5. Uebermässige geistige Anstrengung wird auch von einzelnen Kranken als Ursache angegeben. Eigentümlich ist es, dass unter meinen Fällen 8 Schulmänner sind, die ihre anstrengende geistige Arbeit unter kümmerlichen Verhältnissen ausführen mussten.

6. Erblichkeit kann mit Bestimmtheit als veranlassendes Moment angesehen werden. Ich habe mehr als 50 Fälle beobachtet, bei denen die Erblichkeit vorhanden war, und zwar war in diesen Fällen entweder Vater oder Mutter diabetisch, — in einem Falle, Fr. K—r, waren Vater und Mutter, die verwandt waren, an Diabetes gestorben —, oder es waren Vaters- oder Muttergeschwister oder deren directe Descendenten Diabetiker. Ich habe, nachdem ich über Heredität keinen Zweifel mehr hatte, den anamnestischen Momenten mehr nachgeforscht, und es ergab sich, dass unter 100 Diabetikern, die sich mir vorstellten, 17 erblich belastet waren, im nächsten 100 war bei 11 Fällen Heredität nachzuweisen u. s. f. Unter den von mir im Anhange mitgeteilten 140 Fällen ist 20 mal Erblichkeit erwiesen. Es beträgt dies 14 pCt.

Ich kenne mehrere Familien, bei denen ich bereits in der dritten Generation Diabeteskranke beobachtet und behandelt habe. Natürlich ist die Erblichkeit nicht so aufzufassen, dass Kinder von Diabetikern auch diabetisch werden müssten; ich sah mehrmals, dass eine Generation vollkommen diabetesfrei war, und dass unter deren Kindern wieder Fälle von Diabetes vorkamen; also eine Art Atavismus. In einer anderen mir bekannten Familie sind ein Mann und seine zwei Schwestern an Diabetes gestorben; Kinder

und Enkel des verstorbenen Mannes sind bis jetzt vollkommen gesund, während unter den Kindern einer der Schwestern, die andere
ist unverheiratet gestorben, Diabetesfälle vorkamen.

Von grossem Interesse ist es, dass in solchen diabetischen
Familien sehr häufig Geisteskrankheiten anzutreffen sind, dass
förmlich Geisteskrankheiten mit Diabetes alterniren.

In zwei Fällen ist die Mutter des Patienten geisteskrank ge-
storben, in einem dieser Fälle (No. 46) ist der Bruder blödsinnig,
und alle Kinder der Patientin sind gehirnkrank. In einem Falle
(No. 96) war der Vater geisteskrank, der Patient gibt an, viel an
Kopfschmerzen gelitten und früh eine wesentliche Abnahme seines
Erinnerungsvermögens beobachtet zu haben. In einem Falle
(No. 116) haben zwei Geschwister ihr Leben in einem Anfalle von
Melancholie durch Selbstmord geendet.

Einen eclatanten Beitrag zu dieser Abwechslung zwischen Geisteskrankheiten und Diabetes liefert der folgende Fall. H. v. P—e,
Grossvater mütterlicherseits nervös, Grossmutter litt durch 20 Jahre
an Diabetes; Mutter melancholisch, deren Schwester melancholisch
und diabetisch, Oheim geisteskrank; mehrere Brüder des Patienten
geisteskrank, einer diabetisch. Patient selbst seit früher Jugend hochgradig neurasthenisch, im Alter von 27 Jahren trat Diabetes auf.
In einer reichen jüdischen Bankiersfamilie in Wien, B—n, kann
ich bereits durch drei Generationen verfolgen, dass einzelne Mit-
glieder diabetisch sind, und andere an zeitweiligen Anfällen tiefster
Melancholie leiden.

Die von mir gemachten Beobachtungen über Erblichkeit des
Diabetes werden noch bedeutungsvoller, wenn man berücksichtigt,
dass das leichtere Erkennen des Diabetes doch erst auf die letzten
30 bis 40 Jahre zurückzuführen ist, dass also die Anamnese der
Diabetiker nach dieser Richtung bedeutende Lücken hinterlässt.

Unter den Fällen von erblichem Diabetes sind manche, bei
denen die Krankheit erst durch eine äussere Veranlassung, insbesondere erst durch einen Shok zum Ausbruche kam. Als Beispiel möchte ich folgenden Fall anführen: H. G—r, 33 Jahre alt,
Beamter, drei Geschwister seiner Mutter an Diabetes gestorben,
seine eigenen acht Geschwister sind gesund; er selbst erlebte einen
Eisenbahnunfall, bei welchem er den linken Arm verlor. Unmittel-

bar danach fühlte er furchtbare Kopfschmerzen und seit jener Zeit ein eigentümliches Gefühl im Kopf, das er wie Ameisenlaufen beschreibt. Drei Jahre danach wurde der Diabetes entdeckt. Interessant ist, dass er zwei Jahre seit dem Bestande seines Diabetes heiratete, und dass die Frau concipirte.

R. Schmitz*), der in Neuenahr Gelegenheit hatte, wol mehr Diabetesfälle zu beobachten, als irgend ein anderer Arzt, teilt mit, dass er unter 2320 Diabetikern 26 Fälle beobachtet habe, in denen völlig gesunde Personen, fast alle verheiratet, und zwar meist Frauen, plötzlich diabetisch wurden, nachdem sie längere Zeit einen Diabetiker gepflegt und intim mit demselben verkehrt hatten. Da weder erbliche Belastung, noch sonst ätiologische Momente nachweisbar waren, regte er auf Grund dieses Materials die Frage an, ob nicht durch anhaltenden intimen Verkehr mit einem Diabetiker eine Uebertragung der Krankheit stattfinden kann.

Ich hatte auch 3 mal Gelegenheit, Mann und Frau an Diabetes zu behandeln, und die Erscheinung schien mir immerhin eine auffallende. Ich konnte keine weitere Folgerungen daran knüpfen, weil in dem einen Falle seit dem Tode der diabetischen Frau 16 Jahre verstrichen waren, bevor der Diabetes beim Manne zur Erscheinung kam; weil im zweiten Fall, bei welchem ich den Diabetes der Frau zufällig entdeckte, bei genauer Aufnahme der Anamnese Erblichkeit nachzuweisen war. In dem dritten Fall präsentirte sich mir der Mann auch erst einige Jahre nach dem Tode der Frau als Diabetiker.

7. Eine andere bemerkenswerte Thatsache ist die, dass unter den von mir beobachteten Kranken über 25 pCt. Israeliten sind. Dieser Procentsatz ist immens, selbst wenn man dem Umstande Rechnung trägt, dass Israeliten in grosser Zahl Kurorte besuchen, und dass die Verhältnisziffer der jüdischen und christlichen Kranken an einem Kurorte durchaus nicht dem Verhältnisse der jüdischen Bevölkerung zu dem der christlichen entspricht. Man kann im besten Falle annehmen, dass das Contingent der jüdischen Kranken 10 pCt. der Gesammtzahl beträgt.

Diese von mir zuerst gemachte Beobachtung wurde wiederholt

---

*) Schmitz, Berliner klin. Wochenschr. 1890.

und speciell von englischen Aerzten bestätigt. Ich kann diese merkwürdige Erscheinung nur dadurch erklären, dass Juden durch die lange Leidensgeschichte, welche das jüdische Volk im Laufe mehrerer Jahrtausende durchzumachen hatte, ein viel labileres Nervensystem haben, und ich sehe darin eine Bestätigung für die durch andere Erfahrungen gestützte Ansicht, dass Diabetes in so vielen Fällen durch Störungen im Nervenleben hervorgerufen ist.

8. Lues ist nach meinen Erfahrungen ein unendlich seltenes veranlassendes Moment für das Entstehen des Diabetes. Ich habe unter der grossen Zahl von Kranken nur einige Mal mit Bestimmtheit syphilitische Affectionen nachweisen oder anamnestisch verfolgen können. In allen diesen Fällen war mit grosser Wahrscheinlichkeit an luetische Veränderungen im Gehirn zu denken, und so sind also auch diese Fälle nicht durch die Lues, sondern durch krankhafte Gehirnveränderungen hervorgerufen. In einem Falle, H. R—e, waren 2 Kinder der Mutterschwester diabetisch, der Bruder epileptisch. Bei ihm selbst trat Diabetes nach vorangegangener Lues auf. Sollte hier die Lues das disponirende Moment gewesen sein?

H. J—l hatte ein luetisches Exanthem und ein Gumma am Arm; er leidet sehr viel an Kopfschmerzen, und es liegt nahe, auch hier an syphilitische Veränderungen, etwa Gummata im Gehirn, zu denken. Ein früher angeführter Fall (No. 124) ist ebenfalls mit grosser Wahrscheinlichkeit auf eine luetische Gehirnaffection zurückzuführen.

9. Eine sehr bemerkenswerte Thatsache ist das häufige Vorkommen des Diabetes bei Fettleibigen.

Ich habe im Jahre 1864 diese Thatsache zuerst mitgeteilt*). Ich habe dieselbe später immer auf's Neue bestätigt gefunden, und in einer Arbeit über Diabetes mellitus**) aus dem Jahre 1866 konnte ich angeben, dass auf 100 Fälle, die ich behandelt hatte, 30 kamen, die beim Auftreten der Krankheit übermässig fettleibig waren. Ich habe den Gegenstand weiter verfolgt und ver-

---

*) Seegen, Beiträge zur Casuistik von Melliturie. Virch. Arch. Bd. 30.
**) Seegen, Beobachtungen über Diabetes mellitus. Wiener med. Wochenschr. No. 34. 1866.

mag Folgendes als Resultat der bisherigen Beobachtungen anzugeben:

a) Unter den Fällen, die ich im Anhange mitteile, sind mehr
als ein Dritteil solche, bei denen vor dem Auftreten des Diabetes
Fettleibigkeit vorhanden war.

b) Bei der Mehrzahl dieser Individuen hatte die Fettleibigkeit
lange bestanden, und der Diabetes hatte sich meist in dem Alter
zwischen 40—50 Jahren entwickelt. Die Entwicklung war gewöhnlich eine langsame, so dass die Patienten angaben, sie haben
sich darüber gefreut, dass sie magerer werden, denn es seien dadurch eine grosse Zahl lästiger Symptome verschwunden, während
die Erscheinungen des Diabetes sich lange Zeit nur auf etwas
grösseres Durstgefühl und häufigen Harndrang beschränkten. Die
Form ist selbst, wenn die Symptome lästiger werden, fast immer
die leichte; der Zucker wird nur auf Kosten der Amylaceen gebildet, und mit der Ausschliessung derselben hört die Zuckerausscheidung auf. Kranke dieser Kategorie erhalten sich sehr lange,
und wenn man sich darauf verlassen kann, dass sie ein vernünf-
tiges Regime führen, kann man eine günstige Prognose stellen.
Ich kenne eine derartige Kranke (No. 59), bei welcher seit 12
Jahren der Diabetes nachgewiesen ist, die beim Genusse von Amylaceen bis 6 pCt. Zucker im Harne hat, die jetzt noch ziemlich
fettleibig ist, und die keine wesentliche Beschwerde von ihrem
Diabetes fühlt. Eine andere, 58 Jahre alte Dame, die ich 6 Jahre
beobachtete, und die, sowie sie Amylaceen geniesst, circa 2 pCt.
Zucker im Harne hat, Durst und Trockenheit im Mund empfindet,
ist seit Ausschluss von Amylaceen vollkommen wohl, und das
Körpergewicht hat um $6\frac{1}{2}$ kg zugenommen, sie wiegt 104 kg.

c) Bei einer anderen Gruppe der fettleibigen Kranken ist der
Verlauf ein ganz anderer. Die Fettleibigkeit tritt im jugendlichen Alter auf, in einer Zeit, in welcher Fettleibigkeit
selten ist. Sie entwickelt sich rasch, oft bis zu ungewöhnlichen
Dimensionen, und nachdem dieselbe kurz bestanden hat, erscheinen
die Symptome des Diabetes, der in den meisten dieser Fälle von
vornherein der schweren Form angehört. Bemerkenswert ist noch,
dass bei manchen dieser Fälle eine Disposition zu Diabetes entweder auf Grundlage von Heredität oder in Folge von Gehirn-

affection vorhanden ist. Ich will für dieses interessante Vorkommen einige charakteristische Belege anführen:

H. G—t (No. 28) ist in der kürzesten Zeit übermässig fettleibig geworden, in seinem 28. Jahre war er so corpulent, dass
er nur mit Beschwerden seinen Dienst als Reiterofficier thun
konnte. In seinem 29. Jahre begann er an Furunculose zu leiden,
und abzumagern; wenige Monate nachher war der Diabetes hochgradig; trotz einer musterhaften Diät mit absolutem Ausschluss
von Amylaceis ging der Kranke in kaum 18 Monaten zu Grunde.

H. S—n (No. 96), 30 Jahre alt, der Vater ist geisteskrank
gestorben; der Patient wurde in seinem 26.—27. Jahre sehr
corpulent, wog 90 kg, in seinem 29. Jahre waren die Symptome des Diabetes schon hochgradig, und das Körpergewicht sank
rasch auf 69 kg.

H. v. L. (No. 108), ein junger holländischer Arzt, der an
einer durch die Section nachgewiesenen Gehirnaffection wahrscheinlich seit seinem 16. Jahre litt, wurde in seinem 21. Jahre
innerhalb 3 Monate sehr fettleibig, ein Jahr später traten
die Erscheinungen des Diabetes in vehementer Weise auf.

H. L—n (No. 109), 38 Jahre alt, der Vater ist an Diabetes
gestorben, die Schwester ist diabetisch, der Vater war sehr
fettleibig gewesen, der Patient wurde sehr früh fettleibig, wog im Alter von 32 Jahren 96 kg. Um diese
Zeit fingen die Symptome des Diabetes an. Patient hatte in seiner
Jugend eine Gehirnhautentzündung, und gibt an, dass sein Gedächtnis in den letzten Jahren sehr gelitten hat.

H. C—n (No. 112), 42 Jahre alt, wurde mit 18 Jahren
fettleibig und wog im Alter von 20 Jahren 102 kg. Patient erzählt, dass in seiner Familie Fettleibigkeit häufig sei, dass
sie meist mit 40 Jahren abnehme, und dass einige der so mager
gewordenen rasch gestorben seien. Er selbst wurde gleichfalls um
diese Zeit mager, die Untersuchung des Harnes zeigte einen hochgradigen Diabetes, dem Patient bald erlag.

H. S—r, Grossvater mütterlicherseits an Diabetes gestorben,
die Mutter diabetisch, wurde in seinem 22. Jahre fettleibig, das
Körpergewicht stieg rasch auf 100 kg, ein Jahr später war ziemlich hochgradiger Diabetes aufgetreten.

H. B—r, 30 Jahre alt, der Vater ist an Diabetes gestorben, nachdem er früher sehr fettleibig war. Der Patient wurde schon mit 20 Jahren sehr fettleibig, wiegt jetzt 102 kg; es sind alle Erscheinungen des Diabetes vorhanden, sobald Patient Amylacea geniesst, mit dem Ausschlusse derselben verschwindet vor der Hand noch der Zucker.

Es lässt diese Beziehung zwischen Diabetes und Fettleibigkeit eine doppelte Deutung zu. Man kann annehmen, 'dass die Fettleibigkeit zum Diabetes disponirt. Die meisten (sub b) bezeichneten Fälle von Diabetes bei Fettleibigen wären in diesem Sinne aufzufassen. In anderen Fällen, und zwar bei den sub c angeführten, scheint aber ein intimeres Verhältnis zwischen Fettbildung und Diabetes zu bestehen. Es macht den Eindruck, als wäre in diesen Fällen die Fettbildung schon eine Vorläuferin des Diabetes; aber es fehlt uns noch vollständig jeder Anhaltspunkt, um den Zusammenhang dieser Erscheinungen aufzuklären.

10. In einer nicht unbeträchtlichen Anzahl von Fällen sind wir nicht imstande, ein ätiologisches Moment aufzufinden. Es beweist, dass uns noch manche Ursachen unbekannt sind, die den Diabetes veranlassen. Es mag unter diesen Ursachen Pankreaserkrankung eine Rolle spielen, aber wir vermögen nur in den seltensten Fällen überhaupt eine Pankreaserkrankung am Lebenden zu diagnosticiren. Dass eine solche Erkrankung gewiss nicht selten vorhanden ist, beweisen ja die Obductionsbefunde. In einem meiner Fälle ist der Diabetes sehr rasch nach einem Sturz auf den Bauch entstanden, und vielleicht dürfte hier eine Pankreaserkrankung das veranlassende Moment sein. Ebenso mögen jene Diabetesfälle, bei denen mangelhafte Resorption von Fett nachzuweisen war (le Nobel, Hirschfeld), auf Pankreaserkrankung zurückzuführen sein.

Wir können auf Grundlage der von uns festgestellten Momente nur das Eine aussprechen, dass eine sehr grosse Anzahl von Diabetesfällen entweder auf nachweisbare Erkrankungen in den Centralnervenorganen oder auf solche veranlassende Momente, die das Nervensystem in hohem Grade afficiren, zu beziehen ist.

11. Ueber die geographische Verbreitung des Diabetes

wissen wir nahezu nichts. Mir ist es bis jetzt aufgefallen, dass Frankfurt a. M. und Thüringen ein unverhältnismässig grosses Contingent von Diabetikern nach Carlsbad schicken. Die Frankfurter Diabetiker sind zum grössten Teile Israeliten. Die Beobachtung fällt mit dem, was ich sub 7 mitteilte, zusammen. Meine thüringischen Diabetiker gehörten meist der armen, schwer arbeitenden Bevölkerung an. Zwei unter denselben waren arme Bauern.

12. Unter den von mir beobachteten Kranken sind 706 **Männer** und 232 **Frauen**, und zwar:

	Männer.	Frauen.
Im ersten Hundert:	72	28
» zweiten »	79	21
» dritten »	82	18
» vierten »	72	28
» fünften »	71	29
» sechsten »	75	25
» siebenten »	76	24
» achten »	72	28
» neunten »	78	22
Unter den letzten 38:	29	9
	706	232

In Bezug auf das **Alter** gruppiren sie sich folgendermassen:

von 1—10 Jahren	$\frac{1}{2}$ pCt.
» 11—20 »	3 »
» 21—30 »	16 »
„ 31—40 »	16 »
» 41—50 »	24 »
» 51—60 »	30 »
» 61—70 »	10 »
» 71—80 »	$\frac{1}{2}$ »

VI. CAPITEL.

Symptome des Diabetes.

1. Symptome im Gebiete des uropoëtischen Systems.

a) Das wichtigste Symptom ist die Zuckerausscheidung im Harn; die meisten anderen Erscheinungen sind nur die Folge desselben. Die Menge des Zuckers variirt in weiten Grenzen. Wir beobachten sehr häufig Fälle mit quantitativ unbestimmbaren Mengen von Zucker, und wieder andere Fälle mit reicher Zuckerausscheidung. Die höchste Zuckerausscheidung, die ich zu beobachten Gelegenheit hatte, betrug 600 g in 24 Stunden. Die Zuckerausscheidung ist in den Tag- und Nachtstunden ungleich. Im Allgemeinen wird in den 12 Nachtstunden viel weniger Zucker ausgeführt als in den 12 Tagstunden. Bei nicht hochgradigen Fällen der leichten Form kommt es vor, dass in dem Morgenharn nur durch empfindliche Reactionen Zucker nachzuweisen ist. Der zuckerreichste Harn ist jener, der circa 2—3 Stunden nach einer Malzeit ausgeführt wird. E. Külz fand schon $1/_2$ bis 1 Stunde nach Brodzufuhr den Beginn der Zuckerausscheidung, und in der zweiten Stunde war bei 12 Diabetikern leichter Form die Zuckerausscheidung am grössten. Die Unterschiede in Bezug auf den Procentgehalt des Harnes an Zucker sind auffallend bei jener Form des Diabetes, bei welcher die Zuckerbildung auf Kosten des Amylums der Nahrung statt hat; bei der schweren Form des Diabetes sind die Schwankungen nach Tageszeiten geringer; wiewol auch bei diesem der einige Stunden nach der Malzeit gelassene Harn zucker-

9*

reicher ist. Die Zuckerausscheidung variirt je nach der Nahrung,
die eingeführt wird. Zucker- und amylumhaltige Nahrung steigern
stets und rasch die Zuckerausfuhr. Kranke, die bei Fleischkost
Harn mit 1 pCt. Zucker entleeren, entleeren nach Einfuhr von
Kohlehydraten oft 5—6 pCt. Bei intercurrirenden fieberhaften
Krankheiten sah ich nur dann den Zuckergehalt vermindert, wenn
der Appetit darnieder liegt, und die Nahrungseinfuhr eine wesentliche Abnahme erleidet. Die Behauptung, dass kurz vor dem Tode
der Zucker aus dem Harn verschwinde, fand ich nicht bestätigt.
Ich habe aus der Blase eines an Diabetes Verstorbenen Harn genommen, der noch reich an Zucker war. Aber ich muss bemerken, dass dieser Kranke noch am Todestage Nahrung eingeführt
hatte. Er starb, ohne dass heftiges Fieber vorausgegangen war,
nach einer Grippe. In einem zweiten Falle, Dr. B—r aus Hamburg, fand ich in dem der Blase der Leiche entnommenen Harn
4 pCt. Zucker. Der Kranke war an Tuberculose (nicht im Coma)
gestorben.

Längeres Reisen steigert nach meiner Erfahrung die Zuckerausscheidung; ich habe es unzähligemal beobachtet, dass in den
ersten 24 Stunden, die auf eine Reise folgen, der Harn viel
zuckerreicher ist, als in den nächstfolgenden Tagen. Wenn man
sich über den Stand der Krankheit ein Urteil bilden will, muss
man nicht den unmittelbar nach der Reise gelassenen Harn zum
Maassstabe nehmen.

Wenn es sich darum handelt, zu bestimmen, ob überhaupt
Diabetes vorhanden sei, thut man gut, jenen Harn zu untersuchen,
welcher einige Stunden nach der Hauptmalzeit gelassen wurde;
am zweckmässigsten ist es dann auch, den Kranken zu veranlassen, dass er für diese Malzeit mehlhaltige Nahrung geniesse.
Wenn der etwa 2—3 Stunden nach einer solchen Nahrung gelassene Harn zuckerfrei ist, kann man mit Bestimmtheit sagen,
dass kein Diabetes mellitus vorhanden sei. Die Untersuchung
des Morgenharnes ist nicht maassgebend; ich habe wiederholt
Fälle beobachtet, in welchen der Morgenharn keinen oder nur
Spuren von Zucker enthielt, und der Nachmittagsharn sehr bemerkenswerte Zuckerreaction zeigte. Ebenso kann es geschehen,
dass bei einer ausschliesslichen Fleischnahrung der Harn keinen

Zucker enthält, und dass trotzdem die leichte Form von Diabetes vorhanden ist.

Wenn durch die qualitative Analyse Zucker nachgewiesen ist, dann muss die Menge der Zuckerausscheidung in einer bestimmten Zeiteinheit festgestellt werden, und zu diesem Zwecke der Harn von 24 Stunden gesammelt, und mit einer Probe dieses Gesammtharnes die quantitative Analyse ausgeführt werden.

Bei Beurteilung der Bedeutung der ausgeführten Zuckermenge muss immer die Nahrung, welche der Patient geniesst, berücksichtigt werden. Die tägliche Ausfuhr von 50 g Zucker bei ausschliesslicher Fleischkost ist ein weit ernsteres Symptom als die Ausfuhr von 400 g bei reichlicher Mehl- und Zuckernahrung.

Der höchste Procentgehalt des Harnes an Zucker, den ich zu beobachten Gelegenheit hatte, war 10, ich fand diesen hohen Procentsatz nur ein einzigesmal (Fall 11). In einem von Eichwald in Gemeinschaft mit mir beobachteten Falle hatte Ersterer ebenfalls 10 pCt. nachgewiesen, bei einem fettleibigen Patienten, der durch viele Jahre nur kleine Mengen Zucker ausgeschieden, und der ein ganz unzweckmässiges Regime geführt hatte. Annähernd gleich hohe Procente fand ich nur bei nicht erkannten oder ganz vernachlässigten Fällen von Diabetes. Wiederholt fand ich 7—8 pCt., am häufigsten bei schweren Fällen 5—6 pCt. Zucker im Harn. Der Procentgehalt gibt einen annähernden Anhaltspunkt für die Beurteilung des Diabetes; aber ich muss nochmals davor warnen, in demselben das Maass für die Zuckerausscheidung zu finden, und ebensowenig kann das Sinken des Procentsatzes einen bestimmten Maassstab für die Besserung geben, wenn man nicht gleichzeitig das Sinken der Harnmenge beobachtet hat.

Der diabetische Zucker ist fast ausnahmslos Traubenzucker; doch wird auch ausnahmsweise linksdrehender Zucker im Harn von Diabetikern ausgeschieden. Die Zahl der gut beobachteten Fälle über Ausscheidung von Laevulose ist aber eine unendlich geringe.

Zimmer*) und Czapek haben einen Fall mitgeteilt, bei welchem der Harn neben Traubenzucker auch eine beträchtliche Menge Laevulose enthielt. Der zuerst untersuchte Harn hatte ein speci-

---

*) Zimmer, Dtsch. med. Wochenschr. 1876.

fisches Gewicht von 1055, gab durch Titriren mit Fehling'scher Lösung 9,8 pCt. Zucker als Traubenzucker berechnet, während durch Polarisation 2,2 pCt. linksdrehender Zucker angezeigt wurde.

Külz*) hebt mit Recht hervor, dass in diesem Falle der Beweis für das Vorhandensein von Laevulose nicht voll erbracht sei, weil nicht nachgewiesen wurde, dass durch Gährung die vermeintliche Laevulose zerstört wurde.

Ich habe nur ein einziges Mal Gelegenheit gehabt, Laevulose mit Bestimmtheit nachzuweisen. Der Fall war folgender:

Frau F. aus Gothenburg in Schweden, 46 Jahre alt, gut gefärbt, zart; die Mutter soll an Diabetes gelitten haben; Patientin war stets gesund, nur ziemlich hochgradig nervös. Nachdem sie mehr als drei Jahre über Mattigkeit und Trockenheit im Munde geklagt hatte, wurde Zucker im Harn entdeckt, und ein entsprechendes Regime eingeführt, vorwaltend Fleischkost und nur sehr mässige Mengen Brot. Der Zucker soll nach Angabe des Arztes verschwunden und nur zuweilen wieder nachweisbar gewesen sein. Der Arzt bezeichnete den Fall als intermittirenden Diabetes, wahrscheinlich aber handelte es sich um einen Fall der leichten Form, und trat bei nicht strict beobachteter Diät immer wieder etwas Zucker auf.

Als ich den Harn der Patientin bald nach ihrer Ankunft untersuchte, fand ich, dass der Harn stark reducirte, und im Soleil-Ventzke'schen Polarisationsapparate eine Linksdrehung vorhanden war. Ich liess nun durch drei Tage Patientin eine bedeutend grössere Menge Brot geniessen, und untersuchte den 3—4 Stunden nach dem Mittagessen gelassenen Harn. Derselbe war klar, enthielt keine Spur von Eiweiss. Es wurden mit demselben folgende Proben ausgeführt:

2. Juni 1884. a) Es wurden 10 ccm Harn auf 100 verdünnt. Zur Reduction von 2 ccm Fehling'scher Lösung (1 ccm = 10 mg Traubenzucker) wurden verbraucht 20 ccm des verdünnten Harns, = 1 pCt. als Traubenzucker berechnet, = 1,08 pCt.

---

*) Külz, Ueber eine neue linksdrehende Säure. Zeitschr. f. Biologie. Bd. XX.

als Laevulose (das Reductionsvermögen der Laevulose zu $^{92,4}/_{100}$ vom Reductionsvermögen des Traubenzuckers angenommen).

b) Die Ablenkung wurde mittelst eines nach Soleil-Ventzke (von Schmidt und Hänsch) construirten Polarisationsapparates bestimmt. Derselbe ist für Harnzucker gestellt. Als specifische Drehung für Traubenzucker ist in diesen Apparaten älterer Construction + 56 der Teilung zugrunde gelegt. Als Lichtquelle diente eine Petroleumlampe. Die Ablenkung nach links ergab 1,8 pCt.

c) 5 ccm des Harns wurden mit gewaschener Hefe und einem Tropfen Weinsäure in eine Eudiometerröhre über Quecksilber gebracht, und nach drei Tagen aus der entwickelten Kohlensäure der Zuckergehalt bestimmt. Derselbe betrug 1,05 pCt.

d) Ein anderer Teil wurde in einem Kölbchen mit Hefe versetzt, nach drei Tagen wurde die Flüssigkeit filtrirt; sie reducirte sehr schwach und lenkte den polarisirten Lichtstrahl nicht ab. Die linksdrehende Substanz war also unzweifelhaft Laevulose. Die specifische Drehung wurde berechnet nach der Formel $(\alpha)j = \dfrac{56 \cdot a}{p}$. Die abgelesene Drehung ist mit a und die durch Titrirung oder Gährung gefundene Procentzahl durch p bezeichnet. Bei Zugrundelegung der durch Titrirung gefundenen Ziffer war die specifische Drehung — 93,3, bei der durch Gährung gefundenen würde dieselbe — 96,4 sein. Die eine, wie die andere Ziffer stimmt nahe mit der von Tuchschmidt für Laevulose gefundenen specifischen Drehung $(\alpha)D$ bei einer Temperatur von 18° C. überein.

Nach zwei Tagen (4. Juni) fast gleiches Ergebnis. Morgenharn leise Reduction, keine Ablenkung. Nachmittagsharn Ablenkung nach links 1,8 pCt., durch Titre 0,8 pCt.

Ich gestatte nun durch 6 Tage einen grösseren Genuss von Amylaceen, Brot, Kartoffeln und Mehlspeise zum Mittagsmale, und untersuchte dann abermals den Harn.

10. Juni. Morgenharn lenkt nicht ab. Reduction minimal. Nachmittagsharn 4 Stunden nach der Malzeit:

a) durch Polarisation (linksdrehend) als Traubenzucker berechnet 2,8 pCt.,

b) durch Titrirung mit Fehling'scher Flüssigkeit
> desgl. 1,53 pCt. = 1,6 pCt. Laevulose,

c) durch Vergährung nach 3 Tagen
> desgl. 1,6 pCt.

12. Juni. Nachmittagsharn:

  a) durch Polarisation (wie früher) 3,2 pCt.,

  b) » Titrirung desgl.   1,69 pCt. = 1,84 pCt.
                                          Laevulose,

  c) » Vergährung nach 24 Stunden 1,5 pCt.,

               » 4 Tagen 1,64 »

               » 9 »   1,83 »

               » 15 »   2,03 »

Die Gährung hatte rasch begonnen und schien nach 24 Stunden abgeschlossen: bei genauer Beobachtung sah man dann noch immer kleine Luftblasen aufsteigen, und auch nach 15 Tagen war die Gasentwicklung noch nicht völlig zu Ende. Ich schloss den Versuch ab und überzeugte mich, dass das gesammte entwickelte Gas Kohlensäure sei.

Herr Prof. Mauthner untersuchte eine nach Wien geschickte Probe desselben Harns und fand Folgendes:

Die Ablenkung (α) betrug bei 23° C. — 3,084. Die Reduction ergab nach einer Reihe von Bestimmungen 1,47 pCt. Traubenzucker = 1,591 pCt. Laevulose; es ergibt sich daraus

$$\text{(a)} D = \frac{100\ \alpha}{1.\ c.} = -\frac{100 . 3,084}{2 . 1,591} = -96,9.$$

Die Gährungsprobe hat Mauthner mit dem genuinen Harn vorgenommen. Die Kohlensäure wurde gewichtsanalytisch bestimmt und ergab nach 4 Tagen 1,96 pCt. Die Gährung dauerte langsam fort, der Versuch wurde unterbrochen, weil Mauthner sich für einen längeren Versuch nicht auf die absolute Dichtigkeit des Apparates verlassen konnte.

Ich habe die Patientin wieder auf ihre ursprüngliche Diät gesetzt und Amylaceen mit Ausnahme von kleinen Mengen Brot ausgeschlossen.

Nach 2 Tagen wurde der Harn wieder untersucht.

17. Juni. Ablenkung (links) entspricht 0,4 pCt. Traubenzucker. Der genuine Harn, auf's 10fache verdünnt, gestattet

keine genaue Titrirung; es entsteht eine schmutzig grüngelbe, sich
nicht klar absetzende Ausscheidung. Harn durch Blutkohle filtrirt,
die Kohle ausgewaschen bis auf das ursprüngliche Harnvolumen,
20 ccm auf 100 verdünnt, 1 ccm Kupferlösung wird durch 25 ccm
der Harnflüssigkeit vollständig entfärbt, nach einigem Stehen erfolgt dichte Ausscheidung von gelbem Kupferoxydulhydrat, die
darüberstehende Flüssigkeit farblos. Der Harn enthielt ca. 0,2 pCt.
= 0,21 pCt. Laevulose.

Die Ergebnisse dieser Beobachtung lassen sich in Folgendem
zusammenfassen:

1. Der Harn enthält einen linksdrehenden Körper; dieser
Körper kann nur Laevulose sein, da der vergohrene Harn keine
Linksdrehung zeigt.

2. Der Harn enthält nur linksdrehenden Zucker; Traubenzucker war nicht vorhanden, weil bei Zugrundelegung der durch
Titrirung gefundenen und auf Laevulose berechneten Zuckermenge
die gefundene Ablenkungsgrösse für Laevulose stimmte.

Die specifische Drehung war bei allen unseren Versuchen, die
bei einer Temperatur von 18—19° C. angestellt wurden, — 93°
bis —96°. Tuchschmidt gibt die specifische Drehung für Laevulose bei 17,5° C. auf —97,1° an, eine Ziffer, die der unserigen
nahesteht. Die Differenz ist schon darum von geringerer Bedeutung, weil es nicht bekannt ist, in welcher Weise das Drehungs-
vermögen der Laevulose durch die beigemengten fremden Stoffe
des Harns beeinflusst ist.

Die Gährung ergab nach den ersten Tagen, in welchen dieselbe sehr energisch von statten ging, einen Zuckergehalt, der mit
dem durch Titre gefundenen nahezu vollkommen stimmte. Es
entwickelten sich dann noch durch viele Tage, nur sehr langsam,
kleine Mengen Kohlensäure. Ich habe ein ähnliches Verhalten bei
der Vergährung der durch Fermente aus Glykogen und Stärke
entstandenen Zuckerarten beobachtet. Sind es dem Zucker bei-
gemengte Stoffe, welche gährungsfähig sind, aber nicht reduciren?
Ist es die Selbstvergährung der Hefe, welche diese langsame Kohlensäureentwicklung bewirkt? Darüber müssten weitere Versuche Aufschluss geben.

3. Von grossem Interesse ist es, dass die Ausscheidung resp.

Bildung von Laevulose durch Einfuhr von Amylaceis gesteigert,
ja geradezu veranlasst war. Der Morgenharn war, wie beinahe
stets in der leichten Form von Diabetes, zuckerfrei. Nach der
Malzeit, bei welcher Brot gegessen worden, wurde Laevulose gefunden: mit der gesteigerten Zufuhr von Amylaceis nahm die Ausscheidung von Laevulose in beträchtlicher Menge zu, und schon
2 Tage, nachdem die Zufuhr von Amylaceis eine sehr beschränkte
war, finden wir auch die Ausscheidung der Laevulose auf ein Minimum gesunken. Die Laevulose ist, wie Traubenzucker bei
anderen Diabetikern leichter Form, auf Kosten der Amylacea
entstanden.

4. Ueber die Ursache der Laevulosebildung fehlt es an jedem
Anhaltspunkte. Es müsste erst eine grosse Reihe von Beobachtungen vorliegen, um auch nur empirisch feststellen zu können,
unter welchen Bedingungen Laevulose statt Traubenzucker entsteht.
Wir wissen, dass in dem unreifen Teile des Zuckerrohres Laevulose enthalten ist, und dass erst mit der Reife die Laevulose allmälig verschwindet. Sollte auch beim Diabetes durch Laevulose
ein frühes Entwicklungsstadium angedeutet sein? Aber in diesem Falle müsste doch das Vorkommen häufiger zur Beobachtung
kommen.

R. Külz[*]) hat von derselben Patientin 5 l Harn zur Untersuchung erhalten. Er constatirte die directe und vollständige Ver-
gährbarkeit der linksdrehenden Substanz durch Hefe und als Gäh-
rungsproducte Alkohol und Kohlensäure, wies an der mittelst
Kupferfällung (nach Salkowski) isolirten syrupösen Substanz
süssen Geschmack nach, zugleich, durch Elementaranalyse, dass
die Zusammensetzung zur Formel $C_6H_{12}O_6$ stimmt, und stellte
mittelst Phenylhydrazin ein Osazon dar, welches durch Schmelz-
punkt und Elementaranalyse als Phenylglukosazon identificirt wurde.
Die linksseitige Circumpolarisation, die Abnahme der Drehung bei
steigender Temperatur und das dargestellte Osazon sprechen dafür,
dass die active Substanz Laevulose sein kann oder höchst wahrscheinlich ist. Dagegen könnte allenfalls die Fällbarkeit der activen

---

[*]) Külz, Ueber das Vorkommen einer linksdrehenden wahren Zuckerart
im Harn. Zeitschr. f. Biologie. XXVII.

Substanz durch Bleiessig sprechen, weil eine krystallisirte Laevulose, wie er sich überzeugt hat, erst durch Bleiessig und Ammoniak fällbar ist. Deshalb möchte er vorderhand nur behaupten,
dass es sich im vorliegenden Falle um eine linksdrehende wahre
Zuckerart von der Zusammensetzung $C_6H_{12}O_6$ handelt.

Wie dem auch immer sei, ist es durch diesen Fall über allen
Zweifel festgestellt, dass linksdrehender Zucker im diabetischen
Harn vorkommt. Ich habe bis jetzt nur einmal Gelegenheit gehabt, Laevulose im Harn zu beobachten, trotzdem mir nahezu
1000 Fälle von Diabetes mellitus zur Behandlung kamen. Wol
wurde nicht in allen diesen Fällen der Harn durch Titrirung und
durch Polarisation untersucht, und die annähernde Uebereinstimmung der nach beiden Methoden gewonnenen Resultate für Traubenzucker wäre erforderlich, um mit Bestimmtheit das Vorhandensein
von Laevulose ausschliessen zu können. Aber die Zahl dieser
nach beiden Methoden ausgeführten, und mit Berücksichtigung der
bekannten Differenz gut stimmenden Versuche war doch zahlreich
genug, um zu dem Ausspruche zu berechtigen, dass Laevulose ein
sehr seltenes Vorkommen ist.

b) Harnsecretion. Fast immer ist die Harnsecretion bedeutend vermehrt. Die Vermehrung der Harnausscheidung ist gewöhnlich das erste Symptom, welches den Patienten auf seinen
krankhaften Zustand aufmerksam macht. Der vermehrten Harnausscheidung entspricht auch das häufige Bedürfnis, Harn zu lassen.
Die grösste 24stündige Harnsecretion, die ich zu beobachten Gelegenheit hatte, war 6800 ccm. Eine Harnmenge von 5000 ccm in
24 Stunden ist bereits eine sehr grosse; die meisten Diabetiker
secerniren zwischen 3—4000 ccm. Doch beobachtete ich auch viele
Fälle, bei welchen die Harnausscheidung nicht viel über die normale Menge betrug und zwischen 1500—2000 ccm schwankte.
Die Harnmenge steht häufig zur Zuckermenge in einem gewissen
Verhältnisse; sie wächst und fällt, je nachdem die Zuckerausscheidung vermehrt oder vermindert ist. Doch gibt es viele Ausnahmen
von dieser Regel, es kann die Harnsecretion vermindert werden,
ohne dass die Zuckerausscheidung abnimmt. Der Procentgehalt
des Harnes steigt in diesem Falle.

Ich habe es in Carlsbad wiederholt beobachtet, dass in sehr schweren Fällen die absolute Zuckerausscheidung innerhalb 24 Stunden gar nicht vermindert wurde, dass aber die Harnausscheidung oft um 1/3 abgenommen hatte.

Es kommen ferner auch Kranke vor, die ungewöhnliche Mengen Harn secerniren mit einer sehr geringen Zuckerausscheidung. Ich erwähne z. B. als besonders charakteristisch den Fall No. 8, einen hochgradig nervösen, durch sexuelle Excesse geschwächten Mann betreffend; bei diesem betrug die 24stündige Harnausscheidung 5600 ccm, Zucker 0,8 pCt.; später sank der Zucker auf Spuren, die Harnmenge blieb 4300 ccm. Ich beobachtete ferner eine ganze Reihe von Diabetesfällen mit minimaler Zuckerausscheidung, bei denen keine Polyurie vorhanden ist, sondern nur ein sehr häufiges Bedürfnis, Harn zu lassen. Diese Erfahrung scheint darauf hinzuweisen, dass der mit Zucker imprägnirte Harn einen Reiz auf die Blase übt und die häufige Entleerung veranlasst.

In vielen Fällen dürfte die Polyurie selbständig infolge von Nervenreizung und dadurch erfolgter vermehrter Blutzufuhr zu den Nieren stattfinden. Kahler hat Polyurie als cerebrales Herdsymptom beobachtet. Bernard und Eckhard haben es festgestellt, dass die Verletzung gewisser Gehirnstellen vermehrte Harnausscheidung hervorruft. Diese Stellen liegen sehr nahe jenen Punkten, durch deren Reizung Zuckerausscheidung durch den Harn hervorgerufen wird. Es ist wahrscheinlich, dass in den meisten Fällen von Diabetes beide Gehirnpartien gereizt sind, dass also Polyurie mit Zuckerausscheidung einhergeht. Ein anderesmal könnte die Reizung jene Partie vorzüglich treffen, die auf Harnausscheidung Einfluss hat, während jene Stelle, die auf Zuckerausscheidung Einfluss hat, weniger afficirt ist. Der Einfluss von Nervenerregung auf die Harnsecretion ist jedem Arzt bekannt. Jeder hat beobachtet, wie massenhaft die Harnsecretion bei hysterischen Affectionen (Krämpfen) ist, wie ferner durch momentane nervöse Erregung die Harnsecretion gesteigert wird. Der so ausgeschiedene Harn hat ein sehr niederes specifisches Gewicht, oft übersteigt er nur um Weniges das specifische Gewicht des Wassers, und er enthält dem entsprechend auch nur sehr geringe Mengen fester Bestandteile; es ist also unzweifelhaft, dass hier eine selbständig gesteigerte Wassersecretion stattfindet, die nicht durch die im Harne gelösten Stoffe veranlasst sein kann. Es ist demnach denkbar, dass ein fortgesetzter Reizzustand des für Harnsecretion bestimmten Nervencentrums auch dauernd eine vermehrte Wasserausscheidung zur Folge haben kann. Wenn mit dieser Polyurie gleichzeitig Stoffumsetzung und Ausscheidung durch die Nieren in hohem Grade vermehrt sind, dann ist der Harn mit diesen Substanzen in reicher Menge beladen. Die beiden Symptome: Polyurie und Zuckerausscheidung können also als neben einander einhergehende und nicht in causalem Zusammenhange stehende Symptome aufgefasst werden.

Es scheint, dass diese Deutung der Polyurie für viele Fälle von Diabetes den beobachteten Thatsachen besser entspricht als die Annahme von Vogel u. A., welche stets den Zucker für die vermehrte Harnausscheidung verantwortlich macht.

Nach Vogel soll das durch Zuckergehalt concentrirte Blutserum auf endosmotischem Wege mit grosser Begierde Wasser absorbiren, infolge dieser Absorption sein Volum vermehrt werden, es entsteht eine Plethora ad spatium, ein gesteigerter Blutdruck innerhalb des Gefässsystems und speciell innerhalb der Nieren, und dadurch verursacht entstünde Polyurie. Diese Erklärung würde für alle jene Fälle ausreichen, bei welchen vermehrte Zuckerausscheidung und Polyurie Hand in Hand gehen, aber sie genügt nicht, jene Fälle von Polyurie zu erklären, die mit einer sehr mässigen Zuckerausscheidung einhergehen; sie erklärt ferner nicht die häufig beobachtete Thatsache, dass die Harnausscheidung sich vermindert, ohne dass die Zuckerproduction in derselben Zeiteinheit abgenommen hat.

Brücke[*]) macht auch den Zucker ausschliesslich für die Polyurie verantwortlich. Er denkt sich, dass die Anwesenheit von Zucker die Kranken veranlasse, viel zu trinken, und dass infolge dessen eine reichliche Wassermenge ausgeschieden wird. Eine dauernde Polyurie ohne Zuckerausscheidung, wie sie im Diabetes insipidus zur Erscheinung kommt, ist für ihn kein Beweis „denn

---

[*]) Brücke, Vorlesungen über Physiologie. 1874. 1. Bd.

Diabetes insipidus ist keine bestimmte Krankheit", und Diabetes mellitus ohne Polyurie lässt er auch nicht gelten, denn bei grossen Zuckermengen werden, so viel ihm bekannt ist, ausnahmslos grosse Mengen Wasser ausgeschieden, und bei kleineren Zuckermengen sei keine Polyurie vorhanden „weil die Störungen, welche durch den vermehrten Zuckergehalt des Blutes im Organismus hervorgerufen wurden, noch nicht derart waren, dass sie den Kranken in seiner subjectiven Empfindung anregten, grössere Mengen von Getränk zu sich zu nehmen".

Es ist eigentümlich, dass Brücke die physiologischen Thatsachen wie die Experimente von Bernard, Eckhard u. A., welche eine selbständig und primär auftretende Polyurie beweisen, nicht berücksichtigt, und dafür die Stütze für seine Ansicht auf pathologischem Gebiete sucht. Wenn ihm dies vertrauter wäre, würde er den Diabetes insipidus, als selbständige Erkrankung nicht so entschieden in Abrede stellen, und eben so wenig würde er behaupten, dass ausnahmslos mit grosser Zuckerausfuhr grosse Mengen Wasser aus dem Körper ausgeschieden werden, wenn er die zahlreichen gegenteiligen Beobachtungen gekannt hätte. Die zum Schlusse angefügten Krankengeschichten bringen zahlreiche Beweise für die Unhaltbarkeit von Brücke's Behauptung, und ich möchte nur Eine aus Vielen hervorheben. Eine Zuckermenge von 6,6 pCt. würde auch von Brücke schon als eine grosse angesehen werden, und doch finden wir einen solchen Zuckergehalt mit einer Harnausscheidung von 1100 ccm (Fall 76). Dieselbe Patientin schied an einem Tage 1300 ccm Harn aus mit 4,4 pCt. Zucker, und ein anderesmal schied sie in derselben Zeiteinheit 3300 ccm Harn mit 1 pCt. Zucker aus.

E. Külz[*]) hat auf dem Wege des Experimentes den Nachweis zu liefern gesucht, dass die Harnausscheidung nicht durch die Zuckerausfuhr veranlasst sei. Er gab zwei an Diabetes leidenden Patientinnen dieselbe Nahrungs- und Getränkemengen, und da die eine derselben eine grössere Toleranz für Amylacea zeigte, vermehrte er die Zufuhr derselben so lange, bis beide Patientinnen

---

[*]) Külz, Beiträge zur Pathologie und Therapie des Diabetes. 1875. 2. Bd. S. 144.

gleich viel Zucker ausschieden. Die durchschnittliche Zuckerausfuhr betrug bei Beiden zwischen 70—75 g per Tag, aber die Harnausfuhr schwankte in dem einen Falle zwischen 2400—2800 ccm, in dem anderen Falle zwischen 1000—1100 ccm.

Wenn auch Vogel's Erklärung nicht als eine allgemein giltige für die mit Diabetes einhergehende Polyurie angesehen werden kann, ist es doch unzweifelhaft durch Thatsachen bewiesen, dass sehr häufig Zuckerausscheidung und Wasserausscheidung durch die Nieren parallel gehen, und dass alle Momente, welche die Zuckerproduction steigern, auch die Harnausscheidung vermehren. Pavy hat in einem von ihm detaillirt beschriebenen Falle, in welchem er den Einfluss der verschiedenen Ernährungsweisen prüfte, gefunden, dass jene Modificationen der Diät, welche die Zuckerausscheidung steigern, fast immer auch die Harnausscheidung vermehren. Ich habe ebenfalls häufig beobachtet, dass mit der Zufuhr von amylumhaltiger Nahrung Zucker- und Harnausscheidung gleichzeitig vermehrt wurden.

Es wurde früher wiederholt behauptet, dass bei schweren Fällen von Diabetes die Wasserausscheidung durch den Harn mehr betrage als die in den Getränken innerhalb derselben Zeit aufgenommene Flüssigkeitsmenge. So hingestellt hat die Beobachtung, auch wenn sie sich bestätigte, gar keinen Wert; denn die Wasseraufnahme findet nicht blos in Form von Getränken statt; wir führen auch mit der Nahrung eine reichliche Menge Wasser dem Körper zu, und manche feste Nahrung, z. B. Fleisch, enthält noch 75 pCt. ihres Gewichtes Wasser. Es ist also sehr gut denkbar, dass die Harnausfuhr grösser sei als die Zufuhr von Flüssigkeiten in Form von Getränken, dass aber das Verhältnis sich anders gestaltet, wenn man auch die mit den Speisen eingeführte Flüssigkeitsmenge in Rechnung bringt.

Eine genaue Messung der in jeder Form zugeführten Flüssigkeitsmenge ist noch selten versucht worden. In einer mit bewunderungswerter Ausdauer ausgeführten Arbeit über den Stoffwechsel eines Diabetikers hat Gaethgens*) die Gesammteinfuhr von

---

*) Gaethgens, Ueber den Stoffwechsel eines Diabetikers, verglichen mit dem eines Gesunden. Dorpat 1866.

Flüssigkeit gemessen und gefunden, dass bei seinem Diabetiker
die Flüssigkeitsausfuhr durch die Nieren grösser war als die Gesammteinfuhr. Dieser einen Beobachtung stehen unzählige andere
Beobachtungen gegenüber, die das gegenteilige Resultat zeigen.
Bei allen meinen Fällen zeigt schon die oberflächlichste Zusammen-
stellung der aufgenommenen Mineralwasser- und Getränkemengen,
dass dieselbe der ausgeführten Harnmenge gleichkommt. In einigen
schweren Fällen liess ich überdies genaue Messungen vornehmen,
und erhielt das Resultat, dass die eingenommene Getränkemenge
zur Deckung der Wasserausgabe durch die Nieren hinreichte. Ich
führe z. B. die Messungsergebnisse im Falle 10 (ein sehr schwerer
Fall von Diabetes) an:

Datum.	Harnmenge.	Zucker.	Trinkwasser.	Mineralwasser.
28./5	2700 ccm	5,5	3300	900
1./6	2025	—	2400	1200
7.	1800	7,5	2100	1500
10.	2400	7,5	1500	1800
16.	1950	7,5	1200	1800

In einem zweiten Falle, No. 60, auch ein sehr hochgradiger
Diabetes, hat Patientin gleichfalls Harn und Getränke gemessen,
und die Wassereinfuhr überstieg die Wasserausgabe.

Es ist auch a priori nicht denkbar, dass selbst nur für kurze
Dauer das Verhältnis ein anderes sein könnte. Nehmen wir an,
die Wasserausfuhr durch Nieren und Darm betrage auch nur um
100 ccm mehr als die Einfuhr. (Bei Gaethgens war das Plus,
welches durch Harn und Darm ausgeschieden wurde, 337 g.) Zu
dieser sensiblen Ausfuhr kommt nun auch die insensible Wasserausscheidung, die Wasserausscheidung durch die Lunge und Haut.
Die Wasserausscheidung durch die Lunge gibt Valentin bei einem
54 kg schweren Individuum auf 375 g an. Die Wasserverdunstung
durch die Haut schlägt C. Ludwig auf 500—800 g an. Pettenkofer und Voit fanden in den mit ihrem Diabetiker angestellten
Respirationsversuchen die tägliche Wasserausscheidung durch Haut
und Lungen zwischen 650 und 750 g schwankend; es würden also,
wenn wir dieser Ziffer der insensiblen Perspiration noch die durch
Nieren und Darm mehr ausgeschiedenen 100 g hinzu addiren, circa
800 g Wasser unbedeckt ausgegeben. Der Organismus enthält

75 pCt. seines Gewichtes Wasser, dieses Wasser ist Constitutions-
wasser, und gewiss darf der Verlust nur ein mässiger sein, wenn
die Gewebe und Organflüssigkeiten normal bleiben sollen. Ein
Körper von 60 kg Gewicht enthält 45 kg Wasser, ein Verlust von
15 kg, also von 25 pCt., ist gewiss schon ein solcher, den der
Organismus kaum erträgt, ein solcher Verlust wäre aber schon
nach 20 Tagen vorhanden, und in zwei Monaten enthielte der Körper kein Atom Wasser mehr. Wir zweifeln nicht an der von
Gaethgens mitgeteilten Thatsache, insoweit er sie beobachtet hat,
d. h. es war eine grössere Wasserausscheidung als der beobachteten Wasserzufuhr entsprach; aber bei einer Thatsache von solchem Gewichte, und die so sehr im Widerspruche mit anderen
Beobachtungen und mit den einfachsten physiologischen Gesetzen
steht, genügt eben die Aussage eines Patienten nicht. Patient
wurde nicht, wie dies auch nicht möglich ist, ununterbrochen im
Auge behalten, eine Wasserzufuhr ist also nicht absolut ausgeschlossen. Auffallend bleibt ja auch die geringe Wasseraufnahme,
sie betrug in 40 Tagen nur sechsmal über 1000 ccm, gewöhnlich
schwankte sie zwischen 5—800 ccm, sank aber auch unter 300 g
per Tag. Wir wissen, mit welcher Gier Diabetiker trinken, um
den Wasserverlust zu ersetzen; es wäre doch wunderbar, wenn in
diesem Falle die eingeführte Wasserquantität eine so geringe gewesen, und die Wasserausfuhr aus den Geweben gedeckt worden
wäre. Entweder hat Patient heimlich mehr getrunken, oder er hat
absichtlich Durst gelitten, dann musste natürlich die Deckung aus
dem Gewebe stattfinden.

In einem von Külz*) durch 8 Wochen beobachteten Fall war
die Wasserausscheidung durch Niere und Darm durch die in Form
von Getränken stattgehabte Wasserzufuhr nicht gedeckt. Wenn
aber die in der festen Nahrung eingeführte Wassermenge mit in
Rechnung gezogen wurde, war die sensible Ausfuhr nicht blos vollständig bedeckt, es blieb noch ein tägliches Plus von mehr als
400 ccm Wasser für die insensible Perspiration zurück.

c) Der Harn ist bei hochgradigem Diabetes mit Polyurie
blassgelb, in's Grüne schillernd und vollständig klar. Doch kommen

---

*) a. a. O.

zahlreiche Fälle von Diabetes vor, bei welchen der Harn eine intensiv dunkle Färbung hat. Fast immer sind dies milde Formen des Diabetes, und insofern kann die Farbe des Harnes schon eine gewisse prognostische Bedeutung haben.

Das specifische Gewicht ist fast immer sehr hoch; es erreicht zuweilen die Höhe von 1060. In einem Falle (No. 11) beobachtete ich das specifische Gewicht von 1065; Zuckergehalt war 10 pCt. Häufig schwankt es zwischen 1030—1040. Ein solches specifisches Gewicht des Harnes kann die Aufmerksamkeit auf Zucker lenken; in weiteren Grenzen gibt das specifische Gewicht ungefähren Aufschluss über den procentischen Zuckergehalt, und das höchste specifische Gewicht, welches ich beobachtete, entsprach auch immer dem zuckerreichsten Harne. In der Regel sinkt und steigt das specifische Gewicht mit dem Zuckergehalt. Aber diese Regel hat sehr viele Ausnahmen, und es ist ganz ungerechtfertigt, aus dem specifischen Gewichte quantitative Zuckerbestimmungen auch nur annähernd machen zu wollen. Das specifische Gewicht ist der Ausdruck für die im Harne gelösten festen Stoffe. Nun kommen beispielsweise neben kleinen Mengen Zucker grosse Mengen Harnstoff im Harne vor, wie bei reichem Fleischgenusse. Ist ein solcher Harn noch dadurch concentrirt, dass er nur in mässiger Menge ausgeschieden wird, dann wird derselbe ein hohes specifisches Gewicht zeigen. Umgekehrt kann ein Harn, welcher reich an Zucker, aber arm an sonstigen festen Bestandteilen ist, ein mässiges specifisches Gewicht haben. Ich kann in meinen Beobachtungen dasselbe specifische Gewicht bei weit auseinander gelegenem Procentgehalt des Harnes notirt finden. Das hohe specifische Gewicht allein darf nicht als Beweis für Zuckergehalt angesehen werden, und noch weniger darf es zum Maasse für den Zuckergehalt dienen.

d) Reaction. Der Harn reagirt immer sauer. Die saure Reaction dauert sogar bei mehrtägigem Stehen des Harnes fort, wahrscheinlich infolge eingetretener, saurer Gährung.

e) Harnsäure. In sehr schweren Diabetesfällen, die mit Polyurie einhergingen, konnte ich keine Harnsäure im Harne nachweisen. Im angesäuerten Harne hatte sich nach 12—24 stündigem Stehen keine Spur Harnsäure ausgeschieden. Trotzdem möchte ich

nicht mit Bestimmtheit sagen, dass in diesen Fällen keine Harnsäure vorhanden sei. Die Harnsäureausscheidung ist in der Regel
eine geringe, sie übersteigt beim Gesunden selten 0,6 g per Tag,
sinkt aber auch oft auf 0,3 g; wenn diese Menge auf 5—6000 ccm
Harn verteilt ist, wird sie durch Zusatz von Salzsäure nicht ausgefällt, da genügend Harnwasser vorhanden ist, um die schwer
lösliche Harnsäure gelöst zu erhalten. Naunyn und Riess haben
eine bessere, aber complicirte Methode angegeben, die Harnsäure
nachzuweisen, und sie sowol wie Külz, der nach dieser von ihm
etwas modificirten Methode arbeitete, fanden bei schweren Fällen
von Diabetes Harnsäuremengen, die wenig hinter der Normalgrösse
zurückblieben. Bei der leichteren Diabetesform kann die Harnsäure sogar reichlich vorhanden sein; ich habe wiederholt die leichtere Diabetesform mit Lithiasis renalis, mit überschüssiger Harnsäure einhergehen sehen. Nach meiner Erfahrung, die auch von
Pavy bestätigt wird, ist ein diabetischer Harn, welcher dunkel
ist und harnsaure Sedimente hat, ein Beweis dafür, dass
der Diabetes in milder Form vorhanden ist.

f) Harnstoff. Während man früher eine Verminderung der
Harnstoffausscheidung angenommen hatte, neigt man jetzt auf
Grundlage einiger Untersuchungen zu dem entgegengesetzten Extrem und behauptet, die Harnstoffausscheidung sei eine bedeutend
vermehrte, und sieht in dieser Vermehrung den Ausdruck für die
Labilität der Organe und für den gesteigerten Zerfall der Albuminate; der Zucker als das Spaltungsproduct der Albuminate soll
zu der Harnausscheidung in einem bestimmten Verhältnisse stehen.

Der Schluss aus einer Harnstoffvermehrung auf vermehrten
Umsatz der Gewebeelemente ist durchaus kein gerechtfertigter.
Der grösste Teil des Harnstoffes stammt aus der Umsetzung der
Albuminate der Nahrung. Die Ernährungsversuche von Voit, von
mir und Anderen haben bewiesen, dass mit der gesteigerten Zufuhr der Albuminate auch die Harnstoffausscheidung rasch, meist
in den nächsten 24 Stunden steigt. Fast alle Diabetiker geniessen
grosse Nahrungsmengen, die meisten führen reiche Fleischnahrung
ein. Die vermehrte Harnstoffausscheidung ist also nur die Folge
dieser in vermehrter Menge umgesetzten, von aussen stammen-
den Albuminate. In diesem Sinne ist die vermehrte Harnstoff-

ausfuhr zu deuten, welche Thierfelder und Uhle*), Mosler, Rosenstein**) u. A. in den von ihnen beschriebenen Fällen gefunden haben.

Um ein Urteil darüber zu haben, ob die Harnstoffausscheidung bei Diabetikern im Vergleiche zu der von Gesunden gesteigert sei, muss die Harnstoffausfuhr von Diabetikern und Gesunden, die unter ganz gleichen Ernährungsverhältnissen leben, bestimmt werden. Wir besitzen zwei wertvolle Versuchsreihen, welche uns einen Einblick in die Harnstoffausfuhr von Diabetikern im Vergleiche zu Gesunden gestatten.

Pettenkofer und Voit***) haben Untersuchungen über den Stoffumsatz eines gesunden Menschen und eines Diabetikers angestellt. Ich habe jene Untersuchungen zusammengestellt, welche unter ganz gleichen Ernährungsverhältnissen angestellt wurden, und welche einen berechtigten Vergleich gestatten.

[Die arabischen Ziffern geben in Grammen die Menge der Harnstoffausscheidung in 24 Stunden, die römischen Ziffern entsprechen der Nummer des Versuches.]

	Hungerversuche.			Mittlere Kost.				Stickstofffreie Kost.
Gesunder.	I 26,8	III. 26,3	IV. 25	V. 37	VI. 35,4	VII. 37	XV. 38,6	XII. 27,7
Diabetiker.	I. 28,5			III. 42	IV. 45	V. 37,2	VI. 40,3	VII. 19,4

Die wichtigsten Versuche sind jene, bei welchen keine Nahrungszufuhr statt hatte, und bei welchen die Stickstoffausscheidung auf Kosten von Körperbestandteilen erfolgte. Bei dem Diabetiker beträgt die Harnstoffausfuhr circa 2 g, also ungefähr 8 pCt. mehr als beim Gesunden. Bei den Versuchen mit ganz gleicher mittlerer Kost ist einmal die Stickstoffausfuhr gleich, dreimal ist

---

*) Archiv für phys. Heilkunde. 1858.
**) Archiv für pathol. Anatomie. XL.
***) Zeitschr. f. Biologie. II. Bd. 4. Heft und III. Bd. 4. Heft.

sic beim Diabetiker beträchtlich erhöht. In dem Versuche mit
stickstoffloser Nahrung dagegen ist die Stickstoffausfuhr des Gesunden bedeutend grösser als die des Diabetikers.

Eine zweite wichtige Untersuchung ist die von Gaethgens[*])
ausgeführte. Gaethgens fand bei einer 15 tägigen Versuchsdauer,
während welcher der Diabetiker und der Gesunde ganz gleiche
Nahrungs- und Getränkemengen einführten, die durchschnittliche
Stickstoffausscheidung des Gesunden 26,9 g und die des Diabetikers
36,7 g. Diese Differenz ist ganz enorm gross, der Diabetiker hat
in diesem Falle fast 40 pCt. mehr Harnstoff oder resp. Stickstoff
ausgeschieden als der Gesunde. Die Stickstoffzufuhr betrug 34,6 g.
Der Diabetiker hat also von seinem eigenen Gewebe eine 2 g Stickstoff entsprechende Menge von Albuminaten zugesetzt.

Dass aber diese von Gaethgens beobachtete Thatsache, dass
der Diabetiker von seinem eigenen Leibe zusetzt, keine allgemeine
Erfahrung ist, geht abermals aus den Untersuchungen von Pettenkofer und Voit hervor.

In dem Versuche VIII. erhielt ihr Diabetiker täglich 1350 g
Fleisch = 45,9 N und 80 g Schmalz; die Harnstoffausscheidung
betrug 62 g = 29 N. Im Koth wurden 5 g N ausgeschieden; der
Diabetiker hatte also 11,9 g N weniger mit dem Harn ausgeschieden, als er in der Nahrung eingenommen hatte.

In dem Versuche IX. wurden 54 g N eingeführt, mit dem
Kothe 4,9 entfernt, die Harnstoffausfuhr betrug 99,4 g = 46,4 N;
es waren also abermals 2,8 g N mehr mit der Nahrung eingeführt
als durch den Harn ausgeschieden wurden. Diese Versuche von
Pettenkofer und Voit beweisen, dass die Harnstoffausfuhr von
der Stickstoffeinfuhr abhängig ist, und dass bei reichlicher Zufuhr
nicht aller N in Form von Harnstoff ausgeschieden wird, dass im
Sinne Voit's sogar ein Gewebsansatz stattfinden kann.

Hirschfeld[**]) hat zwischen einem Diabetiker und einem
Gesunden einen vergleichenden Versuch über die Stickstoffausfuhr
durch den Harn unter den gleichen Ernährungsbedingungen angestellt. Der Diabetiker hat von 29,98 g eingeführtem Stickstoff

---

[*]) a. a. O.
[**]) Hirschfeld, Centralbl. f. d. med. Wiss. 1890.

18,12 g ausgeschieden, während der Gesunde 26,17 g durch den
Harn entleerte. In einem zweiten vergleichenden Versuch zwischen
diesem Diabetiker und einem anderen mit einer Einfuhr von 41,7 g
Stickstoff hat der erste Diabetiker 27,6 g und der zweite 37 bis
39 g Stickstoff ausgeschieden. Der fehlende Stickstoff, sowie ein
grosser Teil des zugeführten Fettes, 26—36 pCt., fanden sich in
den Faecalmassen jenes Diabetikers. Die geringe Stickstoffausfuhr
im Harn ist also bei dem erwähnten Kranken auf verminderte Resorption, also verminderte Auswertung der Nahrung zu beziehen.
Fälle dieser Art sind sehr selten, da im allgemeinen die Ver-.
dauungsthätigkeit und die Ausnutzung der Nahrung bei Diabetikern eine gute ist.

Ich habe bei einigen meiner Kranken eine Reihe von Harnstoffbestimmungen zugleich mit den Zuckerbestimmungen ausgeführt und lasse dieselben hier folgen. Diese Harnstoffbestimmungen können über das Verhältnis zwischen Einfuhr und Ausfuhr
keinen Aufschluss geben, da die Einfuhr nicht genau gekannt ist.
Es war mir vor allem darum zu thun, zu ermitteln, ob ein Verhältnis zwischen Harnstoff- und Zuckerausfuhr bestehe, ich konnte
darum nur jene Patienten als Untersuchungsobjecte benützen, bei
welchen ich mich darauf verlassen konnte, dass sie während der
ganzen Versuchsdauer, meiner Anordnung Folge leistend, annähernd
dieselbe Nahrungsmenge einführten. Alle diese Kranken haben
überdiess das von mir vorgeschriebene Diätnormale eingehalten
und vorwaltend Fleischnahrung mit wenig Kohlehydraten genossen.

Ich stelle die Harnstoffbestimmungen zusammen, die ich ausgeführt habe.

1. (No. 27.) Ein nicht sehr hochgradiger Diabetes. Patient
geniesst vorwaltend Fleischkost, etwas Gemüse, 3—4 Brödchen
täglich. Patient hat durch 7 Tage mit sehr geringen Ausnahmen dieselbe Nahrung zu sich genommen, er hat diese mit den
etwaigen Abweichungen genau notirt, letztere sind so gering, dass
man annehmen kann, die Nahrung sei quantitativ in dieser Zeit
gleich gewesen. Die Getränkemenge war an allen Tagen absolut
dieselbe. Die nachstehende Tabelle enthält die Resultate meiner
Analyse:

Datum.	Harnmenge.	Harnstoff.	Zucker.
19. Mai 1863	2130	47,925	46,86
20. » »	2610	57,420	41,76
21. » »	3740	59,840	37,40
22. » »	3240	61,560	32,40
23. » »	3080	50,820	24,64
24. » »	3000	60,000	24,00
25. » »	2700	52,440	13,80

Das Körpergewicht war während des ganzen Kurgebrauches gleich geblieben.

Im Mai 1864 kehrte Patient wieder. Bei Zufuhr von Nahrung, welche der vorjährigen quantitativ und qualitativ ganz gleich war, ergab die Harnanalyse:

	24 stündige Harnmenge.	Harnstoff.	Zucker.	Phosphorsäure.
5. Mai	2850	57,0	16,4	3,5
10. »	2800	65,8	8,0	3,9
11. »	2800	58,5	8,0	3,45
21. »	3000	60,4	Spuren	3,56
23. »	3700	68,4	11,0	4,07

2. (No. 31.) Hochgradiger Diabetes.

	Nachtharn.	Harnstoff.	Zucker.
5. Juli	2250	29	180

3. (No. 44.) Hochgradiger Diabetes. Patient geniesst fast ausschliesslich Fleischkost in bedeutender Menge, die Nahrung ist während der Untersuchungszeit qualitativ und quantitativ nahezu gleich:

Datum.	Harnmenge.	Harnstoff.	Zucker.
15. Mai	1400	60,2	60,16
23. »	4080	114,24	61,20
24. »	3570	82,11	71,40
25. »	3230	80,75	48,45
26. »	3400	83,30	44,20
27. »	3740	87,89	48,62
16. Juni	3740	93,58	56,10
17. »	3910	89,93	50,82
18. »	4420	92,80	66,30

Körpergewicht beim Beginne der Kur 57½ kg, beim Schlusse
58½ kg.

4. (No. 46.) Hochgradiger Diabetes. Nahrung nicht gleichmässig, doch vorwaltend Fleischnahrung. Körpergewicht beim Beginne der Kur 46½ kg, beim Schlusse 48 kg.

Datum.	Harnmenge.	Harnstoff.	Zucker.	Phosphorsäure.
11. Mai	5425	55,3	325	—
12. »	5950	56,5	352	. —
13. »	6000	66,0	379	—
14. »	5950	65,0	368	4,16
15. »	5400	59,9	340	3,25
16. »	6350	60,3	389	3,93
17. »	6300	66,0	416	4,40
28. »	5600	67,0	363	4,20
29. »	5250	70,0	321	4,20
30. »	6000	63,0	369	3,90

5. (No. 90.) Hochgradiger Diabetes. Patient geniesst viel
Fleischkost, aber da der Heisshunger gross ist, nimmt er auch
ziemlich viel Mehlnahrung ein, er ist im hohen Grade abgemagert.
Körpergewicht 49 kg.

Datum.	Harnmenge.	Harnstoff.	Zucker.	Phosphorsäure.
13. Mai	4940	54	284,7	4,17
8. Juni	4200	58	201,5	4,20
19. »	3150	53	103,6	3,46
30. »	2100	49	81,0	2,37

6. (No. 91.) Hochgradiger Diabetes, geniesst fast ausschliesslich Fleischkost. Körpergewicht 51 kg.

Datum.	Harnmenge.	Harnstoff.	Zucker.	Phosphorsäure.
28. Mai	2310	43,8	110,8	3,58
16. Juni	1400	47,6	67,8	2,59
17. »	1700	49,3	81,6	2,72
18. »	1650	52,8	79,2	2,64
25. »	1700	52,7	61,2	2,80
3. Juli	1680	53,7	60,4	3,10

7. (No. 97.) Hochgradiger Diabetes, mässiger Appetit, geniesst fast ausschliesslich Fleischkost. Körpergewicht 60 kg.

Datum.	Harnmenge.	Harnstoff.	Zucker.	Phosphorsäure.
19. Aug. 1868	5200	62,4	187,2	4,16
28. »	4350	60,9	156,0	3,69
4. September	3600	54,0	140,0	3,60
19. »	2700	39,1	137,7	2,70

8. (No. 116.) Ein hochgradiger Diabetes, Abmagerung in zwei Jahren von 66 kg auf 47$\frac{1}{2}$ kg, sehr starker Appetit, geniesst grosse Mengen Fleisch, sehr mässige Mengen Mehlnahrung. Da Patient in Wien lebt, konnte ich mehrere Male vollständigere Harnanalysen machen:

Datum.	Harnmenge in 24 Stunden.	Harnstoff.	Zucker.	Chloride.	Phosphorsäure.	Schwefelsäure.
24. Febr. 1867	3200	88,9	94	12,8	5,8	—
15. April	2880	66,2	132	12,9	5,7	—
11. Mai	2500	72,5	113	—	—	—
3. Febr. 1868	3560	48,5	166	12,03	3,6	2,69
3. März	3480	62,6	139	11,70	6,1	3,39
3. April	3700	79,5	124	11,80	6,1	4,89

9. (No. 119.) Leichtere Form des Diabetes, ein wohlgenährter Mann, Körpergewicht 92 kg. Er consultirte mich in Wien. Die vorgenommene Harnuntersuchung nach gemischter Nahrung ergab:

Datum.	Harnmenge in 24 Stunden.	Spec. Gew.	Harnstoff.	Zucker.	Phosphorsäure.	Chloride.
28. Jan.	2170	1030	41	87	2,8	10,8

Ich verordnete entsprechendes Regime, vorwaltende Fleischdiät, Ausschluss von Zucker, mässige Mengen Brod. Die später vorgenommenen Analysen ergaben:

Datum.	Harnmenge.	Spec. Gew.	Harnstoff.	Zucker.	Phosphors.	Chloride.
3. Febr.	1570	1028	51,8	22	2,7	12,6
23. » *)	2225	1022	54,5	0,5	3,2	17,9
9. Octob.	2156	1020	62,5	0	3,5	16,8

Prof. Neubauer, der den Harn gleichfalls im October unter-

---

*) Die 2 letzten Analysen wurden in Frankfurt a. M. vorgenommen; überraschend ist die grosse Menge der Chloride.

suchte, konnte keine Spur Zucker nachweisen. Patient geniesst, ausser drei Brödchen täglich, keine Amylaceen.

10. Ein hochgradiger Fall der milden Form. Patient geniesst mässige Mengen Amylaceen, die unter dem Gebrauche des Carlsbader Wassers assimilirt werden.

Datum.	Harnmenge.	Harnstoff.	Phosphorsäure.	Zucker.
26. Juni	1430	51,4	2,86	64,0
5. Juli	1950	70,2	3,90	13,6
18. »	1620	72,9	3,60	11,2
29. »	1920	71,0	4,03	Spuren.

11. Ein Fall der schweren Form. Patient noch sehr wohl genährt, consumirt grosse Mengen Nahrung (war schon als gesunder Mann ein übermässig starker Esser), ausser drei Brödchen per Tag nur Fleischnahrung.

Datum.	Harnmenge.	Harnstoff.	Phosphorsäure.	Zucker.
23. Jan.	3350	85,42	4,12	61,3
24. »	3390	83,73	3,92	69,1
25. »	3100	68,82	3,17	94,8
26. »	2950	64,01	4,10	73,7
27. »	3390	74,68	3,86	92,8
28. »	3780	77,31	4,16	104,9

12. (No. 135.) Eine hochgradige Form von Diabetes, Abmagerung bis zum Skelett, unersättlicher Heisshunger, Patient geniesst colossale Mengen Nahrung. Nachstehend sind drei, von Prof. Kletzinsky ausgeführte Analysen:

Datum.	Harnmenge.	Harnstoff.	Zucker.
13. November 1868	5000	100	400
4. December »	4500	81	225
16. Januar 1869	4500	81	315

Aus diesen Bestimmungen ergibt sich:

1. Die Harnstoffausscheidung ist nahezu in allen Fällen etwas vermehrt; aber diese Vermehrung ist, wenn wir von den Fällen 11 und 12 absehen, keine aussergewöhnlich grosse. Bekanntlich schwankt auch die normale Harnstoffausscheidung in weiten Grenzen, je nach dem Stickstoffgehalte der eingenommenen Nahrung.

Ich habe als Mittel meiner Untersuchungen[*] an 7, auf ganze Spitalsration gesetzten Soldaten eine Durchschnittsharnstoffausscheidung von 42 g in 21 Stunden gefunden. Zwei Soldaten, welche eine noch etwas reichlichere Ration (eine ganze Spitalsration und Braten) bekamen, schieden im Mittel 56 und 52 g per Tag aus. Die Harnstoffausscheidung bei unseren Diabetikern, die in den meisten Fällen zwischen 50—60 g schwankt, ist also gewiss keine grosse, wenn man die Nahrungsmengen, die diese Diabeteskranken geniessen, in Betracht zieht.

2. Es ist kein Verhältnis zwischen Zucker- und Harnstoffausscheidung nachzuweisen. Wir sehen bei einem und demselben Diabetiker das Sinken der Zuckerausscheidung, während die Harnstoffausscheidung steigt. Z. B. im Falle No. 9 haben wir einen Tag 87 g Zucker mit 41 Harnstoff, ein anderesmal 22 g Zucker mit 51 Harnstoff, und in einer späteren Untersuchung ist der Harnstoff auf 62 g gestiegen und der Zucker verschwunden. Bezeichnend nach dieser Richtung ist der Fall No. 1, Patient hat quantitativ wie qualitativ nahezu gleiche Nahrung zu sich genommen; der erste Tag der längeren Untersuchungsreihe weist für Zucker und Harnstoff fast gleiche Ziffern nach, am letzten Untersuchungstage beträgt die Harnstoffaüsscheidung 52, die Zuckerausfuhr ist auf 13 g gesunken.

Wir finden ferner die grösste Zuckerausscheidung mit mässig grosser Harnstoffausfuhr, so im Falle No. 4, die grösste Zuckerausfuhr beträgt 416, die stärkste Harnstoffausfuhr während der Untersuchungsdauer ist 70 g, und diese trifft mit der kleinsten Zuckerziffer zusammen.

3. Die Harnstoffausfuhr hängt unzweifelhaft auch beim Diabetiker vorwaltend von der Stickstoffzufuhr ab. Je reicher die Einfuhr von stickstoffhaltiger Nahrung ist, desto mehr Harnstoff wird ausgeschieden. Unter den von mir beobachteten Fällen sind nur wenige (No. 21, 135), bei denen die Harnstoffausfuhr so reich ist, dass man vermuten könnte, er stamme nicht blos aus der stickstoffhaltigen Nahrung, und sei aus der Zersetzung der Eiweissele-

---

[*] Seegen, Physiol. chem. Unters. über den Einfluss des Carlsb. Wassers auf einige Factoren des Stoffwechsels. W. med. Wochenschr. 1860.

mente des Körpers hervorgegangen. Insbesondere gilt dies für
No. 31, einen armen Lehrer, der wenig stickstoffhaltige Nahrung
zuführte, und doch nachts 29 g Harnstoff ausschied. Aber mit
Bestimmtheit ist es nicht auszusprechen, da der Stickstoffgehalt
der eingeführten Nahrung nicht gekannt ist. Die früher angeführte
Versuchsreihe VIII. von Pettenkofer und Voit beweist, dass ein
schwerer Diabetiker selbst Stickstoff, resp. Fleisch ansetzen kann,
wenn ihm mit der stickstoffhaltigen Nahrung auch Fett zugeführt
wird. Das Fett tritt dann offenbar als Bildungsmaterial für Zucker
an Stelle der Albuminate ein.

4. Die Quantität der Zuckerausscheidung ist vorzüglich von
der Zufuhr der Kohlehydrate abhängig. In der leichten Form des
Diabetes sind die Kohlehydrate die ausschliessliche Quelle für die
Zuckerbildung. Wenn also bei dieser Form reichlich Fleischnahrung genossen, und nur wenig Kohlehydrate zugeführt werden,
wird die Harnstoffausscheidung bedeutend und die Zuckerausfuhr
gering sein. Bei der schweren Form des Diabetes bilden zwar
auch die Albuminate das Material für die Zuckerbildung, aber die
Einfuhr von Kohlehydraten steigert auch bei dieser Form die
Zuckerausfuhr beträchtlich, und selbst bei ausschliesslicher Fleischkost besteht kein bestimmtes Verhältnis zwischen Zucker- und
Harnstoffausfuhr.

In dem von Külz durch 8 Wochen bei gleicher Nahrung beobachteten Falle der schweren Form schwankte die durchschnittliche tägliche Harnstoffausscheidung zwischen 46 und 52 g, und
Külz findet, „es sei zwischen Harnstoff- und Zuckerausscheidung,
wie sich aus dem Verlauf der Curven und aus einer Vergleichung
der in den einzelnen Wochen ausgeschiedenen Harnstoff- und Zuckermengen ergibt, kein Verhältnis nachzuweisen. Auch bei Diabetes
ist die Harnausscheidung von der Stickstoffzufuhr in erster Linie
abhängig".

Bis jetzt liegt ein einziger interessanter Versuch vor, der direct
beweisen könnte, dass die vermehrte Harnstoffausscheidung das
Primäre beim Diabetes sei und mit der Zuckerausscheidung parallel gehe. Jeanneret*) hat bei einem Hunde, der im Stickstoff-

---

*) Jeanneret, L'urée dans le diabète artificiel. Inaug.-Diss. Bern 1872.

gleichgewichte war, durch Asphyxirung mit Kohlenoxydgas Diabetes erzeugt. Der Harn zeigte stets Vermehrung des Harnstoffes und des Zuckergehaltes. Der Versuch ist aber durchaus nicht beweisend, da das Agens, welches den Diabetes erzeugt, auch Zerstörung eiweisshaltiger Substanz, speciell der Blutkörperchen veranlasst haben kann. Die vermehrte Harnstoffausfuhr und die Zuckerausscheidung sind zwei neben einander auftretende Wirkungen der Asphyxirung mit Kohlenoxydgas.

Auf's Entschiedenste muss ich mich hier nochmals dagegen aussprechen, dass die vermehrte Harnstoffausfuhr beim Diabetes, als Symptom der Gewebslabilität aufzufassen sei, und dass diese Gewebsveränderung das eigentliche Wesen des Diabetes ausmache.

Neben Huppert, der in Deutschland der wichtigste Vertreter dieser Ansicht ist, hat auch der Franzose Lécorché*) diese Diabetestheorie aufgestellt. Die Desassimilation der Proteinstoffe, die sich in den enormen Ziffern des täglich ausgeschiedenen Harnstoffes manifestirt, bildet nach Lécorché das Wesen des Diabetes. Diese wird Ursache der Glykosurie, die nur ein secundäres Ereignis sei.

Die oben angeführten Beispiele beweisen, dass die enorme Harnstoffausscheidung durchaus nicht die Regel sei.

Wie würde sich ferner nach dieser Theorie die milde Form des Diabetes erklären, bei der der Zucker doch nur aus den eingeführten Kohlehydraten stammt, und mit deren Zufuhr gänzlich aufhört.

Ich kann selbst bei der in einzelnen Fällen der schweren Form statthabenden gesteigerten Stickstoffausfuhr dieselbe nicht als Zeichen der Labilität der Gewebe ansehen. Die Harnstoffausfuhr entspricht auch dann nur der gesteigerten Stickstoffzufuhr. Aber diese Stickstoffzufuhr, so wird eingewendet, ist durch den Hunger, und dieser durch den massigen Gewebsumsatz bedingt. Allerdings, aber diese massenhafte Umsetzung ist nicht durch Labilität bedingt, sie ist die Folge des anomalen Stoffumsatzes, die Folge der ungenügenden Ausnutzung des aus den Albuminaten gebildeten Zuckers.

---

*) Lécorché, Considerations sur le diabète sucré. Gaz. hebd. 1873.

Die Zuckerausscheidung, und darauf kommt es an, ist das primäre Symptom. Was immer die Ursache derselben sei, ist jetzt gleichgültig, aber sie allein bedingt alle weiteren Anomalien im Stoffumsatze. Wenn die Zuckerausscheidung nur auf Kosten des Nahrungszuckers stattfindet, hat sie ebenfalls Hunger zur Folge, und der Hunger der milden Form ist eben so charakteristisch wie der der schweren Form — aber dieser Hunger verschwindet, wenn die Kohlehydrate ausgeschlossen werden, wenn also Nahrungsmaterial zugeführt wird, welches vollständig verwertet wird. Die Stickstoffausscheidung ist auch in diesen Fällen weit bedeutender, weil die Nahrung bei entsprechender Diät vorwaltend eine stickstoffhaltige ist. Die schwere Form unterscheidet sich nur dadurch, dass auch der aus der Abspaltung der Albuminate hervorgehende Zucker unbenutzt ausgeschieden wird, die Ersatzzufuhr muss also eine grössere sein, wenn der Körper auch nur einigermaassen leistungsfähig bleiben soll, und damit kann unter Umständen eine massenhafte Stickstoffausfuhr stattfinden. Die vermehrte Harnstoffausscheidung ist ein Symptom des schon bestehenden Diabetes mellitus. Die Zuckerausscheidung bleibt das erste und maassgebende Symptom; und wenn erst eine reichliche Zufuhr von Fett in das Regime der Diabetiker aufgenommen wird, wird eine grosse Stickstoffausfuhr gewiss nicht beobachtet werden.

g) Oxalsäure habe ich bei leichteren Fällen von Diabetes oft in reichlicher Menge nachweisen können.

h) Ueber Kreatinausscheidung bei Diabetes habe ich keine Beobachtungen gemacht. Nach den Beobachtungen von Winogradoff, von Stopczansky und von Gaethgens ist die Ausscheidung bedeutend vermindert.

i) Phosphorsäure. Ich hatte in einzelnen Fällen von Diabetes eine sehr bedeutende Ausscheidung von Phosphorsäure gefunden. In einem dieser Fälle, No. 74, betrug die Phosphorsäureausscheidung, als ich den Kranken zuerst sah, 6,6 g in 24 Stunden, also mehr als das Doppelte der im Durchschnitte ausgeschiedenen Phosphorsäuremenge. Mit dieser Menge war eine Zuckerausscheidung von 658 g vorhanden, die Zuckerausscheidung sank allmälig auf 165 g, und auch die Phosphorsäureausscheidung nahm ab und sank

auf 1,3 g. Dieses eigentümliche Zusammentreffen zwischen Zuckerabnahme und Verringerung der anfangs abnorm vermehrten Phosphorsäureausscheidung konnte an eine Beziehung zwischen diesen
zwei Ausscheidungen glauben machen.

Als ich zuerst diese Beobachtung mitteilte*), erwähnte ich
bereits, es sei jede Schlussfolge unberechtigt, solange nicht durch
eine grössere Reihe von Untersuchungen das Verhältnis zwischen
Harnstoff- und Phosphorsäureausscheidung bei Diabetes festgestellt
sei. Die früher mitgeteilten Analysen beweisen nun, dass bei
Diabetes ebenso wie im gesunden Leben die Harnstoff- und die
Phosphorsäureausscheidung nahezu parallel gehen. Beide sind die
Resultate der Umsetzung von Albuminaten, und hängen also gleichmässig von der Nahrungszufuhr ab. Die Schwefelsäureausscheidung,
als das Ergebnis der Umsetzung der Albuminate, geht wie die
Phosphorsäure mit der Harnstoffausscheidung parallel. Die Chloride dagegen sind von der Umsetzung der Albuminate unabhängig,
sie sind aber auch in gar keinem Zusammenhange mit der Zuckerausscheidung, ihre Ausscheidung schwankte bei dem hochgradigen
Diabetiker No. 116 constant innerhalb 2 Jahre zwischen 11,8 bis
12,8 g, was ungefähr der Mittelausfuhr entspricht.

k) Eiweiss. Ich habe in mehrfacher Weise Albuminurie mit
Diabetes vergesellschaftet gesehen, und zwar: 1. können nicht
selten kleine Mengen Eiweiss bei älteren Leuten, die an der leichten Form des Diabetes leiden, nachgewiesen werden. Ausser der
Eiweissausscheidung sind keine weiteren Symptome von Nierenerkrankung vorhanden. Mehrmals sah ich diese geringen Eiweiss-
ausscheidungen, wenn der Harn sehr reich an Harnsäure war,
die in Form von Gries und Sand entleert wurde. Schmitz gibt
an, bei 824 von 1200 Fällen Eiweissmengen bis zu 0,4 pCt., sogar
0,9 pCt. gefunden zu haben ohne weitere Symptome einer Nierenerkrankung. Nach Stokvis**) ergibt sich Albuminurie als eine
sehr häufige Complication des Diabetes, in der schweren Form
in nicht unbedeutender Menge, in der leichten und leichtesten

---

*) Wiener med. Wochenschr.
**) Verhandlung des Congresses f. innere Medicin. V. Bd.

nur in Spuren den Zucker begleitend, und mit demselben verschwindend.

2. Wiederholt habe ich bei hochgradigen Diabetesfällen, die jahrelang bestanden hatten, Albuminurie auftreten gesehen, die auf eine schwere Erkrankung der Nieren (parenchymatöse Nephritis) deutete. Es traten Oedèm der Extremitäten, Ascites auf, und stets waren die charakteristischen Erkrankungen der Augen vorhanden. Am bezeichnendsten ist der folgende Fall: Herr T—sch, aus Frankfurt a. M., war erblich belastet, die Mutter war an Diabetes gestorben, zwei Schwestern hatten Diabetes, und eine andere hatte sich in einem Anfalle von Melancholie getötet. Patient selbst war ein sehr heiterer Lebemann, wohlgenährt, bei dem sich nach grösseren geschäftlichen Aufregungen die ersten Symptome von Diabetes zeigten. Bei Ausschluss von Amylaceen schwand der Zucker. Da aber Patient nie durch längere Zeit strenges Regime beobachtete, enthielt der Harn stets nahezu 1—2 pCt. Zucker, und zeitweilig stieg derselbe bis auf 5 pCt.; aber Patient fühlte sich immer im ganzen sehr wohl, konnte grosse geschäftliche Arbeit leisten, und nahezu 13 Jahre blieb der Zustand derselbe. Als ich den Patienten zufällig nach einem Zwischenraum von etwa 3 Jahren im Jahre 1892 wieder sah, hatte der früher wohlgenährte und gut gefärbte Mann von etwa 50 Jahren ein fast greisenhaftes Aussehen und tappte wie ein Blinder in mein Zimmer herein. Dr. Jaques Mayer, der den Patienten, nachdem ich Carlsbad verlassen hatte, behandelte, teilte mir mit, dass er schon vom Jahre 1885 ab Spuren Eiweiss im Harn nachgewiesen hatte ohne morphotische Elemente. Die schwere Nephritis war im Jahre 1890 aufgetreten, während gleichzeitig trotz reichlicher Einfuhr von Kohlehydraten der Zucker sich wesentlich verminderte, ohne gänzlich zu schwinden. An beiden Augen war Netzhautablösung constatirt.

Eine ähnliche hochgradige Albuminurie habe ich bei Fall 9 beobachtet. Er hatte mit dem früheren dies gemein, dass er auch hereditär belastet war; eine Schwester war an Diabetes gestorben; dass er nahezu 9 Jahre trotz beträchtlicher Zuckerausscheidung sich wohl befunden hatte, und dass erst dann hochgradige Albuminurie auftrat. In diesen Fällen waren aber mit dem Eiweiss auch grosse Mengen, 4 bis 8 pCt., Zucker vorhanden. In einem

dritten Falle, einen hochgradig nervösen Mann betreffend, war der
Diabetes durch 10 Jahre ein leichter geblieben, die Zuckerquantität von 5 pCt. sank nach wenigen Tagen strengen Regimes auf
Spuren. Allmälig ging die leichte Form in die schwere über, und
es waren trotz strengsten Regimes bei mässiger Harnausscheidung
noch ungefähr 1,5 pCt. Zucker nachweisbar. 1—2 Jahre später
fand ich nebst Zucker kleine Mengen Eiweiss. Diese stiegen allmälig, es traten alle Erscheinungen der parenchymatösen Nephritis
auf, unter welchen Patient zugrunde ging. Die Zuckerausscheidung soll nach Bericht des Arztes bis zum Tode vorhanden gewesen sein.

Zweifellos ist das Auftreten von chronischer Nephritis nicht so
selten, als ich es im Verhältnisse zu der Zahl der von mir behandelten Diabetiker zu beobachten Gelegenheit hatte, wie dies auch
durch die später anzuführenden Sectionsergebnisse bestätigt wird.
Gar manche Kranke, bei denen im späteren Verlaufe eine schwere
Nierenerkrankung mit Hydrops auftritt, kommen dann nicht mehr
nach Carlsbad.

Während nach meiner Erfahrung das Vorkommen geringer
Eiweissmengen ganz bedeutungslos für die Prognose ist, wie dies
auch Pavy und Stokvis beobachtet haben, führt die parenchymatöse Nephritis zum letalen Ausgange.

Das Auftreten von Eiweiss beim Diabetes ist gewiss theilweise
auf die Reizung der Nieren durch die fremden Harnbestandtheile,
theilweise auf die übermässig gesteigerte Nierenthätigkeit zu beziehen. Das Aceton möchte ich nicht für die Albuminurie
verantwortlich machen, da ich im Gegensatz zu Stokvis nicht
wenig Fälle von Diabetes beobachtet habe, bei welchen der Harn
reich an Aceton war und keine Spur Eiweiss enthielt.

l) Zu den anomalen Bestandteilen, die im diabetischen Harn
oft vorkommen, gehören auch Aceton, Acetessigsäure und
β-Oxybuttersäure. Das Vorkommen von Aceton im diabetischen Harn ist eine längst gekannte, von Petters 1857 zuerst
gefundene Thatsache, Acetessigsäure hat v. Jaksch zuerst nachgewiesen, und die β-Oxybuttersäure wurde von Stadelmann,
E. Külz, R. Külz und Minkowski erst in neuester Zeit im diabetischen Harn entdeckt und genauer studirt. Ich möchte nur

zwei Bemerkungen aus meiner Erfahrung hier anknüpfen. Das Vorkommen von Aceton habe ich und auf meine Veranlassung J. Lang mittelst der Legal'schen Probe häufig in diabetischem Harn nachgewiesen, und zwar ebensowol bei Diabetes der leichten wie der schweren Form. Das Vorkommen scheint gar keine prognostische Bedeutung zu haben, was schon daraus hervorgeht, dass der eigentümliche obstartige Geruch, durch welchen man so häufig einen Diabetiker ohne weitere Untersuchung erkennt, und der wahrscheinlich auf Aceton zurückzuführen ist, bei Diabetikern aller Grade vorkommt. Die Gerhardt'sche Probe, die Rotfärbung des Harns mit Eisenchlorid, habe ich nur bei Diabetikern der schweren Form und speciell bei jugendlichen Kranken wiederholt gefunden. Ueber β-Oxybuttersäure habe ich nie selbständige Untersuchungen ausgeführt. Bekanntlich wird dieselbe auf Eiweisszerfall und speciell auch auf ausschliessliche Eiweissdiät zurückgeführt, und diese ist dadurch etwas in Verruf gekommen. Ich möchte nur bemerken, dass ich eine grosse Zahl von Diabetikern beobachtet habe, die mit eiserner Consequenz durch Monate und Jahre nahezu ausschliesslich Eiweissnahrung genossen haben, ohne dass bei denselben irgend nachteilige oder besorgniserregende Symptome aufgetreten sind. Cantani, dessen Kurmethode bekanntlich in Verordnung ausschliesslicher Fleischnahrung besteht, teilt eine sehr grosse Zahl von Fällen mit, die er in dieser Weise durch Monate behandelt hat, und auch da findet sich nirgends ein nachteiliger Einfluss dieser Diät erwähnt.

2. Symptome im Digestionstracte.

a) Durst gehört zu den am meisten charakteristischen und am frühesten eintretenden Symptomen des Diabetes. Diabetiker nehmen oft kolossale Mengen Getränke zu sich und fühlen doch nicht die Befriedigung, dass der Durst gelöscht sei. Der Durst steigt und fällt mit der Zuckerausscheidung, ich habe mich wiederholt davon überzeugt bei veränderter Nahrungszufuhr. Wenn einem Diabetiker, der nur den auf Kosten von zugeführten Amylaceen gebildeten Zucker ausscheidet, die Amylacea entzogen werden, hört in der kürzesten Zeit der Durst auf, umgekehrt rächt sich jede

diätetische Sünde dadurch, dass sich sogleich wieder vermehrter
Durst einstellt. Viele Diabetiker werden weniger von Durst als
von Dürre im Munde gequält. Dieses Symptom gehört zu den
quälendsten des Diabetes, auch schon darum, weil es dem Kranken den Schlaf raubt. Es mag dies mit einer veränderten Beschaffenheit des Speicheldrüsensecrets zusammenhängen. Die Zunge
klebt ihnen förmlich am Gaumen, und man erkennt bei solchen
Individuen die Krankheit durch die eigentümlich schnalzende Bewegung, die sie häufig machen, wenn sich die Zunge vom Gaumen
loslöst.

b) Hunger. Ein nicht seltenes Symptom ist Heisshunger.
Die Patienten sind unersättlich und klagen, dass trotz der reich-
sten Nahrungsaufnahme kein Gefühl von Befriedigung eintritt;
viele bezeichnen es dahin, es sei ihnen, als hätten sie ein Loch
im Magen. Dieser unnatürliche Hunger tritt aber nur bei hochgradigem Diabetes auf, oder in solange als bei Diabetes leichteren
Grades vorwaltend Amylacea genossen werden; sowie man bei der
leichten Form des Diabetes die Amylacea ausschliesst und Fleischnahrung gibt, mildert sich das Hungergefühl; die Kranken kommen
wieder nach einer reichlichen Malzeit zum Gefühle der Sättigung.
Der Hunger, diese auch sonst noch ziemlich rätselhafte Empfindung, ist der Ausdruck für das Nahrungsbedürfnis; wir sehen ihn
auch bei gesunden Individuen in dem Maasse häufiger und heftiger
auftreten, als das Bedürfnis nach Ersatzmaterial für das in der
Arbeit des Lebens Verbrauchte ein grösseres wird. Bei dem Diabetes ist der Stoffumsatz anomal, der grösste Teil des aufgenommenen Nahrungsmaterials geht für die Zwecke des Lebens verloren; daher das stete Verlangen nach neuer Zufuhr. Der Körper
befindet sich trotz reicher Nahrungsaufnahme im Zustande der
Inanition, und dieses Gefühl wird nur dann besser, wenn die
Zuckerausscheidung abnimmt, oder wenn, wie dies bei der milden
Form der Fall ist, Nahrungsmaterial ausgeschlossen wird, welches
als Nahrungszucker ausgeschieden wird.

c) Die Verdauungskraft der Diabetiker ist fast immer eine
sehr gute, und ich beobachtete wiederholt, dass Individuen, die
früher an Verdauungsstörungen gelitten und sehr ängstlich in der
Wahl ihrer Nahrung sein mussten, von der Zeit ab, da sie diabe-

tisch geworden waren, erstaunliche Nahrungsmengen ohne Schwierigkeit bewältigen konnten.

Vereinzelt treten schlechte Verdauung, Appetitlosigkeit, Zeichen eines Magenkatarrhs mit Diabetes auf. Bei ausschliesslicher
Fleischkost ohne Zuthat von Gemüsen, insbesondere bei lange fortgesetztem Genusse von rohem Fleische oder halb gebratenen Beefsteaks sah ich mehreremale Magenkatarrh auftreten.

d) Die Stuhlentleerung ist häufig retardirt. Ich beobachtete dies vorzüglich bei Diabetikern, die entsprechende Diät beobachten, die vorwaltend Fleischkost geniessen. Es tritt dann oft
nur alle 3—4 Tage Stuhlentleerung auf, und auch diese ist keine
ausgiebige. Es ist dies einfach das Resultat der Fleischnahrung,
welche weniger Fäcalstoffe hinterlässt. Fleischfressende Thiere
entleeren ebenfalls nur selten und wenig Fäcalmassen. Bei einem
Hunde, welchen ich ausschliesslich mit Fleisch fütterte, trat oft
nur nach 8—10 Tagen eine Defäcation ein, und das Thier befand
sich vollkommen wohl. Eine solche Stuhlverstopfung ist durchaus
kein pathologisches Symptom, und es wäre unrecht, demselben
durch Abführmittel abhelfen zu wollen. Nicht selten beobachtete
ich das plötzliche Auftreten von Diarrhöe. Ich halte es stets
für ein nicht günstiges Symptom, weil die Individuen schon nach
der kürzesten Zeit dabei sehr herunter kommen, und glaube, dass
es dringend geboten ist, der Diarrhöe rasch durch energische Mittel,
zumal durch Opium, welches von Diabetikern sehr gut vertragen
wird, Einhalt zu thun.

e) Auffallende Veränderungen zeigt in vielen Fällen die Zunge
des Diabetikers. Bei genauer Beobachtung findet man selten
die Zunge eines an Diabetes Leidenden ganz normal, und
ich habe schon wiederholt, durch die Veränderungen in der Zunge
aufmerksam gemacht, den Harn untersucht und denselben zuckerhaltig gefunden. Die Veränderungen, die ich beobachtet habe,
sind folgende: α) die Zunge ist fast immer im Dickendurchmesser
vergrössert, breiter und massiger, die Zungenränder zeigen eine
feine, gleichmässige Kerbung, erscheinen wie gewellt; β) bei weiter
vorgeschrittener Veränderung zeigt die obere Fläche der Zunge
eine eigentümliche Zeichnung, etwa wie die der Krokodillhaut; es

ist diese Zeichnung entstanden durch ein Netzwerk sich vielfach verschlingender, feiner Risse, die noch ganz oberflächlich sind.

γ) Diese Risse gehen tiefer, oft ¹/₂ Linie tief, sie durchsetzen die Zunge nach allen Richtungen; häufig geht ein tiefer Riss in der Medianlinie der Zunge, und viele andere kleinere sind seitliche und Querrisse. Die Risse sind durchaus nicht blutig oder exulcerirt, aber doch oft gegen scharfe und saure Speisen empfindlich. Eine Parallele für das Aussehen, und vielleicht auch für das Entstehen einer solchen rissigen Zunge finden wir in einer austrocknenden Thonmasse, die beim Zusammenziehen rissig wird.

δ) Einzelne Papillen oder Papillengruppen werden bedeutend vergrössert und treten inselförmig als rote Punkte hervor; ich sah einzelne Papillen, welche die Grösse eines mässigen Stecknadelkopfes hatten. In einem Falle sah ich die Papillen längs des Zungenrandes bedeutend vergrössert, der ganze Rand war ungleich, aus Excrescenzen und Einbuchtungen bestehend, die einzelnen, vergrösserten Papillen sahen wie aufsitzende Condylome aus.

ε) Während die normale Zunge stets für das Auge, wie für den fühlenden Finger einen nicht ganz gleichmässigen Eindruck macht, sich vielmehr wie dicht aneinander gereihte Pinsel ansieht und anfühlt (Papillae filiformes), bemerkt man beim Diabetiker ganze Zungenpartien, denen diese pinselförmige Structur zu fehlen scheint. Die Partien sind glatt, glänzend, blaurötlich, und während die normale Zunge oft einen mehr oder weniger starken Beleg zeigt, sind diese Partien davon ganz frei. Dieser Process, der zuweilen eine kleine, 1 □cm. grosse Stelle trifft, breitet sich oft aus und nimmt eine Zungenhälfte ein. Diese Stellen riechen oft eigentümlich, ungefähr wie rohes Fleisch. In dieser Portion trifft man wieder einzelne weisse, dichte, mattglänzende Stellen an. Die histologische Bedeutung dieser ganzen Veränderung ist mir noch nicht klar. Für den ersten Eindruck ist es, als ob diese Portionen von Epithel entblösst wären, aber die erwähnten weissen Stellen deuten eher auf eine Epithelialwucherung.

In einzelnen Fällen treten auch Exulcerationen auf, die linsen- bis erbsengross und sehr schmerzhaft sind.

Die (sub ε) beschriebenen Veränderungen erinnern an die unter dem Namen Psoriasis linguae und Keratosis beschriebenen syphilitischen Zungenaffectionen. Doch sind sie diesen erstens nicht ganz analòg, und zweitens habe ich sie wiederholt bei Individuen beobachtet, wo mit Bestimmtheit syphilitischer Ursprung ausgeschlossen werden konnte.

f) Die Zähne der Diabetiker werden häufig locker. Dies hängt in vielen Fällen mit Schwund und Lockerung des Zahnfleisches zusammen, und es kommt vor, dass Diabetiker einen Zahn nach dem andern verlieren, ohne dass Schmerz vorausgegangen ist, oder dass sie die Zähne ohne die geringste Kraftanwendung ausziehen können, und dass die herausgenommenen Zähne nicht oder wenig schadhaft sind. Ich sah in solchen Fällen adstringirende Mundwässer eine günstige Wirkung üben. Nicht selten erkranken die Zähne der Diabetiker und werden cariös.

g) Eine Erkrankung der Leber ist, soweit dies durch Percussion möglich ist, zuweilen nachzuweisen. In einzelnen Fällen ragt der Leberrand 2—8 cm unter dem Rippenrande hervor, im Falle No. 32 überagte er eine Handbreit den Rippenrand. Die vergrösserte Leber ist immer glatt, wenig empfindlich; es kann diese Vergrösserung auf Hyperämie oder Fettinfiltration bezogen werden. Ob ein Zusammenhang zwischen dieser Erkrankung und dem Diabetes vorhanden ist, kann schon darum nicht mit Bestimmtheit nachgewiesen werden, da diese Lebererkrankungen häufig sind, ohne dass sie von Zuckerausscheidung begleitet sind. Ein Zusammenvorkommen gibt nicht das Recht, an einen causalen Zusammenhang zu denken.

h) Viele Diabetiker verbreiten einen eigentümlichen Geruch. Der Geruch wird auffallender, wenn man sich ihrem Munde nähert und die exspirirte Luft auffängt. Der Geruch ist schwer definirbar, ich habe die Geruchsempfindung wie von in Zersetzung begriffenem süssen Obste, etwa wie von faulen Aepfeln oder Trauben. Le Nobel hat Aceton in der Exspirationsluft von Diabetikern nachgewiesen.

3. Symptome in der äusseren Erscheinung.

a) Viele Diabetiker, insbesondere die an der leichten Form Leidenden, sehen noch sehr wohl genährt aus; viele sind selbst auffallend fettleibig. Kranke dagegen, die an der schweren Form des Diabetes leiden, sind meist in hohem Grade abgemagert, und es gibt kaum eine andere Krankheit, bei welcher man eine so beträchtliche Abmagerung, ein so gänzliches Verschwinden des Fettgewebes zu beobachten Gelegenheit hat. Selbst bei noch sehr fettleibigen Kranken zeigen die Hautfalten, die man zumal am Unterleibe beobachten kann, dass der Fettschwund bereits begonnen hat.

b) Die Kranken sehen meist viel älter aus, als ihren Jahren entspricht, und ich habe wiederholt männliche wie weibliche Kranke im Alter zwischen 40—50 Jahren gesehen, die ein vollständig greisenhaftes Aussehen hatten.

c) Der Gesichtsausdruck ist häufig, zumal bei schwereren Fällen, eigentümlich, es liegt etwas Nervöses, Aengstliches, Bekümmertes in den Zügen, wie man es bei anderen, schweren selbst mit grossen Schmerzen einhergehenden Krankheiten nicht zu beobachten Gelegenheit hat.

d) Die Hautfarbe ist bei leichteren Fällen normal oder etwas bleich, bei schwereren Fällen ist die Gesichtsfarbe bläulich-rot, zumal in der Wangen- und Jochbeingegend. Wer Farbe und Gesichtsausdruck einmal beobachtet hat, wird sie immer wieder erkennen.

4. Symptome im Hautorgane.

a) Die Haut ist nur in schweren Fällen trocken und schuppig; sehr häufig ist sie normal, und es ist gar nichts Seltenes, dass Diabetiker auch transpiriren. Ich habe Fälle beobachtet, in welchen über übermässige Schweisssecretion geklagt wurde.

b) Einzelne Diabetiker klagen über Hautjucken, ohne dass ein nachweisbarer Grund für dasselbe zu entdecken ist; es scheint die Ursache in einer Reizung der Hautnerven zu liegen. Pruritus vulvae ohne nachweisbare Erkrankung der Haut ist nicht selten und gehört zu den peinlichsten Erscheinungen. Das Jucken zwingt die Kranken, die Haut häufig zu kratzen, und da zeigt sich, wie gross die Vulnerabilität der Haut der Diabetiker ist. Die Kratzeffecte bewirken förmliche Substanzverluste. Statt dass wie beim Gesunden die Kratzeffecte nur die oberflächlichsten Hautschichten treffen, und nach Heilung kaum noch eine Spur zurückbleibt, sehen wir bei Diabetikern infolge des Kratzens leicht Eiterungen des Unterhautzellgewebes auftreten. Bei der Heilung bleibt ein mehr oder weniger tiefer, rotbraungefärbter Fleck zurück. Einen interessanten Beleg für die Thatsache bildet der Fall No. 119. Er betrifft einen wohlgenährten, noch 92 kg wiegenden Patienten, welcher zu Prof. Hebra kam, um denselben wegen seines continuirlichen Hautjuckens zu consultiren. Bei der Untersuchung zeigten sich an den Oberarmen und am Nacken zahlreiche Kratzeffecte, teils blutig gefärbte Borken, teils mit bedeutendem Substanzverlust geheilte Stellen. Hebra veranlasste eine Harnanalyse, der Harn enthielt 4 pCt. Zucker.

Besondere Beachtung verdient die grosse Disposition der Diabetiker zu Furunculose und zur Carbunkelbildung. Die Furunculose erscheint meist im Beginne des Diabetes. Die Diabetiker erzählen uns gewöhnlich, dass sie einige Jahre an Furunkeln gelitten haben, dass sich bald darnach Abmagerung, Schwächegefühl etc. eingestellt habe. Wenn man genau zu controliren im stande ist, findet man, dass auch andere auf Diabetes hinweisende Symptome mit der Furunculose zugleich vorhanden waren, dass also die Furunculose schon als Symptom des Diabetes auftrat. Ich hatte zweimal Gelegenheit, den Harn von Individuen zu untersuchen, die an Furunculose litten, und fand in beiden Fällen kleine Mengen Zucker, bei beiden war mit Ausnahme eines häufigen Bedürfnisses, Harn zu lassen, kein Symptom von Diabetes vorhanden, und in beiden Fällen konnte ich die allmälige Entwicklung eines ausgeprägten Diabetes beobachten. Die meisten mit Furunculose einhergehenden Fälle wurden von mir bei Fettleibigen beobachtet, es wird in diesen Fällen die Abmagerung, die anfangs überdies sehr erwünscht ist, auf Rechnung der Furunculose gesetzt. Im weiteren Verlaufe eines vorgeschrittenen Diabetes habe ich nie

Furunkelbildung beobachtet; es ist dieselbe stets eines der ersten
Symptome.

Unzweifelhaft mag Furunculose auch durch andere Blutver-
änderungen veranlasst werden, aber da die Erfahrung lehrt, dass
dieselbe nicht selten eines der ersten Symptome des Diabetes sei,
wäre es wünschenswert, bei jedem Falle von Furunculose den
Harn auf Zucker zu untersuchen, es wird dann oft gelingen, die
Krankheit bei ihrem ersten Auftreten zu erkennen und entsprechend
zu behandeln. Carbunkelbildung ist auch nicht selten Zeichen
eines beginnenden Diabetes, und es wäre gleichfalls sehr wichtig,
bei jedem solchen Krankheitsfalle eine Urinanalyse zu veranlassen.
Interessant ist der Fall No. 103. Der Patient bekam einen mäch-
tigen Carbunkel im Nacken, nachdem die ersten Symptome des
Diabetes schon entwickelt waren, und der Bruder des Patienten,
der an Diabetes gestorben ist, hatte gleichfalls im Beginne der
Krankheit einen Carbunkel. Doch treten Carbunkel auch bei schon
länger bestehendem hochgradigen Diabetes auf und machen dann
die Operation zu einer gefahrvollen.

Bei Frauen bilden sich zuweilen eine ganze Reihe kleiner
Furunkel an den Schamlippen. Noch häufiger treten an den
männlichen und weiblichen Genitalien Eczeme auf, die die Kranken sehr peinigen. Zumal ist dieses Symptom bei Frauen sehr
häufig, und offenbar ist der zuckerhaltige Urin die Veranlassung.
Die Franzosen nennen diesen Hautausschlag, der sich in nichts
von dem gewöhnlichen Eczem unterscheidet, Eczème glycosurique.

Der hohe Grad von Labilität der Gewebe spricht sich auch
durch die grosse Neigung zu gangraenösem Zerfall aus. Ich habe
diese Neigung einmal zu beobachten Gelegenheit gehabt bei einer
infolge von Masern aufgetretenen Lungeninfiltration. Die Infiltration war sehr mässig, die Fiebererscheinungen hatten ganz nachgelassen, Patient befand sich anscheinend in Reconvalescenz, als
er plötzlich an Pneumothorax starb, und die Section einen bran-
digen Zerfall des infiltrirten Lungengewebes und Perforation in die
Pleurahöhlen nachwies.

Maréchal de Calvi hat eine grosse Reihe von Fällen gesammelt, in welchen infolge von Diabetes Gangraen in den verschiedensten Organen aufgetreten war. Am häufigsten beobachtete

ich Gangraen an den Fusszehen, auch bei Individuen, die noch
kein hohes Alter erreicht hatten. Druckstellen von eng anliegenden Kleidern, insbesondere von Schuhen, werden nicht selten gangraenös, und es ist darum unerlässlich, dem kleinsten Decubitus,
der sich bei einem Diabetiker zeigt, alle Aufmerksamkeit zu
schenken. Ich hatte einmal Gelegenheit, einen Fall zu beobachten, wo eine nicht berücksichtigte Druckstelle an der grossen Zehe
schon nach wenigen Tagen eine solche Gangraen zur Folge hatte,
dass der Fuss abgenommen werden musste.

Traumatische Verletzungen heilen bei Diabetikern sehr schwer
und werden auch nicht selten gangraenös. Das schwere Heilen
eines oft durch Trauma hervorgebrachten nicht grossen Hautdefectes
ist für den behandelnden Arzt stets eine Mahnung, den Harn auf
Zucker zu untersuchen. Nicht selten wird dadurch Diabetes entdeckt, und erst durch eingeleitetes strenges Regime gelangt eine
Wunde zur Heilung, oder wird einer beginnenden Gangraen nach
Abstossung der gangraenösen Partie Einhalt gethan.

Von Hautkrankheiten habe ich wiederholt ausgedehntes Eczem,
mehreremale Herpes zoster und zweimal pemphigusartige Blasen
beobachtet.

Kaposi*) hat bestimmte Hauterkrankungen gesehen, die er
auf Diabetes zurückführt. Hieher gehört ein Fall, den er als
Gangraena bullosa serpiginosa bezeichnet, ferner wird Urticaria
chronica papulosa zu den diabetischen Dermatosen gezält, und ein
Fall von Papillomatosis an der Oberextremität auf diabetischen
Ursprung zurück geführt.

Rosenblatt fand bei Diabetikern Hautnecrosen an den unteren Extremitäten, insbesondere an den Fussgelenken, die aus
kleinen Haemorrhagien hervorgingen.

5. Lungenaffectionen.

Man hatte früher angenommen, die Lungentuberculose sei die
stete Begleiterin des Endstadiums des Diabetes. Das Zusammen-

*) Wiener med. Wochenschrift No. 1—4. 1884.

vorkommen von Diabetes und Tuberculose war so häufig, dass
einige Autoren sogar die Lungentuberculose als das Primäre ansahen, mindestens aber meinte man, die Lungentuberculose sei in
den meisten Fällen die Todesursache bei Diabetes. Nach meiner
Beobachtung ist Lungentuberculose lange nicht so häufig eine Begleiterin des Diabetes, als früher angenommen wurde. Ich sah
Tuberculose vorzüglich bei jenen Diabetikern auftreten,
bei welchen das Leiden lange nicht erkannt wurde, und
die darum eine sehr unzweckmässige Diät beobachteten,
oder auch bei Kranken, die durch Armut ausser Stande
sind, entsprechende Nahrung einzunehmen. Durand-
Fardel, der in Vichy Gelegenheit hatte, zahlreiche Diabetiker
zu behandeln, constatirt ebenfalls, dass Tuberculose mit Diabetes
nicht sehr häufig vorkomme.

Ich stimme nach meinen Erfahrungen mit Bertail*) überein,
dass der Grund der diabetischen Phthisis nicht in einer specifischen Wirkung der Glykosurie auf die Athmungsorgane zu suchen
sei, sondern in dem trostlosen Ernährungszustande, in welchem
sich der Gesammtorganismus bei hochgradigem und speciell bei
unzweckmässig behandeltem Diabetes befindet. Dieselbe von uns
nicht gekannte Ursache, welche Individuen der ärmeren Klasse,
die bei anstrengender Arbeit kümmerlich leben, zur Erkrankung
an Tuberculose disponirt, ruft dieselbe auch bei den früher bezeichneten Diabetikern hervor.

Vor nicht langer Zeit wurde Diabetes erst in seinen späteren
Stadien erkannt und so kam es, dass fast nur sehr schwere und
vernachlässigte Fälle zur Beobachtung kamen, und bei diesen bildete Lungentuberculose ein nicht ungewöhnliches Schlusssymptom.
Jetzt, wo das richtige Erkennen des Diabetes in weite ärztliche
Kreise gedrungen ist, wo man nach Diabetes geradezu fahndet,
das Leiden häufig bei seinem Auftreten erfasst und die entsprechende diätetische Behandlung einleitet, bildet sich Lungentuberculose weit seltener aus, und die Kranken gehen viel häufiger
an den die Krankheit wahrscheinlich veranlassenden Störungen der

---

*) Bertail, Etude sur la phtisie diabetique. Paris 1872.

Nervencentralorgane oder an chronischer Nephritis als an Lungentuberculose zu Grunde.

Riegel und Fink haben beobachtet, dass zwei Arten von
Lungenerkrankungen bei Diabetes vorkommen: Tuberculose und
fibröse Pneumonien mit Indurationen (ohne Bacillen). Nach
Leyden**) ist die latente Entwickelung der Phthise unter geringen
Allgemeinerscheinungen besonders bemerkenswert. Haemoptoe ist
selten, womit auch meine Erfahrungen übereinstimmen.

6. Störungen des Sehvermögens.

Nicht selten treten bei Diabetikern Störungen des Sehvermögens auf. Man kann annehmen, dass bei nahezu $^2/_3$ aller Diabetiker im Beginne oder im vorgerückten Stadium der Erkrankung
Abnahme der Sehkraft und zuweilen auch gänzliches Erblinden
auftritt. Die Ursache dieser Sehstörungen sind mehrfacher Art.

a) Linsentrübungen. Ich habe dieselben bei Diabetikern
jedes Alters beobachtet. Eines der jüngsten Individuen, bei welchen ich Diabetes zu sehen Gelegenheit hatte, ein Mädchen von
12 Jahren (No. 23), hatte eine Cataracta des linken Auges. Bei
einigen Kranken wurden beide Linsen getrübt. Linsentrübung tritt
nicht immer im vorgeschrittenen Stadium als Zeichen des Marasmus auf, wie Lecorché*) angibt. Ich sah eine Trübung beider
Augen bei einer Kranken (No. 59), die noch sehr wohlgenährt,
sehr fettleibig war. Immer aber war in den Fällen, bei welchen
Linsenstaar vorhanden war, eine reiche Zuckerausscheidung
vorhanden. Nie sah ich Cataracte in jenen Fällen, wo nur kleine
Zuckermengen ausgeschieden werden, während ich wiederholt auch
bei solchen Kranken Störungen des Sehvermögens beobachtete,
die nicht durch Linsentrübung verursacht waren. Ueber die Ursache der Linsentrübung vermag ich nichts Bestimmtes zu sagen.
Der Annahme, sie sei durch Wassermangel entstanden, analog der
von Kunde bei Fröschen durch Wasserentziehung erzeugten Cata-

---

*) Lecorché, L'amblyopie diabétique. Gaz. hebdom. 1861.
**) Zeitschr. f. klin. Medicin. IV. Bd. Hft. 1 u. 2.

racte, widerspricht die Erfahrung, speciell der oben citirte Fall No. 59. Die Kranke war nicht emaciirt, es bestand keine Polyurie, die Kranke hatte keinen Durst, also es war gar kein Symptom von Wasserarmut vorhanden. Mitchell*) hat einem Frosche 4 g Syrup unter die Haut eingespritzt, nach 24 Stunden waren die Linsen trübe. Die Trübung verschwand, wenn das Thier 10 Stunden im Wasser gelegen hatte. Mitchell liess Linsen aus Froschaugen in einer Zuckerlösung liegen, die Linsen wurden trübe, und die Trübung verschwand, wenn die Linsen längere Zeit im Wasser lagen. Nach diesen Experimenten wäre also die Anwesenheit des Zuckers in den Geweben der Diabetischen die Ursache der Cataractbildung, und damit würde die Erfahrung wol stimmen, dass dieselbe nur da beobachtet wird, wo eine copiöse Zuckerausscheidung vorhanden ist.

Interessant ist es, dass in zwei Fällen bei Besserung der diabetischen Symptome Rückgang der Linsentrübung beobachtet wurde, und dass mit dem Wiederauftreten des Zuckers und der anderen diabetischen Symptome auch die Linsentrübung sich wieder entwickelte.

Der eine Fall (No. 40) war ein Diabetes hohen Grades. Bei seiner Ankunft in Carlsbad fand ich die Linsen beider Augen deutlich getrübt. Patient gibt an, die Gegenstände in den letzten Wochen wie durch einen Nebel gesehen zu haben. Während des Kurgebrauches sank der Zuckergehalt auf die Hälfte, die Kräfte nahmen zu, alle Symptome besserten sich, und nach 8—10 Tagen wurde das Sehen besser. Der Nebel, über welchen Patient klagte, zerstreute sich, und die Untersuchung weist nach, dass die Trübung der Linsen allmälig schwindet. Bei seiner Abreise sah er ganz klar, und nur am rechten Auge war eine schwache Trübung der Linse wahrnehmbar. Zu Hause traten bald wieder Störungen des Sehvermögens auf, Patient erblindete nach einem Jahre in Folge von Linsentrübung vollständig.

Ein 2. Fall betrifft eine Patientin aus Jena (No. 113). Die Erscheinungen des Diabetes traten zuerst im Herbst 1867 auf und

*) Mitchell, On the production of Cataract etc. American Journal of medical science. 1860.

stiegen rasch auf eine sehr bedeutende Höhe, so dass die früher corpulente Patientin zum Skelett abmagerte. Um Weihnachten begann die Sehkraft abzunehmen. Patientin sah die Gegenstände wie durch einen Nebel, später wurde die Abnahme der Sehkraft so bedeutend, dass Patientin nicht mehr lesen konnte. Prof. Gerhardt, welcher den Diabetes zuerst erkannte, fand eine beträchtliche Linsentrübung an beiden Augen. Nachdem Patientin durch einige Zeit strenge Fleischkost gegessen hatte, besserten sich alle Symptome, und Gerhardt constatirte, dass die Linsentrübung zurück ging. Als ich Patientin sah, war die Trübung sehr gering. Patientin konnte Zeitungsschrift ganz geläufig lesen.

b) Es treten ferner bei Diabetes sehr häufig Sehstörungen auf, ohne dass irgend eine Trübung in den Augenmedien nachgewiesen werden kann, ohne dass mit dem Augenspiegel eine wahrnehmbare Veränderung im Augenhintergrunde zu erkennen ist. Diese auf keinen wahrnehmbaren, materiellen Veränderungen beruhenden Sehstörungen veranlassen die consultirten Augenärzte, eine Harnanalyse anzuordnen, und in dieser Weise wurde schon wiederholt Diabetes erkannt. Ich führe als Beleg den Fall No. 114 an. Der früher fettleibige Patient wendete sich wegen abnehmender Sehkraft an Cohn in Breslau. Dieser fand bei der vorgenommenen Leseprobe als Sehschärfe rechts $\frac{1}{3}$, links $\frac{5}{6}$, die brechenden Medien waren klar, im Augenhintergrunde nichts Abnormes, höchstens schienen die Venen in der Papilla optica dextra ein wenig stärker gefüllt als links. Farbe der Sehnerven und der Netzhaut normal. Die Harnuntersuchung wurde veranlasst, und es fanden sich grosse Mengen Zucker. Als ich den Patienten zuerst sah, ergab die erste von mir vorgenommene Harnuntersuchung eine Ausscheidung von 231 g Zucker in 24 Stunden, diese sank während des Kurverlaufes auf 24 g. Die Sehkraft besserte sich, und bei der Rückkehr des Patienten wurde die Sehschärfe wesentlich gebessert gefunden. (Näheres im Anhange.)

Bei einem Patienten, Lehrer O—r, einem hochgradigen Diabetes leichter Form, beobachtete ich während kurzer Zeit, dass derselbe nur die linke Seite der Gegenstände zu sehen im Stande war. Bei Besserung des Diabetes schwand diese Erscheinung. Ersteren Fall hat Cohn später ausführlich beschrieben*) und noch eine Reihe von Fällen, bei welchen Amblyopia diabetica beobachtet wurde, hinzugefügt. Von Leber, welcher die Augenerkrankungen beim Diabetes in einer bedeutenden Arbeit**) zusammengefasst hat, wurden gleichfalls mehrere von ihm beobachtete Fälle von Amblyopia diabetica mitgetheilt. Die Functionsstörung bei diesen Amblyopien ist analog derjenigen, welche bei den Intoxications-amblyopien (namentlich durch Tabak oder Alcohol) beobachtet wird: bei normalen Aussengrenzen des Gesichtsfeldes ein centrales Scotom, wodurch die centrale Sehschärfe stark herabgesetzt wird. Das Charakteristische für die Amblyopia diabetica ist es, dass dieselbe sich bessert und ganz verschwindet, sowie durch zweck-mässige Diät die Zuckerausscheidung herabgesetzt oder zum Ver-schwinden gebracht wird.

Nicht selten ist die bei Diabetikern beobachtete Amblyopie nur auf übermässiges Rauchen zurückzuführen. Mauthner u. a. hervorragende Augenärzte haben Fälle beobachtet, bei welchen das antidiabetische Regime wirkungslos war, dagegen entschiedene Besserung des Sehvermögens eintrat, wenn Patient dem Tabak-rauchen entsagte. Bei den Intoxicationsamblyopien wurde eine chronische Neuritis des orbitalen Theils des Sehnerven anatomisch nachgewiesen, und die Ophthalmologen halten es für wahrschein-lich, dass auch der diabetischen Amblyopie eine solche retrobul-bäre Neuritis zu Grunde liegt.

Die Amblyopia diabetica ist aber nicht immer die Folge des diabetischen Processes, sie wird zuweilen durch das intracranielle Leiden, welches dem Diabetes zu Grunde liegt, mit veranlasst. Ich möchte einen hierher gehörigen Fall erwähnen: Herr V. litt an hochgradigen Kopfschmerzen, Schwindel, Unsicherheit des Ganges; nach Auftreten der übrigen diabetischen Erscheinungen stellte sich eine Trübung des Gesichtsfeldes ein. Zehender fand keine Trübungen in den durchsichtigen Medien, keine auf Glaucom deutenden Veränderungen, die Papillen in beiden Augen blass. Hier dürfte das wahrscheinlich bestandene centrale Leiden die Sehstörung veranlasst haben.

---

*) Archiv für Augen- und Ohrenheilkunde. VII.
**) Gräfe's Archiv für Ophthalmologie. XXI.

In einzelnen Fällen ist nach Gräfe*) u. A. die Störung des
Sehvermögens auf Schwäche der Augenmuskeln zu beziehen. Infolge
dieser Schwäche ist das Accommodationsvermögen gestört, und
die Patienten können darum nicht mehr so gut oder so anhaltend
lesen. In Fällen dieser Art ist eine entsprechende Brille genügend,
um die Sehkraft wiederherzustellen. Ich habe wiederholt solche Fälle
beobachtet, bei welchen die Sehkraft für die Ferne unverändert
ist, aber für die Nähe sehr abgenommen hat. Ein Fall ist nach
dieser Richtung speciell interessant. Eine junge zarte amerika-
nische Dame, begann nach einer lange Jahre dauernden übergrossen geistigen Anstrengung, an continuirlichen Schmerzen im
Hinterhaupte zu leiden. Bald gesellten sich auch Sehstörungen
hinzu. Die Augen ermüdeten, wenn sie nur 5 Minuten las, wenn
sie das Lesen forciren wollte, begannen die Augen zu thränen und
heftig zu schmerzen. Prof. Arlt, welcher die Augen untersuchte,
konnte gar keine Anomalie finden, nur waren die Augen hyper-
presbyopisch und war eine bedeutende Accommodation für's Nahe-
sehen erforderlich. Da Patientin auch sonst über rasches Ermüden
klagte, untersuchte ich den Harn und fand 0,3 pCt. Zucker.

Dieser Fall beweist zugleich, dass Parese des Accommoda-
tionsvermögens nicht blos mit hochgradigem Diabetes einhergehe,
wie Stellwag meint, sondern dass diese Störung wie andere
Symptome der Muskelschwäche oft unter den ersten Erscheinungen
des beginnenden Diabetes auftritt.

c) Zuweilen beobachtet man Blutaustritte auf der Retina und
Ablösung derselben. Dr. S—r aus Hamburg, hochgradig diabetisch, 5,5 pCt. Zucker. Es traten Sehstörungen zuerst auf dem
rechten, dann auf dem linken Auge auf. Die Untersuchung ergab
Blutung in die Scheide des Nervus opticus, unter die Retina, um
die Papilla nervi öptici und in's Corpus hyaloideum. Das Blut
ist resorbirt, aber noch graue Massen um die Papille sichtbar.
Venöse Stauung unbedeutend; centrale Gesichtsfeldeinschränkung,
Krummsehen gerader Linien im Centrum (Netzhautwölbung). In
einem anderen Falle, Herr H—i, wurde beiderseits beginnende
Atrophia nervi optici constatirt.

---

*) Gräfe's Archiv f. Ophthalmologie. IV. Bd. 2. Abth.

Leber hat einen Fall von Retinitis diabetica lange beobachtet und ausführlich beschrieben.*) Hirschberg**) hat durch Mittheilung zahlreicher Beobachtungen das Krankheitsbild schärfer umgrenzt. Die diabetische Retinitis kennzeichnet sich gewöhnlich durch kleine hellweisse Fleckchen in der Netzhaut, die vornehmlich die Stelle der Macula lutea und deren Umgebung einnehmen, ohne jedoch die sternförmige Anordnung wie bei Retinitis albuminurica zu zeigen. Zuweilen entstehen durch Zusammenfliessen der kleinen Stippchen grössere weisse Flecken; zwischen den Flecken liegen punktförmige Blutaustritte. In anderen Fällen ist dieses characteristische Bild nicht vorhanden, ja es kann die diabetische Retinitis sogar unter dem typischen Bilde einer Retinitis albuminurica verlaufen.

d) Wiederholt treten Sehstörungen bei Diabetikern auf, wenn zum Diabetes sich hochgradige Albuminurie gesellt Diese Sehstörungen sind veranlasst durch Retinitis apoplectica oder durch Netzhautablösung.

7. Abnahme der Muskelenergie.

Ein nie fehlendes Symptom beim Diabetes ist die Mattigkeit, die Hinfälligkeit, die Kraftlosigkeit des Muskelsystems. Dieses Symptom gehört mit der Dürre im Munde zu den constantesten Erscheinungen des Diabetes; ich habe nicht einen Fall gesehen, bei welchem diese zwei Erscheinungen fehlten, und meist sind sie es, welche den Ausgangspunkt aller Klagen bilden, und welche die Harnuntersuchung veranlassen. Die Muskelschwäche wird zuweilen so gross, dass der Diabetiker kaum zu gehen im Stande ist; aber selbst im Beginne des Diabetes ist schon eine beträchtliche Erschöpfung der Muskelkraft bemerkbar, und auf jede körperliche Anstrengung folgt eine lange Ermüdung. Diese Hinfälligkeit ist nicht das Resultat lange dauernder Ernährungsstörung, sie tritt zu einer Zeit auf, wenn die Ernährung anscheinend noch wenig gelitten hat, wenn die Kranken an Körperfülle noch wenig abgenommen

---

*) l. c.
**) Deutsche med. Wochenschrift 1890. 51 u. 52.

haben. Unter den von mir beobachteten Fällen ist eine nicht
unbeträchtliche Zahl, bei welchen die Zuckerausscheidung nur wenige
Gramme in 24 Stunden beträgt; ausnahmslos war in diesen Fällen
die Erscheinung von verminderter Muskelenergie vorhanden. Unter
vielen, hierher gehörigen Fällen ist einer besonders bemerkenswert;
er betrifft ein Mädchen von 25 Jahren; dieses war stets gesund,
bekam plötzlich heftige, vom Hinterkopfe ausgehende Schmerzen,
und wurde von Tag zu Tag matter, die Mattigkeit, zumal in den
Beinen, wurde so gross, dass Patientin nicht mehr stehen konnte.
Ich fand die Patientin fettreich mit mässig gut entwickelten Muskeln, es war keine Bewegung gestört, aber jede, etwas längere
Thätigkeit einer Muskelpartie erschöpfte die Kranke. Die 24 stündige Harnmenge war 1000 ccm, sehr deutliche Zuckerreaction, die
Quantität mittelst Saccharimeters nicht bestimmbar. Während des
Kurgebrauches schwand der Zucker vollständig und Patientin konnte
während des darauf folgenden Winters ihrer gewohnten anstrengenden Beschäftigung als Landwirtin obliegen.

Bei etwas vorgeschrittenem Diabetes werden die Muskeln schlaff,
nehmen an Umfang ab, und auch, wenn das Fettpolster ziemlich
beträchtlich ist, kann diese Veränderung in der Muskulatur durch
Anfassen derselben beobachtet werden. Bei hochgradigem Diabetes
endlich sind die Muskeln lose, flaccide Stränge, die einer energischen
Contraction kaum mehr fähig sind.

Zuweilen ist die Locomotion auch durch Oedem, welches sich
an den unteren Extremitäten bildet, gehindert. Dieses Symptom,
Oedem ohne gleichzeitiges Vorhandensein von Eiweiss im Harne,
ist nicht häufig und tritt nur bei sehr hochgradigem Diabetes
auf; ich habe es in vier Fällen beobachtet, darunter waren drei
Frauen.

8. Veränderungen in der sexuellen Sphäre.

Von den krankhaften ·Veränderungen an den äusseren Genitalien war schon früher die Rede. Hier haben wir besonders
hervorzuheben:

a) Die Abnahme oder das gänzliche Erlöschen der sexuellen
Potenz des Mannes. Das längst beobachtete Symptom wurde irrig

als Zeichen der Erschöpfung, „der mangelhaften Ernährung" (Vogel) gedeutet. Die Beobachtung lehrt nämlich, dass dieses Symptom nicht erst dann auftritt, wenn der Diabetes lange bestanden hat, wenn durch die Dauer oder durch die Vehemenz des Leidens die Ernährungsstörung einen hohen Grad erreicht, und in Folge des fehlerhaften Stoffumsatzes den Organismus erschöpft hat. Ich beobachtete constant, dass die Abnahme der geschlechtlichen Potenz, wo sie auftritt, mit unter die ersten Symptome des Diabetes gehört, also zu einer Zeit auftritt, wo die Ernährungsanomalie noch keine bemerkenswerten Veränderungen in dem Organbestande, in dem Capital des Körpers hervorgebracht hat. Als Beleg mögen folgende Fälle dienen.

H. P., 37 Jahre alt, bietet in seinem Aussehen das Bild kräftiger Gesundheit, das Gesicht ist gut gefärbt, Haut feucht, Körpergewicht 89 kg. Patient war infolge einer grossen Gemüthserregung plötzlich diabetisch geworden, als erste Symptome waren Dürre im Munde und Mattigkeit aufgetreten. Als ich den Patienten sah, hatte das Leiden wenige Monate gedauert, die Zuckerausscheidung war durch zweckmässiges Regime auf 0,3 — 0,5 pCt. gesunken, die Harnmenge war mässig, und doch gab dieser Kranke an, dass seine geschlechtliche Potenz sehr abgenommen hatte. In einem 2. Falle, einen jungen Mann von 36 Jahren betreffend, war der Zucker im Harne durch eine bei Gelegenheit eines leichten Unwohlseins vorgenommene Untersuchung entdeckt. Patient fühlte sich nicht krank, war überdies fettleibig. Bei genauerem Examen stellte es sich heraus, dass die geschlechtliche Potenz wesentlich abgenommen hatte. In den beiden genannten Fällen, bei welchen durch Behandlung und zweckmässiges Regime der Zuckergehalt nahezu verschwunden ist, — er erscheint nur bei reichlichem Genusse von Amylaceen — ist die geschlechtliche Potenz wieder gekräftigt, und beide haben in den letzten Jahren Kinder gezeugt.

Die Abnahme der geschlechtlichen Potenz scheint durchaus nicht mit der Grösse der Zuckerausscheidung parallel zu gehen. Ich beobachtete Fälle, bei denen die Zuckerausscheidung bedeutend war, ohne dass die Potenz wesentlich gelitten hatte (z. B. die Fälle 18 und 26, beide junge Männer mit hochgradigem Diabetes), und umgekehrt tritt oft mit sehr mässiger Zuckerausscheidung Ab-

nahme und Erlöschen der Potenz auf. Bei sehr protrahirten, sich
sehr langsam entwickelnden Fällen bleibt oft die Potenz unverändert.
Als Beleg dafür gilt der Fall No. 104. Der Diabetes ist in diesem
Falle unzweifelhaft auf erbliche Disposition zurückzuführen, und
nach der Anamnese kann man mit grosser Wahrscheinlichkeit annehmen, dass schon im 15. Jahre Zeichen von Diabetes vorhanden
waren. Constatirt wurde Diabetes im 32. Lebensjahre, und trotzdem die Zuckerausscheidung eine reichliche ist, und die Ernährungsstörungen bedeutend sind, — der Patient ist in hohem Grade
abgemagert — hat doch die Potenz gar nicht abgenommen, und
Patient zeugte viele Kinder, das letzte noch in seinem 42. Jahre,
nachdem der Diabetes seit 8 Jahren constatirt war.

In zwei Fällen von langsam verlaufendem Diabetes bei hochgradig nervösen Individuen war die Geschlechtslust sogar
krankhaft gesteigert, und die Kranken mussten alle Energie
gebrauchen, um derselben nicht im verlangten Grade nachzugehen.

Der eine Fall (No. 9) betrifft einen Mann, bei welchem der
Diabetes wahrscheinlich erblich ist, die Schwester ist an Diabetes
gestorben, die Zuckerausscheidung dauert bei Fleischkost fort, der
Kranke scheidet im Tage circa 150 g Zucker aus. Trotzdem erhielt er sich durch 12 Jahre bei reichlicher Fleischeinfuhr verhältnissmässig wohl. Der Kranke ist nervös, leidet viel an Migräne,
der Diabetes begann bei ihm im Alter von 40 Jahren; bis in sein
50. Jahr war der Geschlechtstrieb ein übermässig erregter, und er
hat innerhalb dieser Zeit mehrere Kinder gezeugt.

Der zweite Fall (No. 98) betrifft einen jungen Mann von 36 Jahren,
der hochgradig nervös ist, an Anfällen von Kopfschmerz leidet; der Diabetes datirt wahrscheinlich aus den Knabenjahren, jetzt ist derselbe
sehr hochgradig; Zuckerausscheidung besteht bei fast ausschliesslicher Fleischkost, die Muskelenergie hat sehr abgenommen, aber
die Geschlechtslust ist sehr rege, die Erectionen sind kräftig, und
wenn Patient nicht häufig Beischlaf pflegt, erfolgen Pollutionen.

Mit der Besserung der diabetischen Symptome bessert sich in
leichten Fällen auch die Impotenz. Ich habe häufig in Carlsbad
beobachtet, dass Kranke, die lange Zeit keine Erection gehabt
haben, mit Befriedigung unter anderen Besserungssymptomen das
Wiedererscheinen von Erectionen anführten. Interessant ist der
Fall No. 15, bei welchem die Potenz durch das erste Auftreten

des Diabetes sehr gelitten hatte. Durch zwei Jahre hatte Patient zweckmässiges Regime (Fleischkost) geführt, die Potenz war wiedergekehrt; jetzt geniesst er wieder Mehlnahrung, bei gleichzeitiger reichlicher Fleischkost, scheidet im Durchschnitte täglich 120 g Zucker aus, die geschlechtliche Potenz ist nahezu normal, und auch die anderen Symptome des Diabetes sind, mit Ausnahme von etwas Dürre im Munde, nicht wieder aufgetreten.

In einem Falle von sehr hochgradigem Diabetes (No. 20) habe ich eine im Verlaufe des Diabetes sich entwickelnde Atrophie eines Hodens beobachtet, derselbe hatte, als ich den sehr marastischen Patienten sah, ungefähr die Grösse einer Haselnuss.

b) Amenorrhoe tritt bei hochgradigem Diabetes zuweilen auf, aber es ist kein constantes, nach meiner Erfahrung sogar ein seltenes Symptom. Ich habe bei Frauen, die an hochgradigem Diabetes litten, bis wenige Wochen vor dem Tode eine der Zeit und der Quantität nach normale Menstruation beobachtet.

Conception kann bei diabetischen Frauen stattfinden. Doch ist grosse Neigung zu Abortus vorhanden. Ich habe eine Diabeteskranke, Fr. B—n, beobachtet, die während der Dauer des Diabetes 3 mal concipirte, es erfolgte aber stets im 4. oder 5. Monate Fehlgeburt. Bei der letzten Fehlgeburt starb die jugendliche noch sehr wohl genährte Patientin. In einem zweiten Falle, Frau B—r, 22 Jahre alt, 5—7 pCt. Zucker, trat 3mal 4 Monate nach der Conception Abortus auf.

Andere Beobachter mit reicher gynaekologischer Erfahrung wie Matthews Duncan*), Lecorché**) u. A. haben Aehnliches beobachtet. Nach Gaudard***), welcher alle hierhergehörigen Fälle zusammengestellt hat, tritt bei 33 pCt. der Schwangerschaft diabetischer Frauen Abortus oder Frühgeburt auf.

Ich habe zweimal Gelegenheit gehabt, normal verlaufende Schwangerschaften zu beobachten; in dem einen Falle eine nicht mehr junge Amerikanerin mit leichtem Diabetes, die bereits mehrere Male geboren hatte, war Schwangerschaft wie Wochenbett gut verlaufen und ohne Einfluss auf den Diabetes geblieben, der zweite Fall betraf eine junge Russin, deren Mutter an Diabetes gestorben

---

*) Transactions of the obstetrical society of London. 1882.
**) Ann. de Gynaecologie. 1885.
***) Essai sur le diabète sucrée dans l'état puerpéral. Paris 1889,

war, und die als Mädchen mehrere Jahre an Diabetes von mir behandelt wurde; sie heiratete gegen meinen Rath, concipirte bald,
hatte eine normale Schwangerschaft, brachte ein lebendes Kind zur
Welt, aber der Diabetes wurde rasch hochgradig, und sie starb
6 Monate nach der Geburt des Kindes. Nach Gaudards Zusam-
menstellung scheint die Schwangerschaft einen sehr nachteiligen
Einfluss auf die Krankheit zu üben; ferner starben 41 pCt. der von
diabetischen Frauen geborenen Kindern.

Ob bei diabetischen Frauen die Schwangerschaft auch normal
verlaufen kann, darüber fehlen mir Erfahrungen.

Pruritus pudendi wurde als häufiges und quälendes Symptom
bereits erwähnt; es führt oft zur Erkenntnis des Diabetes. Oft
ist nur ein pilzartiger Belag an den Schamlippen vorhanden, in
einem Falle wurde in dem weissen Belag Oidium albicans nachgewiesen. Nicht selten ist mit dem Pruritus noch Eczem vorhanden; ob dieses Ursache oder Folge ist, kann nicht immer ermittelt
werden. Bei einer jungen, sonst gesunden Dame, deren Vater an
Diabetes gestorben war, entwickelten sich zahlreiche Furunkel an
den äusseren Schamlippen. Ich untersuchte den Harn, fand kleine
Mengen Zucker, verordnete antidiabetisches Regime, und damit
verschwand die hartnäckige Furunkelbildung.

Winckel[*]) hat drei Arten der Erkrankungen an den weiblichen Genitalien beobachtet, nämlich: Mycosis, Furunculosis labio-
rum und phlegmonöse Vulvitis.

9. Symptome im Gebiete der Circulationsorgane.

Ich habe nie bemerkenswerte Anomalien in den Circulations-
organen gefunden. Das Herz, welches ich stets untersuchte, fand
ich mit wenigen Ausnahmen sowol in Bezug auf Grösse, wie auf
Beschaffenheit der Klappen normal. Bei herabgekommenen Kranken war der Herzimpuls sehr schwach, der Puls klein. Leyden[**])
führt das von ihm bei manchen Diabetikern beobachtete Asthma
auf Herzschwäche zurück. J. Mayer[***]) gibt an, in 82 Fällen

---

[*]) Zeitschrift f. prakt. Medicin. 1876.
[**]) Leyden, Centralbl. f. d. med. Wiss. 1882.
[***]) J. Mayer, Zeitschr. f. klin. Med. XIV.

unter 382 Diabetikern eine Volumsvergrösserung des Herzens gefunden zu haben.

Die Temperatur war nie über die normale gesteigert, in einzelnen Fällen auffallend gering. In einem Falle, Hr. B—h, hochgradig diabetisch und sehr heruntergekommen, betrug die Temperatur im Rectum 35 ° C., in einem anderen, Hr. P—l, war die Morgentemperatur 35,9 ° C., die Abendtemperatur 36,7 ° C. In zwei Fällen, Baron T—n, 18 Jahre, und Hr. B—i, 27 Jahre, soll nach Bericht der Aerzte der Diabetes acut mit Fieber aufgetreten sein.

10. Symptome im Nervenapparat.

Sehr häufig sind Erscheinungen vorhanden, die auf die Ursache des Diabetes zurückzuführen sind, insbesondere hochgradiger Kopfschmerz, Migräne, Schwindelanfälle, Doppelsehen u. s. w. In mehreren Fällen litten die Kranken an epileptiformen Anfällen.

Oft sind Neuralgien vorhanden, insbesondere Ischias; den Zusammenhang von Ischias mit Diabetes konnte ich wiederholt nachweisen. Mit dem Aufhören oder der Besserung des Diabetes wurde auch die Ischias gebessert und geheilt. Hr. K—r wurde wegen Ischias nach Wiesbaden geschickt; ein Jahr später wurde Zucker nachgewiesen. Bei der Aufnahme der Anamnese stellte sich heraus, dass die Schwester an Diabetes gestorben war, und dass seit Jahren Dürst und Polyurie bestanden hatten. Bei Frau W—r war der Diabetes durch Pruritus vulvae entdeckt worden. Neben diesem war das quälendste Symptom Ischias gewesen. Letzteres wurde durch antidiabetische Diät zum Verschwinden gebracht.

Worms gibt an, dass bei Diabetikern die Neuralgien symmetrisch auftreten. Er beobachtete dies zumal bei Neuralgien im Ischiadicus und Zahnnervengebiet. Buzzard sah doppelseitige Ischias bei einem Fall von Ischias zweimal auftreten und beidemal Besserung durch Natrium salicylicum.

Auché fand wesentliche anatomische Veränderungen der peripheren Nerven, Degeneration einzelner Fasern und dazwischen regenerirte Fasern. Er will sensible, motorische und trophische Störungen gefunden haben, und nicht selten Lähmungen der unteren Extremitäten. Charcot teilt auch einen Fall von diabetischer Paraplegie mit, die er auf Neuritis zurückführt.

Bei einem Diabetiker, Hr. G—e, der zugleich hochgradig neurasthenisch war, traten nicht selten Anfälle von Asthma nervosum auf.

Ein anderes auf Veränderungen im Nervensystem beruhendes Symptom ist das von vielen Beobachtern constatirte Fehlen der Patellarreflexe. Marie und Guiron fanden in 3 von 8 Fällen keinen Patellarreflex. Bouchard fand in 41 von 111 kein Kniephänomen. Bei diesen Fällen soll die Mortalität doppelt so gross gewesen sein wie bei den anderen.

Die Stimmung der Diabetiker ist in den meisten Fällen eine gute, und nur einigemale habe ich Hypochondrie beobachtet, zweimal auch Anfälle von Melancholie, von denen der eine zum Selbstmord führte.

Die Symptome des Diabetes, wie ich sie hier mitgeteilt habe, habe ich bereits vor mehr als 20 Jahren in der ersten Auflage meines Buches über Diabetes mellitus dargelegt. Die grosse Zahl neuer Beobachtungen, die mir seit jener Zeit zu Gebote standen, haben in Bezug auf die Symptomatologie nur wenig neue Erfahrung gebracht. Es blieb nur sehr wenig hinzuzufügen, aber auch nicht ein Jota von dem früher Beobachteten zurückzunehmen. Ganz anders verhält es sich mit der Deutung dieser Symptome. Welche auch immer die Ursache des Diabetes sei, und in welcher Form uns derselbe entgegentreten möge, es ist für den Beobachter unzweifelhaft, dass die anomale Zuckerausscheidung im Krankheitsbilde die primäre Erscheinung ist, in deren Gefolge alle anderen Symptome des Diabetes auftreten.

Wie ist nun die Zuckerausscheidung für die so mannigfachen, so schweren, oft deletären Symptome des Diabetes verantwortlich zu machen? Die Erklärung war eine verhältnismässig einfachere, so lange ich, auf dem Standpunkte Pavy's stehend, die Zuckerbildung selbst für eine Anomalie des Stoffwechsels ansah. Wie Pavy und seine Schüler, speciell M'Donell und Ritter, bewiesen zu haben glaubten, wurde in der Leber des gesunden Thieres kein Zucker gebildet. Das normale Blut war zuckerfrei. Die Spuren Zucker, die etwa nachgewiesen wurden, fasste man schon als Ausdruck einer Anomalie auf, nämlich als Uebertritt des Leberamylums in's Blut des sich sträubenden Thieres. Das Blut des

Diabetikers enthielt Zucker, dieser Zucker wurde ausgeschieden, und damit das sonst für andere Zwecke verwertete Leberamylum der Körperökonomie entzogen. Die Symptome des Diabetes konnten nun teilweise auf den Verlust des Leberamylums in Form von Zucker, teilweise auf den im Blute kreisenden Zucker als auf einen anomalen Blutbestandteil bezogen werden.

Heute ist mindestens jener Teil der Erklärung hinfällig geworden, der sich auf die deletäre Wirkung des Zuckers bezieht. Der Zucker kreist als normaler und wichtiger Bestandteil durch das Blut; hunderte von Grammen strömen täglich in dasselbe ein, und werden allen Geweben zugeführt und in denselben für die wichtigsten Lebenszwecke verwertet. Der Anwesenheit des Zuckers im Blute oder in den Geweben kann also, wie natürlich, keine nachteilige Wirkung zugeschrieben werden.

Bernard hat bekanntlich den Diabetes auf eine übermässige Glykämie bezogen, und zwar sollte nach ihm Diabetes, d. h. Zuckerausscheidung stattfinden, wenn das Blut mehr als 0,25 pCt. Zucker enthalte. Man könnte dann, wenn dies richtig wäre, manche Symptome auf die Zuckeranhäufung im Blute resp. auf die Durchtränkung der Gewebe mit überreicher Zuckerflüssigkeit zurückführen. Aber Bernard's Anschauung stimmt nicht mit den Thatsachen überein, wie ich dies durch eine Reihe früher mitgeteilter Blutanalysen bei Diabetikern nachgewiesen habe. Bei Diabetes der leichten Form fand ich fast stets den normalen Zuckergehalt, wie ich ihn im Blute gesunder Menschen gefunden hatte, und selbst bei Diabetes der schweren Form war zuweilen der Zuckergehalt des Blutes nicht wesentlich vergrössert, nur in einzelnen Fällen war ein Zuckergehalt von 0,3—0,4 pCt. vorhanden.

Die schwere Form des Diabetes muss man so auffassen, dass durch ein unbekanntes Etwas die Körperzellen ganz oder teilweise die Fähigkeit verloren haben, den Blutzucker umzusetzen. Bei dieser Form könnte man sich das Entstehen der diabetischen Symptome in folgender Weise zurechtlegen.

a) Durch den gestörten Umsatz wird der unverwertete Zucker durch die Niere ausgeschieden. Es ist dies das erste und wichtigste Symptom des Diabetes.

b) Eine Gruppe von Erscheinungen, welche den Diabetes

charakterisiren, ist als Folge der Zuckerausscheidung durch den Harn aufzufassen; so der häufige Harndrang, die Polyurie, die, wenn auch nicht immer, so doch sehr häufig mit der Zuckerausscheidung parallel geht; und endlich der Durst, welcher der Ausdruck für das infolge des Wasserverlustes bedingte Wasserbedürfnis ist.

c) Mit dem Zucker wird der für Wärmebildung und Arbeitsleistung wichtige Brennstoff ausgeschieden, es entsteht dadurch ein gesteigertes Bedürfnis nach Zufuhr, der Appetit wird vermehrt und steigert sich zum Heisshunger. Kann das genügende Nahrungsmaterial nicht von aussen zugeführt werden, oder reicht bei der beschränkten Verdauungstätigkeit dieses Material nicht aus, muss der Körper von seinem eigenen Bestande zusetzen. Es tritt Abmagerung und die ganze Reihe von Inanitionserscheinungen auf, die schliesslich wie bei mangelhafter Nahrungszufuhr den Tod herbeiführen können. Die Ausfuhr des unverwerteten Brennstoffes ist in ihren Wirkungen mit der verminderten Zufuhr gleichbedeutend.

d) Minder klar und aus dem Zuckerverluste schwer zu erklären ist eine andere Gruppe von Erscheinungen, die den Diabetes charakterisiren. Hierher gehören vor allem jene Symptome, die sich als Störungen in der Innervation, als Veränderungen in der Muskelenergie manifestiren; so z. B. die Abnahme der geschlechtlichen Potenz, manche Störungen des Sehvermögens, die hochgradige Mattigkeit. Diese Erscheinungen treten nicht erst dann auf, wenn der Diabetes lange bestanden hat, wenn durch die Dauer oder Vehemenz des Leidens die Ernährungsstörung einen hohen Grad erreicht hat, und infolge dessen der Organismus erschöpft ist. Ich beobachtete häufig Abnahme der geschlechtlichen Potenz auch in jenen Fällen, in welchen der Kranke noch gut genährt war, nach kurzer Dauer der Krankheit; sie trat oft unter den ersten Erscheinungen des Diabetes auf.

Ebenso treten Störungen in der Sehkraft nicht als Zeichen von Marasmus auf; sie sind in einzelnen Fällen schon wenige Wochen nach dem Auftreten des Diabetes vorhanden, und ich habe wiederholt zu beobachten Gelegenheit gehabt, dass während der wenigen

Wochen des Kurgebrauchs von Carlsbad mit dem Schwinden des Zuckers auch die Sehkraft besser wird.

Mattigkeit, Muskelschwäche tritt als erstes Symptom des Diabetes zu einer Zeit auf, wo die Folgen der Ernährungsstörung weder im Umfange, noch in der Consistenz der Musculatur nachzuweisen sind. Oft leitet die Klage über Mattigkeit den Arzt auf den Gedanken, dass Diabetes vorhanden sei, und in einzelnen dieser Fälle werden dann nur kleine Mengen Zucker gefunden. Umgekehrt findet man, dass mit dem Schwinden des Zuckers die Muskelkraft so rasch wieder hergestellt wird, dass man nicht annehmen kann, dass diese infolge einer erfolgten Restauration der Gewebe wiedergekehrt ist.

Furunculose tritt auch unter den ersten Symptomen des Diabetes auf, und dadurch geschieht es, dass man, wenn blos die Erzählung des Kranken als Basis genommen wird, oft glaubt, die Furunkelbildung als Vorläufer des Diabetes ansehen zu können. Bei genauer Controle der Anamnese zeigt es sich immer, dass vor oder mit der Furunculose schon andere unzweifelhafte Symptome des Diabetes vorhanden waren.

Zur Erklärung dieser Erscheinungen muss man sich denken, dass nicht die Zuckerausscheidung als solche, sondern dass jene Ursache, welche die gestörte Umsetzung des Blutzuckers veranlasst, diesen Erscheinungen, welche oft als Initialsymptome des Diabetes auftreten, zugrunde liegt. Die Muskeln, welche die Fähigkeit verloren haben, den Zucker als Brennstoff zu verwerten, haben auch die Fähigkeit verloren, sich kräftig und anhaltend zu contrahiren, sie ermüden rasch. Die gesammten Körpergewebe sind in ihrer Lebensenergie geschädigt, sie sind darum labiler, zerfallen leichter und vermögen nach traumatischen Einflüssen sich schwerer zu restauriren. Die ungekannte Zellenerkrankung, welche im weiteren Verlaufe die Nichtverwertung des Zuckers und damit die schwersten Inanitionserscheinungen veranlasst, ist schon in diesen Initialsymptomen und in erster Linie in der herabgesetzten Muskelenergie zum Ausdruck gekommen.

Nicht selten mag es auch vorkommen, dass andere mit dem Diabetes einhergehende anomale Stoffwechselproducte, wie wir sie in der Bildung von β-Oxybuttersäure u. a. beobachten, und deren

Kenntnis noch lange nicht abgeschlossen ist, die Ursachen sind für die Herabsetzung der Muskelenergie.

Ranke hat in einer Reihe lehrreicher Versuche nachgewiesen, dass die Ermüdung und mit dieser die Herabsetzung der normalen Erregbarkeit durch Anhäufung von Muskelzersetzungsproducten im Muskel entsteht; man könnte sich aber auch sehr gut denken, dass auch andere anomal im Blut kreisende Stoffe diese Herabsetzung zu bewirken imstande sind. Ich habe wiederholt die Beobachtung gemacht, dass bei den hochgradigsten Diabetikern, und auch bei solchen, deren Zuckerausscheidung von Nahrung unabhängig ist, während des Kurgebrauches in Carlsbad manche diabetische Symptome sich bessern, dass insbesondere die rasche Ermüdung nachlässt, ohne dass die Zuckerausscheidung sich wesentlich vermindert. Fast ausnahmslos beobachtete ich diese Thatsache; ich will nur einen Fall als vorzüglich charakteristisch anführen.

Frl. C. — No. 94 — 29 Jahre alt, litt an einem hochgradigen Diabetes, sie war zum Skelett abgemagert, das unangenehmste Symptom des Leidens war, dass sie kaum einige Schritte gehen konnte, ohne zu ermüden, das Gefühl der Ermüdung war so peinlich, dass es sich fast zum Schmerze steigerte, und dass Patientin darum vorzog, immer zu liegen. Die Zuckerausscheidung während des Kurgebrauches nahm fast gar nicht ab, sie betrug stets zwischen 100 und 120 g in 24 Stunden, aber schon nach kurzer Zeit besserte sich dieses Gefühl der Ermüdung, und die Patientin konnte nach 14 Tagen stundenlange Spaziergänge machen. Nach Hause zurückgekehrt, kehrte bald die ursprüngliche Schwäche wieder, und nach wenigen Monaten starb die Patientin.

Ranke fand, dass, wenn man einen Muskel mit kohlensaurem Natron imprägnirt, derselbe rasch abstirbt. Anders verhält es sich, wenn er vorher durch Einspritzung von Milchsäure ermüdet ist; unter diesen Verhältnissen stellt nur Einspritzung von kohlensaurem Natron die früher vernichtete Erregbarkeit wieder her. Sollte also das kohlensaure Natron des Mineralwassers die mit dem diabetischen Blute im Muskel kreisende Säure oder die Toxine unwirksam machen und dadurch die Muskelerregbarkeit und Leistungsfähigkeit wieder herstellen?

Viel schwieriger wird die Erklärung der diabetischen Symptome bei der leichten Form des Diabetes. Auch bei dieser Form sind oft sehr hochgradige Fälle vorhanden, und bei diesen sehen wir genau alle dieselben Erscheinungen, wie sie der schweren Form zukommen. Durst, Polyurie, Hinfälligkeit, Abnahme der Potenz, der Sehkraft, Labilität der Gewebe, Neigung zum Zerfall kommen bei der einen, wie bei der anderen Form vor. Wenn die unzweck-mässige Nahrung fortgesetzt eingeführt wird, die Zuckerbildung also fortbesteht, treten auch alle Erscheinungen des Marasmus auf, und die Kranken gehen zu Grunde. Sowie man aber die Amylacea ausschliesst, hören in der kürzesten Zeit alle Erscheinungen des Diabetes auf. Der Diabetes ist nicht geheilt; denn mit der Zufuhr von Amylaceen tritt sogleich die Zuckerausscheidung wieder auf, und mit dieser erscheinen wieder die früheren, quälenden Symptome und in erster Linie Durst und Polyurie. Aber wenn die Kranken ausschliessliche Fleischkost geniessen, ist auch kein einziges Sym-ptom von Diabetes vorhanden, und die Kranken fühlen sich so wohl, dass sie sich vollständig geheilt glauben. Jeder Arzt, der eine grössere Zahl von Diabeteskranken zu behandeln hatte, wird wiederholt Gelegenheit gehabt haben, diese, oft magische Wirkung kennen zu lernen, welche eine Veränderung im Regime herbeiführt. Der Harn wird in wenigen Tagen zuckerfrei, und die diabetischen Erscheinungen verschwinden, aber nicht nur die nächsten Folgen der Zuckerausscheidung, Durst und Polyurie, treten zurück, auch alle Ernährungsstörungen verschwinden, die Kranken nehmen an Körpergewicht zu, die Furunkelbildung hört auf, die Muskelkraft wird wieder eine gute. Ich sah in mehreren Fällen die Potenz wieder vollständig zurückkehren, die Sehkraft besserte sich, und ich habe selbst in zwei Fällen Linsentrübung verschwinden gesehen.

Bei dieser Form ist der ausgeschiedene Zucker nicht Blut-zucker, sondern Nahrungszucker, und die physiologischen Erfahrun-gen lehrten, dass dieser mindestens nicht unmittelbar als Kraft-quelle verwertet wird. Wirklich sehen wir auch, dass Diabetiker der leichten Form, deren Verdauungskraft und deren Mittel es gestatten, reichlich Fleisch und Fett zu geniessen, sich sehr viele Jahre wohl erhalten, trotzdem sie Amylacea einführen und 2 bis 3 pCt. Zucker ausscheiden. Aber wenn diese Fleischnahrung nicht

genossen wird, treten die früher genannten Symptome alle so hochgradig wieder auf wie bei der schweren Form.

Man müsste sich nun denken, dass die Amylacea, wenn sie
beim gesunden Menschen auch nicht unmittelbar Blutzucker bilden,
doch rasch, vielleicht auf dem Wege durch Fett, zur Blutzuckerbildung führen, und dass durch die gestörte Assimilation der Kohlehydrate zu Glykogen, resp. Fett und Blutzucker und durch die
Ausscheidung derselben in Form des Nahrungszuckers dieselben
Störungen herbeigeführt werden, wie sie in der schweren Form
durch Ausfuhr des Blutzuckers bedingt sind. Aber unerklärt bleibt
immer, wie in dieser Form des Diabetes auch jene Erscheinungen
von Muskelschwäche, von Gewebslabilität, von Abnahme der Potenz
und der Sehkraft herbeigeführt werden, da es sich bei dieser
Krankheitsform doch mehr um die Unfähigkeit der Leberzellen, den
Zucker zu assimiliren', handelt. Sollte vielleicht der Nahrungszucker, der sonst nicht in's Blut übergeht, wenn er durch die Blutbahn kreist, als anomaler Zucker andere Erscheinungen hervorbringen als der normale Blutzucker? Wir wagen diese Vermutung
kaum auszusprechen, da vom chemischen Standpunkt der in beiden
Formen des Diabetes ausgeschiedene Zucker gleich ist. Aber hat
vielleicht die Chemie hier nicht das letzte Wort zu sprechen, und
besteht doch irgend ein Unterschied zwischen diesen beiden in's
Blut gelangenden Zuckerarten? Hier liegt noch ein Rätsel zugrunde,
und diese Erscheinungen, wie viele andere, beweisen uns, dass in
Bezug auf Diabetes der Schleier nur halb gelüftet ist.

VII. CAPITEL.
Verlauf und Prognose.

Der Verlauf des Diabetes hängt wesentlich von der Form des Leidens ab; der Verlauf ist ein anderer bei dem nur nach Genusse von Kohlehydraten auftretenden Diabetes und ein anderer bei dem Diabetes, der auch bei ausschliesslicher Fleischnahrung fortbesteht. Bei der letztgenannten Form sind die Ernährungsstörungen sehr tief greifend, die Kranken magern rasch und in hohem Grade ab; manche der Kranken sind geradezu skelettartig abgemagert; das unter der Haut abgelagerte Fett ist fast spurlos verschwunden, die Muskeln sind ganz schlaff und energielos; die Kranken können nach kurzem Bestehen der Krankheit oft kaum die geringste Muskelanstrengung machen, und nach kürzerer oder längerer Zeit gehen die Kranken marastisch zu Grunde.

Zu dem raschen letalen Ausgange tragen folgende Momente wesentlich bei:

1. Jugendliches Alter. Je jünger das erkrankte Individuum, desto perniciöser tritt das Leiden auf, und desto rascher ist sein Verlauf. Bis zum Alter von etwa 30 Jahren ist das Leiden nach dieser Richtung am gefährlichsten, später wird der Verlauf milder.

2. Unfähigkeit, reichlich Fleischnahrung einzuführen. Die Unfähigkeit ist bei Diabetes glücklicherweise nur in Ausnahmefällen durch gestörte Verdauungskraft veranlasst, um so häufiger dagegen ist Mittellosigkeit die Ursache. Diabetiker erfordern meist enorme Quantitäten von Nahrung. Weniger vermögende Kranke sind nicht im Stande, den stets regen Hunger, der häufig zur Unersättlichkeit

gesteigert ist, durch die weitaus teurere stickstoffreiche Nahrung
zu befriedigen. Sie geniessen, um dem quälenden Heisshunger zu
entgehen, viele Amylacea, steigern damit die Zuckerausscheidung
und durch diese die anderen Symptome des Diabetes, und gehen
so rasch zu Grunde. Kranke, die im Stande sind, sehr reichlich
Fleischnahrung einzunehmen, erhalten sich verhältnismässig lange.
Ich behandle Diabeteskranke, die bei fast ausschliesslicher Fleischkost ungefähr 80—100 g Zucker ausscheiden, seit einer Reihe von
Jahren. Patient M. (Fall No. 9) erhielt sich durch 12 Jahre wohl,
blieb rüstig und konnte einem anstrengenden Geschäfte vorstehen.
Er hatte Geld und eine vortreffliche Verdauung und genoss enorme
Quantitäten Fleisch und Eier.

Ueber die Dauer der Krankheit haben wir wenig verlässliche
Daten, da man wol nur in den seltensten Fällen in der Lage ist,
die Zeit des Beginnes zu constatiren. Die ersten Symptome werden
gewöhnlich übersehen, und wenn für den Patienten das Leiden beginnt, hat es meist schon lange bestanden. Im Allgemeinen kann
man die Dauer des Verlaufes der schweren Form des Diabetes
zwischen 1—5 Jahren annehmen; ich sah zwei Fälle, bei denen
der letale Ausgang vor dem Ablaufe eines Jahres eintrat, in dem
einen der Fälle hat der Verlauf nachweislich 5 Monate gedauert.

Ganz anders gestaltet sich der Verlauf bei jener Form von
Diabetes, bei welcher die Zuckerausscheidung von den eingeführten
Kohlehydraten bedingt ist. Mit der Ausschliessung der zucker- und
amylumhaltigen Nahrung hört auch die Zuckerausscheidung auf,
und damit sind alle Symptome des Diabetes sistirt. Die einge-
tretenen Ernährungsstörungen schwinden, der Körper nimmt an
Gewicht zu, und die Folgeleiden des Diabetes, insbesondere jene,
die im Gebiete des Nervenlebens aufgetreten waren, wie verminderte Potenz, Störung des Sehvermögens, verringerte Muskelkraft,
werden rückgängig. Kranke dieser Art können sich lange bei verhältnismässigem Wohlsein erhalten, insbesondere dann, wenn sie
bereits in nicht jugendlichem Alter sind, und wenn sie die Amylacea
möglichst ausschliessen. Aber es ist eine Täuschung, wenn man
solche Individuen, auch wenn kein Symptom des Diabetes vorhanden ist, für geheilt erklären will. Es ist dies aus zwei Gründen ungerechtfertigt: 1. weil mit dem Verschwinden der diabeti-

schen Symptome die Ursache für die beständene diabetische Zuckerausfuhr nicht gehoben ist. Dass diese fortbesteht, davon kann man
sich überzeugen durch die Einfuhr von Amylaceen. Mit dieser Einfuhr erscheint der Zucker wieder. Die ungekannte Ursache für die
anomale Umwandlung der Amylaceen ist die eigentliche Krankheit,
und diese besteht, wenn sie sich auch momentan nicht zu äussern
vermag, fort. Wirklich lehrt die Erfahrung, dass ein Diabetes
dieser Art, der anscheinend geheilt war, durch irgend eine äussere
Veranlassung, meist durch Gemütsbewegung, in hochgradiger Form
wieder auftritt, dass eine gewisse Toleranz gegen Amylacea, die
früher vorhanden war, nun verschwunden ist, dass sogar bei gänz-
lichem Ausschlusse von Kohlehydraten die Zuckerausscheidung fortdauert, dass also an die Stelle des leichten Diabetes die schwere
Form getreten ist. Am belehrendsten nach dieser Richtung sind
die Fälle 16 und 57. Der erste Fall war ein ganz milder: er
schien ganz geheilt; denn das Körpergewicht hatte auch zugenommen, aber infolge häufiger Aufregung und nicht genügend durch-
geführter Diät hatte sich nach zwei Jahren die schwere Form entwickelt, und Patient gieng rasch daran zu Grunde. Im zweiten
Falle war eine bedeutende Toleranz gegen Amylacea eingetreten, der
Zucker war nur in Spuren vorhanden. Infolge von Kummer traten
mit einem Male alle Zeichen eines hochgradigen Diabetes wieder auf.

Ich möchte hier noch zwei Fälle anführen. Hr. G—r, ein
hoher Beamter in sehr verantwortlicher Stellung, hatte, als ich ihn
zuerst sah, 2 pCt. Zucker im Harn; durch zweckmässiges Regime
verschwand der Zucker, und es war durch 8 Monate der Harn
zuckerfrei. Infolge grosser geistiger Anstrengung bei Gelegenheit
eines Congresses trat plötzlich wieder Zucker auf und stieg rasch
auf 3 pCt., trotzdem das gleiche Regime eingehalten wurde. Hr.
R—t wurde 3 Monate nach einem Sturz auf den Kopf diabetisch,
der Harn enthielt nach Angabe des Arztes 7 pCt. Zucker, die Harnmenge 3 l im Tage. Auf zweckmässiges Regime trat Besserung
ein. Nach einer Gasexplosion im Zimmer, die den Patienten sehr
erschreckte, stieg rasch die tägliche Zuckerausscheidung von 25 g
auf 75 g.

2. Ein weiteres nachteiliges, die Heilung ausschliessendes
Moment ist ferner, dass es auf die Dauer unmöglich ist, amylum-

haltige Nahrung vollständig auszuschliessen, damit erscheint auch
immer von Zeit zu Zeit wieder eine kleine Menge Zucker. Aber selbst
diese geringe, oft nur durch die feinsten Reactionen nachweisbare
Zuckermenge, die sonst das Wohlbefinden nicht beeinträchtigt,
macht diese anscheinend Geheilten in ihrem Verhalten gegen inter-
currirende Krankheiten viel labiler, und es geschieht nicht selten,
dass dieselben infolge eines leichten Grippe- oder Influenzaanfalles
zugrunde gehen. Bei anderen zeigt sich diese Labilität des Gewebes
darin, dass auch die leichtesten Wunden schwer zur Heilung kommen. Aber diese langsame Heilung spricht mit Bestimmtheit dafür,
dass das Leiden nur latent ist, dass die Kranken nicht geheilt sind.

Gar manche auf dem Gebiete des Diabetes erfahrene Aerzte
sind nicht meiner Meinung und führen vollständig geheilte Fälle
von Diabetes an. Speciell Cantani glaubt, dass in vielen Fällen
von Diabetes durch absolute 3—6 Monate dauernde Fleischkost
vollständige Heilung aufgetreten ist. Ich stimme mit Cantani
vollständig darin überein, dass durch eine solche Behandlungs-
methode die Assimilationsfähigkeit für Nahrungszucker gesteigert
ist, dass Patienten, die früher auf die Einfuhr geringster Mengen
von Amylaceis mit Zuckerausscheidung antworteten, nach längerer
vollständiger Abstinenz von Kohlehydraten eine gewisse Menge von
Amylaceis geniessen können, ohne dass Zucker im Harn erscheint.
Aber niemals habe ich beobachtet, dass ein Diabetiker, und wenn
er selbst die längste Zeit hindurch Fleischkost genossen hätte,
wieder fähig geworden wäre, Kohlehydrate in jener Menge zu geniessen, die ein gesunder Mensch aufnehmen kann, ohne dass sogleich mehr oder weniger Zucker im Harn erschiene.

Unter all' den Fällen von Diabetes, die ich zu beobachten
Gelegenheit hatte, habe ich nie einen Fall vollständig geheilt
gesehen, d. h. ich sah nie einen Diabetiker, der wie ein Gesunder
Kohlehydrate geniessen konnte, ohne dass wieder Zucker im Harn
erschien, und bei dem eine Besserung dieser Art längere Zeit fort-
bestand. Ich habe, wie dies in dem Anhange ersichtlich ist, zahlreiche Fälle beobachtet, bei denen der Zucker während des Kurgebrauches vollständig verschwunden war. Viele derselben hatten
auch im Winter zuckerfreien Harn ausgeschieden. Fast immer fand
ich in dem bei der Rückkehr nach Carlsbad gelassenen Harn

Zucker, und zwar lehrte mich die Erfahrung, dass nahezu ausnahmslos der Harn, der unmittelbar nach der Reise gelassen wurde,
viel reicher an Zucker war, als der nach 24 stündiger Ruhe gelassene Harn. Diese Thatsachen fand ich auch dann bestätigt,
wenn die Patienten während der Reise die strengste Fleischdiät
eingehalten hatten. Es scheinen also andere Momente die Steigerung veranlasst zu haben; aber diese, wenn auch nur momentane
Steigerung beweist, dass der Process nicht erloschen war. Man
wird mir einwenden, dass ich die Patienten aus den Augen verloren, und dass unter den von mir entlassenen und nicht wieder-
gekehrten gar manche geheilt sein könnten. Ich habe natürlich
diese naheliegende Einwendung im Auge gehabt, und ehe ich mir
meine Ansicht über Unheilbarkeit des Diabetes gebildet, habe ich
mich durch viele Jahre über das Schicksal der nicht Zurückgekehr-
ten informirt. Wer übrigens die angehängten Fälle aufmerksam
liest, wird finden, dass alle die Kranken, die nach einem oder nach
zwei Jahren nicht wiederkamen, solche waren, bei denen man des
raschen letalen Ausganges gewiss sein konnte. Ich hatte nur zwei
Fälle beobachtet, Mme L—n, (No. 39) und H. O—r (No. 55), bei
denen ich die Nichtwiederkehr auf Heilung beziehen zu können
glaubte. Denn in beiden Fällen war, als sie das zweite Mal nach
Carlsbad kamen, keine Spur Zucker im Harne zu entdecken; aber
Fr. L—n kehrte nach 5 jähriger Abwesenheit wieder und brachte
einen reichen Zuckergehalt mit. Bei H. O—r hatte sich chronische
Nephritis entwickelt, an welcher er starb.

Wenn ich auch die vollständige Heilung in Abrede stelle,
konnte ich dagegen folgende Thatsachen beobachten:

1. Dass Diabetiker der leichten Form durch die blosse Abstinenz von Amylaceen sich jahrelang wohl erhalten.

2. Dass bei zweckmässiger Behandlung eine mässige Menge
von Amylaceen genossen werden konnte, ohne dass Zucker in bemerkenswerter Menge erschien.

3. Endlich beobachtete ich, dass der Körper eine Toleranz für eine gewisse Menge dieses anomal gebildeten
Zuckers erlangte, dass er sich, wenn man es so ausdrücken darf, dem Zucker allmälig accommodirte, und
dass dieselben Zuckermengen, welche bei ihrem ersten Auftreten

alle Erscheinungen des Diabetes: Durst, Polyurie, Abmagerung her-
vorriefen, später von dem Organismus ohne wesentlichen Nachteil
und Beschwerden ertragen wurden. Der bemerkenswerteste Fall
dieser Art ist folgender: Herr P. (No. 15) erkrankte im Jahre
1861 an Diabetes, magerte rasch ab; der Harn enthielt, als ich
ihn zuerst sah, 7 pCt. Zucker, der Zustand besserte sich während
des Kurgebrauches, und der Zuckergehalt sank auf Spuren. Bei
gemischter Kost nahm die Zuckermenge nicht zu; dieser günstige
Zustand dauerte bis zum Jahre 1863, und ich fand bei seiner
Rückkehr nicht bestimmbare Mengen Zucker. Allmälig begann
Patient etwas mehr Mehl- und Zuckernahrung zu geniessen, der
Zuckergehalt stieg in den letzten drei Jahren wieder, und es betrug die durchschnittliche tägliche Zuckerausfuhr 100—120 g,
nämlich circa 3000 ccm Harn mit 4 pCt. Zucker. Aber es ist
keines der früheren Symptome aufgetreten, das Körpergewicht ist
fast unverändert geblieben, und es sind keine Beschwerden vorhanden. Dass der Zucker von den Amylaceis herrührt, ist gewiss,
denn nachdem Patient auf meinen Wunsch durch 48 Stunden nur
Fleischkost genossen hatte, sank der Zuckergehalt auf Spuren
herab.

Am häufigsten beobachtete ich diese Toleranz gegen Zuckerausscheidung bei jenen Diabetikern, bei denen das Auftreten des
Diabetes auf Heredität zurückzuführen war. Viele Kranke dieser
Art, vorausgesetzt, dass die Form der Krankheit die leichte war,
und wenn sie ferner imstande waren, auch reichliche Fleischkost
zu geniessen, konnten durch viele Jahre eine Zuckerausscheidung
von mehreren Procenten ertragen, ohne dass ihr Wohlbefinden wesentlich Schaden litt, und ich bin allmälig zur Ueberzeugung gelangt, dass Heredität die perniciöse Wirkung des Diabetes abzu-
schwächen imstande sei.

Ich möchte nur einiger Fälle erwähnen:

Mr. S—th, Mutter diabetisch. Als ich den Kranken sah, bestand der Diabetes schon 7 Jahre, der Zuckergehalt betrug unmittelbar nach der Reise 6 pCt. und sank bei entsprechender Diät
auf 0,3 pCt. Patient wiegt 98½ kg, fühlt sich ganz wohl, und
die sexuelle Kraft ist nicht erloschen.

Mr. M—s, Mutter und 4 Cousinen an Diabetes gestorben, ertrug seinen Diabetes durch nahezu 20 Jahre, starb plötzlich in seinem 60. Jahre. Er war bis dahin verhältnismässig wohl, ziemlich gut genährt, hatte einen colossalen Carbunkel im Rücken überstanden, trotzdem der Harn nahezu immer 2—3 pCt. Zucker enthielt, und Patient nicht sehr strenge in seinem Regime war. Er kam jährlich im Sommer nach Carlsbad und brachte die Wintermonate am Nil zu.

Fr. K—r, beide Eltern, die verwandt waren, an Diabetes gestorben; bei ihr selbst dauerte der Diabetes über 20 Jahre, sie hatte stets 2—3 pCt. Zucker, blieb aber sehr wohl genährt und war nur durch Neuralgien und Pruritus vulvae gequält.

Hr. Sch—r, den ich mit einer seiner Schwestern, Fr. F—a, zugleich durch viele Jahre an Diabetes behandelt habe. Mutter und zwei Schwestern waren an Diabetes gestorben. Der Erstgenannte erhielt sich durch nahezu 15 Jahre trotz angestrengter geschäftlicher Thätigkeit und mancher diätetischen Ausschreitungen ganz gut, war wohlgenährt und nach jeder Richtung leistungsfähig. Später trat chronische Nephritis dazu. Die Schwester, die ganz unzweckmässiges Regime führte und stets 4—5 pCt. Zucker hatte, auch ziemlich herabgekommen war und oft an grosser Muskelschwäche litt, beobachtete ich durch 16 Jahre. Sie lebt noch jetzt, 24 Jahre, nachdem der Diabetes erkannt wurde.

Ueber die Dauer des Verlaufes ist auch bei dieser Form nichts Bestimmtes zu sagen. Kranke, die keine entsprechende Diät beobachten, die reichlich zucker- und amylumhaltige Nahrung geniessen, gehen in der Mehrzahl bald zu Grunde, wenn auch nicht so rasch, wie die Kranken, die an der schweren Form des Diabetes leiden. Ich habe wiederholt diese Krankheitsform von ihrem Entstehen an verfolgt, mehreremal sogar bei Kranken, die früher wegen ihrer Fettleibigkeit nach Carlsbad kamen. Wenn die Kranken das vorgeschriebene Regime nicht beobachteten, gingen sie in 3—4 Jahren marastisch zu Grunde, während umgekehrt Kranke, die entsprechend lebten, sich sehr lange erhielten, und ich beobachte eine grosse Zahl von Kranken dieser Art seit 10—15 Jahren, die sich noch vollkommen wohl befinden.

Der längste Bestand eines Diabetes, den ich zu beobachten Gelegenheit hatte, betrug 25 Jahre. Der Mann, Hr. O—r, starb in hohem Alter an Gangrän. Zunächst war Hr. C—s und Hr. F—a, die ich beide noch nach 24jährigem Bestande ihres Diabetes gesehen habe. Dann zwei erbliche Fälle von Diabetes mit 20 Jahren, drei ebensolche mit 19 Jahren, eine beträchtliche Zahl mit 16 Jahren; unter diesen Hr. B—t, der im 16. Jahre seines Diabetes noch einen sehr hohen, mit schwerer Verantwortlichkeit verbundenen Ministerposten auszufüllen imstande war.

Der letale Ausgang des Diabetes wird veranlasst:

a) Durch Marasmus, durch vollständige Erschöpfung. Dieser Ausgang trifft meist Diabetiker der schweren Form. Solche Diabetiker schleichen durch Wochen und Monate elend und kraftlos umher, werden nur gleichsam künstlich erhalten, und plötzlich sterben sie ruhig, ohne dass irgend ein anderes, den letalen Ausgang ankündigendes Symptom vorhergegangen wäre. Häufig tritt dieser Erschöpfungstod nach einer ungewohnten Anstrengung ein. Darum ist es nicht selten, dass Diabetiker dieser Art auf der Reise oder unmittelbar darnach zu Grunde gehen. Ich habe, wie Prout und Bence Jones, ähnliche Folgen einer langen Eisenbahnreise bei sehr heruntergekommenen Diabetikern wiederholt gesehen, und glaube daher, dringend davor warnen zu müssen, Kranke dieser Art nach den Bädern zu schicken. Der etwaige Nutzen, der durch den Kurgebrauch hervorgebracht werden kann, steht weit zurück gegen den Nachteil, welchen die Aufregungen der Reise hervorrufen. Man befördert nur das Erlöschen des schwachen Lebensflämmchens, welches in Ruhe noch eine Weile fortgeglimmt hätte.

b) Nicht selten enden Diabetiker plötzlich unter den Erscheinungen von Apoplexie. Zuweilen sind diese Erscheinungen durch Gehirnhämorrhagie veranlasst, in anderen Fällen konnte keine Blutaustretung nachgewiesen werden. So starb Hr. S. L—y, den ich viele Jahre behandelt hatte, in Wien plötzlich auf der Strasse. Die Section wies im Gehirn eine grosse Hyperämie nach.

c) Ein nicht seltener Ausgang des Diabetes ist das Hinzutreten einer chronischen Nephritis (Morbus Brightii). Diesen Ausgang habe ich zumal bei jenen Fällen beobachtet, die langsam verliefen, oft bei solchen, die sehr milde auftraten, und bei denen der Zucker schon nahezu ganz aus dem Harne geschwunden war. Als Beleg diene folgender Fall: Hr. O. (No. 55), früher fettleibig,

erkrankte im Jahre 1864 an Diabetes; der Harn enthielt ursprünglich 5 pCt. Zucker; dieser sank während des Kurgebrauches auf
Spuren. Da dieser Patient musterhaft, wie wenig andere, seine
Diät einhielt, fast nur Fleischkost genoss, kehrte auch der Zuckergehalt nie in grösserer Menge wieder, der Harn enthielt durch drei
Jahre nur Spuren Zucker. Da Patient sich auch sonst wohl fühlte,
glaubte ich, einen geheilten Fall vor mir zu sehen. Im Herbste
1868 traten Störungen im Sehvermögen auf. Das Ophthalmoskop
wies eine Retinitis apoplectica nach, wie sie in dieser Form bei
Morbus Brightii vorkommt. Der Harn wurde untersucht, er war
reich an Eiweiss mit vereinzelten Exsudatcylindern. Leichte Anschwellung der Füsse. Allmälig entwickelte sich hochgradiger
Ascites und die weiteren Erscheinungen von Albuminurie. Analog
ist der Vorgang in dem Falle No. 88.

d) Durch Lungentuberculose. Diese beobachtet man bei
jugendlichen Individuen, doch habe ich auch wiederholt junge Diabetiker gesehen, deren Lungen vollkommen gesund blieben, und die
in anderer Weise, speciell unter Gehirnerscheinungen zu Grunde
gingen. Den letalen Ausgang durch Lungentuberculose beobachtete
ich vorzüglich bei hochgradig marastischen Individuen, entweder
bei solchen, die sich die entsprechende Nahrung nicht schaffen
konnten, oder bei welchen das Uebel nicht erkannt wurde, und
unzweckmässige Nahrung zugeführt wurde.

e) Ein nicht seltener Ausgang ist der durch Coma diabeticum. Die Kranken, meistens sind es hochgradig heruntergekom-
mene Kranke, werden plötzlich aufgeregt, das Gesicht wird sehr
gerötet, zuweilen treten Convulsionen auf, endlich versinken die
Kranken in einen comatösen Zustand, welcher sich durch eigentümliche Respirationserscheinungen, wie Kussmaul sie zuerst beschrieben hat, auszeichnet. Es tritt zuerst eine furchtbare Athemnot
auf, die Patienten machen häufige und gewaltsame Respirations-
bewegungen, 36—40 in der Minute, und in diesem Zustande, der
mehrere Stunden bis mehrere Tage dauern kann, sterben die
Kranken.

Ueber keine den Diabetes abschliessende Todesart ist so viel
geschrieben worden, wie über das Coma, und doch ist man auch

bis heute über die Ursachen desselben nicht zum Abschlusse gekommen.

Die Kranken, die im Coma sterben, verbreiten den bekannten eigentümlichen Geruch in sehr hohem Grade, und dieses Symptom führte zum Teil darauf, anzunehmen, dass das Vorhandensein von Aceton oder Acetessigsäure das Coma veranlasse, dass dasselbe also Folge von Acetonaemie oder Diacetaemie sei. Versuche, die mit der Einfuhr von reichen Mengen von Aceton und Diacetsäure gemacht wurden, bewiesen, dass diese Körper weiter keinen schädlichen Einfluss auf den Organismus haben. Kussmaul*) hat Injections- und Inhalationsversuche an Thieren angestellt und gezeigt, dass dieselben grosse Mengen von Aceton ohne Nachteil ertragen, und darum es für sehr fraglich gehalten, dass das Coma auf Acetonwirkung zu beziehen sei. Frerichs**) hat auf seiner Klinik Versuche mit Aceton an Thieren und Menschen anstellen lassen. 10—12 g wurden vertragen, ohne dass sich bemerkenswerte Beschwerden eingestellt hätten. Ebenso haben Ehrlich und Brieger***) Aceton und Diacetsäure Gesunden und Diabetikern in grosser Menge per os eingegeben, ohne dass ein Nachteil daraus entstand. Erwähnen möchte ich noch, dass bei vielen Patienten die Gerhardt'sche Reaction positiv ausfällt, dass also die Acetessigsäure vorhanden ist, und dass die Patienten dabei durch lange . Zeit fortleben.

Stadelmann†) wollte das Coma diabeticum auf die Anwesenheit von β-Oxybuttersäure zurückführen. Da nicht genügend Ammoniak zur Neutralisation vorhanden ist, sollten die fixen Blutalkalien angegriffen und so die Blutalkalescenz herabgesetzt werden. Stadelmann hat auf diese Theorie eine Therapie gegründet, und zwar Infusionen von grossen Alkalimengen, speciell von kohlensaurem Natron, in die Blutbahn. Frerichs††) teilt mit, dass in den auf seiner Klinik ausgeführten Bestimmungen der Blutalkalessenz von Diabetikern, diese, auf kohlensaures Natron berechnet, in einem Falle

---

*) Kussmaul, Deutsches Archiv f. klin. Med. 1874.
**) Frerichs, Ueber den Diabetes. Berlin 1884.
***) Ehrlich und Brieger, Zeitschr. f. klin. Med. VI.
†) Stadelmann, Deutsches Archiv f. klin. Med. XXXVII.
††) l. c.

286 mg, in einem anderen* 295 mg betrug, während die Alkalescenz des Blutes beim Gesunden nach Conrad zwischen 270 und 301 mg schwankt. Kraus*) hat ebenfalls einen Fall veröffentlicht, bei welchem trotz Coma und hoher Zuckerausscheidung die Blut alkalescenz nicht herabgesetzt war.

Es ist also vorläufig die Ursache des Coma nicht aufgeklärt. Es wäre nur bedauerlich, wenn durch alle diese Theorien über eine Ausgangsform des Diabetes die Zufuhr von Eiweissnahrung, die man auf Grund dieser Theorie für diese Ausgangsform verantwortlich machen will, das einzige uns zu Gebote stehende Mittel zur Milderung des diabetischen Processes, Einbusse erleiden würde.

Prognose. Den Maassstab für die Intensität und für die Bedeutung eines Diabetesfalles bildet in erster Linie die Grösse der Zuckerausscheidung innerhalb einer gewissen Zeiteinheit. Die geringste Zeiteinheit, die als Maass für die Ausfuhr dienen kann, ist der Zeitraum von 24 Stunden, und da der Körper nicht ganz gleichmässig wie ein Uhrwerk arbeitet, ist es noch zweckmässiger, die Zuckermenge in mehreren auf einander folgenden Tagen zu bestimmen, und den Mittelwert aus diesen Beobachtungen als Maassstab für die normale Ausscheidung zu nehmen. Der Harn, der zur Bestimmung des Zuckergehaltes verwendet wird, muss der gesammelten ganzen 24 stündigen Harnmenge entnommen sein. Häufige Untersuchungen haben mich überzeugt, dass die Zuckerausscheidung zu verschiedenen Tageszeiten auch verschieden ist. Am weitesten von einander abstehend ist der Harn, der Morgens nach dem langen Nachtfasten gelassen wird, und der Harn, der 3—4 Stunden nach einer Malzeit gelassen wurde.**)

---

*) Kraus, Prager Zeitschr. f. Heilkunde. 1889. X.

**) Külz hat in einer Reihe von Versuchen mit Zuckerlösungen und in einem Versuche mit Brod gefunden, dass die Zuckerausscheidung rasch nach der Einfuhr oft schon nach $1/2$ Stunde beginnt, und er behauptet, die Zuckerausscheidung sei 4—6 Stunden nach der Aufnahme beendet. Diese Behauptung ist gewiss nicht für alle Fälle zulässig, und ebenso wenig kann aus der raschen Ausfuhr des mit einer Zuckerlösung eingenommenen Zuckers geschlossen werden, dass auch die Amylacea, die mit einer für die Verdauung erst nach Stunden zu bewältigenden Malzeit eingenommen werden, so rasch als Zucker zur Ausscheidung kommen. Pavy hat in seinen Versuchen an North nachgewiesen, dass bei den Malzeiten, die Brod enthielten, die grösste

Sehr wesentliche Bedingung ist ferner, dass nicht der Zuckergehalt des unmittelbar nach der Reise gelassenen Harnes als Maassstab genommen wird.

Ich habe mich wiederholt überzeugt, dass der Urin in den
ersten 24 Stunden nach der Reise, zumal bei nervösen Diabetikern,
viel mehr Zucker enthält als nach langer Ruhe. In welchen Grenzen dieser Zuckergehalt variiren kann, zeigen die beiden nach-
stehenden Analysen:

H. Sp. 20. Mai der unmittelbar nach der Reise entleerte Harn
enthält 5,4 pCt. Zucker.

<table>
<tr><td>21. Mai der durch 24 Stun-</td><td></td><td></td><td></td></tr>
<tr><td>den gesammelte Harn</td><td>»</td><td>3,0</td><td>»   »</td></tr>
<tr><td>Mme. A—sch 4. Mai Harn unmittelbar</td><td></td><td></td><td></td></tr>
<tr><td>nach der Ankunft</td><td>»</td><td>6,1</td><td>»   »</td></tr>
<tr><td>8. Mai 24stündiger Harn</td><td></td><td></td><td></td></tr>
<tr><td>1650 ccm</td><td>»</td><td>0,7</td><td>»   »</td></tr>
</table>

Die Patientin ist hochgradig nervös, war zum ersten Male
allein gereist und dadurch in die grösste Aufregung gerathen.

Wie natürlich müssen auch andere ungewöhnliche, auf die
Zuckerausscheidung fördernd einwirkende Momente ausgeschlossen
werden, wenn es sich um eine Probeanalyse handelt.

Aber selbst die mit allen vorerwähnten Cautelen angestellte
Zuckerbestimmung ist nicht genügend, um über die Intensität des
Diabetes Aufschluss zu geben. Es muss vor Allem in Betracht
kommen, aus welcher Quelle der Zucker stammt. Eine
mässige Zuckerausscheidung bei ausschliesslicher Fleischkost ist
von weit grösserer Bedeutung für den Organismus, als eine viel
reichere Zuckerausscheidung, wenn dieselbe auf Kosten der eingeführten amylumhaltigen Nahrung statt hat. Die Form des

---

Zuckerausscheidung auf die Urinmenge fiel, die zwischen 3—4, in einzelnen
Versuchen selbst zwischen 5—7 Stunden nach der Malzeit gelassen war, und
wie er ausdrücklich hervorhebt, war die vermehrte Zuckerausscheidung noch
am nächsten Morgen nachzuweisen. Külz teilt selbst als eine bedeutungsvolle
Thatsache mit, dass er einem Individuum, welches diabetische Symptome
hatte, und in dessen Harn er keinen Zucker entdecken konnte, gerathen habe,
eine amylaceenreiche Malzeit zu nehmen. Der um 4 Uhr, also wahrscheinlich
3—4 Stunden nach der Malzeit gelassene Harn enthielt 1,1 pCt. Zucker.

Diabetes, oder mit anderen Worten die Quelle der Zuckerbildung muss vor Allem festgestellt werden, wenn es sich darum handelt, ein Urteil über die Intensität des Diabetes zu fällen, und eine den Thatsachen entsprechende Prognose zu stellen. Hat man daher festgestellt, dass ein Diabetes vorhanden ist, und wurde die 24stündige Zuckermenge bestimmt, dann ist es zweckmässig, den Patienten durch 2—3 Tage auf möglichst strenge Fleischkost zu setzen, speciell Zucker und Amylacea auszuschliessen. Nach Verlauf von 3 Tagen wird der Harn abermals gesammelt und wieder eine Zuckerbestimmung gemacht; ist der Zuckergehalt jetzt auf eine geringe Quantität — im Maximum 0,3 bis 0,5 pCt. — gesunken, dann hat man es mit der leichten Form des Diabetes zu thun, der früher vorhanden gewesene Zucker war auf Kosten der eingeführten Stärkenahrung entstanden. Ist aber der Zuckergehalt noch immer in bemerkenswerter Menge vorhanden, und ist nur seine Quantität vermindert infolge des Ausschlusses der stickstofffreien Nahrung, dann findet die Zuckerausscheidung auch auf Kosten der Fleischnahrung statt, d. h. es wird auch Blutzucker ausgeschieden, es ist Diabetes der schweren Form.

Die Feststellung der Form des Diabetes ist die Grundbedingung für die Prognose.

Bei dem Diabetes der schweren Form ist die Prognose eine ungünstige, der letale Ausgang ist, soweit unsere Erfahrungen reichen, unabwendbar, und nur in Bezug auf die Rapidität des Verlaufes sind Unterschiede vorhanden. Bei der Prognose über den Verlauf muss man berücksichtigen:

a) Die Grösse der Zuckerausscheidung bei ausschliesslicher Fleischkost; je grösser diese Ausscheidung ist, desto bedeutender sind die anderen Symptome des Diabetes, und desto rapider sind auch die perniciösen Einwirkungen auf den Gesammtorganismus.

b) Das Alter des Individuums. Je jünger das Individuum, desto rapider ist der Verlauf.

c) Der Grad der schon vorhandenen Ernährungsstörungen. Ist der Kranke bereits sehr herunter gekommen, ist die Abmagerung sehr gross, die Muskelenergie sehr gering, dann ist dem raschen Verlaufe kaum noch eine Schranke zu setzen.

d) Die Verdauungsenergie. Störungen in der Verdauungsthätigkeit bilden ein sehr nachteiliges Moment und befördern den raschen letalen Ausgang.

e) Die äusseren Verhältnisse des Patienten. Diese sind für die Prognose oft von grösstem Belange; je weniger Patient in der Lage ist, sich ohne grosse Opfer reichliche Fleischnahrung zu verschaffen, desto rascher ist der Verlauf der Krankheit. Arme Diabetiker oder solche, die ihren Angehörigen grosse Entbehrungen auferlegen müssen, um die copiöse Fleischnahrung für den eigenen Gebrauch zu schaffen, die also in steter Sorge und Kummer leben, gehen im Allgemeinen rascher zu Grunde, als diejenigen, die unter günstigen äusseren Verhältnissen leben, und reichlich in der Nahrung Ersatz für das Verbrauchte zuführen können.

Die Ursache des Diabetes, welche sie immer sei, scheint, nach meinen Erfahrungen, bei dieser Form gar keinen Einfluss auf den Verlauf zu üben. Die Ernährungsstörung, die durch einen so intensiven Diabetes hervorgerufen wird, ist von solcher Bedeutung für den Organismus, dass sie gleichsam selbständig, von der Ursprungsstelle abgelöst verläuft.

Die Prognose bei der leichten Form des Diabetes ist eine viel günstigere. Kranke dieser Art können nicht blos lange ihr Leben fristen, sie können sich auch unter günstigen Bedingungen bei verhältnismässigem Wohlsein erhalten.

Zwei Momente sind auf den ungünstigen Verlauf dieser Form des Diabetes von besonders nachteiligem Einflusse:

a) Die Zufuhr von Amylaceen.

b) Traurige Gemütsaffecte.

Die Prognose wird bei dieser Form abhängen:

1. Von der Assimilationsfähigkeit des Organismus für Amylacea. Der Kranke, der schon bei der geringsten Zufuhr von Stärkenahrung Zucker ausscheidet, steht im Nachteil gegen jenen, welcher eine mässige Menge Stärkenahrung einführen kann, ohne dass dieselbe als Zucker ausgeschieden wird.

Es ist nämlich kaum möglich, einen Patienten auf die Dauer vieler Jahre auf ausschliessliche Fleischkost zu setzen, es muss immer eine mässige Menge stärkemehlhaltiger Nahrung gestattet werden. Wenn nun der Organismus noch diese Menge normal umsetzt, oder wenn durch entsprechende Heilmittel die Krankheit so weit beherrscht werden kann, dass eine mässige Stärkezufuhr kein diabetisches Symptom hervorruft, dann kann der Kranke das von ihm geforderte Regime, bei dem er sich wohl befindet, durchführen, und die Prognose ist eine sehr günstige.

2. Von der Gewissenhaftigkeit des Patienten in Befolgung der diätetischen Vorschriften. Nach meiner Ueberzeugung liegt die Art des Verlaufs dieser Form des Diabetes zum grössten Teil in der Hand des Patienten. Wer im Stande ist, mit Ausdauer die vorgeschriebene Diät einzuhalten, kann die Krankheit niederhalten; jedes Abweichen vom Regime ruft von Neuem wieder die Symptóme des Diabetes hervor, und selbst die kleinen Störungen summiren sich zu wesentlichen Nachteilen. Nach meiner Erfahrung muss der Arzt, bervor er sich über Prognose ausspricht, dem Charakter seines Patienten volle Rechnung tragen. Von Energie, Ausdauer und Pflichtgefühl hängt da oft mehr ab, als von der Behandlung des Arztes.

3. Die psychische oder moralische Individualität des Patienten ist noch aus einem anderen Grunde für die Prognose von grosser Bedeutung. Je ruhiger, heiterer, leichtlebiger der Patient ist, desto günstiger gestaltet sich die Prognose. Sehr erregbare, ängstliche, schwarzsehende Naturen leben unter viel ungünstigeren Bedingungen, da jede Gemütserregung die Symptome des Diabetes hervorruft und steigert.

4. Von dem Alter des Patienten. Wenn die Krankheit im jugendlichen Alter, also zwischen 20—40 Jahren, auftritt, wird sie leicht perniciös, wenn sie auch anfangs in sehr milder Form erscheint. Ein nicht mehr jugendliches Alter gestattet einen günstigen Ausspruch über den Verlauf.

5. Von dem Grade, bis zu welchem die Folgen der Ernährungsstörung fortgeschritten sind. Wenn die Individuen sehr herunter gekommen sind, ist weniger Hoffnung für den günstigen Verlauf, als da, wo man es mit einem wohlgenährten Kranken zu thun hat. Doch darf man diesem Momente allein nicht zu viel Gewicht beilegen. Ich sah wohlgenährte, zumal sehr fettleibige Kranke rasch zu Grunde gehen, während sich Individuen, die schon

ziemlich herunter gekommen waren, wieder recht erholten und
lange erhielten.

Bei der Stellung der Prognose in Bezug auf einen Fall von
Diabetes sind zwei Klippen zu vermeiden. Viele Aerzte sind noch
so ängstlich, dass sie bei dem Erscheinen einer geringen Zuckermenge grosse Gefahr sehen. Diese Anschauung ist nach unseren
jetzigen Erfahrungen in Bezug auf Diabetes ungerechtfertigt. Aber
für den Patienten noch nachteiliger ist es, wenn der Arzt in's entgegengesetzte Extrem umschlägt, und wenn er mit dem Verschwinden des Zuckers den Kranken für geheilt erklärt. Der Diabeteskranke muss es wissen, dass er nur insolange sich wohl erhalten
kann, als er die entsprechende Diät beobachtet, dass er nie mehr
in dem Sinne gesund werden kann, dass er sich jede Nahrung
gestatten darf. Der Arzt, der seinem Kranken diesen, der Erfahrung entsprechenden Sachverhalt klar macht, leistet ihm einen
wesentlichen Dienst, während derjenige, der seinen Kranken als
geheilt entlässt und jeder diätetischen Vorschrift entbindet, sehr
bald schwere Rückfälle beobachten wird.

VIII. CAPITEL.

Anatomischer Befund.

Ich habe leider auf diesem Gebiete geringe selbständige Erfahrungen, von den Kranken, die ich in Carlsbad behandelte, starben daselbst nur Wenige, von den in der Ferne Gestorbenen wurden mir nur wenige Sectionsergebnisse bekannt, die ich bei den betreffenden Krankheitsgeschichten mittheile.

Um die Lücke in der Schilderung des Diabetes mellitus auf Grundlage einer reichen Casuistik auszufüllen, habe ich mich an Prof. Rokitansky mit dem Ansuchen gewendet, mir zu gestatten, das Material zu benützen, welches in den Sections-Protokollen des Wiener Allgemeinen Krankenhauses niedergelegt ist. Rokitansky hat diesem Ansuchen in der freundlichsten Weise entsprochen. Ich habe die anatomischen Befunde aller Diabetesfälle gesammelt, welche seit 32 Jahren zur Section kamen, und zwar vom Jahre 1838 bis zum Jahre 1870. Es waren 30 Fälle. Die Ergebnisse dieser Befunde bilden das wichtigste Substrat für die nachfolgende Darstellung.

Die Sectionsergebnisse sind ziemlich spärlich und durchaus nicht constant. Eine in allen Fällen vorhandene Organveränderung ist bis jetzt noch nicht nachgewiesen. Unzweifelhaft hat hier die mikroskopische Untersuchung noch ein reiches Feld für ihre Forschung, und ihr dürfte gelingen, was bis jetzt der makroskopischen Untersuchung nicht geglückt ist: die unzweifelhaft vorhandenen Gewebsveränderungen zu ermitteln.

Nach den Organen lassen sich die gefundenen Veränderungen folgendermaassen gruppiren:

a) Gehirn- und Rückenmark. Wesentliche Veränderungen
sind in den von Rokitansky beobachteten Fällen nicht verzeichnet. Die Dura mater war fast immer sehr gespannt, die inneren
Hirnhäute getrübt, serös infiltrirt, das Gehirn feucht, oft teigartig,
mässig mit Blut versehen, in drei Fällen war die Gehirnmasse
aussergewöhnlich feucht, Oedema cerebri, die äusserste Rinden-
schicht hie und da beim Abziehen an der Pia haften bleibend. In
einem der letztgenannten Fälle war die Medulla oblongata derb, der
Pons Varoli weich, die Oliven klein, derb, blutarm; in einem anderen
Falle war die Medulla oblongata dünn, mässig weich, die linke Olive
auffällig kleiner, derb anzufühlen, am Halbirungsdurchschnitte die
graue Substanz sehr blass, nur schwer von der weissen Markmasse
zu unterscheiden. In einem einzigen Falle war mit Gehirnödem
Hydrocephalus chronicus vorhanden. In einem Falle von allgemeiner
Tuberculose waren die inneren Hirnhäute am Chiasma und an der
Fossa Sylvii getrübt, von einer gräulichgelben Flüssigkeit infiltrirt
und mit hirsekorngrossen Tuberkelknötchen besetzt. Auf der
unteren Fläche der linken Kleinhirnhemisphäre ein erbsengrosser
Tuberkel.

Bei einem von mir beobachteten Kranken, No. 108, der seit
seinem 15. Jahre infolge eines Falles auf's Hinterhaupt an Gehirn-
symptomen und später an Diabetes mellitus gelitten hat, fand sich
ein nussgrosser Tumor in der Medulla oblongata. (Das Nähere im
Anhange.)

Recklinghausen*) fand bei einem Individuum, welches nach
einer Kopfverletzung diabetisch geworden war, einen Tumor im
vierten Ventrikel, der die Stelle des Plexus choroideus einnahm,
und der wahrscheinlich aus einer chronisch entzündlichen Anschwellung des Plexus hervorgegangen war. Im rechten Vorder-
lappen genau vor dem Bulbus olfactorius war ein infolge von Entzündung entstandener Erweichungsherd.

Richardson**) fand in drei von ihm secirten Diabetesfällen
infolge von Gehirnerkrankung das einemal einen Tumor von Bohnen-
grösse, welcher auf die untere Fläche der Medulla oblongata drückte;

---

*) Virchow's Archiv Bd. XXX.
**) Richardson, On Diabetes. Med. Times and Gazette 1866.

das zweitemal einen Erweichungsherd am Boden des vierten Ventrikels; das drittemal eine nicht näher bezeichnete Erkrankung der
Gefässe an der Hirnbasis.

Murray*) berichtet über einen acut verlaufenen Fall von Diabetes, dass sich in der Hirnbasis, in der Medulla oblongata und in
der Substanz des Pons ein Blutextravasat gefunden habe.

Luys**) fand in zwei Fällen Veränderungen auf dem Boden
der vierten Gehirnkammer. In der oberen Portion bemerkte man
einige zerstreute, röthliche Flecken und andere unterhalb des Inser-
tionspunktes der Streifen des Acusticus. Auf dem Durchschnitte
fand sich die ganze graue Substanz dieser Teile ungewöhnlich
gefässreich und von rosigem Aussehen. Die mikroskopische Untersuchung wies nach, dass die röthlichen Flecken ihre Färbung einer
fettigen Degeneration der in ihnen enthaltenen Ganglienzellen ver-
danken, die ihre regelmässigen Contouren verloren haben und in
Haufen von feinen Körnchen verwandelt sind, welche die Kerne
decken.

Dickinson***) glaubt, gestützt auf fünf Fälle, bei denen er
eine genaue mikroskopische Untersuchung des Gehirns vorgenommen
hat, dass jedem „idiopathischen" Diabetes perivasculäre Excavationen
an verschiedenen Stellen des Gehirns und Rückenmarks zu Grunde
liegen. Diese Veränderungen kämen durch Erweiterung der Gefässe
zu Stande, um diese erweiterten Gefässe erkrankt die Nervensubstanz
und geht allmälig zu Grunde. Die an Stelle der zerstörten Substanz entstehenden Hohlräume sind mit Detritus aus dieser zu
Grunde gegangenen Substanz, mit Pigmentkörnern und Blutextravasaten erfüllt.

Andere Forscher konnten diesen mikroskopischen Befund nicht
bestätigen.

Bischoff†) spricht, gestützt auf die Resultate einer Section,

---

*) Murray, Glycosurie by the pressure of a clot etc. Lancet 1860.
**) Luys, Diabète avec lésion du quatrième ventricule. Gazette med.
1860—1861.
***) Dickinson, On certain morbid changes in the nervous system asso-
ciated with diabetes. Brit. med. journal. 1870.
†) E. Bischoff, Ein Beitrag zur Pathologie des Diabetes mellitus.
Aerztliches Intelligenzblatt 1873.

die Vermuthung aus, dass manche Diabetesfälle durch einen atheromatösen Process in den Arterien am Boden des vierten Ventrikels und dessen Umgebung entstanden sein könnten, und will die Aufmerksamkeit der Anatomen auf diese oft nur durch das Mikroskop nachweisbaren Gefässveränderungen lenken.

Zenker fand in einem Falle von Diabetes die Lagen der Ganglienzellen im vierten Ventrikel nach fast völligem Verschwinden der grauen Substanz entblösst.

Mosler*) fand bei der Section eines 39jährigen Diabetikers einen taubeneigrossen Erweichungsherd am Nucleus dentatus der linken Kleinhirnhemisphäre.

A. Weichselbaum**) fand bei der Section eines 34jährigen Mannes, welcher etwa zwei Jahre lang die Erscheinungen des Diabetes mellitus gezeigt hatte, multiple Sclerose des Gehirns und Rückenmarks, insbesondere zwei sclerotische Herde in der Rautengrube, davon einer an der Spitze der rechten Ala cinerea, $1/2$ cm im Durchmesser haltend und 3 mm in die Tiefe greifend; der zweite eben so grosse Herd auf derselben Seite vor den Striae acusticae vom Sulcus longitudinalis foveae rhomboideae bis nach aussen zum Locus coeruleus sich erstreckend.

Edwards***) hat gleichfalls in einem Falle von Diabetes multiple Sclerose gefunden, und glaubt das Entstehen der Glykosurie sei mit dieser in Zusammenhang zu bringen durch Auftreten von sclerotischen Herden am Boden des vierten Ventrikels.

b) Leber. Unter Rokitansky's Fällen wurde die Leber 15mal vergrössert, blutreich, derb gefunden, in einzelnen Fällen waren die Acini minder deutlich abgegrenzt, selbst verwischt, die Farbe war meist dunkelbraun. In zwei Fällen war die Leber klein, blutarm. Einmal war ein Medularcarcinom der Leber vorhanden, einmal Tuberculose.

Vergrösserung der Leber wurde auch von vielen anderen Beobachtern gefunden. Bernard (Leçons 1855) fand die Leber eines an Apoplexie verstorbenen Diabetikers zweimal so gross, als bei Gesunden. Andral fand wiederholt Lebervergrösserung.

---

*) Archiv für klinische Medicin XV.
**) Wiener med. Wochenschrift 1881.
***) Revue de méd. 1886.

Stockvis*) fand in einem Falle die Leber wesentlich vergrössert, der Breitendurchmesser war 29 cm, die Länge 18 cm,
die Dicke 9,7 cm, das Gewicht 1779 g. Capillargefässe stark injicirt, das Aussehen das der Muskatnussleber. Die mikroskopische
Untersuchung zeigte schöne, deutliche Zellen mit 1, 2 oder 3 Kernen,
in welchen 2 oder 4 Kernkörperchen sichtbar waren, eine grosse
Anzahl minder grosser Kerne mit Kernkörperchen, einzelne junge
Zellen mit sehr dicht an der Zellenwand anliegenden Kernen, sehr
wenig Fettkugeln und eine nicht geringe Anzahl spindelförmiger
und verjüngter Zellen mit mehr oder weniger oblongen Kernen.

Tscherinow**) theilt einen Fall mit, bei welchem das Mikroskop Atrophie der Leberzellen nachwies. Die makroskopische Untersuchung zeigte nichts Anomales. Die Leber war derb und dicht,
ihre Farbe dunkel kirschroth, die Acini sichtbar und von normaler
Grösse. Die mikroskopische Untersuchung ergab Folgendes: Die
Contouren einzelner Leberzellen waren nicht sichtbar, die Zellen
flossen in der Form einer gleichförmigen amorphen Masse mit einer
grossen Masse zerstreuter Kügelchen braunen Pigments ineinander.
Die Zellen waren atrophirt, sie hatten im Durchmesser 0,004 bis
0,008 mm, während normale Zellen oft 0,016 mm Grösse haben.
Die Kerne der Zellen waren gar nicht zu sehen, ebenso wenig
waren Fettkügelchen vorhanden.

Rindfleisch***) gibt als mikroskopisch-anatomischen Befund
ein verschiedenes Verhalten der drei Blutgefässbezirke des Acinus
an. Der Pfortaderbezirk zeigt das Leberzellennetz in einem mehr
gequollenen als vergrösserten Zustand, der Arterienbezirk, die
mittlere Region, ist fettig infiltrirt, das Centrum dagegen fast
normal. Die Contouren der Zellen verschwimmen, und Rindfleisch
bemerkt mit grosser Reserve, dass dieser Befund vielleicht auf
eine Volumszunahme zu beziehen sei.

c) Pankreas. Ziemlich häufig wird das Pankreas verändert
gefunden. In Rokitansky's Fällen wurde das Pankreas 13 mal

---

*) Stockvis. Wiener med. Wochenschrift 1857.
**) Tscherinow zur Lehre vom Diabetes mellitus. Virchow's Archiv,
47. Bd.
***) Rindfleisch, Lehrbuch der patholog. Anatomie 1867.

„auffallend klein", schlaff, blutleer gefunden. Mehreremal war die Atrophie hochgradig.

In einem Falle (Johann Schigl, 35 Jahre, Lehrer, 1858) war das Pankreas schlaff, klein, dunkelroth, die Epithelialzellen in demselben in deutlicher Verfettung begriffen, an manchen Stellen das acinöse Gewebe kaum zu erkennen.

In einem zweiten Falle (vom 11. Nov. 1856) ist das Pankreas auf ein Viertel der Normalmasse geschwunden, sein Ductus von hanfkorngrossen, bis 10 Linien langen, walzenförmigen, stachlich rauhen, weissen Steinen zur Gansfederspuhlweite ausgedehnt und dickhäutig. Die Concretionen setzen sich als feine Aestchen in die feinsten Ductuli fort, in welcher Gestalt sie auf dem Durchschnitte erscheinen.

In einem dritten Falle (19. Juli 1850) ist das Pankreas in einen grauen, schwieligen Strang verwandelt. In der Gegend seines Kopfes einige Reste von körniger Substanz.

Recklinghausen*) hat auch zweimal sehr eigentümliche Veränderungen des Pankreas bei den an Diabetes Verstorbenen beobachtet. In einem Falle war der mittlere Teil des Pankreas in einen kugeligen, fast kindskopfgrossen Sack verwandelt, nur der Kopf des Pankreas war erhalten. Der Sack war wahrscheinlich durch Ektasien des Ductus Wirsungianus entstanden. Im zweiten Falle befand sich an der Stelle des Pankreas ein in Form und Grösse vollkommen mit ihm übereinstimmender Körper, dessen Läppchen aber fast ganz aus Fettgewebe bestanden. Der Ductus war stark erweitert, und durch seitliche Aussackungen varicös gestaltet; wahrscheinlich handelte es sich um eine chronische Entzündung der Drüsengänge, welche durch Steinbildung bedingt war.

Hartsen**) theilt zwei Fälle von Diabetes mellitus mit, bei welchen eine so hochgradige Pankreasatrophie gefunden wurde, dass die Drüse als solche nicht erkannt werden konnte; die Leber war in einem der Fälle von kleinen Abscessen durchsetzt, im anderen hypertrophisch, colloidhaltig.

---

*) a. a. O.
**) Hartsen. Noch etwas über Diabetes mellitus. Donders' und Bertin's Archiv III.

Fles*) fand bei der Section eines Diabetikers das Pankreas ganz in Bindegewebe verwandelt, die Leber war klein, die Leberzellen verkleinert.

d) Nieren. Unter den von Rokitansky beobachteten Fällen waren die Nieren 30 mal krankhaft verändert, sie waren stets bedeutend vergrössert, in einzelnen Fällen blutreich, derb; in anderen Fällen ist die Consistenz vermindert, die Kapsel leicht abziehbar, die Corticalsubstanz blass, aufgelockert, von zahlreichen blassgelben Stellen durchzogen, zwischen denen die Malpighischen Körperchen deutlich vorspringen. Die Pyramidensubstanz ist in diesen Fällen dunkelrothbraun, ihre Kelche und Becken etwas injicirt. Die Veränderungen sind also die Folge entweder einer einfachen Nierenhyperämie oder in selteneren Fällen die einer parenchymatösen Nephritis. Das Stadium der Rückbildung und Atrophie kam nicht zur Beobachtung. In einem Falle war eine amyloide Degeneration der Nieren vorhanden, dreimal wurden Tuberkel in den Nieren gefunden.

In der letzten Zeit hat man häufig eine Structurveränderung der Epithelien der Grenzschichte an dem Isthmus der Henle'schen Schleifen gefunden. Diese hyaline Degeneration wurde von Ebstein**) auf eine Coagulationsnekrose zurückgeführt, während Frerichs***) und Ehrlich dieselbe als glykogene Infiltration ansahen, da die in diesen Epithelien niedergelegte Substanz mit Jod oder Jodgummi sich braun färbt. Frerichs deutet diese Infiltration dahin, „dass an diesem Orte, in dem engsten System der Harnkanälchen, Processe der Aufsaugung stattfinden, und dass die glykogene Metamorphose den Ausdruck und den physiologischen Effect der continuirlichen Zuckerresorption darstellt".

e) Lungen. Unter den 30 Fällen war die Lunge nur 7 mal normal, in allen anderen Fällen war die Lunge krankhaft verändert, und zwar waren fast immer eine oder auch beide Lungen tuberculös infiltrirt und von zahlreichen Cavernen durchsetzt. In einzelnen Fällen wurden zahlreiche grauröthliche Hepatisationen als

---

*) Fles. Ein Fall von Diabetes etc. Donders' Archiv Bd. III.
**) Ebstein. Die Zuckerharnruhr.
***) l. c.

Folgen von lobulärer Pneumonie gefunden, einzelne dieser Hepatisationen waren zerfallen und bildeten Jaucheherde. Auch ausgedehnte Pneumonien und pleuritische Exsudate waren in einzelnen Fällen vorhanden.

Andere Beobachter haben in Bezug auf Lungenerkrankung ein minder ungünstiges Resultat gefunden. Ogle*) stellte 15 Sectionsbefunde aus dem St. Georgshospital zusammen; unter diesen war 7 mal Lungentuberculose und 2 mal Pneumonie nachzuweisen, 5 mal war die Lunge gesund.

Nach Leyden**) zeigt die diabetische Lungenphthise makroskopisch im Ganzen das bekannte Bild der käsigen Infiltration mit Zerfall und Cavernenbildung. Mikroskopisch ist die intensive Erkrankung der arteriellen Gefässe in den Tuberkelknoten am bemerkenswertesten. Je nach der Grösse der Knoten sind ein oder zwei oder selbst mehrere grössere Arterienzweige erkennbar, welche deutlich die der Arteriitis obliterans zugehörige Erkrankung zeigen, mit völliger Verschliessung oder beträchtlicher Verengerung der Lumina.

f) Magen und Darmkanal. In Rokitansky's Sectionsbefunden findet sich mehrere Male (3 mal) chronischer Magenkatarrh. Die Schleimhaut ist hyperämisch, schiefergrau pigmentirt. Die Oberfläche derselben gewulstet (mamelonée), drusig, uneben, in vier Fällen sind hämorrhagische Erosionen vorhanden. In einem dieser Fälle enthielt der Magen mehr als 1½ kg schwärzliches Blut. Im Darme zweimal dysenterische Geschwüre.

Die grosse Bedeutung, welche Sectionsbefunde für die Kenntnis des diabetischen Processes haben, die günstige Aufnahme, welche die hier mitgeteilten Sectionsergebnisse aus dem pathologisch-anatomischen Institut der Wiener Universität fanden, bestimmte mich, auch die Resultate jener Sectionen zu sammeln, welche seit dem Erscheinen der 1. Auflage dieses Buches in den Protokollen dieses Institutes niedergelegt waren, und deren Benützung der jetzige Vorstand, Professor Kundrat, mir in liberalster Weise gestattete.

*) Ogle, St. George hospital Reports, 1865.
**) Leyden, Bemerkungen über die diabetische Lungenphthise. Zeitschrift für klin. Medicin. Bd. IV. H. 1 u. 2.

Vom Beginne des Jahres 1870 bis November 1892 kamen 92 Fälle zur Section, und es ergaben sich dabei folgende Veränderungen:

a) Gehirn und Rückenmark. Das Gehirn war in 53 Fällen nicht ganz normal. Unter den Veränderungen ist 5 mal Anämie, 8 mal stärkere Hyperämie, die in einem Falle mit leichter Suffusion der Meningen combinirt war, angegeben; Oedem der Meningen allein bestand in 4, Oedem des Gehirns in 10, Oedem beider in 8 Fällen. Von wesentlicheren, das ganze Gehirn betreffenden Veränderungen ist 8 mal Atrophie erwähnt, einigemale darunter war die Atrophie hochgradig und ging mit Hydrocephalus einher; zweimal fand sie sich bei Leuten über 60 Jahre.

Die übrigen Veränderungen waren auf kleinere Gebiete beschränkt, und zwar fand sich bei drei Sectionen eine isolirte Erweiterung des vierten Ventrikels mit gleichzeitiger Hirnhyperämie, und in einem dieser Fälle ist leichte Granulirung des Ependyms des vierten Ventrikels hervorgehoben. In einem Falle waren beide Hinterhörner narbig verschlossen, das Ventrikelependym über dem Septum granulirt; Medulla oblongata, Pons und die basalen Ganglien waren sehr blass, die Meningen getrübt und ödematös. Hämorrhagien wurden 4 mal gefunden: In einem Falle bestanden intermeningeale Blutungen über dem Stirnlappen und Schläfelappen beider Grosshirnhemisphären, dem Chiasma der Sehnerven, dem Pons und dem Unterwurm, Blutung in die Ventrikel, deren Wandungen erweicht und in den Hinterhörnern blutig suffundirt waren, ferner rothe Erweichung des Gyrus fornicatus der rechten Seite. Im zweiten Falle fand sich eine bohnengrosse Ecchymose am Boden des vierten Ventrikels, dabei chronisches Oedem des Gehirns und durchscheinende Granulationen am Tegmentum der erweiterten Ventrikel. Im dritten Falle wurde eine Hämorrhagie im Nucleus lentiformis und der äusseren Kapsel der rechten Seite mit Durchbruch in die Ventrikel nachgewiesen. Der vierte Ventrikel enthielt ein erbsengrosses, schwarzes Coagulum. Im vierten Falle fand man eine frische Blutung im Thalamus opticus und der inneren Kapsel der rechten Seite neben einer alten apoplectischen Cyste im rechten Linsenkern und der äusseren Kapsel. Einmal fanden sich an der Spitze des Stirnlappens und an der Kuppe des Hinterhauptlappens, ent-

sprechend dàrüber befindlichen Narben in Haut und Knochen, circumscripte eingesunkene, bräunlichgelb pigmentirte, schwielige Stellen,
in denen die mikroskopische Untersuchung Verkalkung der Ganglienzellen ergab; beiderseits über dem Stirnlappen lagen in der Arachnoidea
runde Knochenplättchen mit einem Durchmesser von ungefähr 1 cm.
Einmal wurde in einem Gehirn, dessen Dura entsprechend einer
nekrotischen Stelle der Schädelknochen am Scheitel verdickt und
mit eitrigem Exsudat belegt war, die Gegend des Calamus scrip-
torius im vierten Ventrikel auffallend eingesunken gefunden. In
einem Falle fand sich in der Tela choroidea inferior ein kirsch-
kerngrosser Cysticercus; der untere Teil des vierten Ventrikels war
durch Anwachsen der Tela obliterirt.

Das Rückenmark war einmal in seinem Lendenteil in den
Seiten- und Hintersträngen grau degenerirt.

Der Sympathicus bot dreimal Veränderungen: Einmal ein-
seitige circumscripte Verdickung des Halsgrenzstranges; einmal auffallende Zartheit des Halsgrenzstranges der einen Seite mit schwacher
Entwickelung des mittleren Ganglion cervicale; einmal war der
Halsgrenzstrang der einen Seite sehr zart, das betreffende Ganglion
supremum auffallend langgestreckt.

b) Leber. Die Leber war 9 mal fettig, 7 mal parenchymatös
degenerirt, 8 mal fettig infiltrirt, 4 mal atrophisch, 4 mal cirrho-
tisch, 5 mal bestand Stauungsleber, 2 mal Tuberculose der Leber.
In einem Falle fanden sich zalreiche bis erbsengrosse gelbe Steine
in der Gallenblase. Einmal bestand eine Gallenblasenfistel, die
in die mit der Gallenblase fest verwachsene Flexura coli dextra
mündete.   .

c) Pankreas. Veränderungen des Pankreas sind 18 mal
notirt. 9 mal ist es als atrophisch angegeben, nämlich kleiner,
dabei schlaff, in einem Falle dichter, 1 mal stellenweise graulich,
1 mal dunkler bräunlich verfärbt; schlaff, matsch und gequollen
fand es sich in 4 Fällen, dabei war es 2 mal gelblich, 1 mal
graurötlich, 1 mal blassrötlich verfärbt; 1 mal zeigte es sich bloss
schlaff, sonst normal, 1 mal war es ziemlich derb, und die Acini
waren auffallend klein. 1 mal war das blassgelbrote grobkörnige
gewöhnliche Dimensionen zeigende Pankreas mit der hinteren
Magenwand verwachsen. 1 mal war es in einen daumendicken

mit der Umgebung verwachsenen fibrösen Strang verwandelt; in einem Falle war es verdickt, wachsgelb, mit dicht aneinander gedrängten Acinis. In einem anderen Falle ist es als lang, schlank, locker angegeben. In einem Falle endlich war es zu Nekrose des peripankreatischen Fettgewebes und des Pankreasschweifes selbst gekommen, vom Pankreaskopf war noch ein querstehender Wulst erhalten, in dem die Läppchen weiss verfärbt waren; durch Infection mit den braungelben nekrotischen Massen war eine tötliche Peritonitis entstanden.

d) Nieren. Die häufigste Veränderung in den Nieren war parenchymatöse und fettige Degeneration (34 mal); acute hämorrhagische Nephritis fand sich 1 mal, Schrumpfniere kam 9 mal zur Beobachtung; 2 mal bestand chronische Tuberculose der Nieren; Hypertrophie wurde in 4 Fällen angetroffen, eine dieser hypertrophischen Nieren enthielt zalreiche kleine Cysten.

e) Lungen. Auch in dieser Serie von Sectionen waren die Lungen nur in verhältnismässig wenigen Fällen normal. In 40 Fällen fand sich Tuberculose der Lungen, einige Male von tuberculöser Pleuritis begleitet. Ausserdem ergab die Section 9 mal kruppöse und 8 mal lobuläre Pneumonie, Lungenödem ohne sonstige Veränderungen 13 mal, und blosse Hyperämie der Lunge 4 mal. Diffuse Lungengangrän fand sich 2 mal, während circumscripte Gangrän im rechten Oberlappen 1 mal infolge Durchbruchs eines ausgebreiteten exulcerirten Oesophaguscarcinoms entstanden war. Hämorrhagischer Lungeninfarct kam 1 mal zur Beobachtung.

f) Magen und Darmkanal. Magendilatation wurde 6 mal vorgefunden; die Magenschleimhaut war 5 mal mit zalreichen Ecchymosen besetzt, im Zustand starker Wulstung und Rötung wurde sie 3 mal betroffen. Heftigere acute Darmcatarrhe wurden in 4 Fällen constatirt, starker chronischer Dickdarmcatarrh ist in einem Falle bemerkt. In 2 Fällen bestanden (bei gleichzeitiger Lungentuberculose) tuberculöse Geschwüre im Ileum.

Von den pathologisch-anatomischen Veränderungen, welche uns in den Leichen der Diabetiker begegnen, sind die meisten auf Folgekrankheiten des Diabetes zu beziehen. Die constanteste Veränderung ist die, welche uns in den Nieren begegnet; die übermässigen Leistungen, zu welchen die Nieren durch die mit Diabetes

so häufig vergesellschaftete Polyurie veranlasst werden, bedingen
die fast immer vorkommende Nierenhyperämie, und die anomalen
Bestandteile, welche mit dem Harn ausgeschieden werden, wie
Zucker, Aceton, Acetessigsäure u. s. w. sind ebenso viele Reize,
welche zu chronischen Nierenentzündungen Veranlassung geben. Die
Veränderungen in der Lunge entwickeln sich im Laufe des Diabetes,
und fast immer im Endstadium desselben, und wenn der Zusammenhang auch nicht klar liegt, sind diese Veränderungen doch unzweifelhaft als Folgekrankheiten aufzufassen.

Die zuweilen vorkommenden Magenerkrankungen sind gewiss
nur die Folge der überreichen Nahrungszufuhr, oder der zulange
fortgesetzten, ausschliesslichen Fleischkost. Es wird durch
dieselben nicht selten Magencatarrh, der selbst hochgradig werden
kann, veranlasst.

Eine nicht selten vorkommende pathologische Veränderung ist
die Blutüberfüllung der Leber. Wir vermögen diese, wenn wir uns
nicht auf Hypothesen einlassen wollen, nicht zu erklären, wir
wissen nach unsern heutigen physiologischen Erfahrungen nur, dass
die Leistungsfähigkeit der Leberzelle bei der leichten Form des
Diabetes eine veränderte ist. Ob mit dieser physiologischen Veränderung eine anatomische Hand in Hand geht, kann heute um so
weniger gesagt werden, da die mikroskopischen Befunde noch sehr
widersprechend lauten.

Anders verhält es sich mit den Veränderungen, die im Gehirn
und im Pankreas angetroffen werden. Diese Veränderungen weisen
auf Störungen hin, die nicht die Folgen des Diabetes sind, sondern
diesem wahrscheinlich vorausgehen und denselben veranlassen. Die
klinische Erfahrung, das physiologische Experiment und die Aetiologie stimmen darüber überein, dass Erkrankungen in den Centralnervenorganen sehr häufig dem Diabetes zugrunde liegen, und die
pathologisch-anatomischen Befunde geben nur die Bestätigung dieser
auf anderen Wegen gewonnenen Erfahrungen.

Dass Veränderungen im Pankreas mit Diabetes vergesellschaftet sind, haben uns zuerst die Leichenbefunde gelehrt, die
klinischen Thatsachen lassen uns hier im Stiche, aber dafür hat
das Experiment in unzweifelhaftester Weise festgestellt, dass durch
das Fehlen des Pankreas, resp. durch dessen Exstirpation der

hochgradigste Diabetes veranlasst wird. Es liegt also nahe, dass auch krankhafte Veränderungen in diesem Organe an der Entstehung des Diabetes beteiligt sein können, und die mit Diabetes vorkommenden Pankreasveränderungen werden als die Krankheitsveranlasser ins rechte Licht gestellt. Andrerseits widerlegt aber auch die Thatsache, dass das Pankreas verhältnissmässig häufig normal gefunden wird, jene Anschauung, welche den Diabetes überhaupt auf Pankreaserkrankung zurückführen will.

IX. CAPITEL.

Die Zuckerbestimmung im Harne.

Es ist wünschenswerth, dass der behandelnde Arzt selbst imstande sei, sich über das wichtigste Symptom des Diabetes, über die Anwesenheit von Zucker im Harne und über die Menge, in welcher derselbe anwesend ist, ein Urteil zu bilden. Die vielen vorzüglichen Handbücher über Harnanalyse geben alle Methoden der Zuckerbestimmung. Aber einerseits ist die grosse Zahl der dort angeführten Methoden für den praktischen Arzt oft beirrend, andererseits stellen sich bei diabetischen Harnen zuweilen Schwierigkeiten heraus, die nur dem klar werden, der mit diesen Analysen sehr vertraut ist. Ich habe seit mehr als 30 Jahren zahllose Zuckerbestimmungen im Harn gemacht und habe dabei die Bedürfnisse des Praktikers kennen zu lernen Gelegenheit gehabt. Ich möchte in diesem Capitel nur diesen Bedürfnissen Rechnung tragen und will nun nachstehend in Kürze die für den praktischen Arzt am meisten verwerthbaren Methoden besprechen.

Die einfachste aber leider nur wenig verlässliche Methode ist die, das specifische Gewicht des Harnes zu bestimmen und daraus Schlüsse auf den Zuckergehalt zu machen. Der Zuckergehalt des diabetischen Harns erhöht natürlich sein specifisches Gewicht: in dem Maasse, als mehr Zucker vorhanden ist, muss auch das specifische Gewicht höher sein. Wenn das Verhältnis zwischen Zuckerzunahme und Steigerung des specifischen Gewichtes theoretisch oder empirisch festgestellt werden könnte, liesse sich aus dem specifischen Gewichte die Zuckermenge bestimmen. Die Feststellung wäre möglich, wenn nicht mit dem Zucker zugleich andere Bestandteile vorhanden wären, welche das specifische Gewicht des Harnes wesentlich mit bestimmen; der Harnstoff insbesondere, als der Haupt-

bestandteil des Harns, hat auf das specifische Gewicht desselben
einen bedeutenden Einfluss. Ein Diabetiker, der reichlich Fleischkost geniesst, kann Harn von hohem specifischen Gewichte und
doch nur eine mässige Menge Zucker zeigen.

In wie weiten Grenzen das Verhältnis zwischen specifischem
Gewichte und Zucker schwankt, mögen nachfolgende, meinen Beobachtungen entnommene Ziffern beweisen:

No.	spec. Gew.	Zucker in Procenten
2	1050	6
4	1050	5
4	1045	5
2	1035	2
7	1030	2
9	1028	2
9	1030	3
8	1025	1,2
7	1025	Spuren.

Diese wenigen Beispiele beweisen zugleich, dass alle Tabellen
irrig sind, in welchen auf Grundlage des specifischen Gewichtes der
Zuckergehalt des Harns ziffermässig dargelegt ist.

Ein zweiter Uebelstand bei Bestimmung des specifischen Gewichtes ist der, dass die Urometer sehr oft unverlässlich sind.

Es ist kaum möglich, einen guten Urometer, der zugleich
niedere und hohe specifische Gewichte anzeigt, herzustellen. Bei
den gewöhnlichen Urometern werden nur die beiden Endpunkte, das
specifische Gewicht des destillirten Wassers und das einer Flüssigkeit, deren specifisches Gewicht etwa 1,060 beträgt, direct durch
Messung bestimmt; die dazwischen liegenden Scalenpunkte werden
durch eine geometrische Construction ermittelt. Bedingung für die
Richtigkeit dieser Construction ist, dass die Spindelstücke, welche
zwischen den empirisch gefundenen Scalenpunkten liegen, vollkommen cylindrisch und in allen ihren Querschnitten von gleicher
Grösse seien. Urometer mit schlecht calibrirten Röhren werden
also unrichtige Daten geben. Je dünner und kürzer die Spindel
ist, je enger die Teilstriche neben einander liegen, desto grösser
können die Fehler sein. Diese Fehler werden noch durch die bei
eng aneinandergelegenen Teilstrichen unvermeidlichen Ablesungs-

fehler wesentlich vermehrt. Um einigermaassen verlässliche Resultate zu erzielen, müsste man Urometer mit sehr langer Spindel haben, aber, da diese wenig handsam und leicht zerbrechlich sind, ist es zweckmässiger, zwei Urometer zu benützen, von denen der eine von 1000 bis 1025 und der andere von 1025 bis 1050 reicht; ein höheres specifisches Gewicht gehört ohnedies zu den grossen Seltenheiten.

Eine bequeme und rasche Methode, Zucker nachzuweisen, ist die sogenannte Moore'sche oder Heller'sche Kaliprobe. Ein langes und ziemlich enges Proberöhrchen wird etwa zum dritten Teile mit Harn gefüllt, ungefähr das gleiche Volum Aetzkalilösung hinzugefügt, und der obere Teil der Flüssigkeitssäule erwärmt. Bei Gegenwart von Zucker bräunt sich diese erhitzte Partie, während die nicht erwärmte Partie ihre ursprüngliche Farbe beibehält. Die Reaction ist eine gute, und noch für sehr kleine Mengen Zucker empfindlich; aber sie genügt nicht, um Zucker mit Bestimmtheit anzuzeigen, da auch manche andere im Harn enthaltene Stoffe durch Erwärmung mit Aetzkali oder Aetznatron dunkler gefärbt werden; für die quantitative Bestimmung ist die Methode ganz ungeeignet.

Die zweckmässigste Methode für qualitative Zuckerbestimmung ist die mittelst einer alkalischen Lösung von schwefelsaurem Kupferoxyd. Traubenzucker besitzt die Eigenschaft, Metalloxyde, also auch Kupferoxyd, in alkalischer Lösung zu reduciren, d. h. denselben einen Teil ihres Sauerstoffgehaltes zu entziehen. Aus dem Kupferoxyd wird Kupferoxydul, und dieses wird als solches (roth), oder als Kupferoxydulhydrat (orangegelb) ausgeschieden. Die Art der Ausführung ist verschieden. Bei der als Trommer'sche Probe bekannten Methode wird eine kleine Portion des diabetischen Harnes in der Proberöhre mit Aetzkali versetzt, und dieser Mischung werden einige Tropfen einer Lösung von schwefelsaurem Kupfer hinzugefügt; es scheidet sich ein lichtblauer Niederschlag von Kupferoxydulhydrat aus, der aber bei Anwesenheit von Zucker wieder gelöst wird; die Flüssigkeit wird klar, schön tiefblau. Wird nun diese Flüssigkeit erwärmt, so scheidet sich, wenn sehr viel Zucker vorhanden ist, sogleich ein rother Niederschlag von Kupferoxydul aus, der sich rasch an den Wänden und am Boden des Proberöhrchens ansetzt. Ist die Zuckermenge eine geringere, so wird die Flüssigkeit von oben nach abwärts rasch wolkig getrübt; die Trübung ist zuerst grün, geht durch verschiedene Nuancen von gelb in orangegelb über, und je nach der Menge des vorhandenen Zuckers bildet sich ein mehr oder weniger dichter orangegelber Niederschlag.

Bei der Trommer'schen Probe wird das Kupferoxyd in der alkalischen Flüssigkeit durch die Anwesenheit von Zucker in Lösung erhalten. Diese Eigenschaft, Kupferoxyd in alkalischer Flüssigkeit gelöst zu erhalten, teilt der Zucker mit manchen anderen organischen Substanzen, und man benützt häufig, um die reducirende Eigenschaft des Harnes zu prüfen, eine alkalische Kupferflüssigkeit, in welcher das Kupfer mittelst einer organischen Substanz gelöst ist. In Deutschland wird fast allgemein zur Zuckerprobe die Fehling'sche Kupferlösung benützt. Es ist dies eine Flüssigkeit, in welcher das schwefelsaure Kupferoxyd mit Hilfe von weinsaurem Kali-Natron in Aezkali oder Aetznatron gelöst erhalten bleibt. Das weinsaure Kali-Natron vermittelt die Lösung des Kupferoxyds, ohne dasselbe zu reduciren, nur wenn die Flüssigkeit längere Zeit aufbewahrt ist, tritt zuweilen eine Reduction auf, und man findet manchmal auf dem Boden des Glases, welches die Probeflüssigkeit enthält, eine Ausscheidung von rothem Kupferoxydul. Durch Erhitzen wird in einer so veränderten Probeflüssigkeit die Reduction gesteigert. Wird einer solchen Flüssigkeit Harn zugesetzt und das Gemenge erwärmt, so tritt eine Reduction ein, die auf Rechnung von Zucker bezogen werden kann.

Dieser Irrtum wird leider nicht selten begangen und führt zu den bedauerlichsten Consequenzen. Um gegen denselben geschützt zu sein, ist es unerlässlich, die Probeflüssigkeit stets erst bis zum Siedepunkt zu erhitzen, ehe man den Harn zufügt.

Um aber ähnliche Veränderungen der Probeflüssigkeiten zu vermeiden, ist es zu empfehlen, die beiden Flüssigkeiten, die Kupferlösung und die mit Aetznatron gemischte Seignettesalzlösung, getrennt aufzubewahren und dieselben unmittelbar vor der Analyse zu gleichen Teilen zu mengen. Wichtig ist es auch, dass die Seignettesalzlösung bei der Bereitung auf 100° erhitzt wird, um etwa vorhandene Schimmelsporen zu zerstören, da diese eine Reduction

veranlassen. Für die qualitative Analyse genügt es, etwa $^1/_2$ ccm
jeder der beiden, auch der quantitativen Analyse dienenden Flüssigkeiten in ein Probegläschen zu thun, die tiefblaue Flüssigkeit mit
Wasser soweit zu verdünnen, dass die Farbe blassblau wird, bis
nahe zum Sieden zu erhitzen, dann eine kleine Menge Harn hinzuzufügen und abermals zu erhitzen.

Die Reaction ist verschieden nach der Menge des anwesenden
Zuckers; das ausgeschiedene Kupferoxydul ist, wie bereits erwähnt,
verschieden gefärbt von roth zu orangegelb, aber es tritt, solange
noch eine bemerkenswerte Menge Zucker vorhanden ist, etwa bis
0,3 p. c., eine reichliche Ausscheidung von Kupferoxydul oder
Kupferoxydulhydrat ein, die Reaction ist also bis zu dieser Grenze
eine sehr charakteristische.

Anders gestaltet es sich, wenn die Zuckermenge noch geringer
wird, die Reaction ist dann viel weniger charakteristisch; es kommt
nicht mehr zur Ausfällung von Kupferoxydulhydrat, wiewohl eine
deutliche Reduction stattfindet. Diese Reduction äussert sich nach
meinen Beobachtungen in verschiedener Weise; a) die mit Harn
versetzte Fehling'sche Flüssigkeit trübt sich beim Kochen und
wird schmutzig-grün oder schmutzig-gelb. b) die blaue Flüssigkeit
ändert allmälig ihre Farbe, wird schön gelb oder lichtbraun, und
erst bei längerem Stehen tritt eine leichte Trübung ein; es bildet
sich ein Dichroismus, die Flüssigkeit ist schmutzig gelbgrün bei
auffallendem, und sherrybraun bei durchfallendem Lichte. c) die
blaue Flüssigkeit wird weingelb, bleibt aber vollständig klar, nur
am Boden finden sich die in Flocken ausgeschiedenen Phosphate,
die vom eingebetteten Kupferoxydul leicht gelb oder rothbraun
gefärbt sind. Man beobachtet diese Reactionen häufig im Harne
jener Diabetiker, bei denen der Zucker infolge von verändertem
Regime oder infolge von Heilmitteln abgenommen hat, man hat
dann das Recht, diese Reductionserscheinungen noch immer auf
Zucker zu beziehen und anzunehmen, dass derselbe in minimaler
Menge vorhanden ist. Man ist zu dieser Annahme um so mehr
berechtigt, als ich durch directe Versuche (siehe Anhang) nachgewiesen habe, dass minimale Mengen Traubenzucker in Harn
gelöst ganz analoge Reactionen geben. Aber schwieriger wird
die Entscheidung, wenn uns ähnliche Erscheinungen im Harne

eines Patienten, den wir nicht kennen, entgegentreten, und wir
die Frage zu entscheiden haben, ob diese Reductionserscheinungen
durch Zucker hervorgebracht seien. Ausser dem Zucker gibt es
nämlich noch manche andere organische Substanzen, welche das
Kupfer reduciren; unter den Bestandteilen des Harnes ist es die
Harnsäure, welche reducirend wirkt, und die Reactionen sind ganz
genau analog denen, welche wir bei Traubenzuckerlösungen beobachten. Eine kleine Menge Harnsäure in Alkali gelöst, mit
destillirtem Wasser verdünnt, reducirt ganz so wie eine Traubenzuckerlösung; es scheidet sich schönes rotbraunes Kupferoxydul
aus. Dieselbe Reduction erhält man, wenn man der Kupferlösung
eine kleine Menge eines an Uraten reichen Harnsediments zusetzt
und die Lösung erwärmt. Wird die alkalische Harnsäurelösung
oder werden die Urate statt mit Wasser mit Harn verdünnt, und
mit diesem Harn die Kupferprobe ausgeführt, dann tritt eine Ausscheidung von gelbem Oxydulhydrat ein, der Niederschlag scheidet
sich nicht klar ab.

Ich habe die Wirkung normalen Harns vieler Individuen auf
Kupferlösung geprüft. Die blaue Farbe der Kupferlösung wird beim
Erwärmen der Mischung stets verändert. Zuweilen wird die Farbe
grün, sehr häufig wird sie gelb, in den verschiedensten Nüancen
von blass strohgelb bis zu dunkelcitronengelb wechselnd. Harne,
die reich an Uraten sind, bringen rasch beim Erwärmen mit
der Kupferlösung eine klare dunkelgelbe Entfärbung hervor, und
nicht selten geschieht es, dass die klare Lösung nach einigem
Stehen, oft schon nach einigen Momenten getrübt wird. Die ge-
trübte Flüssigkeit zeigt zuweilen den früher erwähnten Dichroismus.
Wahrscheinlich sind diese Reductionserscheinungen durch Harnsäure
veranlasst, und man ist darum durchaus nicht berechtigt, in einem
Harn, der diese Reductionen zeigt, die Anwesenheit von Zucker
anzunehmen.

Die Probe mit salpetersaurem Wismuthoxyd (die sogenannte
Böttger-Almén'sche Probe) kann bei zweifelhaften Fällen nicht zur
Controle benutzt werden, da diese Probe nach meiner Erfahrung weit
weniger empfindlich ist als die Kupferprobe und keine entscheidende
Reaction gibt, wo Zucker noch eine charakteristische Kupferreduction
veranlasst. Es kann nämlich nur die deutliche Grau- oder Schwarz-

färbung des reducirten Wismuthoxyds oder die Umrahmung der ausgeschiedenen Phosphate von einem schönen schwarzen Ringe als
charakteristich angesehen werden. Die schmutzige Verfärbung des
weissen Wismuthsalzes kann nicht als entscheidende Reaction gedeutet
werden. Diese wird auch durch jeden normalen Harn hervorgebracht.

Es wurde angegeben, Zucker reducire das Kupferoxyd auch in
der Kälte, was die anderen reducirenden Substanzen nicht thun
sollen, und es sei daher ein wichtiger Controlversuch, die Trommer'sche oder Fehling'sche Probe in der Kälte auszuführen,
indem man die Mischung des Harns mit der alkalischen Kupfer-
vitriollösung ohne Erwärmen durch 6 — 24 Stunden ruhig stehen
lasse. Bei Gegenwart von Zucker werde auch hier eine Ausscheidung von Kupferoxydul erfolgen.*) Es ist vollkommen richtig,
dass eine an Zucker noch ziemlich reiche Lösung auch in der
Kälte das Kupferoxyd zu reduciren im Stande ist. Aber diese
Fähigkeit hört ganz auf, wenn Zucker in kleinen Mengen
vorhanden ist. Ich habe darüber eine Reihe Versuche angestellt
und gefunden, dass eine wässerige Zuckerlösung, welche 0,1 pCt.
Zucker enthält, in der Kälte eine kaum bemerkenswerte Reduction
hervorbringt, dass eine wässerige Zuckerlösung, welche 0,05 pCt.
Zucker enthält, in der Kälte gar nicht mehr reducirt. Ein
künstlich dargestellter Zuckerharn von 0,1 pCt. Zuckergehalt
bewirkt in der Kälte eine sehr schwache Entfärbung der Kupferlösung. Die durch Kohle filtrirte Lösung einer $\frac{1}{10}$ procentigen
Zuckerharnlösung ist in der Kälte vollständig wirkungslos. Dieser
Controlversuch kann also durchaus nicht verwertet werden, wenn
es sich um den Nachweis von kleinen Zuckermengen handelt.

Eine sichere Methode, auch kleine Mengen Zucker mit Bestimmtheit nachzuweisen, ist die Darstellung von Zuckerkali. Der
Harn wird zur Syrupsconsistenz eingedampft, der Rückstand mit
Bimsstein abgerieben und dann mit soviel absolutem Alcohol versetzt, dass bei Hinzurechnung des Harnwassers sich ein Alcohol-
gehalt von 93—94 pCt. herausstellt. Man extrahirt durch
24 Stunden und fügt dem Extracte eine alcoholische Kalilösung
vorsichtig zu, es scheidet sich momentan Zuckerkali aus, aber

---

*) Neubauer und Vogel, Analyse des Harns. 1872.

nicht, wie Brücke angiebt, als eine farblose krystallinische Ausscheidung, das Zuckerkali stellt eine gelbe an der Luft rasch braun werdende firnissartige Masse dar. Ich habe durch meine Versuche[*]) nachgewiesen, dass auch die Zuckerbestimmungsmethode eine Grenze habe, und dass aus einem Harn, der unter 0,08 pCt. Zucker enthält, sich kein Zuckerkali mehr darstellen lasse. Man müsste also bei einem nur minimale Mengen Zucker enthaltenden Harn grosse Mengen Harn eindampfen und mit dem gewonnenen Rückstande die Extraction ausführen. Diese ganze Procedur verlangt schon einen geübten Chemiker, sie verlangt vor allem Zeit. Und doch tritt so oft an den Arzt die Frage heran, zu entscheiden, ob in einem gegebenen Harne Zucker vorhanden sei oder nicht, respective ob eine zweifelhafte Reaction als Zucker zu deuten sei oder nicht.

Ich habe schon in einem früheren Capitel auf die grosse Bedeutung kleiner Zuckermengen im Harn hingewiesen. Sehr häufig bezeichnen diese den Beginn eines im weiteren Verlaufe hochgradig werdenden Diabetes, ein anderesmal wie bei hochgradiger Neurasthenie sind sie mit ein Maassstab für die Beurteilung des gestörten Nervenlebens, und endlich kann man bei einem durch zweckmässiges diätetisches Verhalten gebesserten Diabetesfalle aus diesen kleinen Zuckermengen erkennen, dass der Diabetes nicht, wie man irrtümlich meint, geheilt sei, und dass eine fortgesetzte diätetische Behandlung unerlässlich ist. Also Diagnose, Prognose und diätetische Behandlung hängen von der fest gegründeten Ansicht des Arztes über Vorhandensein und Nichtvorhandensein von Zucker ab. Und darum drängt sich immer mehr und mehr das Bedürfnis auf, eine dem praktischen Arzte leicht zugängliche Methode zu besitzen, um auch kleine Mengen Zucker mit Bestimmtheit nachzuweisen.

Bei diesen Methoden ist, wenn sie ihrem Zweck entsprechen sollen, zu berücksichtigen, dass dieselben bei normalem Harn wirkungslos sein müssten d. h. dass sie durch Bestandteile, die im normalen Harn vorkommen, nicht beeinflusst sein dürfen. Wie bereits erwähnt, ist die Harnsäure derjenige Bestandteil, welcher die Re-

---

[*]) Siehe Anhang

ductionsmethoden, speciell die Methoden, welche auf Reduction des
Kupferoxyds basiren, in hohem Grade beeinträchtigt. Worm-
Müller, der auf dem Gebiete der Zuckeranalysen so erfahrene
Physiolog, hat darum eine Modification*) der Fehling'schen Methode vorgeschlagen, durch welche der beirrende Einfluss der Harnsäure ausgeschlossen werden sollte. Da die Harnsäure, wie er
annimmt, nur bei Siedhitze die Kupferlösung reduciren soll, hat
er vorgeschlagen, die Fehling'sche Flüssigkeit und die Harnflüssigkeit getrennt in zwei Eprouvetten zur Siedhitze zu erwärmen, diese
nach 25 Secunden zusammenzugiessen, wodurch die Temperatur
auf 60—70⁰ sinkt; eine jetzt eintretende Reduction könnte nicht
auf Rechnung der Harnsäure gesetzt werden, und wäre ein Beweis
der Anwesenheit von Zucker.

Aber abgesehen davon, dass diese Manipulation, zwei Röhrchen gleichzeitig zu erwärmen, für den Ungeübten nicht leicht
und eine Quelle von Irrtümern sein könnte, ist es auch nicht
ausgeschlossen, dass nicht Harnsäure auch bei minder hoher
Temperatur eine geringe Reduction veranlasst. Ich selbst habe
nachgewiesen**), dass Harnsäurelösungen von 0,5⁰/₀ Harnsäuregehalt
auch in der Kälte die Fehling'sche Lösung vollkommen entfärben. Wenn nun auch ein solcher Harnsäuregehalt im Harn
nicht vorkommt, ist es doch denkbar, dass bei mässiger Erwärmung auch schon geringere Harnsäuremengen reducirend zu wirken vermögen.

Die Methode von Molisch (Seite 49) ist darum nicht anzuwenden,
weil jeder normale Harn mit derselben eine eclatante Reaction
gibt in Folge von Furfurolbildung, und die Modification von
Udránszky dürfte auch darum keine ganz verlässlichen Resultate
geben, weil die im normalen Harn vorhandenen Eiweissspuren beirrend einwirken können.

Die Gährungsprobe wurde und wird mit Recht als das sicherste
Reagens auf Zucker angesehen, aber diese Probe ist resultatlos,
wenn es sich um sehr kleine Mengen Zucker handelt. Wenn wir
eine zu untersuchende Flüssigkeit mit etwas gut gewaschener
Hefe versetzt in ein Probröhrchen geben, und dasselbe in eine mit

---

*) Worm-Müller, Pflüger's Archiv. Bd. 27.
**) Centralblatt f. d. med. Wissensch. 1875. No. 21.

Quecksilber gefüllte Wanne stürzen, wird das Auftreten einiger als Kohlensäure constatirter Gasbläschen uns keinen Zweifel darüber lassen, dass in der Untersuchungsflüssigkeit Zucker vorhanden ist. Wenn wir aber bedenken, dass die Flüssigkeit selbst eine ihrem Volumen entsprechende Menge Kohlensäure absorbirt und in Absorption hält, kann es geschehen, dass auch nicht ein Atom Kohlensäure zur Erscheinung kommt, trotzdem die Flüssigkeit doch Zucker enthält.

Ich habe überdies die Erfahrung gemacht*), dass minimale Mengen Zucker in thierischen Flüssigkeiten nur sehr langsam vergähren, und dass, wenn diese Flüssigkeiten sehr eingeengt wurden, die Vergährung von kleinen Zuckermengen nahezu ganz gehemmt wird. Es ist daher die Gährungsprobe nicht geeignet, in den Fällen, wo es sich nur um kleine Zuckermengen handeln kann, einen entscheidenden Aufschluss zu geben, und ist insbesondere ein negatives Resultat der Gährungsprobe kein voller Beweis dafür, dass kein Zucker vorhanden ist.

Worm-Müller hat vorgeschlagen, den Harn mit Hefe in Kölbchen zu vergähren und den vergohrenen Harn nachher auf seine Reductionsfähigkeit zu prüfen. Wenn ein solcher Harn die Fehling'sche Flüssigkeit reducirt, kann diese Reduction nicht mehr auf Kosten von vorhandenem Zucker stattgefunden haben. Diese ganz richtige Erwägung hat aber zur Bedingung, dass wirklich aller Zucker vergohren ist, was erstens nur nach 36—48 Stunden der Fall ist, und wie früher erwähnt, kann es vorkommen, dass die Gährung, wenn es sich um kleine Mengen Zucker handelt, auch nach noch so langer Zeit nicht vollständig ist. Die Probe von Worm-Müller ist darum doch sehr wervoll als Bestätigung, dass eine stattgehabte Reduction durch Zucker veranlasst war, wenn nämlich der Harn nach erfolgter Vergährung in viel geringerem Grade reducirt als früher.

Ich habe schon vor vielen Jahren eine Methode angegeben**), um minimale Mengen Zucker mit möglichster Sicherheit nachzu-

---

*) Pflüger's Archiv, Bd. 37.
**) Seegen, Ueber eine Methode, minimale Mengen Zucker nachzuweisen. Pflüger's Arch. Bd. V.

weisen. Diese Methode besteht darin, dass ich den Harn durch Blutkohle so oft filtrire, bis derselbe vollständig entfärbt und von destillirtem Wasser der Farbe nach nicht zu unterscheiden ist. Ich wasche ferner die auf dem Filter befindliche Kohle, nachdem aller Harn abgelaufen ist, mit destillirtem Wasser und prüfe nun getrennt das Filtrat und das Waschwasser mit Fehling'scher Lösung. Diese Methode hat einen doppelten Vorteil. Erstens wird durch die Kohle nebst den Farbstoffen auch die Harnsäure vollständig zurückgehalten. Das Filtrat ist also schon frei von Harnsäure, und die etwa stattfindende Reduction kann nicht auf Harnsäure bezogen werden. Es werden aber zweitens in der Kohle auch jene Bestandteile zurückgehalten, welche im Harn, zumal im concentrirten Harn, der Ausscheidung von Kupferoxydul im Wege standen, und es wird bei Anwesenheit von kleinen Mengen Zucker sich die Reduction nicht blos in Gelbfärbung, sondern in der viel mehr charakteristischen Ausscheidung von Kupferoxydul oder Kupferoxydulhydrat zu erkennen geben. Noch charakteristischer spricht sich die Reduction im Waschwasser aus. Durch das Waschwasser wird der Kohle etwas von dem zurückgehaltenen Zucker entzogen, während von den übrigen Bestandteilen viel weniger ausgewaschen wird. Man hat es dann, zumal im zweiten und dritten Waschwasser, nahezu mit einer wässerigen Zuckerlösung zu thun, und wir haben schon früher erwähnt, dass in einer solchen Lösung die Fehling'sche Flüssigkeit auch ganz minimale Mengen Zucker anzuzeigen vermag. Ich habe, als ich diese Methode zuerst publicirte, schon mitgeteilt, dass ich imstande war, in Harnen, die durch Beimischung von diabetischen Harnen oder von Traubenzucker 0,01 pCt. Zucker enthielten, im Filtrate wie im Waschwasser denselben durch eine gelbe dichte Ausscheidung von Oxydulhydrat nachzuweisen, während dieser Harn vor der Filtration durch Kohle die Fehling'sche Lösung einfach gelb färbte, ganz so wie es derselbe Harn gethan hatte, ehe ich ihm Zucker beimengte. Ich habe nun durch nahezu 20 Jahre diese Methode ununterbrochen benützt, zahllose Harne in dieser Art untersucht und habe mich überzeugt, dass auch viel kleinere Zuckermengen, wenn auch nicht in so eclatanter Weise, doch mit Bestimmtheit nachgewiesen werden können, und ich möchte nun die

Details dieser Methode und die verschiedene Art, wie die Reduction zur Erscheinung kommt, hier mitteilen.

Auf ein Filter, welches in einem Trichter von circa 5—6 cm Durchmesser steckt, wird etwa 3 cm hoch fein gepulverte Blutkohle geschüttet und darauf auf einmal oder in Absätzen 20 bis 40 cm³ Harn gegossen. Der in ein Becherglas abfiltrirte Harn wird so oft durch die Kohle gegossen, bis er vollständig wasserhell abfliesst. Bei blassem Harn genügt ein zweimaliges Filtriren, sehr dunkler Harn muss drei- bis viermal filtrirt werden.

Ikterischer Harn ist nicht farblos zu erhalten. Wenn der Harn vollständig abfiltrirt ist, wird ein zweites Becherglas untergesetzt, das Filter mit destillirtem Wasser aus der Spritzflasche abgespritzt, so dass Kohle und Waschwasser bis etwa über die halbe Höhe des Filters reichen. Wenn das Wasser abgelaufen ist, kann das Abspritzen in gleicher Weise noch ein zweites und drittes Mal wiederholt werden. Man hat dann zur Prüfung das Filtrat und die verschiedenen Waschwässer. Wenn es sich um Harne handelt, die etwa 0,1—0,05 pCt. Zucker enthalten, tritt die Reaction in folgender Weise in Erscheinung: Der genuine Harn entfärbt die Fehling'sche Lösung ohne weitere Ausscheidung, es bildet sich allenfalls eine dichroitische grüngelbe Trübung. Wird das Kohlefiltrat mit Fehling'scher Flüssigkeit zusammengebracht und erhitzt, bildet sich rasch und noch ehe es zum Sieden kommt, eine dichte, durch die ganze Flüssigkeitsschichte gehende gelbe Trübung, Kupferoxydulhydrat. Im ersten Waschwasser scheidet sich gleichfalls momentan während des Erhitzens ein dichter gelber Niederschlag von Oxydulhydrat aus, im zweiten und dritten Waschwasser bildet sich während des Erhitzens an den Wänden und am Boden des Proberöhrchens eine sehr schöne Ausscheidung von rothem Oxydul, ganz wie man es bei wässerigen Zuckerlösungen beobachtet. Man erkennt die Ausscheidung am besten, wenn man das Probeglas gegen einen dunklen Hintergrund, etwa einen dunklen Rockärmel, hält.

Wenn die Zuckermenge unter einem Zehntel, etwa 0,05 bis 0,01 pCt. ist, tritt im Filtrate wie im ersten Waschwasser eine Ausscheidung von Kupferoxydulhydrat auf, aber diese Ausscheidung erscheint oft nicht während des Erhitzens, sondern erst eine

halbe Minute bis eine Minute, nachdem die Flüssigkeit bis zum
Sieden erhitzt war. Das zweite und dritte Waschwasser bleiben
gewöhnlich der Fehling'schen Lösung gegenüber wirkungslos.
Bei noch geringeren Zuckermengen dauert es oft 10 bis
15 Minuten und darüber, ehe die Reaction auftritt. Diese
geht dann in folgender Weise von statten: Nachdem das in einer
Eprouvette befindliche Filtrat oder Waschwasser bis zum Siede-
punkte erhitzt und dann noch vollständig blau gefärbt und ungetrübt zur Seite gestellt wurde, bilden sich einige weisse Flöckchen
(Phosphate), welche in der Flüssigkeit auf- und niedersteigen. An
diese schiessen während des Auf- und Niedersteigens einige gelbe
Punkte an, bis nach kürzerer oder längerer Zeit die ganze Flüssigkeitssäule von einer dichten gelben oder grüngelben Ausscheidung
getrübt wird, die sich nur nach langem Stehen zu Boden senkt;
am Boden ist dann eine mehr oder weniger grosse Menge von ausgeschiedenem Oxydulhydrat, während die darüber stehende Flüssigkeit grünblau gefärbt ist. Im Filtrate tritt bei minimalen Zuckermengen diese Reaction oft erst nach einer Viertelstunde auf, im
Waschwasser sah ich sie zuweilen erst nach Ablauf einer Stunde
auftreten.

Man kann die Entscheidung, ob Spuren Zucker vorhanden
sind oder nicht, daher oft erst nach einer Stunde aussprechen.
Nur wenn man beobachtet, dass die weissen Flöckchen im Filtrate
ohne Auf- und Niedersteigen sich rasch zu Boden senken, kann
man sicher sein, dass kein Zucker vorhanden ist. Bei Harnen, die
übermässig reich an Uraten sind, empfiehlt sich folgender Vorgang.
Eine Portion des Harnes wird mit Salzsäure bis zur stark saueren
Reaction versetzt, nach 24 Stunden filtrirt, das Filtrat wird neutralisirt und dann durch Kohle filtrirt, das Filtrat und Waschwasser
mit Fehling'scher Lösung, der noch etwas Seignettesalz zugesetzt
ist, geprüft. Die nun auftretende Reaction kann mit voller Bestimmtheit als von Zucker herrührend angesehen werden. Bei diesen
an Uraten ungewöhnlich reichen Harnen kann die definitive Entscheidung der Frage, ob Zucker vorhanden ist, erst nach 24 Stunden
getroffen werden.

Die einzige Schattenseite meiner Kohlenprobe bildet der Umstand, dass zum Gelingen derselben sehr gute Blutkohle unerläss-

lich ist, und dass es nicht, wie Worm-Müller meint, gleichgültig ist, ob man Blut- oder Knochenkohle anwendet. Nach meiner Erfarung reducirt der durch eine minderwertige Kohle filtrirte Harn Fehling'sche Lösung, wie es jeder genuine Harn thut, entweder durch Gelbfärbung oder, wenn der Harn reich an Harnsäure war, durch dichroitische Trübung. Die Kohle, die ich seit vielen Jahren benütze (von A. Trommsdorf in Erfurt), entspricht allen Anforderungen; dieselbe ist fein gepulvert wie das feinste Mehl, sie wird von dem aufgegossenen Harn rasch durchtränkt, entfärbt, wie bereits erwähnt, auch den dunkelsten Harn, vorausgesetzt, dass derselbe nicht ikterisch ist, vollständig, so dass derselbe nach mehrmaligem Filtriren von destillirtem Wasser nicht zu unterscheiden ist. Diese Kohle hält endlich die Harnsäure soweit zurück, dass in dem Filtrate eines an Harnsäure sehr reichen Harnes die Murexidprobe resultatlos bleibt.

Nebst meiner Kohlenprobe ist für den Nachweis sehr kleiner Mengen Zucker die Probe mit alkalischer Wismuthlösung nach Nylander's Modification in hohem Grade empfindlich. Nur darf man nicht die Graufärbung oder schmutzige Verfärbung der ausgeschiedenen Phosphate als Beweis für die Anwesenheit von Zucker ansehen, da diese in jedem Harn auftritt, und nur eine deutliche Schwarzfärbung kann als Beweis für die Anwesenheit von Zucker angesehen werden. Dass die Kohlenprobe empfindlicher ist, habe ich wiederholt bei künstlich dargestellten Zuckerharnen zu beobachten und zu demonstriren Gelegenheit gehabt. Hamarsten sagt in seinem Referate über Nylander's Methode (Maly's Jahresbericht 1883), „mit dieser Lösung konnte in rein wässerigen Lösungen ein Gehalt von 0,05 bis 0,04 pCt., und in den mit Zucker versetzten Harnen ein Gehalt von 0,04—0,025 pCt. Zucker sicher nachgewiesen werden." In seinem Lehrbuche*) teilt er mit, dass mit dem Nylander'schen Reagens (1 ccm auf 10 ccm Harn) noch ein Gehalt von 1--0,5 pM Zucker nachgewiesen werden kann. Mittelst der Kohlenprobe bin ich imstande, in 2 cm³ einer 0,003 pCt. Zucker enthaltenden wässerigen Lösung und in 3 cm³ einer 0,01 pCt. Zucker enthaltenden Harnlösung den Zucker in eclatanter Weise nachzuweisen.

*) Hamarsten, Lehrbuch der physiologischen Chemie 1891.

Zu bemerken ist ferner, dass die Nylander'sche Probe einerseits durch vorhandenes Eiweiss wesentlich beeinflusst wird, andererseits erhält man nach dem Gebrauch von Rheum, Chinin, Eucalyptus und anderen Medicamenten mit Nylander'scher Flüssigkeit einen schwarzen Niederschlag.

Die Phenylhydrazinprobe, die für Zuckernachweis so wertvoll ist, weil, nicht wie bei den Reductionsproben, eine dem Zucker zukommende Eigenschaft angezeigt, sondern durch dieselbe eine Zuckerverbindung dargestellt wird, ist für sehr geringe Zuckermengen und speciell für den praktischen Arzt nicht zu verwerten. Die bei dieser Reaction in Frage kommenden Krystalle sind, wenn es sich um wässerige Zuckerlösungen handelt, auch schon bei Anwesenheit von geringen Zuckermengen charakteristisch, während dies nicht der Fall ist, wenn es sich um kleine im Harn gelöste Zuckermengen handelt. Dazu ist noch zu bedenken, dass die Krystalle allein, und wenn sie noch so gut ausgeprägt sind, nicht mit Bestimmtheit für die Anwesenheit von Zucker sprechen, dass vielmehr zur Unterscheidung von den durch die Einwirkung von Phenylhydrazin auf Glykuronsäure entstehenden ganz gleichen Krystallen die Bestimmung des Schmelzpunktes nöthig ist, was natürlich, wenn es sich um minimale Krystallmengen handelt, kaum ausführbar ist und in jedem Falle die Hand des geübten Chemikers erfordert.

Ich möchte noch zum Schlusse beispielsweise einige, nach verschiedenen Methoden ausgeführte Reactionen zusammenstellen.

Harn.

Fehling.	Nylander.
1,7 procentig.	
Gelbe Trübung, später dichter rothbrauner Niederschlag.	Brillant schwarz.
0,17 procentig.	
Dunkelgelb, klar.	Deutlich schwarz.
0,08 procentig.	
Kohlenfiltrat.	Gelbfärbung, wird grau, am Rande
Dichter gelber Niederschlag.	leicht schwarz. Nach 24 Stunden
1. Waschwasser: Schönes rothes	ganz schwarz.
Oxydul.	
2. Waschwasser: Ebenso.	

Kohlenfiltrat
Nylander.

0,04 procentig.

Dichte Ausscheidung.   Keine Reaction, nach 24 Stunden
1. Waschwasser: Schöne rothe   Phosphate grau.
Ausscheidung.

Zuckerwasser.

0,2 procentig.

Fehling.   Eclatante Schwarzfärbung.
eclatante Reaction,

0,1 procentig.

Eclatante Reaction.   Gelbfärbung, später grau mit
leichtem schwarzen Spiegel.

0,05 procentig.

Brillante rothe Ausscheidung.   Null.

0,025 procentig.

Ausscheidung von Kupferoxydul.   Trübung.

0,012 procentig.

Ausscheidung von rothem Oxydul   Milchige Trübung, die aber
an den Wänden.   ebenso beim Zusatz von Wasser
eintritt.

Ich greife aus den vielen zur Vergleichung der verschiedenen Methoden angestellten Versuchen noch einige Beispiele heraus:

I. Harn, 0,05 procentig.

a) nach Worm-Müller: Dichroitische Trübung, ausgeschiedene Phosphate schmutzig gelblich;

b) nach Udránszky: Bei längerem Stehen ein gelbrother Ring, darüber eine Schichte Krystallnadeln, blau gefärbt;

c) nach Molisch: Eclatante Reaction, aber ganz dieselbe mit dem genuinen zuckerlosen Harn;

d) mit Fehling'scher Lösung: Die zum Kochen erhitzte Mischung tiefgelb, klar, Ausscheidung farbloser Phosphate;

e) Kohlenprobe:

Filtrat und erstes Waschwasser: Dichte gelbe Ausscheidung von Oxydulhydrat.

Zweites Waschwasser: Nach einigen Minuten eine sehr
schöne Ausscheidung von rothem Oxydul.

II. 2 cm³ eines 4,8 proc. diabetischen Harns auf 100 (Harn) verdünnt, Zuckergehalt 0,096.

  a) Udránszky's Reaction, mit zwei Tropfen angestellt, ist
  gleich Null. Erst nach einigem Stehen unter den Krystallen
  leise violette Färbung;

  b) mit Nylander's Lösung: unbestimmte Graufärbung;

  c) Kohlenprobe: im Filtrate wie in zwei Waschwässern
  eclatante Reaction. Dichte Ausscheidung von Oxydulhydrat.

In einer interessanten Arbeit „über den praktischen Werth
der Trommer'schen Probe" giebt M. Jastrowitz[*) an, dass ihm
mit der Kohlenprobe der Zuckernachweis in einem 0,002 pCt. Zucker
enthaltenden Harn gelungen sei. Er konnte durch mikroskopische
Untersuchung des Niederschlages die charakteristischen rothen Kry-
stalle von Kupferoxydul nachweisen; und nach ihm wäre diese
Probe, die er nicht mit Fehling'scher Lösung, sondern nach
Trommer ausführt, „wenn die mikroskopische Perlustration des
Niederschlages hinzutritt, eine durchaus sichere und wohl die feinste
Probe".

Wenn ich meine Methode so ausführlich dargelegt habe und sie
aut's nachdrücklichste empfehle, geschieht es nicht aus einer durch
Autor-Eitelkeit veranlassten Vorliebe. Die Sache ist wissenschaft-
lich viel zu unbedeutend; aber ich habe in einer langen und reichen
ärztlichen Thätigkeit unzählige Male Gelegenheit gehabt, den grossen
praktischen Werth der Methode zu erkennen und es dankbar zu
erfahren, dass ich nur mit Hilfe derselben imstande war, die für
den Kranken wie für den behandelnden Arzt so wichtige Frage zu
entscheiden, ob der Harn Zucker enthalte, oder schärfer ausgedrückt, ob er sich in Bezug auf Zuckergehalt anders verhalte als normaler Harn. Denn ganz abgesehen von der Frage,
ob der normale Harn Zucker enthalte oder nicht, ist es gewiss,
dass man bei Anwendung der Kohlenprobe für normalen Harn

---

*) Deutsche medicinische Wochenschrift, 1891, No. 7 und 8.

weder mit dem Filtrate noch mit dem Waschwasser eine Reduction der Fehling'schen Lösung hervorrufen kann, und es ist dadurch festgestellt, dass in jedem Harn, bei welchem die Kohlenprobe ein positives Resultat gibt, eine Zuckermenge vorhanden sein muss, die jenseits der Grenze des etwa im normalen Harn vorhandenen Zuckers zu liegen kommt.

Für die quantitative Zuckerbestimmung ist die Fehling'sche Flüssigkeit ebenfalls sehr werthvoll. Man benützt zur quantitativen Analyse eine Kupferlösung von bekanntem Gehalte, von der nämlich ein bestimmtes Volumen durch eine gewisse Menge Zucker reducirt wird. Die Flüssigkeit ist gewöhnlich so bereitet, dass 5 ccm derselben durch 50 mg Harnzucker reducirt werden. Man bringt von dieser Flüssigkeit 5 ccm in ein Erlenmayer'sches Kölbchen, fügt ferner 5 ccm der Seignettesalzlösung hinzu und verdünnt die tiefblaue Lösung mit Wasser, bis dieselbe lichtblau ist. (circa 40—50 ccm Wasser genügen). Das Kölbchen wird über der Lampe bis zum Sieden erhitzt, und nun wird aus einer Burette der mit destillirtem Wasser auf sein 10faches Volumen verdünnte Harn so lange hinzugefügt, bis die Kupferlösung vollständig entfärbt ist. In der Menge der verbrauchten Cubikcentimeter Harn, durch 10 dividirt, sind 0,05 mg Zucker enthalten. Daraus lässt sich der Procentgehalt des Harnes an Zucker leicht berechnen. Hatte man z. B. 20 ccm der 10fach verdünnten Lösung verbraucht, so giebt dies 50:20 = 2,5 pCt. Zucker.

Die eben besprochene quantitative Bestimmung ist ausgezeichnet, wenn es sich darum handelt, den Gehalt von Traubenzucker in einer wässerigen Lösung zu bestimmen. Ich konnte 0,01 pCt. Zucker direct, ohne vorher die wässerige Flüssigkeit durch Eindampfen concentrirter zu machen, bestimmen. Die Bestimmungsmethode ist auch vortrefflich für zuckerreiche Harne. Wenn wir z. B. einen 5 pCt. Zucker enthaltenden Harn auf's 10fache durch Wasser verdünnen und in oben angegebener Weise die Analyse ausführen, scheidet sich entweder gleich rotbraunes Kupferoxydul aus, die Flüssigkeit bleibt klar und wird allmälig entfärbt, oder es bildet sich eine gelbe, allmälig dunkler werdende Trübung; aber in dem Maasse, als man dem Grenzpunkte der Reduction näher kommt, wird die suspendirte Ausscheidung immer

dichter und dunkel braunrot, senkt sich als braunrotes Kupferoxydul zu Boden, während die darüberstehende Flüssigkeit sich
klärt. Man ist bei einiger Uebung im Stande, aus der vollständigen Entfärbung der Kupferlösung zu erkennen, dass weder unzer-
setztes Kupferoxyd (welches die Flüssigkeit blau färbt) noch
überschüssiger Harn (welcher dem Gemenge eine gelbliche Farbe
gibt) vorhanden ist, man ist also im Stande die Grenze der Reaction, d. h. die gänzliche Reduction des vorhandenen Kupferoxyds,
gut zu treffen, und somit eine vollständige, genaue quantitative
Zuckerbestimmung zu machen.

Aber anders gestaltet sich der Vorgang, wenn Zucker in geringer Menge vorhanden ist, oder wenn im Laufe der Behandlung
die Zuckerquantität wesentlich abgenommen hat. Wenn z. B. die
Zuckermenge auf 0,5 pCt. gesünken, also quantitativ der auf's
10 fache verdünnten, ursprünglich 5 pCt. Zucker enthaltenden
Lösung gleich ist, und wenn nun mit diesem 0,5 pCt. enthaltenden
Harne die Analyse ausgeführt wird, dann wird die Kupferlösung
erst schmutzig grün, allmälig bei weiterem Zusatz von Harn mehr
oder weniger dunkelgelb bis orangefarbig, niemals wird die Ausscheidung rotbraun, und das reducirte Kupferoxydulhydrat senkt
sich nicht zu Boden; die Flüssigkeit bleibt durch viele Stunden
trübe. Die zu Controlversuchen abfiltrirten heissen Proben gehen
trübe durchs Filter und enthalten Kupferoxydul suspendirt, es ist
unmöglich die Grenze der Reduction zu treffen, und es ist also eine
quantitative Bestimmung in einem solchen Harne nach der angegebenen Methode unausführbar.

Kühne hatte etwas Aehnliches beobachtet; er bemerkt nämlich *), dass es diabetische Harne gäbe, welche nur einen Theil
des Oxyduls ausfällen lassen, einen anderen Theil in Lösung erhalten, ja noch solche, wo bei 1—1 $\frac{1}{2}$ pCt. Zucker die Oxydulfällung ausbleibt. Ich sah zwar nie ein gänzliches Ausbleiben
der Fällung, aber es bildete sich kein rothes Kupferoxydul, und
das gebildete Oxydulhydrat blieb in der Flüssigkeit suspendirt.
Kühne bemerkt, dass die Verschiedenartigkeit der von ihm beobachteten Reaction mit dem verschiedenartigen Verlaufe des Dia-

---

*) Kühne, Lehrbuch der physiol. Chemie. Leipzig. 1868. S. 520.

betes zusammenhänge; er meint, dass bei den leichten, langsam verlaufenden Fällen ein Stoff im Harne vorhanden sei, welcher das ausgeschiedene Kupferoxydul löst, während dieser Stoff in den schweren Fällen fehle. Dass der Unterschied in den Reactionen mit dem Grade der Erkrankung zusammenhängt, habe auch ich früher geglaubt, und ich hatte die Vermuthung ausgesprochen**), dass vielleicht bei Besserung des Diabetes oder bei mittleren Formen mit dem Zucker auch ein Zwischenglied zwischen Glycogen und Zucker sich bilde -- etwa ein dem Dextrin verwandter Körper, und dass durch diesen die unvollkommene Ausscheidung bewirkt werde, die jener analog ist, welche entsteht, wenn man eine Dextrinlösung oder eine mit wenigen Tropfen Schwefelsäure versetzte Gummilösung mit der Kupferlösung zusammenbringt.

Ich habe mich durch Versuche (siehe Anhang) mit künstlich dargestelltem Zuckerharn überzeugt, dass die Ursache dieser eigenthümlichen Reaction in den Harnbestandteilen, wahrscheinlich in den Harnfarbstoffen und in manchen noch nicht näher gekannten sogenannten Extractivstoffen zu suchen sei. Diese halten das reducirte Kupferoxydul in Lösung und verhindern die Ausfällung des suspendirten Kupferoxyduls. Je concentrirter ein Harn ist, d. h. je mehr von den die Ausscheidung des reducirten Kupferoxyduls hemmenden Bestandtheilen in ihm vorhanden sind, desto schlechter gelingt die quantitative Zuckerbestimmung auch bei reichlichem Zuckergehalte. Bei einem wasserreichen Harn dagegen, in welchem diese hemmenden Bestandteile diluirt sind, vermag man auch kleine Zuckerquantitäten nach der Fehling'schen Methode gut zu bestimmen, und nur darum gelingt diese Bestimmung so viel besser in solchen Fällen von Diabetes, wo mit der Zuckerausscheidung auch Polyurie vorhanden ist. Es fehlt diesen Harnen nicht, wie Kühne meint, an einem in normalen Harnen vorkommenden Bestandteile, sondern es sind alle die Ausscheidung hemmenden Bestandteile durch den reichen Wassergehalt des Harns diluirt und darum wirkungsloser. Und so wie man bei künstlichem Zuckerharn die Ausfällung des Kupferoxyduls dadurch bewirken

---

*) Seegen, Beiträge zur Casuistik der Melliturie. Virchow's Archiv 1861.

kann, dass man den Harn mit Wasser verdünnt, kann man dies
auch bei concentrirten diabetischen Harnen der milden Form durch
die gleiche Manipulation bewirken.

Külz*) teilt einen Fall von Diabetes mit, bei welchem der
Harn die Trommer'sche Lösung nur entfärbte, während durch
Polarisation 5,3 pCt. Zucker nachgewiesen wurde. Bei Verdünnung
von 2 Tropfen Harn mit 10 ccm Wasser trat brillante Ausscheidung
von Kupferoxydul auf.

Es ist darum selbst bei Harnen, die zuckerarm sind, wichtig,
dieselben etwa auf das Fünf- bis Zehnfache mit Wasser zu verdünnen, und mit der so verdünnten Lösung die quantitative Analyse anzustellen. Man thut dann gut, statt 5 ccm der Kupferlösung
nur 1—2 ccm zur Analyse zu benutzen, da für eine grössere Menge
Kupferlösung eine zu grosse Quantität der verdünnten Harnlösung
verbraucht werden müsste. Von einem auf's Zehnfache verdünnten
Harn, der 0,5 pCt. Zucker enthält, braucht man 100 ccm, um 5 ccm
der Kupferlösung zu reduciren, während für 2 ccm Kupferlösung
40 ccm des verdünnten Harns genügen Bei noch geringerem Zuckergehalte, etwa unter 0,1—0,2 pCt., ist nach meiner auf vielfache
Versuche basirenden Erfahrung eine quantitative Bestimmung nicht
ausführbar; der unverdünnte Harn gibt, wie bereits besprochen,
keine klare Fällung, gestattet also nicht die Grenze der Reaction zu erkennen, von dem mit Wasser auf's Zehnfache verdünnten Harn müsste man zu grosse Quantitäten verbrauchen, und
es würde dadurch die Farbe der Fehling'schen Lösung so abge-
blasst, dass die durch Reduction erfolgte Entfärbung, also die
Reactionsgrenze, gar nicht ermittelt werden könnte, und wesentliche
Beobachtungsfehler eintreten müssten.

Die Kohlenprobe bietet noch den Vorteil, dass man sie, wenn
es sich um kleine Mengen Zucker handelt, auch für eine annähernd
quantitative Zuckerbestimmung verwerten kann. Ich habe, als ich
meine Kohlenprobe mitteilte, angegeben, dass stets eine kleine
Menge Zucker in der Kohle zurückbleibt, die man durch Auswaschen nicht gewinnen kann. Wenn es sich also um absolute
Bestimmung der Zuckermenge handelt, ist die Methode nicht

---

*) Külz, Berl. klin. Wochenschr. 1875. No. 43.

brauchbar; für den Arzt ist es oft vollkommen genügend, annähernd die Zuckermenge zu kennen, welche ein bestimmter Harn enthält. Ich verfahre bei Harnen mit mässigem Zuckergehalt, etwa 0,5—1 pCt., in folgender Weise: Es werden 50 cm³ des Harns auf ein zur Hälfte mit Kohle beschicktes Filter aufgegossen und so oft filtrirt, bis die ablaufende Flüssigkeit vollständig wasserhell ist. Die Kohle wird nun mit sehr kleinen Mengen destillirten Wassers öfters ausgewaschen, die Waschwässer mit dem Filtrate vereinigt, und die Menge gemessen, und mit dieser die Probe angestellt, die so gut verläuft wie mit einer wässerigen Zuckerlösung. Ein Beispiel wird den Vorgang klar machen und zugleich über den ungefähren Zuckerverlust Aufschluss geben. Ich bereitete mir durch Zuckerzusatz einen 0,4 pCt. enthaltenden Harn. Von diesem wurden 50 cm³ durch Kohle filtrirt, Filtrate und Waschwässer auf 62 cm³ gebracht; mit diesen wurde die Zuckerbestimmung mittelst Fehling'scher Lösung angestellt, und es ergaben sich in zwei Proben 0,363 pCt. und 0,359 pCt. Zucker. Es waren also circa 10 pCt. Zucker in der Kohle zurückgeblieben. Der unfiltrirte Harn gab nach Zusatz von ungefähr 4 cm³ zur Fehling'schen Lösung plötzlich eine dichte gelbe Ausscheidung, die durch die ganze Flüssigkeit verteilt war, sich nicht absetzte und eine Grenzbestimmung unmöglich machte. Und dieselbe Reaction trat nur etwas später auf, als der Harn aufs Zweifache und aufs Dreifache mit Wasser verdünnt war.

Eine sehr bequeme Methode für die quantitative Zuckerbestimmung ist die mittelst des Soleil-Ventzke'schen Polarisationsapparates. Harnzuckerlösungen haben die Eigenschaft den polarisirten Lichtstrahl nach rechts abzulenken. Die Grösse der Ablenkung entspricht einem bestimmten Zuckergehalte. Dieses Verhältnis ist für jedes Instrument empirisch festgestellt, und aus der Zahl der Teilstriche, welche die Ablenkung messen, wird mittelst einer Tabelle der procentische Zuckergehalt bestimmt. Die Ausführung der Analyse ist bei einiger Uebung und bei einem für Farbennüancen geübten Auge leicht, doch vermag man nach meinen zahlreichen Versuchen Zuckermengen, die unter 0,3 pCt. betragen, im Harn nicht mehr mit dem Polarisationsapparate zu bestimmen. Für qualitative Analyse ist die Methode

nicht geeignet, die Kupferprobe ist weit empfindlicher, und Zuckermengen, welche noch eine reiche Reduction bewirken, bringen im
Polarisationsapparate keine erkennbare Ablenkung hervor.

Um möglichst genau und, so weit die Leistungsfähigkeit des
Apparates es gestattet, auch kleine Mengen von Zucker zu bestimmen, muss der Harn möglichst entfärbt werden. Man entfärbt,
indem man dem Harne einige Tropfen neutr. essigsauren Bleioxyds hinzufügt, es werden die meisten Farbstoffe des Harns
dadurch gefällt. Durch Kohle darf man nicht entfärben, da diese
einen Teil des Zuckers zurückhält. Wichtig ist es, die Beobachtung
nur in den lichten Farben, etwa in blassgelb oder blassrosa, auszuführen, um auch die leisesten Farbenunterschiede zwischen den
beiden Hälften der Doppelplatte zu erkennen.

Ich hatte wiederholt Gelegenheit, mich zu überzeugen, dass die
Resultate der Bestimmungen mittelst des Polarisationsapparates und
durch eine Kupferlösung nicht übereinstimmen. Die chemische Analyse weist fast immer zwischen 0,3—0,6 pCt. mehr Zucker nach als
die optische Bestimmungsmethode.

X. CAPITEL.

Diätetische und therapeutische Behandlung des Diabetes.

1. Die Diät.

Unter den Mitteln, die uns zur Bekämpfung des Diabetes zu Gebote stehen, nennen wir zuerst und als das wichtigste die Regelung der Diät. Wir sind nicht imstande, den Diabetes an seiner Wurzel, d. h. in seinen Entstehungsursachen zu fassen, aber die Erfahrung hat gelehrt, dass eine zweckentsprechende Diät den grössten und wohlthätigsten Einfluss häufig zu üben vermag, und dass sie, wenn auch nicht die Entstehungsursache, so doch alle Erscheinungen des Diabetes der leichten Form zu besiegen imstande ist. Was die Erfahrung gelehrt hat, ist durch die Theorie vollkommen begründet, und es ist darum zum Verständnis der diätetischen Regeln von Wichtigkeit, noch einmal kurz zu resumiren, was uns das physiologische Experiment über die Quelle, aus welcher der Zucker stammt, gelehrt hat.

Der im Thierkörper vorhandene Zucker ist zweifacher Natur.

Erstens: der Nahrungszucker. Sowohl der direct in den Magen eingeführte Zucker, wie der aus den Amylaceen im Verdauungstracte entstandene werden durch die Pfortader in die Leber geführt und dort in Glykogen umgewandelt. Die weiteren Schicksale desselben im gesunden Organismus sind uns noch unbekannt; wir können nur auf Grundlage meiner Versuche mit Bestimmtheit aussprechen, dass das Glykogen nicht die directe Quelle für den Blutzucker ist; mit Wahrscheinlichkeit dürfen wir annehmen, dass

16*

das Glykogen zum Teil und ganz allmälig durch die Blutwelle in verschiedene Organe und insbesondere in die Muskeln übergeführt und dort als Reservestoff abgelagert, und dass es zum grösseren Teil in Fett umgewandelt wird.

Zweitens: der Blutzucker. Dieser wird in der Leber gebildet, und zwar sind die Albuminate und das Fett der Nahrung das Bildungsmaterial, aus welchem er entsteht. Dieser Blutzucker ist gleichsam die Kohle, welche der Körpermaschine als Brennstoff zugeführt wird, er bildet die Kraftquelle für Wärmebildung und Arbeitsleistung des Thieres. Damit der Thierkörper leistungsfähig bleibe, muss ihm je nach seiner Grösse und je nach den Aufgaben, die ihm gestellt sind, genügendes Material für die Blutzuckerbildung zugeführt werden. Jenes Nährmaterial wird das beste sein, welches die reichste Menge Kohlenstoff enthält. Das Fett übertrifft nach dieser Richtung bei weitem die Eiweisskörper. Wird nicht genügend Nährmaterial zugeführt, muss die Blutzuckerbildung auf Kosten des eigenen Körpers stattfinden. Versuche an hungernden Thieren lehrten, dass die Blutzuckerbildung bis zur vollständigen Inanition fortdauert; und die Abmagerung des hungernden Thieres, vorzüglich der bedeutende und rasche Fettverlust bestätigen, dass das Fett in erster Linie zur Bildung des Zuckers während des Hungerns verwendet wird.

Die richtige Erkenntnis über die Bedeutung des Blutzuckers für den Haushalt des Thieres ist geeignet dazu beizutragen, die bis jetzt giltig gewesenen und nun im Wandel begriffenen Vorstellungen über die Bedeutung der Eiweisskörper für die Ernährung von Gesunden und Kranken wesentlich zu modificiren, und sie dürfte auch für das richtige Verständnis der diätetischen Vorschriften für Diabetiker von maassgebendem Einflusse sein.

Das Kostmaass für Gesunde wurde zuerst von Liebig, später von Voit zum Teil auf Grundlage von Hunger- und Ernährungsversuchen an Thieren und Menschen festgestellt; nach Voit's Vorschriften beträgt dasselbe für einen kräftigen Menschen bei mässiger Arbeitsleistung 118 g Eiweiss, 56 g Fett und 500 g Kohlehydrate. Bei einer geringeren Eiweisszufuhr würde, wenn auch Fette und Kohlehydrate in reicher Menge eingenommen werden, der Eiweissbestand des Körpers verringert. Dieses Kostmaass wurde durch längere Zeit als wohlbegründet angesehen, wenn auch von manchen Seiten, von Beneke, Flügge u. A., gegen die Forderung von so grossen Mengen Eiweiss (in Form von Fleisch nahezu 600 g) Einwendungen erhoben wurden.

Allmälig aber wächst die Zahl der Versuche, welche beweisen, dass eine viel geringere Eiweisszufuhr genüge, um den Körper eines erwachsenen Menschen auf seinem Bestande und vollkommen leistungsfähig zu erhalten, vorausgesetzt, dass anderes nicht eiweisshaltiges Nährmaterial in genügender Menge zugeführt wird; ich erwähne nur Versuche von Pflüger und Bohland*), von F. Hirschfeld**) und von Kumagava***). Die beiden Letztgenannten haben Versuche an sich selbst mit eiweissarmer Kost angestellt. Hirschfeld's Nahrung bestand in Reis, Kartoffeln, Butter oder Speck und Bier, er verlor nicht an Körpergewicht und war selbst imstande, bedeutende Arbeit zu leisten; er kommt zu dem Resultate: „dass ein kräftiger Mann erst 15 Tage, dann 10 Tage sich mit einer Kost im Stickstoffgleichgewicht hält, die nicht über 35—40 g Eiweiss enthält." Kumagava hat Versuche mit europäischer Kost, mit gewöhnlicher gemischter japanischer Kost und mit vegetabilischer Nahrung ausgeführt uud ist dabei zu dem Resultate gelangt, „dass ein erwachsener Mann mit einer Kost, deren Gehalt an auszunutzendem Eiweiss geringer ist, als der Verbrauch bei Hunger, sich nicht nur in's Stickstoffgleichgewicht setzt, sondern unter Umständen sogar Eiweiss im Körper ansetzen kann, wenn nur der Bedarf an Calorien durch genügende Aufnahme von Fett und Kohlehydraten gedeckt wird." Durch diese Ernährungsversuche ist der experimentelle Beweis erbracht für das, was M. Rubner†) zuerst klar erfasst hat, dass die Nahrungsstoffe imstande seien, sich nach der Grösse ihrer Verbrennungswärme zu vertreten.

Diese richtige Erfassung der Ernährungsgesetze gestaltet sich noch einfacher, wenn wir festhalten, dass der Blutzucker die ein-

---

*) Pflüger's Archiv. Bd. XXXVI.
**) Pflüger's Archiv. Bd. XLI.
***) Virchow's Archiv. Bd. CXVI.
†) Rubner, Zeitschrift für Biologie. Bd. XIX u. XXI.

zige Kraftquelle für die Leistungen des Körpers ist, d. h. dass mit dem Blutzucker allein die Calorien zugeführt werden, deren der Körper für seine Arbeitsleistungen bedarf. Die Frage ist dann: Durch welche Nahrungsmittel wird dem Körper das Material für die Bildung des Blutzuckers in der besten Weise zugeführt? Unsere Versuche lehrten, dass Eiweisskörper und Fette das Material sind, aus welchem der Blutzucker gebildet wird; und die Antwort auf die gestellte Frage lautet: es ist ganz gleichgiltig, ob wir den Blutzucker aus diesem oder jenem Materiale bilden, d. h. ob wir Fett oder Eiweisskörper als Nahrung geniessen. Wenn dies auch theoretisch gleichgiltig ist, waltet doch praktisch eine grosse Verschiedenheit vor. Wir brauchen für die Bildung einer bestimmten Menge Blutzucker eine unendlich verschiedene Menge von Bildungsmaterial, je nachdem wir den Zucker aus Eiweisskörpern oder aus Fett bereiten. Zur Bildung von 100 g Traubenzucker genügen ca. 40 g Fett, während der Körper mehr als 300 g Fleisch nötig hat, um dieselbe Blutzuckermenge zu bilden. Ein mässig arbeitender Mann, z. B. ein Arzt, verbraucht zwischen 2700 und 2800 Calorien. Diese werden geliefert durch die Oxydation von etwa 760 g Traubenzucker. Zur Bildung dieses Traubenzuckers sind ungefähr 300 g Fett, aber nahezu 2300 g Fleisch erforderlich. Es ist also von vorneherein klar, dass es eine wahre Luxusconsumtion ist, wenn wir unsern Bedarf an Blutzucker, resp. an Körperkraft, ausschliesslich oder zum grossen Teil aus Fleisch stillen. Der Luxus ist ein doppelter, erstens, weil wir ein teures Material zuführen, und zweitens, weil wir den Körper zu einer Arbeitsleistung veranlassen, zur Abspaltung des Stickstoffs, die Niemandem zugute kommt.

Das richtige Erkennen der Nahrungsaufgabe führt uns folgerichtig zu dem Schlusse, dass die Eiweisskörper nicht den hohen Wert beanspruchen dürfen, den sie bis jetzt unter den Nahrungsmitteln eingenommen haben, während andererseits dem Fette ein viel breiterer Platz bei Feststellung des Kostmaasses anzuweisen ist.

Diese Erkenntnis muss auch allen diätetischen Vorschriften für Diabetiker zugrunde liegen. Es kommt nicht, wie bis jetzt gemeint wurde, darauf an, demselben eine übergrosse Stickstoffmenge zuzuführen, und diese Stickstoffzufuhr als Maassstab für die ihm zu reichende Nahrung anzusehen. Es genügt dem Gesunden wie dem Diabetiker, wenn nur eine mässige Menge stickstoffhaltiger Nahrung zugeführt wird, wenn etwa 8—10 g Stickstoff in der Nahrung enthalten sind. Der Hauptaccent in der Nahrung des Diabetikers wie in der des Gesunden muss auf die Zufuhr von einer für die Blutzuckerbildung genügenden Menge von Kohlenstoff gelegt werden, und darin unterscheidet sich die Diät des Diabetikers von der des Gesunden, dass diese Kohlenstoffzufuhr durchaus nicht in Form von Kohlehydraten stattfinden kann, da diese nicht wie beim Gesunden auf dem Wege durch Fettbildung zur Bildung des Blutzuckers verwendet werden, sondern unverwertet den Körper in Form von Nahrungszucker verlassen.

In den zwei Formen des Diabetes stammt der ausgeschiedene Zucker aus verschiedenen Quellen.

In der leichten Form wird nur der Nahrungszucker ausgeschieden. Diese Form des Diabetes ist, wie wir früher erwähnten, auf gestörte Assimilation des Nahrungszuckers in der Leber zurückzuführen. Der Nahrungszucker passirt entweder direct die Leber, ohne in Glycogen umgewandelt zu werden, oder es wird das Glycogen nicht in normaler Weise verwertet und verlässt, ohne den Zwecken des Organismus zu dienen, den Körper. Die Unfähigkeit, den Nahrungszucker zu assimiliren, ist entweder eine vollständige, es entspricht dies den höchsten Graden des Diabetes der leichten Form, und in diesen Fällen wird der gesammte zugeführte Nahrungszucker wieder ausgeschieden, oder es besteht noch bis zu einem gewissen Grade Assimilationsfähigkeit, und dann wird nur jener Nahrungszucker ausgeschieden, der jenseits der Grenze der Assimilationsfähigkeit liegt.

Bei der schweren Form ist die Assimilationsfähigkeit für Nahrungszucker ebenfalls und zwar vollständig aufgehoben, so dass aller eingeführte Zucker wieder ausgeschieden wird. Aber diese schwere Form unterscheidet sich von der leichten dadurch, dass auch der Blutzucker, d. h. jener Zucker, der aus Fleisch und Fett in der Leber gebildet wird, nicht zur vollen Verwertung kommt und in grösserer oder kleinerer Menge, je nach dem Grade der Erkrankung, unverbrannt den Körper verlässt.

Die Tragweite dieser beiden Formen des Diabetes steht im vollsten Einklang mit der Quelle, aus welcher der ausgeschiedene Zucker stammt. Bei der leichten Form wird, vorausgesetzt, dass dem Körper genügendes Material für Blutzuckerbildung zugeführt wird, der Diabetiker sich lange Zeit leistungsfähig erhalten. Bei der schweren Form wird unausgesetzt Kraftmaterial dem Körper entführt, das Individuum befindet sich im Inanitionszutsande, es magert hochgradig ab und wird in kürzester Zeit leistungsunfähig.

Theorie wie Erfahrung stimmen also vollkommen darin überein, dass bei der schweren Form des Diabetes die Art der Nahrungszufuhr nur von geringem Einfluss auf den Krankheitsprocess sein wird, dass dagegen selbst die schwersten Fälle der leichten Form rasch gebessert werden, wenn man ihnen den Nahrungszucker beschränkt oder entzieht und nur jene Nahrung zuführt, aus welcher Blutzucker bereitet wird.

Falsche theoretische Auffassungen haben von Zeit zu Zeit zu den irrigsten diätetischen Versuchen geführt, und ich möchte hier nur jene von Piorry, die eine Weile sich eine gewisse Geltung verschafft hatten, erwähnen.

Piorry hat nämlich geraten, man möge den Diabetikern reichlich Zucker geben, um dadurch den Verlust zu ersetzen, welchen der Körper durch die Ausscheidung des Zuckers erleidet, und Schiff*) hat Kohlehydrate als Nahrung empfohlen; denn durch die zuckerbildende Substanz könnte das Ferment in Anspruch genommen werden, welches die Umwandlung von Glycogen in Zucker veranlasst, und es wäre dadurch verhütet, dass die Zuckerbildung auf Kosten der Körperelemente stattfindet. Die Ausschliessung der Amylacea entbehre nach ihm auch jeder physiologischen Basis, da die Leber auch aus Fleisch Zucker bilde.

Es wäre nicht schwer, die Gründe, welche für die Zuckerdiät angegeben werden, theoretisch zu widerlegen, aber besser als durch

---

*) Schiff, Untersuchungen über die Zuckerbildung in der Leber. Würzburg 1859.

Theorie werden dieselben durch die über jedem Zweifel stehende Thatsache widerlegt, dass mit der Zufuhr von Zucker und Kohlehydraten auch die Zuckerausfuhr gesteigert wird, dass die eingeführten Kohlehydrate dem Körper nicht zu statten kommen, da sie ganz oder teilweise als Zucker wieder ausgeführt werden.

Pavy*) hat an einem seiner Kranken (North) die ausgedehntesten Untersuchungen über die Wirkungen verschiedener Nahrungsmittel bei Diabetes gemacht, es wurden durch zwei Monate die verschiedensten Ernährungsmethoden versucht, und die Zuckerausscheidung bestimmt. Eine graphische Darstellung, die er in seinem Buche über Diabetes gibt, lässt mit einem Male den Zusammenhang zwischen Nahrungseinfuhr und Zuckerausscheidung übersehen. Während die Zuckermenge bei gewöhnlicher gemischter Kost 10000 Gran per Tag beträgt, sinkt sie bei ausschliesslicher Fleischkost auf 500 Gran, und steigt sowie eine zuckerhaltige Nahrung zugeführt wird. Milchgenuss erhebt die Ausscheidung auf 2000 Gran, bei Kleienbrot steigt dieselbe auf 4000, bei Kleberbrot auf 4500 Gran, und als abermals gemischte Nahrung eingeführt wurde, wurden wieder 9000 Gran Zucker ausgeschieden.

In einem zweiten Falle, welchen Pavy kürzere Zeit beobachtete, stellte sich sogar die Thatsache heraus, dass durch die Einfuhr von Kohlehydraten nicht blos eine diesem eingeführten Nahrungszucker entsprechende Zuckermenge ausgeschieden wurde, sondern dass auch ein Theil des auf Kosten von anderen Nahrungselementen gebildeten Zuckers ausgeschieden wurde. Der Patient, der reichlich Zucker entleert hatte, wurde auf strenge Fleischkost gesetzt, der Zucker schwand auf Spuren; es wurden dann durch 2 Tage 4 Loth Brot der Fleischnahrung zugesetzt, der Harn enthielt wieder 117−196 Gran Zucker, aber die Zuckerausscheidung dauerte noch 4 Tage fort, trotzdem kein Brot mehr zugesetzt wurde. Es wurden mit dem Harne in 5 Tagen 1425 Gran Zucker ausgeführt, während das zugeführte Brot selbst nur 1200 Gran fester Bestandteile enthielt.

An diese einzelnen exacten Untersuchungen reihen sich zahllose weitere Beobachtungen, die den Zusammenhang zwischen

---

*) a. a. O.

Zuckerausscheidung und Nahrung auf's Bestimmteste nachweisen.
Ich habe bereits im Jahre 1861*) auf diesen Zusammenhang aufmerksam gemacht; ich habe damals zuerst auf die zwei verschiedenen Quellen der Zuckerbildung, auf die Albuminate und auf
die Kohlehydrate der Nahrung hingewiesen; ich habe dargelegt,
dass nur bei der schweren Form des Diabetes die Zuckerbildung
auch auf Kosten der Albuminate stattfindet, während bei der leichteren Form nur die Kohlehydrate das Material für die Zuckerbildung liefern; ich habe mit Rücksicht auf die Zuckerquelle die
zwei Formen des Diabetes unterschieden, und jetzt, wo die Zahl
der Beobachtungen eine bedeutende ist, wird diese in die Augen
springende Verschiedenheit je nach der Ursprungsquelle des Zuckers
allgemein bestätigt. Der Zusammenhang der Zuckerausfuhr mit
der eingeführten Nahrung und die Steigerung der Ausfuhr durch
Zucker und Amylacea ist für mich eine so fest stehende Thatsache, dass ich dieselbe für diagnostische Zwecke und speciell für
die Feststellung der Prognose verwerte. Ich habe an einer früheren
Stelle, als ich die zwei Formen, in welchen Diabetes zur Erscheinung kommt, darlegte, ausgeführt, wie der Arzt vorgehen
müsse, um darüber in's Klare zu kommen, welcher Form der ihm
vorliegende Fall zugehöre. Bei dieser Prüfung, bei dem Ueber-
gange von gemischter Nahrung zu vorwaltender Fleischkost, ist
der Unterschied in der Zuckerausscheidung in die Augen springend.
Die Wandlung ist oft eine so auffallende, dass sie den Patienten
und auch den Arzt überrascht. Häufig geschieht es, dass bei der
zweiten nach Aenderung der Diät vorgenommenen Untersuchung,
oder allenfalls bei einer dritten, wieder einige Tage später vorgenommenen Analyse, der Harn gar keinen Zucker enthält, trotzdem
noch nicht alle Amylacea ausgeschlossen sind. Nur zuweilen geschieht es, dass trotz absoluten Ausschlusses von Kohlehydraten
aus der Nahrung längere Zeit verstreicht, ehe der Harn vollständig zuckerfrei wird. Diese Fälle, meist dann beobachtet, wenn die
Krankheit nicht erkannt, und unzweckmässige Nahrung ein-

----

*) Seegen, Beiträge zur Casuistik der Melliturie. Virchow's Arch.
XXI Bd.

geführt wurde, simuliren die schwere Form, und Fälle dieser Art hat Naunyn*) in eine eigene „Mittelform" eingereiht. Diese vernachlässigten Fälle, die ich als schwerste Fälle der leichten Form bezeichne, kommen jetzt sehr selten zur Beobachtung, und fast jede der angehängten Krankengeschichten bildet einen Beleg für die rasche Abnahme der Zuckerausscheidung in Folge des Diätwechsels. Ich führe beispielsweise den Fall Nr. 119 an, weil hier die Beobachtung eine ganz reine war, und kein Heilmittel eingeführt wurde. Als ich den Patienten zuerst sah, war bei gemischter Kost:

28. Januar, die 24stündige Harausscheidung 2170 ccm, Zuckermenge 4 pCt. = 87 g. Patient genoss durch 3 Tage vorwaltend Fleischkost. Ausschluss von Zucker, mässige Menge Brot wurde gestattet.

3. Februar. 24stündige Harnmenge 1570 ccm, Zucker 1,4 pCt. = 22 g; nach weiteren 3 Tagen war bei derselben Kost der Zucker auf Spuren gesunken.

In diesem wie in anderen ähnlichen Fällen ist noch eine gewisse Toleranz gegen amylumhaltige Nahrung vorhanden, nur wenn dieses Maass überschritten wird, erscheint Zucker. Bei der schweren Form des Diabetes, wo auch der auf Kosten von Fett und Albuminaten gebildete Blutzucker ausgeschieden wird, erhöht auch die kleinste Quantität von zugeführten Kohlehydraten die Zuckerausfuhr, und man kann gerade bei diesen Kranken in eminenter Weise die kleinsten Abweichungen von dem vorgeschriebenen Fleischregime aus der Analyse nachweisen. Fast jedes Atom zugeführter Zucker- oder Amylumnahrung erscheint als Zuckerplus im Harne wieder.

Külz**) ist mit diesem Ausspruche nicht einverstanden. Er sagt: „Hiernach vindicirt Seegen der schweren Form gar keine Toleranz gegen Amylaceen, der leichten Form nur in gewissen Fällen. Auf Grund der hier mitgeteilten Versuche stelle ich den Satz auf, dass bei der leichten Form stets eine Toleranz gegen Amylacea vorhanden ist, oder wenn ich es schärfer ausdrücken soll, dass nie die Menge des eingeführten Traubenzuckers im Harn vollständig erscheint", und an einer späteren Stelle fährt er fort: „Ich könnte

---

*) Naunyn, die diätetische Behandlung des Diabetes mellitus. Volkman's Sammlung klinischer Vorträge. No. 349/50.

**) Külz. Beiträge zur Pathologie und Therapie des Diabetes. 1. Bd. 1874.

diesen, für die leichte Form aufgestellten Satz auch auf die schwere Form auf Grund von drei sichern Beobachtungen ausdehnen. Jedenfalls wäre ich dazu eher berechtigt, als man ohne directe Versuche den Diabetikern der schweren Form jede Toleranz gegen Amylaceen abzusprechen befugt ist." Die Versuche, auf welche Külz sich stützt, wurden mit Traubenzucker angestellt. Sechs an Diabetes leidende Patienten, darunter ein Fall, der unzweifelhaft der schweren Form angehörte, erhielten Traubenzucker in Wasser gelöst. Die Diabetiker der leichten Form schieden nach dem Genuss von 50—100 g entweder keinen oder nur wenige Gramm Zucker aus. Der Diabetiker der schweren Form (K—t) schied, wenn er 50 g Traubenzucker nahm, nahezu die ganze Menge als Zuckerplus aus, und wenn er 100 g nahm, war die Zuckerausscheidung nicht grösser, als bei der Einfuhr von 50 g. Wenn man diese Thatsachen nüchtern deutet, beweisen die ersten Fälle, dass die der milden Form angehörigen Diabetiker eine Toleranz gegen Traubenzucker hatten, wie sie dieselbe wahrscheinlich auch gegen amylumhaltige Nahrung besassen. Der Beweis, dass Diabetiker der leichten Form stets eine Toleranz gegen Amylacea haben, ist damit nicht geliefert. Der Diabetiker K—t, der, wenn er 50 g Traubenzucker einführte, dieselben nahezu ganz durch den Harn ausschied, würde meine Erfahrung, dass Diabetiker der schweren Form gar keine Toleranz gegen Zuckernahrung haben, nur bestätigen. Höchst eigentümlich ist es, dass derselbe Diabetiker, der bei der Zufuhr von 50 g Traubenzucker, ein dieser Zufuhr nahezu entsprechendes Zuckerplus ausschied, bei Einfuhr von 100 g Traubenzucker nicht mehr Zucker ausschied, als bei der Zufuhr von 50 g. Man kann sich doch unmöglich denken, dass der Diabetiker, der der kleineren Zuckermenge gegenüber gar keine Toleranz oder Assimilationsfähigkeit zeigte, diese nun erhält, wenn man ihm eine grössere Menge Zucker zuführt. Dasselbe Befremdende haben manche Versuche mit Diabetikern der leichten Form. Patient F—s z. B. nimmt 50 g Traubenzucker und scheidet 5,9 g Zucker aus, er nimmt das nächstemal 100 g Traubenzucker und scheidet 8,9 g Zucker aus. Patient V—z scheidet bei der Zufuhr von 30 g Zucker 1 g, bei Zufuhr von 60 g 5,5 g aus. Külz bemerkt: „wer die mitgeteilten Versuche mit Rücksicht auf diesen Punkt durchsieht, wird die Vorstellung, dass jedes über die Toleranzgrenze eingeführte Traubenzuckerquantum ganz im Harn wieder erscheint, als unstatthaft zurückweisen müssen." Darin stimmen wir mit Külz vollkommen überein, es hiesse die Augen vor den Thatsachen verschliessen, wenn man annehmen würde, dass jedes über die Toleranzgrenze eingeführte Traubenzuckerquantum ganz im Harne wieder erscheine, aber es scheint uns doch vollkommen unberechtigt, aus diesem Nichterscheinen zu schliessen, dass dieser nicht erschienene Zucker auch assimilirt sei. Die nächste praktische Consequenz dieser Anschauung wäre, dass man z. B. einem Diabetiker der schweren Form, der erwiesener Maassen eine kleine Menge Zucker nicht assimilirt, eine grosse Menge zuführen muss, um eine teilweise Assimilation zu bewirken. In der Praxis würde sich das Handeln nach dieser Theorie bitter rächen, da die Erfahrung lehrt, dass je grösser die Diätfehler d. h. die Abweichungen von der Fleischdiät sind, desto stärker auch die diabetischen Symptome in die Erscheinung treten.

Wenn Külz behauptet, man sei ohne directe Versuche nicht befugt, den Diabetikern der schweren Form jede Toleranz gegen Amylacea abzusprechen, ist dies nicht ganz richtig. Gute zahlreiche Beobachtungen haben auch den Wert directer ad hoc angestellter Versuche. Meinem Ausspruche lag erstens eine reiche Erfahrung zu Grunde, die mir es vielfach bestätigte, dass wenn ein Diabetiker der schweren Form auch nur ein Brödchen von 30 g geniesst, sogleich Zucker im Harn auftrete, ich stützte mich aber auch auf die directen Versuche von Pavy, die es bestätigen, dass nicht nur die ganze Menge des der eingeführten zuckerbildenden Substanz entsprechenden Zuckers ausgeschieden werde, sondern dass durch die Einführung von Amylaceen auch die Ausscheidung von Zucker, der auf Kosten von anderen Nahrungselementen entstanden ist, begünstigt wird.

Nicht ganz richtig erscheint es mir ferner, wenn Külz seine Versuche mit Traubenzucker, selbst wenn seine Folgerungen in Bezug auf die Assimilation von Traubenzucker unanfechtbar wären, für Schlüsse in Bezug auf die Toleranz der Diabetiker gegen Amylacea verwertet.

Külz selbst erwähnt, dass der Diabetiker M—r, der 50 g Traubenzucker genoss, ohne ein Atom Zucker auszuscheiden, beim Genuss von $1\frac{1}{2}$ Brödchen einen 0,3 pCt. Zucker enthaltenden Harn ausschied. Diese Erfahrung weist darauf hin, dass Schlüsse von der Traubenzuckerlösung auf Amylacea unstatthaft seien.

Später hat Külz diese Erfahrung noch wiederholt gemacht; er sagt im zweiten Bande der von ihm gesammelten Abhandlungen über Diabetes, als er Bouchardat's Diabetestheorie bekämpft: „Ich teile nun eine Thatsache mit, die ich an 6 Diabetikern bestätigt gefunden habe; ich fand nämlich, und zwar in allen 6 Fällen übereinstimmend, dass, wenn ich ein und demselben Patienten in einer ersten Versuchsreihe eine bestimmte Menge Traubenzucker in wässeriger Lösung, in einer zweiten Versuchsreihe eine der Menge des Traubenzuckers adäquate Menge Brot oder Reis auf einmal einverleibte, die Zuckerausscheidung nicht unwesentlich differirte. Nach Einverleibung von Traubenzucker schieden nämlich sämmtliche Patienten weniger Zucker aus, als nach Einverleibung von Brot und Reis." Und die Erklärung für diese Thatsache findet Külz darin, „dass der fertig gebildete Traubenzucker sofort die Milchsäuregährung eingehen kann", und „dass von dem fertigen Zucker ein grösserer Theil in Säuren übergeführt wird, als von dem aus Amylum resultirenden Zucker." Ich habe die Richtigkeit dieser Erklärung nicht zu discutiren, aber es scheint mir, dass es näher gelegen hätte, diese Erklärung auch für die Thatsache zu benutzen, dass ein Diabetiker, welcher 50 g Traubenzucker nahezu ganz im Harn ausscheidet, bei Zufuhr von 100 g die Hälfte zurückbehält, statt dieses eigentümliche Factum dazu zu verwerten, für Diabetiker der schweren Form eine Toleranz für Amylacea zu vindiciren.

Külz[*]) führt nun zwar einen speciellen Fall von schwerem Diabetes an, bei welchem die in Form von Brot eingeführten Kohlehydrate nicht ausgeschieden wurden. Die Patientin Schlick hat 171 g Kohlehydrate eingeführt und nur 73 g ausgeführt. Diese Thatsache wäre von Bedeutung, aber damit eine einzige Beobachtung, die vielen anderen Erfahrungen widerspricht, das Recht für sich in Anspruch nehmen darf, in einer so fundamentalen Frage massgebend zu sein, müsste doch diese Beobachtung die Garantie bieten, dass sie unzweifelhaft richtig sei, und das scheint hier nicht der Fall zu sein. Die Patientin Schl. hat in den ersten 6 Tagen des Versuches an Nahrung zu sich genommen.

6 Eier
180 g Wurst und Schinken,
240 g Fleisch,
91 g Brot = 38 g Fleisch.

Sie schied aus 30—32 g Harnstoff per Tag.

In einer anderen Versuchsreihe zur Feststellung des Einflusses von Carlsbader Wasser nahm dieselbe Patientin an Nahrung zu sich

9 Eier
240 g Wurst,
375 g Fleisch,

und sie schied aus 22—25 g Harnstoff.

Wenn wir nun nicht annehmen wollen, dass diese Patientin auch die Eigentümlichkeit hatte, um so weniger Stickstoff auszuscheiden, je mehr stickstoffhaltige Nahrung sie zu sich nahm, müssen wir uns sagen, dass die Patientin kein geeignetes Versuchsobject war, dass sie trotz aller in solchen Fällen möglichen Ueberwachung nicht das vorgeschriebene Regime einhielt, und dann erklärt es sich, warum ein grosser Teil des in der angeordneten Zufuhr enthaltenen Stickstoffes nicht zum Vorschein kam, und warum ein grosser Theil des in der präsumptiven Zufuhr enthaltenen Zuckers nicht mit dem Harn ausgeschieden wurde.

Auch von Rohrzucker haben die schweren Diabetiker nur ungefähr die Hälfte der eingeführten Menge ausgeschieden. Külz stellt den Satz auf, „dass bei Diabetes der eingeführte Rohrzucker in Traubenzucker und Fruchtzucker gespalten wird, dass der Fruchtzucker ganz assimilirt wird, der Traubenzucker zum grössern oder geringern Teile im Harn auftritt." Külz hält diese Beobachtung für die Diabetiker wichtig, „es folgt daraus, dass eine gleiche Menge Amylum (resp. Traubenzucker) und Rohrzucker für die Diabetiker nicht gleichwertig sind." Külz vergisst bei seiner Theorie über die Spaltung des Rohrzuckers, dass auch von dem seinen schweren Diabetikern gegebenen Traubenzucker nur die Hälfte ausgeschieden wurde. Er vergisst ferner, dass seine Diabetiker sich gegen Amylumnahrung und gegen Traubenzucker verschieden verhalten haben.

---

[*]) Külz. Beiträge 2. Bd. 1875.

So verschieden auch die Bedeutung der Zuckerausscheidung für die Leistungsfähigkeit des Organismus ist je nach der Quelle, aus welcher der ausgeschiedene Zucker stammt, so hat doch andererseits die Zuckerausscheidung als solche, ganz abgesehen von der Natur des ausgeschiedenen Zuckers, eine ganze Reihe von Symptomen zur Folge, welche zu den peinlichsten und oft in ihren Folgen schwersten des Diabetes gehören. Ob der ausgeschiedene Zucker nur Nahrungszucker oder ob er auch Blutzucker sei, d. h. ob die Form des Diabetes die leichte oder die schwere ist, immer werden die Diabetiker bei Zuckerausscheidung von Durst, Dürre im Munde, häufig von Polyurie gequält, die Körpergewebe werden labil, und es treten die Folgen dieser Labilität in Form von Furunculose, von schwerer Heilbarkeit traumatischer Verletzungen, von Gangrän etc. auf.

Wenn wir uns auch die Entstehung vieler dieser diabetischen Symptome nicht zu erklären wissen, die Thatsache steht fest, dass, sowie die Zuckerausscheidung aufhört, auch alle jene Erscheinungen schwinden.

Es folgt aus dieser Erfarung naturgemäss der Schluss, dass bei allen Diabetikern ausnahmslos, ob sie an der leichten oder an der schweren Form leiden, der Genuss von Zucker und Kohlehydraten möglichst zu beschränken ist. Aber wenn dieser Grundsatz auch für beide Formen gilt, ist doch die Wirkung, welche die Beschränkung der zuckerbildenden Nahrung bei den beiden Formen des Diabetes übt, eine sehr verschiedene.

Bei der schweren Form, wo auch der auf Kosten von Fett und Albuminaten gebildete Blutzucker ausgeschieden wird, kann selbst eine vollständige Abstinenz von Amylaceen den Zucker nicht vollständig verschwinden machen, es werden trotz strengster Fleischkost die genannten Symptome des Diabetes fortbestehen. Aber die Zuckerbildung bei Fleischnahrung ist stets eine sehr beschränkte; ich sah nie bei ausschliesslicher Fleischnahrung grosse Mengen Zucker ausscheiden, meist schwankt selbst bei dem hochgradigsten Diabetes der schweren Form die Zuckerausscheidung zwischen 60 und 80 g. Mit der Zufuhr von Kohlehydraten steigt die Zuckerausscheidung ganz ausserordentlich, eine tägliche Ausscheidung von 300—400 g ist nicht selten, und zuweilen wird dieselbe auch bedeutender. Bei diesen Diabetikern beobachten wir das grösste Hungergefühl. Der Körper will wie beim Hungern gleichsam Ersatz für das verloren gegangene Nährmaterial, und Kranke dieser Art führen oft eine unglaubliche Quantität von Nahrung ein. Wenn nun auch, zumal bei den schwereren Graden der Erkrankung, mit gesteigerter Zufuhr von Fleisch auch mehr Zucker ausgeschieden wird, wie dies Külz und Naunyn*) durch directe sehr wertvolle Beobachtungen festgestellt haben, ist es doch vorzuziehen, dass Kranke dieser Art durch Fleisch und Fett ihren Hunger stillen, als dass sie Kohlehydrate einführen, die gänzlich unverwertet ausgeschieden werden und dabei noch den früher dargelegten Nachteil haben, dass sie die Zuckerausscheidung und damit auch die lästigen Symptome des Diabetes in viel höherem Grade vermehren.

Es wird sich daher bei diesen Patienten, vorausgesetzt, dass sie vermögend sind, empfehlen, die Einfuhr von Kohlehydraten auf's energischeste zu beschränken. Andererseits muss berücksichtigt werden, dass bei Kranken dieser Art mit der absoluten Fleischkost doch nur sehr wenig erreicht wird, und nur eine temporäre Milderung zu erzielen ist, und dass es ungerechtfertigt ist, solchen Patienten, wenn sie der unvermögenden Klasse angehören, durch die Anordnung absoluter Fleischdiät die schwersten materiellen Opfer aufzuerlegen, die zu dem erzielten Resultate in gar keinem Verhältnisse stehen.

Anders gestaltet sich die Sache bei der leichten Form des Diabetes, nämlich bei jener, wo nur der auf Kosten der Kohlehydrate der Nahrung gebildete Zucker ausgeschieden wird. Bei dieser Form wird mit der möglichst vollständigen Ausschliessung von Kohlehydraten die Zuckerausscheidung gänzlich sistirt, es schwinden damit auch alle Symptome des Diabetes, und die Kranken sind, wenn auch nicht geheilt, doch von jeder Beschwerde frei. Je strenger also Kranke dieser Art das Fleischregime beobachten, desto näher sind sie dem Zustande der Gesundheit.

Nach allen diesen Erfahrungen hätte die Verordnung bei der leichten Form des Diabetes einfach zu lauten: Absolute Vermei-

---

*) l. c.

dung von Kohlehydraten, also von Nahrungsmitteln, durch welche
Zucker in den Körper eingeführt wird. Einige Aerzte, und unter
diesen in erster Linie Cantani, haben dieses Princip in seiner
ganzen Strenge in die Praxis eingeführt. Cantani ist der Ansicht,
dass durch eine viele Monate fortgesetzte absolute Fleischkost der
Diabetes geheilt werde. Wenn dies der Fall wäre, würde mit
der Fleischkost natürlich unendlich viel erreicht sein, und der Preis
der Entbehrungen, welchen der Diabetiker bei dieser Diät zu zahlen
hat, wäre kein zu hoher. Ich kann dieser glücklichen Wirkung
absoluter Fleischkost nach meinen Erfahrungen nicht beistimmen.

Ich habe mehrfach bei Patienten, die ich in Wien behandelte,
diese Fleischkost durch viele Monate durchgeführt; ich habe im
Laufe der Jahre in Carlsbad eine gute Zahl sehr gewissenhafter
und verlässlicher Patienten gesehen, die sich das Opfer langjähriger
absoluter Fleischkost auferlegt hatten; immer sah ich, dass bei
der Wiederaufnahme der gemischten Kost, wie sie der Gesunde
geniesst, abermals Zucker im Harn erschien. Ich habe Cantani's
Fälle aufmerksam durchgearbeitet, bin aber kaum einem Falle begegnet, bei welchem er selbst die volle Aufnahme gemischter Nahrung ohne Einschränkung gestattet hätte. Zweifellos hat die durch
einige Zeit durchgeführte, absolute Fleischkost eine sehr günstige
Wirkung, und zwar nach zwei Richtungen; einmal weil sie die
Zuckerausfuhr für diese Zeit vollständig sistirt und dadurch alle
Symptome aufhebt, die mit dieser Ausscheidung im Zusammenhange stehen; zweitens, und dieses erkannt zu haben, ist Cantani's
grosses Verdienst, weil durch dieselbe nicht selten wieder die
Fähigkeit, eine gewisse Menge von Kohlehydraten zu verarbeiten,
hergestellt wird. Von der anderen Seite aber ist die Verordnung
absoluter Fleischkost nach zwei Richtungen hin gefährlich. Wenn
der Patient sie strenge befolgt, geschieht es häufig, dass sein
Magen sich gegen dieselbe auflehnt, dass Magen- und Darmkatarrh
entsteht, was bei Diabetikern leicht zu traurigen Folgen führen
kann. Ich sah wiederholt, dass Diabetiker durch viele Jahre
kolossale Mengen von Fleisch und Eiern bewältigten und sich,
vorausgesetzt, dass man ihnen auch Gemüse und allenfalls etwas
Obst gestattete, vollkommen wohl dabei befanden. Die Besorgnisse,
die man jetzt an überreiche Fleischkost knüpft, als ob durch die-

selbe Oxybuttersäure gebildet würde, und Coma diabeticum vorbereitet werde, kann ich auf Grundlage meiner Erfahrungen nicht als berechtigt ansehen. Aber das Entstehen von Magen- und Darmkatarrhen bei ausschliesslicher Fleischkost habe ich nicht selten beobachtet. Sind die Patienten minder folgsam und gewissenhaft, dann werden sie dieses lästige Regime allmälig durchbrechen und uncontrolirt die ihnen schädlichen Nahrungsmittel geniessen.

Nur unter zwei Bedingungen halte ich streng auf absolute Fleischkost, 1. bei solchen Diabetikern, bei welchen die Krankheit durch lange Zeit nicht erkannt wurde, und welche durch unzweckmässige Diät in hohem Grade heruntergekommen sind und alle Symptome des schweren Diabetes aufweisen. Wenn es sonst nötig ist, bei jedem Diabetiker, der sich dem Arzte präsentirt, durch 2—3 Tage absolute Fleischkost anzuordnen, um über die Form des Diabetes in's Klare zu kommen, muss bei den obengenannten Diabetikern diese Diät lange, oft wochenlang fortgesetzt werden. Leider sind die Diabetiker, die hierher gehören, meist arme Leute, man begegnet ihnen zunächst im Spitale; ich sah die schwersten Fälle dieser Art unter den bettelarmen polnischen Juden. Da bei diesen Kranken fast immer Heisshunger vorhanden ist, kann man eine strenge, reiche Mittel in Anspruch nehmende Fleischkost in der Privatpraxis kaum durchführen. 2. Ist die absolute Fleischkost nötig, wenn bei einem Diabetiker Wunden nicht zur Heilung kommen wollen, wenn Gangrän eintritt, und wenn aus irgend einer Veranlassung eine Operation erforderlich ist.

Diese Fälle ausgenommen, halte ich fest an dem Principe, und leitet es mich in meiner Behandlung, man müsse dem Diabetiker eine solche Kost verordnen, die er bei einigem guten Willen das ganze Leben hindurch beobachten kann. Durch Einhaltung dieses Princips werden die beiden Irrtümer vermieden, denen man so oft bei der Behandlung des Diabetes begegnet. 1. Die ängstlichen Aerzte dringen, wenn sie auch schon nicht ausschliessliche Fleischkost fordern, doch darauf, dass ihre Diabetiker sich möglichst kräftigen und daher übergrosse Mengen Fleisch und Eier geniessen. Abgesehen davon, dass dadurch mittellosen Leuten schwere Opfer auferlegt werden, wird auch durch diese Diät der Magen des Patienten übermässig in Anspruch genommen.

Theorie wie Erfahrung stimmen darin überein, dass der Diabetiker mit mässigen Mengen Fleisch bei reichlicher Fetteinnahme sein Auskommen findet, d. h. dass ihm genügend Spannkräfte für die Lebensarbeit zugeführt werden. 2. Einen anderen Irrtum begehen die sanguinischen Aerzte, einen Irrtum, der den Kranken oft weit verderblicher ist, als der früher genannte. Es thun dies jene Aerzte, welche jeden Diabetiker, bei dem der Zucker anscheinend geschwunden ist, d. h. nach meiner Erfahrung auf jene Spuren gesunken ist, die nur von geübten Händen nachgewiesen werden können, für geheilt ansehen. Man sagt dem Patienten, er sei genesen, man lockert das Regime, die Nachlässigkeit des Kranken thut das Weitere, um die lose Fessel noch mehr zu lockern, und wir sehen dann wieder einen sogenannten Rückfall des Diabetes, dem nicht so leicht gesteuert werden kann.

Naunyn*) unterscheidet 3 Diätformen für die Behandlung der Diabetischen: a) die „strengste Fleischdiät" und die „strenge Fleischdiät", die sich dadurch von einander unterscheiden, dass bei der ersteren das ausschliesslich gestattete Fleisch nach Cantani's Vorschrift mit Butter, Olivenöl, Essig- und Citronensäure zubereitet wird, während bei der „strengen Fleischdiät" die Zubereitung nach den gewöhnlichen Küchenregeln, natürlich mit Ausschluss von Mehl und Zucker stattfindet; b) die „leichtere Diät", diese „stellt wesentlich nichts anderes dar, wie die alte Pavy-Seegen'sche Diät"; c) „die freie Diät", d. h. eine quantitativ wie qualitativ nicht mehr beschränkte Diät, „nur bei ganz aufgegebenen Fällen gestattet".

Naunyn findet, dass die strengste, und selbst die strenge Fleischdiät ausserhalb der Klinik nicht leicht durchführbar sei. Die „freie Diät" ist eigentlich die Diätlosigkeit, und ihre Verordnung gehört kaum mehr in den Ramen ärztlicher Thätigkeit. Es erübrigt also, Ausnahmsfälle abgerechnet, nur die „leichtere Fleischdiät"; der erfahrene Kliniker ist also mit uns in Bezug auf die Diät in voller Uebereinstimmung. Wenn er betont, der Arzt solle die Diät des Diabetikers ebenso genau quantitativ wie qualitativ

---

*) l. c.

festsetzen, dürfte auch diese Vorschrift nur in der Spitalpraxis streng durchzuführen sein.

Bei Anordnung der entsprechenden Diät genügt es nicht, dass der Arzt die theoretische Verordnung gibt, Zucker- und Stärkenahrung möglichst zu vermeiden, er muss, wenn er dem Patienten wirklich nützen will, auch die praktische Durchführung seiner Verordnung möglich machen, und zu diesem Zwecke ist ein detaillirtes Eingehen auf die ganze Lebensweise des Patienten, eine strenge Regelung seines Menu, unerlässlich.

Zweckmässige Mischung der Nahrungsmittel mit möglichster Ausschliessung von Kohlehydraten ist also die Forderung, welche wir an den für den Diabetiker eingerichteten Küchenzettel zu stellen haben, und je glücklicher diese Mischung ist, je mehr sie dem Gaumen des Patienten Rechnung trägt, je mehr Mannigfaltigkeit sie bietet, ohne dass die Ernährungsgrundsätze verletzt werden, desto leichter wird der Patient imstande sein, die gegebenen Vorschriften zu halten, und damit den beabsichtigten Erfolg zu fördern.

Die vorwaltende Nahrung muss Fleisch sein, und aus dem animalischen Reiche kann alles Essbare gestattet werden, nirgends ist Zucker oder Amylum in bemerkenswerter Menge vorhanden. Auszunehmen ist bloss Milch, welche nahezu 4 pCt. Milchzucker enthält. Külz gibt zwar an, dass in seinen Versuchen die Diabetiker Milchzucker assimilirt hätten. Aber ich habe mich wiederholt überzeugt, dass auf Milchzufuhr, je nach der Assimilationsfähigkeit der Diabetiker für Kohlehydrate, die Zuckerausscheidung zunimmt, und in dem von Pavy mitgeteilten Falle (North) stieg dieselbe bei Milchgenuss mit der Grösse der Milchzufuhr von 569 auf 2225 Gran p. d. Auf Zufuhr von 2 Pinten Milch = 1240 ccm war die Zuckerausscheidung schon auf 1198 Gran gestiegen. In Versuchen von Luchsinger[*] und Salomon[**] war auf Milchzuckereinnahme der Glycogengehalt der Leber gestiegen. In einem der Versuche von Salomon betrug er 2 g.

Zuckerreich ist auch die Leber der Herbivoren, und ist die-

---

[*] l. c.
[**] Salomon, Centralblatt f. d. med. Wiss. 1874.

selbe von der Nahrung des Diabetikers auszuschliessen. Fleisch jeder Art, Fett, Eier, Leimgebilde, Butter, Käse, Rahm bilden vollkommen entsprechende Nahrung.

Nächst dem Fleisch in allen seinen Abarten muss dem Fett ein grosser Raum im Küchenzettel des Diabetikers eingeräumt werden, und ich stimme darin mit Ebstein*) vollkommen überein, dass das Fett als zweiter Hauptnahrungsstoff für die Zuckerkranken anzusehen ist. Die Nahrung, die der Diabeteskranke geniesst, soll reichlich mit Fett zubereitet sein, und speciell Butter soll in grosser Menge genossen werden. Die meisten Diabetiker können Fett sehr gut verdauen. M. Traube**) hat bei einem Diabetiker experimentell die gute Verwertüng des Fettes nachgewiesen; bei täglichem Genusse von $^1/_4$ kg Speck, $^1/_5$ kg Butter und $^1/_8$ kg Wurst wurden mit den Fäces im Laufe von 24 Stunden 12 g Fett ausgeschieden. Block***) fand bei einem Diabetiker von eingeführten 120—150 g Fett nur 9 g im Kot wieder.

Die Hauptschwierigkeit bei der Ernährung des Diabetikers bildet die Brodfrage. Brod ist jedem ein nahezu unentbehrliches Nahrungsmittel, und dabei ist dasselbe sehr reich an Stärkemehl, also dessen Genuss dem Diabetiker nachteilig. Die eminentesten Aerzte, die sich mit dem Studium des Diabetes beschäftigten, von Bouchardat bis auf Pavy, haben sich die Aufgabe gestellt, dem Diabeteskranken ein Surrogat für Brod zu schaffen. Bouchardat†) hat zuerst im Jahre 1840 das Glutenbrod empfohlen. Durch Waschen des Mehles kann die Stärke aus demselben entfernt werden, und es bleibt dann nur das Albuminat des Getreidekornes, der Kleber, zurück. In der Theorie ist das Glutenbrod sehr zu empfehlen, in der Praxis gestaltet sich die Sache anders: es gibt kein eigentliches Kleberbrod. Ich habe die verschiedensten Kleberbrode und Klebermehle untersucht, Kleberbrod von Carlsbad, von Paris, von Toulouse, von London, alle diese Brodarten waren

---

*) Ebstein, Die Lebensweise der Zuckerkranken, 1892.
**) l. c.
***) Block, Maly's Jahresberichte f. Thierchemie, 1880.
†) Bouchardat, Nouvelles recherches sur le diabète. Comptes rendus 1841.

sehr reich an Stärkemehl. Die Güte der Klebermehl- und Brodarten ist verschieden. Es bedarf bei gewissen Kleberarten gar
keiner eingehenden Untersuchung, um das massenhafte Vorhandensein von Stärke nachzuweisen. Ein Tropfen Jodtinctur auf's Brod
gebracht, macht einen fast schwarzen Fleck. Die Güte des Kleber-
brodes, seine Reinheit hängt natürlich vom Waschen ab. Bence
Jones teilt Analysen von Glutenmehl mit; der Stärkegehalt variirte
zwischen 16—44 pCt. Gewöhnliches Brod, welches freilich viel
wasserreicher ist als Glutenbrod, enthält 40 pCt. Amylum. Ein
vollständig amylumfreies Glutenbrod ist kaum herzustellen, und
intelligente Bäcker versichern, dass man aus Kleber, welcher frei
von Stärke ist, keinen Teig bilden könne.

Dass das Glutenbrod viel Amylum enthalte, geht auch aus
den mit demselben ausgeführten Ernährungsversuchen hervor. Die
Fütterungsversuche von M'Donnell ergaben, dass bei Gluten-
nahrung reichlich Glykogen gebildet werde, und dem correspon-
dirend fand auch Pavy in seinen Versuchen an North bei Zufuhr
von 12 Unzen Glutenbrod zur Fleischnahrung die Zuckerausscheidung von 500 Gran auf 4000 Gran steigen. Ich habe wiederholt
in Carlsbad die Zuckerausscheidung auf Genuss von Kleberbrod
sehr vermehrt gefunden, und ich habe mich daher stets entschieden gegen Kleberbrod als Surrogat für gewöhnliches Brod ausgesprochen.

Dr. Budde hat ein in Kopenhagen in der Fabrik von Ras-
mussen und Heegard bereitetes Glutenbrod empfohlen. Dasselbe
enthält nach einer von Budde veranlassten Analyse 31 pCt. Eiweiss-
stoff und 20 pCt. stickstofffreie Substanz, unter diesen sollen nur
2 pCt. Stärke, der Rest fast nur Cellulose sein.

Budde hat mit diesem Brode experimentirt, er hat keine
nachteilige Wirkung von der Cellulose beobachtet, und die Zuckerausscheidung wurde nicht wesentlich gesteigert. Wenn man sich
darauf verlassen könnte, dass das aus dieser Fabrik stammende
Glutenbrod stets die gleiche Zusammensetzung hätte, wäre dieses
Brod jedem ähnlichen bis jetzt in den Handel gebrachten Fabrikate
vorzuziehen, und mindestens für ausgedehnte Versuche zu empfehlen.

Prout hat Kleienbrod für Diabetiker empfohlen. Die gewöhnliche Kleie ist noch ziemlich stärkehaltig. Nach den von

Moleschott mitgeteilten vergleichenden Analysen zwischen Weizenmehl und Kleienmehl enthält ersteres 72 pCt., letzteres 40 pCt. an Stärke, Dextrin und Zucker. Das Kleienmehl muss also durch häufiges Waschen mit heissem Wasser möglichst von Stärke gereinigt werden; ganz frei wird es nie davon. Nun kommt aber noch der Uebelstand dazu, dass die Kleie sehr reich an unverdaulichem Zellstoff ist, dass mit der Zufuhr der von Stärkemehl befreiten Kleie nur ein geringwertiges Nahrungsmittel dem Körper zugeführt wird, während andererseits der Zellstoff der Kleie reizend auf den Darm wirkt und leicht Diarrhoe hervorbringt. Bei Kleienbrod muss also der Verdauungskraft des Kranken sehr Rechnung getragen werden. Bei guter Verdauung kann es gestattet werden, wenn es aus stärkemehlfreier Kleie bereitet wird. Das gewöhnliche Kleien- oder Commisbrod ist sehr stärkereich und dem anderen Brode an Stärkemehl fast gleichwertig.

In neuester Zeit hat Dr. Hundhausen aus Weizenmehl einen Kleber hergestellt, welchen er Aleuronat nennt. Aus diesem wird mit einer bestimmten Menge Weizenmehl ein sehr schmackhaftes Brot bereitet, welches als Aleuronatbrot sehr empfohlen wird, und das nach Versuchen von Kornauth und Max Gruber gut verdaut und vom Körper sehr gut ausgenützt wird. Das Alauronat soll sich durch seine gleichmässige Zusammensetzung auszeichnen, über 80 pCt. Eiweiss enthalten bei einem Stärkegehalt von nur 5,7 pCt. Das aus Aleuronat mit Weizenmehl bereitete Brot enthält, wenn auch nur ein Teil Weizenmehl auf 7 Teile Aleuronat zur Brotbereitung genommen werden — und das scheint die geringste Menge Mehl zu sein, die verwendet werden muss, damit ein erträgliches Brot zustande kommt — schon 31 pCt. Kohlehydrate. Nun wird diesem Brote sein grosser Reichtum an Stickstoffsubstanz nachgerühmt. Es soll über 18 pCt. Stickstoffsubstanz (Pflanzencaseïn) enthalten, während gewöhnliches feines Weizenbrot nur 6—7 pCt. Stickstoffsubstanz enthält. Aber es scheint irrig, den Wert eines antidiabetischen Brotes nach seinem Stickstoffgehalte zu beurteilen. Stickstoff wird in der mässigen Menge, in der er für die Körpererhaltung wirklich nötig ist, auch von dem Minderbemittelten durch Fleisch zugeführt. Die Zweckmässigkeit eines Brotes für Diabetiker kann nur nach seinem Gehalte an Kohlehydraten beurteilt werden; je geringer dieser ist, desto wertvoller ist das Brot. Ein Brot, das 30 pCt. Kohlehydrate enthält, mag es noch so reich an Stickstoff sein, wird immer für den Diabetiker ein unzweckmässiges Nahrungsmittel bilden, und es wird um so unzweckmässiger sein, in je grösserer Menge es genossen wird, also für den Mittellosen, der durch das Brot seinen Hunger stillen will. Ich möchte also das Aleuronatbrot ebenso wie all' die sonstigen Kleberbrote aus der Nahrung des Diabetikers ausgeschlossen wissen.

Pavy*) hat Mandelbrot für Diabetiker empfohlen. Die süsse Mandel enthält zwar auch 9 pCt. Zucker und Dextrin, aber durch Waschen des Mehles mit kochendem angesäuertem Wasser wird der grösste Teil des Zuckergehaltes extrahirt, während das durch die Säure gerinnende Emulsin unversehrt zurückbleibt. Ein so ausgewaschenes Mandelmehl ist dann nahezu frei von Kohlehydraten und reich an zweckmässigen Nährstoffen, denn es enthält 24 pCt. Emulsin und 54 pCt. Fett. Der Reichtum an Fett ist der Nachteil des Brotes, da es dadurch nicht ganz leicht zu verdauen ist.

Ich lasse das Brot nach dem unten angeführten Recepte**) eines vorzüglichen Koches, der zahlreiche Versuche gemacht hat, ein angenehmes Mandelbrot herzustellen, seit Jahren in Carlsbad bereiten, und es wird von vielen Diabetikern sehr gerne genossen. Nur bleibt es wegen seines hohen Preises immer nur eine den vermögenden Patienten zugängliche Nahrung und ist schon darum kein Ersatz für Brot.

---

*) Pavy, Almond food as a substitue for bread in Diabetes.

**) In einem steinernen Mörser stösst man 125 g geschälter süsser Mandeln etwa 3/4 Stunden so fein als möglich, diese Mehlmasse enthält etwas Zucker, um sie davon möglichst zu befreien, wird dieselbe in einem Leinwandbeutel eingeschlossen, für eine Viertelstunde in siedendes Wasser, welchem einige Tropfen Essigsäure zugefügt sind, getaucht, man vermischt dann die fein gestossene Masse innig mit 6 Loth Butter und 2 ganzen Eiern. Hernach fügt man das Gelbe von 3 Eiern und etwas Salz bei, und rührt das Ganze lang und kräftig. Von dem Eiweiss der 3 Eier wird ein feiner Schnee geschlagen, und derselbe ebenfalls dazu gerührt. Nun kommt der ganze Teig in eine mit geschmolzener Butter bestrichene Papierform oder andere Form und wird bei gelindem Feuer gebacken.

Külz*) hat mit Inulin Versuche angestellt und gefunden, dass selbst Diabetiker der schweren Form auf die Zufuhr von Inulin keinen Zucker ausscheiden. Külz stützt auf diese Beobachtung den Rath, dem Diabetiker ein aus Inulin bereitetes Brot zu geben, und er selbst hat versuchsweise einen solchen Biscuit dargestellt. Leider gibt er nicht an, wie dieser Biscuit auf die Zuckerausscheidung gewirkt hat.

In einer späteren Arbeit**) über die Wirkung von Glycerin auf Zuckerausscheidung bemerkt Külz selbst, es wäre zweckmässig, diese Versuche zu wiederholen. Da nämlich Fütterungen mit Inulin und Levulose den Glycogengehalt der Leber unzweifelhaft erhöhen, so ist es nicht unwahrscheinlich, dass beide Substanzen die Zuckerausscheidung in ähnlicher Weise steigern, wie Glycerin, wenn sie in höheren Dosen und durch längere Zeit verabreicht werden.

Ich bin durch Erfahrung dazu gelangt, dass es am zweckmässigsten ist, den Patienten eine kleine, dem Gewichte nach genau bestimmte Menge Brot zu gestatten. Ich erlaube, je nachdem der Fall mehr oder weniger Abstinenz von Amylaceen fordert, 30—90 g Weizen- oder Roggenbrot. Ich halte es für viel zweckmässiger, diese mässige Menge Brot zu gestatten, als den Patienten auf das sogenannte unschädliche, für Diabetiker eigens bereitete Kleberbrod hinzuweisen. Von diesem geniesst er reichlich und führt viel Amylum ein, während er bei dem gefährlichen Brote streng die Grenzen des Erlaubten einhält, sogar meist bemüht ist, sich unter der Grenze zu halten. .

Ein auf Unverständnis zurückzuführender Irrtum ist es, wenn Diabetiker veranlasst werden, geröstetes Brot zu geniessen. Durch das Rösten geht eben nur ein Teil des Wassers verloren, ohne dass die Zusammensetzung sonst geändert wird, und enthält geröstetes Brot, in derselben Menge wie frisches Brot genossen natürlich eine weit grössere Menge von Amylum. Ganz irrig ist es auch, wenn dem Diabetiker geraten wird, schwarzes Brot statt weissen Brotes zu geniessen. Wenn schwarzes Brot kleienfrei ist,

---

*) a. a. O. 1. Bd.
**) a. a. O. 2. Bd.

wird es natürlich ebenso oder nahezu ebenso reich an Amylum sein wie weisses Brot.

Indem man eine mässige Menge Brotes gestattet, hat man der wichtigsten und berechtigsten Anforderung des Patienten Genüge gethan, und man kann nun in seinen weiteren Anordnungen viel strenger sein. Zweckmässig ist es, wenn man sich im Laufe der Behandlung durch Harnanalysen über die Grösse der Toleranz des Kranken für amylumhaltige Nahrung Aufschluss verschafft. Bei Anwendung entsprechender Heilmittel kann der Organismus eine gewisse Menge Kohlehydrate einnehmen, ohne dass dieselben als Zucker ausgeführt werden. Nach Maassstab dieser Toleranz kann natürlich eine grössere Zufuhr gestattet werden, die aber, sowie sie nicht mehr vertragen wird, sofort wieder beschränkt werden muss.

Vom Brote abgesehen ist aus dem Pflanzenreiche die Auswahl schon eine sehr beschränkte. Natürlich muss Zucker jeder Art ausgeschlossen werden, nur für Mannit dürfte eine Ausnahme gemacht werden, wenn etwa ein Patient damit, wie mit Zucker, seinen Thee süssen wollte. Külz's Beobachtungen, dass auf die Zufuhr von Mannit keine Zuckerausscheidung erfolgt, werden durch die Resultate der Versuche von Luchsinger und Salomon unterstützt. Bei Mannitfütterung wurde kein oder nahezu kein Glycogen gebildet.

Der Wunsch der Patienten, auf Zucker nicht zu verzichten, hat in neuester Zeit Veranlassung gegeben, ihnen Saccharin als Versüssungsmittel zu empfehlen. Vom Standpunkte des bei der antidiabetischen Diät vorwaltenden Princips ist natürlich gegen Saccharin nichts einzuwenden; aber bemerken müssen wir, dass Saccharin als Theerpräparat sehr häufig schlecht vertragen wird und, in grösserer Menge genossen, bei vielen Kranken leicht Verdauungsstörungen hervorruft, wie dies auch von Kohlschütter und Elsässer beobachtet worden ist. Ich selbst gestatte es nicht aus erziehlichen Gründen. Die Diabetiker sollen es lernen, und sie lernen es rasch, auf Süsses zu verzichten, um den Versuchungen weniger anheimzufallen.

Frei von Zucker und Stärkemehl sind nur grüne Pflanzenbestandteile, Blätter, manche Stengel. Vollkommen unschädlich

für den Diabetiker sind also bloss Blattgemüse, wie Spinat, Kochsalat, Brunnenkresse. Nicht mehr ganz zuckerfrei sind weisse
Spargel, Blumenkohl und Weisskraut.

Die Wurzeln sind reich an Zucker und Stärke. Insbesondere
schädlich wegen dieses Reichtums sind die Pfeilwurzel der Maranta-
arten, welche das Arrowroot liefern, die Wurzel von Iatropha
Manihot, von welcher die Tapioca stammt, und die Kartoffeln.
Die Kartoffeln enthalten 17 pCt., die Maranta 31 pCt. und die
Iatrophawurzeln 26 pCt. Stärke und Zucker. Dieser Gehalt wird
noch bedeutender, wenn man den Wasserreichtum in Betracht zieht,
die Kartoffel hat z. B. fast 75 pCt. Wasser, so dass beinahe ihr
ganzer organischer Bestand von zuckerbildender Substanz gebildet wird.

Sehr reich an Kohlehydraten sind, wie bereits früher erwähnt, die Cerealien; unter diesen am meisten der Reis mit
82 pCt. Stärke, diesem zunächst steht der Mais mit 67 pCt., der
Weizen mit 64 und der Roggen mit 65 pCt. Stärke, Dextrin und
Zucker.

Sehr reich an Kohlehydraten sind ferner die Leguminosen;
Linsen enthalten 55 pCt., Erbsen 52 pCt., Bohnen 50 pCt. von
Stärke, Dextrin und Zucker.

Die Obstarten sind alle reich an Zucker, und der Zuckergehalt
wächst mit der Güte des Obstes. So enthalten Trauben im Durchschnitt 15—20 pCt., Kirschen 18 pCt., Birnen 9—11 pCt., Aepfel
8—13 pCt., Pflaumen und Pfirsiche je 15—26 pCt., Aprikosen
20 pCt., die verschiedenen Beerenarten zwischen 4—5 pCt. Zucker
und Dextrin. Ausser dem Zucker und Dextrin enthalten manche
Obstarten andere, in die Klasse der Kohlenhydrate zählende Körper,
Pectinsubstanzen, und diese betragen bei den Steinobstarten gleichfalls zwisch 5—6 pCt. Nach Fremy lässt sich Pectin nicht in
Zucker umwandeln, es ist also sehr fraglich, ob eine solche Umwandlung im Körper stattfindet. Külz spricht sich dafür aus,
dem Diabetiker einen mässigen Genuss von Obstarten zu gestatten,
weil in den meisten Früchten der grösste Teil des in ihnen vorhandenen Zuckers Fruchtzucker sei, und dieser ganz assimilirt
werde. Die Versuche von Luchsinger und insbesondere die von
Salomon haben nachgewiesen, dass Fruchtzucker den Glycogengehalt der Leber bedeutend steigert. Ich würde also aus diesem

Grunde den Fruchtzucker nicht für so unschuldig halten. Ich war
aber stets dafür, einen sehr mässigen Obstgenuss zu gestatten, da
mit demselben doch immer nur sehr mässige Mengen Kohlehydrate
dem Körper zugeführt werden. Mit einem Apfel z. B. von 50 g
werden ungefähr 4—6 g Zucker und Dextrin eingeführt, eine Menge,
die bei leichteren Formen von Diabetes nicht in Betracht kommt.
Vollkommen unschädlich sind Nüsse, die fast keine Kohlehydrate
enthalten.

Streng zu vermeiden sind die zuckerreichen Früchte, wie
Datteln, Feigen, welche 58—62 pCt. Zucker enthalten, ferner
Kastanien, die zwar nur 2 pCt. Zucker, aber 26 pCt. Stärke und
Dextrin enthalten. Ebenso sind gedörrte Obstarten sehr
nachteilig, da dieselben sehr zuckerreich sind, und eigentlich, da
der grosse Wassergehalt des Obstes verschwunden ist, fast ganz aus
Kohlehydraten bestehen; so enthalten z. B. gute französische Pflau-
men 58 pCt. Zucker und 90 pCt. Kohlehydrate.

Von Flüssigkeiten sind Fleischbrühe, Bouillon, Beeftea vollständig frei von Kohlehydraten; die Aufgüsse von Thee und Kaffee
sind nicht ganz frei von Kohlehydraten, die Kaffeebohnen enthalten
Zucker und Dextrin, und auch Thee enthält Dextrin, aber die extrahirte Menge ist, zumal beim Thee, wo nur ein rasch bereitetes
Infusum benutzt wird, verschwindend klein. Cacaobohnen enthalten
18 pCt. Zucker und Dextrin, bilden also eine unzweckmässige
Nahrung.

Milch enthält 4—5 pCt. Zucker, soll darum nur in sehr
mässiger Menge genossen werden. Ich empfehle als Zuthat
zum Thee und Kaffee geschlagenes Eiweiss, welches nach kurzem
Versuche bald gerne genossen wird. Der Rahm ist weniger
nachteilig als Milch. Buttermilch ist etwas zuckerreicher als die
Milch.

Ueber den Einfluss von Alkohol auf Zuckerbildung hat Günzler*) directe Versuche angestellt, er fand bei einem Diabetiker
auf Zufuhr von zwei Unzen Alkohol (Spir. vin. rectif.), welchen er
dem Weine zufügte, die Zuckerausscheidung in einem Versuche von
84 auf 132 g und in einem zweiten Versuche von 113 auf 170 g

---

*) Günzler, Ueber Diabetes mellitus. Tübingen 1859.

vermehrt. Diesen vereinzelten Versuchen widerspricht aber die zahlreiche Erfahrung, dass Diabetiker, welche auf Kosten von Kohlehydraten Zucker bilden, bei Ausschluss der Amylacea und des Zuckers trotz reichlichen Weingenusses keine oder nur minimale Mengen Zucker bilden. Auf diese vielfache Erfahrung gestützt, scheint die Beschränkung des Weingenusses im Allgemeinen nicht berechtigt, und diese Beschränkung ist nur dann geboten, wenn die Analyse oder gewisse Symptome auf vermehrte Zuckerausscheidung infolge von Weingenuss hinweisen. Aber nicht alle Weine sind zu gestatten. Sectweine, die aus getrockneten Weinbeeren gemacht werden, sind vollständig auszuschliessen, dieselben sind sehr zuckerreich; so enthält Malaga z. B. 15 pCt. griechische Sectweine enthalten 22 pCt. Zucker. Champagner ist gleichfalls vollkommen auszuschliessen, da demselben bei der Bereitung Zucker zugefügt wird. Alle anderen Weine sind, wenn sie alt und gut ausgegohren sind, sehr arm an Zucker, manche enthalten nur Spuren davon; in gutem Bordeaux fand ich 0,2 pCt. Zucker, und nach König enthalten die besten Rheinweine im Mittel 0,3—0,4 pCt. Wenn man rote Weine mit Vorliebe empfiehlt, kann dies nur mit Rücksicht auf den Tanningehalt geschehen, von dem man eine günstige Wirkung auf die Polyurie erwartet. Streng zu verbieten ist natürlich Most, der bis 20 pCt. Zucker enthält.

Wenn auch Rot- und Weissweine, die süssen Weine abgerechnet, gestattet sind, ist es doch ein arger Irrtum, die Diabetiker im Interesse ihrer Kräftigung zu veranlassen, grosse Mengen Wein zu geniessen. Wein ist einfach ein Genussmittel und hat für Kräftigung d. h. für Kraftzufuhr nur einen minimalen Wert.

Bier enthält Zucker und Dextrin, die Menge des Zuckers ist nur gering, der Zuckergehalt schwankt nach Moleschott zwischen 0,3 und 1,3 pCt. Dagegen ist in dem Bier 10—20mal mehr Dextrin als Zucker vorhanden. In einem Liter Bier sind durchschnittlich 6 bis 10 g Zucker und Dextrin enthalten. Ein Liter Bier enthält ungefähr eben so viel Kohlehydrate in Form von Dextrin und Zucker als in 20 g. Brod enthalten sind. Eine ängstliche Vermeidung von Bier ist bei milden Diabetesfällen unnötig. Natürlich müssen sogenannte süsse Biere, wie Braunschweiger Mumme u. a., ausgeschlossen sein.

An die Besprechung der Getränke knüpft sich die Frage, soll man Diabetiker im Genusse von Flüssigkeiten beschränken, oder soll man sie, ihrem Durste entsprechend, nach ihrem Belieben trinken lassen? Die Antwort kann nur bejahend ausfallen, wenn man die Ursache des Durstes berücksichtigt. Der Durst ist der Ausdruck für das Wasserbedürfnis, und dieses ist gesteigert durch die grosse Wasserausfuhr. Würde man dem Diabetiker nicht gestatten, den Wasserverlust zu ersetzen, so müssten in der kürzesten Zeit die nachteiligsten Wirkungen eintreten. Vogel[*]) hatte behauptet, es nehme bei reichlichem Trinken mit der Harnmenge auch die Zuckermenge zu, aber ein directes Experiment von Griesinger[**]) hat das Gegenteil bewiesen. In Griesinger's Versuch hatte die Wasserentziehung zwar eine Verminderung der Zuckerausscheidung zur Folge, aber die Verminderung trat erst auf, als die Wasserentziehung so beträchtlich war, dass in Folge von bedeutendem Durste wesentliche Störungen des Befindens eingetreten waren.

Die tägliche Erfahrung, die wir an Diabetikern machen, belehrt uns darüber, dass nach jedem Diätfehler auch unmittelbar der Durst gesteigert ist, und dass umgekehrt nach Verminderung der Zuckerausfuhr in Folge von entsprechender Nahrung oder wirksamer Heilmittel, der Durst unmittelbar abnimmt. Die Thatsache bestätigt die theoretische Anschauung, dass der Durst ein Folgesymptom ist, seine reichliche Befriedigung kann also die Zuckerausscheidung nicht vermehren.

Naunyn[***]) ist aus anderen Gründen der Ansicht, dass die Getränkemenge zu beschränken sei; „denn falls die Kranken ihrem Durste zu sehr die Zügel schiessen lassen, erschweren sie sich dadurch das Einhalten des Regimes. Es ist nach meinen Erfahrungen kein Zweifel, dass bei unbeschränkter Befriedigung des Durstes, i. e. zu reichlichem Trinken das Hungergefühl des Diabetiker lebhafter und dabei schwerer zu bändigen ist.“ Meine Erfahrnngen stimmen in diesem Punkte nicht mit denen

---

[*]) a. a. O.
[**]) Griesinger, Studien über Diabetes. Archiv für physiol. Heilkunde 1858.
[***]) l. c.

von Naunyn überein. Fast alle Diabetiker fügen sich gerne dem
angeordneten Regime, vorausgesetzt, dass man ihnen gestattet,
ihren Durst zu befriedigen, und wenn die Diät in Bezug auf die
Nahrung geregelt wird, d. h. wenn die möglichste Abstinenz von
Kohlehydraten eingehalten wird, verschwindet der quälende Durst
von selbst, und damit entfällt an und für sich die Zufuhr jener
grossen Getränkemengen, denen wir nur bei jenen schweren Fällen
der leichten Form begegnen, die nicht erkannt wurden und unzweckmässige Diät beobachteten. Bei den Fällen der schweren Form
wird gleichfalls mit der Entziehung der Kohlehydrate der Durst
gemildert, und wenn die Fälle so schwer sind, dass Regelung der
Nahrung ohne Einfluss auf die Symptome bleibt, wäre es doch für
diese armen Kranken zu hart, wenn man ihnen nicht gestattete,
ihren Durst zu befriedigen. Dass durch Befriedigung des Durstes
der Hunger gesteigert wird, hatte ich nie zu beobachten Gelegenheit.

Um den Durst eines Diabetikers zu mildern, ist es vor allem
zweckmässig, zuckerbildende Substanzen möglichst auszuschliessen ;
je strenger dies geschieht, desto rascher ist die Wirkung.

Die Patienten verwechseln oft Dürre im Munde mit Durst;
wenn erstere vorhanden ist, ist ihnen zu rathen, Wasser im Munde
zu behalten, ohne dasselbe zu trinken. Das unnötige Trinken
wird die Dürre nicht mildern und lästige Harnsecretion erregen.

Nachfolgend sind die für Diabetiker gestatteten und verbotenen
Speisen zusammengestellt, die Lücken sind nach dem Voranstehenden
mit Hilfe von Moleschott's oder König's zusammenfassenden Werken
über Analyse der Nahrungs- und Genussmittel leicht auszufüllen.

Nahrung
in jeder Menge erlaubt:

Fleisch jeder Art, Rauchfleisch, Schinken, Zunge; Fische jeder
Art; Austern, Muscheln, Krebse, Hummern; Gallerte, Aspik, Eier,
Caviar; Rahm, Butter, Käse, Speck.

Von Vegetabilien: Spinat, Kochsalat, Endiviensalat, Rosen-
kohl, Gurken, grüner Spargel, Brunnenkresse, Sauerampfer, Arti-
schoken, Pilze, Nüsse.

In mässiger Menge erlaubt:

Blumenkohl, Mohrrüben, weisse Rüben, Weisskraut, grüne

Bohnen; Beeren, wie Erdbeeren, Himbeeren, Johannisbeeren; ferner Orangen und Mandeln.

Strenge verboten:

Mehlnahrung jeder Art (Brot in sehr mässiger Menge nach Angabe des Arztes gestattet), Zucker, Kartoffeln, Reis, Tapioca, Arrowroot, Sago, Gries, Hülsenfrüchte, grüne Erbsen, Kohlrabi, süsse Früchte, vorzüglich Trauben, Kirschen, Pfirsiche, Aprikosen, Pflaumen, und getrocknete Früchte jeder Art.

Getränke
in jeder Menge gestattet:
Wasser, Sodawasser, Thee, Kaffee. Von Weinen: Bordeauxweine, Rheinweine, Mosler, österreichische und ungarische Tischweine, mit einem Worte alle nicht süssen und nicht übermässig alkoholreichen Weine.

In sehr mässiger Menge:
Milch, Cognac, Bitterbier, ungesüsste Mandelmilch, zuckerfreie Limonade.

Verboten:
Sectweine, Champagner, süsse Biere, Most, Obstwein, süsse Limonade, Liqueure, Fruchtsäfte, Eis und Sorbets, Cacao und Chocolade, Fruchtweine.

2. Therapeutische Behandlung.

Beschränkung der Zuckerzufuhr vermag die Symptome zu bessern, in einzelnen Fällen werden durch Ausschliessung der Kohlehydrate aus der Nahrung alle Symptome des Diabetes verschwinden. Aber das Grundübel wird dadurch nicht gebessert; denn sowie Zucker oder Amylum zugeführt wird, erscheint abermals Zucker, und mit diesem erscheinen auch die Symptome des Diabetes wieder. Die Aufgabe der Therapie ist es, ein Mittel zu finden, welches bei der leichten Form den anomalen Stoffumsatz entweder ganz verhütet oder mindestens einschränkt und bei der schweren die gehemmte Verbrennung des Blutzuckers wieder restituirt. Zahlreich ist die Reihe der Mittel, die zur Bekämpfung des Diabetes versucht wurden, und fast jede Theorie des Diabetes hat ihr Wahrzeichen in einigen, auf Grundlage derselben empfohlenen Mitteln zurückgelassen. Nur wenige dieser Mittel haben sich bewährt, viele, Kreosot, Hefe u. s. w., sind heute vergessen; andere, wie Manganhyperoxyd, Sauerstöffeinathmungen, Wasserstoffhyperoxyd, tauchen auf Grundlage einer Hypothese auf, werden nach wenigen, zweifelhaften Erfolgen gepriesen und verschwinden bald wieder spurlos. Ein Mittel, welches den Diabetes vollständig heilt, ist leider noch nicht gefunden, aber wir besitzen einige, die einen ganz entschieden günstigen Einfluss üben, und welche auch bei unveränderter Diät die Zuckerausscheidung wesentlich vermindern.

In erster Reihe und auf Grundlage einer reichen Erfahrung ist Carlsbad als wirksames Heilmittel gegen Diabetes zu nennen. Erfahrene Aerzte haben wiederholt ihre Beobachtungen über die Wirkungen von Carlsbad mitgeteilt, die alle darin übereinstimmen, dass der Gebrauch von Carlsbad einen sehr günstigen Einfluss auf Diabetes übt. Ich habe in einer langen Reihe von Jahren eine grosse Zahl von Diabeteskranken behandelt, ich habe mit besonderem Interesse die Einwirkung des Carlsbader Wassers beobachtet und dieselbe durch häufige Harnanalysen festzustellen gesucht. Meine Erfahrung lautet dahin, dass fast ausnahmslos bei Allen eine Besserung während des Kurgebrauches eingetreten ist. Die Besserung war mehrfacher Art:

1. Eine symptomatische. Sehr bald nach dem Beginne des Kurgebrauches vermindert sich der Durst und die Dürre im Munde, die Harnsecretion wird geringer, eine vermehrte Harnausfuhr tritt nur wenige Stunden nach dem Wassergebrauche ein. Die Nächte sind wegen verminderter Harnsecretion ruhiger, der Schlaf erquickender, und die Patienten fühlen sich kräftiger. Diese Besserungserscheinung beobachtete ich auch bei den schwersten Fällen, und auch dann, wenn die Zuckerausscheidung gar nicht vermindert wurde. Ich citire beispielsweise als besonders charakteristisch den Fall No. 10. Die Kranke leidet an hochgradigem Diabetes, alle Erscheinungen der sogenannten Febris hectica sind vorhanden, die Haut ist heiss, der Puls klein und schnell, und der Schwächegrad so gross, dass sie kaum einige Schritte gehen kann; nach kurzem Kurgebrauche besserten sich alle Symptome, der Durst wurde ge-

ringer, der Heisshunger hörte auf, der Schlaf wurde ruhiger, die
Fiebererscheinungen schwanden, und der Kräftezustand besserte sich
wesentlich, sie war im Stande, zwei bis drei Stunden weit zu
gehen; der Zucker hatte nicht abgenommen. Aehnliche Fälle
sind in den angehängten Krankengeschichten nicht selten. Selbst
bei vorhandener, vorgeschrittener Tuberculose hatte ein vorsichtiger
Kurgebrauch Besserung aller Symptome zur Folge; ich erwähne
als Beispiel die Fälle Nr. 24 und 36.

2. Nebst der symptomatischen Besserung ist aber auch in
der Mehrzahl der Fälle eine wesentliche Verminderung der
Zuckerausscheidung im Kurverlaufe eingetreten. Ich habe stets im
Verlaufe eines Kurgebrauches mehrere Harnanalysen gemacht, in den
meisten Fällen, wo es irgend thunlich war, wurde die 24stündige
Harnmenge gemessen, und durch die Analyse die Zuckerausscheidung
in dieser Zeiteinheit mindestens einmal wöchentlich bestimmt. Es
lässt sich ein solcher Vergleich zwischen Harn- und Zuckerausscheidung
im Beginne der Kur, in den aufeinander folgenden Wochen des Kurgebrauches und beim Schlusse der Kur machen. In einer nicht
unbeträchtlichen Anzahl von Fällen war der Zucker beim Schlusse
der Kur ganz aus dem Harne verschwunden, oder auf Spuren herabgesunken, in anderen war die Menge auf $1/_3$ oder $1/_4$ der ursprünglichen Menge reducirt, nur in wenigen Fällen war die Zuckermenge
quantitativ unverändert geblieben. Die Verminderung der Zuckerausscheidung trat bei der schweren wie bei der leichten Form des
Diabetes auf, die letztere wird rascher und wesentlich gebessert.
Die Fälle, bei denen keine Verminderung der Zuckerausscheidung
eintrat, waren hochgradige Fälle der schweren Form. Die Besserung
war, wie die im Kurverlaufe vorgenommenen Analysen nachweisen,
meist eine stetige, von Woche zu Woche fortschreitende; nur in
einzelnen schweren Fällen trat die Besserung erst spät, etwa in
der dritten Woche ein.

3. Mit der Besserung war in vielen Fällen eine Körperge-
wichtszunahme während des Kurgebrauches nachzuweisen. Ein
Gleichbleiben des Körpergewichtes war in schweren Fällen die Regel.
Gewichtsabnahme beobachtete ich nur in leichten Fällen mit bedeutender Fettleibigkeit.

4. Die einfach symptomatische Besserung ohne Zuckerreduction

war nie eine nachhaltige, sie verschwand meist rasch nach Beendigung der Kur. Dagegen war die Verminderung der Zuckerausscheidung in der Mehrzahl der Fälle, bei denen sie auftrat, eine mehr oder weniger nachhaltige. Es ist mir zwar nur in sehr vereinzelten Fällen vorgekommen, dass Patienten, bei welchen die Zuckerausscheidung durch den Kurgebrauch ganz aufgehört hatte, auch mit zuckerfreiem Harne wiedergekehrt waren, gewöhnlich hatte sich im Laufe des Winters wieder Zucker eingestellt, aber die Quantität war in vielen Fällen bei der Wiederkehr der Patienten nicht so bedeutend, wie bei ihrem ersten Erscheinen; es war eine dauernde Besserung nachweisbar.

5. Ich beobachtete nicht selten, dass infolge des Kurgebrauches eine grössere Toleranz gegen Kohlehydrate entstanden war, und diese Wirkung halte ich für die günstigste, da sie es ermöglicht, dass Patienten bei einer mässigen Beschränkung der Zucker- und Amylumzufuhr sich viele Jahre wohl erhalten.

6. Die Ursache des Diabetes, soweit diese zu ermitteln ist, scheint auf den Kurerfolg gar nicht von Einfluss zu sein. Ich sah wesentliche Besserungen eintreten, wo mit Bestimmtheit eine Gehirnaffection diagnosticirt werden konnte, z. B. im Falle Nr. 108; oder wo noch Lähmungserscheinungen infolge von Gehirnhämorrhagien vorhanden waren, z. B. im Falle Nr. 127. Auch bei schweren Fällen von hereditärer Disposition sah ich durch Carlsbad Besserung eintreten, und gerade einige der besten Erfolge, die ich in Carlsbad beobachtete, beziehen sich auf Fälle dieser Art.

Ich kann von einer eigentlichen Contraindication nicht sprechen, denn selbst bei hochgradiger Tuberculose sah ich Besserung der Symptome. Doch möchte ich davor warnen, Fälle, die der schweren Form angehören, bei hochgradigem Marasmus nach Carlsbad zu schicken. Die Kur wird unzweifelhaft eine Besserung der Symptome herbeiführen; aber die momentane Besserung steht nicht im Verhältnisse zu den Nachteilen einer anstrengenden Reise, und ich habe die traurige Erfahrung gemacht, dass manche so gebesserte Kranke auf der Reise oder sehr bald nach derselben gestorben sind.

Külz*) hat „über den Einfluss des Carlsbader Wassers auf den diabetischen Organismus" an zwei Versuchsobjecten eingehende Untersuchungen angestellt. Die Versuchsobjecte waren zwei Frauen, die an der schweren Form des Diabetes litten. In beiden Fällen hat sich das Carlsbader Wasser auf die Verminderung der Zuckerausscheidung vollständig unwirksam gezeigt. Külz hat sich zu diesen Untersuchungen entschlossen, „weil in der gesammten Literatur keine einzige geordnete umfassende Experimentaluntersuchung existirt, die einen Einblick in die genauere Bewegung der Ausscheidungsgrössen, ein Urteil über den Gang der Besserung jenes räthselhaften Leidens unter dem Einflusse der Carlsbader Kur gestattet. Wir hören immer nur Schlussresultate, die zum grossen Teile auch einer anderen Deutung fähig sein dürften". Und nachdem er die Beobachtungsziffern (des 1. Falles) mitgeteilt und die Resultate erörtert hat, schreibt er: „Was soll diese Beobachtung beweisen? höre ich schon fragen. Diese eine Beobachtung soll nicht mehr beweisen, als sie wirklich kann, sie beweist sicher, dass es Fälle von Diabetes mellitus gibt, die unter dem methodischen Gebrauch von Carlsbader Wasser nicht einmal eine Besserung, geschweige denn eine temporäre Heilung erfahren. Diese Bedeutung darf ich der vorliegenden Beobachtung wohl beimessen; ebenso wird wohl Niemand bestreiten, dass Beobachtungen wie sie bisher von Carlsbad aus publicirt wurden, mit einer sölchen, wie sie hier niedergelegt wurde, nicht identificirt werden können." Gewiss wird dies Niemand bestreiten, und ich am wenigsten. Ich habe es nur zu oft bedauert, dass es mir nicht gegönnt war, einen guten Teil meiner Patienten während der ganzen Dauer ihres Kurgebrauches unter denselben physiologischen Bedingungen zu beobachten und täglich Harnanalysen anzustellen. Ich weiss auch, da ich mich mit Stoffwechseluntersuchungen so viel beschäftigt habe, die aufopfernde Mühe zu würdigen, mit welcher Külz's Untersuchungen ausgeführt sind, und ich kann es bis zu einem gewissen Grade begreifen, dass man die Bedeutung einer solchen Untersuchung im Verhältnisse zu der darauf verwendeten Mühe schätzt und mit Selbstgefühl auf die stattliche Zahl von Tabellen und

---

*) a. a. O.

Curventafeln blickt und dann die in Krankengeschichten mitgeteilten Untersuchungsresultate Anderer als nicht existirend betrachtet.

Aber es scheint mir von vornherein ein verfehltes Bemühen, durch eine solche Untersuchung eine Lücke in unserem Wissen in Bezug auf die Wirksamkeit des Carlsbader Wassers bei Diabetes ausfüllen zu wollen, und es ist vor Allem vollkommen unberechtigt solche Untersuchungen, als sogenannte exacte, den guten ärztlichen Beobachtungen gegensätzlich gegenüber zu stellen.

Versuche dieser Art sind erstens nicht immer, und beim besten Willen nicht, exacte Untersuchungen. Külz sagt selbst, er habe bei ähnlichen Untersuchungen trotz grosser Sorgfalt trübe Erfahrungen gemacht, in diesem Falle aber (es betrifft die Patientin Damm) „habe er die vollste Ueberzeugung, dass kein Unterschleif getrieben sei." Wir wollen es einen Augenblick gegen unsere Ueberzeugung versuchen, Külz's Ueberzeugung zu teilen, wir wollen uns denken, dass es wirklich möglich war, eine Spitalpatientin, die an solchen Versuchen doch nicht das leiseste Interesse haben konnte, der es im Gegenteile im höchsten Grade zuwider sein musste, als Versuchsobject benutzt zu werden, durch zwei Monate so zu überwachen, dass jeder Unterschleif in Bezug auf Speisen und Getränke ausgeschlossen wurde. Es war dies nur möglich, wenn man die Patientin die ganze Zeit über hinter Schloss und Riegel hielt. Külz selbst sagt: „das Zimmer war immer verschlossen." Wie nun dieses Absperrungssystem auf die Patientin gewirkt hat, darüber gibt uns Külz auch einigen Aufschluss. Während nämlich in den ersten sechs Wochen die Zuckerausscheidung nur mässige Schwankungen zeigte, wurde sie in der siebenten Woche auffallend grösser und war in der achten Woche bedeutend. In der sechsten Woche beträgt die tägliche Zuckerausscheidung 70 g, in der siebenten ist sie 85, und in der achten Woche werden täglich 107 g Zucker ausgeführt. „Ich kann zur Erklärung dieses Umstandes", sagt Külz, „nur anführen, dass die Patientin in der vorletzten Woche etwas unwillig war, namentlich aber in der letzten Woche. Es steht für mich ausser Zweifel, und ich werde es noch gelegentlich durch Beispiele belegen, dass die Zuckerausscheidung von der psychischen Stimmung wesentlich mitbeeinflusst wird."

Per parenthesin sei bemerkt, dass Külz damit nichts Neues mitteilt, ich habe niederdrückende psychische Einflüsse als die wichtigsten ätiologischen Momente für Hervorbringung des Diabetes angeführt und durch schlagende Beispiele illustrirt.

Ist es nun nicht denkbar, dass die Missstimmung infolge der Gefangenschaft, die sich später so eclatant manifestirte, schon früher auf den Zustand der Patientin, speciell auf die Zuckerausscheidung von Einfluss war, und kann ein Versuch unter so abnormen Verhältnissen für die Entscheidung dieser Frage maassgebend sein?

Bei der zweiten Versuchsperson, der Patientin Schlick, mögen diese anomalen Verhältnisse, die Isolirung und Absperrung nicht stattgefunden haben, mindestens erwähnt Külz dieselben nicht. Aber ebensowenig spricht er seine Ueberzeugung aus, dass hier ein Unterschleif nicht stattgefunden habe; und Külz kann unzweifelhaft diesen Versuch in die Zahl seiner trüben Erfahrungen einreihen, wo trotz grosser Sorgfalt Unterschleife stattfanden, denn nur so erklärt es sich, was ich früher ausführlich besprochen habe, warum diese Patientin bei vermeintlicher grosser Stickstoffzufuhr weniger Stickstoff ausgeschieden habe, als bei früherer geringerer Stickstoffeinnahme.

Noch einen dritten Fall führt Külz als Beweis für die Unwirksamkeit des Carlsbader Wassers an. Ein Patient B—e, an schwerem Diabetes leidend, wurde durch vier Tage vor seiner Reise nach Carlsbad 12.—15. Juni bei absoluter Fleischdiät beobachtet die Zuckerausscheidung war 49,5, 38,7, 36,0, 45,1.

Vom 17. Juni bis 22. Juli gebrauchte er eine Kur in Carlsbad. Nach der Kur fühlte er sich frischer und kräftiger. Unmittelbar nach seiner Rückkehr am 24., 25. und 26. Juli wurde der Harn wieder untersucht, die Zuckerausscheidung betrug 79,1, 103,5, 97,9. Der Kur kann also kein günstiger Einfluss zugeschrieben werden, im Gegenteil muss der diabetische Zustand als verschlechtert angesehen werden. „Es konnte sich auch freilich die Zuckerproduction ohne den Gebrauch von Carlsbad gesteigert haben.“

Wenn Külz meinen Erfahrungen einige Rechnung tragen würde, würde er den unmittelbar nach der Reise gelassenen Harn nicht als Basis für seine Untersuchung und zu Schlussfolgerungen verwendet haben, da ich wiederholt darauf aufmerksam gemacht habe, dass die Reise einen sehr nachteiligen Einfluss übt, und der unmittelbar nach einer solchen gelassene Harn stets bedeutend zuckerreicher ist. Ich habe es ausdrücklich betont, dass man, um sich über die Prognose im einzelnen Falle auszusprechen, nicht den Zuckergehalt des unmittelbar nach der Reise gelassenen Harns als Maassstab nehmen darf. Wenn es sich um die viel wichtigere Entscheidung in Bezug auf die Wirkung eines Mittels handelt, ist es wohl nicht zu viel verlangt, wenn man den Patienten erst durch einige Tage zu Ruhe kommen lässt..

Külz teilt noch eine vierte Beobachtung mit. Es betrifft einen ziemlich schweren Fall der leichten Form, einen solchen nämlich, wo erst bei absoluter Fleiskost der Zucker aus dem Harn verschwindet. Dieser Patient durfte während seines Kurgebrauches in Carlsbad ungestraft, d. h. ohne dass Zucker zum Vorschein kam, eine mässige Menge von Kohlehydraten geniessen. Schon wenige Tage nachdem er mit dem Trinken aufgehört hatte, schied er freilich wieder nach dem Genusse derselben Menge von Kohlehydraten Zucker aus.

Külz legt auf diesen Fall hinsichtlich der Wirkung von Carlsbad grosses Gewicht. „Ich gewinne", so sagt er, „durch diesen Fall zum ersten Male eine wirkliche Ueberzeugung von der Wirkung des Carlsbader Wassers bei Diabetes." Diese Ueberzeugung, die Külz hier zum ersten Male gewinnt, hätte er freilich aus einer grossen Zahl der von mir mitgeteilten Krankengeschichten gewinnen können, aber Külz will seine Ueberzeugung nur seinen eigenen Beobachtungen danken; und jetzt, wo er eine grosse Zahl von Diabeteskranken zu beobachten Gelegenheit hatte, wird er wohl zu derselben Ueberzeugung gelangt sein, die ich in dem Satze ausgesprochen habe, „dass in Folge des Gebrauches von Carlsbad eine grössere Toleranz gegen Kohlehydrate entstehe."

Külz hat gegen die von Carlsbad ausgehenden Beobachtungen noch das einzuwenden, dass dort mit 2 Factoren gegen den Diabetes angekämpft wird, mit Diät und mit Carlsbader Wasser, und

es liessen sich darum keine exacten Schlüsse über die Wirkung
des Wassers machen.

Es muss Külz, der meine Arbeiten über Diabetes, wie ich
annehmen darf, nicht flüchtig gelesen hat, klar geworden sein,
dass ich auf Diät, als auf das wirksamste Mittel zur Bekämpfung
des Diabetes hingewiesen habe, und die Erfahrung, dass bei der
leichten Form des Diabetes durch Ausschluss der Kohlehydrate
allein alle Symptome zum Verschwinden gebracht werden könnten, ist — und ich glaube durch mein Zuthun — heute ein fest-
stehendes Axiom geworden. Die Mitteilung, die Külz, anknüpfend
an den Patienten M—r, macht, dass man, „selbst wenn bei sogenannter gemischter Kost die diabetischen Symptome stark ausgeprägt sind, durch die blosse Diät, ohne irgend welche Medica-
mente, ohne Carlsbad, die überraschendsten Resultate erzielen
kann“, ist abermals nicht originell.

Ich habe, ehe ich mir die Ansicht über die Wirkung von
Carlsbad bildete, diese Wirkungserscheinungen möglichst zu isoliren
versucht, und, wie natürlich, in erster Linie die Wirkung, die durch
Regelung der Diät veranlasst sein könnte, auszuschliessen gesucht.
Ich konnte dies nicht so thun, dass ich meine Patienten erst einer
längeren Vorbehandlung mit Diät allein unterwarf und später,
wenn die Wirkungsresultate festgestellt waren, die Wirkung des
Carlsbader Wassers constatirte. Privatpatienten, die für ihre Kur
nach Carlsbad kommen, können zu solchen Experimenten nicht bestimmt werden. Ich habe aber auch darum meine Schlüsse nicht
aus zwei oder drei Fällen gemacht. Denselben liegen, wie schon
aus dem Anhange dieses Buches hervorgeht, eine respectable
Anzahl von Beobachtungen zu Grunde. Unter diesen ist eine nicht
unbeträchtliche Anzahl, welche von guten Aerzten, ehe sie nach
Carlsbad geschickt wurden, und bei Ausschluss von Kohlehydraten
beobachtet wurden. Es haben ferner nicht wenige Fälle Gelegenheit zur Nachbeobachtung geboten. Bei allen Patienten, und
darunter sind viele, welche zu Hause einer strengen Fleischkost
unterworfen waren, wurde mein Diätnormale angewendet, d. h. es
wurde ihnen eine mässige Menge Brod, gewöhnlich 90 g, gestattet,
sie befanden sich also in Carlsbad unter ungünstigeren diätetischen Verhältnissen als zu Hause. Endlich sind es nicht blos

Anfangs- und Schlussbeobachtungen, auf welche ich mich stützte, ich habe in sehr vielen Fällen mindestens wöchentlich einmal, nicht selten in vielen auf einander folgenden Tagen Harnanalysen gemacht, und ich war also in Stand gesetzt, bei gleichbleibender Diät die Wirkung von Carlsbad zu studiren.

Unzweifelhaft wurde ich oft getäuscht, es wurde die Diät laxer beobachtet, als ich sie vorschrieb; aber abgesehen davon, dass diese diätetischen Sünden nur für die Wirkung von Carlsbad sprächen, wenn in solchen Fällen ein günstiges Resultat erzielt wurde, gerade die grosse Zahl der Beobachtungen trägt das Correctiv für Beobachtungsfehler in sich. Die bei allen derartigen Beobachtungen unvermeidlichen Fehlergrenzen werden um so enger, je grösser die Zahl der Beobachtungen ist, und die Schlüsse werden um so wertvoller, wenn sie sich nicht auf diese oder jene Einzelbeobachtung, sondern auf eine Durchschnittszahl, auf Mittelwerte stützen können.

Darin liegt die grosse Bedeutung eines reichen klinischen Beobachtungsmaterials, und nicht allein gegen Külz's Beobachtungen, sondern um meinen Standpunkt in dieser principiellen Frage festzustellen, spreche ich es aus, dass eine grosse Reihe guter Beobachtungen an Privatkranken, vorausgesetzt, dass sie ehrlich und mit Sachkenntnis angestellt sind, eine viel solidere, wissenschaftlichere Basis bilden, als die sogenannten exacten Versuche, die an einzelnen marastischen Spitalsdiabetikern unter künstlichen Beobachtungsverhältnissen, Absperrung etc. ausgeführt werden.

Ich habe, seitdem ich dies niedergeschrieben und veröffentlicht habe, d. h. seitdem die zweite Auflage meiner Monographie erschienen ist, eine noch bei weitem grössere Zahl von Diabeteskranken in Carlsbad behandelt, und ich kann, auf dieses reiche Erfahrungsmaterial gestützt, und jetzt wohl auch, da ich seit nahezu 10 Jahren von Carlsbad fern bin, als unparteiischer Zeuge angesehen, mit Bestimmtheit erklären, dass Carlsbad auf die leichte Form des Diabetes und selbst auf die schwersten Fälle dieser Form einen sehr günstigen Einfluss übt. Es wird durch den Gebrauch des Wassers zweifellos die Assimilationsfähigkeit für Amylacea erhöht, d. h. die Kranken können während des Kurgebrauches und noch einige Zeit nachher eine grössere Menge Kohlehydrate geniessen, als sie früher imstande waren, ohne dass Zucker im Harn erscheint. Ich kann ferner auch meinen Ausspruch wiederholen, dass selbst bei der schweren Form des Diabetes vorübergehend ein günstiger Einfluss geübt wird, und dass viele Symptome des Diabetes für einige Zeit gemildert werden. Aber die Wirkung hält bei diesen Fällen nicht an, und die Zuckerausscheidung wird nur selten in bemerkenswerter Menge beeinflusst. Ich kann nur rathen, wie ich es schon früher gethan habe, dass man hochgradige Diabetiker nicht, zumal nicht aus grosser Ferne, in die Bäder schicke, weil das Reisen als solches erfahrungsgemäss mehr schadet, als die Kur ihnen nützen kann.

Nur über einen Punkt möchte ich, da ich erst in letzterer Zeit zu reicherer Erfahrung gelangt bin, mich noch aussprechen. Ich habe nämlich wiederholt Gelegenheit gehabt, zu beobachten, dass das Carlsbader Wasser in der Ferne getrunken, bei der milden Form des Diabetes ebenfalls eine sehr günstige Wirkung übt, d. h. die Toleranzgrösse für Amylacea steigert. Man sollte darum Kranken, die über geringe Mittel verfügen und denen eine Badereise grosse Opfer auferlegt, diese Reise, welche unter solchen Verhältnissen Sorgen und Aufregungen im Gefolge hat, erlassen und, vorausgesetzt, dass die Kranken zuhause ein vorgeschriebenes Regime gewissenhaft beobachten, sie lieber zuhause 2 bis 3 mal im Jahr durch 3 bis 4 Wochen täglich eine Flasche Carlsbader Wasser mässig erwärmt trinken lassen.

Ausser Carlsbad übt auch der Gebrauch von Vichy einen recht günstigen Erfolg auf Diabetes. Sehr gross ist die Zahl der Diabetiker, die alljährlich nach Vichy gehen, und von verlässlichen Aerzten wird Besserung der Symptome und Verminderung der Zuckerausscheidung berichtet. Welcher von den zwei Kurorten wirksamer sei, ist schwer zu entscheiden, so lange nicht genügendes Material für vergleichende Studien vorhanden ist. Ich hatte jedes Jahr Gelegenheit, Kranke zu sehen, die von Vichy nach Carlsbad kamen, und die durch Carlsbad eine ausgiebigere Besserung, sowohl in Bezug auf die Symptome, wie in Bezug auf die Zuckerausscheidung, erreichten. Es ist aber sehr denkbar, dass die strengere Diät, die ich verordne, an dieser Besserung wesentlichen Anteil hat.

Ich verordne den meisten meiner Patienten den Gebrauch von Vichywasser während des Winters, und zwar lasse ich täglich eine Flasche Celestins oder Grande grille trinken.

Seit längerer Zeit wird auch Neuenahr als wirksames Mittel gegen Diabetes empfohlen. Da die Zusammensetzung des Wassers von Neuenahr mit der von Vichy analog ist, wird es gewiss eben so günstig wirken, wie dieses. Dagegen glaube ich nicht, dass Neuenahr, wie Schmitz*) meint, ein specifisches Heilmittel sei, oder dass es überhaupt Heilungen zu bewirken im Stande sei.

Mit Vichy und Neuenahr analog ist die Wirkung von kohlensaurem Natron. Griesinger**) hat mit Alkalien direct experimentirt, er hat bei einem Diabetiker durch 7 Tage Harnmenge und Zucker genau bestimmt, und darauf durch 2 Wochen Natron bicarbonicum von 6,7—13,5 g aufsteigend täglich gegeben; die Zuckerausscheidung nahm um $\frac{1}{3}$ ab. In zwei anderen Fällen hat Griesinger Besserung aller Symptome beobachtet. Griesinger bezweifelt, dass in vorgeschrittenen Fällen durch diese Medication Heilung zu erwarten ist. Ich bin überzeugt, dass selbst in milden Fällen durch den Gebrauch von kohlensaurem Natron keine Heilung zu erwarten ist; aber es ist von grossem praktischen Werte, ein Mittel zu besitzen, welches in mässigen Dosen durch lange Zeit ohne Nachteil genommen werden kann und die Besserung der lästigsten diabetischen Symptome erzielt. Pavy hatte die gleichen Resultate wie Griesinger, nur hält er dafür, dass die Dosis nicht zu gross sein und dafür lange fortgesetzt werden müsse. In einem Falle sah er unter dem Gebrauche des Alkalis den Zucker aus dem Harn verschwinden, und als erfahrener Arzt auf dem Gebiete des Diabetes fügt er seiner Mitteilung hinzu: „Man kann nicht immer die medicinische Wirkung eines Mittels beweisen, aber die Erfahrung an Kranken spricht mit Bestimmtheit dafür, dass die Alkalien bei Diabetes einen den Krankheitsprocess mildernden Einfluss üben".

Als Nachkur nach dem Gebrauche von Carlsbad wird mit

---

*) Schmitz, Vier Fälle von geheiltem Diabetes. Berl. klinische Wochenschrift 1873.
**) a. a. O.

Nutzen ein Eisenbad wie Schwalbach, St. Moritz oder eine indifferente Therme wie Gastein, Ragaz gebraucht. Ich habe wiederholt von einer Nachkur in Gastein oder Ragaz die besten Wirkungen gesehen. Bei nicht heruntergekommenen Individuen ist auch der Gebrauch eines Seebades angezeigt.

Bei Kindern und jugendlichen Individuen empfehle ich zu fortgesetztem Gebrauche die arsenhaltigen Eisenwässer von Roncegno, Levico und Guber.

Ein oft mit Nutzen angewendetes Mittel zur Bekämpfung des Diabetes ist Opium. M. Gregor empfahl dieses Mittel schon im Jahre 1837, er beobachtete stets eine Reduction der Zuckerausscheidung während des Opiumgebrauches. Ich habe Opium in mehreren Fällen, zumal bei jugendlichen, sehr aufgeregten Individuen angewendet, ich stieg in einem Falle, einem jungen Manne, mit eigentümlichen, der Hysterie verwandten Zuständen bis auf 0,4 g pro die; der Zucker verschwand während des Opiumgebrauches vollständig aus dem Harn, kehrte aber nach wenigen Tagen wieder. In mehreren anderen Fällen, in welchen ich es anwendete, fand ich es in der ersten Zeit Symptome und Zuckerausscheidung bessernd, nach längerem Gebrauche wurde es wirkungslos.

Kratschmer*) hat an seinem Beobachtungsobjecte Opium und Morphium versucht. Der Patient erhielt durch 67 Tage von 160 mg bis 2 g Extractum opii aquosum pro die; der Zucker verminderte sich rasch, sank später auf Spuren. Ungefähr am 50. Tage des Versuchs erschien wieder Zucker, aber die Menge betrug $^1/_4 - ^1/_5$ der vor dem Versuche ausgeschiedenen Quantität. Morphium wurde in 18tägigen Versuchsreihen in aufsteigender Dosis von 160 bis 240 mg und absteigend von 120 mg auf 30 mg gegeben; es hatte in beiden Versuchsreihen einen entschiedenen Einfluss auf die Zuckerverminderung. Dieser war in der zweiten Reihe fast stets nur in Spuren vorhanden. In späteren Versuchsreihen bei gemischter Kost war die Wirkung auch eine beträchtliche, aber es wurde noch eine grosse Menge Zucker ausgeschieden.

Kretschy**) hat an zwei Diabetikern der schweren Form den

*) Wiener akad. Sitzungsberichte, Bd. XLVI.
**) Wiener med. Wochenschrift. 1873. Nr. 3 und 4.

Morphiumeinfluss geprüft. Bei einem Versuchsobjecte dauerte der Morphiumversuch einmal 97 Tage, der Verbrauch betrug 9,53 g. Das anderemal war die Versuchsdauer 73 Tage, die Dosis stieg von 0,014—0,126 g. In beiden Versuchen wurde die Zuckerausscheidung sehr vermindert, sank auch auf Null, um bald, nachdem das Mittel ausgesetzt war, wiederzukehren. Dasselbe Resultat ergaben die Versuche bei dem dritten Versuchsobjecte.

Die zahlreichsten Untersuchungen über die Einwirkung von Opium und dessen Präparaten, Morphium, Codeïn, Narceïn, hat Pavy*) ausgeführt. Er hat an 13 Patienten unter den verschiedensten Ernährungsbedingungen seine Versuche ausgeführt. Die Medication hat in einzelnen Fällen viele Monate gedauert. Die Patienten waren, so weit aus den Daten beurteilt werden kann, meist der schweren Form angehörig. Die in langen Ziffernreihen mitgeteilten Daten lassen sich dahin zusammenfassen:

1. In 13 Fällen war die Medication 11 mal sehr wirksam und hatte nur zweimal gar keinen Einfluss auf die Zuckerausscheidung.

2. Bei zwei Fällen war die Wirkung anfangs energischer, bei fortgesetztem Gebrauch war die Zuckerausscheidung wieder vermehrt.

3. Mit dem Aussetzen des Mittels tritt sehr rasch wieder die frühere Ausscheidungsgrösse auf. Nur in einem einzigen Falle, bei welchem trotz gemischter Kost der Zucker unter dem Opiumgebrauche vollständig aus dem Harn geschwunden war, blieb der Harn auch nach der Sistirung des Opiumgebrauches, von Mitte October bis Ende Mai, zuckerfrei. Im August waren wieder grosse Mengen Zucker vorhanden (nach gemütlicher Aufregung), die aber bald wieder auf Opiumgebrauch verschwanden.

4. Narcotin und Narceïn waren unwirksam. Codeïn erklärt Pavy für das wirksamste Präparat, es wirkte auch da, wo Opium und Morphium ohne Wirkung blieben. Von Opium gab er täglich von 0,2—1,3 g, Morphium von 0,14—0,7 g, Codeïn von 0,2—2,0 g.

Jodtinctur übt entschieden eine reducirende Wirkung auf

---

*) Pavy, Cases illustrating the influence of opium and its constituent principles etc. Guy's hosp. reports. Vol. XV.

die Zuckerausscheidung; ich habe drei Fälle gesehen, bei welchen durch Jodtinctur — täglich 20—30 Tropfen — der Zucker vollständig aus dem Harn verschwand. Er kehrte aber rasch, nachdem das Mittel ausgesetzt war, wieder; in einem Falle war der Magen durch den Jodgebrauch sehr empfindlich geworden.

In neuerer Zeit wird Arsenik als sehr wirksam empfohlen. Die Anwendung des Arseniks stützt sich auf ein Experiment von Saikowsky, durch welches bewiesen wurde, dass bei Thieren, welche längere Zeit Arsen bekommen hatten, das Glycogen aus der Leber spurlos verschwand, dass ferner bei solchen Thieren der Diabetesstich keinen oder nur sehr geringen Erfolg hatte, und dass die subcutane Einverleibung von Curare keinen Diabetes erzeugen konnte.

Leube*) teilt zwei Fälle mit, bei welchen er Arsenik mit Nutzen angewendet hat. In dem einen Falle wurde durch zwei Monate Arsenik gegeben täglich 0,015 g (Solut. Fowleri 30 gtt.). Der Kranke vertrug es ohne Beschwerde. Die Zuckerausscheidung sank bei gemischter Kost durch den Arsengebrauch von 570 auf 352 g pro die. In dem 2. Falle bekam Patient 60 Tropfen Sol. Fowleri per Tag, in der 5. Woche der Arsenkur betrug die Zuckerausscheidung 2222 g in 25,2 l Harn, während sie in der Woche vor dem Kurgebrauche 3603 g auf 45,8 l Harn betragen hatte.

Külz**) hat in fünf Fällen Arsenik versucht. In zwei Fällen liess er es durch 10 und 8 Wochen gebrauchen und zwar eine Lösung von 1 Teil Sol. Fowleri auf 3 Teile Wasser, von dieser Lösung wurden anfangs 5 Tropfen dreimal täglich genommen, und die Dosis bis auf dreimal 25 Tropfen allmälig erhöht. Weder bei diesen zwei während des Arsengebrauches stetig beobachteten Kranken, noch in drei anderen Fällen, wo er vor und nach der sechswöchentlichen Kur die Zuckerausscheidung bestimmte, konnte er eine Abnahme derselben nachweisen.

J. C. Lehmann, der das Mittel in zwei Fällen prüfte, hat auch keinen Einfluss auf die Zuckerausscheidung nachweisen können.

---

*) Leube zur Pathologie und Therapie des Diabetes, Archiv für klinische Medicin 1869.
**) a. a. O.

Popoff sah unter dem Arsengebrauch (5 Tropfen Sol. Fowl. pro die) Harnausscheidung und Zuckergehalt des Harns wesentlich vermindert.

Das entgegengesetzte Resultat hatten Kretschy*) und Kratschmer**). Ersterer gab in einem 10tägigen Versuche 3—6 Tropfen, in einem zweiten 33tägigen Versuche an demselben Objecte 3—9 Tropfen. Die Zuckerzunahme war in beiden Versuchen eine beträchtliche.

In England hat Donkin Milchkuren angewendet, und zwar empfiehlt er (skimmed milk) abgerahmte Milch. Er will davon grosse Wirkung gesehen haben.

Pavy spricht sich auf's Entschiedenste dagegen aus. Ich habe keine Milchkuren vorgenommen, mich aber wiederholt überzeugt, dass auf reichlichen Milchgenuss die Zuckerausscheidung sich steigert, und diese Steigerung war um so grösser, je weniger die Patienten zuckerhaltige Nahrung assimilirten. Dem Abrahmen kann nur die Ursache zugrunde liegen, dass grosse Milchquantitäten, welche noch rahmhaltig sind, schwer verdaut werden. Der Rahm selbst kann unmöglich auf den diabetischen Process nachteilig wirken.

Fr. Voit***) fand, dass der einem Diabetiker zugeführte Milchzucker als Traubenzucker in den Harn übergeht. Bei einem Diabetiker der 17 g Traubenzucker ausschied, wurden nach Zufuhr von 100 g Milchzucker 66,8 g ausgeschieden, und in einem zweiten Versuche bei einer Zuckerausscheidung von 51,6 wurden nach Zufuhr von 150 g Milchzucker 166,7 Traubenzucker ausgeschieden.

Cantani empfiehlt Milchsäure, und hält sie für ein höchst wirksames Mittel, welches in vielen Fällen Heilung erzielt. Ich habe aus den von Cantani mitgeteilten Krankengeschichten den Eindruck dass die Patienten geheilt wurden, nicht empfangen. Ich habe aber doch auf Cantani's Empfehlung fünfmal Milchsäure angewendet 3—10 g pro die; es waren Diabetiker der

---

*) a. a. O.
**) Wiener med. Wochenschrift 1873. No. 20.
***) Ueber das Verhalten des Milchzuckers beim Diabetiker. Zeitschrift für Biologie XXVIII.

schweren Form; ich sah niemals Verminderung des Zuckers eintreten. In zwei Fällen stieg der Zuckergehalt, und es steigerte sich das lästigste Symptom, die Dürre im Munde, im hohen Grade. In einem Falle wurde durch den Gebrauch von Acidum lacticum der Zucker gleichfalls nicht vermindert, und es trat Diarrhoe auf.

Schultzen *) hat Glycerin gegen Diabetes empfohlen, und dasselbe wurde von vielen Seiten so warm gepriesen, dass man meinen konnte, nun endlich das lange gesuchte Arcanum gefunden zu haben. Dieses Mittel, die sogenannte Glycerinkur, stützte sich auf eine vollständig neue Diabetestheorie. Nach Schultzen wird der mit der Nahrung eingeführte Zucker durch ein Ferment in Glycerin und in den Aldehyd des Glycerins gespalten. Beim Diabetiker fehlt das Ferment, welches diese Spaltung bewirkt, und darum wird der Zucker ausgeschieden. Damit geht aber dem Körper sein Brennmaterial verloren, es muss, um die Arbeit zu leisten, viel Eiweiss umgesetzt werden etc. etc.

Die Therapie hat nach dieser Theorie die Aufgabe, dem Körper, statt des Zuckers, mit dem der Diabetiker nichts anzufangen weiss, das Spaltungsproduct, das Glycerin, zuzuführen.

Ich gestehe, dass ich nicht einen Moment an die Wirksamkeit des Glycerins glaubte, weil die Theorie, die als Stütze diente, so ganz meinen Anschauungen über Diabetes widerstrebte. Trotzdem machte ich doch an drei Fällen, die an Diabetes der schweren Form litten, den Versuch mit 50 g Glycerin. In allen drei Fällen musste ich nach 6—8 Tagen mit der Behandlung aufhören, weil die Zuckerausscheidung zugenommen, und weil die Patienten über Verschlimmerung der Symptome klagten. Seitdem wurden von den verschiedenen Seiten Mitteilungen publicirt, welche die Hoffnungen, die sich an das Mittel geknüpft hatten, sehr herabdrückten.

Blumenthal hatte das Mittel bei einem mir bekannten Patienten der schweren Form angewendet. Der Zucker stieg von 50 auf 100 g. Auf den Kliniken von J. Meyer, Ziemssen und Kussmaul wurde es ohne Erfolg versucht. Die eingehendste

---

*) Berliner klinische Wochenschrift 1872.

Prüfung hat Külz*) dem Mittel gewidmet, er hat es an 8 Patienten geprüft, und er fand, was von vornherein zu erwarten war, dass Kranke, welche überhaupt noch eine gewisse Menge Kohlehydrate assimiliren, auch Glycerin nehmen können, ohne dass eine Zuckerausscheidung stattfindet. Bei allen hochgradigen Diabetikern wurde durch Glycerineinnahme die Zuckerausscheidung gesteigert.

Statt eine neue Diabetestheorie zu gründen, hat Schultzen nur die Veranlassung gegeben, dass die mit Glycerin gemachten Erfahrungen jene Anschauung kräftigen, nach welcher alle Körper, welche die Glycogenbildung in der Leber steigern, auch die Zuckerausfuhr bei Diabetes vermehren.

In neuerer Zeit wurden noch sehr viele andere Mittel versucht, von manchen Seiten als sehr wirksam empfohlen, während von anderen Beobachtern gerade das Gegenteil, die Unwirksamkeit des empfohlenen Mittels, mitgeteilt wurde.

So hat Moleschott das Jodoform angegeben, und es wurden eine Weile eifrig damit Versuche angestellt, die aber schliesslich die Wirkungslosigkeit nachwiesen.

In einigem Ansehen steht der Gebrauch von Carbolsäure, die von Ebstein**) sehr empfohlen wurde. H. Fischer will, dass jeder grösseren Operation, die an einem Diabetiker auszuführen ist, eine Carbolsäurebehandlung vorangehe. Forster meint durch internen Gebrauch von Carbolsäure Coma beseitigt zu haben, während Senator unter dieser Behandlung einen Diabetiker an Coma sterben sah.

Auch dem Natrium salicylicum und der Salicylsäure wurden nach einigen Beobachtern (Ebstein, Dornblüth u. A.) günstige Wirkungen zugeschrieben.

Von manchen Aerzten werden subcutane Pilocarpin-Injectionen empfohlen. Hoffer sah auf solche (0.02 g) Abnahme der Harn- und Zuckermenge bei gleichzeitig gesteigerter Speichel- und Schweisssecretion eintreten und mehrere Tage anhalten. Lépine teilt gleichfalls 2 Fälle mit, bei welchen nach Pilocarpineinspritzungen eine Zuckerabnahme constatirt wurde.

---

*) a. a. O. 2. Bd.
**) Ebstein, Berl. klin Wochenschr. 1873.

Von G. Sée wird Antipyrin warm empfohlen. Durch den Gebrauch desselben soll die Zuckerausscheidung vermindert werden. Andere Aerzte haben Antipyrin vollständig wirkungslos gefunden.

Ein anderes Mittel, das von vielen Beobachtern versucht wurde, ist Syzygium Jambolanum. Graeser fand, dass die Einwirkung von Phloridzin auf Zuckerausscheidung durch Extract von Jambul (Drogue von Syzygium Jambolanum) um 50—90 pCt. herabgedrückt werde. Lewaschew*) hat 8 Diabetiker mit Syzygium behandelt (pro die 20—40 g der Drogue). Er sah jedesmal innerhalb weniger Tage eine Abnahme der Harn- und Zuckermengen, des Durstes und der anderen diabetischen Symptome eintreten und kürzer oder länger andauern; ein vollkommenes Verschwinden des Zuckers trat allerdings in keinem Falle ein.

Wir können mit einem Worte sagen, dass noch immer kein Mittel gekannt ist, welches auch nur annäherungsweise sich den günstigen Wirkungen der alkalischen Mineralwässer anreihen kann.

In der Mitte zwischen diätetischen und therapeutischen Anordnungen stehen manche andere gegen Diabetes empfohlene Mittel; hierher gehören: körperliche Uebungen, Heilgymnastik. Bouchardat hatte dieselbe empfohlen, weil er der Ansicht war, dass durch diese Gymnastik mehr Sauerstoff zugeführt, und die Zuckerverbrennung begünstigt würde.

Külz hat über den Einfluss der Bewegung auf die Zuckerausscheidung an 5 Individuen Versuche angestellt. Die Versuche bieten sehr viel interessante Details, weil Külz auch die Wirkung der bei der Bewegung in Betracht kommenden Factoren, Muskelanstrengung und beschleunigte Atmung, zum Gegenstande einer speciellen Untersuchung machte. Die Resultate seiner Versuche waren, dass bei 2 Individuen durch starke Bewegung im Freien sich die Zuckerausscheidung wesentlich vermindert hatte, bei 2 anderen Individuen war sie während der Ruhe wie während der Bewegungsperiode gleich geblieben, und in einem fünften Falle war die Ausscheidung des Zuckers während der Bewegungsperiode beträchtlich gestiegen.

---

*) Lewaschew, Centralbl. f. d. med. Wiss. 1891.

Die beiden Diabetiker, bei denen die Bewegung günstig wirkte, waren nach Külz kräftige muskulöse Individuen, während die andern von schlaffer Muskulatur waren. Leider ist das Letztere zumal bei hochgradigen Diabetikern die Regel.

Zimmer hat Bewegung sehr empfohlen und viele Versuche mitgeteilt, bei denen er einen günstigen Einfluss auf Assimilation der Amylacea in Folge von Bewegung constatiren konnte. Bei Diabetikern, die er in Carlsbad behandelte, liess er durch einige Tage eine bestimmte Menge Brot zum Frühstück nehmen, und es wurde der Zuckergehalt des kurz darauf gelassenen Harns festgestellt. Wenn diese Diabetiker in den nächsten Tagen nach dem gleichen Frühstück einen längeren Spaziergang machten, war die Zuckerausscheidung eine viel geringere. Aber diese günstige Wirkung äusserte sich doch immer nur bei nicht sehr heruntergekommenen Diabetikern, während bei sehr hochgradig Erkrankten eine grosse Bewegung nutzlos oder sogar schädlich war.

Wenn ich auch der angestrengten Bewegung als Kurmittel nicht das Wort reden kann, habe ich doch mässige Bewegung, ohne Erschöpfung der Kräfte, sehr empfohlen und insbesondere angeordnet, dass Diabetiker sich möglichst viel in freier Luft aufhalten sollen. Es hat sich nach meiner Erfahrung als günstig bewährt, wenn Diabetiker, die nicht sehr heruntergekommen sind, den Winter an einem Orte zubringen, dessen Klima ihnen den häufigen Aufenthalt in freier Luft gestattet, und ich empfehle zu diesem Zwecke den nordischen Diabetikern den Winteraufenthalt an einer der klimatischen Stationen an der Riviera.

In neuerer Zeit wurde auch Kaltwasserkur gegen Diabetes empfohlen. Ich habe wiederholt kalte Waschungen und Abreibungen mit gutem symptomatischem Erfolge angewendet, die Patienten fühlten sich danach frischer, aber auf die Zuckerausscheidung hatte die Procedur in den von mir beobachteten Fällen keinen Einfluss.

In manchen Fällen von Diabetes, wenn auch ganz ausnahmsweise, ist die Krankheit auf Lues und speciell auf luetische Gehirnleiden zurückzuführen. Dann ist natürlich von einer antisyphilitischen Behandlung, von Jodkalium, von Quecksilberpräparaten, die günstigste Wirkung, selbst Heilung zu erwarten.

Einzelne den Diabetiker sehr peinigende Symptome verlangen eine symptomatische Behandlung. So sah ich z. B. bei Pruritus vulvae mit Eczem einen sehr günstigen Erfolg durch den Gebrauch von Unguentum diachylum Hebra; und in einem Falle Fr. W—r, wo alle Mittel versagt hatten, bewährte sich diese Salbe in ausgezeichneter Weise.

Bei Hautjucken sah ich zuweilen den reichlichen Gebrauch von Bromkalium sehr wirksam.

Ueber die von Stadelmann gegen Coma empfohlenen intravenösen Infusionen von kohlensaurem Natron besitze ich gar keine Erfahrung. Während Einige, Minkowski, Kirstein u. A. von diesen Infusionen günstige Erfolge mitteilten, bezeichnen Andere sie als vollständig wirkungslos.

Resumé.

Ich will zum Schlusse meine in diesem Buche niedergelegten Anschauungen in folgenden Pünkten zusammenfassen:

1. Mit unsern heutigen chemischen und physicalischen Behelfen sind wir nicht im Stande, im genuinen gesunden menschlichen Harn Zucker nachzuweisen.

2. Jede nicht blos momentane, durch vorübergehende Ursachen veranlasste, sondern dauernd vorhandene Zuckerausscheidung durch den Harn ist der Ausdruck für einen Krankheitsprocess des Organismus.

3. Die Unterscheidung zwischen Diabetes mellitus als Krankheit, und Melliturie als unschädlicher Steigerung eines physiolgischen Processes ist nicht gerechtfertigt; auch die mässigste Zuckerausscheidung, wenn sie stättig erfolgt, vermag alle dem Diabetes mellitus zukommenden krankhaften Erscheinungen hervorzubringen.

4. Der beim Diabetes ausgeschiedene Zucker stammt aus zwei Quellen, er ist: a) Nahrungszucker, der entweder als solcher die Leber passirt oder aus dem in der Leber gebildeten Glycogen entsteht, und b) Blutzucker, der aus Fett und Albuminaten in der Leber gebildet wird.

5. Je nach der Quelle, aus welcher der Zucker stammt, bestehen zwei Formen des Diabetes: a) die leichte Form, bei welcher nur Nahrungszucker ausgeschieden wird, b) die schwere, bei welcher auch der aus Fett und Albuminaten entstehende Blutzucker in geringerer oder grösserer Menge durch die Nieren ausgeführt wird. Bei der einen Form wird nur dann Zucker ausgeschieden, wenn Kohlehydrate eingeführt werden, bei der andern Form wird selbst bei ausschliesslicher Fleischkost Zucker ausgeschieden.

6. Die Ursache des Diabetes ist in den meisten Fällen auf krankhafte Veränderungen und Störungen im Gebiete des Nervensystems zurückzuführen. Schwere Pankreaserkrankungen sind zweifellos gleichfalls eine Ursache des Diabetes; der Sectionsbefund weist sehr häufig Veränderungen im Centralnervensystem und im Pankreas nach.

7. Erblichkeit ist nicht selten nachzuweisen. Ich habe in meinen Fällen nahezu bei 14 pCt. Erblichkeit ermitteln können.

8. Es besteht ein eigenthümlicher Zusammenhang zwischen übermässiger Fettbildung und Zuckerausscheidung. Diabetes mellitus tritt häufig bei Fettleibigen auf. Zuweilen und zwar vorzüglich bei jugendlichen Individuen scheint die Fettbildung das Prodromalstadium des nachfolgenden schweren Diabetes zu constituiren.

9. Die Symptome des Diabetes zerfallen in zwei Gruppen: a) Symtome, welche durch die Zuckerausscheidung als solche, und b) Symptome, welche durch den Verlust des Zuckers als Kraftquelle veranlasst sind.

10. Der Verlauf ist nach der Form verschieden. Jene Form ist milder, bei welcher nur der auf Kosten der eingeführten Kohlehydrate gebildete Zucker ausgeschieden wird. Der Verlauf ist am günstigsten, wenn noch eine beträchtliche Assimilationsfähigkeit für Amylacea vorhanden ist. Die Form, bei welcher auch der Blutzucker ausgeschieden wird, führt viel rascher zum letalen Ende.

11. Heilung des Diabetes in dem Sinne, dass auch Amylacea in reicher Menge genossen werden können, ohne dass Zuckerausscheidung auftritt, habe ich nie beobachtet.

12. Die Prognose ist abhängig: a) von der Form der Krank-

heit, b) von dem Alter des Patienten, c) von der Möglichkeit, genügende Fleischnahrung zu geniessen, d) von der Gemütsbeschaffenheit.

13. In der Behandlung des Diabetes bildet die Regelung der Diät den ersten und weitaus wichtigsten Factor. Bei Diabetes leichter Form wird durch Ausschluss der Kohlehydrate die Zuckerausscheidung, und mit dieser werden fast alle Symptome des Diabetes selbst beseitigt. Bei Diabetes der schweren Form wird durch Ausschliessung der Kohlehydrate die Zuckerausscheidung eine geringere, und manche Symptome werden dadurch vermindert.

14. Unter den Heilmitteln haben sich Alkalien und alkalische Mineralwässer bis jetzt noch am besten bewährt.

15. Der Gebrauch von Carlsbad hat auf die Symptome des Diabetes stets einen günstigen Einfluss. In sehr schweren Fällen wird die Zuckerausscheidung nicht alterirt. Bei minder schweren Fällen wird dieselbe wesentlich vermindert. Die günstigste Wirkung des Kurgebrauches bei der leichten Form ist die, die Assimilationsfähigkeit für Kohlehydrate auf kürzere oder längere Zeit zu erhöhen.

16. Opium und seine Präparate haben unter allen bekannten Mitteln den entschiedensten Einfluss auf die Zuckerausscheidung. Sie mindern dieselbe selbst in sehr schweren Fällen. Die Dauer dieser Wirkung ist aber nur ganz ausnahmsweise eine nachhaltige.

Anhang.

Genügen die bis jetzt angewendeten Methoden, um kleine Mengen Zucker mit Bestimmtheit im Harn nachzuweisen?*)

Die Möglichkeit kleine Mengen Zucker im Harne mit Bestimmtheit nachzuweisen, hat eine weittragende theoretische und praktische Bedeutung.

Es knüpft sich ein grosses wissenschaftliches Interesse an die Entscheidung der Frage, ob kleine Mengen Zucker im Harne gesunder Menschen vorkommen, ob also Zucker wie Harnsäure, wie Kreatinin u. s. f. ein Product des normalen Stoffumsatzes im thierischen Organismus ist.

Die Bejahung oder Verneinung dieser Frage hat, abgesehen davon, dass durch dieselbe unsere Einsicht in den normalen Stoffumsatz gefördert wird, eine grosse Bedeutung für die Auffassung eines wichtigen, unter dem Namen Diabetes mellitus gekannten Krankheitsprocesses. Wir müssen, wenn Zucker im Harn als normaler Bestandteil vorkommt, in der Zuckerharnruhr eben nur die Steigerung einer normalen Ausscheidung sehen, wir müssten aber die Zuckerausscheidung als den Ausdruck eines anomalen Stoffumsatzes betrachen, wenn der normale Harn vollständig zuckerfrei ist.

Diese verschiedene Auffassung hat einen maassgebenden Einfluss auf die Anschauung über die Bedeutung der Zuckerausschei-

---

*) Diese Abhandlung ist mit Ausnahme der Schlusssätze zuerst im LXIV. Bande der Sitzungsberichte der Wiener kaiserl. Akademie der Wissenschaften Jahrg. 1871 erschienen.

dung. Wenn Zucker in jedem gesunden Harne vorkommt, dann ist man berechtigt, von einer gefahrlosen Melliturie zu sprechen; anders ist es, wenn auch die kleinste Menge Zucker als anomales Umsetzungsproduct anzusehen ist, es erklärt sich dann, was die klinische Erfahrung lehrt, dass so häufig auch die Anwesenheit der kleinsten Zuckermengen deletäre Wirkung übt.

Es hat ferner ein grosses Interesse, feststellen zu können, ob unter bestimmten physiologischen Körperzuständen, wie z. B. während der Schwangerschaft, während des Säugegeschäftes Zucker im Harn auftrete, ob der Organismus unter dem Einflusse verschiedener äusserer Agentien, wie z. B. infolge von Aether- und Chloroforminhalation Zucker ausscheide oder nicht, ob ferner gewisse pathologische Veränderungen, wie z. B. manche Gehirn- und Rückenmarkserkrankungen von der Ausscheidung kleiner Zuckermengen begleitet sind.

Keine der genannten Fragen ist bis jetzt endgiltig entschieden. Brücke hat bekanntlich zuerst ausgesprochen und durch Versuche zu beweisen gesucht, dass der normale Harn Zucker enthalte. Bence Jones hat diese Annahme durch weitere Versuche bestätigt. Kühne u. A. sehen den Beweis als unumstösslich hergestellt an, trotzdem andere Forscher wie Friedländer, Wiederhold, Meissner und Babo manche der Versuche durch Gegenversuche als nicht beweiskräftig dargestellt haben.

Derselbe Widerspruch besteht in Bezug auf die Annahme, dass Zucker unter manchen physiologischen Zuständen, oder unter der Einwirkung von medicamentösen Stoffen im Harne erscheine. Brücke u. A. fanden z. B. dass Säugende nicht selten eine grössere Menge Zucker im Harne ausschieden, während Leconte nach sorgfältigen Versuchen dieses Vorkommen leugnet.

Nicht selten kommt es in neuerer Zeit, in welcher von Aerzten auf Zucker im Harn sehr gefahndet wird, vor, dass auf Grundlage einer chemischen Analyse Zuckerharnruhr diagnosticirt wird, während ein anderer eben so sorgfältiger Untersucher den Zucker nicht nachweisen kann.

Diese folgenschweren Widersprüche in Bezug auf eine anscheinend so einfache Frage hatten mich veranlasst, die Methoden der Zuckerbestimmung genau zu studiren, die Grenze ihrer Genauigkeit zu prüfen und die Frage zu erörtern, ob es mit den uns zu Gebote stehenden Untersuchungsmethoden überhaupt möglich sei, kleine Mengen Zucker im Harn mit Bestimmtheit und mit Ausschluss jeder anderen ähnlich reagirenden Substanz nachzuweisen. Die Arbeit ist eine ausgedehnte geworden, weil es nötig war, alle wichtigen Methoden, und speciell alle jene, welche für den Nachweis von Zucker im normalen Harn als beweisend angegeben werden, in den Kreis der Untersuchung zu ziehen.

Der Physiologe und der Arzt sind bei der Lösung der Frage, ob es möglich sei kleine Mengen Zucker im Harn aufzufinden, in gleichem Maasse beteiligt; der Chemiker, an welchen im gegebenen Falle Beide mit der Forderung herantreten, zu entscheiden, ob in einem Harne eine minimale Quantität Zucker vorhanden sei oder nicht, muss die Grenze der Leistungsfähigkeit seiner Methoden kennen. Allen dürfte daher eine eingehende Prüfung dieser Frage nicht unwillkommen sein.

Die gebräuchlichsten Methoden, den Zucker im Harn zu entdecken, sind:

a) Die Trommer'sche Probe.

b) Die Heller-Moor'sche Kaliprobe.

c) Die Böttcher'sche Wismuthprobe.

d) Die optische Bestimmung mit Hilfe des Polarisationsapparates.

e) Die Gährungsprobe.

An diese Methoden reihen sich dann andere weitläufigere, deren Aufgabe es ist, den Zucker möglichst von den anderen Bestandteilen zu isoliren und in einer leicht zerlegbaren Verbindung darzustellen. Die gangbarsten Methoden sind die Darstellung von:

α) Bleisaccharaten.

β) Zuckerkali.

Wenn es sich um eine Methode handelt, den Zucker rasch zum Behufe einer ärztlichen Diagnose nachzuweisen, kommen nur

die ersten vier Methoden in Betracht; die Gährungsprobe gibt
kein rasches Resultat; die Isolirung des Zuckers erfordert Zeit und
einen mit diesen Arbeiten speciell vertrauten Arbeiter. Für die
dem Arzte so wichtige quantitative Zuckerbestimmung können
nur die Trommer'sche und die optische Methode benützt werden.
Alle anderen Methoden gestatten keine quantitativen Bestimmungen.

Ich will nun meine Erfahrungen in Bezug auf die einzelnen
Methoden mitteilen:

1. Die wertvollste Methode für qualitative wie für quantitative
Zuckerbestimmung ist die mittelst einer alkalischen Lösung von
schwefelsaurem Kupferoxyd, welche auf der Eigenschaft des Traubenzuckers fusst, Metalloxyde, also auch Kupferoxyd in alkalischer
Lösung zu reduciren.

Die Probe wird bekanntlich entweder nach Trommer's Methode ausgeführt, indem der Harn mit Aetzkali vermischt wird, und der Mischung einige
Tropfen einer Lösung von schwefelsaurem Kupferoxyd zugefügt werden. Der etwa
vorhandene Zucker bildet das Lösungsmittel für das durch Zusatz von Kali
ausgeschiedene Kupferoxydhydrat, oder sie wird mittelst der Fehling'schen-
Flüssigkeit ausgeführt, in welcher das Kupferoxyd mit Hilfe von weinsaurem
Kali-Natron in Aetzkali oder Aetznatron in Lösung erhalten wird.

Ich ziehe die Fehling'sche Probe der Trommer'schen vor, weil eben
jene störende Ausscheidung von Kupferoxydhydrat verhütet wird, weil ferner
bei Trommer's Methode dadurch, dass dem Harn zuerst Aetzkali zugesetzt
wird, leicht eine Zersetzung kleiner Zuckerquantitäten stattfinden kann, was,
zumal wenn es sich um die Auffindung von kleinen Mengen handelt, von
grosser Bedeutung ist. Die Fehling'sche Methode kann den weit überwie-
genden Nachteil haben, dass sie eine Reduction zeigt, auch wo kein Zucker
vorhanden ist, da das Seignettesalz bei langer Berührung mit dem Kupferoxyd auch eine allmälige Reduction einleitet, und diese sich beim Erhitzen
steigert. Man vermeidet diese Veränderung der Probeflüssigkeit, wenn man
die beiden Flüssigkeiten getrennt aufbewahrt und dieselben erst vor jedem
Versuche zu gleichen Teilen mischt. Wichtig ist es ferner, dass die
Seignettesalzlösung bei der Bereitung auf 100^0 erhitzt wird, um etwa vorhandene Schimmelsporen zu zerstören, da diese eine Reduction veranlassen.

Die Reaction ist vortrefflich, wenn eine bemerkenswerte Menge
Zucker vorhanden ist, es kommt rasch beim Erhitzen zu einer
reichlichen, sehr charakteristischen Ausscheidung von Kupferoxydul
oder Kupferoxydulhydrat. Anders verhält es sich dagegen, wenn

der Zucker nur in einer geringen Menge im Harn vorhanden ist;
die Reaction ist dann viel weniger charakteristisch, es kommt nicht
mehr zur Ausfällung von Kupferoxydulhydrat, wiewohl eine deutliche Reduction stattfindet. Ich beobachtete eine ganze Reihe eigen-
tümlicher Reactionen, am häufigsten treten sie in folgender Weise
auf: a) die Flüssigkeit trübt sich beim Kochen und wird schmutzig
grün oder schmutzig gelb; b) die blaue Flüssigkeit ändert ihre Farbe,
wird gelb oder braun, und erst nach kurzem Stehen tritt eine
leichte Trübung auf; es bildet sich ein Dichroismus, die Flüssigkeit ist schmutzig gelb-grün bei auffallendem und braun bei durchfallendem Lichte; c) die blaue Flüssigkeit wird weingelb, bleibt
aber ganz klar, durchsichtig; nur am Boden finden sich die in
Flocken ausgeschiedenen Phosphate, die vom eingebetteten Kupferoxydul leicht gelb oder rotbraun gefärbt sind.

Noch weniger ist die Fehling'sche Methode zu gebrauchen,
wenn es sich darum handelt, im diabetischen Harne kleine Zuckermengen quantitativ zu bestimmen. Ich habe die Erfahrung gemacht, dass eine genaue quantitative Bestimmung nicht mehr
möglich ist, wenn der Zucker auf 0,5 pCt. sinkt, und in manchen
Harnen kann selbst 1 pCt. Zucker nicht mehr quantitativ bestimmt werden. Die Reaction erfolgt dann nämlich in folgender Weise: die Kupferlösung wird bei Zuthat von Harn erst
schmutzig grün, allmälig wird die Ausscheidung gelb bis braun,
aber sie bleibt in der Flüssigkeit suspendirt; diese wird selbst
bei mehrstündigem Stehen nicht klar; die Grenze der Reaction ist
nicht zu treffen, also die quantitative Bestimmung unmöglich.

Ich hatte diese eigentümliche Reaction zuerst bei Diabetikern
beobachtet, bei denen die Krankheit infolge von zweckmässiger
Diät und entsprechender Behandlung gebessert war. Im Beginne
der Behandlung, während der Harn z. B. 3—5 pCt. Zucker enthielt, konnte man in dem auf's 10fache mit Wasser verdünnten
Harn, der also in dieser Verdünnung nur 0,3—0,5 pCt. Zucker
enthielt, die Zuckermenge genau bestimmen, da sich bei Hinzufügung des Harnes und in dem Maasse, als man der Reactionsgrenze näher kam, der schöne rotbraune Niederschlag von Kupferoxydul rasch absetzte, und die darüber stehende Flüssigkeit klar und
farblos wurde. War nun die Zuckermenge auf etwa 0,3—0,5

gesunken, also quantitativ dem aufs 10 fache verdünnten ursprünglichen Harn an Zuckergehalt gleich, und wurde mit diesem unverdünnten Harne die Analyse ausgeführt, entstand jene früher erwähnte schmutzig gelbe Ausscheidung, die sich nicht klar absetzt.

Ich hatte diese Beobachtung zuerst in Virchow's Archiv im J. 1861*) mitgeteilt und sprach damals die Vermutung aus, es könnte vielleicht die Einwirkung des Heilmittels sich dadurch äussern, dass aus dem Leber-Amylum nicht mehr Zucker, sondern ein dem Dextrin und Gummi verwandter Körper gebildet werde.

Lehmann**) beobachtete einen Unterschied in der Reaction zwischen diabetischem Harne und normalem zuckerhaltigem Harne. Der diabetische Harn gibt nach ihm, auch wenn nur wenig Zucker vorhanden ist, mit schwefelsaurem Kupferoxyd und Kali die Reaction „fast ebenso wie aus reiner Krümelzuckerlösung, während mehr normaler, zufällig zuckerhaltiger Harn eine weniger auffällige Reaction gibt, letzterer lässt noch andere Stoffe mit Kupferoxydul fallen, welche die Farbe des Niederschlages sehr modificiren, während im eigentlichen Diabetes mellitus der Harn frei von jenen Substanzen ist, welche die Reaction stören."

Kühne***) teilt eine ähnliche Beobachtung mit, er bemerkt nämlich, dass es diabetische Harne gibt, welche nur einen Teil des Oxyduls ausfällen lassen, einen anderen Teil in Lösung erhalten; ja noch solche, wo bei 1—1$\frac{1}{2}$ pCt. Zucker die Oxydulfällung ausbleibt. Kühne bemerkt gleichfalls, dass die Verschiedenartigkeit der Reaction mit dem verschiedenartigen Verlaufe des Diabetes zusammenhänge; er meint, dass bei den leichten, langsam verlaufenden Fällen ein Stoff im Harne vorhanden sei, welcher das ausgeschiedene Kupferoxydul löst, während dieser Stoff in den schweren Fällen fehle.

Ich habe bei zahllosen Harnuntersuchungen bei Diabetikern niemals das Ausbleiben einer Fällung, respective das Gelöstbleiben des gebildeten Kupferoxyduls beobachtet; stets, selbst wenn

---

*) Seegen. Beiträge zur Casuistik der Melliturie.
**) Lehmann. Lehrbuch d. physiol. Chemie. 1853. Bd. 1.
***) Kühne. Lehrbuch d. physiol. Chemie. 1868.

nur stets kleine Mengen Zucker vorhanden waren, war das Kupferoxyd zu Oxydulhydrat reducirt, nur blieb dieses suspendirt, trübte
die Flüssigkeit und setzte sich nur sehr langsam ab. Die Verschiedenartigkeit der Reaction, die ich früher bei demselben Diabetiker je nach dem verschiedenartigen Grade der Erkrankung beobachtet hatte, fand ich bald bei verschiedenem Auftreten des
Diabetes; es frappirte mich vorzüglich, dass bei Diabetesfällen mit
übermässiger Harnsecretion auch noch mässige Mengen Zucker
eine schöne Reaction gaben, rasches Ausscheiden von Kupferoxydul,
während bei Diabetes mit spärlicher Harnsecretion auch bedeutend grössere Mengen Zucker, selbst wenn diese 2 pCt. und darüber betrugen, jene oben beschriebene schmutzig gelbe Trübung geben; dass dagegen eine viel bessere Reaction eintritt, sowie ein solcher
Harn auf's 5- oder 10fache mit Wasser verdünnt wird. Dieses
Verhältnis machte mir es zuerst wahrscheinlich, dass meine
frühere Vermutung, es handle sich um verschiedene Zuckerarten
oder um Zwischenglieder zwischen Glycogen und Zucker, eine irrige
sei; es sei vielmehr die Verschiedenheit der Reaction
von dem Wassergehalte des Harnes abhängig, die Reduction sei eine vollständige, wenn der Harn künstlich mit Wasser
verdünnt sei, oder wenn er, wie bei hochgradigem Diabetes
mit Polyurie, ursprünglich sehr wasserreich sei. Die Reduction sei
aber eine um so unvollständigere, je concentrirter der Harn ist,
und je mehr Harnbestandteile mit dem Zucker der Kupferlösung
zugeführt werden.

Um die Richtigkeit dieser Anschauung zu prüfen, machte ich
folgende Versuche:

A) Ich löste eine Menge Traubenzucker in 100 ccm Wasser, einige Tropfen
dieser Lösung reducirten Kupferoxyd zum schönsten rotbraunen, sich klar
absetzenden Kupferoxydul. Von dieser Lösung werden 10 ccm mit 90 ccm
Wasser verdünnt; ich verbrauche 35,5 ccm dieser verdünnten Lösung zur Reduction von 5 ccm Fehling'scher Kupferoxydlösung*), die ursprüngliche
Lösung enthält 1,4 pCt. Zucker.

B) Die dem Gewichte nach gleiche Menge Traubenzucker wird in 100 g
Harn gelöst. Bei einer qualitativen Prüfung wird die Fehling'sche Flüssigkeit rasch verändert, es bildet sich eine gelbe, langsam sich absetzende Aus-

---

*) Der Titre der Fehling'schen Kupferlösung ist so gestellt, dass zur
Reduction von 5 ccm derselben 50 mg Zucker erforderlich sind.

scheidung; nach einigen Stunden findet sich am Boden des Proberöhrchens ein rotbrauner Niederschlag, darüber eine etwas trübe, gelbe Flüssigkeit.

10 ccm dieses Zuckerharns mit 90 ccm Harn verdünnt, die quantitative Analyse versucht, die Kupferlösung trübte sich, wurde erst grün, dann gelb bis orangefarben, keine klare Ausscheidung.

10 ccm dieses Zuckerharns mit 90 ccm Wasser verdünnt, nachdem 10 ccm dieser Verdünnung zu 5 ccm Kupferlösung zugeflossen, begann eine schöne, rothe Ausscheidung, nach Zuthat von 35,2 ccm war die Reduction vollendet.

10 ccm dieses Zuckerharns auf's 5 fache mit Harn verdünnt, gibt gleichfalls klare Ausfällung, die Flüssigkeit bleibt trübe, schmutzig gelb.

10 ccm auf's 2 fache mit Harn verdünnt, gibt eine schöne Reduction, bei Zuthat von circa 7 ccm der verdünnten Harnlösung ist die Reduction vollkommen. 10 ccm des ursprünglichen Zuckerharns reduciren gleichfalls vollständig, es bildet sich eine dichte, orangegelbe Ausfällung, die sich nicht rasch aber doch ziemlich klar absetzt, nach Zuthat von 3,5 ccm der Zuckerlösung ist die Reduction beendet.

C) 10 ccm des Zuckerharns wurden mit 90 ccm Harn verdünnt und im Wasserbade zur Trockene eingedampft. Der Rückstand in 10 ccm Wasser gelöst, die Lösung färbt die Fehling'sche Flüssigkeit braungelb, und diese wird rasch trübe, schmutzig-dunkelgelb, aber selbst nachdem die ganze Lösung hinzugefügt war, erfolgte keine ordentliche Ausscheidung.

Diese 10 ccm der wässerigen Lösung enthielten 0,14 g Zucker, also 1,4 pCt. Zucker; von einer so reichen, rein wässerigen Zuckerlösung hätten wenige Tropfen zu einer guten charakteristischen Reduction genügt, während jetzt die ganze Zuckermenge kaum eine Fällung zu bewirken vermochte.

Durch diese Versuche war der Beweis geliefert, dass die Harnbestandteile als solche die Reduction beeinträchtigten, dass sie das reducirte Kupferoxydul in Lösung hielten und die Ausfällung des suspendirten Oxyduls verhinderten.

Winogradoff[*]) und nach ihm Kühne[**]) behaupten, es enthalte nur der normale Harn jenen Stoff, welcher die Ausscheidung des Kupferoxyduls verhindere, während derselbe im diabetischen Harne fehle. Kühne bezieht das Fehlen des die Ausscheidung verhindernden Stoffes nicht auf alle diabetischen Harne, er findet, dass bei langsam verlaufenden Fällen, bei denen, abgesehen vom procentischen Zuckergehalte des Harnes, die übrigen Symptome fehlen oder weniger auffällig sind, und in denen auch der Harn

---

*) Virchow's Archiv 27. Bd.
**) a. a. O.

gefärbt bleibt, die Kupferoxydul lösenden Stoffe noch angetroffen
werden, während in den ausgeprägten Fällen mit massenhafter
Ausscheidung sehr blassen Harns, mit trockener Haut und häufiger
Entstehung von Linsenkatarakten wenig oder keine Spur von diesen
Stoffen im Harne entleert werde. Solche Fälle müssen demnach
auch mit einem anderen krankhaften Processe als dem der gesteigerten Zuckerbildung complicirt sein, welcher eben in der Nicht-
bildung oder Nichtausscheidung jener Stoffe liegt. Kühne hat
richtig beobachtet, dass diabetische Harne sich verschieden gegen
Kupferlösung verhalten; er hat ferner richtig beobachtet, dass es
gerade die schweren Formen sind, bei welchen der Harn eine
rasche Reduction bewirkt. Unrichtig ist es, was aber dem
Chemiker nicht zur Last fallen kann, wenn er Kataraktbildung als
ein Symptom der schweren Formen bezeichnet; es tritt diese
nicht selten bei der leichten, lange bestehenden Form auf. Nicht
richtig ist ferner, wenn Kühne behauptet, dass bei diabetischem
Harne, der $1-1\frac{1}{2}$ pCt. Zucker enthält, noch Oxydulfällung ausbleibt.
Ich habe unzählige Analysen bei mehr als 200 Diabetikern gemacht, ich sah nie das Ausbleiben einer Fällung, wenn auch nur
0,2 pCt. Zucker vorhanden war. Bei der leichtesten Diabetesform
und bei so geringem Zuckergehalte, dass mittelst Saccharimeter in
dem vollständig entfärbten Harne noch keine Ablenkung nachgewiesen werden konnte, war die Reduction des Kupferoxydes
stets durch eine bemerkenswerte Trübung nachzuweisen, und selbst
wo diese Trübung nicht augenblicklich entstand, erfolgte sie doch
nach wenigen Minuten. Aber vor allem unrichtig ist die Deutung
der verschiedenen Reactionen durch die An- und Abwesenheit
eines bestimmten Harnbestandteiles, und unbegründet ist die darauf
basirte Theorie, dass bei schweren Diabetesformen noch eine Veränderung im Stoffumsatze vorhanden sei, dass jener normale Harnbestandteil fehle, welcher das aus der Reduction des Kupferoxyds
hervorgehende Kupferoxydul in Lösung erhalte.

Meine oben angeführten Versuche zeigten, dass auch durch
normalen Harn die Ausscheidung von Kupferoxydul weniger behindert wird, wenn nur eine kleine Menge dieses Harnes zugesetzt
wird, und dass diese Ausscheidung um so unvollständiger wird, je
mehr Harnbestandteile überhaupt mit dem Zucker der Kupfer-

lösung zugeführt werden. Mit dem Ergebnisse dieser Versuche stimmt auch die Beobachtung, dass bei leichten Diabetesformen mit concentrirtem Harn die Fällung des Kupferoxyduls minder rasch und gut von Statten geht als bei schweren Fällen mit Polyurie, d. h. mit wässerigem Harne. In jenen Fällen werden mit dem Zucker beträchtliche Mengen Harnbestandteile zugeführt, während in diesen Fällen die Zufuhr von Harnbestandteilen eine geringe ist, und die Wirkung ganz dieselbe ist, als ob man Harn durch Wasser verdünnt hätte.

Die nächste Aufgabe war, zu versuchen, ob sich ermitteln liesse, welcher Harnbestandteil die Ausfällung des Kupferoxyduls beeinträchtige. Ich machte zu dem Zwecke folgende Versuche:

D) Von einem 1,4 pCt. hältigen diabetischen Harn wurden:

1. 10 ccm mit 90 ccm Wasser versetzt. Schwefelsaures Kupferoxyd wird zu schönem rothen Kupferoxydul reducirt.

2. 10 ccm mit 90 ccm schwach saurem Harne versetzt. Die Reduction nicht vollständig, gelbe, sich nicht klar absetzende Ausscheidung.

3. 10 ccm mit 90 ccm stark saurem Harne versetzt, gibt dieselbe Reaction.

4. 10 ccm mit 90 ccm einer 2proc. wässerigen Harnstofflösung verdünnt, Reduction sehr schön, Ausscheidung von rotem Oxydul.

5. 10 ccm mit 90 ccm Wasser, in welchem 2 g Harnstoff und 0,05 ccm Harnsäure gelöst sind, schöne Ausscheidung von rotem Oxydul.

6. 10 ccm mit 90 ccm Wasser, in welchem 2 g Harnstoff und 0,05 Harnsäure und 0,05 Kreatinin gelöst sind, vollständige Reduction, das ausgeschiedene Oxydulhydrat bleibt länger suspendirt.

7. 10 ccm mit 90 ccm Wasser, in welchem 0,04 g Kreatinin aufgelöst sind, bewirkt eine schöne Ausscheidung von rotem Oxydul.

8. 10 ccm mit 90 ccm Harn vermischt und durch Knochen mit Thierkohle entfärbt,[*] bewirkt eine weit bessere Reduction als die nicht entfärbte Mischung, das gelbe Oxydulhydrat setzt sich nach kurzer Zeit klar ab, und es war möglich, in diesem so vorbereiteten Harn eine quantitative Zuckerbestimmung zu machen.

Diese Wirkung der Entfärbung war keine constante; in anderen Versuchen mit anderen Harnen blieb sie aus, der entfärbte Harn reagirte nicht anders als der ursprüngliche Harn.

9. Ammoniak verhindert nur, wenn derselbe in beträchtlicher Menge zugefügt wird, die Reduction, es wird durch einen Ammoniak in beträchtlicher Menge enthaltenden Harn die Kupferlösung entfärbt, ohne dass eine Aus-

---

[*] Der Harn wird durch Kochen nicht vollständig entfärbt. Ich habe erst später die Methode gefunden den Harn vollständig zu entfärben und zwar durch mehrmaliges Filtriren durch Blutkohle.

scheidung erfolgt. In mässiger Menge beeinflusst Ammoniak die Reaction nicht. Ich habe zu 2 Proben Kupferlösung von dem sub 2 angeführten Zuckerharn hinzugefügt, die eine derselben mit Ammoniak versetzt und beide Proben durch einige Stunden in der Kälte stehen lassen; es fand sich in beiden am Boden eine Ausscheidung von Kupferoxydulhydrat.

In einer anderen Probe wurde der Kupferlösung Zuckerharn mit Ammoniak versetzt zugefügt, und das Gemisch erhitzt; es entstand zuerst nur eine Gelbfärbung, nach einer Weile hatte sich Kupferoxydulhydrat ausgeschieden, trotzdem die Flüssigkeit noch deutlich nach Ammoniak roch.

Es geht aus diesen Versuchen hervor, dass jener Harnbestandteil, welcher die Ausfällung des reducirten Oxyduls hindert oder dasselbe teilweise in Lösung erhält, noch nicht gekannt ist. Winogradoff meinte, Kreatinin und Farbstoffe des Harns wären die Lösungsmittel für das gebildete Kupferoxydul. In Bezug auf Kreatinin habe ich diese Wirkung nicht gefunden, eine zuckerhaltige Kreatininlösung wirkt wie wässerige Zuckerlösung. Nur in jener Flüssigkeit, in welcher Kreatinin mit Harnstoff und Harnsäure combinirt war, war die Ausscheidung von Kupferoxydulhydrat eine minder rasche. Dagegen scheinen die Farbstoffe entschieden die Reaction zu beeinflussen. Aber dieser Einfluss ist, soweit die Versuche zeigen, lange nicht bedeutend genug, um die so unendlich intensivere Wirkung einer wässerigen Zuckerlösung im Vergleiche zu einer gleich starken Harnzuckerlösung auf Kupferoxyd zu erklären. Auch der Ammoniakgehalt des Harnes, wenn ein solcher überhaupt im normalen Harne vorhanden wäre, oder sich bei Erhitzung mit Alkali aus dem Harnstoffe entwickelte, ist zu gering, um einen bemerkenswerthen Einfluss auf die Reaction haben zu können, oder die Ausfällung ganz zu verhindern. Offenbar addiren sich die kleinen, die Ausscheidung retardirenden Wirkungen der genannten Harnbestandteile, und nebst diesen wirken wahrscheinlich sogenannte Extractivstoffe hemmend, Stoffe, die noch nicht in ihrer Wesenheit gekannt sind, von denen man also umsoweniger berechtigt ist zu behaupten, dass sie im diabetischen Harne fehlen. Je concentrirter ein Harn, desto grösser fällt die Wirkung aller dieser die Reaction beeinflussenden Bestandteile aus, je verdünnter er ist, desto weniger kommt die störende Einwirkung zur Erscheinung.

Die nächste Frage war die, zu ermitteln, bis zu welcher

Grenze der Verdünnung Zucker im Harne durch Fehling'sche
Flüssigkeit nachzuweisen ist.

E) 1. Ich mischte von der oben erwähnten 1,4 pCt. Zuckerlösung 10 ccm mit
   90 ccm Harn; es tritt rasch eine starke Reduction auf, die Kupferlösung
   wird beim Erhitzen trüb, schmutzig gelb, der Niederschlag setzt sich
   nicht klar ab.
   Die Mischung enthielt 0,14 pCt. Zucker.

2. 10 ccm derselben Zuckerlösung mit 190 ccm Harn verdünnt, die Mischung
   reducirt, deutlich schmutzig gelbe Trübung, die Probeflüssigkeit enthält 0,07 pCt.

3. 10 ccm der Zuckerlösung mit 290 ccm Harn verdünnt, die Kupferoxydlösung wird rasch gelb gefärbt, nach einer Weile wird die Flüssigkeit
   trüb, deutlicher Dichroismus, schmutzig grün im auffallenden, braun
   im durchfallenden Lichte.
   Die Mischung enthält 0,045 pCt. Zucker.

4. 10 ccm der Zuckerlösung mit 390 ccm Harn gemischt, die Wirkung auf
   Kupferlösung wie früher; rasche Gelbfärbung, nach einer Weile dichroitische Trübung, Zuckergehalt der Mischung 0,035 pCt.
   Ich verwendete stets 5 ccm des zuckerhaltigen Harnes, diese enthalten im Versuche 4) 0,0017 g Zucker, diese kleine Menge wirkt noch
   reducirend und zwar wird das gebildete Oxydulhydrat ausgeschieden
   und trübt den Harn.

Kühne*) nimmt mit Brücke an, dass der normale Harn
Zucker enthalte, er gibt den Zuckergehalt auf 0.1 pCt. an.
Er frägt, wie es komme, dass die Trommer'sche Probe bei dem
normalen Harn im Stiche lasse, d. h. warum man den Zucker
desselben nicht durch diese Probe nachweisen könne, während sie
in ebenso schwach zuckerhaltigem, diabetischem Harne einen positiven Aufschluss gibt. Er beantwortet die Frage dahin, man könne
Zucker auch im normalen Harne durch die Trommer'sche Probe
nachweisen und zwar dadurch, dass die früher blaue oder grüne
Flüssigkeit gelb werde. Der Umstand dass bei einem diabetischen
Harne, welcher noch etwa 1 per mille Zucker enthält, eine Ausscheidung von Kupferoxydul erfolge, während sich im normalen Harne
die durch den Zucker bewirkte Reduction nur durch die Farbenveränderung manifestire, liege darin, dass der normale Harn Stoffe
enthält, welche das gebildete Kupferoxydul in Lösung erhalten.
Man brauche nur zu normalem Harn gewisse Mengen von diabetischem Harne oder von einer gewogenen Zuckermenge hinzuzugeben,

---

*) a. a. O.

um sich zu überzeugen, dass selbst bei einem auf $\frac{1}{2}$ pCt., nicht
selten bis zu 1 pCt. gesteigerten Zuckergehalte die Trommer'sche
Probe negativ ausfalle, wenn man sie nach der Ausfällung des
Kupferoxyduls beurteilt. Es sei bei der Trommer'schen Probe
zwischen dem zuckerärmsten diabetischen und dem zuckerreichsten
normalen Harne diese Differenz, dass beim normalen Harn die
Ausfällung des Kupferoxyduls stets ausbleibe.

Meine Versuche bestätigen dies nicht; der mit Zuckerlösung
versetzte normale Harn zeigt noch bei dem Vorhandensein von
0,03 pCt. Zucker eine Ausscheidung von Oxydulhydrat, diese
ist minimal und tritt nur als Trübung zu Tage, aber ganz dasselbe ist auch mit diabetischem, nicht wässerigem Harne der Fall,
wenn er kleine Mengen Zucker enthält. Würde normaler Harn
auch nur 0,3 pCt. Zucker enthalten, müsste also derselbe durch
Ausscheidung von Oxydulhydrat nachweisbar sein.

Es lässt sich also schon mit Rücksicht auf das Verhalten des normalen Harns zur Trommer'schen Probe
sagen, dass die Annahme, der normale Harn enthalte
0,1 pCt. Zucker, ungerechtfertigt sei, und dass dieser
Gehalt jedenfalls unter 0,03 sein muss.

Unzweifelhaft ist aber auch die Gelb- oder Braunfärbung des
Kupferoxyds als eine Reduction aufzufassen, da die durch Zusatz
von Harn in ihrer Farbe veränderte Kupferlösung an der Luft
unter Sauerstoffaufnahme wieder die blaue Farbe annimmt. Man
könnte also auch die Farbenveränderung der Kupferlösung durch
normalen Harn als einen Beweis für die Anwesenheit von Zucker,
wenn auch in minimaler Quantität annehmen — wenn der Harn
nicht auch andere Stoffe enthielte, welche die Reduction bewirken
können. Unter den bekannten Harnbestandteilen führt Kühne
Kreatinin und Harnsäure als reducirende Stoffe auf.

Die reducirende Wirkung des Kreatinin konnte ich nicht nachweisen, dagegen fand ich die von vielen anderen Forschern beobachtete und speciell von Meissner und Babo*) so genau studirte
reducirende Wirkung der Harnsäure vollständig bestätigt.

Ich habe 0,5 g Harnsäure in 1600 Wasser gelöst, 10 ccm dieser Flüssigkeit, welche also 0,003 g Harnsäure enthielten, brachten in der Fehling-

---

*) Zeitschrift für rationelle Medicin, 3. Reihe, 2. Band.

schen Flüssigkeit beim Erhitzen eine schöne Ausscheidung von rotem Oxydul
an der Wand der Eprouvette hervor.

Dieselbe Reaction wurde erhalten mit Harnsäurekrystallen, die sich unmittelbar aus dem Harn ausschieden und mit einem Sedimente von Uraten.

Ich habe ferner beobachtet, dass Harne, die sehr reich an Harnsäure
sind, die Lösung von Kupferoxyd gerade so verändern, wie eine Harnlösung,
welche eine kleine Zuckerquantität enthält, die blaue Kupferlösung wird gelb
bis gelbbraun, und nach kürzerem oder längerem Stehen bildet sich eine
dichroitische Trübung, zuweilen selbst eine dichtere Ausscheidung von Oxydulhydrat.

So vortrefflich auch Trommer's Zuckerreaction ist, um eine
grössere Menge Zucker qualitativ und quantitativ zu bestimmen,
ist sie doch nicht genügend, um minimale Mengen Zucker
mit unzweifelhafter Bestimmtheit anzugeben. Eine Reduction, die sich blos durch eine leichte gelbe Trübung oder durch
eine dichroitische Färbung der Kupferlösung ausspricht, kann eben so
gut auf Harnsäure, wie auf Zucker bezogen werden. Noch weniger
ist es gestattet, die blosse Gelbfärbung ohne Ausscheidung als
einen bestimmten Beweis für die Anwesenheit von Zucker anzusehen, es ist im Gegenteil höchst wahrscheinlich, dass diese fast
durch jeden normalen Harn hervorgebrachte Reduction durch die
Harnsäure desselben veranlasst sei. Ich habe zwar wiederholt in
Harnen mit zweifelhafter Reaction die Harnsäure durch Zusatz von
Salzsäure auszuscheiden gesucht und das Filtrat mit Kupferoxyd geprüft, aber auch da gibt das meist 'unveränderte Auftreten der
schwachen Reduction keinen Beweis für Zucker; denn erstens scheidet
sich nicht alle Harnsäure aus, es bleibt noch immer eine kleine
Menge gelöst, endlich sind nicht alle im normalen Harne befindlichen Stoffe gekannt, und können diese geringen Reductionserscheinungen auch durch sie bedingt sein.

Unendlich weit stehen die Kaliprobe und die Böttger'sche Wismuthprobe gegen die Kupferprobe zurück,
und wenn es sich um die unzweifelhafte Feststellung von sehr
geringen Zuckermengen handelt, kommen diese Proben nicht in
Betracht.

Die Kaliprobe, bei der es sich um Variationen in derselben Farbennüance
handelt, kann nur dann einen Wert haben, wenn diese Farbenveränderung
eine sehr intensive ist. Minimale Zuckerquantitäten verändern die Farbe zumal

in einem dunkelgefärbten Harn in so geringem Grade, dass Täuschungen leicht möglich sind   Ueberdies teilen viele organische Substanzen mit dem Zucker die Eigenschaft, durch Kali gebräunt zu werden, und wenn jeder normale Harn durch Erwärmen mit Kali intensiver gefärbt wird, kann dies auf Rechnung irgend eines Extractivstoffes kommen.

Die Böttger'sche Wismuthprobe ist lange nicht so empfindlich wie die Kupferoxyd--Probe, ich habe wiederholt in Harnen, welche eine kleine Zuthat von Zucker enthielten, noch eine bemerkenswerte Reduction des Kupferoxyds gesehen, ohne dass eine charakteristische Wirkung auf Wismuthoxyd erfolgte. Die Graufärbung des Wismuthoxyds tritt mit jedem Harne auf.

In jüngster Zeit hat Huizinga*), speciell um meine Zweifel über den Zuckergehalt des normalen Harns zu widerlegen, eine von Hagar angegebene und von ihm modificirte Methode angewendet, um Zucker im Harn nachzuweisen.

Diese Methode beruht darauf, dass Wolfram- und Molybdänsäure durch Zucker wie durch viele andere organische Stoffe reducirt und ihre Lösung blau gefärbt werden, indem sich wolframsaures Wolframoxyd, resp. molybdänsaures Molybdänoxyd bildet.

Huizinga fällt den Harn durch salpetersaures Quecksilberoxyd, um durch dasselbe Farbstoff, Harnsäure und Indican, welche in gleicher Weise reduciren, zu entfernen. Das überschüssige Quecksilber wird durch Chlornatriumlösung entfernt, und die vom Calomel abfiltrirte Flüssigkeit wird zur Probe verwendet, und zwar wird ein Teil des so vorbereiteten Harns mit Salzsäure angesäuert, molybdänsaures Ammoniak hinzugesetzt und die Mischung gekocht. Es scheidet sich zuerst ein gelber Niederschlag aus von phosphormolybdänsaurem Ammoniak, aber bei längerem Kochen wird dasselbe bläulich gefärbt, und wenn der Niederschlag sich absetzt, ist die darüber stehende Flüssigkeit bläulich oder grün gefärbt. Zum Beweise, dass nicht andere als die durch salpetersaures Quecksilberoxyd gefällten Stoffe vorhanden sind, welche die Reduction bewirken, wurde Harn durch Bleizucker und ammoniakalischen Bleiessig gefällt, es war durch diese Fällungsmethode nebst den früher genannten Stoffen auch Zucker ausgeschieden. In dem durch Schwefelsäure entbleiten sauer gemachten Filtrate wurde Molybdänsäure nicht reducirt, die nebst Harnsäure Farbstoff und Indican reducirende Substanz muss also Zucker gewesen sein.

Huizinga fühlt zwar, dass dieser Schluss etwas gewagt sei, da es möglich ist, dass durch ammoniakalischen Bleiessig auch noch andere unbekannte reducirende Substanzen mit ausgefällt würden, welche durch Quecksilberlösungen nicht gefällt werden; trotzdem hält er doch seine Annahme aufrecht, dass die reducirende Substanz im normalen Harn Zucker sei. Aber dieser

---

*) Huizinga. Ueber den Nachweis von Traubenzucker im normalen Harne. Pflüger's Archiv 10. und 11. Heft. 1870.

Schluss leidet an einem anderen wichtigen Gebrechen, nämlich daran, dass eine seiner Prämissen unhaltbar ist. Die von dem ammoniakalischen Bleiessig-niederschlag abfiltrirte und entbleite Flüssigkeit gibt nach Huizinga's Methode behandelt ebenfalls die deutliche Reaction. Eine kleine Menge des entbleiten Filtrates in der Proberöhre mit einigen Tropfen Salzsäure versetzt, wird durch Kochen mit molybdänsaurem Ammoniak zuerst gelb, dann gelbgrün und schliesslich schön grün gefärbt.

Ich habe den Versuch mehrfach wiederholt, nachdem ich mich genau überzeugt hatte, dass die Fällung durch Ammoniak und Bleiessig eine vollständige war, und erhielt stets dasselbe Resultat. Aber diese reducirende Wirkung ist sehr begreiflich, da ich mich überzeugt hatte, dass auch Blei-zucker und Bleiessig, wenn dieselben durch Schwefelsäure entbleit sind, auf Molybdänsäure reducirend wirken, und als ich schliesslich mit Essigsäure den Versuch machte, zeigte auch diese die reducirende Wirkung auf Molybdänsäure.

Die Frage, ob der durch ammoniakalischen Bleiessig ausgefällte Harn noch reducirende Substanzen enthalte, ist einfach in dieser Weise nicht zu lösen, da das überschüssige Fällungsmittel schon diese Reduction hervorbringt.

Zur Lösung der Frage über den Zuckergehalt des normalen Harns ist diese Methode vollkommen ungeeignet. Aber ebenso wenig kann sie in Concurrenz treten mit der Trommer'schen Probe, um auch nur qualitativ die Anwesenheit des Zuckers im Harn nachzuweisen, da der normale Harn des gesunden Menschen wie der stärkste diabetische Harn in gleicher Weise durch das Reactions-mittel beeinflusst wird. Es wird durch Kochen mit einigen Tropfen molybdänsauren Ammoniaks der angesäuerte normale, wie der diabetische Harn tief dunkelblau, fast schwarz. Erst, wenn der Harn durch salpetersaures Quecksilberoxydul ausgefällt, das überschüssige Quecksilber durch Chlornatrium entfernt ist, zeigt das Filtrat ein verschiedenes Verhalten gegen das Reagens, je nachdem Zucker vorhanden ist oder nicht, bei beträchtlichem Zuckergehalte ist die Blaufärbung weit intensiver. Die Trommer-sche Probe bedarf, um einigermassen bemerkenswerte Mengen Zuckers nachzuweisen, durchaus keine Vorbereitung des Harns.

An die chemischen Methoden schliesst sich die optische Methode, die darauf beruht, dass der polarisirte Lichtstrahl durch Harnzuckerlösung nach rechts abgelenkt wird. Vortreffliche Instrumente, insbesondere die von Soleil-Ventzke angefertigten, sind dazu bestimmt, um diese Ablenkung, und aus deren Grösse die Grösse des Zuckergehaltes nachzuweisen. Für rasches Arbeiten ist diese Methode unübertrefflich, sie gibt bei einiger Uebung in wenig gefärbtem oder durch Thierkohle entfärbtem Harne sehr verlässliche Resultate. Aber sie ist für die Erkennung kleiner Mengen Zucker ganz ungeeignet, da nach meinen Erfahrungen ein Zuckergehalt unter 0,2—0,3 pCt. nicht mehr mit dem Polarsiator zu bestimmen ist.

In dem besten Ventzkeschen Apparate zeigt der 1. Teilstrich der Scala in der wässerigen Lösung 0,3 pCt. Zucker an. In einer wässerigen Lösung vermag ein für die Unterscheidung der feinsten Farbennüancen sehr geübtes Auge eine Ablenkung um einige Teilstriche des Nonius zu erkennen. In einer Harnflüssigkeit, die wenn sie auch noch so gut entfärbt ist, immer einen Stich ins Gelbliche hat, werden selbst in den lichten Farben die leisesten Farbenunterschiede zwischen den beiden Hälften der Doppelplatte nicht so gut erkannt, wie in der rein farblosen Flüssigkeit, und eine Ablenkung unter einem Scalagrade dürfte auch der Geübteste nicht erkennen. Will man mit dem Soleil'schen Apparate sehr kleine Harnmengen erkennen, dann muss der Harn beträchtlich eingeengt oder der Zucker durch ammoniakalischen Bleiessig ausgefällt werden. Ein positives Ergebnis durch den Polarisationsapparat ist jeder anderen Zuckerreaction vorzuziehen, da keine andere Substanz im Harn vorhanden ist, die die gleiche Wirkung auf den polarisirten Lichtstrahl hat, die also eine Täuschung veranlassen könnte.

Eine weitere Methode, den Zucker im Harne nachzuweisen, ist die Gährungsprobe. Zucker zerfällt bekanntlich bei der alkaholischen Gährung in Kohlensäure und Alkohol, und zwar geben nach dem Zersetzungsschema 1 Aequiv. Zucker = 180 Gewichtstheile 88 Gewichtsteile Kohlensäure, eine Menge, die mit Rücksicht auf anderweitige Umsetzungsproducte, die bei der Alkoholgährung auftreten, nicht ganz erhalten werden kann; man hätte also in der Gährungsmethode gleichzeitig das Mittel, den Zucker quantitativ zu bestimmen.

Die Gährungsprobe kann in dreifacher Weise ausgeführt werden:

a) Der Harn wird mit Hefe versetzt, in eine calibrirte Röhre gegeben, unter Quecksilber abgesperrt, nach vollendeter Gährung wird die entwickelte Gasmenge gemessen, dieses Maass mit Rücksicht auf Barometerdruck und Temperatur corrigirt; nebst dem entwickelten Gase hält aber auch die Gährungsflüssigkeit Gas absorbirt, und dieses muss zur gefundenen Gasmenge hinzuaddirt werden.

Ich habe in meinen Versuchen den von Bunsen für wässerige Lösungen festgestellten Absorptionscoëfficienten in Rechnung gebracht, dieser beträgt für

16,6° C. 0,9692. Im reinen Alkohol steigt der Absorptionscoëfficient auf die dreifache Menge, die Grösse des Absorptionscoëfficienten für die jeweiligen Gährungsflüssigkeiten ist nicht ermittelt. Ich glaube durch die Annahme, dass die absorbirte Kohlensäuremenge mindestens gleich sei dem Flüssigkeits-volumen, eher eine zu geringe als eine zu hohe Ziffer bei meinen Berech-nungen eingesetzt zu haben.

Durch eine in die Eudiometerröhre eingeführte Kalikugel muss man sich die Ueberzeugung schaffen, dass das gesammte entwickelte Gas Kohlensäure sei. Die etwa nicht absorbirte Menge muss von der früher notirten abgezogen werden.

b) Die Kohlensäurebestimmung wird in dem von **Will-Fresenius** für die alkalimetrische Bestimmung angegebenen Apparate ausgeführt. Der Apparat wird vor und nach der Gährung gewogen, der Gewichtsverlust gibt die Grösse der Kohlensäureentwicklung an.

c) Die zur Gährung zu bringende Flüssigkeit wird in ein mit einem Kork oder Kautschukpfropfen wohlverschlossenes Kölbchen gegeben, der Kork ist doppelt durchbohrt, in einer Oeffnung steckt ein bis an den Boden des Kölbchens reichendes, oben zugeschmolzenes Röhrchen, die andere Oeffnung trägt ein im rechten Winkel gebogenes Röhrchen, welches mit einem Chlor-calciumrohr in Verbindung gebracht wird. An das Chlorcalciumrohr schliesst sich ein Kaliapparat an; zur grösseren Vorsicht wird noch ein mit Aetzkali in Substanz gefülltes Rohr vorgelegt, und an dieses eine Chlorcalciumröhre an-gefügt. Der Kaliapparat sowie die Kaliröhre werden vor dem Beginne des Versuches gewogen; nachdem der Versuch 2—3 Tage gedauert hat, wird die Gährungsflüssigkeit langsam bis zum Kochen erhitzt, dann die Spitze des im Kölbchen steckenden Rohres abgekneipt und Luft durch den Apparat durch-gesaugt. Der Kaliapparat und das Kalirohr werden wieder gewogen, und die Gewichtszunahme gibt die Grösse der entwickelten Kohlensäure.

Unter diesen drei genannten Methoden ist die sub b am wenigsten zu empfehlen, denn da der gesammte ziemlich schwere Apparat gewogen werden muss, sind die Fehlergrenzen ziemlich bedeutend. Ueberdies hat man bei dieser Methode keine Gelegenheit sich zu überzeugen, dass der Gesammtverlust auf Rechnung der Kohlensäure kommt, da möglicherweise bei nicht normal verlaufender Alkoholgährung sich auch andere Gase, wie z. B. Wasserstoff, entwickelt haben könnten.

Die erste Methode gibt sehr verlässliche Resultate, wenn es erst zur Gas-entwicklung gekommen ist. So lange aber eine solche nicht statt hatte, ist man ganz im Unklaren, ob der Gährungsversuch ein positives oder negatives Resultat hatte. Es kann eine bedeutende Menge Kohlensäure sich entwickelt haben, dieselbe aber in Absorption gehalten werden und dadurch nicht zur Erscheinung kommen.

Die Controlversuche, welche mit Hefewasser angestellt werden, um nach-zuweisen, dass die in der Untersuchungsflüssigkeit entwickelte Kohlensäure nicht von der Hefe sondern aus Zucker kommt, müssen natürlich unter vollkommen

gleichen Aussenverhältnissen angestellt werden, und muss die Flüssigkeitsmenge im Controlversuche, ferner Druck und Temperaturverhältnis, unter
welchen sie sich befindet, genau in Rechnung gezogen werden, da sonst die
Resultate des Controlversuches gar nicht beweisend sind. Es könnte geschehen, dass in der Probeflüssigkeit Kohlensäure auftritt, während dieses in der
Controlflüssigkeit nicht der Fall ist, und doch würde dieses nicht beweisen,
dass in der Controlflüssigkeit keine Gasentwicklung statt hätte. Wenn nämlich beispielsweise die zur Controlprobe verwendete Flüssigkeitsmenge grösser
war, oder wenn sie unter einem anderen Drucke sich befand, würde sie eine
grössere Menge Gas absorbirt halten, und dadurch keine Gasentwicklung zur
Erscheinung kommen.

Die Methode sub c ist, vorausgesetzt, dass die Wägungen genau sind,
die verlässlichste, sie zeigt auch eine Kohlensäuremenge von wenigen Milligramm mit Präcision an, und gestattet die Herstellung eines beweisenden
Controlversuches.

Um nun die beiden Methoden a und c und die Grenzen ihrer
Leistungsfähigkeit zu erproben, machte ich folgende Versuche:

Versuch A. In 50 ccm Wasser wurden 0,527 g Zucker gelöst, diese in
eine Eudiometerröhre gefüllt, 10 ccm Hefewasser hinzugesetzt, der übrige
Raum der Röhre war mit Quecksilber gefüllt und wurde in eine Quecksilber
enthaltende Wanne vorsichtig eingetragen. In einer 2. Eudiometerröhre wurden
50 ccm Harn, welche 0,524 g Zucker gelöst enthielten, gleichfalls mit Hefe
versetzt, und gleichfalls wie die frühere durch Quecksilber abgesperrt. Schon
nach 5 Minuten entwickelten sich in beiden Röhren feine Gasblasen. Die
grösste Gasentwicklung fällt auf die ersten 48 Stunden, von da ab wurde sie
langsamer, schritt aber bis zum 8. Tage stetig fort. Da die Differenz in dem
Gasstande vom 8. auf den 9. Tag nur eine sehr geringe war, schloss ich den
Versuch ab, notirte den Gasstand, die Höhe der Flüssigkeitssäule, die Höhe
des Quecksilberstandes in der Röhre, ferner den Barometerdruck und die
Zimmertemperatur, und nachdem ich mich überzeugt hatte, dass die Kalikugel, welche ich in die Röhren brachte, das Gas bis auf ein Minimum absorbirte, berechnete ich aus den früheren Daten nach Bunsen's Tabelle die
entwickelte Kohlensäuremenge. Das aus der wässerigen Flüssigkeit entwickelte
und von der Flüssigkeit in Absorption gehaltene Gas betrug 239 mg, das aus
der Harnflüssigkeit entwickelte und von dieser in Absorption gehaltene Gas
betrug 231,9 mg.

Aus dem in der wässerigen Flüssigkeit enthaltenen Zucker
hatte sich um 7 pCt. weniger Gas entwickelt als der Zuckermenge
entsprach; aus der Harnflüssigkeit hatte sich um 8 pCt. weniger
Gas entwickelt, als der theoretisch berechneten Menge entsprach.
Diese Differenz mag zum Teile daher kommen, dass der Zucker
nicht absolut trocken war; aber der Versuch hatte das wichtige

Resultat geliefert, zu zeigen, dass in diesem Mischungsverhältnis der Harn kein Hindernis für die Gährung abgab, da dieselbe im Wasser wie im Harne gleichmässig fortschritt und procentisch nahezu dasselbe Resultat lieferte.

Ich glaubte, die Gährung dürfte das Mittel an die Hand geben, auch sehr kleine Mengen Zucker im Harn nachzuweisen, und zwar indem man die Gährung mit dem durch Abdampfen eingeengten Harn anzustellen versuchte.

Versuch B. Ich löste 0,546 g Zucker in 1000 ccm Harn, dampfte bis auf 100 ccm ein; es hatte sich eine krümliche Masse ausgeschieden, Flüssigkeit und Ausscheidung wurden mit Hefewasser in den oben (sub c) beschriebenen Gährungsapparat gegeben.

Vor dem Beginne des Versuches wog

der Kaliapparat 48,087 g
die Kaliröhre   43,622 „

Nach Ablauf von drei Tagen wurde das Kölbchen durch längere Zeit auf Siedhitze erhalten, Luft mehreremale durchgesaugt. Der Versuch wurde beendigt, und die Wägungen wurden vorgenommen; es wog

der Kaliapparat 48,166 g
die Kaliröhre   43,630 „

Die Gewichtszunahme betrug also 0,087 g, diese geringe Quantität entspricht nicht der Kohlensäuremenge, welche aus der Gährung des Zuckers hervorgehen sollte, diese würde circa 0,270 g betragen.

Die Concentration der Harnbestandteile hat also offenbar auf die Gährung hemmend eingewirkt.

Ich führte mit einem in gleicher Weise eingeengten Harne einen Controlversuch in der Eudiometerröhre aus.

Versuch C. Es werden 0,541 g Zucker in 1000 ccm Harn gelöst und diese Lösung bis auf 60 ccm eingedampft, es fand auch eine reiche Ausscheidung von Harnbestandteilen statt. Die ganze Masse wurde mit 10 ccm Hefewasser gemischt, in eine Eudiometerröhre gegeben, es fand keine Gasentwicklung statt. Auch nach 14 Tagen hatte sich noch keine Gasblase gezeigt, es können sich also in keinem Falle mehr als 70 ccm Kohlensäure entwickelt haben, vorausgesetzt, dass die salzreiche Flüssigkeit ihr eigenes Volumen Gas zu lösen imstande ist. Aber selbst, wenn dies der Fall wäre, bliebe die entwickelte Kohlensäuremenge noch immer sehr weit gegen jene zurück, die aus dem Zucker bei vollständiger Gährung entstehen könnte.

Ich wollte nun sehen, ob es möglich sei, kleine Zuckermengen in nicht eingeengtem Harne durch Gährung nachzuweisen.

Versuch D. In 100 ccm Harn werden 0,118 g Zucker gelöst, in einem Kölbchen mit Hefe gemengt, der Gährung ausgesetzt.

Die Gewichtszunahme des Kaliapparates und der Kaliröhre beträgt 0,040 g. Die Kohlensäure, die sich aus dem Zucker bei vollständiger Gährung entwickeln müsste, würde 0,059 g betragen.

Versuch E. 50 ccm Harn, mit 0,145 g Zucker versetzt, mit Hefe gemischt, in eine Eudiometerröhre gefüllt, nach wenigen Minuten entwickelten sich feine Gasblasen, nach zwei Tagen hatten sich 3 ccm Gas, nach sechs Tagen 5 ccm, nach sieben Tagen 6,5 ccm, nach 14 Tagen 17 ccm Gas entwickelt, welches durch Berührung mit einer Kalikugel vollständig absorbirt wurde.

Versuch F. 100 ccm Harn mit 0,1 g Zucker und Hefe gemischt, im Kölbchenapparate der Gährung ausgesetzt.

Die Gewichtszunahme des Kaliapparates beträgt 0,69 mg, also mehr als dem Gewichte der bei vollständiger Ausgährung aus dem Zucker sich entwickelnden Kohlensäure entspricht.

Versuch G. In 100 ccm Harn 0,07 g Zucker gelöst, mit Hefe gemischt im Kölbchen der Gährung ausgesetzt.

Die Gewichtszunahme der Kalivorlagen beträgt 0,028 g, aus dem Zucker konnte sich 0,035 Kohlensäure entwickeln.

Diese Versuche hatten anscheinend bewiesen, dass man noch sehr kleine Mengen Zucker durch Gährung entdecken kann.

Aber das Resultat des Versuches F, welches mehr Kohlensäure lieferte, als der Zuckermenge entsprach, hatte mir schon die Betrachtung nahe gelegt, dass die Kohlensäure aus einer anderen Quelle kommen könnte. Ich machte nun einige Gegenversuche, und zwar wollte ich zuerst sehen, ob die Hefe die Quelle der Kohlensäure-Entwickelung sein könnte.

Es ist durch die von Pasteur und Andern angestellten Versuche bekannt, dass Hefe für sich zur Gährung gelangt und aus ihrer eigenen Substanz Kohlensäure und Alkohol entwickelt.

In neuester Zeit hat Liebig[*]) einige Gährungsversuche mit Hefe veröffentlicht. Schon nach 18 Stunden enthielt die der Gährung unterworfene Hefeflüssigkeit über 80 pCt. des Alkohols, welcher sich nach der theoretischen Berechnung aus der Cellulose der Hefe entwickeln konnte. Es war aber die Frage, ob die kleine Menge Hefe, welche ich in meinen Versuchen zugesetzt

---

[*]) Liebig. Ueber Gährung etc. Separatabdruck aus den Annalen der Chemie. Leipzig 1870.

hatte, auch schon bemerkenswerte Kohlensäureentwicklung veranlasse.

Versuch H. Ich mengte 10 ccm Wasser mit der zu den Einzelversuchen
verwendeten Hefemenge und setzte die Flüssigkeit im Kölbchen der Gährung aus.

Die Gewichtszunahme der Kalivorlagen betrug 4 mg, sie war so gering,
dass sie möglicherweise noch in die Fehlergrenzen fallen konnte; wahrscheinlich stammt aber die Gewichtszunahme aus der Kohlensäure, die sich aus der
geringen Hefemenge entwickelt hat.

Ich versuchte nun, wie sich Harn mit Hefe vermischt verhalte.

Versuch I. Ich mengte 100 ccm Harn mit Hefe und füllte das Gemenge
in den Apparat. Die Gewichtszunahme der Kalivorlagen betrug 0,042 g,

Es hatten sich also aus dem Harn 0,042 g CO_2 entwickelt; aus welchen
Bestandteilen des Harns diese Kohlensäure stammt, ist schwer zu ermitteln.
Es ist am allerwahrscheinlichsten, dass sie aus dem Zerfalle des Harnstoffes
hervorgegangen ist. Natürlich muss, wenn der Harnstoff die Quelle ist, sich
auch Ammoniak entwickelt haben, und ich glaube zuerst, man könnte durch
vorgelegte titrirte Schwefelsäure erfahren, ob und wie viel Ammoniak sich
entwickelt hat. Aber bei näherer Betrachtung musste ich diesen Versuch auf-
geben, da es sehr denkbar war, dass das Ammoniak durch die Säure der Hefe,
welche sich im Kölbchen befand, gebunden worden wäre; ein negatives Resultat hätte also keine beweisende Kraft gehabt.

Für unsere Zwecke ist es vor allem von Bedeutung, zu entscheiden, ob Zucker oder ob andere Bestandteile die Quelle bilden
für die aus dem normalen Harn entwickelte Kohlensäure. Da es
nicht in directer Weise nachzuweisen war, dass der Harnstoff die
Quelle sei, suchte ich der Beantwortung der Frage auf indirectem
Wege nahe zu kommen. Der nächste Versuch war dahin gerichtet,
zu sehen, ob Harn auch ohne Hefezusatz innerhalb der für unsere
Versuche verwendeten Zeit Kohlensäure entwickele. Wenn der Versuch ein positives Resultat gab, war damit festgestellt, dass die
Kohlensäure-Entwicklung nicht durch Gährung veranlasst sei, dass
sie also nicht von Zucker stammen könne.

Wohl musste ich mir sagen, dass ein negatives Resultuat dieses
Versuches nichts dagegen beweise, dass die Kohlensäure bei unseren
früheren Versuchen aus dem Zerfall des Harnstoffes stamme, denn
es ist sehr gut denkbar, dass der Harnstoff des Harns in Berührung mit Hefe rascher zerfällt als ohne dieselbe.

ursprünglichen Menge eingedampft; er glaubt, dass dadurch jene flüchtige Substanz entfernt ist. Er hat dafür den Beweis nicht beigebracht und aus Lieben's Abhandlung ist nicht ersichtlich, dass in dieser Weise die flüchtige Substanz zu entfernen sei. Aber selbst wenn Huizinga damit recht hätte, wäre es noch nicht erwiesen, das die minimale Alkoholmenge, die durch die feine Jodoformreaction nachzuweisen ist, von Zucker stamme, da doch Hefe, wie oben dargelegt, ebenfalls in Kohlensäure und Alkohol zerfällt, und selbst aus der kleinsten Hefemenge sich minimale Mengen Alkohol entwickeln müssen. Bence Jones hat selbst mittelst der viel weniger empfindlichen Chromsäurereaction im Destillate von Hefewasser Alkohol nachgewiesen.

Es ist also auch der Alkoholnachweis nicht ausreichend, kleine Mengen Zucker unzweifelhaft zu constatiren.

Der beirrende Einfluss, welchen die bekannten wie die noch ungekannten Harnbestandteile auf die zur Entdeckung des Zuckers benützten Reagentien üben, bestimmte die Forscher, welche es sich zur Aufgabe stellten, kleine Mengen Zucker im Harn nachzuweisen, den Zucker zu isoliren, ihn von der störenden Einwirkung der anderen Harnbestandteile abzulösen.

Die Isolirung wurde in zweifacher Weise versucht, die eine Art war die, den Zucker als Zuckerkali darzustellen, die andere war dahin gerichtet, ein Bleisaccharat zu bilden.

ad 1. Darstellung von Zuckerkali:

In erster Reihe kommt hier Brücke's Methode in Betracht, da sie die Basis für die von Brücke begründete Lehre bildet, dass der menschliche Harn Zucker als normalen Bestandteil enthalte.

Brücke beschreibt[*]) das Verfahren, welches er eingeschlagen hat, um das Zuckerkali direct aus dem frisch gelassenen Harn abzuscheiden, folgendermassen: Der Urin wird mit soviel starkem Weingeist versetzt, dass in der Flüssigkeit etwa $^4/_5$ absoluten Alkohols enthalten sind. Brücke bedient sich eines Weingeistes, der 94,3—94,4 Volumpercente Alkohol von 0,7951 Dichte bei 12[0] R. enthält und fügt von diesem Alkohol 54 ccm zu je 10 ccm Harn. Nachdem Harn und Alkohol gemischt sind, und der entstandene Niederschlag sich gesenkt hat, wird filtrirt. Zu dem Filtrate wird tropfenweise von einer alkoholischen Kalilösung bis zur deutlichen Alkalescenz der Mischung hinzuge-

---

[*]) Sitzungsberichte der k. Akademie d. Wissenschaften, 29. Bd.

fügt, das Ganze wohlbedeckt im kalten Raume durch 24 Stunden stehen gelassen, die Flüssigkeit wird dann abgegossen. Boden und Wände des Glases
sind mit einem krystallinischen Ueberzug bedeckt. Dieser wird, nachdem der
Alkohol abgedunstet ist, in etwas kaltem Wasser gelöst und zu den Zucker-
proben benützt. Nach Brücke's Erfahrungen enthält jener Beschlag am
meisten Zuckerkali, der schön büschelförmig krystallinisch ist, während gross-
körnige oder drusige Massen, die sich bisweilen finden, andere gleichzeitig
ausgeschiedene Substanzen enthalten.

Ich habe, als ich die Beantwortung der Frage, ob der normale Harn wirklich Zucker enthalte, in Angriff nahm, zuerst und
in der scrupulösesten Weise Brücke's Vorgang eingehalten. Die
Harne der Gesunden, welche ich benützte, hatten Kupferlösung gelb
gefärbt, sie waren beim Erhitzen mit Kalilösung etwas dunkler
geworden, weisses Wismuthoxyd wurde selbst bei längerem Kochen
nur schmutzig grau. Ich nahm von diesen Harnen je 200 ccm,
versetzte sie mit 1080 ccm 94 proc. Alkohols, filtrirte, fügte frisch
bereitete Kalilösung hinzu, liess 24 Stunden stehen und erhielt an
den Wänden und am Boden den schönsten weissen krystallinischen
Beschlag. Aber dieser Beschlag, im Wasser gelöst, gab mit schwefelsaurem Kupferoxyd entweder ein complet negatives Resultat,
oder dasselbe wurde (in drei Fällen von acht) dichroitisch getrübt.
In einem dieser drei Fälle hatte aber auch schon der genuine Harn
diese Wirkung auf schwefelsaures Kupferoxyd geübt, nachdem das
Gemenge erhitzt war und einige Minuten gestanden hatte.

Trotzdem es mir also nicht gelungen war, in dem Becherbe-
schlage etwas zu gewinnen, was auch nur mit einiger Wahrscheinlichkeit als Zuckerkali angesprochen werden konnte, glaubte ich
es so deuten zu müssen, dass meine Harne weniger Zucker enthalten als die von Brücke untersuchten, und ich suchte nun zu
prüfen, bis zu welcher Grenze Brücke's Methode Zucker an-
zeigen könne, indem ich eine directe Zuckerlösung nach dieser
Methode behandelte.

Versuch A. Ich löste 0,250 g Traubenzucker in 200 g Wasser, setzte
1080 ccm 94 proc. Alkohol hinzu, versetzte diese Lösung mit alkoholischer
Kalilösung bis zur alkalischen Reaction; es bildete sich eine starke, wolkige
Trübung. Nach 24 Stunden war die Flüssigkeit vollständig klar, und es
hatte sich keine Ausscheidung gebildet. Die Wände und der Boden des Gefässes blieben vollkommen frei von jedem Beschlage. 10 ccm der alkoholischen

Flüssigkeit wurden zur Trockene abgedampft und der Rückstand in Wasser gelöst, dieser gab mit der Fehling'schen Lösung eine schöne Reaction.

Ich fügte der Flüssigkeit noch 0,750 g Zucker hinzu, setzte alkoholische Kalilösung zu, es bildete sich wieder eine Trübung, aber nach 24 Stunden ist diese abermals verschwunden, und keine Ausscheidung erfolgt. Dasselbe negative Resultat erhielt ich, trotzdem ich allmälig zehn Gramme Zucker in die Flüssigkeit eintrug.

Versuch B. Mein nächster Versuch war nun dahin gerichtet, Zuckerkali in anderer Weise darzustellen.

Ich löste eine Menge Traubenzucker in 60 ccm Wasser, fügte der Lösung 940 ccm absoluten Alkohols bei; ich hatte dadurch einen Liter alkoholischer Zuckerlösung von 94 proc. Alkoholgehalt, 10 ccm der Flüssigkeit wurden zur Trockene abgedampft, der Rückstand in etwas Wasser gelöst und durch Fehling'sche Lösung der Zuckergehalt bestimmt, er betrug 3,5 pCt.

Es wurde ferner eine Menge Aetzkali in Alkohol von 94 vol pCt. gelöst, da sich etwas kohlensaures Kali bildete, wurde die Flüssigkeit filtrirt und der Kali-Gehalt der Lösung mittelst titrirter Schwefelsäure bestimmt, 10 ccm der Lösung enthalten 0,6465 Kali.

Es wurde nun im Verhältnisse von 1 Aequ. KO auf 1 Aequ. Zucker 73 ccm der Kalilösung in 500 ccm der alkoholischen Zuckerlösung eingetragen, es entstand eine starke milchige Trübung, und momentan schied sich ein voluminöser weissgelber Niederschlag an den Wänden und am Boden des Gefässes aus, welcher rasch zäh wurde und das Aussehen von blassgelbem Wachse hatte. Die darüberstehende noch etwas milchigtrübe Flüssigkeit wurde rasch abgegossen, und auf den zähen Niederschlag von neuem 94 proc. Alkohol gegossen. Die decantirte Flüssigkeit wie der mit Alkohol übergossene Niederschlag wurden durch 24 Stunden an einem kühlen Orte gelassen. Die decantirte Flüssigkeit war ganz klar geworden, und am Boden des Gefässes hatte sich ein sehr feiner, gelber, firnissartiger Beleg gebildet, auch nicht die Spur einer Krystallisation war vorhanden, die Wände des Gefässes waren von jeder Ausscheidung vollständig frei geblieben. Der ursprüngliche Niederschlag hatte sich gebräunt und stellte eine tief dunkelgelbe Masse dar. Nach wenigen Tagen war diese Masse dunkelbraun geworden, wie dunkler Syrup. Die decantirte Flüssigkeit enthielt eine Spur Zucker, der mit der Ausscheidung in Berührung gewesene Alkohol war vollkommen zuckerfrei.

Das Zuckerkali scheidet sich also aus 94 pCt. Alkohol momentan aus, nicht erst nach 24 Stunden, es hat kein krystallinisches Aussehen, ist nicht farblos, sondern stellt eine gelbe, an der Luft rasch braun werdende firnissartige Masse dar.

Ich suchte nun mir über die Löslichkeitsverhältnisse des Zuckerkalis im Alkohol Aufschluss zu verschaffen.

Versuch C. Eine kleine Menge Zuckerkali wird in 100 ccm Wasser gelöst, die gleiche Menge absoluten Alkohols hinzugefügt, es scheidet sich Zuckerkali aus. Dem Filtrate werden abermals 100 ccm absoluten Alkohols hinzugefügt; wieder erfolgt eine Ausscheidung, es wird abermals filtrirt, wieder 100 ccm absoluten Alkohols zugesetzt, abermals eine Ausscheidung. Dieses dauert in gleicher Weise fort bis aus der ursprünglich wässerigen Lösung eine 75 proc. Alkohollösung geworden ist. Nun entstand auf weitere Zuthat von absolutem Alkohol keine Trübung, aber die Flüssigkeit enthielt doch noch Zucker, und selbst als dieselbe schon eine 89 proc. Alkohollösung geworden war, enthielt sie noch immer bemerkenswerte Zuckerspuren.

Ich erfuhr daraus, dass Zuckerkali im 89 proc. Alkohol noch löslich war.

Damit war es erklärt, warum im Versuche A kein Zuckerkali entstehen konnte, trotzdem die Flüssigkeit sich unmittelbar auf Zusatz von alkoholischer Kalilösung getrübt hatte. Das gebildete Zuckerkali hatte sich in der circa 84 pCt. Alkohol enthaltenden Mischung wieder gelöst.

Versuch D. Um die Richtigkeit dieser Anschauung zu bestätigen, nahm ich 20 ccm. einer wässerigen Zuckerlösung, setzte 800 ccm 94 proc. Alkohol hinzu, fügte alkoholische Kalilösung bei, es entstand eine Trübung, nach 24 Stunden war die Flüssigkeit klar, am Boden des Gefässes hatte sich ein schöner firnissartiger Anflug gebildet, der die eclatanteste Zuckerreaction gab, die decantirte Flüssigkeit enthielt keine Spur Zucker. Die Flüssigkeit enthielt 90,1 pCt. Alkohol.

Ich mischte ferner 5 ccm jener Zuckerlösung A mit 95 ccm 94 proc. Alkohols, fügte alkoholische Kalilösung bei, nach 24 Stunden war ein zarter, gelber Anflug am Boden des Gefässes, der Zuckerreaction gab, aber auch die decantirte Flüssigkeit enthielt noch Zucker. Die Flüssigkeit enthielt 89,3 pCt. Alkohol.

Die Grenze der Löslichkeit des Zuckerkali in Alkohol liegt also ungefähr bei 90 pCt.

Unsere Versuche lehren, dass Zuckerkali sich rasch ausscheidet, dass derselbe kein krystallinisches Gefüge hat, oder gar Krystallformen zeigt, dass er erst in 90 proc. Alkohol unlöslich ist. Es ist also die von Brücke vorgeschlagene Methode nicht entsprechend, um Zuckerkali zu erlangen, selbst dann nicht, wenn der Zucker nur in sehr geringer Menge vorhanden ist. Die krystallinische Ausscheidung, die Brücke aus normalem Harn erhalten hat, war also offenbar eine Verbindung von Kali mit anderen Harnbestandteilen, und die mässige reducirende Wirkung dieser Verbindung, die zuweilen auftritt, ist wahrscheinlich, wie dies bereits von anderen Untersuchern hervorgehoben wurde, auf Harnsäure zu beziehen. Ich selbst habe darüber keine Erfahrung, da die krystallinischen Stoffe, die ich aus den von mir nach Brücke's Methode untersuchten Harnen erhielt, niemals eine reducirende Eigenschaft zeigten.

Eine zweite Methode, Zuckerkali aus Harn darzustellen, besteht darin, dass der Harn im Wasserbade eingedampft, der Rückstand durch Alkohol extrahirt und diesem Extracte alkoholische Kalilösung zugefügt wird.

Man hat bei dieser Methode zu berücksichtigen, dass einerseits Zucker in absolutem Alkohol fast gar nicht und in sehr hochgradigem Alkohol nur schwer löslich ist, dass andererseits aus einem zu verdünnten Alkohol Zuckerkali sich nicht ausscheidet. Wird ein hochprocentiger oder nahezu absoluter Alkohol zur Extraction verwendet, gelingt diese nur sehr unvollständig, wird andererseits die Extraction mit wasserreichem Weingeist ausgeführt und dann Zuckerkali ausgefällt, tritt dasselbe rasch in Lösung, und es wird wieder nur ein Bruchteil des Zuckers erhalten.

Die Ausführung der Methode kann in doppelter Weise geschehen, entweder man verdampft den Harn zur Trockene, übergiesst ihn mit Alkohol von 93—94 pCt. und extrahirt, oder man verdampft ihn zur Syrupconsistenz, verreibt mit Bimsstein, und da also noch Harnwasser mit vorhanden ist, extrahirt man mit so viel absolutem Alkohol, dass bei Hinzurechnung des Harnwassers sich ein Alkoholgehalt von circa 93—94 pCt. herausstellt. Nach der ersten Weise bildet sich bei Hinzufügung des Alkohols eine guttaperchaartige Masse, die schwer zu extrahiren ist.

Diese Darstellung des Zuckerkalis ist sehr zweckmässig, sie genügt aber gleichfalls nicht, um sehr kleine Mengen Zucker mit Bestimmtheit nachzuweisen, und die Ursache liegt darin, weil eben nur ein Bruchtheil des ursprünglichen Zuckergehaltes in dem Zuckerkali erscheint. Folgende Versuche werden dies bestätigen:

A. 500 ccm eines diabetischen Harnes, welcher 2 pCt. Zucker enthielt, wurden filtrirt, durch Salzsäure die Harnsäure ausgeschieden, zur Syrupconsistenz eingedampft, und mit absolutem Alkohol durch 24 Stunden extrahirt. Der ausgewaschene, wachsartig zähe, braungelbe Rückstand wurde in sehr wenig Wasser gelöst, wieder absoluter Alkohol hinzugefügt, mit dem Pistill verrieben, und wieder durch 24 Stunden das Extract stehen gelassen. Der zähe Rückstand wurde noch ein drittes Mal in Wasser gelöst und abermals mit absolutem Alkohol extrahirt. Alle alkoholischen Extracte mit frisch bereiteter alkoholischer Kalilösung versetzt. Nach 24 Stunden hatte sich eine

Masse von Krystallen an den Wänden des Gefässes gebildet, am Boden des
Gefässes ein reiches, schönes, firnissartiges Sediment, der gesammte Rückstand wurde in 100 ccm Wasser gelöst, und in dieser braunen Flüssigkeit der
Zuckergehalt bestimmt. Der Zuckergehalt betrug 3,5 g. Statt der im ursprünglichen Harn gelösten 10 g hatte ich nur 3,5 g, also nur 35 pCt. erhalten.

Durch wirkungslosen Zusatz von Kalilösung hatte ich mich früher überzeugt, dass aller als Zuckerkali fällbarer Zucker ausgeschieden war. Ich
destillirte den nicht zur Zuckerbestimmung verwendeten Alkohol ab, der zurückgebliebene dunkle Rückstand verfärbte Fehling'sche Lösung, es bildete sich
keine Ausscheidung. Der von den Extractionen zurückgebliebene Rückstand
reducirte Oxydlösung zu Oxydulhydrat und entwickelte mit Hefe Kohlensäure.
Es war also offenbar Zucker zurückgeblieben, der durch dreimalige Extraction nicht in Lösung gelangte.

In einem zweiten Versuche löste ich 1 g Zucker in 100 ccm Harn,
dampfte auf circa 5 ccm Flüssigkeit ein, verrieb den Rückstand mit Bimsstein, extrahirte mit kochendem Alkohol von 94 pCt., decantirte, fügte von
Neuem kochenden Alkohol hinzu, und wiederholte diese Procedur 4--5mal.
Die gesammten Extracte wurden mit alkoholischer Kalilösung versetzt, es entsteht eine reiche Fällung, firnissartiger Beschlag am Boden, krystallinischer
Anflug an der Wand. Dieser Rückstand in 100 ccm Wasser gelöst, enthält
0,3 pCt. Zucker.

Die Darstellung von Zuckerkali eignet sich also nicht zur
quantitativen Zuckerbestimmung.

Ich versuche es nun, die Grenze festzustellen, bis zu welcher nach dieser Methode noch Zucker qualitativ mit Bestimmtheit erkannt werden kann.
Ich mache Zuckerharnlösungen von verschiedener Stärke, aus welchen Zuckerkali dargestellt werden soll. In Harnzuckerlösungen von 0,1—0,08 pCt. bringt
die firnissartige Ausscheidung noch die schönste Reduction auf Kupferoxyd hervor. Bei einem Zuckergehalte mit 0,08 pCt. wird die Reaction schon viel
unentschiedener, und bei einem Zuckergehalte von 0,03—0,04 pCt. bringt der
als Zuckerkali anzusprechende Rückstand, in Wasser gelöst, in der Kupferlösung jene wiederholt erwähnte dichroitische Trübung hervor und ist also
nicht mehr als unzweifelhaftes Zuckerreagens zu verwerten.

Die zweite Art, den Zucker zu isoliren, ist die, ein Bleisaccharat
darzustellen. Der Harn wird zuerst durch neutrales essigsaures
Blei gefällt, das Filtrat wird durch basisch essigsaures Blei gefällt, abermals filtrirt, und dem Filtrate Ammoniak zugesetzt. Der
jetzt gebildete Niederschlag enthält das Bleisaccharat.

Brücke*) gibt an, dass auch der durch Bleiessig entstehende
Niederschlag Zucker enthalte. Da aber in einer wässerigen Trauben-

---

*) Sitzungsberichte d. k. Akademie d. Wissenschaften. 39. B. S. 10.

zuckerlösung Bleiessig keinen Niederschlag hervorbringt, so meint Brücke, es existire im Harne eine Substanz, durch welche die Fällung des Zuckers durch Bleiessig vermittelt wird. Ich werde auf diese Brücke'sche Annahme und auf die dafür beigebrachten Beweise später zurückkommen.

Die den Zucker enthaltenden Niederschläge werden durch Schwefelwasserstoff zerlegt, und im eingedampften Filtrate wird der Zucker nachgewiesen. Brücke zerlegte die Niederschläge durch Oxalsäure, es bildete sich oxalsaures Blei, das Filtrat wurde durch kohlensauren Kalk gesättigt, mit Essigsäure angesäuert und im Wasserbade zur Trockene eingedampft, dieser Rückstand in etwas Wasser gelöst, und in diesem der Zucker direct nachgewiesen; oder es wurde das Filtrat nur auf ein kleineres Volumen eingeengt, mit der fünffachen Menge Alkohol gemengt und dem Filtrate alkoholische Kalilösung zugefügt und Zuckerkali dargestellt, und dieses, nachdem es durch Oxalsäure zerlegt war, zu dem Zuckernachweise verwendet. Die letzte, sehr complicirte Methode hat Brücke angewendet, um den Zucker in dem durch Bleiessig entstandenen Niederschlag durch den Gährungsprocess nachzuweisen. In dem durch Ammoniak entstandenen Niederschlag war dieser complicirte Weg nicht nöthig, es gelang Brücke aus dem Filtratrückstande direct die Kohlensäureentwicklung nachzuweisen.

Eine dritte, von Lehmann angegebene Art ist die, dass man aus dem Alkoholextract Zuckerkali darstellt, dieses in Wasser löst, mit Essigsäure neutralisirt, mit überschüssigem Bleizucker fällt, das gebildete Bleisaccharat durch Schwefelwasserstoff zerlegt, das Filtrat eindampft und in dem Rückstande den Zucker nachweist.

Ich habe alle diese variirten Methoden wiederholt versucht, um Zucker aus normalem Harn darzustellen, und habe nie einen Erfolg erzielt.

Ich will einige meiner Versuche mittheilen:

A) Harn des Herrn M., Verdacht auf Zucker nach manchen vorhandenen Symptomen.

Der ursprüngliche Harn färbt die Kupferlösung rasch gelb, keine Ausscheidung.

Von diesem Harne wurden 2400 ccm im Wasserbade zur Syrupconsistenz eingedampft, mit Bimsstein verrieben, mit 93 pCt. Alkohol durch vier Stunden unter häufigem Umschütteln extrahirt. Das Filtrat mit alkoholischer Aetzkalilösung bis zur deutlichen alkalischen Reaction behandelt, es bildet sich eine wolkige Trübung. Nach 24stündigem Stehen in der Kälte wird der Alkohol abgegossen, an den Wänden des Gefässes ein krystallinischer Beschlag, am Boden eine graue schmierige Masse mit einzelnen dunkelbraunen Partieen;

der krystallinische Beleg in Wasser gelöst, verfärbt Kupferlösung wie der normale Harn, keine Ausscheidung.

Der ganze Rückstand im Wasser gelöst, mit Essigsäure neutralisirt, mit überschüssigem Bleizucker gefällt, der gebildete Niederschlag durch Schwefelwasserstoff zerlegt, das blassgelbe Filtrat zum Trockenen eingedampft, der trockene, etwas gelbliche Rückstand in einer kleinen Menge Wasser gelöst, bringt in Fehling'scher Flüssigkeit eine schwache dichroitische Trübung hervor.

Zwei andere Harne gesunder Menschen wurden in gleicher Weise behandelt und zwar das einemal 1800 ccm und das anderemal 1500 ccm, die Lösung des vermeintlichen Kalisaccharates hatte auf Kupferlösung keine Einwirkung. Erst wenn die Lösung mit Essigsäure angesäuert, mit Bleizucker gefällt, der Niederschlag mit Schwefelwasserstoff zerlegt, das Filtrat eingedampft, und der Rückstand gelöst war, brachte diese Lösung in Kupferlösung eine schwache dichroitische Trübung hervor.

B) Der Harn eines Individuums, das früher an Diabetes mellitus gelitten hatte, und bei welchem durch entsprechendes Regime und Behandlung der Zucker auf ein Minimum gesunken war; die Fehling'sche Flüssigkeit wird durch den Harn gelb gefärbt; die ausgeschiedenen Phosphate bekommen nach kurzer Zeit einen röthlichen Anflug von ausgeschiedenem Oxydul. Mit Kali schöne Bräunung, salpetersaures Wismuthoxyd wird nicht schwarz.

500 ccm dieses Harns werden mit Salzsäure versetzt, es bildet sich eine reiche Ausscheidung von Harnsäure, die ausgeschiedene Harnsäure, in etwas Kalilauge gelöst, die wässerige Lösung reducirt Kupferuoxyd zu schönem rotem Oxydul, die Lösung mit normalem Harn versetzt, bewirkt in Fehling'scher Lösung eine gelbe, sich nicht klar absetzende Ausscheidung. Die von der Harnsäureausscheidung abfiltrirte Flüssigkeit wird zur Syrupconsistenz eingedampft, mit Alkohol extrahirt, dem dunklen Extracte alkoholische Kalilösung hinzugefügt; es scheidet sich eine gelbe, firnissartige Masse aus, welche Kupferoxyd reducirt. Die ganze Masse in 190 ccm Wasser gelöst, zur Reduction von 5 ccm Fehling'scher Lösung verbrauche ich 45 ccm der Lösung, in dem ausgeschiedenen Zuckerkali ist also 0,111 g Zucker erhalten. Die mit Alkohol ausgezogene Masse reducirt noch Kupferoxyd; ich löse diesen Rückstand in 15 ccm Wasser, füge 180 ccm absoluten Alkohol hinzu, nach häufigem Schütteln und 24 stündigem Stehen abermals alkoholische Kalilösung hinzugefügt, es bildet sich ein reicher Niederschlag, aber nach 24 Stunden findet sich am Boden des Gefässes nur ein schwacher Anflug, welcher Kupferoxyd zu orangegelbem Oxydul reducirt, aus dem eingedampften Alkohol scheiden sich Krystalle aus, welche gelöst eine eigentümliche Reaction veranlassen, die Kupferlösung wird dunkelbraun gefärbt, es scheiden sich rötliche Flocken aus. Der Rückstand des zweiten alkoholischen Extractes bringt auf Kupferoxyd eine eigentümliche Wirkung hervor; es bildet sich zuerst eine orangegelbe Trübung, nach einigen Minuten eine schwarze Fällung wie von Kupferoxyd.

1000 ccm desselben Harnes wurden mit neutralem essigsaurem Blei gefällt, das Filtrat mit basisch essigsaurem Blei gefällt, das Filtrat zuletzt mit Ammoniak gefällt; alle Niederschläge waren enorm gross. Die beiden letzten Niederschläge werden durch Schwefelwasserstoff zerlegt; es war nötig, durch fast 24 Stunden Gas einzuleiten bis die Niederschläge zerlegt waren, die klaren, etwas ins Grünliche spielenden Filtrate wurden getrennt eingedampft. Das Filtrat vom basischen essigsauren Blei schwärzte sich beim Eindampfen, gab ganz eingedampft eine schwarze wie verkohlte Masse. Ein kleiner Bruchteil dieser Masse in Wasser gelöst, gibt eine torfbraune Flüssigkeit, welche reichlich reducirt.

Das Filtrat des durch Ammoniak gewonnenen Niederschlages zu einer syrupartigen Consistenz eingedampft, reducirt Kupferoxyd zu einer schmutzig gelben, trüben Flüssigkeit.

Beide eingedampfte Filtrate werden mit Alkohol extrahirt, dem Extracte alkoholische Kalilösung zugesetzt; die Ausscheidung aus dem Alkoholextracte der ammoniakalischen Flüssigkeit wird in 100 ccm Wasser gelöst, ich verbrauche die ganze Quantität um 5 ccm Fehling'scher Flüssigkeit zu reduciren, sie enthält also circa 0,05 Zucker. Die Ausscheidung aus dem Alkoholextracte des basisch essigsauren Bleioxyds wird ebenfalls in 100 ccm Wasser gelöst, ich verbrauche 25 ccm zur Reduction von 5 ccm Fehling'scher Flüssigkeit, 100 ccm enthalten also 0,2 reducirende Substanz.

Es enthielt also der durch basisch-essigsaures Blei gefällte Niederschlag eine grössere Menge reducirender Substanz als der durch Ammoniak gefällte Niederschlag.

Der mit Alkohol extrahirte Rückstand des ammon. Filtrates enthält noch reducirende Substanz, ich löse dieselbe in 10 ccm Wasser, füge 110 ccm absoluten Alkohol hinzu, das Extract wird mit alkoholischer Kalilösung versetzt, es bildet sich eine deutliche Ausscheidung, welche aber nach 24 Stunden wieder gelöst ist. Der eingedampfte Alkohol lässt einen Rückstand zurück, welcher Kupferoxyd schön zu Oxydul reducirt. Extractrückstand reducirt gleichfalls, es bildet sich eine orangegelbe Trübung, und bald folgt eine schwarze Ausfällung.

C) 6000 ccm Harn eines gesunden Individuums wurden mit Bleizucker, Bleiessig und Ammoniak gefällt. Es wurden ungeheuere Mengen gesättigter Bleilösungen verbraucht, ehe eine vollständige Ausfällung erfolgt war, die Niederschläge waren sehr copiös. Die Bleiessig- und Ammoniakniederschläge wurden gut gewaschen, mit Wasser angerührt und Schwefelwasserstoff bis zur völligen Zerlegung eingeführt. Das klare Filtrat des Bleiessigniederschlages bräunt sich rasch beim Eindampfen; da es sehr sauer reagirte, wurde die freie Säure durch verdünnte Natronlösung bis zur neutralen Reaction abgestumpft. Bei der weiteren Eindampfung wurde das Filtrat immer dunkler, und an den Wänden der Schale bildete sich eine bräunliche Masse. Das eingeengte Filtrat wurde auf $\frac{1}{4}$ Liter verdünnt. Das ammon. Filtrat wurde ebenfalls im Wasserbade bis zur Syrupconsistenz eingedampft, um allen Schwefelwasserstoff zu entfernen, und dann wieder auf $\frac{1}{4}$ Liter durch Wasser verdünnt.

Beide eingeengte Filtrate reducirten Kupferlösung zu einer schmutzig gelben trüben Flüssigkeit, das Filtrat des essigsauren Bleis brachte eine reichlichere Reduction hervor. Kaliprobe konnte nicht angestellt werden, da die Filtrate zu dunkel waren. Salpetersaures Wismuthoxyd wurde selbst bei längerem Kochen nicht geschwärzt, es wurde nur etwas schmutzig verfärbt.

Eine Prüfung im Polarisationsapparate ist ganz unmöglich, da die Flüssigkeiten zu dunkel sind und trotz Digeriren und Kochen mit Blutkohle nicht hell werden.

Ich versuchte nun, ob die Flüssigkeit zur Gährung gebracht werden könnte.

200 ccm jedes Filtrates werden je in eine Eudiometerröhre gegeben, mit Hefe versetzt und unter Quecksilberverschluss durch drei Tage bei einer Temperatur von 15 ⁰ R. stehen gelassen. Es entwickelte sich auch nicht eine Gasblase.

Um zu constatiren, ob etwa der Salzreichtum in den beiden die Filtrate enthaltenden Röhren die Gährung hinderte, wurde nach drei Tagen in jede der Röhren eine wässerige Lösung von Traubenzucker eingeleitet. In der das ammoniakalische Filtrat enthaltenden Röhre entwickelte sich eine reiche Gährung, in der das Filtrat des essigsauren Bleiniederschlages enthaltenden Röhre trat nur eine schwache Gährung auf.

D) 6000 ccm Harn desselben Individuums wurden mit Bleizucker, Bleiessig und Ammoniak gefällt. Die zwei letzteren Niederschläge wurden durch gesättigte Oxalsäurelösung zerlegt, es hat sich, wenn die Zerlegung zu Ende ist, der ganze Niederschlag in eine schneeweisse Masse verwandelt, während die darüber stehende Flüssigkeit lichtbraun gefärbt wird. Die Filtrate werden mit kohlensaurem Kalk bis zur schwach alkalischen Reaction gesättigt, filtrirt. Die Filtrate schwach mit Essigsäure angesäuert und zur Trockene eingedampft. Die Rückstände wurden im Wasser gelöst, und zwar wurde der Rückstand vom basisch essigsauren Bleiniederschlage in 200 ccm Wasser, der vom Ammoniakniederschlag in 50 ccm Wasser gelöst. Alle Filtrate brachten auf Kupferoxydlösung eine schwache Wirkung hervor, sie wurde drichoitisch trübe, energischer war die Wirkung des Filtrates aus dem Bleiniederschlage. Ein kleiner Teil des Filtrates wurde mit Thierkohle entfärbt und die fast wasserhelle Flüssigkeit im Saccharimeter geprüft, es fand nicht die kleinste Ablenkung statt. Von dem Filtrate des Bleiessigniederschlages wurde die Hälfte circa 100 ccm direct in die Eudiometerröhre (a) gefüllt, mit Hefe versetzt, in die Quecksilberwanne gebracht; die zweite Hälfte wurde eingeengt, dann soviel absoluten Alkohols hinzugefügt, dass sich eine alkoholische Lösung von 94 pCt. Alkohol gebildet hatte. Der Alkohol nach 24 Stunden filtrirt, alkoholische Kalilösung hinzugefügt; es bildet sich eine reiche Fällung, die sich nicht klar absetzt, erst nach zweimal 24 Stunden ist die überstehende Flüssigkeitsschicht klar, der Rest wolkig, ich filtrire, auf dem Filter bleibt eine gallertige Masse, diese wurde wieder durch etwas verdünnte Oxalsäurelösung zerlegt, das Filtrat mit kohlensaurem Kalk versetzt, die vierfache Menge absoluten Alkohols hinzugefügt, filtrirt, das Filtrat schwach mit Essigsäure angesäuert und zur Trockene verdampft, und der Rückstand in wenigen ccm Wasser gelöst. Ein Teil dieser Lösung bringt in der Fehling'schen Flüssigkeit eine schwache Reduction hervor, während sich rasch ein weisser Niederschlag, wahrscheinlich weinsaurer Kalk, ausscheidet, der Rest der Lösung wird in ein enges Eudiometerrohr gefüllt, mit Hefe versetzt und in die Quecksilberwanne gebracht. In beiden Röhren hat sich nach drei Tagen nicht eine Gasblase entwickelt. Ich füge beiden Röhren 200 mg Traubenzucker in Lösung bei, in der Röhre a erfolgt keine Gasbildung, in der Röhre b tritt rasch eine Gasentwicklung ein, und nach wenigen Tagen haben sich 15 ccm Gas gebildet. Ich füge zur Röhre a noch 300 mg Zucker, es erfolgt noch keine Gasentwicklung, erst bei weiterer Hinzufügung von 500 mg Zucker tritt Gasentwicklung auf. Das Filtrat des ammon. Niederschlages auf circa 50 ccm gebracht, wird gleichfalls in eine Eudiometerröhre zur Gährungsprobe gefüllt, beim Eintragen in die Quecksilberwanne steigen zuerst einige Gasblasen auf, die offenbar der Röhre angehaftet hatten, diese Gasmenge vermehrt sich innerhalb drei Tage nicht um ein Atom. Nach Hinzufügung von 300 mg Zucker tritt rasch Gasentwicklung auf.

Der vorher dargelegte Versuch konnte für die Abwesenheit von Zucker darum nicht ganz beweisend sein, weil die in die Eudiometerröhren gefüllten Flüssigkeitsmengen bedeutend waren, und man annehmen konnte, die gebildete Kohlensäure sei von der Flüssigkeit absorbirt worden. Freilich widersprach dieser Annahme der Umstand, dass bei Zusatz von 200 mg Zucker keine Kohlensäureentwicklung stattfand, und diese erst auftrat als mehr Zucker zugefügt war. Es bewies dies, dass die Flüssigkeit frei von Kohlensäure geblieben war, und dass sie darum die aus den 200 mg Zucker entwickelte Kohlensäure in Lösung hielt, dass auch, nachdem 500 mg Zucker zugefügt waren, was bei vollständiger Ausgährung einer Kohlensäure-Menge von circa 125 ccm entspricht, keine Kohlensäure-Entwicklung sichtbar war, und dass erst nachdem 1 g Zucker = 250 ccm Kohlensäure zugefügt war, Gasblasen in beträchtlicher Menge zum Vorscheine kamen. Der Rückstand aus den ammoniakalischen Filtraten betrug nur 50 ccm, und darum konnte bei einer Zuthat von 300 ccm Zucker schon Kohlensäure zum Vorschein kommen.

E) und F). Ich stellte noch weitere zwei Versuche mit je 8000 ccm normalem Harn an; in dem ersteren habe ich wie früher genau nach Brücke's Vorschrift den Niederschlag von basisch-essigsaurem Blei von dem durch Ammoniak getrennt, die Niederschläge wurden durch Oxalsäure zerlegt, durch kohlensauren Kalk neutralisirt. Aus dem Filtratrückstande des basisch-essigsauren Bleiniederschlags wird ein alkoholisches Extract gemacht, alkoholische Kalilösung hinzugesetzt; der gebildete Niederschlag des vermeintlichen Zuckerkali ist eine gallertartige Masse, die nicht ganz im Wasser löslich ist: ich zerlege wieder durch verdünnte Oxalsäure, sättige mit kohlensaurem Kalk, filtrire, verdampfe nahezu zur Trockene, extrahire mit 93 pCt. Alkohol, dampfe ab, es bleibt ein geringer, nicht ganz löslicher Rückstand; der unlösliche Teil besteht aus den vom Alkohol aufgenommenen Kalksalzen, ich gebe das Ganze

auf 15 ccm verdünnt mit Hefe in eine Eudiometerröhre, wie bei den meisten
Versuchen finden sich beim Sturze der Röhre einige feine Gasblasen in der
Kuppe der Röhre, die aber auch nach acht Tagen nicht vermehrt sind.

Das ammoniakalische Filtrat wurde auf 50 ccm gebracht, 10 ccm auf 100
verdünnt, werden zur Reductionsprobe verwendet, die Fehling'sche Flüssigkeit wurde gelb gefärbt, es schied sich ein reicher, weisser Niederschlag aus,
offenbar von den im Filtrate vorhandenen Kalksalzen herrührend, aber dieser
färbte sich bei stärkerem Erwärmen vom ausgeschiedenen Kupferoxydulhydrat gelb.

Einen Teil des verdünnten Filtrates, welches noch durch Blutkohle farblos gemacht wurde, untersuchte ich im Polarisationsapparate, es erfolgte nicht
die leiseste Ablenkung.

40 ccm mit Hefewasser in eine Eudiometerröhre (a) gegeben durch
Quecksilber abgesperrt.

In eine zweite Röhre (b) 40 ccm Wasser mit Hefe.

In eine dritte Röhre (c) 40 ccm Wasser mit 0,750 Traubenzucker und
die gleiche Menge Hefewasser.

In dem Rohre (c) hatten sich schon nach 24 Stunden 40 ccm Gas entwickelt, und die Gasmenge war nach 48 Stunden auf 50 ccm gestiegen. In
den beiden anderen Röhren fand keine Gasentwicklung statt. Ich gebe nach
3 Tagen in die Röhre (a) 0,5 g Zucker, schon nach einer halben Stunde beginnt die schönste Gasentwicklung, und nach 24 Stunden haben sich bereits
35 ccm Gas entwickelt. Die Flüssigkeit als solche hatte also die Gährung
nicht gehindert.

In einem letzten Versuche abermals mit 8000 ccm Harn habe ich das
Filtrat von dem mit Bleizucker gefällten Harn mit Ammoniak versetzt und
basisch-essigsaures Blei zugesetzt und den so gebildeten Niederschlag zur Hälfte
mit Oxalsäure, zur Hälfte mit Schwefelwasserstoff zerlegt. Das Filtrat von
dem durch Oxalsäure zerlegten Bleiniederschlage habe ich durch kohlensauren
Kalk neutralisirt, dem sehr sauren Filtrate vom Schwefelbleiniederschlag habe
ich Aetzbaryt hinzugefügt, um die durch Säuren veranlasste Schwärzung und
mögliche Zersetzung des Zuckers zu verhüten. Es hatte sich ein Barytsalz
gebildet. Das Filtrat schwärzte sich beim Eindampfen nicht, der Rückstand
war wie jener des aus der Zerlegung durch Oxalsäure gewonnenen Filtrates
schön dunkel, syrupartig. Beide Rückstände der eingedampften Filtrate
werden auf 100 ccm verdünnt.

Die Kupferprobe gab in beiden Filtraten ein positives Resultat, es bildete sich zuerst ein weisser, rasch braun werdender Niederschlag.

Die Polarisationsprobe gab ein negatives Resultat. Die Gährungsprobe
gleichfalls, mit Ausnahme einiger anfangs aufgestiegener Gasblasen, vollständig
negativ. Die wenigen Blasen an der Kuppe haben sich durchaus nicht vermehrt.

Ich musste nun zunächst sehen, bis zu welcher Grenze die
Gährungsprobe den nach dieser Methode isolirten Zucker nachzuweisen im Stande ist.

G) Ich versetzte 1500 ccm Harn mit 1 g Zucker, fällte den Harn mit Bleizucker; dem Filtrate wurde Ammoniak bis zur stark alkalischen Reaction und dann Bleiessig zugesetzt, der ausgewaschene Niederschlag durch Oxalsäurelösung zerlegt, das Filtrat durch kohlensauren Kalk gesättigt bis zur schwach alkalischen Reaction, einige Tropfen Essigsäure zugesetzt, zur Trockene eingedampft. Der Rückstand in 100 ccm Wasser gelöst.

Von dieser Lösung wurden 20 ccm mit Thierkohle möglichst entfärbt, aufs frühere Volumen gebracht und zu den Reactionen verwendet. In einer Kupferlösung entsteht ein reicher, weisser Niederschlag, der bei weiterem Erhitzen sich von ausgeschiedenem Oxydulhydrat braun färbt, eine quantitative Analyse nicht gut durchführbar.

In dem Polarisationsapparate deutliche Ablenkung, der Zuckergehalt beträgt 0,7 pCt.

50 ccm in einer Eudiometerröhre mit Hefe versetzt, schon nach einer Stunde eine beträchtliche Menge feiner Gasblasen, an der Kuppe des Rohres nach zwei Tagen 9 ccm freies Gas, nach 3 Tagen 12,5 ccm, nach 4 Tagen 20 ccm. Der Versuch wird dann abgebrochen, der Rest jener entfärbten 20 ccm Lösung wurde in einer Eprouvette mit Hefe versetzt und in die Quecksilberwanne gestürzt, schon nach einer halben Stunde entwickelten sich Gasblasen, und nach 2 Tagen haben sich über 2 ccm Gas entwickelt.

H) 1000 ccm Harn mit 100 ccm diabetischem Harn, welche 0.5 g Zucker enthalten, versetzt. Die Mischung reducirt Kupferlösung in geringer Menge, es bildete sich eine dichroitische Trübung, am Boden die ausgeschiedenen Phosphate mit schwach rötlichem Anfluge. Mit Bleizucker gefällt, filtrirt, durch Ammoniak und Bleiessig gefällt, Niederschlag durch Oxalsäure zerlegt, filtrirt, durch kohlensauren Kalk neutralisirt, eingedampft. Rückstand in 80 ccm Wasser gelöst.

40 ccm mit Kohle entfärbt, durch Waschwasser auf 100 ccm verdünnt, zur Reduction von 5 ccm Fehling'scher Lösung verbrauche ich 16 ccm, diese 100 ccm enthalten demnach 300 mg reducirender Substanz oder die Gesammtmenge enthielte 600 mg, wenn die gesammte reducirende Substanz Zucker wäre oder in gleichem Verhältnisse wie Zucker reducirte.

Der polarisirte Lichtstrahl wird abgelenkt, die durch den Polarisationsapparat nachweisbare Zuckermenge beträgt 0,340 g. Es werden ferner 40 ccm mit Hefe versetzt, schon nach 1 Stunde feine Gasblasen an der Kuppe des Eudiometerrohres. Nach 2 Tagen $2^{1}/_{2}$ ccm Gas, nach 3 Tagen 8 ccm, nach 4 Tagen 10 ccm, nach 5 Tagen 18 ccm, nach 6 Tagen 21 ccm, nach 7 Tagen 26 ccm, nach 10 Tagen 32 ccm, nach 13 Tagen 34,5 ccm. Gleichzeitig hatte sich in dem Controlrohre, in welchem 40 ccm Wasser mit der gleichen Hefemenge sich befand, vom 4. Tage ab etwas Gas gezeigt, und dasselbe war nach 13 Tagen auf 1,5 ccm gestiegen.

Ich hatte nun durch die beiden letzten Versuche den Beweis erhalten, dass Zucker, wenn auch nur in kleinerer Menge dem

Harn zugefügt, bis auf 0,05 pCt. sowohl durch Gährung wie durch Saccharimeter nachzuweisen ist, wenn der Zucker als Bleiverbindung ausgefällt wird. Es ergab sich ferner, dass sowohl durch Gährung wie mittelst des Polarisationsapparates nahezu $^2/_3$ des ursprünglichen Zuckergehaltes gefunden werden.

Diesen positiven Resultaten entgegen standen mir die aus einer grossen Zahl von Versuchen sich ergebenden negativen Resultate bei normalem Harn. In dem aus 8000 ccm normalen Harn erhaltenen Bleiniederschlage konnte ich weder durch Saccharimeter noch durch Gährung Zucker nachweisen, und ich war also zu der Annahme berechtigt, dass in dieser Harnmenge auch nicht 0,05 pCt. Zucker vorhanden gewesen sein könnte, da ich diese sonst in eclatanter Weise nachzuweisen im Stande gewesen wäre. Noch anders ausgedrückt, könnte ich sagen: ich war im Stande, 0,5 grm Zucker, welche in einer bedeutenden Harnmenge, in 1000 ccm Harn, verteilt waren, durch Bleiniederschläge zu $^2/_3$ wiederzugewinnen und durch Gährung und Saccharimeter nachzuweisen. Das vollständig negative Resultat, welches ich mit den aus 8000 ccm Harn gewonnenen Bleiniederschlägen erzielte, beweist, dass in diesem Harne nicht 0,5 grm gelöst waren: der normale Harn kann also nicht 0,006 pCt. Zucker enthalten.

Ich musste mich nun fragen: Wie verhalten sich die von mir gefundenen Resultate zu den von Brücke gefundenen? Ich musste mir sagen, dass alle negativen Ergebnisse meiner Untersuchungen in Bezug auf den Zuckergehalt des normalen Harns wertlos sein müssen einem einzigen unbezweifelten positiven Ergebnisse gegenüber. Es war also zunächst meine Aufgabe, Brücke's Versuche, aus welchen auf eine Anwesenheit von Zucker im normalen Harne geschlossen wurde, aufmerksam zu studiren. Brücke hat die wesentlichen Resultate seiner Arbeit in zwei Abhandlungen niedergelegt. Die erste ist die bereits erwähnte Abhandlung: „Ueber das Vorkommen des Zuckers im Urin gesunder Menschen." In dieser hat Brücke die Methode angegeben, wie der Zucker aus dem gesunden Harn als Zuckerkali zu isoliren sei. Ich habe an einer früheren Stelle nachgewiesen, dass Zuckerkali selbst aus einem an Zucker sehr reichen Harn nicht in dieser Weise darzustellen sei, da das gebildete Zuckerkali sich in einer Flüssigkeit, die nicht mindestens 90 pCt. Alkohol enthält, wieder löst.

Brücke selbst scheint die Verlässlichkeit seines Zuckerkalis angezweifelt zu haben, denn in einer anderen Arbeit*) gibt er an, dass er in dem Harn von Wöchnerinnen zuweilen nicht im Stande gewesen sei, Zuckerkali zu erhalten, obgleich diese Harne nach den Reactionen Zucker enthalten haben müssen; er kommt zu der Hypothese, dass die Ausscheidung des Zuckers als Zuckerkali zuweilen durch irgend eine Substanz behindert sein könnte, welche die Bildung des im Weingeist schwer löslichen Zuckerkalis hemmt. Hier zuerst wird nun die zweite Isolirungsmethode angegeben, nämlich die, den Zucker als Bleisaccharat zu fällen, dieses direct in Kali zu lösen, oder durch Oxalsäure zu zersetzen. Die Beweise für die Anwesenheit von Zucker in dem aus Zersetzung des vermeintlichen Bleisaccharates entstandenen Filtrate waren die bekannten Reactionen nach Trommer, Heller und Böttger. Ich habe mit den Filtraten, welche aus der Zerlegung des Bleiessig- und Ammoniakniederschlages entstanden waren, stets eine reducirende Wirkung auf Kupferoxyd nachweisen können. Ich habe meist aus den Bleiniederschlägen des normalen Harnes viele clatantere Reductionserscheinungen bekommen, als sie Brücke bei dem Harn von Wöchnerinnen angibt; aber wie bereits früher erwähnt, sind die Reductionserscheinungen für Zuckererkennung nicht maassgebend, da speciell Harnsäure dieselbe Wirkung äussert. Die Böttger'sche und Heller'sche Proben sind beweisend, wenn sie eine eclatante Reaction geben, aber hundertfache Versuche haben mich überzeugt, dass diese zwei Reactionen weit hinter der Schärfe der Trommer'schen Probe zurückstehen, und wo diese eine etwas zweifelhafte Reaction gibt, sind die anderen Reactionen noch viel unbestimmter und unverlässlicher.

Es war sehr naheliegend, die constant auftretende Reductionseinwirkung der Bleiniederschläge auf Harnsäure zu beziehen, es war mir dies um so wahrscheinlicher, als ich einmal zufällig Gelegenheit hatte zu beobachten, wie in einem Harne, welchen ich durch Bleizucker ausgefällt hatte, sich am Boden und an den

---

*) Ueber Glykosurie bei Wöchnerinnen. Wiener medicinische Wochenschrift.

Wänden des Gefässes reichliche Harnsäurekrystalle ausgeschieden hatten.

Um aber Gewissheit darüber zu erlangen, mit welchem der Bleiniederschläge die Harnsäure zur Ausscheidung kommt, machte ich folgende Versuche:

1) Ich versuchte Harnsäure, circa 1 g in einer wässerigen Lösung von phosphorsaurem Natron in der Wärme zu lösen; es löste sich nur eine Portion der Harnsäure, etwa die Hälfte, die Lösung wurde durch Wasser auf 1500 ccm verdünnt, um ungefähr das Mengenverhältnis wie zwischen Harnsäure und Harn darzustellen. Es wurde nun der Lösung Bleizucker zugesetzt, der gebildete Niederschlag gut gewaschen, und das Filtrat durch Bleiessig und durch Ammoniak gefällt. Die 3 gebildeten Niederschläge wurden durch Schwefelwasserstoff zerlegt, die Filtrate einzeln im Wasserbade zur Trockene eingedampft, und mit den gebildeten Rückständen die Murexidprobe angestellt. Der Rückstand von dem durch Zerlegung des essigsauren Bleiniederschlages gewonnenen Filtrate gibt die schönste Murexidprobe, der Rückstand aus dem Ammoniakniederschlage gibt die Murexidprobe nur schwach, während sie mit dem Rückstande aus dem durch Bleizucker gewonnenen Niederschlage vollständig negativ ausfällt; der grösste Teil der Harnsäure ist also durch Bleiessig ausgefällt worden, ein geringer Teil wurde noch durch Ammoniak gefällt, während durch Bleizucker keine Harnsäure ausgefällt wurde. Damit stimmen auch Brücke's Erfahrungen[*]), dass der Bleiessigniederschlag oft grössere Mengen reducirender Substanz enthielt als der durch Ammoniak bewirkte, dass er in diesen Niederschlägen viel grössere Mengen dieser reducirenden Substanzen enthielt als er sie sonst im Harne gesunder Menschen fand, dass er sie ferner in diesen Niederschlägen auch in solchen Harnen fand, bei welchen in den Controlversuchen mit Kali keine reducirende Substanz gefunden werden konnte.

Die Thatsachen haben wir ganz übereinstimmend gefunden, nur die Deutung ist eine verschiedene; Brücke sucht in dieser reducirenden Substanz Zucker, und von dieser Deutung ausgehend hat er die Ansicht ausgesprochen, man dürfe Harn vor Anstellung der Kupferprobe nicht mit Bleiessig ausfällen, da durch denselben ein grösserer oder geringerer Bruchteil des Harnzuckers niedergeschlagen werde.

Wie natürlich, musste es Brücke klar sein, dass die Reductionserscheinungen nicht genügen, um die Substanz, welche in der aus den Bleiniederschlägen gewonnenen Lösung diese Reductionen

---

[*]) Wiener med. Wochenschr. a. a. O.

veranlasst, unzweifelhaft als Zucker anzuschen. Selbst wenn die Harnsäure durch Zusatz von Salzsäure zum Harn ausgeschieden wäre, würden die Reductionserscheinungen nicht für die Anwesenheit von Zucker beweisend sein, da erstens in dem Harnwasser noch etwas Harnsäure gelöst ist, da ferner auch andere Harnbestandteile die Reduction veranlassen könnten, wie dies erst neulich Thudichum für eine von ihm im Harn entdeckte Substanz nachgewiesen hat. Um die reducirende Substanz als Zucker mit Bestimmtheit ansprechen zu können, bedarf es weiterer Beweise, und diese Beweise hat Brücke zu liefern gesucht in seiner zweiten Abhandlung*), welche die Ueberschrift trägt: „Darf man Urin, in welchem der Zucker quantitativ bestimmt werden soll, vorher mit Bleiessig ausfällen?"

Hier zum ersten Male treten uns die Gährungsversuche entgegen. Der eine Versuch wurde angestellt mit diabetischem Harne. Dieser wurde erst mit Bleizucker ausgefällt, und dann das Filtrat mit Bleiessig niedergeschlagen; das so erhaltene Präcipitat wurde zuerst auf dem Filtrum mit destillirtem Wasser gewaschen, bis die abtropfende Flüssigkeit trüb erschien, es wurde vielfach abgetrocknet, in einer starken Schraubenpresse abgepresst, mit Oxalsäure zerlegt, filtrirt, das Filtrat durch feinvertheilten kohlensauren Kalk gesättigt, das Filtrat in eine Schrötter'sche Gasprouvette gefüllt, mit Hefe vermischt, es begann alsbald eine lebhafte Gährung, während eine andere Gasprouvette mit derselben Hefe und destillirtem Wasser gefüllt keinerlei Gährungserscheinungen bemerken liess.

Vorausgesetzt, dass die Controlröhre eben so viel Flüssigkeit enthielt als die Schrötter'sche Gasprouvette, dass bei den Flüssigkeiten gleichviel Hefe zugesetzt war, ist die Entwicklung von Kohlensäure aus dem Filtrate des zersetzten Bleiniederschlages ein unzweifelhafter Beweis, dass dieser Niederschlag Zucker enthalte. Aber ist damit auch bewiesen, dass der Zucker des diabetischen Harnes durch den Bleiessig gefällt wurde? Brücke erwähnt selbst an einer anderen Stelle derselben Abhandlung, dass der Niederschlag von basisch essigsaurem Blei sich mit Wasser, auch mit ausgekochtem, nur unvollständig auswaschen lasse, indem die Flüssigkeit nach einiger Zeit trüb durchs Filter geht. Er hat nun seinen für den Gährungsversuch bestimmten Niederschlag mit destillirtem Wasser so lange gewaschen, bis die abtropfende Flüssigkeit trübe

*) Sitzungsb. d. math. naturw. Classe d. Akad. der Wissensch. 39. Bd.

durchging, also nach seinen eigenen Angaben nicht vollständig ausgewaschen. Der Niederschlag wurde wiederholt durch Fliesspapier getrocknet und in einer starken Schraubenpresse trocken gepresst; aber es wurde nicht der Beweis geliefert, dass durch die Abpressung eine vollständige Trennung des Bleiniederschlages von den im Filtrate enthaltenen Bestandteilen, also auch vom Zucker erzielt wurde. Die Voraussetzung, dass auch nur minimale Zuckermengen dem Niederschlage mechanisch anhafteten, würde die Gährungserscheinungen vollkommen erklären.

Der zweite Versuch Brücke's wurde mit dem Harn eines gesunden Menschen angestellt, die Bleiessigniederschläge wurden wieder ganz in derselben Weise behandelt wie die früheren; aber da gelang es nie, mit dem Filtrate des durch Oxalsäure zerlegten und durch kohlensauren Kalk neutralisirten Bleiessigniederschlages eine Gährung hervorzubringen. Es wurde vielmehr aus diesem eingeengten Filtrate zuerst nach Brücke's Methode ein Kalisaccharat dargestellt, und zwar indem mit dem auf 200 ccm eingeengten Filtrate 1080 ccm eines Weingeistes, der 94 Vol. pCt. enthielt, gemischt wurden, und diesem Gemenge weingeistige Aetzkalilösung zugefügt wurde. Das ausgeschiedene Zuckerkali wurde wieder durch Oxalsäure zerlegt, mit feinverteiltem kohlensaurem Kalke gesättigt, dem Filtrate das vierfache an Alkohol hinzugefügt, filtrirt, das Filtrat zur Trockene eingedampft, der Rückstand in etwas Wasser gelöst und in einer Eprouvette von 44 ccm Inhalt mit Hefe versetzt, es bildete sich an der Kuppe ein feiner Schaum als Gährungsergebnis.

Dass dieses minimale Gährungsresultat nicht von Zucker herrühren könne, ist dadurch klar, weil nach obiger Methode unmöglich Zuckerkali dargestellt werden konnte. Das mit Weingeist versetzte Filtat enthielt nämlich nur 80 pCt. Alkohol, und in diesem hätte sich das gebildete Kalisaccharat, wenn ein solches entstanden wäre, gelöst.

Mit der vollen beweisenden Kraft dieses Gährungsversuches fällt auch die wichtigste Stütze für die Annahme, dass ein Teil des im Harn gelösten Zuckers mit dem Bleiessig ausgefällt werde. Um diese Annahme aufrecht zu erhalten, die im Widerspruche steht mit der Erfahrung, dass Trauben- oder Harnzucker aus wässeriger Lösung durch Bleiessig nicht gefällt wird, muss Brücke annehmen[*]), es sei im Harne eine Substanz vorhanden, welche die Fällung des Zuckers durch Bleiessig vermittelt und um es plausibel zu machen, warum dieser Zucker durch Bleiessig gefällt und durch Kali

---

[*]) Sitzungsber. d. Akad. d. Wissensch. 39. Bd.

nicht gefällt wird, muss er wieder eine andere Substanz supponiren, „welche die Ausscheidung als Zuckerkali behindere". Und endlich musste es doch auffällig sein, warum der im Bleiessigniederschlage enthaltene Zucker sich nicht direct durch Gährung nachweisen lasse. Alle diese Widersprüche finden ihre natürliche Lösung, wenn die reducirenden Eigenschaften des Bleiessigniederschlages, und nur diese sind unzweifelhaft, auf Rechnung einer anderen mitausgefällten Substanz, und zwar auf die Harnsäure bezogen werden.

Der wichtigste von Brücke mitgeteilte Gährungsversuch ist der, welcher mit dem durch Ammoniak aus gesundem Harn gewonnenen Niederschlage angestellt wurde.

Brücke hatte gegen 10 Liter Filtrate von Bleiessigniederschlägen gesammelt, mit Ammoniak gefällt, die gesammelten und getrockneten Ammoniakniederschläge wurden durch Oxalsäure zerlegt, das Filtrat durch kohlensauren Kalk gesättigt, und der Rückstand in wenig Wasser aufgelöst; ein Teil dieser Lösung wurde zu den Reductionsproben verwendet. Es wurden 2½ ccm mit Hefe vermischt in einem kleinen Reagensglase über Quecksilber abgesperrt, nach einigen Stunden hatte die Gährung bereits begonnen, und nach 24 Stunden hatten sich 417 Kubikmillimeter Gas entwickelt, von denen nur 3 Kubikmillimeter nicht durch Kali absorbirt wurden.

Leider hat uns Brücke nicht angegeben, von wie viel Harn die obenerwähnten 10 Liter Filtrat stammten; er hat uns auch nicht gesagt, wie gross der Teil des zur Lösung gebrachten Rückstandes war, der zur Gährung verwendet wurde. Wenn wir einen ungefähren Calcül machen und annehmen, dass von jenen 10 Liter Filtrat etwa ⅕ auf Waschwasser zu rechnen ist, betrug die ursprünglich benützte Harnmenge 8 Liter. Wenn die aus dem ammoniakalischen Niederschlage schliesslich entstandene Lösung etwa in gleiche Teile geteilt, und die eine Hälfte für die Reactionen und die andere für die Gährung verwendet worden wäre, hiesse dies, es sei der Rückstand aus dem ammoniakalischen Niederschlage von 4 Liter Harn zur Gährungsprobe benützt worden.

Die gebildete Gasmenge betrug circa ½ ccm, die Gährungsflüssigkeit enthielt auch 2½ ccm Gas absorbirt, die Summe der gebildeten Kohlensäure beträgt 3 ccm = 5,7 mgr. Diese Menge Kohlensäure entspricht 11,6 mgr Zucker. 4000 grm Harn enthielten

11,6 mgr Zucker, 1000 grm enthielten 0,0029 grm = 0,00029
pCt. Zucker. Angenommen, Brücke hätte nur den vierten Teil
des von mir supponirten Harns zum Gährungsversuche verwendet,
und jene 11,6 mgr Zucker wären in 1000 ccm Harn enthalten,
wäre das gleich einem Procentgehalt von 0,001. Der normale
Mensch würde im Tage 15 mgr Zucker ausscheiden. Wie weit ist
es von diesem Ergebnisse zu Kühne's*) Behauptung, der normale
menschliche Harn enthalte 0,1 pCt. Zucker.

Es ist nicht möglich, den directen Beweis herzustellen, dass
die gebildete Kohlensäure nicht vom Zucker stamme. Aber ebenso
gut denkbar ist es, dass die dem Prüfungsobjecte zugesetzte Hefe
die Quelle dieser Kohlensäure sei. Die kleine Hefemenge, die ich
bei meinen Gährungsversuchen zusetzte, lieferte einige Milligramme
Kohlensäure, es brauchte der Probeflüssigkeit nur eine minimale
Menge mehr Hefe zugesetzt worden zu sein als der Controlflüssigkeit, und es würde als Resultat sich dort ½ ccm Gas entwickelt
haben, während das Gas in der Controlflüssigkeit gerade ausgereicht
hätte, um von der Flüssigkeit absorbirt zu werden.

Dasselbe verschiedene Resultat käme in den beiden der Gährung unterworfenen Flüssigkeiten zu Stande, wenn die Flüssigkeitsmenge in der Controlröhre auch nur um ½ ccm mehr betragen
hätte als in der Proberöhre. Es wäre dann selbst für den Fall,
dass der Hefezusatz in beiden Röhren bis auf 1 mgr gleich war,
das aus dieser Hefe gebildete Gas von der Controlflüssigkeit in
Absorption gehalten worden, während in der Probeflüssigkeit diese
letzte ½ ccm betragende Gasmenge nicht gelöst bleiben konnte
und daher als solches zur Erscheinung kam.

Die Entwicklung von Kohlensäure aus einigen normalen Harnbestandteilen, wie z. B. aus dem Harnstoffe ist gleichfalls
bekannt.

Es müsste nachgewiesen sein, dass in den Bleifällungen nicht
etwas Harnstoff mit niedergefallen ist.

Unzweifelhaft ist es, dass andere verwandte Harnbestandteile,

---

*) a. a. O.

wie z. B. Harnsäure, in den Bleiniederschlägen enthalten sind, und
es müsste gleichfalls nachgewiesen werden, ob nicht die Kohlensäureentwicklung, die im normalen Harne ohne Hefezusatz auftritt,
aus dem Zerfall dieser Körper mit hervorgehen könne. Die Anwesenheit eines neuen Stoffes kann nur dann als erwiesen angesehen
werden, wenn die Reactionen, die seine Anwesenheit constatiren sollen,
nicht auch durch andere unzweifelhaft oder möglicherweise vorhandene Substanzen hervorgebracht werden. Die Gährungsprobe
wurde als ein solches experimentum crucis, welches für die Anwesenheit von Zucker zeugen sollte, angeführt, aber die Gährung hat keine höhere Beweiskraft als die Reductionsproben; sie ist entscheidend, wo es sich um grössere Mengen
handelt, wo also die gelieferte Kohlensäuremenge so gross ist,
dass sie in dieser Menge aus keiner anderen, in der Gährungsflüssigkeit befindlichen Quelle stammen könnte. Aber für minimale
Mengen ist sie fast weniger beweisend als die Reductionsprobe, da
es zu ihrer Ausführung nötig ist, dass der Untersuchungsflüssigkeit
eine Substanz, die Hefe, zugesetzt wird, die unzweifelhaft kleine
Mengen Kohlensäure liefert.

Das Ergebnis des Brücke'schen Gährungsversuches
ist also nicht im Stande, die Anwesenheit auch nur
einer minimalen Zuckerspur als normalen Harnbestandteil unzweifelhaft festzustellen.

Bence Jones[*] hat Brücke's Methoden zur Darstellung von
Zuckerverbindungen aus normalem Harn einer Untersuchung unter-
zogen. Er verwirft die von Brücke angegebene Methode der
Darstellung von Zuckerkali, weil nach seinen Untersuchungen
Zuckerkali nur in einem nahezu absoluten Alkohol unlöslich ist.
Wenn der Alkoholgehalt nur circa 80 pCt. beträgt, bleibe der
grösste Teil des Zuckerkalis in Lösung, und es sei darum nicht
möglich, einen kleinen Zuckergehalt in dieser Weise zu ermitteln.
Diese Erfahrung stimmt ganz mit der meinigen, nur dass ich durch
directe Versuche bewiesen habe, dass nach Brücke's Methode

---

[*] Bence Jones. On Sugar in the urine. Quaterly journal of the che-
mical Society of London. 1862.

auch ein reicher Zuckergehalt einer Flüssigkeit nicht nachgewiesen
werden könne.

Die Fällung von Zucker als Zuckerblei hält Bence Jones
für die vorzüglichste Methode der Zuckerdarstellung und glaubt,
dass man durch dieselbe $\frac{1}{7}$ Gran = 0,01 grm Zucker im Harne
nachweisen könne.

Als Beweis für diese Annahme gilt ihm folgender Versuch: Er hat
$\frac{1}{7}$ Gran Zucker in 200 ccm Harn gelöst, Bleiniederschläge gemacht, den Ammoniakniederschlag durch Oxalsäure zerlegt, das Filtrat brachte in Kupferlösung einen schmutzig gelben Niederschlag hervor.

Bence Jones hätte, wie Brücke und ich es gefunden haben,
dieselbe reducirende Wirkung mit dem Ammoniakniederschlage des
normalen Harns hervorbringen können; es ist also durchaus nicht
bewiesen, dass die von ihm gefundene Reduction von der zugeführten kleinen Zuckermenge stamme. Die Reduction, zumal wenn
sie mit unentschiedener Farbe auftritt, kann eben auch von anderen
Harnbestandteilen herrühren, und man kann mit ihrer Hilfe ebenso
wenig die Anwesenheit von Zucker im normalen Harn beweisen, als
man im Stande ist, sie als feines Reagens für minimale Mengen
zugeführten Zuckers zu benützen.

Bence Jones hat, nachdem er in der angeführten Weise constatirt
hatte, dass in dem ammoniakalischen Bleiniederschlage die kleinsten im Harne
gelösten Zuckermengen niederfallen, die Anwesenheit des Zuckers im normalen Harn durch die mit dem Filtrate des Bleiniederschlages angestellten Gährungsproben zu constatiren gesucht. Bence Jones hat in zwei Proben ziffermässig die bei der Gährung entwickelte Kohlensäuremenge constatirt   Zu
dem einen Versuche waren 10000 ccm, zu dem andern Versuche waren
14000 ccm Harn verwendet worden. Der erste Versuch lieferte 12 mg Kohlensäure, der 2. Versuch gab 14 mg Kohlensäure.

Wenn diese Kohlensäure aus Zucker stammte, würde das
Ergebnis dieser Versuche dahin lauten: 100 ccm Harn enthalten
circa 2 mgr Zucker, der normale Harn enthält 0,0002 pCt.

Bence Jones berechnet den Kohlensäure-Gehalt aus dem Gewichtsverlust seines Apparates, eine Methode, die an Fehlern sehr
reich ist, da die Kohlensäure nicht direct nachgewiesen werden kann,
und der Apparat auch so schwer und so gross ist, dass leicht vor
und nach dem Versuche die Wägung um einige Milligramm verschie-

den ausfallen kann, ohne dass diese Differenz gerade von entwickelter
Kohlensäure herrühren muss. Bence Jones hat mit seiner Hefe
direct Versuche gemacht und auch aus dieser allein, wenn sie mit
Wasser gemischt wurde, Kohlensäure-Entwicklung nachgewiesen. Er
zieht auch immer das nach seinen Versuchen auf die verwendete
Hefemenge entfallende Gas von der Gesammtmenge des gefundenen
Gases ab. Dieser Vorgang ist sehr correct, nur ist dabei vergessen, dass Hefe kein gleichmässiges Gemenge ist, und dass zwei
dem Gewichte nach ganz gleiche Hefemengen doch eine um einige
Milligramme verschiedene Kohlensäuremenge liefern können; es ist
ferner vergessen, dass es denkbar sei, dass die Selbstvergährung
der Hefe im Wasser in anderer Weise von Statten gehen könne,
als in einem anderen Medium; es ist ferner vor allem nicht berücksichtigt, dass die Harnbestandteile, welche in den Bleiniederschlägen enthalten waren, und welche in alle Lösungen mit übergehen, auch die Quelle einer kleinen Kohlensäureentwickelung sein
könnten.

Bence Jones hat durch Chromsäure die Anwesenheit von
Alkohol in dem Destillate der zur Gährung verwendeten Probeflüssigkeit nachgewiesen. Er erwähnt selbst, dass auch in der von
dem Hefewasser abdestillirten Flüssigkeit Alkohol nachgewiesen
werden konnte, nur habe das Destillat aus der Probeflüssigkeit
eine stärkere Reduction der Chromsäure gezeigt, „reduced the
chromic acid much more decidedly". Dieses Plus der Reaction
kann wohl für die Entscheidung einer so wichtigen Frage
nicht maassgebend sein, zumal in solange nicht bewiesen werden
kann, dass dieselbe Gewichtsmenge Hefe stets und ohne Rücksicht
auf das Flüssigkeitsmedium, in welchem sie suspendirt ist, die
gleiche Kohlensäure- und Alkoholmenge liefere.

Das Resultat meiner Untersuchungen lässt sich in Folgendem
zusammenfassen:

1. Jene Mengen Zucker, welche nach den hier dargelegten Methoden mit Bestimmtheit im Harn nachgewiesen werden können,
sind im normalen Harn nicht vorhanden.

2. Die von Brücke und Bence Jones beigebrachten Be-

weise für die Anwesenheit minimaler Zuckermenge sind ohne jede
Beweiskraft, weil die Erscheinnngen, die sie als Zuckerreactionen anführen, auch durch andere, bei den Proben nicht aus-
zuschliessende Substanzen in derselben Intensität hervorgebracht
werden.

3. Zahlreiche genaue Beobachtungen lehren, dass die dauernde
Anwesenheit von sehr kleinen Mengen Zucker im Harne von allerlei
krankhaften Symptomen, wie sie dem Diabetes mellitus eigen sind,
begleitet ist.

Krankengeschichten.

1.

Anamn. Hr. G—n aus Moskau, 56 Jahre alt, war niemals ernstlich krank, hat nur häufig an leichten rheumatischen Beschwerden gelitten. Die Verdauungsfunction war immer normal, von Zeit zu Zeit leichte Hämorrhoidalerscheinungen (Kreuzschmerz, kleine Knoten am After, erschwerter Stuhlgang und hie und da geringe Blutspuren in den Kotmassen). Vor acht Jahren bemerkte er Vermehrung des Durstes und übermässige Harnsecretion, sonst keine lästigen Erscheinungen. Vor etwa 2 Jahren hatten sich diese Symptome gesteigert, zugleich sah Pat., dass, wenn ein Tropfen Harn auf ein Kleidungsstück oder Möbel fiel, daselbst ein weisser Fleck zurückblieb. Durch das zufällige Lesen einer Broschure über Diabetes wurde er auf die Bedeutung der ihn belästigenden Symptome aufmerksam, er fand, dass die oben erwähnten zurückgebliebenen weissen Flecke einen deutlich süssen Geschmack hatten. Aerzte, die er consultirte, stellten, ohne den Harn zu untersuchen, wegen seines guten Aussehens das Leiden vollkommen in Abrede. Seit mehreren Monaten haben die krankhaften Erscheinungen, Durst und Harnmenge, nachgelassen, und bringt er die plötzlich aufgetretene Remission mit einer starken moralischen Erschütterung infolge des Todes seiner Frau in Verbindung.

Stat. praes. 19. Mai. Patient ist wohl genährt, fettleibig, nur ist die Muskulatur etwas schlaff. Brust- und Unterleibsorgane gegenüber der physikalischen Untersuchung vollkommen normal. Appetit sehr gut, Patient nimmt grosse Quantitäten zu sich, hat aber nie das Gefühl von Heisshunger, der Durst mässig. Die Haut transpirirt. Kräftezustand ziemlich gut, nach mässigen Spaziergängen tritt leicht Ermüdung ein. Harnmenge in den ersten 24 Stunden 1800 ccm, während der Nacht wird gar kein Harn gelassen, der Schlaf ungestört. Zuckergehalt 4,2 pCt.

Verlauf. Während der ersten zwei Wochen ist der Zuckergehalt unverändert geblieben, in der dritten Woche des Kurgebrauches zeigte sich eine Zuckerabnahme. Die Analyse ergab am:

	Harnmenge	Zucker
4. Juli	1600 ccm	3,4 pCt.
10. -	1650 -	3 -

Später trat keine vollständige Reduction mehr auf, bei Zusatz von alkalischer Kupferlösung bildete sich ein schmutzig-gelber Niederschlag, der sich trotz langen Stehens nicht klar absetzte und auch bei längerem Erhitzen nicht in rotbraunes Kupferoxydul umwandelte, eine procentische Bestimmung der reducirenden Substanz war also unmöglich.

Der Kräftezustand des Patienten hat sich wesentlich gebessert, er kann 2—3 Stunden ununterbrochen gehen. Ich hatte keine strenge Fleischkost angeordnet. Patient ass Brot und Gemüse.

2.

Herr G—p aus Hinterpommern, Landwirt, 61 Jahre alt, war bis vor 2 Jahren das Bild kräftiger ungestörter Gesundheit. Seine Lebensweise war immer einfach, ein leidenschaftlicher Hydropath genoss er immer grosse Mengen Wasser. Gegen Ende October 1859 hatte er grosse Gemütserregungen, kurze Zeit darauf litt er an einer acuten Gastritis, und bei der Untersuchung zeigte sich nach dem Berichte seines damaligen Arztes eine Leberanschwellung. Im Januar 1860 erkrankte Patient an einer Parotitis, welche ihn durch 3 Monate ans Bett fesselte. Während dieser Zeit traten wieder Symptome des Magen-Katarrhs auf, zugleich war hartnäckige Obstipation vorhanden, und die Leber zeigte sich abermals vergrössert, bei der Berührung empfindlich. Diese Erscheinungen wichen auf den durch 11 Wochen fortgesetzten Gebrauch von Kissinger Racoczi. Im Frühlinge 1860, nachdem Patient von dem oben angeführten Leiden ganz geheilt war, bemerkte er eine auffallende Vermehrung seines Durstes, reichliche Harnsecretion, die ihn zumal Nachts belästigte. Steigerung seines Appetits bei gleichzeitiger Abnahme seiner Körperkräfte. Im Juni wurde der Harn untersucht und Zucker gefunden.

Stat. praes. 12. Juli. Patient ist gross, kräftig gebaut, macht den Eindruck eines sehr rüstigen Mannes, der Körper ist nicht abgemagert, im Unterleibe eine ziemlich reiche Fettansammlung. Die Percussion vermag zuerst kein vergrössertes Lebervolumen nachzuweisen. Appetit bedeutend, kein eigentlicher Heisshunger, Stuhlgang normal, die Haut transpirirt, die geschlechtliche Potenz nicht ganz erloschen. Der Durst ist nicht übermässig gross, er ist in der Nacht am stärksten, leichte Ermüdung nach längerem Gehen, kein eigentliches Schwächegefühl.

Harnmenge der ersten 24 Stunden 2000 ccm, Zucker des Nachtharns 8 pCt.

Verlauf. Ich verordnete eine vorwiegende Fleischdiät, was bei dem Patienten sehr rasch die günstigste Wirkung äussert. Schon nach wenigen Tagen fiel die Harnmenge auf 16—1700 ccm und blieb dabei stationär.

Zuckermenge

18. Juli.   6 pCt.
25. -   Spuren.
 5. Aug.   0

7. Aug   2 pCt. Dieser Zuckerzunahme war eine Diarrhöe
                    vorausgegangen.
12.   -   Spuren.
15.   -   0.

Alle anderen krankhaften Erscheinungen hatten ganz aufgehört, kein Durst,
sehr guter Schlaf, kein Bedürfnis zum Harnen während der Nacht, Patient fühlt
sich frisch und gekräftigt.

Im Jahre 1861 kehrte Patient nach Carlsbad zurück. Der am 22. Juni
nach seiner Ankunft untersuchte Nachtharn enthielt keinen Zucker. Patient
geniesst fast ausschliesslich rohes Fleisch.

1862. 20. Juli. Nachtharn nach der Ankunft 2 pCt. Patient hat während der Reise viel Brot gegessen, nach wenigen Tagen kein Zucker.

3.

Herr W—s, Schiffsherr, 41 Jahre alt, war immer vollkommen gesund,
führte stets ein sehr mässiges nüchternes Leben. Ende Januar 1860 fühlte er
sich sehr abgeschlagen, litt an quälendem Durst und übergrosser Harnsecretion. Patient gibt an, dass er täglich 24—32 Seidel Wasser getrunken und
24—28 S. Urin gelassen habe, überdies litt er häufig an sehr heftigen Kopfschmerzen, die sich über den ganzen Kopf erstreckten. Die Geschlechtsthätigkeit nahm ab und erlosch endlich ganz. Andere functionelle Störungen
waren nicht vorhanden. Die Zuckermenge schwankte nach den Beobachtungen
des ihn behandelnden Arztes Dr. Zürn, zwischen 3,2 und 4,2 pCt. Patient
hat seit Wochen ausschliesslich Fleischkost genossen.

Stat. praes. 14. Juni. Patient ist kräftig gebaut, nur wenig abgemagert, die Haut transpirirt, das ganze Wesen des Kranken ist gedrückt,
ängstlich, er klagt über ein Gefühl von Druck im ganzen Kopfe. Durst gross,
Mund dürr, Harnmenge sehr gross, doch nach Aussage des Patienten geringer
als in den vorangegangenen Wochen. Appetit stark, doch kein eigentlicher
Heisshunger. Stuhlgang regelmässig. Unterleibsorgane für die physikalische
Untersuchung vollkommen normal. Zuckergehalt des Nachtharns 5 pCt.

Patient begann gleich mit den wärmeren Quellen, kam hier bis auf acht
Gläser Sprudel und badete. Der Procentgehalt des Harns an Zucker blieb
durch mehr als 3 Wochen unverändert, dagegen sank die tägliche Harnsecretion von ungefähr 4000 bis unter 2000 ccm, die letzte Analyse mit unverän-
dertem Zuckergehalt ist vom 5. Juli:

Harnmenge	Zuckergehalt
1700	5 pCt.

von der vierten Woche sank auch der Zuckergehalt sehr rasch, die Analyse ergab:

	Harnmenge	Zucker
am 12. Juli	1960	3 pCt.
17. -	2200	1,5 pCt.
21. -	1800	Spuren (grüngelbe Trübung)
25. -	1900	Spuren (- -)

Der Kopfschmerz hatte schon in den ersten Wochen nachgelassen, der quälende Durst war ganz verschwunden, der Appetit mässig, Patient fühlt sich viel kräftiger und ist heiterer.

In den ersten zwei Monaten nach der Rückkehr des Patienten von Carlsbad blieb der Harn zuckerfrei, später erschien der Zucker wieder. Im Jahre 1862 kam Patient wieder nach Carlsbad, der Nachtharn enthielt 6,5 pCt. Zucker, nach wenigen Tagen sank der Zuckergehalt und war bei Beendigung der Kur 0,2 pCt.

4.

Mme. W—a aus dem Königreich Polen, 63 Jahre alt, war früher immer gesund. Vor 3 Jahren hatte sie vielfache Gemütsbewegungen und grossen Kummer, bald nachher bemerkte sie eine Schwäche im rechten Arm, die allmälig zunahm, gleichzeitig entwickelte sich ein Zittern dieses Armes, welches immer stärker ward, wenn sie den Arm ausstreckte oder etwas mit der Hand zu fassen suchte. Kurz nachdem diese Erscheinungen aufgetreten waren, bemerkte sie eine Abnahme ihrer Kräfte, grosse Ermüdung beim Gehen, starken Durst und reichliche Harnsecretion. Das Uebel wurde erst im Juli 1890 von Geheimr. Dr. W a l t h e r, den Patientin consultirte, als Diabetes erkannt, es war also bis dahin keine Behandlung vorausgegangen und die Diät nicht geregelt worden.

S t a t. p r a e s. 29. Juli. Patientin ist zart, sehr nervös, aber nicht sehr abgemagert. Die rechte Hand ist ununterbrochen in zitternder Bewegung, das Zittern wird stärker, wenn Pat. erregt wird. Der linke Arm und die linke Hand, ebenso die unteren Extremitäten sind frei von dieser zitternden Bewegung. Die Untersuchung der Wirbelsäule weist nichts Krankhaftes nach, keine Stelle bei Druck empfindlich. Unterleibsorgane normal, Stuhlgang geregelt, Appetit mässig. Durst zumal Nachts quälend. Harnsecretion sehr· reichlich, die Menge war nicht zu ermitteln, da Patientin die Bedeutung des Leidens nicht erfahren sollte, und ich mich nur immer mit kleinen von dem Manne der Kranken zur Analyse gebrachten Mengen begnügen musste.

	Spec. Gew.	Zucker
Analyse 29. Juli.	1050	5 pCt.

Patientin wird auf v o r w a l t e n d e F l e i s c h k o s t gesetzt, etwas Brod und Gemüse nicht ausgeschlossen, schon nach wenigen Tagen mildert sich Durst und Harnsecretion sehr auffallend.

	Spec. Gew.	Zucker
4. Aug.	1020	0,5 pCt.
11. -	·	0 -
15. u. 20. -	-	Spuren (eine leicht grüngelbe Trübung).

Der Durst ist vollkommen geschwunden, Patientin schläft gut, fühlt sich kräftiger, das Zittern ist unverändert geblieben.

5.

Herr R., ein Deutscher aus N.-Amerika, 38 Jahre alt, war nie sehr kräftig, immer nervös, hat bis in's vorgerückte Jünglingsalter Onanie getrieben, litt seit vielen Jahren häufig an Verdauungsstörung und Stuhlverstopfung. Seit mehreren Jahren fühlt Patient eine bedeutende Abnahme seiner geschlechtlichen Potenz, in den letzten zwei Jahren machte sich ein Gefühl allgemeiner Schwäche, zumal grosser Mattigkeit in den Beinen immer mehr bemerkbar. Die in Amerika im Frühling 1860 vorgenommene Harnanalyse wies Zucker nach.

Stat praes. Patient ist zart, schwächlich gebaut, die Musculatur ist matsch, die Haut blass, anämisch, Scrotum schlaff herabhängend, Unterleibsorgane normal. Appetit gut, nicht übermässig, Durst normal, Harnentleerung häufig, aber nicht in allzu grosser Menge. Allgemeines Schwächegefühl, nach leichter Anstrengung tritt rasch ein Gefühl von Ermüdung auf.

Harnanalyse. Spec. Gew. 1014. Bei Zusatz der Fehling'schen Lösung tritt rasch eine Reduction auf, es bildet sich ein schmutzig-gelber Niederschlag, der sich nicht klar absetzt und daher die quantitative Bestimmung der reducirenden Substanz unmöglich macht.

Patient braucht durch 4 Wochen die Kur, und zwar trinkt er die kühlen Quellen, der Zuckergehalt mindert sich bis zur unbedeutenden Spur, verschwindet aber nie ganz, das Schwächegefühl bessert sich nicht wesentlich.

6.

Herr Baron v. K—k aus Westphalen, 46 Jahre alt, erfreute sich stets einer vortrefflichen Gesundheit. Vor ungefähr 6 Jahren stellten sich plötzlich einigemale asthmatische Anfälle ein, die sich bald als Folge von Circulationsstörungen im Unterleibe (Hämorrhoidalcongestionen) erwiesen und nach dem Gebrauche von Kissingen nie wiederkehrten. Später traten wiederholt Harnbeschwerden auf, zeitweiliges Blutharnen, Schmerz und Brennen beim Harnlassen, auch einmal Harnverhaltung. Der behandelnde Arzt, Dr. Lenzberg hielt diese Beschwerden für die Folgen von Blasenhämorrhoiden (Hyperämie des Blasenhalses) und ordnete dagegen kalte Waschungen auf den Unterleib mit Vorteil an. Seit 2 Jahren sind diese Beschwerden nie wieder aufgetreten.

Im Anfange des Jahres 1860 erkrankte Patient an einer in dortiger Gegend damals epidemisch herrschenden-Grippe, mit welcher sich bald eine Febris intermittens complicirte, die nach dem Berichte des Arztes in diesem Jahre daselbst eine ungewohnte Ausdehnung gewonnen hatte und sich mit den meisten Krankheiten vergesellschaftete. Der Typus war eine tertiana, und die Anfälle traten meist Nachts auf. Die Anfälle selbst waren schwach, oft nur ein leichter Kälteschauer mit darauf folgender starker Hitze, aber sie liessen eine zu ihrer Intensität in gar keinem Verhältnisse stehende Schwäche zurück, so dass Pat. nach den einzelnen Anfällen sich oft nur mit Mühe im

Zimmer umherschleppte. Dazu trat eine auffallende Abmagerung ein. Diese
Erscheinungen veranlassten den behandelnden Arzt, den Harn zu untersuchen,
und da zeigte sich, dass nach jedem Fieberanfalle Zucker im Harn
vorhanden war. Dr. Lenzberg, der den Fall mit besonderer Aufmerksamkeit verfolgte, berichtet darüber mit folgenden Worten: „Merkwürdig war
es, dass die Zuckerreaction im Morgenharn, — nur dieser wurde zur Untersuchung verwendet, — nur an den Tagen erfolgte, an welchen Fieberparoxysmus vorhergegangen war oder nach typischem Gesetze hätte vorhergehen
müssen. Der innige Zusammenhang zwischen Intermittens und Zuckerausscheidung wurde noch deutlicher durch die Wirkung des Chin. sulph., welches im Stande war, die Zuckerausscheidung vollständig zu beseitigen, die aber
wieder eintrat, wenn das Mittel ausgesetzt wurde." Im Frühling ging Pat.
nach Berlin um den Geheimr. Prof. Frerichs zu consultiren. Frerichs
beobachtete den Kranken durch mehrere Tage und constatirte das interessante
Factum, dass die Zuckerausscheidung nach jedem Fieberanfalle auftrat. Auf
seine Verordnung kam Pat. am 2. Juni nach Carlsbad.

Stat. praes. 2. Juni. Patient ist überaus kräftig gebaut, sehr mus-
culös, das Gesicht sehr gut gefärbt, er macht in seiner ganzen Erscheinung
den Eindruck kräftiger Gesundheit, er sowohl, wie sein Reisebegleiter, behaupten aber, dass er in den letzten Monaten beträchtlich abgemagert sei. In
der letzten Nacht ist nach Aussagen des Patienten ein Fieberanfall erfolgt,
und Pat. klagt über grosse Mattigkeit, er behauptet, dass ihm jede Bewegung
lästig sei, dass es ihm zumal schwer werde, eine Treppe zu steigen. Bei der
Untersuchung zeigen sich Brust- und Unterleibsorgane normal, nur die Milz
ist etwas, aber unbeträchtlich vergrössert. Die Urinsecretion ist nicht übermässig, der Durst nicht abnorm, aber ein häufiges Gefühl von Trockenheit
des Mundes belästigt den Patienten. Der Appetit ist sehr gering, an Fieber-
tagen nahezu Null, die früher rege gewesene Geschlechtslust ist ganz erloschen.
Pat. fühlt sich in hohem Grade matt und abgeschlagen.

Die Harnuntersuchung ergab: Spec. Gew. 1025. Die Fehling'sche
Lösung erzeugt rasch einen dichten braungelben Niederschlag, der sich nicht
klar abscheidet und sich beim weiteren Erhitzen nicht in rotbraunes Kupferoxydul
umwandelt, eine quantitative Bestimmung der reducirenden Substanz ist also
unmöglich. Am nächstfolgenden Tage trat die Reduction nicht auf, es entstand eine geringe Entfärbung des klar bleibenden Harns, was auch beim gesunden Harn häufig vorkommt; am dritten Tage, am 4. Juni, abermals Reduction, nachdem in der Nacht ein leichter Fieberschauer vorangegangen war.
Dieses typische Auftreten der Zuckerreaction dauerte bis in die dritte Woche
des Kurgebrauches, während schon nach der ersten Woche kein stärker prono-
cirter Fieberanfall aufgetreten war. Am 24. Juli trat ohne vorhergegangene
Ursache gegen 9 Uhr Morgens wieder ein heftiger Fieberanfall auf, mit
Kopfschmerz, Hitze und darauf folgender grosser Abgeschlagenheit; der Harn,
der seit fast 8 Tagen zuckerfrei gewesen war, gab wieder die früher erwähnte
Reaction in sehr auffallender Weise. Dasselbe wiederholte sich noch einmal

gegen das Ende der vierten Woche, so dass ich den Patienten veranlasste, die Kur länger fortzusetzen. Patient hatte sich übrigens auffallend erholt, seine Stimmung wurde sehr heiter, der Appetit besserte sich, der Kräftezustand war wieder ein ganz normaler, und zu Ende der fünften Woche erwachte der Geschlechtstrieb in sehr auffallender Weise. Im Verlauf der sechsten Woche traten in Folge zweckwidriger Lebensweise wieder leichte Fiebererscheinungen auf, es stellte sich das Gefühl von Unbehagen und Mattigkeit ein, aber der Harn blieb vollkommen zuckerfrei.

7.

Hr. H—y, Landwirt aus Galizien, 58 Jahre alt, gross und kräftig gebaut, hatte mit Ausnahme eines Typhus nie eine schwere Krankheit durchgemacht. Vom Jahre 1833—1836 war er in politischer Haft, während dieser Zeit begann Patient an übermässiger Fettbildung zu leiden, und zugleich traten die verschiedensten Symptome gestauter Unterleibscirculation, sogenannte Hämorrhoidalbeschwerden, auf. Im Jahre 1858 kam Patient nach Carlsbad und bot das Bild einer ziemlich weit gediehenen Pymelosis, zumal war im Unterleibe eine sehr grosse Fettbildnng. Die wichtigsten Beschwerden, über welche Patient damals klagte, waren hartnäckige Stuhlverstopfung, Lungenkatarrh und Herzklopfen. Das rechte Herz war etwas vergrössert, die Klappen normal. Das Volumen der Leber konnte wegen des in den Bauchdecken angehäuften Fettes nicht bestimmt werden. Am After war ein Kranz von ziemlich grossen Hämorrhoidalknoten. In Folge des Kurgebrauches hat Patient sich sehr wohl befunden, zumal waren im Winter 1859 die so lästigen Erscheinungen des Herzklopfens und der Dyspnoe ganz geschwunden. Mitte Januar 1860 stellte sich mit einem Male heftiger Durst ein, die Harnsecretion wurde sehr reichlich, der Appetit übermässig gross, der Körper magerte sehr rasch ab, die geschlechtliche Potenz erlosch vollständig, die Haut, die früher sehr leicht transpirirte, wurde dürr und spröde, der Kräftezustand nahm sehr ab. Alle diese Symptome steigerten sich bis zu der im Juli erfolgten Abreise vom Hause. Die Krankheit war von dortigen Aerzten nicht erkannt, also kein entsprechendes Regime angeordnet. Während der Reise besserten sich nach seiner Aussage die Erscheinungen, der Durst wurde geringer, die Harnsecretion minderte sich.

Stat. praes. 18. Juli. Patient ist gross, starkknochig und macht noch den Eindruck eines kräftigen Mannes. aber die Abmagerung ist im Vergleiche mit seiner früheren Fettleibigkeit so gross, dass ich nicht im Stande war, ihn zu erkennen. Am auffallendsten ist diese Abmagerung am Unterleibe, das Fett ist ganz geschwunden, die schlaffe Bauchhaut hängt in Falten wie ein leerer Sack um den einst fettreichen Bauch, die Muskulatur des ganzen Körpers ist schlaff, die Haut trocken, spröde, der rechte Leberlappen in seiner Ausdehnung normal, der linke etwas vergrössert, das rechte Herz hypertrophisch, sonst ist objectiv nichts Anomales nachzuweisen. Der Durst ist noch immer gross. Patient trinkt während der Nacht eine grosse Flasche Wasser, Harnsecretion reichlich, nach Schätzung des Patienten 10—12 Seidel (3000—3600 ccm). Appetit sehr stark, kein Heisshunger, Stuhl normal.

Harnanalyse (Nachtharn): Spec. Gew. 1060, Zucker 7,5 pCt. Pat., der bis jetzt keiner geregelten Diät unterworfen war, wird auf reichliche Fleischnahrung bei mässigem Brodgenuss gesetzt, dabei die warmen Quellen Mühlbrunn und Sprudel bis 8 Gläser und Bäder angeordnet. Schon nach wenigen Tagen mindert sich Durst und Harnsecretion auffallend.

	Analyse Harnmenge	Spec. Gew.	Zucker	
1860 18. Juli	Nachtharn nach der Ankunft		7,5 pCt.	
27. Juli.	2459 ccm	1030	2 -	
1. Aug	1680 -	1025	Spuren	(grüngelbe
7. -	1990 -	1020	0	Trübung)
19. -	1840 -	1020	0	

Das Allgemeinbefinden hat sich bedeutend gebessert, Patient fühlt sich viel kräftiger. Ich hatte Gelegenheit, den Patienten, der mit der Polendeputation nach Wien kam, am 8. Januar 1861 zu sehen, sein Befinden ist nach seiner Aussage vortrefflich, er versichert, an Körpergewicht zugenommen zu haben. Er muss im Verlaufe des Tages oft Harn lassen, während der Nacht gar nicht. Die Harnuntersuchung mit dem Ventzke'schen Polarisationsinstrumente ergab 2 pCt. Zucker.

Strenge Fleischdiät wird nicht beobachtet.

1861 23. Juni	Nachtharn Zucker	4,5
6. Juli	- -	0
23. -	- -	0 bei gemischter Nahrung mit ziemlich viel Kohlehydraten.

Im Jahre 1864 sah ich Patienten nochmals in Carlsbad, der früher fettleibige Mann war zum Skelett abgemagert. Er erklärte mir, dass er die vorgeschriebene Fleischdiät nicht beobachte, reichlich Mehlnahrung geniesse. Eine Untersuchung des nicht gemessenen Harns ergab 5 pCt. Zucker. Auf mein Drängen entschloss sich Patient durch einige Tage auf Mehlnahrung zu verzichten, und der Zuckergehalt des Harns sank auf Spuren herab. Im Jahre 1865 starb er.

8.

Herr M—y, Gutsbesitzer aus Polen, 48 Jahre alt, klein, stämmig gebaut, war nie ernstlich krank, hat aber vielfach an Hämorrhoidalbeschwerden gelitten. Vor ungefähr 3 Jahren hatte er grosse Gemütsaufregung, soll auch damals viel geistige Getränke genossen haben. Um dieselbe Zeit hatte er auch zum zweiten Male geheiratet und zwar, wie es scheint, eine Frau, die an seine geschlechtliche Potenz grosse Ansprüche stellte. Als er wenige Monate nach seiner Verheiratung die Frau nach Franzensbad begleitete, hatte er dort zum ersten Male das Gefühl allgemeiner Ermattung und war veranlasst, die Bäder daselbst zu gebrauchen. Im Winter 1858—1859 stellte sich dieses Gefühl der Ermattung wieder ein, zugleich bemerkte er, dass Durst und Harnsecretion sehr gesteigert waren, dass er viel ass und dabei abmagerte.

Das Leiden wurde erst später erkannt, und einige Mittel, die er brauchte, die er aber nicht anzugeben weiss, haben nach seiner Aussage das Leiden in der letzten Zeit wesentlich gebessert.

Stat. praes. 15. Juli. Patient macht den Eindruck eines gesunden wohlgenährten Mannes, er ist kräftig gebaut, die Muskeln recht gut entwickelt, die Gesichtsfarbe frisch, doch behauptet er, bedeutend magerer geworden zu sein, und sind die Bauchdecken etwas schlaff. Leberdämpfung normal, kleine Hämorrhoidalknoten am After. Stuhlgang regelmässig, Harnmenge 2000 bis 2500 ccm per Tag, die Haut transpirirt, die geschlechtliche Potenz nicht erloschen.

Analyse: Spec. Gew. 1025, Zucker 1,2 pCt. mit dem Saccharimeter, die Fehling'sche Lösung gibt das schon erwähnte braungelbe, sich nicht klar absetzende Sediment. Patient begann die Kur mit den warmen Quellen, Fleischkost wurde angeordnet, aber diese Verordnung von dem Patienten, der sich nicht sehr leidend fühlte, nicht streng befolgt, er genoss zum Frühstück viel Brot, nahm auch Nachmittags mit dem Kaffee viel Backwerk. Diese Sünden entdeckte die nächste Harnanalyse.

	Spec. Gew.	Zucker
30. Juli	1035	2 pCt. mit S.M.

Ich wurde jetzt in den Anordnungen streng, reducirte ihn auf drei Brötchen für den Tag, die folgenden Analysen ergaben:

	Spec. Gew.	Zucker
3. Aug.	1025	1,2
11. -	1020	Spuren
15. -	1020	deutliche Spuren (abermals nach reichlicherem Mehlgenuss)
18. -	1020	0
23. -	1020	sehr geringe Spuren.

1860 war der Zuckergehalt bei der Rückkehr 1,2 pCt., sank bei Verminderung von Amylaceis auf Spuren. Im Jahre 1861 war der Zuckergehalt bei der Rückkehr 3,5 und sank während des Kurgebrauches auf 1 pCt. Im Jahre 1862 19. Juli nach der Reise Zuckergehalt 7 pCt., sinkt allmälig auf 2,5 pCt. Als während zwei Tagen alle Amylaceen ausgeschlossen wurden, enthielt der Harn nur Spuren Zucker. Patient, der sehr unzweckmässig lebte, war bereits in hohem Grade marastisch und starb im Winter.

9.

Herr M., Kaufmann aus Berlin, 41 Jahre alt, hat seit seiner frühesten Jugend viel an Migräne gelitten, war aber sonst nie ernstlich krank. Im Januar 1856 hat er sich auf einer Reise infolge einer heftigen Erkältung eine Dysenterie zugezogen, die aber bald durch zweckmässige Behandlung geheilt wurde. Im weiteren Verlauf desselben Jahres hatte er schweren Kummer infolge des Todes einer Schwester, die an Diabetes starb. Im Jahre 1857 traten beim Patienten alle Erscheinungen des Diabetes auf. Durst, Heisshunger,

übermässige Harnsecretion, reichliche Zuckerausscheidung durch den Harn,
nur die geschlechtliche Potenz ist nicht blos nicht erloschen,
sondern im ganzen Verlauf der Krankheit ist der Geschlechtstrieb
übermässig rege, und trotz reichlicher Befriedigung ist die Potenz nicht geschwächt. Im Sommer 1857 hat Patient die Bäder von
Gastein gebraucht, und der Zuckergehalt des Harns soll nach einigen Bädern
vermindert gewesen sein. Im darauf folgenden Jahre wurde die Kur von
Gastein wiederholt, im Sommer 1859 die Kräuterkur in Gosslar ganz ohne
Erfolg gebraucht. Seit einigen Monaten wurde die Diät durch Geheimrat
Frerichs, welchen der Kranke consultirt hatte, streng geregelt und reichliche Fleischkost angeordnet. Im Juli 1860 kam Patient nach Carlsbad.

Stat. praes. 5. Juli. Patient ist noch wohlgenährt, die Muskulatur
ziemlich gut entwickelt, er macht in seiner ganzen Erscheinung den Eindruck
eines sehr nervösen Menschen. Patient klagt, dass er sehr häufig an heftigem
einseitigem Kopfschmerz leide. Brust und Bauchorgane verhalten sich der
physikalischen Untersuchung gegenüber vollkommen normal. Appetit sehr
stark, zuweilen treten leichte Verdauungsstörungen ein, ein Gefühl von unbe-
haglicher Völle nach Tische und Aufgetriebenheit des Leibes im Epigastrium.
Stuhlgang normal, etwas zur Diarrhöe neigend. Die vom 6. auf den 7. ge-
sammelte 24 stündige Harnmenge betrug 3150 ccm, Spec. Gew. 1045,
Zuckermenge des Nachtharns 5 pCt.

Analyse:	Harnmenge	Zuckergehalt
11. Juli	2800	5 pCt.
14. -	2300	5 -
22. -	2700	5 -
1. Aug.	2500	5 -

Bis jetzt hatte nur die Harnmenge etwas abgenommen, der procentische
Zuckergehalt war unverändert geblieben: Patient sollte nach vierwöchentlichem
Kurgebrauche nach Gastein abreisen, ich hatte keine Hoffnung mehr, den
Zuckergehalt reducirt zu sehen. Am 7. August wurde mir der Harn nochmals
zur Analyse zugeschickt, die 24 stündige Menge war 2450 ccm, zu meiner
grossen Ueberraschung war aber das spec. Gew. und der Zuckergehalt wesentlich verändert. Das spec. Gew. war 1030, die Zuckermenge 3 pCt.
Auf mein Drängen wurde der Aufenthalt noch um eine Woche verlängert, ich
liess nur Sprudel (sechs Gläser) trinken,

	Harnmenge	Spec. Gew.	Zucker
am 12. Aug.	1800	1028	2 pCt.
- 15. -	1150	1022	1,6 mittelst S. M.

Mit der Fehling'schen Lösung war der Zuckergehalt quantitativ nicht mehr
zu bestimmen, ich bekam keinen roten Niederschlag, nach Zusatz des Harns
entstand ein gelber Niederschlag, der sich nicht klar absetzte. Patient kommt
seitdem jedes Jahr nach Carlsbad. Die Harnanalysen der nächsten Jahre
ergaben:

	24 stünd. Harnen	Zucker in pCt.
1860 11. Juli	2800	5
15. -	2300	5
22. -	2700	5
1. Aug.	2500	5
7. -	2450	3
12. -	1800	2
15. -	1150	1,6
1861 3. Juni	2000	8
7. -	1650	4,5
16. -	1800	2
25. -	2130	0,5
5. Juli	2000	1

1862 war der Zuckergehalt nach der Ankunft 8 pCt., sank bis auf 1 pCt.

	24 stünd. Harnmenge	Zucker
1863 1. Juli	1700	6 pCt.
28. -	2450	1,5 -

Seit dem Jahre 1864 hat der Zuckergehalt nicht mehr in dem Grade abgenommen, der Harn unmittelbar nach der Reise enthält stets 6—7 pCt., im weiteren Verlaufe sinkt er meist auf 3—3,5 pCt. Patient geniesst grosse Mengen Fleisch. Amylacea werden stets in mässiger Menge genossen. Mit der Steigerung der Amylumnahrung steigt auch stets die Zuckerausscheidung. Im Jahre 1869 entdeckte ich zuerst Eiweiss im Harn.

1869 27. Juli Nachtharn enthält Zucker 5 pCt., Eiweiss in bemerkenswerter Menge.

	24 stünd. Harnm.		
10. Aug.	3250	3,1 -	
21. -	2450	3,4 -	Eiweissausscheidung unverändert.

Im Jahre 1872 kam Patient in einem höchst traurigen Zustande nach Carlsbad. Es war Parese der unteren Extremitäten vorhanden. Dieselben waren auch hochgradig ödematös. Beide Lungen infiltrirt, der Harn reich an Eiweiss. Der Zuckergehalt war 4—8 pCt. Harnmenge 2100 ccm. Diese Zuckermenge wurde während des ganzen Kurgebrauches ausgeschieden.

Wenige Wochen nachdem Patient Carlsbad verliess, starb er.

Dieser schwere Fall von Diabetes hatte nachweislich 15 Jahre bestanden, und bis ungefähr ein Jahr vor seinem Tode war Patient einer grossen Geschäftsthätigkeit fähig gewesen.

10.

Fräulein B—w, aus der Provinz Brandenburg, 20 Jahre alt, war als Kind vollkommen gesund, mit dem 12. Jahre wurde sie menstruirt. Die Menstruation war anfangs normal, wurde später sehr profus und trat alle 14 Tage auf. Im Jahre 1858 hatte sie vielfache Gemüthsbewegung und später einen schweren Kummer. Im Sommer 1859 fühlte sie sich oft sehr matt und bemerkte, dass sie mager wurde. Im October desselben Jahres trat heftiger, die Patientin sehr quälender Durst und reichliches Harnen auf, die Kräfte nahmen rasch ab, während die Magerkeit immer auffallender wurde. Die Menstruation war vom Sommer 1859 immer spärlicher geworden, das Blut war sehr blass, wässerig. Seit dem December 1859 ist die Menstruation ganz ausgeblieben. Im Januar 1860 wurde der Harn zuerst untersucht und ein reichlicher Zuckergehalt gefunden. Patientin hat dann zu Hause durch 4 Monate Carlsbader Mühlbrunn kalt getrunken und ausschliesslich Fleischnahrung genossen. Anfangs zeigte sich eine auffallende Besserung, der Zuckergehalt ging, nach dem Berichte des behandelnden Arztes, von 4,5 auf 1,8 zurück. Gegen das Ende des langen Kurgebrauches stellten sich alle Erscheinungen eines Magenkatarrhs ein, der Appetit wurde schlecht, Druck im Epigastrium, häufiges Erbrechen, schlechter Geschmack im Munde, allabendlich Fieber, die Abmagerung machte rasche Fortschritte, Durst und Harnsecretion waren wieder sehr gesteigert, und der Zuckergehalt nahm bedeutend zu. Ende Juni kam Patientin nach Carlsbad.

Stat. praes. 27. Juni. Patientin, im Gesicht noch ziemlich voll, ist am übrigen Körper in hohem Grade abgemagert, die Füsse bis hoch über die Knöchel ödematös, die Haut heiss, der Puls schnell (90) und klein. Die leichteste Anstrengung ermüdet die Patientin in hohem Grade. Zunge belegt, schlechter Geschmack im Munde, kein Appetit. Die physikalische Untersuchung der Brust- und Bauchorgane weist nichts Krankhaftes nach, in der Lunge insbesondere ist durch Auscultation und Percussion keine Infiltration nachzuweisen. Durst sehr stark, Mund immer trocken, sehr häufiges, zumal während der Nacht auftretendes Harnbedürfnis, die Nächte schlaflos, Gefühl von brennender Hitze. Harnmenge in den dem Kurbeginne vorhergehenden 24 Stunden 2700 ccm, Getränkemenge 3300 ccm, und zwar fallen auf die Nacht 1800 ccm, auf den Tag 1500 ccm. Spec. Gew. des Harns 1050, Zucker 5,5 pCt.

Patientin hat auf meine Veranlassung während der ganzen Dauer ihrer sechswöchentlichen Kur Harn und Getränke täglich genau gemessen, die Zuckeranalyse wurde wöchentlich einmal gemacht.

	Tagharn	Nachtharn	Wasser	Mineralw.	Zucker
28. Juni	1500	1200	3300	900	5,5

durch 3 Tage blieb Harn und Getränkemenge ziemlich gleich.

	Tagharn	Nachtharn	Wasser	Mineralw.	Zucker
1. Juli	1025	1000	2400	1200	—
4. -	1200	900	2200	1500	7,5
7. -	900	900	1500	1000	—
10. -	1200	1200	1500	1800	7,5

Bis zum 15. blieben alle diese Verhältnisse ziemlich unverändert.

	Tagharn	Nachtharn	Wasser	Mineralw.	Zucker
16. -	900	1050	1200	1850	7,5

Die Harnausscheidung blieb nun bis zum Ende der Kur ungefähr 2000 ccm für 24 Stunden. Die Getränkemenge sank am 22. Juli auf 1000 ccm und blieb fast stationär. Mineralwasser wurden bis zum Ende der Kur 1800 ccm getrunken. Die Zuckermenge blieb unverändert 7,5 pCt., nur die letzte Harnuntersuchung bei Ablauf der sechsten Woche am 7. August ergab 6 1/4 pCt. Die Zuckerausscheidung war also während des ganzen Kurgebrauches, wenn wir die letzte Untersuchung ausnehmen, quantitativ unverändert geblieben. Mit der nach den ersten Tagen erfolgten Harnverminderung steigerte sich der procentische Zuckergehalt. Dagegen waren alle anderen Symptome der Krankheit wesentlich gebessert. Schon nach 3 Tagen hatte der Durst abgenommen, und nach 8 Tagen war diese Abnahme eine auffallende. Der Ausfall in der eingenommenen Getränkemenge war zwar durch die des eingenommenen Mineralwassers gedeckt, aber es war für die Patientin wichtig, dass sie den Tag über nicht vom Durst gequält wurde, dass die Dürre des Mundes, die ihr den Schlaf geraubt, aufgehört hatte. Die ausgeschiedene Harnmenge wurde absolut geringer, ohne dass die Haut, die zwar minder trocken war, auffallend transpirirte. Der Schlaf wurde nach 8—10 Tagen besser. Der Appetit stellte sich wieder ein, ohne Heisshunger zu werden. Patientin genoss meist Fleisch, ich gestattete ihr etwas Brot und Gemüse, sie nahm täglich 1/2 Seidel Wein. Der Kräftezustand besserte sich auffallend, Patientin konnte 2—3 Stunden gehen, ohne sich erschöpft zu fühlen. Das Fieber war schon in der ersten Woche verschwunden. Der Puls wurde kräftiger, zählte 75, die hartnäckige Verstopfung, gegen welche mit Wasserklystieren angekämpft wurde, hielt lange an, erst in der letzten Kurwoche waren einige freiwillige Stuhlgänge erfolgt. Das Gesammtbefinden hatte sich so wesentlich gebessert, dass die früher sehr niedergedrückte Patientin ganz heiter wurde und mit der Hoffnung auf Wiedergenesung abreiste.

11.

Herr Sch—r, 38 Jahre alt, Pfarrer im Erzgebirge, führt bei einem kärglichen Einkommen eine körperlich sehr anstrengende Lebensweise, hat schon im Seminar an Magenbeschwerden und hartnäckiger Stuhlverstopfung gelitten, sonst war er nie ernstlich krank. Vor etwa 5 Monaten stellte sich plötzlich grosser Durst und übermässige Harnsecretion ein, Patient schlägt die Getränkemenge auf 16—17 Seidel, circa 5000 ccm per Tag an, das Bedürfnis zum Harnen war in der Nacht sehr lebhaft, und dadurch sowohl, wie durch das Gefühl der Trockenheit im Munde war der Schlaf sehr gestört. Patient wurde von Tag zu Tag matter, er magerte auffallend ab, wiewohl er infolge seines bis zum Heisshunger gesteigerten Appetits grosse Quantitäten Speisen zu sich nahm.

Der Harn wurde in Prag im pathologischen Laboratorium untersucht, die Zuckermenge betrug 8 pCt., deutliche Spuren von Aceton.

Stat. praes. 10. Aug. Patient ist gross, ziemlich kräftig gebaut, hat ein fahles krankhaftes Aussehen, einen trüben ängstlichen Gesichtsausdruck, Haut trocken, die Musculatur ist schwach, nirgends ein Fettpolster. Die Leber ragt 2 Zoll unter dem Rippenrande hervor, der hervorragende

Teil ist glatt, nicht sehr hart anzufühlen, stumpfrandig. Patient klagt über
sehr grosse Mattigkeit, mässiges Gehen erschöpft ihn. Die Mundhöhle ist
trocken, der Durst, zumal Nachts sehr quälend, Appetit übermässig gross,
hartnäckige Stuhlverstopfung. Die Harnmenge wird durch 24 Stunden vor
dem Beginne der Kur gemessen, sie beträgt 3200 ccm, spec. Gew. 1065,
Zucker 10 pCt.

Patient wird auf reichliche Fleischnahrung gewiesen (bis jetzt blieb die
Diät unberücksichtigt), Mühlbrunn, Sprudel und Bäder verordnet. Schon nach
wenigen Tagen mindert sich der Durst, der Schlaf wird besser.

Analyse. 18. Aug. Harnmenge 3800, Zucker 7,5 pCt.
                25. -   -   3450   -   6,5 -
                 2. -   -   3450   -   5,4 -

Patient fühlt sich kräftiger, ist hoffnungsvoller, leider kann die Kur nicht fortgesetzt werden, da Patient durch äussere drängende Verhältnisse abzureisen
gezwungen ist.

                                   12.

Mme. S—f aus Berlin, 73 Jahre alt, war bis vor wenigen Jahren stets
gesund. Vor 3 Jahren hatte sie wiederholt heftige Anfälle von Gallenkoliken
mit Abgang von Gallensteinen, später wurde sie sehr oft von Aufgetriebenheit
des Unterleibes (wahrscheinlich Gasansammlungen) und einem Gefühle von
Druck im rechten Hypochondrium gequält. Die Leber war nach Angabe des
behandelnden Arztes, Dr. Riese, bedeutend vergrössert, hart anzufühlen. Im
Winter 1859 zeigten sich die Erscheinungen des Diabetes, quälender Durst,
übermässige Harnsecretion, unmässiger Appetit, rapide Abmagerung und sehr
grosses Schwächegefühl. Patientin, zur Reise unfähig, hat zuerst in Berlin
durch längere Zeit künstliches Carlsbader Wasser getrunken und sich dabei so
erholt, dass sie endlich im August die Reise nach Carlsbad zu unternehmen
im Stande war. Strenge Fleischdiät wurde seit dem Beginn der Krankheit
eingehalten.

Stat. praes. 17. Aug. Patientin ist klein, lebhaft, geistig sehr frisch,
aber zum Skelett abgemagert, überall schlotterten die Hautfalten um die
Knochen. Die Leber ist vergrössert, der rechte Leberlappen ragt 3 Zoll
unter dem Rippenrande hervor, fühlt sich hart und derb an, die Oberfläche ist
vollkommen eben, der Leberrand ist scharf, die linke Leberhälfte ist gleichfalls vergrössert und in scrobiculo cordis als harte, derbe, durchaus ebene
Masse zu fühlen. Appetit sehr lebhaft, Stuhl normal. Durst gross, Harnsecretion sehr reichlich. Die geringste Anstrengung erschöpft die Patientin. Die
Hauptklage derselben ist, dass sie sowie sie das Bett verlässt, ein Schwindel
überfällt, der sich den ganzen Vormittag über steigert und erst in den späten
Nachmittagsstunden nachlässt.

Harnmenge von 24 Stunden 3000 ccm, spec. Gew. 1055,
Zucker 7,5 pCt.

Patientin beginnt die Kur mit kleineren Mengen Mühlbrunn, welche sie im Bette trinkt.

26. Aug. Harnmenge 2700, Zucker 6,6 pCt.

Patientin schläft besser, ist imstande, zum Brunnen zu gehen, sie beginnt kleine Mengen Sprudel zu trinken, den sie sehr gut verträgt, der Schwindel, statt sich zu steigern, wie ich besorgte, nimmt ab.

30. Aug. Harnmenge 3000 ccm   Zucker 6 pCt.

3. Sept.   -   3300 -   - 5 -

6.   -   -   2600 -   - 5 -

10.   -   -   4000 -   - 5 -

Patientin fühlt sich kräftiger, kann ohne Schwindel auf eine beträchtliche Höhe steigen. Die Kur kann wegen äusserer Verhältnisse nicht länger fortgesetzt werden.

13.

Herr W—n aus Petersburg, 60 Jahre alt, hat ein sehr bewegtes Leben geführt, er hat sich aus ärmlichen Verhältnissen zu aussergewöhnlichem Reichtum emporgearbeitet und hat dabei seine Geisteskraft oft in hohem Grade anspannen müssen. Dabei war er aber immer vollkommen gesund, und erst in den späteren Jahren, als er ein verhältnismässiges Wohlleben genoss, meldeten sich manche arthritische und hämorrhoidale Beschwerden. Im Winter des Jahres 1858—1859 merkte er, dass seine Kräfte in auffallender Weise abnahmen, er wurde von heftigem Durste gequält, der ihm fast allen Schlaf raubte, die Harnsecretion war übermässig gross, dabei steigerte sich sein Appetit zum Heisshunger. Im weiteren Verlaufe des Winters nahmen alle diese Erscheinungen zu, es trat Diarrhöe und Abmagerung auf; da die Krankheit nicht erkannt wurde, hatte man kein zweckmässiges Regime angeordnet, und die Behandlung war eine symptomatische. Im Sommer 1859 reiste Patient in's Ausland. Dr. Walter, den er consultirte, veranlasste die Zuckeranalyse, und es wurde, wie zu erwarten war, eine grosse Quantität Zucker gefunden.

Mitte Juli kam Patient nach Carlsbad. Da Patient in den letzten Wochen auf Walter's Anordnung nur Fleischkost genossen hatte, hatte er sich sehr erholt, ich fand ihn ziemlich gut genährt, und nur die schlaffen Hautfalten am Bauche zeigten, dass früher grössere Fettmassen vorhanden gewesen, die Leber ragte ungefähr 2 Zoll unter dem Rippenrande hervor, sonst konnte durch die physikalische Untersuchung nichts Abnormes nachgewiesen werden. Der Durst war gross, der Appetit bedeutend, ohne Heisshunger. Die Harnmenge der ersten 24 Stunden betrug 4000 ccm, der Zuckergehalt war 8 pCt.

Schon nach wenigen Tagen des Kurgebrauches wurde die Harnmenge geringer, die Verminderung war eine stätige und war am Schlusse der Kur bis auf 16—1800 ccm für den Tag gesunken, trotzdem Patient fast 2400 ccm Mineralwasser trank. Der Procentgehalt des Harns an Zucker war

aber unverändert geblieben. Alle anderen krankhaften Symptome waren
nahezu ganz verschwunden, das Lebervolumen war normal geworden.

Während des Winters hat Patient wohl meist Fleischkost genossen,
aber doch auch manche diätetischen Sünden begangen, trotzdem befand sich
derselbe nach seinen Aussagen während des ganzen Winters wohl, und schwerer
häuslicher Kummer hat die früher quälenden Erscheinungen nicht wieder hervorgerufen.

Im Juni 1860 kam Patient wieder nach Carlsbad, ich fand ihn viel besser
genährt, es hatte sich wieder ein kleiner Schmeerbauch gebildet, der Kräftezustand war vortrefflich. Die Harnmenge der ersten 24 Stunden betrug 2600 ccm und der Zuckergehalt 5 pCt. Nach der ersten Kurwoche
sank die Harnmenge auf circa 1800 ccm, und der Zuckergehalt
stieg auf 8 pCt., dieses Verhältnis blieb bis zum Ende der Kur unverändert, während Patient sich vollkommen wohl fühlte und als geheilt be-
trachtete.

Bei der Rückkehr im Jahre 1861 war der Harn wieder reich an Zucker.
1861. 30. Juni in 24 Stunden Harnmenge 3400 ccm Zucker 7,5 pCt.

11. Juli	-	-	-	3400	-	- 6,1	-
18.	- -	-	-	3240	-	- 5,4	-
21.	- -	-	-	3000	-	- 4,6	-
27.	- -	-	-	2800	-	- 7	-

Im Sommer 1863 kam Patient mit den Erscheinungen weit vorgeschrittener chronischer Nephritis in Carlsbad an, hochgradiges Oedem der
unteren Extremitäten, Ascites. Der Harn war reich an Eiweiss.

2. Juni. 24stündige Harnmenge 1830 ccm, Zucker 3,4 pCt.
Zucker- und Eiweissgehalt bleiben unverändert; im Winter starb Patient.

14.

Herr M—z, Kaufmann aus Triest, 54 Jahre alt, war niemals krank. Vor
ungefähr 3 Jahren hatte er in Folge von traurigen Familienereignissen viele
niederdrückende Gemüthsaffecte durchgemacht. Kurz darauf im Frühjahre
1858 klagte er über allgemeines Schwächegefühl, und bald stellten sich alle
Erscheinungen des Diabetes in hohem Grade ein. Patient kam im August
1858 nach Carlsbad. Wiewohl er bereits seit Monaten nur ausschliesslich
Fleisch gegessen hatte, war er doch im hohen Grade abgemagert, die Muskulatur war schlaff, schlotternde Hautfalten am Leibe, das Gesicht war blass,
der Gesichtsausdruck ängstlich, die ganze Stimmung des Patienten eine sehr
gedrückte. Der Durst war sehr gross, die Nächte schlaflos, sowohl wegen des
Durstes als auch wegen der überreichen Harnsecretion, die zumal während der
Nacht sehr lebhaft war. Leider wurde die Grösse der Harnausscheidung
damals nicht genau festgestellt. Der Zuckergehalt war 5 pCt. Im Verlaufe der Kur besserten sich alle Erscheinungen, der Durst wurde geringer, die
Harnsecretion minderte sich sehr bedeutend, so dass Patient ruhig schlafen

konnte, aber der procentische Zuckergehalt blieb bis ans Ende der 4 wöchentlichen Kur unverändert.

Im Jahre 1859 kam Patient wieder nach Carlsbad, er erzählt, dass er sich den Winter über verhältnissmässig wohl gefühlt habe, dass alle lästigen Erscheinungen auf ein Minimum reducirt seien, und dass sein Kräftezustand auch bedeutend zugenommen habe, nur das Bedürfnis zum Harnen sei noch häufiger als in seinen gesunden Tagen. Die Menge des Nachtharns vom Beginne der Kur war 1800 ccm und der Zuckergehalt 5 pCt., also genau dieselbe procentische Menge wie beim Schlusse der ersten Kur. Wiedet minderte sich die Harnmenge im Verlaufe der Kur auf $\frac{1}{3}$ des ursprünglichen Volumens und damit auch, wie natürlich, die Menge des ausgeschiedenen Zuckers, der Zuckergehalt war aber beim Schluss wie beim Beginn der Kur unverändert; nämlich 5 pCt.

Im Juni 1860 kam Patient zum dritten Male nach Carlsbad, er komme bloss, so äusserte er, auf meine bestimmte Anordnung, denn er fühle sich vollkommen gesund, wie in früheren Tagen, im Verlauf des Winters hatte er auch um 10 Pfund Körpergewicht zugenommen.

Die Untersuchung des Nachtharns ergab.

am 9. Juli Harnmenge 1050 ccm, Zucker 8 pCt.
- 18. - - 860 - - 8 -
- 25. - - 900 - - 4,6 -
- 3. - - 950 - - 4,6 -

Patient fühlt sich so wohl, dass ich Mühe hatte, ihn zu bestimmen, in der Folge die bis jetzt ziemlich streng eingehaltene Fleischnahrung beizubehalten.

Im Sommer 1861 kam Patient wieder, sein Befinden war vortrefflich, der Zuckergehalt schwankte zwischen 1—3 pCt. bei mässigen Harnmengen.

Im Winter 1862 starb er plötzlich an Gehirnhämorrhagie.

15.

Graf P. aus Russland, 36 Jahre alt, sehr nervös, war früher mit Ausnahme von leichten Hämorrhoidalbeschwerden immer gesund, neigte auffallend zu Fettleibigkeit. In den zwei letzten Jahren war der der anstrengenden Arbeit ungewohnte Mann durch gehäufte aufregende Beschäftigung sehr in Anspruch genommen. Im Herbst 1862 traten die Erscheinungen des Diabetes auf, und eine im Frühjahr 1862 in Nizza veranlasste Analyse wies reichlich Zucker im Harn nach.

Stat. praes. 2. Juli 1862. Körper noch ziemlich gut genährt, nur die Falten im Gesicht und die schlaffen Bauchdecken zeigen, dass früher grössere Fettmassen vorhanden waren. Kräftezustand noch vollkommen gut, die Haut transpirirt, die Geschlechtsthätigkeit wenig geschwächt. Brust- und Bauchorgane normal; Durst bedeutend, das lästigste Symptom ist die Trockenheit im Munde, doch hat das letztgenannte Symptom seit 8 Tagen, seitdem Patient

auf Anordnung von Prof. Frerichs vorwaltend Fleisch genossen hat, wesentlich nachgelassen.

2. Juli. Harnmenge in 24 Stunden 3400 ccm, Zucker 7 pCt.

24. -   -   - 24 -   2600 -   - Spuren.

Ich gestatte gemischte Kost, die Zuckermenge nimmt nicht zu.

Während des Winters 1862—1863 hat Patient sich sehr wohl gefühlt,
wiederholt in Petersburg vorgenommene Untersuchungen haben nur geringe
Mengen Zucker nachgewiesen. Bei seiner Ankunft in Carlsbad im August
1863 fand ich geringe, quantitativ nicht zu bestimmende Mengen Zucker
im Harn.

Im Jahre 1865 enthielt der Nachtharn nach der Ankunft 5 pCt. Zucker.
Der Zuckergehalt sank nach wenigen Tagen.

Am 6. Sept. Harnmenge in 24 Stunden 2400 ccm, Zucker 1,5 pCt:

Im Jahre 1869 kam Patient abermals. Das Aussehen ist unverändert,
der Kräftezustand sehr gut. Patient hat in den letzten 3 Jahren
2 Kinder gezeugt. Die Diät ist eine nicht sehr strenge, bei reicher Fleischkost wird ziemlich viel Mehl- und Zuckernahrung genossen.

Eine im Januar vorgenommene Analyse gab folgende Resultate:

3. Jan. 1869   1 Uhr Mittags   300 ccm, Zucker 6,5 pCt.

5 Uhr Abends   900   -   -   5,5 -

11 Uhr Nachts 800   -   -   5,5 -

9 Uhr Morgens

vor dem Frühstück 800   -   -   6,5 -

Bei seiner Ankunft im August enthielt der Nachtharn 3 pCt.

14. August 1869. 24 stündige Harnmenge 2800 ccm, Zucker 4,5 pCt.

19. Aug. Nach zweitägiger ausschliesslicher Fleischnahrung 24 stündige
Harnmenge 2800 ccm, Zucker Spuren.

Das Körpergewicht schwankt seit dem Jahre 1864 bis jetzt zwischen 187
und 181 russischen Pfunden.

Seitdem kommt Patient jährlich nach Carlsbad, er beobachtet die Diät
nicht sehr, geniesst aber stets sehr reichliche Fleischnahrung. Die Zuckermenge wird während des Kurgebrauches stets geringer, verschwindet aber nicht
mehr. Die Toleranz gegen Amylacea hat nicht zugenommen, aber der Organismus erträgt die Zuckerausscheidung auffallend gut. Das Gesammtbefinden
ist gut, das Körpergewicht hat nicht abgenommen. Der Diabetes besteht jetzt
nachweislich 14 Jahre.

16.

Baron von B—b aus Esthland, 45 Jahre alt, litt vor ungefähr 10 Jahren
an Unterleibsstauungen, in Folge derselben an Schwindel, Herzklopfen, Magen-
und Darmkatarrh, hartnäckiger Stuhlverstopfung, das Lebervolumen war nach
ärztlichen Berichten in Folge von Hyperämie oft vergrössert, die Leber gegen
Druckempfindlich. Dabei entwickelte sich grosse Fettleibigkeit, und hatte
Patient im Jahre 1857 Carlsbad gebraucht. Vor 2 Jahren begann Patient all-

mälig mager zu werden, dabei fühlte er sich Anfangs sehr wol, aber die Abmagerung schritt vorwärts, es zeigten sich Symptome des Diabetes, der Harn enthielt Zucker. Regelung der Diät minderte die krankhaften Symptome. Der Zucker verschwand, trat aber nach einiger Zeit trotz Fleischdiät wieder auf; die Harnmenge war nie bedeutend.

Stat. praes. 10. Juli 1862. Patient ist blass, mager, Bauchdecken schlaff. Lebervolumen normal. Hartnäckige Stuhlverstopfung. Der Kranke fühlt sich in hohem Grade matt, abgeschlagen, ist verstimmt, zur geringsten physischen oder geistigen Anstrengung unlustig, sehr reizbar. Das Harnbedürfnis häufig, auch während der Nacht, aber die Harnmenge gering, kaum 1800 ccm in 24 Stunden. Der Harn enthält deutliche Zuckerspuren, die Menge nicht zu bestimmen.

Nach 8tägigem mässigem Kurgebrauch keine Spur Zucker im Harn, die Stimmung wird besser, Patient fühlt sich kräftiger, kann grössere Spaziergänge unternehmen. Nach 14 Tagen gestatte ich gemischte Kost, es erscheinen wieder Zuckerspuren im Harn, aber das Gesammtbefinden bessert sich wesentlich.

Während des Winters 1862—1863 hat Patient sich sehr wol gefühlt, der behandelnde Arzt, Dr. Mullert, teilte mir mit, dass bis zum Beginn des Jahres 1863 keine Spur Zucker im Harn wahrnehmbar war, später hatte sich derselbe wieder in wahrnehmbarer Menge gezeigt. Aufregung in Folge politischer Ereignisse dürfte an der Verschlimmerung wieder Teil haben. Das Körpergewicht hat während des Winters um 12 Pfund zugenommen, von 149 auf 161 Pfund, dabei hatte Patient an Thatkraft und Thatlust gewonnen und war der anstrengendsten geistigen Arbeit gewachsen. In Folge übergrosser Anstrengungen war Patient im Frühling 1863 wieder mehr leidend geworden. Bei seiner Ankunft in Carlsbad am 15. Juli 1863 waren bemerkenswerte Spuren Zucker im Harn vorhanden, die im Kurverlauf sich verringerten, aber nicht gänzlich schwanden. Das Gesammtbefinden war nicht so günstig wie während des ersten Kurgebrauches. Im Winter steigerten sich alle Symptome, Patient starb unter den Erscheinungen von Gehirnhyperämie.

17.

H. C—z, Banquier aus Petersburg, 48 Jahre alt, soll in früheren Jahren wiederholt an Gichtanfällen gelitten haben, sonst aber sehr kräftig gewesen sein. Seit 2 Jahren sollen die vermeinten Gichtanfälle häufiger aufgetreten sein und eine Schwere in den Beinen zurückgelassen haben. Vor ungefähr einem Jahre zeigten sich Symptome des Diabetes.

Stat. praes. 15. Mai 1862. Der Kranke ist in hohem Grade abgemagert und anämisch, das Gehen ist sehr mühsam, nur mit Hülfe eines Dieners und auf einem Stocke ausführbar, der Gang selbst unsicher, schlotternd, zumal wird das rechte Bein nachgeschleppt. Die Gelenke sind alle normal, gegen Druck unempfindlich, alle activen und passiven Bewegungen ausführbar. Die oberen Extremitäten sind gleichfalls kraftlos, zumal die rechte obere Extremi-

tät, der Druck der rechten Hand ist minder kräftig als der der linken, beim
Schreiben kann die Feder nicht lange fest gehalten werden. Abmagerung an
allen Extremitäten gleichmässig. Das Sprechen etwas erschwert, doch wird
die Zunge in der Medianlinie herausgestreckt. Appetit gut, Durst mässig,
hartnäckige Stuhlverstopfung, häufiges Harnbedürfnis, keine Beschwerden
beim Harnen.

Harnmenge in 24 Stunden 1100 ccm Zucker 2,2 pCt.

Der Kurgebrauch wurde sehr vorsichtig mit sehr kleinen Mengen der
kühleren Quellen begonnen, es traten bald Besserungserscheinungen auf, der
Schlaf ward besser. Die Stuhlverstopfung hört auf, der Kranke beginnt sich
kräftiger zu fühlen, der Gang bessert sich.

Zuckergehalt am 30. Mai 0,5 pCt.

Gegen den 8. Juni traten Erscheinungen von Gehirnhyperämie auf, das
Sprechen mehr erschwert, die Zunge weniger beweglich, die rechte Hand vermag die Feder nicht festzuhalten. Nach 3—4 tägiger Kurunterbrechung verschwinden die Symptome der Erregung, das M.-Wasser wird ganz abgekühlt
getrunken. Das Allgemeinbefinden bessert sich wesentlich, der Kranke vermag
lange Spaziergänge nur auf den Stock gestützt zu machen. Nach 4 Wochen
keine Spur Zucker weder mit Saccharimeter noch durch Kupferlösung. Die
Kost war vorwaltend, aber nicht ausschliesslich Fleischkost. Nachkur in
Schwalbach und Gastein.

Bei der Rückkehr im Mai 1863 war Patient kaum 'zu erkennen, er war
sehr wohl genährt, der Gang nicht im mindesten anomal. Patient konnte
stundenlang gehen, fühlte sich geistig und körperlich verjüngt. Nur beim
langen Schreiben tritt noch leicht Ermüdung auf, und wird die Feder zuweilen
aus der Hand geschnellt. Der Harn enthält geringe Spuren Zucker, welche bei
nicht ausschliesslicher Fleischkost während des ganzen Kurverlaufes unverändert bleiben.

Im Jahre 1865 kam Patient mit den Erscheinungen von weit vorgeschrittenem Morbus Brightii wieder, der Harn war reich an Eiweiss, enthielt
keine Spur Zucker. Im Winter 1865 starb er.

18.

Hr. A—n, Kaufmann aus Berlin, 36 Jahre alt, in hohem Grade nervös,
soll bis vor einem Jahre gesund gewesen sein. Im Sommer 1861 erkrankte er
unter den Erscheinungen von Gehirncongestion, es wurde energische Antiphlo-
gose — mehrfache örtliche und allgemeine Blutentziehung — angewendet.
Wenige Wochen später wurde Diabetes diagnosticirt.

Nach Angabe des Patienten hatte derselbe zwei „Anfälle", die mit Ein-
schlafen des linken Armes begannen, es trat Sprachlosigkeit oder das Unver-
mögen, die Zunge deutlich zu bewegen auf, der Zustand dauerte wenige Minuten und endigte mit heftigem Weinen. Der Harn ergab nach früheren Analysen
von Apotheker Simon in Berlin 3,5—7,9 pCt. Zucker.

Stat. praes. 19. Mai 1862. Patient ist noch ziemlich wohlgenährt, hat einen auffallend ängstlichen Gesichtsausdruck, klagt über einen steten Druck im Hinterkopfe, der sich zu heftigem Schmerze steigert. Durst und Appetit gross, nach dem Essen oft Druck in Scrobic. cordis, grosses Schwächegefühl in den Beinen, in gar keinem Verhältnis zu der noch kräftigen Muskulatur, die Hautfunction ungestört, kräftige Erectionen, objectiv in den Organen nichts Anomales nachzuweisen.

Harn in 24 Stunden 2400 ccm, Zucker 6,7 pCt.

Nach wenigen Tagen vermindert sich der Durst, der Kräftezustand wird besser.

4. Juni, Harn in 24 Stunden 2100 ccm, Zucker 3 pCt.

Es soll infolge einer Gemütsbewegung wieder einer der oben erwähnten Anfälle aufgetreten sein; als ich den Patienten ungefähr eine Stunde später sah, war der Puls ruhig, das Gesicht blass, keine Spur einer Bewegungsstörung nachzuweisen, Patient klagte noch über heftige Kopfschmerzen, die sich auf Anwendung von Sinapismen bald milderten.

18. Juni, Harn 3000 ccm, Zucker 2 pCt.

Patient fühlt sich kräftiger, befolgt nicht das vorgeschriebene Régime, macht Uebergriffe nach allen Richtungen.

19.

Frau Gräfin G—sch, 46 Jahre alt, war bis vor wenigen Jahren vollkommen gesund. Nachdem sie lange Zeit Wittwe gewesen und in ziemlich beschränkten Verhältnissen gelebt hatte, heiratete sie vor wenigen Jahren einen alten reichen Mann und führte von da ab eine nach jeder Richtung veränderte Lebensweise. Bald fühlte sie sich minder wohl, es traten erst in längeren Zwischenräumen da und dort Furunkel auf, diese wurden immer zahlreicher und häufiger, einzelne derselben erreichten eine bedeutende Grösse, eine mehrere Zoll lange Narbe eines kreuzförmigen Schnittes am Rücken deutet darauf hin, dass an dieser Stelle ein Carbunkel operirt wurde. Patientin wurde in den letzten drei Jahren, während welcher die Furunculose vorhanden war, immer schwächer, sie magerte bedeutend ab, verlor die Haare. Die Harnuntersuchung wurde erst durch Geheimr. Frerichs, welchen die Kranke consultirte, veranlasst, und Zucker in beträchtlicher Menge gefunden.

Stat. praes. 22. Juli 1862. Die Kranke ist sehr mager, am Halse, an den Beinen etc. hängen fettlose Hautfalten, die ganze Erscheinung ist die einer Frau von 60 Jahren. Der Rücken, die Oberarme mit zahllosen blaurot pigmentirten Flecken als Residuen der Furunkel bedeckt. Die Brust- und Bauchorgane normal, die Menstruation vollkommen in Ordnung. Grosse Mattigkeit, heftiger Durst, Dürre im Munde und infolge derselben sehr gestörter Schlaf, sehr gesteigerte Esslust, Darmfunction normal.

Harn in 24 Stunden 2280 ccm, Zucker 2 pCt.

Ich verordne eine sehr energische Trink- und Badekur, schon nach wenigen Tagen nimmt die Dürre im Munde ab, Patientin schläft besser, fühlt sich kräftiger.

17. August, Harnmenge 3040 ccm, Zucker 0,5 pCt.

Die angeordnete Fleischkost ward nicht streng eingehalten, Patientin liebt Süssigkeiten und sündigt nach dieser Richtung häufig.

31. August, Harnmenge 3040 ccm, Zucker 1,5 pCt.

Den Winter bringt Patientin in Nizza zu, sie soll daselbst im Monat Februar einen apoplektischen Anfall gehabt haben. Bei ihrer Ankunft in Carlsbad im Mai 1863 war noch eine Parese der rechten oberen Extremität vorhanden. Die Patientin war in ihrem Kräftezustand wieder sehr herabgekommen, aber die Symptome des Diabetes, zumal Durst und Harnsecretion, waren in geringerem Grade als bei ihrer vorjährigen Ankunft vorhanden. Es ist dabei noch zu bemerken, dass Patientin während des Winters die vorgeschriebene Fleischdiät gar nicht beobachtet hat.

18. Mai 1863, Harnmenge 2400 ccm, Zucker 4,5 pCt.

Die Kur muss, da Patientin häufig über Kopfschmerz klagt, sehr vorsichtig mit mässigen Mengen kühlerer Quellen gebraucht werden.

8. Juni, Harnmenge 2160 ccm, Zucker 3,4 pCt.

26. Juni, Harnmenge 2340 ccm, Zucker 2,2 pCt.

Der Kräftezustand hat sich etwas gebessert.

Im Winter 1863—64 erfolgte infolge eines apoplektischen Anfalles der Tod.

20.

Hr. A—i, ein armer jüdischer Lehrer aus Polen, 24 Jahre alt, war früher immer gesund, in seinem 18. Jahre hat er geheiratet, hat bereits eine zahlreiche Familie, mit der er in den kümmerlichsten Verhältnissen lebt. Vor einem Jahre fühlte er heftige Schmerzen im rechten Hoden, und bei der Untersuchung soll derselbe sehr vergrössert gewesen sein. Rötung der Haut war nach Angabe des Patienten nicht vorhanden, aber der Hoden war gegen jede Berührung sehr empfindlich. Nach einigen Wochen nahm die Geschwulst ab, der Hoden wurde immer kleiner. Gleichzeitig fühlte Patient eine Abnahme seiner Geschlechtslust. Mangel an Erectionen, er musste viel Harn lassen, bekam einen Heisshunger und magerte auffallend ab. Geheimrat Frerichs constatirte zuerst das Vorhandensein von Diabetes.

Stat. praes. 13. August 1862. Der Kranke ist zum Skelett abgemagert, die Gesichtsfarbe sehr blass, der Gesichtsausdruck überaus ängstlich, die Haut dürr, Brust- und Bauchorgane normal, das Scrotum schlaff, der rechte Hoden ganz atrophisch, hat ungefähr die Grösse einer Haselnuss, ist gegen Berührung nicht empfindlich, der linke Hoden hat die normale Grösse. Hochgradiger Schwächezustand, gestörter Schlaf wegen des steten Harnbedürfnisses. Nicht zu stillender Heisshunger.

Harnmenge in 24 Stunden 5400 ccm, Zucker 8 pCt.

In der ersten Kurwoche blieben die Symptome, Zucker- und Harnmenge

unverändert. Es wurde eine energische Trink- und Badekur eingeleitet,
8—10 Gläser Sprudel täglich getrunken. Nach 14 Tagen fühlte sich
Patient wesentlich besser, das Harnbedürfnis wurde geringer, er konnte
ruhiger schlafen.

28. August, Harnmenge 4650 ccm, Zucker 8,5 pCt.

Die angeordnete Fleischkost konnte, da Patient sehr arm ist, nicht eingehalten werden, er genoss, wie ich erfuhr, grosse Mengen Amylaceen. Ich
veranlasse, dass er zweimal täglich eine beträchtliche Fleischmenge erhält.
darauf nimmt der Heisshunger ab, der Kräftezustand bessert sich wesentlich.
Die sehr niedergedrückte Stimmung des Kranken wird eine bessere, er hofft
Genesung.

10. September, Harnmenge 3200 ccm, Zucker 7 pCt.

Während des Winters ist der Kranke, der zu Hause in den kläglichsten
Verhältnissen lebte, gestorben.

21.

Hr. N—n, Kaufmann, 58 Jahre alt, hat in seiner Jugend und bis in's
Mannesalter Onanie getrieben und dadurch seine geschlechtliche Potenz
sehr geschwächt, sonst war er mit Ausnahme leichter Hämorrhoidalbeschwerden stets gesund, seit 2 Jahren haben sich die Erscheinungen des Diabetes gezeigt.

Stat. praes. 9. August 1862. Der Kranke ist noch ziemlich gut genährt, das Gesicht hat einen ängstlichen Ausdruck, und die Sorge, dass das
Onaniren die Gesundheit angegriffen habe, quält den Kranken sehr. Der
Kräftezustand ist gut. Brustorgane und Leber normal. Durst bedeutend, das lästigste Symptom die übermässige Harnsecretion. Die Haut
transpirirt.

Harnmenge in 24 Stunden 5600, Zucker 0,8 pCt.

Nach kurzem Gebrauch der Carlsbader Kur bei gemischter Nahrung mildert sich der Durst, die Harnmenge nimmt ab.

26. August, Harnmenge 4300 ccm, Zucker 0.

22.

Fräulein D—o, aus Rotterdam, 47 Jahre alt, weiss sich keiner bedeutenden Krankheit zu erinnern. Im Jahre 1860 starb eine Schwester der
Patientin an Diabetes. Im August desselben Jahres zeigten sich bei
unserer Kranken die ersten Symptome des Diabetes, besonders auffallender
Durst und starke Harnsecretion. Vichywasser, Opium, Tannin und vorwaltende Fleischkost besserten die Erscheinungen. Im März 1862 verschlimmerte
sich der Zustand, der Zuckergehalt betrug 7,4 pCt., das zu Hause durch einige
Wochen gebrauchte Carlsbader Wasser reducirte den Zucker auf 4,8 pCt.

Stat. praes. 26. Mai 1862. Patientin ist zum Skelet abgemagert, nur
die Füsse ödematös angeschwollen. Hautfarbe und Farbe der Schleimhäute

sehr blass, Kräftezustand sehr schlecht, mit Mühe kann Patientin eine Treppe steigen. Durst quälend. Der Schlaf durch häufige Harnsecretion gestört. Haut trocken. Die Menstruation hat seit fast zwei Jahren aufgehört. Lunge gesund. Appetit gering, aber keine Verdauungsstörungen.

Harnmenge in 24 Stunden 5000 ccm, Zucker 7,5 pCt., kein Eiweiss.

Patientin verträgt nur kleine Mengen Mineralwasser, 600 —800 ccm. Der Durst lässt bald etwas nach.

7. Juni, Harnmenge 3400 ccm, Zucker 6 pCt.

Das Oedem verschwindet allmälig, der Kräftezustand bessert sich. Nach vierwöchentlichem Kurgebrauche muss wegen eintretender 'Diarrhoe die Kur unterbrochen werden. Die Kranke wird wieder sehr matt.

30. Juni, Harnmenge 4000 ccm, Zucker 6 pCt.

Patientin ist während des Winters 1862—1863 gestorben.

23.

J. B—n, 12 Jahre altes Mädchen aus Bremen. Der Bruder der Patientin ist vor einem Jahre an Diabetes gestorben, sie selbst leidet seit $2^1/_2$ Jahren an den Erscheinungen desDiabetes, hat die verschiedensten Mittel, darunter auch die Kräuterkur in Gosslar ganz ohne Nutzen gebraucht. Die Harnanalyse wies nach ärztlichen Berichten fast immer 9,5 pCt. Zucker nach. Bei kräftiger Fleischkost wurden die Kräfte noch ziemlich erhalten, so dass das Kind die Schule besuchen konnte. Im Winter 1861—1862 bildete sich allmälig ein Cataract am linken Auge aus.

Stat. praes. 18. Mai 1862. Das Kind ist sehr abgemagert, blass, missmuthig. Das linke Auge ist vollständig erblindet, das rechte intact. Die Leber normal, die Percussion ergibt in der rechten Subclaviculargegend einen etwas gedämpften Ton, die Respiration an dieser Stelle rauh vesiculär, rückwärts ist durch Percussion und Auscultation nichts Anomales in der Lunge nachzuweisen. Appetit gut, nicht übermässig. Durst mässig. Schlaf gut.

Harnmenge 3450 ccm, Zucker 8,2 pCt.

28. Mai, Harnmenge 2900 ccm, Zucker 6,8 pCt.

Diese Harnmenge und der Zuckergehalt bleiben bis an's Ende der Kur fast constant, der Kräftezustand bessert sich nicht wesentlich. Patientin hat fast nur Fleischkost genossen.

Patientin soll, wie ich erfuhr, im Winter gestorben sein.

24.

Hr. R—g, Postbeamter aus Bremen, 42 Jahre alt, war bis vor 2 Jahren vollkommen gesund, hatte dann eine schwere häusliche Sorge und datirt von dort die Erscheinungen des Diabetes. Der von Dr. Müller in Hannover angeordnete Gebrauch von Tannin mit Opium und ausschliessliche Fleischkost reducirte die Harnmenge auf die Hälfte, und der Zuckergehalt sank von 5—6 auf 3 pCt.

12 stündige Harnmenge 1050 ccm, Zucker 5,7 pCt.

30. Mai, 24 stündige Harnmenge 1640 ccm, Zucker 1,5 pCt.

9. Juni, - - 1920 - - 0,8 -

18. Juni, - - 2300 - - 0 -

Während des Winters 1862—1863 hat Patient um 10 Pfund an Körpergewicht zugenommen, von 121 auf 131 Pfund, dabei hat er sich kräftig gefühlt und konnte ungestört seine anstrengende Beschäftigung verrichten. Bei seiner Ankunft in Carlsbad am 1. Juli 1863 enthielt der Harn Zucker in nicht messbarer Menge. Das Aussehen des Kranken war wesentlich besser. Durst und Harnausscheidung normal. Während des Kurgebrauches sank der Zuckergehalt auf minimale Spuren.

25.

Mad. S—n aus Carlsruhe, 62 Jahre alt, war bis vor 2 Jahren eine kräftige, ziemlich fettleibige Frau. Der Bruder der Frau S. ist an Diabetes mellitus gestorben. Vor zwei Jahren zeigten sich bei der Patientin die ersten Erscheinungen des Diabetes, übermässiger Appetit, Durst und reiche Harnsecretion. Patientin magerte ab, da sie aber früher fettleibig war, fühlte sie sich im Ganzen nicht nnbehaglich, und die Symptome wurden nicht beachtet bis im April 1862, wo sie unter Fiebererscheinungen, Husten, reicher Expectoration erkrankte. Die Untersuchung ergab nach dem Berichte des behandelnden Arztes eine Infiltration an der vorderen oberen Partie der linken Lunge. Das Fieber blieb constant, war nur an Intensität wechselnd. Die Expectoration eines grüngelben, eitrigen, zähen Schleimes dauerte fort. Harnmenge 2—3 Schoppen, enthielt stets Zucker.

Stat. praes. 20. Juli 1862. Patientin ist sehr abgemagert, das Gesicht fieberhaft gerötet, Hauttemperatur sehr lebhaft, zumal in den Handtellern eine brennende, trockene Hitze. Puls 90—96. Rechte Lunge gesund, links vorn gedämpfte Percussion, rückwärts ist der Percussionsschall leer, in der Gegend der 2. und 3. Rippe zuweilen metallisch. An der vordern linken Brusthälfte unbestimmtes Athmen, deutliches Exspirium.

Rückwärts bronchiales Athmen. Reichlicher Auswurf eitriger Sputa. Qualvolle Trockenheit des Mundes. Harnmenge mässig. Kräftezustand sehr gesunken. Zucker mit Saccharimeter nicht genau zu ermitteln, ungefähr 0,3—0,4 pCt.

Ich lasse 200—300 ccm Schlossbrunnen jeden Morgen im Bette trinken; das Allgemeinbefinden bessert sich anfangs, der Appetit wird besser, die Dürre im Munde lässt bedeutend nach, der Schlaf wird ruhiger. In Folge einer Erkältung verschlimmern sich später wieder alle Erscheinungen, das Fieber exacerbirt, die Kräfte der Patientin sinken, der Harn weist nur Spuren von Zucker nach. Im November erfolgte zu Hause der Tod.

26.

Hr. N—e aus Preuss. Schlesien, 27 Jahre alt, war früher immer gesund und wohlgenährt, fing, während er angestrengt für ein Staatsexamen arbeitete, im Sommer 1861 an mager zu werden, es trat vermehrter Durst, gesteigerte Harnsecretion auf, und der untersuchte Harn zeigte Zucker. Eisen und animalische Kost wurden angeordnet. Die Harnmenge sank im Durchschnitt auf 1800—2000 ccm, Zucker 0,8—1 pCt.

Stat. praes. 15. Juli 1862. Patient ist zart gebaut, aber die Muskulatur noch gut erhalten, Kräftezustand gut, Potenz nicht geschwächt, die Haut transpirirt. Zucker 0,8.

Nach zwei Wochen ist die Zuckermenge 0,5 pCt., gegen Ende der Kur mit Sm. nicht nachzuweisen, durch Kupferlösung schwache Reaction.

Von Ende August bis Mitte Juni 1863 soll nach Berichten des Arztes der Harn keinen Zucker enthalten, und eine beträchtliche Gewichtszunahme stattgefunden haben. Gegen Ende Februar soll Patient von einem acuten, intermittirenden, in dortiger Gegend endemischen Fieber befallen worden sein, welches der Arzt als Rückenmarksfieber (?) bezeichnet, abgestumpftes Gefühl der Beine, periodisches Herzklopfen, Brustkrampf, Magenkrampf. Kolik und Dysurie werden als die alternirend vorhandenen Symptome angegeben. Patient kam dabei sehr herunter, und es erschienen wieder reichliche Zuckermengen im Harn.

Als Patient Anfangs 1863 nach einer Brunnenkur in Altwasser nach Carlsbad kam, fand ich ihn schlechter aussehend als im vorigen Jahr. Gesichtsausdruck etwas ängstlich. Die Muskulatur wenig kräftig. Patient klagt über leichte Ermüdung und Herzklopfen beim Treppensteigen. Die Untersuchung der Brustorgane weist nichts Anomales nach. Der Puls ist klein, 99. Appetit gut, Harn mässig, circa 2500—2600 ccm, Zucker 4 pCt. Der Kräftezustand bessert sich, am 20. August enthält der Harn nur 1 pCt. Zucker und am 31. August 0,5 pCt. Das Allgemeinbefinden ist aber nicht so gut wie am Schluss der ersten Kur.

27.

Baron B—r aus Westfalen, 59 Jahre alt, war stets sehr rüstig, hat zumal als Jäger die stärksten Strapazen ertragen und nur sehr häufig an Lungenkatarrh gelitten. Gegen dieses Uebel wurde schon vor vielen Jahren Salzbrunn und Ems gebraucht. Im Beginne des Jahres 1861 zeigten sich die ersten Symptome des Diabetes, die Harnanalyse ergab 5,2 pCt. Zucker, und bis zum Monat Juli schwankte der Zuckergehalt bei wiederholt vorgenommener Analyse zwischen 4,6—5,6 pCt., dabei fühlte sich Patient immer matter und magerte ab.

Stat. praes. 1. September 1861. Patient ist noch ziemlich rüstig, fettarm, aber die Muskeln ziemlich stramm, das Gesicht gut gefärbt, die Leber ragt ungefähr 2 Zoll unter dem Rippenbogen hervor. Hämorrhoidalknoten von mässiger Grösse. Varices an den unteren Extremitäten. Die Lungenpercussion normal, die Auscultation ergibt die Zeichen eines Lungenkatarrhs. Appetit sehr gut, kein Heisshunger, hartnäckige Verstopfung, der Mund oft trocken, Durst gross.

Harnmenge in 24 Stunden 2050 ccm, Zucker 6,7 pCt.

Strenge Fleischkost wird angeordnet und eine energische Trinkkur eingeleitet.

16. September, Harnmenge 3150 ccm, Zucker Spuren.

Dieser Befund bleibt bis zum Ende der Kur constant.

Am 10. October nach Hause zurückgekehrt, ergab die Analyse 1,6 pCt. Zucker und sckwankte während des Winters zwischen 1,6—2,8 pCt., nur einmal 3,8 erreichend. Das Allgemeinbefinden während des Winters war gut. Patient fühlte sich kräftiger, das Körpergewicht hat um 5 Pfund zugenommen.

Im Mai 1862 nach Carlsbad zurückgekehrt, zeigt die Untersuchung noch die früher constatirte Lebervergrösserung, sonst fühlt sich Patient nach seiner Angabe viel kräftiger.

3. Mai: Harnmenge 1890 ccm, Zucker 4,2 pCt.

17. -   -   2520 -   - 1,5 -
26. -   -   1650 -   - 0,5 -
29. -   -   2900 -   - Spuren.

Im Beginn der Kur war wiederholt Diarrhoe aufgetreten, wahrscheinlich in Folge des Carlsbader Trinkwassers, welches Patient nicht vertragen konnte.

Während des Winters 1862—63 hat Patient sich bei vorwaltender Fleischdiät sehr wohl gefühlt und hat um 15 Pfund an Körpergewicht zugenommen, von 130 auf 145 Pfund, die kurz vor seiner Abreise am 17. April vorgenommene Harnanalyse ergab 3,2 pCt. Zucker, die Harnmenge betrug 90 Unzen.

Bei seiner Ankunft im Mai 1863 fand ich den Patienten sehr wohl aussehend, er fühlt sich vollkommen wohl und wird nur von hartnäckiger Stuhlverstopfung belästigt.

Harn in 12 Stunden 975 ccm, Zucker 2,7 pCt.

Da Patient zu der so geringen Zahl streng gewissenhafter Patienten gehörte, und ich mich auf seine Angaben vollkommen verlassen konnte, wollte ich das Verhältnis der Harnstoff- zur Zuckerausscheidung durch einige Zeit beobachten. Patient hat durch 7 Tage mit sehr geringen Ausnahmen dieselbe Nahrung zu sich genommen, er hat diese mit den etwaigen Abweichungen genau notirt, letztere sind so gering, dass man annehmen kann, die Nahrung sei quantitativ in dieser Zeit gleich gewesen. Die Getränkmenge war an allen Tagen absolut dieselbe. Die nachstehende Tabelle enthält die Resultate meiner Analysen.

Datum	Harnmenge	Harnstoff		Zucker	
		pCt.	p. d.	pCt.	p. d.
19.	2130	2,25	47,925	2,2	46,86
20.	1710	2,20	57,240	1,6	41,76

Datum	Harnmenge	Harnstoff		Zucker	
		pCt.	p. d.	pCt.	p. d.
21.	3740	1,60	59,840	1,0	37,40
22.	3249	1,90	61,560	1,0	32,40
23.	3080	1,65	50,820	0,8	24,64
24.	3000	2,00	60,000	0,8	24,00
25.	2760	1,90	52,440	0,5	13,80

Das Körpergewicht war während des ganzen Kurgebrauches gleich geblieben. Im Jahre 1864;

14. Mai,   24 stündige Harnmenge 1840 ccm, Zucker 2,1 pCt.

7. August   -   -   2106 -   - 0,4 -

Gewicht steigt innerhalb 4 Wochen von 139 auf 145 Pfund.

Im Jahre 1866: 24 stündige Harnmenge   Zucker   Harnstoff

Datum		pCt.	p. d.
3. Mai,	2850	0,3	57
10. -	2800	0,3	66
11. -	3000	Spuren	58
21. -	3100	0	60
23. -	3700	0,3	68

Das Körpergewicht 144 Pfund.

28.

Hr. G—t aus Grimma, 30 Jahre alt, Reiteroffizier, eine herkulische Gestalt mit übermässiger Körperfülle, war mit Ausnahme leichter Hämorrhoidalbeschwerden stets vollkommen gesund. Im Herbste 1860 litt er an Furunculose, im October desselben Jahres begann er auffallend mager zu werden, hielt dies Anfangs für eine gute Erscheinung, da seine übermässige Corpulenz ihm viele Beschwerden verursacht hatte, allmälig wurde Durst und Harnbedürfnis lästig, die Trockenheit im Munde quälte den Patienten. Als Patient im Juni 1861 sich einem Arzte vorstellte, fand dieser die Sprache des Patienten schwer und stammelnd und glaubte, dass eine beginnende Zungenparalyse vorhanden sei. Auf Anordnung von streng animalischer Kost, welcher sich der musterhaft folgsame Patient willig unterzog, besserten sich alle Erscheinungen, und auch die Sprache wurde frei, die Trockenheit im Munde besserte sich gleichfalls.

Stat. praes. 15. Juli 1861. Patient, im Gesicht gut gefärbt, macht noch immer den Eindruck eines sehr kräftigen Mannes, er ist ungewöhnlich gross, starkknochig, die Muskulatur gut entwickelt, aber die faltige Haut zeigt, dass eine grosse Menge Fett verschwunden ist. Brust- und Bauchorgane normal, Durst und Harnsecretion mässig, Harnmenge in 24 Stunden 1190 ccm, Zucker 0,5 pCt. Patient beobachtet seit Monaten die strengste Fleischdiät.

Um die Wirkung des Mineralwassers zu constatiren, gestatte ich gemischte Kost.

23. Juli, Harnmenge 1550 ccm, Zucker 3.7 pCt.

  8. Aug.,   -   1296 -   - 0,5 -

23.   -   - 1800 -   - 0,5 -

Den Winter hat Patient bei strenger Fleischkost ziemlich gut zugebracht, er konnte seinem Dienste obliegen, aber einer grösseren körperlichen Anstrengung war er nicht gewachsen. Bei seiner Ankunft in Carlsbad im Jahre 1862 fand ich ihn bedeutend abgemagert, den Gesichtsausdruck eigentümlich ängstlich, Zunge gerötet und nach allen Richtungen rissig, er klagt über Dürre im Munde.

  7. Mai, Harnmenge 4200 ccm, Zucker 5,4 pCt.

15. -   - 2700 -   - 4,2 -

20. -   - 3024 -   - 4,0 -

27. -   - 2150 -   - 4,3 -

Patient fühlt sich sehr matt, er kann mit Mühe eine Treppe steigen, es tritt starke Diarrhoe ein, die Kur wird unterbrochen. Es traten allmälig die Erscheinungen eines acuten Magen-Darmkatarrhs auf, wahrscheinlich in Folge von übermässigem Fleischgenusse, durch welchen Patient, als schon der Appetit nachgelassen hatte, gegen die zunehmende Mattigkeit ankämpfen wollte. Das Fieber ist heftig, qualvoller Durst, grosse Erschöpfung, rasche Abmagerung. Diät und Säuren bessern den Zustand, leichte Gemüse werden bald vertragen.

28. Juni, Zuckergehalt 6 pCt.

Nachdem sich Patient einigermassen erholt hatte, schickte ich ihn auf's Land, später sollte Elster gebraucht werden.

Im Winter erfolgte der Tod. Weitere Details habe ich nicht erfahren.

29.

Hr. B—y, Kaufmann, 56 Jahre alt, leidet schon seit 3 Jahren an Diabetes, er war früher immer sehr gesund, er glaubt, seine Krankheit datire aus der Zeit, da er durch ein sehr schmerzliches Familiendrama in hohem Grade erschüttert wurde, er war wiederholt in Carlsbad und hat sich nach jeder Kur wohler gefühlt, Fleischdiät hat er nie streng beobachtet.

Stat. praes. 21. Mai 1862. Der zart gebaute Mann sieht noch sehr frisch und elastisch aus, er ist mager, aber die Muskulatur noch kräftig, auch fühlt Patient sich nicht sehr matt, Brust- und Bauchorgane normal, ein sehr häufiges Harnbedürfnis ist das lästigste Symptom.

Harnmenge in 12 Stunden 1870 ccm, Zucker 6,3 pCt.

Ich verordne strenge Fleischdiät, bin aber nicht überzeugt, dass Patient, der ziemlich leichtfertig ist, dieselbe auch einhält.

28. Mai, 24stündige Harnmenge 2710 ccm, Zucker 3,7 pCt.

15. Juni,   -   - 1575 -   - 0 -

30.

Hr. R—ch, Zuckerfabrikant aus Ungarn, 36 Jahre alt, hat im Jahre 1853 lange Zeit an Intermittens gelitten, mehrere Familienunglücksfälle veranlassten einen sehr deprimirten Gemüthszustand, welcher über ein Jahr dauerte. Nachdem das frühere moralische Gleichgewicht wieder hergestellt war, traten allmälig die Erscheinungen des Diabetes auf, Durst, häufiges Harnbedürfnis, Abmagerung von 180 auf 144 Pfund innerhalb einiger Monate. Die Harnmenge betrug in 24 Stunden 5—6000 ccm. Durch Regelung der Diät, vorwaltende Fleischnahrung, sank diese Menge auf 2000 ccm mit 4 pCt. Zucker.

Stat. praes. Juni 1858. Patient macht in seiner Erscheinung durchaus nicht den Eindruck eines Diabetikers, er ist sehr wohl genährt, fettleibig, das Gesicht gut gefärbt. Durst mässig, die Haut transpirirt, die geschlechtliche Potenz hat nicht gelitten. Zuckermenge nach Angabe des Herrn Göttl, Apotheker in Carlsbad, 5 pCt.

Im Jahre 1861 kommt Patient wieder nach Carlsbad, er ist noch eben so wohl genährt, hat sich in den letzten Jahren sehr wohl gefühlt, durch mehr als zwei Jahre hat nach seiner Angabe der oft untersuchte Harn keine Spur von Zucker enthalten, im Winter 1860—61 traten zuerst wieder reichliche Zuckermengen auf, die aber zeitweilig wieder verschwanden.

14. Juni, 12stündige Harnmenge 1600 ccm, Zucker 3,5 pCt.

Schon am 23. Juni ist der Zuckergehalt 0, und dieser Zustand hält bis zum Ende der Kur an.

Patient starb im Jahre 1867 an Apoplexie.

31.

Hr. B—t, Schullehrer aus Rheinpreussen, 30 Jahre alt, weiss sich keiner Krankheit zu erinnern, hat stets in den kümmerlichsten Verhältnissen gelebt. Sein jetziges Leiden datirt er vom October 1860, es schritt, da Patient keine reiche Fleischnahrung geniessen konnte, sehr rasch vorwärts.

Stat. praes. 26. Juni 1861. Patient bietet das Bild des hochgradigsten Diabetes, er ist bis zum Skelett abgemagert, ist im höchsten Grade erschöpft, kann mit Mühe eine Treppe steigen. Heisshunger, brennender Durst, Zunge roth, rissig, Leber normal, Lunge nicht afficirt.

Nachtharn 2250 ccm, Zucker 8 pCt., Harnstoff 1,3 pCt.

5. Juli, 24stündige Harnmenge 3730 ccm, Zucker 7,5 pCt.

| 12. | - | - | - | 3750 | - | - | 8 | - |
| 25. | - | - | - | 5200 | - | - | 8,4 | - |

Die Kräfte des Kranken nehmen täglich ab, es tritt auch keine symptomatische Besserung ein.

32.

Hr. Sch—b aus Weimar, Landwirth; 50 Jahre alt, war früher immer gesund. Seit dem Jahre 1854, nachdem er eine Reise in Holland gemacht hatte, litt er an zeitweise auftretendem intermittirenden Fieber. Es kamen meist 2 bis 3 Anfälle in aufeinanderfolgenden Nächten, gewöhnlich gegen 12 Uhr Nachts, begannen mit Schüttelfrost, darauf Hitze und Schweiss. Diese Anfälle wiederholten sich in Zwischenräumen von einigen Wochen durch zwei Jahre. Seit jener Zeit ist ein Zustand von Mattigkeit zurückgeblieben. Im Winter 1859 traten in der Gegend des Epigastriums, in welcher Patient schon früher wiederholt ein Gefühl von Druck empfunden hatte, heftige Schmerzen auf, die das Athmen beeinträchtigten und nur auf Anwendung von Cataplasmen und Jodtinctur schwanden. Ein Jahr später soll wieder ein vehementer Schmerzanfall aufgetreten sein, zu dessen Bekämpfung örtliche Blutentziehung angewendet wurde. Das Gefühl von Druck bestand fort. Ende des Jahres 1860 traten die Erscheinungen des Diabetes, Durst, starke Harnsecretion, Mangel an Hauttranspiration, mehr in den Vordergrund. Die Harnsecretion soll zuweilen 9 Maass in 24 Stunden betragen, der Harn viel Zucker und Eiweiss enthalten haben. Es war in den letzten Jahren Neigung zu Diarrhoe vorhanden, die Stühle sind wenig gallig gefärbt; zeitweise ist Oedem der Füsse vorhanden.

Stat. praes. 18. Juli 1862. Der Kranke ist noch ziemlich gut genährt, doch gibt er an, dass die Muskulatur gegen früher sehr geschwunden ist. Die Haut sehr spröde, Brustorgane normal. Die Leber ragt eine Hand breit unter dem Rippenrande und unter dem Proc. ensiform. bis nahezu an den Nabel hervor, sie ist glatt, aber hart anzufühlen, der Leberrand scharf, die Leber gegen Druck nicht empfindlich. Die Milz ist nicht vergrössert. Ascites nicht vorhanden, leichtes Oedem der unteren Extremitäten. Durst beträchtlich. Appetit mässig.

Harnmenge in 24 Stunden 3600 ccm, Zucker 4,5 pCt., Spuren von Eiweiss.

Nach kurzer Zeit begann Patient sich kräftig zu fühlen, Durst und Harnbedürfnis wurden mässiger.

26. August, Harnmenge 2400 ccm, Zucker 3 pCt., Eiweiss unverändert.

Das Lebervolumen war nicht kleiner geworden.

33.

Hr. M—o, Kaufmann aus Odessa, 38 Jahre alt, erinnert sich keiner ernsten Krankheit, hat sehr viel in venere excedirt und viele Gonorrhoeen gehabt. Seit Jahren hat er ein Gefühl von Schwere im Kreuze, Mattigkeit in den Beinen, in denselben häufig ein Gefühl von Ameisenlaufen. Im Winter 1861 war diese Mattigkeit auffallender. Durst und häufiges Harnbedürfnis. Der von Prof. Schneider in Wien im Jahre 1861 untersuchte Harn enthält $2\frac{1}{2}$ pCt. Zucker, etwas Eiweiss, Eiter, Schleimkörperchen und Epithelialzellen.

Stat. praes. 9. Mai 1862. Der zart gebaute Patient ist ziemlich mager, die Muskulatur weich, das Scrotum schlaff, keine Empfindlichkeit längs der Wirbelsäule. Lunge und Leber normal. Der Gang ist sicher, aber nach mässiger Bewegung tritt Ermüdung ein. Die Potenz ist sehr gesunken.

Harnmenge in 24 Stunden 2600 ccm, Zucker 1,5 pCt.

Patient hat in den letzten Wochen meist Fleisch gegessen. Nach 8 tägigem Kurgebrauche ist mittelst Saccharimeter kein Zucker nachzuweisen, mittelst Fehling's Kupferlösung deutliche Zuckerreaction während des ganzen Kurverlaufes.

Patient ging zur Nachkur nach Wildbad, den Winter brachte er in Paris zu, excedirte wieder in venere, es begann eine bedeutende Empfindlichkeit in der rechten Lumbargegend, die sich zu Schmerz steigerte und den Patienten durch viele Wochen ans Bett fesselte. Der Urin war die ganze Zeit hindurch sehr trübe, enthielt nach Rayer's Mittheilung viel Eiter und nur Spuren von Zucker.

Bei seiner Ankunft in Carlsbad im Mai 1863 enthielt der Harn nur Spuren von Zucker, eine mässige Menge von Eiweiss und sehr viele Eiterkörperchen. Die rechte Lumbargegend war noch gegen Druck sehr empfindlich. In Folge fortgesetzter Bäder besserte sich dieser Zustand, ohne aber vollständig zu verschwinden. Die Erscheinungen des Diabetes waren ganz in den Hintergrund getreten.

34.

Mad. B—a, 60 Jahre alt, hat seit vielen Jahren an Gicht gelitten, die sich in regelmässigen Podagraanfällen manifestirte. Seit etwa 10 Jahren ist auch eine übermässig grosse Fettbildung aufgetreten. Patientin hat wegen dieser, wie wegen ihrer Gicht, schon sehr oft die Kur in Carlsbad gebraucht. Im Jahre 1861 bemerkte Patientin, dass sie etwas magerer wurde, Mattigkeitsgefühl, Durst, sehr häufiges Harnbedürfnis waren die lästigsten Symptome. Die durch Geheimr. Frerichs vorgenommene Harnuntersuchung wies deutlich Zucker nach.

Stat. praes. 16. Mai 1862. Patientin ist noch sehr fettleibig, in den Bauchdecken sind zahlreiche Fettgeschwülste, Leber nicht durchzufühlen, Lunge normal, Durst mässig, häufiges Harnbedürfnis.

24 stündige Harnmenge 4200 ccm, Zucker 1 pCt.

Der Zuckergehalt mindert sich während des Kurgebrauches rasch und ist nach zwei Wochen vollkommen verschwunden. In der dritten Woche erfolgt ein heftiger, sehr schmerzhafter Gichtanfall in der rechten grossen Zehe. Die Harnuntersuchung weist wieder einen sehr deutlichen Zuckergehalt nach, trotzdem das Mineralwasser, wenn auch in geringerer Menge, während des Gichtanfalles getrunken wurde. Später verschwindet der Zucker abermals und tritt nach einer Gemütserregung durch einen Unfall, der einem Freunde begegnete, veranlasst, wieder auf, um nach einigen Tagen wieder zu verschwinden.

Patientin kommt alljährlich nach Carlsbad, der Harn enthält nachweisbare Spuren Zucker, aber Patientin befindet sich ganz wohl.

35.

Hr. R—r, Kaufmann aus Wien, 62 Jahre alt, sehr nervös, hat in venere sehr excedirt, klagt seit einigen Jahren über Mattigkeit, über lancirende Schmerzen in der Kreuzbeingegend, die sich längs des Mittelfleisches durch das Glied fortsetzen. Im letzten Jahre trat häufiges Harnbedürfnis auf, welches sich auch in der Nacht oft einstellte und dadurch den Schlaf störte, die Harnmenge war nie sehr bedeutend.

Stat. praes. 14. Juni 1861. Patient ist ziemlich gut genährt, der Gesichtsausdruck ängstlich, die Stimmung sehr deprimirt, Patient klagt sich an, dass er durch seine Excesse seine Gesundheit untergraben habe. Die Hauptklage des Patienten ist die rasche Ermüdung nach körperlicher Anstrengung und die oben erwähnten Schmerzen, die Patient wie Nadelstiche sowohl in Bezug auf Empfindung als auf Dauer schildert. Appetit bedeutend. Neigung zu Stuhlverstopfung. Harnmenge mässig, Zucker in reichlichen Spuren, quantitativ nicht zu bestimmen.

Während des Kurverlaufes fühlt Patient sich kräftiger, das Harnbedürfnis wird seltener, der Stuhlgang regelt sich, die Stiche treten seltener auf. Pat. hat alljährlich die Kur gebraucht, der Kräftezustand ist entschieden gebessert, es ist stets eine sehr schwache Zuckerreaction vorhanden. Im Jahre 1867 starb er an einer Pleuropneumonie.

36.

Mrs. M—e aus England, 65 Jahre alt, war stets rüstig, hat in wenigen Jahren durch den plötzlichen Tod ihres Gatten und mehrerer Kinder ungewöhnlich schweren Kummer erlebt. Seit 3 Jahren bemerkte sie ein auffallendes Mattigkeitsgefühl, das sich immer steigerte, dazu heftigen Durst und häufige copiöse Harnausscheidung. Seit einem Jahre gesellte sich zu ihrem Leiden ein quälender Husten, der die Nächte noch unruhiger machte und die Patientin noch mehr herunterbrachte.

Stat. praes. 28. August 1862. Patientin ist zart, blass, ziemlich mager, Leber normal, rechte Lunge gesund, links vorn wie rückwärts gedämpfte Percussion, unbestimmtes Athmen und feinblasiges Rasseln, die Patient hustet viel, zumal Nachts. Durst beträchtlich, Harnentleerung häufig, die Nächte schlaflos wegen Trockenheit im Munde und wegen Husten. Der Kräftezustand sehr herabgekommen. Appetit gering.

Zuckergehalt des Harns 5,8 pCt.

Nach wenigen Tagen eines vorsichtigen Kurgebrauches bessern sich alle Erscheinungen, die Nächte werden ruhiger, Patientin fühlt sich kräftiger.

13. September, Zuckergehalt 1,4 pCt.

20.   -   -   0,5 -

Es wird gemischte Kost genossen, da Patientin für Fleischkost am we-

nigsten Appetit hat. Der Kräftezustand hat sich wesentlich gebessert, so dass
die früher sehr niedergedrückte Patientin sehr hoffnungsvoll abreist.

Gegen meinen Rath bringt sie den Winter in Nizza zu, die Tuberculose
macht Fortschritte. Bei ihrer Rückkehr nach Carlsbad im Juli 1863 ist Pat.
in hohem Grade herabgekommen, die rechte Lungenspitze gleichfalls infiltrirt.
Der Husten ist qualvoll, dagegen sind die Symptome des Diabetes zurückgetreten, der Zuckergehalt 0,8 pCt. Ich lasse nur geringe Mengen Schloss-
brunn trinken, um den Husten etwas zu mildern, und schicke Patientin, als
sie sich etwas gekräftigt fühlt, zur Molkenkur nach Badenweiler. Im Herbste
starb die Kranke.

37.

Hr. P—l, Fabrikant aus Sachsen, 44 Jahre alt, früher immer gesund,
hat nur an hartnäckiger Stuhlverstopfung gelitten. Das jetzige Leiden bezeichnet Patient als Folge schwerer Sorgen. Im Jahre 1861 sei zuerst ein
Gefühl von Mattigkeit aufgetreten, und darauf haben sich die anderen Erscheinungen des Diabetes manifestirt. Die Krankheit wurde erst im Mai 1862
von Geheimr. Walter erkannt. Die Kost war früher nicht berücksichtigt
worden, im Gegenteil hatte Patient viel Amylacea genossen, viel Bier
getrunken.

Stat. praes. Der Körper noch wohlgenährt, Brustorgane normal, der
linke Leberlappen ragt 2 Zoll unter dem Rippenrande hervor. Patient klagt
vor Allem darüber, dass er leicht ermüde. Appetit gut, ohne Heisshunger zu
sein. Durst mässig.

31. Mai 1862 12stündige Harnmenge 3510 ccm, Zucker 8 pCt.
10. Juni -   -   -   1710   -   - 3,6 -
7. Juli -   -   -   1080   -   - 1,5 -

Patient fühlt sich vollkommen wohl und kräftig. Während des Winters
war Patient im Stande sich einer anstrengenden Thätigkeit zu widmen, erst
gegen das Frühjahr trat das Gefühl von Mattigkeit wieder auf. An Fleischkost hat sich Patient nicht gehalten und viel Bier getrunken. Bei seiner Ankunft in Carlsbad am 9. Juli 1863 enthielt der Nachtharn des Patienten wieder 8,2 pCt. Zucker, doch war die Menge nach Angabe des Patienten eine
geringe. Schon nach 8 Tagen war der Zuckergehalt auf 1,2 pCt. gesunken
und schwankte die übrige Zeit zwischen 1—2 pCt.

38.

Hr. B—s, Kaufmann aus Wien, 50 Jahre alt, sehr nervös, hat sonst
häufig an Migraine gelitten, er hatte in den letzten 10 Jahren harte Schick-
salsschläge erfahren, hat überdies in venere excedirt. In den letzten Jahren
fühlte er sich auffallend matt, jeder grösseren Anstrengung unfähig. Häufig

Rückenschmerz, eine Schwere in den unteren Extremitäten und öfter die Empfindung von Ameisenlaufen. In den 2 letzten Jahren war zu diesen Erscheinungen Trockenheit im Munde und öfteres Harnbedürfnis hinzugekommen. Die schon damals vorgenommene Harnuntersuchung wies Zucker nach. Patient hat seitdem reichlich Fleischnahrung genossen, fühlte sich aber durch dieselbe nicht gekräftigt.

Stat. praes. 6. Mai 1862. Der Patient ist noch ziemlich gut genährt, in hohem Grade reizbar, klagt über allerlei neuralgische Schmerzen, in den Schultern, im Rücken, in den Intercostalräumen. Brust- und Bauchorgane normal, die Wirbelsäule gegen Druck unempfindlich, der Gang sicher, aber nach geringer körperlicher Anstrengung tritt Ermüdung ein. Durst mässig, Harnmenge gering, aber das Bedürfnis zum Harnen häufig. Der Harn enthält deutliche Spuren von Zucker, die aber quantitativ nicht zu bestimmen sind.

Patient fühlt sich durch den Kurgebrauch wesentlich gekräftigt, kann nach kurzer Zeit grosse Spaziergänge machen. Der Zucker ist nach 2 Wochen ganz aus dem Harn verschwunden — von Zeit zu Zeit erscheinen wieder schwache Spuren.

Ich hatte Gelegenheit Patienten im Januar 1870 zu sehen, er fühlte sich vollkommen wohl.

39.

Mad. L—n aus Berlin, 52 Jahre alt, sehr fettleibig, war mit Ausnahme häufiger Hemicranie stets gesund. Im Februar 1863 wurde sie von einer Grippe befallen, die nicht hochgradig war, kurz darauf fühlte sie sich sehr matt, sie klagte über heftigen Durst, die Harnsecretion war copiös, die zugleich vorgenommene Analyse ergab 4—5 pCt. Zucker.

Stat. praes. 14. Mai 1863. Patientin ist wohlgenährt, ziemlich fettleibig, in hohem Grade nervös und ängstlich. Leber durch die fetten Bauchdecken nicht durchzufühlen. Lungen normal. Appetit mässig, die vorzüglichsten Klagen der Patientin bilden die Trockenheit im Munde, das Gefühl von Abgeschlagenheit und ein sehr lästiger Pruritus pudendorum.

Harnmenge in 24 Stunden 1720 ccm, Zucker 6,5 pCt.

Ich verordnete vorwaltende Fleischkost, die Erscheinungen bessern sich rasch.

26. Mai, Harnmenge 1670 ccm, Zucker 2 pCt.
4. Juni, - 1400 - - 0 -

Durch 6 Jahre hatte sich Patientin sehr wohl gefühlt. Im Jahre 1869 sollen zuerst wieder die Erscheinungen des Diabetes aufgetreten sein. Im Juli 1869 kam Patientin nach Carlsbad, sie war ziemlich abgemagert, aber die diabetischen Symptome waren sehr mässig.

20. Juli, Harnmenge 2000 ccm, Zucker 7 pCt.
22. August, - 2500 - - 0 -

40.

Hr. P—m aus Holland, 39 Jahre alt, war bis zum Februar dieses Jahres
gesund. Mit einem Male begann das jetzige Leiden ohne irgend eine dem
Patienten bekannte Veranlassung mit heftigem Durst, mit übermässiger Harnausscheidung und rascher Abmagerung. Das Leiden wurde nicht erkannt,
und Patient heirathete im Mai, wenige Wochen später war er vollkommen
impotent.

Stat. praes. 10. Juli 1863. Der zart gebaute Patient ist in hohem
Grade abgemagert, die Muskulatur schlaff, die Haut trocken, spröde. Leber
und Lunge normal. Die Linsen beider Augen cataractös getrübt, Patient
gibt an, die Gegenstände in den letzten Wochen wie durch einen Nebel zu
sehen. Heisshunger, hartnäckige Stuhlverstopfung, die Zunge roth, rissig.
Harnbedürfnis sehr häufig, und dadurch die Nachtruhe gestört.

Harnmenge in 24 Stunden 6500 ccm, Zucker 7 pCt.

29. Juli	-	4550 -	- 7,5 -
15. August	-	2920 -	- 7,7 -
20. -	-	3250 -	- 7,7 -

Das Allgemeinbefinden des Kranken ist wesentlich gebessert, schon nach
wenigen Tagen war der Durst gering, der Schlaf ruhiger, die Kräfte nehmen
anhaltend zu, und Patient ist im Stande grosse Spaziergänge zu machen.
Am Interessantesten ist, dass schon nach 8—10 Tagen das Sehen
besser wird, der Nebel, über welchen Patient klagte, zerstreut
sich, und die Untersuchung der Augen weist nach, dass die Trübung der Linsen allmälig schwindet, bei seiner Abreise sah er
ganz klar, und war nur am rechten Auge eine schwache Trübung
der Linse wahrnehmbar.

Bei seiner Rückkehr, Mai 1864, keine Spur der Linsentrübung, er klagt
nur über hochgradige Schwäche in den Beinen. Körpergew. 111 Pfund.

31. Mai, Harnmenge in 24 Stunden 5170 ccm, Zucker 7,0 pCt.

20. Juni,	-	- 4950 -	- 7,5 -
30. -	-	- 4500 -	- 7,5 -
6. Juli	-	- 4720 -	- 7,0 -

Trinkt 8 Becher Mineralwasser Morgens zwischen 5—7 Uhr. — Von 5 bis
10 Uhr Morgens erfolgt keine Harnausscheidung. Das Körpergewicht bei der
Abreise 115 Pfund.

Im Winter steigerten sich wieder alle Symptome, die Sehkraft nimmt
wieder ab. Patient erblindet, stirbt im Frühjahre 1865.

41.

K—g, ein Knabe von 16 Jahren, war früher immer vollkommen gesund, und es sollen bei demselben vor ungefähr zwei Monaten plötzlich die
Symptome des Diabetes aufgetreten sein. Als Ursache wird eine Erkältung
angegeben.

Stat. praes. 9. August 1863. Der junge Mann ist zart gebaut, schlank, blass aber nicht auffallend mager, die Muskulatur ziemlich fest, Brust und Unterleibsorgane normal. Durst gross, Zunge geröthet, Appetit sehr stark.

9. August, 24 stündige Harnmenge 2880 ccm, Zucker 9 pCt.

19.   -   -   -   3360   -   -   3,7 -

31.   -   -   -   1980   -   -   5,7 -

11. Septbr.,   -   -   1760   -   -   2   -

Das Gesammtbefinden und der Kräftezustand so gebessert, dass Patient sich vollkommen gesund erklärt.

42.

Hr. M—y, Zuckerbäcker, 37 Jahr alt, war früher immer gesund, erkrankte im September 1862 an Diabetes, der bald sehr hochgradig wurde. Als Ursache gibt Patient schwere Familiensorgen an. Zucker hat Patient nie mit Vorliebe genossen. Der behandelnde Arzt, Dr. Kunne, verordnete bald animalische Kost, die dem Fortschreiten des Uebels nicht Einhalt zu thun vermochte. Unter den verschiedenen Mitteln haben sich die auf Beförderung der Hauttranspiration gerichteten bacc. Juniperi am schlechtesten bewährt, das Gewicht des Körpers sank bei deren Anwendung rascher als früher. Der Harn soll wiederholt Spuren von Eiweiss nebst Zucker enthalten haben.

Stat. praes. 7. Juli 1863. Patient ist in hohem Grade abgemagert, blass, der Gesichtsausdruck ängstlich, Leber und Lungen normal. Haut trocken. Scrotum schlaff, die Potenz erloschen, ein leichtes Oedem um die Knöcheln beider Füsse. Die Hauptklage des Patienten ist das Gefühl der Müdigkeit, schmerzhaftes Ziehen in den Gliedern, zumal in den unteren Extremitäten. Trockenheit im Munde. Harnsecretion nicht übermässig. Körpergewicht 105 Zollpfund.

12 stündiger Nachtharn 1800 ccm, 9,5 pCt.

Die Besserung während des Kurverlaufes nur eine geringe. Die Trockenheit im Munde wesentlich geringer.

22. Juli,   12 stündiger Harn   1650 ccm, Zucker 8,8 pCt.

9. August,   -   - ca. 1850   -   -   8,2 -

Das Körpergewicht am letzten Kurtage 105 Zollpfund wie beim Beginn der Kur.

43.

Hr. L—y, Kaufmann aus England, 52 Jahre alt, hat in früheren Jahren häufig an Gicht gelitten, vor 10 Jahren erfolgte ein sehr heftiger Anfall von Podagra, sonst waren es meist leichte Gelenkschmerzen, ohne entzündlichen Charakter. Vor drei Jahren litt Patient häufig an Furunkeln, etwas später empfand er häufiges Harnbedürfnis. Vor einem Jahre verlor er eine erwachsene Tochter in Folge von Diab. mellit., und sein Sohn erkrankte an Diabetes. Er

datirt von jener Zeit das Auftreten seiner diabetischen Erscheinungen, die nie
sehr heftig waren, da dieselben sogleich erkannt, und Patient auf Fleischdiät
gesetzt wurde.

Stat. praes. 18. Mai 1863. Patient ist noch ziemlich gut genährt,
die Bauchdecken ziemlich fettreich, doch soll das Fett nach Aussage des Kranken sehr abgenommen haben. Lunge und Leber normal, Appetit mässig, hartnäckige Stuhlverstopfung, Durst und Harnausscheidung gering, das lästigste
Symptom, über welches Patient klagt, ist die Trockenheit im Munde und die
Empfindung eines unangenehmen Geschmackes, welche beim Erwachen am
stärksten ist. 12stündiger Nachtharn 600 ccm, Zucker 6 pCt., harnsaure
Salze in grosser Menge.

28. Mai, Zucker mit Saccharimeter 0, eine sehr schwache Reduction
durch Kupferlösung.

Im Jahre 1869 theilte mir Patient brieflich mit, dass er sich wohl fühle,
aber stets Zucker im Harn habe.

44.

Baron K—m, 22 Jahre alt, Reiteroffizier, hat geschlechtlich nie excedirt,
hat aber durch lange Zeit reichlich Spirituosa genossen, zumal in den Garni-
sonen Galiziens viel Schnaps getrunken. Im Juli v. J. wurde er durch ein
aussergewöhnlich tragisches Ereignis in hohem Grade und plötzlich afficirt,
seit jener Zeit war seine frühere heitere Stimmung geändert, im Herbste begann er viel zu trinken und viel Harn zu lassen, er magerte rasch ab, und
seine Kräfte verminderten sich bedeutend. Das Uebel wurde nicht erkannt,
er wurde schlecht behandelt mit Purgirmitteln und Nahrungsentziehung. Prof.
Oppolzer, den er in Wien consultirte, verordnete sogleich strenge
Fleischkost, und in Folge dessen haben die quälenden Symptome, Durst
und Polyurie, wesentlich nachgelassen.

Stat. praes. 15. Mai 1863. Körper gross, zum Skelett abgemagert,
die Haut transpirirt. Lunge und Leber normal. Mund dürr, Zunge roth. Heisshunger, Kräftezustand sehr darniederliegend. Patient steigt mit Anstrengung
eine Treppe, Potenz erloschen, doch hatte Patient gerade während der Nacht
nach seiner Ankunft eine Pollution. Harnmenge in 24 Stunden 1400 ccm,
Zucker 4,4 pCt., Harnstoff 4,3 pCt. Körpergewicht 115 Pfund.

Da Patient die vorgeschriebene Fleischdiät gewissenhaft beobachtete,
auch die täglich eingenommenen Speisemengen nahezu gleich waren, bestimmte
ich wieder an einigen Tagen die ausgeschiedene Harnstoffmenge. Die nachstehende Tabelle enthält die Resultate der Analysen.

Datum	Harnmenge	Harnstoff		Zucker		Körpergewicht
		pCt.	p. d.	pCt.	p. d.	Pfd.
15. Mai	1400	4,3	60,20	4,4	60,16	125
23. -	4080	2,8	114,24	1,5	61,20	
24. -	3570	2,3	82,11	2,0	71,40	

Datum	Harnmenge	Harnstoff		Zucker		Körpergewicht
		pCt.	p. d.	pCt.	d. d.	Pfd.
25. Mai	3230	2,5	80,75	1,5	48,45	
26. -	3400	2,45	83,30	1,3	44,20	
27. -	3740	2,35	87,89	1,3	48,62	117
16. Juni	3740	2,50	93,50	1,5	56,10	
17. -	3910	2,30	89,03	1,3	50,83	
18. -	4420	2,10	92,80	1,5	66,30	

Das Befinden des Kranken hat sich wesentlich gebessert, sein Kräftezustand hat sich gehoben, ich schickte ihn zur Nachkur nach Gastein. Nach einer mir zugekommenen Mittheilung soll die Zuckermenge sehr verringert gewesen sein, und das Allgemeinbefinden war so weit gebessert, dass er im Stande war, seinen Dienst aufzunehmen. Im Frühjahre ist Patient in einem kleinen Städtchen in Ungarn, wo er in Garnison war, gestorben.

45.

Hr. v. D—n, ein hervorragender Arzt, entdeckte durch eine zufällige Untersuchung seines Harnes im Jahre 1858, dass derselbe Zucker enthalte. Bei fortgesetzter Beobachtung fand er, dass die Zuckerausscheidung nur bei Genuss von Amylaceen auftrete, dass dagegen bei ausschliesslicher Fleischkost der Harn vollständig zuckerfrei ist.

Stat. praes. Der 52 Jahre alte Patient hat ein greisenhaftes Aussehen, er ist im hohen Grade nervös, aber nach seiner Aussage ist seine Gesundheit seit der Zeit, als er zuerst Zucker im Harn entdeckte, nicht wesentlich afficirt. Der Appetit ist mässig, hartnäckige Stuhlverstopfung und ein Gefühl von Trockenheit im Mund sind die wesentlichsten Klagen des Patienten.

Hr. v. D. hat selbst während des Kurgebrauches täglich seinen Harn analysirt und war so freundlich, mir die folgenden Notizen mitzutheilen. Bei seiner Ankunft enthielt der Harn 4,5 pCt. Zucker, und fühlte Patient in den ersten 10 Tagen wenig Besserung, der Zuckergehalt war nicht vermindert. Nach dieser Zeit trat allmälig Besserung ein, der Zucker minderte sich, bald verschwand er ganz, und nur wenn übermässige Mengen von Amylaceen genossen wurden, enthielt der Harn quantitativ nicht zu bestimmende Spuren von Zucker. In den späteren Krankheitsjahren war die Kurwirkung nicht mehr so günstig. Die Zuckerausscheidung erreichte zwar nie mehr die frühere Höhe, aber die Toleranz gegen Amylacea wurde allmälig geringer. In den letzten zwei Jahren fühlte er eine wesentliche Abnahme seiner Geisteskräfte, zumal hatte sein Gedächtnis sehr gelitten. Im Jahre 1869 starb er in Folge einer mässigen Pneumonie.

46.

Mad. R—r aus Süddeutschland, 36 Jahre alt. Die Mutter der Patientin war schon als Mädchen gemüthskrank und hatte wiederholt Selbstmordversuche gemacht; sie heirathete, gebar 7 Kinder, von diesen starben 4 im Lebensalter zwischen 1—5 Jahren an nicht näher bezeichnetem Kopfleiden. Bei dem 5. Kinde, einem Mädchen, entwickelte sich das Kopfleiden im 7. Jahre, und dasselbe starb im 19. Jahre geisteskrank. Unsere Patientin hat einen Zwillingsbruder, der viel an Kopfschmerz leidet, nachtwandelt, und dessen geistige Entwicklung sehr zurückgeblieben ist, so dass er zur selbstständigen Leitung eines Geschäftes unfähig ist. Als unsere Patientin schon erwachsen war, wurde deren Mutter abermals gemüthskrank, verharrte in diesem Zustande durch 4 Jahre und endete ihr Leben durch Selbstmord. Patientin war als Kind sehr schwach; um sie vor dem Geschicke ihrer übrigen Geschwister zu bewahren, wurde ihr am Kopfe eine Fontanelle angelegt, und dieselbe bis zum 6. Jahre unterhalten. Durch körperliche Uebungen wurde Patientin gekräftigt und eine beginnende Skoliose beseitigt. Bis zum 14. Jahre war Patientin ziemlich wohl, um diese Zeit bekam sie ein nervöses Schleimfieber mit Delirien (Typhus?), und seit jener Zeit blieb eine Neigung zu Diarrhoe zurück. Im 15. Jahre wurde Patientin menstruirt: die Menstruation trat während eines Jahres regelmässig, aber sehr copiös auf, verschwand dann, um nie mehr wiederzukehren. Im 22. Jahre heirathete Patientin und fühlte sich durch einige Jahre wohl. Im Jahre 1854 zeigten sich zuerst Symptome von Melancholie, die sich so steigerten, dass man daran war, die Patientin in Illenau unterzubringen. Die Furcht vor der Anstalt soll eine heilsame Reaction hervorgebracht haben; Patientin wurde zu einer Reise in die Schweiz veranlasst, und während derselben besserte sich ihr Gemüthsleiden. Bei der Rückkehr im Sommer 1854 bekam Patientin eine heftige Gelbsucht. Von jener Zeit an stellte sich alle vier Wochen regelmässig ein heftiges Gallenerbrechen ein; Patientin wurde seitdem wohler als sie je zuvor war, sie wurde corpulent, fühlte sich körperlich und geistig frisch und kräftig. Im Frühlinge 1863 traten zuerst die Symptome des Diabetes mit grossem Durst und Mattigkeitsgefühle auf, das periodische Erbrechen erfolgte nicht, und um die Zeit, in welcher es auftreten sollte, entstand Magendruck und Appetitlosigkeit. Die Kräfte der Patientin nahmen rasch ab, sie war schon im Stande $1\frac{1}{4}$ St. weit zu gehen, die Körperfülle verminderte sich auffallend. Im Herbste trank Patientin Carlsbader Wasser, fühlte sich darauf etwas besser, aber im Winter steigerten sich wieder alle Symptome des Diabetes. Im Mai 1864 kam Patientin nach Carlsbad.

Die zu Hause angestellten Harnanalysen ergaben nach ärztlichem Berichte beim Beginne der Krankheit im Mai 1863 gegen vier Liter Harn täglich, mit 5 pCt. Zucker.

1864 10. Febr.	24stündige Harnmenge	4	Liter,	Zucker	6,2 pCt.
17. -	-	4	-	-	7,1 -
10. März	-	7	-	-	6,5 -
16. -	-	6	-	-	5,5 -
27. -	-	6	-	-	6,5 -
2. April	-	6½	-	-	6,4 -
27. -	-	6	-	-	6,2 -

Stat. praes. 4. Mai 1864. Patientin macht den Eindruck grosser nervöser Erregtheit, die Wangen, zumal über den Backenknochen, auffallend geröthet, die Augen etwas unstät, glänzend, Haut mässig trocken. Gesicht nicht sehr mager, die Brustdrüsen noch ziemlich gross, aber matsch, die Extremitäten, insbesondere die Unterschenkel, sehr mager. Brust und Bauchorgane zeigen bei der physikalischen Exploration nichts Anomales. Patientin klagt über grosse Schwäche, starken Durst und heftigen Pruritus vulvae, an derselben bilden sich zeitweilig kleine Furunkel. Die Hauptklage der Patientin bildet. dass sie die Nächte schlecht zubringe, dass sie von den fürchterlichsten Träumen gequält werde und sehr erschöpft erwache. Die Stimmung ist eine sehr ungleichmässige, oft sehr trübe und dann in plötzliche aufgeregte Lustigkeit umschlagend; Sehkraft ungetrübt. Appetit mässig, Körpergewicht 93 Pfd., Harnmenge in 24 Stunden 3850 ccm., Zucker 6,6 pCt. = 254 g. Pat. beginnt mit kleinen Mengen von den kühlern Quellen und steigt bis auf vier Gläser pro die.

	12 stünd.	Zucker pCt.		
8. Mai	Nachth. 1750 ccm	6,4 = 112		
	Tagharn 2450 -	5,7 = 139,6		
		251,6		
9. Mai	Nachth. 2800 -	5,8 = 162		
	Tagharn 2100 -	6 = 126		
		288		
10. Mai	Nachth. 2100 -	6,4 = 134		
	Tagharn 2480 -	6,1 = 151		
		285		
11. Mai	Nachth. 3105 -	5,7 = 180	Harnstoff pCt. 1,0 = 31,5	
	Tagharn 2275 -	6,4 = 145	- - 1,05 = 23,8	
		325	55,3	
12. Mai	Nachth. 2800 -	5,6 = 156,8		
	Tagharn 3150 -	6,2 = 195,3		
		352,1	- - 0,95 = 56,5	
13. Mai	Nachth. 2800 -	5,8 = 162	Patientin beginnt reichlichere Fleischnahrung zu geniessen.	
	Tagharn 3500 -	6,2 = 217		
		379	- - 1,05 = 66	
14. Mai	Nachth. 3150 -	6,3 = 198		
	Tagharn 2800 -	6,1 = 170		
		368	- - 1,1 = 65	
15. Mai	Nachth. 2500 -	6,3 = 154		
	Tagharn 3000 -	6,2 = 186		
		340	- - 1,1 = 59,9	
16. Mai	Nachth. 3550 -	6,0 = 213	Die Nächte werden sehr unruhig, Patientin ist in hohem Grade erregt.	

		Zucker pCt.	Harnstoff pCt.	Phosphorsäure
12stünd.				
Tagharn 2800 ccm		$6,3 = 176$		
		$\overline{389}$	$0,95 = 60,3$	$0,062 = 3,93$
17. Mai Nachtb. 3150 -		$6,1 = 196$		
Tagharn 3150 -		$7,0 = 220$		
		$\overline{416}$	$1,05 = 66$	$0,07 = 4,4$
28. Mai Nachtb. 2450 -		$6,5 = 159$		
Tagharn 3150 -		$6,5 = 204$		
$\overline{5600}$		$\overline{363}$	$1,20 = 67$	$0,075 = 4,2$
29. Mai Nachtb. 2450 -		$5,7 = 139$		
Tagharn 2800 -		$6,5 = 182$		
$\overline{5250}$		$\overline{321}$	$1,35 = 70$	$0,080 = 4,2$
30. Mai Nachtb. 1850 -		$6,0 = 171$		
Tagharn 3150 -		$6,3 = 198$		
$\overline{4900}$		$\overline{369}$	$1,05 = 63$	$0,065 = 3,9$
31. Mai Nachtb. 2950 -		$5,7 = 178$		
Tagharn 3500 -		$6,5 = 227$		
$\overline{6450}$		$\overline{405}$		
1. Juni Nachtb. 2450 -		$6,0 = 147$		
Tagharn 3150 -		$6,0 = 189$		
$\overline{5600}$		$\overline{336}$		

24 stünd.

13. Juni Harn 5300 -   - $6 = 318$

Das Körpergewicht betrug beim Kurschluss 96 Pfund; der Harn enthielt
nie eine Spur Eiweiss.   Wiewohl Harn- und Zuckermenge nicht vermindert
waren, fühlte sich doch Patientin wohler und etwas kräftiger.   Während des
Winters erhielt sich relatives Wohlbefinden, die Patientin fühlte sich frisch,
und das Körpergewicht nahm zu, aber die Harnmenge betrug im Durchschnitte
6—7 Liter in 24 Stunden.   Der Zuckergehalt schwankte zwischen 6—7 pCt.
Zeitweilig war während des Winters heftige Diarrhoe aufgetreten. Im Februar
1865 erkrankte Patientin an einem acuten Magenkatarrh, schon nach 3 Tagen
trat eine in Sopor übergehende Schlafsucht auf, und am 17. Februar erfolgte
der Tod. Die Section nach dem Berichte des behandelnden Arztes Dr. Walter
ergibt Trübung der Meningen, im rechten mittleren Hirnlappen eine nuss-
grosse missfarbige, härtliche Stelle mit zahlreichen dicht an
einander gereihten capillären Blutextravasaten, die Gehirnmasse
ödematös und dunkler gefärbt, etwas ins Graue spielend, Lungen und Leber
normal; der Magen sehr ausgedehnt, dessen Schleimhaut erweicht, Nieren in
der Corticalsubstanz sehr matsch (in rapider Erweichung begriffen), Uterus
normal, Ovarien atrophisch.

47.

H. H—ch, Weber, 26 Jahre alt, Vater von 2 Kindern, gibt an, stets gesund gewesen zu sein; in seinem 12. Jahre stürzte er plötzlich bewusst-

los zusammen; auf die Erscheinungen, welche darauf folgten, weiss er sich nicht zu erinnern, weiss aber mit Bestimmtheit, eine längere Zeit krank ge·wesen zu sein. Vor Weihnachten 1863 hat er sich bedeutend erkältet, und von dieser Zeit datirt er sein Leiden, welches sich durch grösseren Durst, Entkräftung, Spannung in den Waden äusserte. Wenige Wochen nachher war er schon vor Schwäche unfähig zur arbeiten. Die Verhältnisse des Patienten sind sehr kümmerlich, er lebte meist von Kartoffeln, ass in der Woche kaum 1 Pfd. Fleisch, seit Februar 1864 hat er viel Fleisch und Eier gegessen, und seitdem hat sich der Kräftezustand etwas gebessert und der Durst hat nachgelassen.

Stat. praes. 6. Mai 1864. Patient ist blass, sehr schwächlich und in hohem Grade abgemagert. Die rechte Gesichtshälfte ist starr, der Mund ist beim Lachen schief nach links verzogen, linke Gesichtsfalte ist vorhanden, die rechte ist verstrichen. Die Zunge weicht beim Herausstrecken nach rechts. Der Druck der linken Hand ist kräftiger als der der rechten, sonst ist in den Bewegungen der Extremitäten nichts Anomales zu bemerken; Haut trocken, rechte Lungenspitze infiltrirt, Leber normal, Appetit übermässig gross, Mund trocken, Zunge rot, rissig, Körpergewicht 93 Pfund, Harnmenge in 24 Stunden 4900 ccm, Zucker 6,5 pCt.

Der Kräftezustand sank in der ersten Woche, es trat wahrscheinlich als Folge übermässiger Bewegung Oedem der Füsse auf; starke Diarrhoe, der Harn enthält kein Eiweiss.

13. Mai 24stündige Harnmenge 4650 ccm, Zucker 7,8 pCt.

21.	-	-	3980	-	- 7 -
29.	-	-	4900	-	- 5,7 -
6. Juni	-	-	3750	-	- 6 -
20.	-	-	4200	-	- · 7 -
6. Juli	-	-	2100	-	- 5,7 -

Das Befinden des Patienten hatte sich nach wenigen Wochen so wesentlich gebessert, zumal war der Kräftezustand so entschieden besser, dass ich von einer langen Kur eine gute Wirkung hoffte; wirklich war auch in der letzten Zeit Durst und Harnmenge geringer und auch der Zucker verringert. Das Körpergewicht bei der Abreise 92 Pfund. Wenige Tage nach seiner Abreise von Carlsbad, auf der Heimreise begriffen, fiel er nach dem Berichte seiner Frau, die ihm entgegen gereist war, im Eisenbahnwagen plötzlich bewusstlos zusammen und war auf der rechten Seite gelähmt. Das Bewusstsein trat nicht wieder ein, und nach einigen Tagen starb er Section wurde nicht gemacht.

48.

Herr S., Schulrath aus Weimar, 48 Jahre alt, war bis vor 7 Jahren gesund. Um diese Zeit begann er an Unterleibsbeschwerden zu leiden. Druck im rechten Hypochondrium, Appetitlosigkeit. Kuren in Marienbad und Kissingen hatten mässigen Erfolg. Im Jahre 1860 verlor Patient ein Kind, wurde in Folge davon schwermüthig, ging nach Helgoland und kehrte von dort erfrischt zurück. Ende November 1863 traten in Folge eines diätetischen Excesses Magenbeschwerden, insbesondere Druck im Magen wieder auf, gleichzeitig damit begannen heftige Schmerzen in der linken Kopfhälfte, die sich bis in den Unterkiefer und die Zähne erstreckten; diese Schmerzen kamen anfallsweise und dauerten bis in den Januar nächsten Jahres. Appetit war nicht vermindert, im Gegenteile steigerte sich derselbe gegen Ende Januar bei gleichzeitig vorhandenen Verdauungsbeschwerden, Brennen im Magen, saurem Aufstossen. Im December stellte sich grosser Durst ein und eine sehr rasche Abmagerung; die Sexualthätigkeit verminderte sich, die Haut wurde trocken, der Harn enthielt bedeutende Zuckermengen. Es wurde fast ausschliesslich animalische Kost und Kleberbrod genossen.

Stat. praes. 9. Mai 1864. Patient sieht zart und blass aus, das Gesicht hat einen ängstlichen, gedrückten Ausdruck und ist wie der übrige Körper sehr mager, Brustorgane gesund, der linke Leberlappen etwas vergrössert, gegen Druck empfindlich. Körpergewicht 103 Pfund. Nachtharn 7,7 pCt. Zucker.

24stünd. Harnmenge		Zucker	Phosphorsäure	
11. Mai	2130 ccm,	5,5 pCt.	0,200 pCt.	= 4,26 g.
19. -	2600 -	5,0 -	0,150 -	= 3,90 -
30. -	3200 -	4,0 -	0,128 -	= 4,09 -
9. Juni	2350 -	4,0 -	0,118 -	= 2,77 -
18. -	2200 -	3,0 -		
25. -	2100 -	3,5 -		
1. Juli	2100 -	3,8 -		

Das Körpergewicht war auf 106 Pfund gestiegen. Alle Symptome des Diabetes hatten sich vermindert, der Kranke war kräftiger und lebensfroher geworden. Die Besserung hielt zu Hause ununterbrochen an. Die Menge des ausgeschiedenen Harns war um die Hälfte geringer als zuvor. Patient hatte in einer anderen Stadt seine amtliche Thätigkeit wieder mit Energie aufgenommen. Plötzlich erkrankte Patient unter fieberhaften Erscheinungen und Schmerz im Hypochondrium; am zweiten Krankheitstage traten Delirien ein und gegen Abend der Tod. Die Section wurde nicht gemacht. Der letzte Krankheitsbericht rührt nicht von dem behandelnden Arzte her, und ist nur auf indirectem Wege nach Laien-Mitteilungen an den früheren Arzt, an mich gelangt.

49.

Hr. S—i, Beamter aus Warschau, 56 Jahre alt, hat viel an Gicht gelitten, sonst war er nie wesentlich krank. Vor 2 Jahren bekam er einen Schmerz in einem Nackenwirbel, den er jetzt nicht genau zu bezeichnen weiss, und wurde plötzlich impotent; einige Zeit später stellte sich Durst und vermehrte Harnausscheidung ein.

Stat. praes. 8. Juli 1865. Patient ist noch ein rüstiger, wohl aussehender, gut genährter Mann; die Bauchdecken sind noch sehr fettreich, doch behauptet er, beträchtlich an Körperfülle abgenommen zu haben. Bei der Untersuchung zeigt sich kein Wirbel empfindlich, Brust- und Unterleibsorgane normal, Durst mässig, Appetit gut, nicht übermässig. 24stündiger Harn 2400 ccm, Zucker 2,5 pCt.

Das Fleisch-Regime, welches bis jetzt sehr lax war, wird etwas strenger beobachtet, nach 2wöchentlichem Kurgebrauche enthält der Harn keine Spur Zucker.

50.

Herr B—k, Kaufmann aus Hamburg, 45 Jahre alt, erfreute sich stets einer kräftigen Gesundheit und war einer anstrengenden Thätigkeit stets gewachsen. Im Juli 1863 hatte derselbe durch viele Monate schwere Geschäftssorgen, die ihn in steter Aufregung erhielten. Aus dieser Zeit datirt Patient seine Erkrankung. Als er im Januar 1864 sich an den Arzt wendete, fand ihn derselbe in hohem Grade abgemagert, Gesichtsfarbe livid, die Haut zusammengeschrumpft, trocken. Die Körperkräfte waren sehr geschwunden, die kleinste Anstrengung verursachte Herzklopfen; Durst gross, Harnsecretion bedeutend, Zucker 6 pCt. Patient wurde auf strenges Fleischregime gesetzt, Porterbier und starker schwarzer Kaffee als Getränk gestattet und Kreosotpillen verordnet. Der Zucker sank bald auf 3—2 pCt., und mit dem Eintreten der wärmeren Jahreszeit (nach Beobachtung des behandelnden Arztes) war die Abnahme noch rascher, und die Zuckerquantität verschwand nahezu gänzlich.

Stat. praes. 6 Juli 1864. Patient ist ziemlich kräftig, nicht sehr abgemagert, ist in hohem Grade erregbar, klagt, dass er bei der kleinsten Aufregung Herzklopfen, „Gefühl von Wallung in der Herzgegend", und kalte Füsse bekomme. An Kopfschmerzen leidet er nicht. Brust- und Bauchorgane normal. Symptome des Diabetes sehr zurückgetreten. Harnmenge mässig; Zucker 1 pCt.

27. Juli Harnmenge in 24 Stunden 800 ccm, Zucker — Spuren.

51.

Herr J—r, Landwirth in Schlesien, 22 Jahre alt, war in seiner Kindheit oft krank, hatte 2mal die Bräune. In Folge einer Verbrühung, welche die behaarte Kopfhaut traf, trat eine heftige Kopfrose auf, und es entstand eine bedeutende Glatze. In seinem 12. Jahre litt er an Wechselfieber, welches fast zwei Jahre anhielt. In seinem 14. Jahre hatte er einen heftigen Blutsturz, der plötzlich Nachts auftrat und nur schwer gestillt werden konnte. Es blieb lange Zeit darnach grosse Schwäche zurück. Im 16. Jahre bekam er in Breslau abermals das Wechselfieber, welches lange anhielt. Später trank er künstliches Carlsbader Wasser und befand sich durch einige Zeit wohl. Im März 1864 begannen ohne eine dem Patienten bekannte Ursache die Symptome des jetzigen

Leidens, er magerte rasch ab, sein Körpergewicht sank binnen einigen Monaten von 150 Pfund auf 110 Pfund.

Stat. praes. 17. Juni 1864. Patient ist zart, schwächlich, das Gesicht sehr blass, Muskulatur schlaff, Haut trocken, spröde. Lunge und Herz normal, die Milz beträchtlich vergrössert; der rechte Leberlappen etwas unter dem Rippenrande hervorragend. Durst und Hunger übermässig gross.

Harnmenge in 24 Stunden 7200 ccm. Zucker 7,5 pCt.

22. Juli	-	-	-	-	-	9,5	-
29. -	-	-	-	-	-	8,3	-
3. August	-	-	-	5100	-	- 6,9	-
10. -	-	-	-	3600	-	- 6,4	-
26. -	-	-	-	3600	-	- 5,9	-

Patient hat während des Kurgebrauches nicht unbeträchtliche Mengen Kleberbrod gegessen.

1865. Patient hat sich während des Winters bedeutend besser gefühlt, er konnte seiner Beschäftigung nachgehen, er hat an Körpergewicht zugenommen. Bei seiner Ankunft in Carlsbad am 17. Juni war dasselbe 120 Pfund.

Datum	24stünd. Harnmenge	Zucker	Phosphorsäure
17. Juni	5460 ccm,	6 pCt.	0,085 pCt. = 4,6 Grm.
29. -	3150 -	6 -	0,105 - = 3,3 -
19. Juli	2940 -	6,6 -	
29. Aug.	2730 -	5,1 -	
12. -	2940 -	5,4 -	

Körpergewicht 122 Pfund.

52.

Herr L—y, Kaufmann aus Berlin, 47 Jahre alt, litt früher an Hämorrhoidalstasen, später an Druck in der Lebergegend, hat dagegen wiederholt mit Vorteil Kissingen gebraucht. Der Tod eines Kindes hat ihn sehr aufgeregt, damit gleichzeitig aufregende Geschäftsthätigkeit; es entstand kurz darauf Gefühl von Mattigkeit, Unsicherheit beim Gehen, Patient bekam leicht Schwindelanfälle und taumelte. Der Zucker im Harn wurde vor etwa 6 Monaten entdeckt und betrug $6^1/_2 - 7^1/_2$ pCt.

Stat. praes. Patient ist in hohem Grade furchtsam, sein Gesicht trägt einen ängstlichen Ausdruck, sonst ist er noch ziemlich gut genährt, die Gesichtsfarbe gut, Lunge normal, eine geringe Leberhyperämie, Durst mässig, Harnbedürfnis häufig, die Menge nicht sehr gross.

18. Juli 1864 24stündige Harnmenge 2250 ccm, Zucker 4,3 pCt.

31. -	-	-	-	3000	-	- 1	-
10. Aug. .	.	.	.	.	.	. 0,5	-
18. -	.	.	.	.	.	. 0,5	-

53.

Mme. C—t aus Amsterdam, 54 Jahre alt, Mutter von 16 Kindern, war immer gesund. Das gegenwärtige Leiden begann im Sommer 1863, kurz nachdem der Mann der Patientin gestorben war. Patientin gibt den tiefen Kummer über diesen Verlust als Ursache an. Patientin hat zu Hause im vorigen Sommer künstliches Carlsbader Wasser getrunken und gibt an, dass sich in Folge des Gebrauches desselben die Erscheinungen des Leidens gebessert haben.

Stat. praes. Patientin ist gross, sehr kräftig gebaut, noch gut genährt, die Gesichtsfarbe gut, Haut nicht sehr trocken, die Linsen beider Augen zeigen eine leichte Trübung, das Sehen ist nicht sehr beeinträchtigt. Durst mässig, Harnausscheidung nicht sehr reichlich.

22. Juli 1864. Zuckergehalt des Harns 6,2 pCt.

7. Aug. -   -   - 0,7 -

23. -   -   -   0 -

Während der ersten Monate nach der Rückkunft fühlte sich Patientin sehr wohl; der Harn enthielt keinen Zucker. Gegen Ende des Jahres stellten sich in Folge einer unzweckmässigen Diät wieder die Symptome des Diabetes ein, die Zuckerausscheidung wurde beträchtlich. Im März 1865 starb Patientin in Folge einer Gehirnhämorrhagie.

54.

Fr. v. S—n aus Preussen, 54 Jahre alt, war seit Jahren sehr fettleibig und hatte zuweilen Druck in der Lebergegend. Hie und da hat sie durch einige Zeit starken Durst gehabt ohne jede andere Beschwerde. Vor 2 Jahren verlor sie in rascher Aufeinanderfolge zwei erwachsene Söhne durch den Tod. Bald darauf stellten sich die Symptome des Diabetes ein, sie magerte ab und fühlte sich sehr matt. Zweckmässiges Regime und der Gebrauch von Kreosot sollen die Symptome wesentlich gemildert haben.

Stat. praes. 2. Aug. 1864. Patientin ist noch ziemlich fettleibig, aber die Muskulatur ist sehr schlaff, das Gesicht etwas cyanotisch geröthet, Lungen normal, die Leber ragt zwei Zoll unter dem Rippenrande hervor, glatt anzufühlen, gegen Druck empfindlich; grosse Trockenheit des Mundes, Durst und Harnausscheidung mässig.

2. Aug. Zucker 4,8 pCt.

16. -   - 3,5 -

Es tritt während des Kurgebrauches eine mehrere Tage anhaltende heftige Diarrhoe auf. Patientin erholt sich bald und fühlt sich gegen Schluss der Kur wohler. Der Zucker quantitativ nicht bestimmbar. Den Winter hat Patientin gut zugebracht, sie fühlte sich kräftiger, und nach ihrer Angabe sei „ihr Fleisch fester geworden." Durst war nahezu gar nicht vorhanden. Bei ihrer Ankunft in Carlsbad im Jahre 1865 ergab die Analyse:

3. Mai 1865 Zucker 0,45 pCt.

10. -   -   - Spuren.

Um den 17. traten Leberschmerzen ein, bei der Untersuchung ergab sich eine beträchtliche Leberhyperämie, die bei der Ankunft fast normale Leber ragte wieder um mehr als zwei Zoll unter dem Rippenrande hervor und war gegen Druck empfindlich.

24. Mai Zucker 0,9 pCt.

55.

Herr O—r, Buchhändler aus Warschau, 54 Jahre alt, war sehr fett-leibig; im Jahre 1850 war er wegen Fettleibigkeit in Carlsbad, hatte mit Ausnahme von rheumatischen und leichten Hämorrhoidalbeschwerden nie über seine Gesundheit zu klagen. Das jetzige Leiden begann im Mai 1864 mit Durst, Mattigkeit und rascher Abmagerung. Patient glaubt, die grossen Sorgen und die Aufregung in Folge der politischen Zustände des Landes haben sein Leiden veranlasst.

Stat. praes. 31. Juli 1864. Patient ist noch sehr gut genährt, fett-leibig. Gesicht gut gefärbt. Haut normal, Brustorgane normal, Leber durch die Bauchdecken nicht durchzufühlen, Durst mässig, Mund trocken, sehr häufiges Harnbedürfnis.

1. Aug. 1864 24stündige Harnmenge 1800 ccm, Zucker 5,5 pCt.

Nächst der Trinkkur wird vorwaltende Fleischdiät, die früher nicht be-obachtet wurde, angeordnet.

23. Aug., Zucker 0. Spec. Gew. 1015.

Den Winter über hat Patient die Fleischdiät strenge beobachtet, fühlte sich kräftiger, glaubt an Körpergewicht zugenommen zu haben, dasselbe ist 183 Pfund. Nach seiner Ankunft in Carlsbad geben die Analysen folgende Resultate:

12. Juli 1865 Harnmenge in 24 Stunden 4200 ccm, Zuckerspuren,
Spec. Gew. 1015.

15. Aug. - Zucker 0, Spec. Gew. 1012.

Im Jahre 1867 entwickelte sich chronische Nephritis, welcher Patient nach einem Jahre erlegen ist.

56.

Mme. A—r, Kaufmannsfrau aus Berlin, 47 Jahre alt, hatte zweimal den Typhus überstanden. Vor 6 Jahren hatte sie eine schwere Entbindung — es sollen sich während des Wochenbettes Beulen (?) am Kopfe gebildet haben. Seit jener Zeit fühlte sie sich schwächer und litt an einer eigentümlichen ner-vösen Empfindung vom Hinterhaupte gegen die Stirn ausstrahlend, es sei nach ihrer Beschreibung jedesmal gewesen, als ob man sie mit einem feinen Wasser-strahl aufs Hinterhaupt bespritzte. Nach dem Wochenbette wurde sie über-mässig fettleibig. Im Monate Juni 1863 stellten sich plötzlich die Symptome des Diabetes ein.

Stat. praes. 7. August 1863. Patientin ist noch wohlgenährt, ziemlich fettleibig, gut gefärbt, frisch, lebhaft. Brust- und Bauchorgane normal. Die Sehkraft wesentlich getrübt, sie gibt an, es sei ein Nebel vor ihren Augen, sie ist nicht imstande zu lesen. Die Untersuchung zeigt die Pupille des linken Auges etwas grösser, die Linse im Centrum getrübt. Harnmenge mässig, ebenso der Durst. Trockenheit des Mundes.

Zucker 7 pCt.

Patientin wird auf strenge Fleischkost gesetzt. Schon nach kurzer Zeit mindert sich der Zucker und ist bei der Abreise gänzlich geschwunden. Die Sehkraft schon nach 14 Tagen gebessert, der Nebel geschwunden. Die Trübung im linken Auge unverändert.

1864. Patientin war den Winter über wohl; bei der Rückkehr nach Carlsbad 17. Juni konnte kein Zucker nachgewiesen werden.

1865. Patientin gibt an, im Winter 1865 nach einer heftigen Erkältung ein Ziehen in den Beinen, ein Schwächegefühl, Durst und alle weiteren Erscheinungen des Diabetes wieder empfunden zu haben.

15. Juli Harnmenge in 24 Stunden; 1650 ccm, Zucker 3,6 pCt.

Schon nach kurzem Kurgebrauche ist der Zucker abermals geschwunden.

57.

Herr W—g, Kaufmann aus Berlin, 46 Jahre alt, hat seit seinem 15. Jahre ein geistig und körperlich sehr angestrengtes Leben geführt und vielfach Aufregung in seinem Geschäfte gehabt. Mit Ausnahme von heftigen Migränen mit Erbrechen, die zumal nach Aerger auftraten, war Patient nie ernstlich erkrankt. Vom Jahre 1857 hatten sich die Geschäftssorgen bedeutend gesteigert, und ein Process, der dem Patienten nach seiner Angabe zur Lebensfrage wurde, hatte ihn vom Beginne des Jahres 1863 ab in steter fieberhafter Aufregung erhalten und ihn schwer bekümmert. Seit jener Zeit will Patient „einen fast immerwährenden Druck im Gehirn und sehr starken Schmerz im Hinterkopfe" gehabt haben. Es stellte sich oft „starker Schwindel, Brausen in den Ohren, Druck im Magen und heftiges Aufstossen" ein. Im Juli 1863 zeigten sich die ersten Erscheinungen des Diabetes, reichliche Harnausscheidung, Durst, Abnahme der Kräfte, Patient magerte rasch ab, und die geschlechtliche Potenz erlosch gänzlich. Die Harnuntersuchung am 21. Juni 1864 ergab einen Zuckergehalt von 6,8 pCt.

Stat. praes. 8. Juni 1864. Patient ist ziemlich mager, das Gesicht trägt einen sehr ängstlichen Ausdruck, die ganze Erscheinung zeigt von grosser nervöser Erregbarkeit. Die Lungen gesund; der rechte Leberlappen ragt 3 Zoll unter dem Rippenrande hervor, ist glatt anzufühlen, gegen Druck etwas empfindlich. Haut nicht spröde, Muskulatur matsch. Die Hauptklage des Patienten bildet die grosse Trockenheit im Munde und die bedeutende Schwäche der unteren Extremitäten. Körpergewicht 56 1/2 kg.

Harnmenge in 24 Stunden 2400 ccm, Zucker 5,5 pCt.

19. Juni	-	-	-	3000 -	- 2 -
2. Juli	-	-	-	2880 -	- 0,5 -

Der Kräftezustand des Patienten hat sich auffallend gebessert, er wurde heiterer und lebensmutiger. Während des Winters 1864—1865 hat Patient an Körpergewicht zugenommen, nach seiner Angabe um $6^{1}/_{2}$—7 kg, und war grösserer geschäftlicher Thätigkeit gewachsen. Die Potenz ist nicht wiedergekehrt. Der Zuckergehalt schwankte zwischen 1,1 und 1,9 pCt.

Bei seiner Ankunft am 17. Juni 1865 war der Zuckergehalt 2,4 pCt.

5. Juli   -   -   -   -   0,2 -
19.   -   -   -   -   -   0   -

Körpergewicht 63 kg. Eine am 26. August in Berlin vorgenommene Analyse (Apotheker Simon) konnte keine Spur Zucker nachweisen. Das spec. Gewicht des Harns war 1020. Patient rühmte brieflich sein Wohlbefinden; er geniesst seit seiner ersten Kur in Carlsbad fast ausschliesslich Fleischkost und etwas Roggenbrot.

Im August 1866 bei seiner Ankunft in Carlsbad war das Körpergewicht $68^{1}/_{2}$ kg.

	Harnmenge in 24 Stunden	Zucker pCt.
1. August	1800	2,1
11.	2400	0,5
24.	-	Spuren

Während des Winters schwankt das Körpergewicht zwischen 69—70 kg.

1867	Harnmenge in 24 Stunden	Zucker pCt.
17. Juni	2400	0,7
15. Juli	-	0

1868	Harnmenge in 24 Stunden	Zucker pCt.
23. Mai	2800	0,7
17. Juni	2400	0,3
28.	-	Spuren

Körpergewicht 70 kg.

1869	Harnmenge in 24 Stunden	Zucker pCt.
31. Mai	1600	4,5
19. Juni	2200	1,0
24.	2200	0,8

Körpergewicht 73 kg.

Nach grosser Gemütsaufregung während des Monats August erschienen alle Symptome des Diabetes wieder, die Harnquantität stieg auf 2600, Zucker 6,7.

Ich veranlasste Patienten zu einer zweiten Kur nach Carlsbad zu kommen. Nach 8 Kurtagen war der Zucker auf 2,5 pCt. gesunken. Patient kommt jährlich wieder, er hatte stets bei der Ankunft nach der Reise circa 5 pCt. (trotz-dem er seine Diät unverändert beibehält). Während der Kur sank der Zucker auf Spuren.

Im Jahre 1874 war das Verhältnis anders. Der Harn 24 Stunden nach der Ankunft enthielt über 4 pCt. Zucker, der Zuckergehalt wurde geringer ohne zu verschwinden.

$^2/_6$ 1180 ccm   Z. 4,2 pCt.

$^{12}/_6$ 1890   - 1,4 -

$^{30}/_6$ 1680   - 1,4 -

Der ängstliche Patient gestattet sich nicht die geringste diätetische Ausschreitung. Es hat hier offenbar der Uebergang der leichteren Form des Diabetes in die schwerere Form statt gefunden.

58.

Herr H—n, Handschuhfabrikant aus Preussen, 27 Jahre alt, war immer gesund. Vor 3 Jahren begann er an Furunculose zu leiden. Durch fast 3 Jahre dauerte dieses Leiden, welches Patienten sehr quälte. Die Erscheinungen des Diabetes traten vor 8 Monaten auf, und das Körpergewicht des Patienten ist nach seiner Angabe innerhalb dieser Zeit von 77 kg auf 64 gesunken.

Stat. praes. Patient ist blass, nicht auffallend mager. Brust- und Bauchorgane normal, klagt vorzüglich über Durst und unmässigen Hunger.

31. Mai Harnmenge in 24 Stunden 7400 ccm, Zucker 8   pCt. = 590 g

19. Juni   -   -   -   8700 -   -   7,5   -   = 652 -

4. Juli   -   -   -   6000 -   -   6,7   -   = 402 -

Patient hat nebst Fleischkost sehr viel Kleberbrot genossen.

59.

Frl. v. B—f aus Petersburg, 53 Jahre alt, war stets sehr nervös, soll in früheren Jahren viel an Rheumatismus gelitten haben. Der Diabetes datirt aus dem Jahre 1858. Damals soll der Urin nach Mialhe 45 g Zucker im Liter enthalten haben. Patientin hat wiederholt Vichy gebraucht.

Stat. praes. Patientin ist sehr fettleibig, in ungewöhnlich hohem Grade nervös (hysterisch), klagt über allerlei Nervenschmerzen, vorzüglich über heftige ziehende Schmerzen in den Beinen. Ausgebildete Cataracte am linken Auge, beginnende Trübung der rechten Linse, Lunge normal, Lebervolumen durch die fettreichen Bauchdecken nicht zu bestimmen. Durst mässig, Mund oft sehr trocken, Haut nicht spröde, Appetit mässig. Fleischregime wurde nur sehr mangelhaft beobachtet. Patientin liebt süsse Speisen und sündigt oft nach dieser Richtung.

13. Juni 1864 24stünd. Harnmenge 2900 ccm, Zucker 6 pCt. Spec. Gew. 1035.

9. Juli   -   -   -   1950 -   -   Spuren   -   - 1020.

18.   -   -   Zucker mit Saccharimeter nicht nachzuweisen.

Patientin hat ein viel strengeres Regime beobachtet, und darauf mag es zu beziehen sein, dass die Resultate günstiger waren als in Vichy. Während des Winters fühlte sich Patientin wohler und kräftiger. Die Linsentrübung am rechten Auge ist bedeutend vorgeschritten. Nach der Ankunft in Carlsbad am 27. Juni 1865 betrug die 24 stündige Harnmenge 3300 ccm, Zucker 4,5 pCt.

24. Juli 12 stündiger Tagharn 1800 ccm, Zucker 2,1 pCt.
- - 900 - - 0,0 -

Im Jahre 1869 hat Patientin nach brieflicher Nachricht gelebt, war ziemlich wohl, aber an beiden Augen erblindet.

60.

Mme. D—l aus Nürnberg, 36 Jahre alt, war stets gesund, die Menstruation war stets regelmässig, doch war Mme. D. nie schwanger. Im Jahre 1861 erkrankte Patientin an Furunculose, wenige Monate später, im Januar 1862, zeigten sich die Symptome des Diabetes. Erschöpfung bei der geringsten körperlichen Anstrengung, süsslicher Geschmack im Munde, Durst und reichliche Harnausscheidung. Im Juli 1862 entwickelte sich ein grosser Furunkel am rechten Schenkel. Die Menstruation war bis August 1862 regelmässig, erschien dann zweimal je nach einer Pause von 4 Monaten und trat jetzt alle 7 Wochen ein. Die Erscheinungen des Diabetes nahmen immer zu, es entwickelte sich Heisshunger, bedeutende Abmagerung. Mit Ende 1863 entstand Trübung des Sehvermögens, es erscheinen die Conturen der Gegenstände dunkler, Patientin sieht doppelt. Nachdem Patientin durch längere Zeit fast ausschliesslich Fleischnahrung genossen hatte, entwickelte sich ein übler Geruch aus dem Munde, und es trat Stuhlverstopfung ein. Patientin, die gut beobachtet, gibt an, durch einige Zeit mehr Harn entleert als Getränke eingeführt zu haben; auf veränderte Diät und Gebrauch kräftigender Mittel soll sich dieses Missverhältnis gebessert haben.

Stat. praes. 14. Juni 1864. Patientin, eine zarte, schmächtige Erscheinung, ist in hohem Grade abgemagert, das Gesicht ist etwas fieberhaft gerötet, die Haut trocken, die Zunge rot, rissig, der Athem unangenehm süsslich riechend. Die Linse des rechten Auges zeigt am Rande eine beginnende Trübung. Lunge und Leber normal, die Füsse bis über die Knöchel ödematös, Durst und Appetit beträchtlich, während der Reise trat heftige Diarrhoe auf. Patientin zeichnet sich durch ungewöhnliche Geistesklarheit aus, die sich duch Prägnanz der Erzählung offenbart.

14. Juni Harnmenge in 24 Stunden 2275 ccm, Zucker 7 pCt. $=$ 159 g
2. Juli - - - 2295 - - 6 - $=$ 136 -
9. - - - - 3575 - - 4,5 - $=$ 160 -
26. - - - - 3250 - - 6,9 - $=$ 228 -
6. Aug. - - - 2600 - - 6,2 - $=$ 161 -

Die Patientin hatte während des ganzen Kurgebrauches die eingenommenen Flüssigkeiten gemessen, immer war die Harnausscheidung geringer als die eingeführte Flüssigkeitsmenge, wobei der mit der festen Nahrung eingeführte Wasserbetrag gar nicht in Betracht kommt. Nach der Rückkehr hatten sich die Symptome des Diabetes wenig gebessert, die Zuckerausscheidung war stets bedeutend, sie schwankt zwischen 3—10 Unzen per Tag. Patientin blieb, stets aufrecht und hoffnungsvoll, die Abmagerung hatte ein wenig zugenommen, der Appetit war gut, der Durst gross. Am 4. Januar 1865 trat eine fast gänzliche Suppression der Harnausscheidung auf, die Kranke war in einem eigentümlich ecstatischen Zustande, sie lag mit gerötetem Gesichte, heissem Kopfe, weit geöffneten, von unheimlichem Glanze strahlenden Augen im Bette, der Puls war klein, kaum fühlbar, ein Organleiden nicht nachweisbar; am 8. Januar starb sie, Section wurde nicht gestattet.

61.

Mm. A., Kaufmannsfrau aus Königsberg, 39 Jahre alt, weiss sich keiner früheren Krankheit zu erinnern. Das jetzige Leiden bestand schon seit mehr als einem Jahre, bevor entsprechende ärztliche Hülfe in Anspruch genommen wurde. Professor Hirsch, der die Patientin im Frühling 1864 sah, fand bereits einen hochgradigen Diabetes. Patientin war in ihrem Kräfte- und Ernährungszustande sehr herabgekommen, die Harnmenge schwankte zwischen $2^{1}/_{2}$ und 4 Quart, und der Zuckergehalt zwischen $7^{1}/_{2}$ und 12 pCt.

Stat. praes. Die Kranke ist in hohem Grade abgemagert, insbesondere sind die oberen Extremitäten und der Rumpf sehr mager. Die unteren Extremitäten sind ödematös angeschwollen. Das Oedem erstreckt sich bis gegen die Lendengegend, auch das Gesicht, insbesondere die oberen Augenlider sind ödematös. Der Schwächezustand ist so gross, dass Patientin mit Mühe im Zimmer sich bewegen kann. Der Appetit ist gering, der Durst beträchtlich gross, Neigung zur Diarrhoe, Lunge und Leber normal.

15. Juni 1864 Harnmenge in 24 St. 2400 ccm, Zucker 8,5 pCt., kein Eiweiss.

Der Kurgebrauch kann nur ein sehr beschränkter sein, da Patientin fast immer liegen muss, und weil auch die häufige Diarrhoe störend wirkt.

12. Juli 24 stündige Harnmenge 3400 ccm, Zucker 7,5 pCt.

62.

Mme. S—r, 48 Jahre alt, Vater an Diabetes gestorben, und der Sohn der Patientin wurde zuerst in seinem 18. Jahre auffällig fettleibig, später diabetisch. Patientin ist sehr erregbar, hat oft an Migräne gelitten, war sonst nie ernstlich krank. Der Diabetes begann im Frühling 1864, der Zuckergehalt des Harns war damals 6 pCt. Nach Beobachtung eines entsprechenden Regimes sank der Zuckergehalt bald auf 2 pCt.

Stat. praes. Patientin ist zart gebaut, im hohem Grade nervös, das Gesicht mässig geröthet, die Haut feucht, die Abmagerung nicht bedeutend. Hauptbeschwerde ist die Trockenheit des Mundes und der häufige Harndrang.

Die ausgeschiedene Harnmenge ist stets sehr mässig, Lunge und Leber normal.

15. Mai 1864 24stündige Harnmenge 1000 ccm, Zucker 1,8 pCt.

29.   -   -   -   -   2600 -   - 1 -

15. Juni -   -   -   1600 -   - 1,4 -

Während des Winters hat Patientin sich wohl befunden, sie war kräftiger und vön Durst nicht gequält; die vorgeschriebene Fleischdiät wurde von der leichtlebigen Patientin nicht sehr eingehalten.

21. Mai 1865 24stündige Harnmenge 1125 ccm, Zucker 3,3 pCt.

Ich verordne strengere Diät.

30. Mai 24stündige Harnmenge 910 ccm, Zucker Spuren.

19. Juni   -   -   1000 -   - 0

19. Mai 1867 im Nachtharn Zucker 3,5 pCt.

8. Juni -   -   -   0,6 -

29. Mai 1869 24stündiger Harn 1920 ccm, Zucker 6,7 pCt.

10. Juni -   -   -   -   -   -   2,3 -

16.   -   -   -   -   -   -   -   0,3 -

Patientin hat in dem letzten Jahre an Körpergewicht abgenommen.

63.

Mme. S—l, 58 Jahre alt, Hotelbesitzerin, hat eine ihre Körperkräfte übersteigende angestrengte Lebensweise geführt, blieb aber stets gesund, bis sie vor 5 Jahren von einer Neuralgie befallen wurde, welche die Gegend des N. cutan. plantaris (von dem inneren Knöchel bis längs der inneren Seite der Ferse) innehielt. Die Neuralgie bestand durch mehrere Jahre trotz aller angewendeten Mittel. Vor ungefähr zwei Jahren verschwand dieselbe, nach einem energischen Kurgebrauche in Wiesbaden, gleichzeitig traten alle Erscheinungen des Diabetes auf. Der behandelnde Arzt Dr. Heymann teilt mir per parenthesim mit, dass dies der zweite Fall sei, in welchem er unmittelbar nach einer heftigen Neuralgie Diabetes auftreten sah. Die durchschnittliche Harnmenge beträgt in 24 Stunden 204 Unzen, die durchschnittlich entleerte tägliche Zuckermenge 11 Unzen. Dr. Heymann hat die Harnanalysen selbst gemacht. Die letzte näher detaillirte Analyse ergab im Morgenharn 6,09 pCt., Urin Nachmittags 3 Uhr gelassen enthielt 4,04 pCt., Urin vor dem Schlafengehen 5,04 pCt. Zucker.

Stat. praes. 30. Juni 1864. Patientin ist ziemlich mager, die Haut an den Extremitäten schlaff. Muskeln matsch anzufühlen, das Gesicht ist etwas cyanotisch geröthet, Füsse leicht ödematös: Lunge normal, Leber vergrössert, 3 Zoll unter dem Rippenrande hervorragend und bis in die Mittellinie reichend, glatt und hart, der Rand kann nicht durchgefühlt werden. Trockenheit im Munde sehr bedeutend, Zunge roth, rissig. Appetit mässig, bedeutendes Schwächegefühl.

30. Juni Harnmenge in 24 Stunden 3710 ccm, Zucker 8 pCt.

1. Aug.   -   -   2600 -   -   3,5 -

10.   -   -   -   2120 -   -   2,8 -

Nach ihrer Heimkehr vom August bis Januar fühlte sich Patientin bedeutend wohler, Trockenheit und Durst waren wesentlich gemildert. Vom Januar ab wurden diese Symptome wieder schlimmer. Am 31. März traten plötzlich Erscheinungen einer Gehirnaffection auf, die sonst sehr gutmüthige Frau war im höchsten Grade aufgeregt, tobte gegen ihre Umgebung. Dabei häufiges Erbrechen und Klagen über bohrenden Kopfschmerz. Am zweiten Tage wurde sie apathischer, klagte nur noch unausgesetzt über fürchterliches Kopfweh, heftiges Fieber. Harn spärlich, enthält Eiweiss und Zucker. Zu Ende des zweiten Tages schwand das Bewusstsein, und am vierten Tage der Erkrankung trat der Tod ein. Section wurde nicht gestattet.

64.

Herr Z—i, Gutsbesitzer aus Polen, 63 Jahre alt, war bis zum Jahre 1857 immer gesund, gibt an, dass er um diese Zeit in Folge eines heftigen Aergers einen Herzkrampf bekommen habe, nach welchem der linke Oberarm durch viele Stunden unempfindlich geblieben war. Aehnliche Krämpfe, Angina pectoris nach Angabe des Arztes, haben sich in kurzer Zeit wiederholt, und zugleich traten die Erscheinungen des Diabetes auf, Durst und reichliche Harnausscheidung. Er hat zu Hause alljährlich Mühlbrunnen getrunken. Im Winter 1863—1864 begannen die Füsse anzuschwellen.

Stat. praes. 1. Juli 1864. Kräftig gebauter Körper, Gesicht geröthet, etwas cyanotisch; Bauchdecken noch ziemlich fettreich. Die Füsse bis weit über die Knöchel ödematös, Lungenkatarrh. Herz normal, Leber nicht vergrössert, mässiger Ascites. Kräftezustand sehr gesunken, das Gehen wird durch das Oedem sehr erschwert. Der Kranke klagt über ein Gefühl von Absterben in den Fingern und in den Zehen.

24 std. Harnm. 3000 ccm, Z., 3,2 pCt. Eiweiss reichl. Sp.-Gew. 1025.

21. Juli.   -   -   1500 -   - 0   -   -   -   1018.

10. Aug.   -   -   1800 -   - 0   -   -   vermindert.

Das Oedem der Füsse hat sich wesentlich verringert. Patient vermag weite Strecken zu Fusse zu gehen.

65.

Mme. P—l aus Petersburg, 53 Jahre alt, hat siebenmal geboren; vor etwa 20 Jahren hatte in Folge eines Schreckes die Menstruation aufgehört, und hatte sie dann wiederholt Anfälle von Magenkrampf. Sie gibt an, leidenschaftlich gern Mehlnahrung, selbst geröstes Mehl genossen zu haben, sie wurde übermässig fettleibig. Im Jahre 1859 stellte sich, wie Patientin angibt, in Folge von grossem Kummer Mattigkeit und Abmagerung ein und

Professor Richter hatte schon damals Zucker im Harn nachgewiesen. Aber diese Angabe wurde nicht beachtet, und Patientin wurde durch viele Jahre von Charlatans (Gosslar) und Aerzten, welche das immer fortschreitende Leiden nicht erkannten, behandelt. Die Abmagerung schritt immer vorwärts, es entwickelten sich zahlreiche Furunkel; in Gastein, wohin Patientin zur Kräftigung geschickt war, wurde der Diabetes erkannt und entsprechende Behandlung eingeleitet.

Stat. praes. 7. August 1864. Patientin ist zum Skelette abgemagert, die Haut trocken, pergamentartig, das Gesicht fahl, runzlig. Patientin macht den Eindruck einer 70jährigen Frau, der Körperzustand ist derart, dass Patientin nur mit Mühe durch's Zimmer geht, auch nur mit Anstrengung spricht. Patientin, die sehr nervös ist, klagt über allerlei nervöse Schmerzen, insbesondere über Empfindlichkeit längs der ganzen Wirbelsäule. An beiden Lungenspitzen eine leichte Dämpfung. Patientin hüstelt häufig, Leber normal; sehr lästiger Pruritus pudendorum, an den äusseren Schamlippen kleine Furunkel. Grosses Durstgefühl, Trockenheit im Munde; Zunge roth, rissig; Appetit gering. Nachtharn nach der Ankunft in Carlsbad enthält 7,4 pCt. Zucker.

29. Aug. 24stündige Harnmenge 2620 ccm, Zucker 6,2 pCt.

    4. Sept.   -   -   3500   -   - 2,8 -
   16.   -   -   -   2400   -   - 5,2 -
   21.   -   -   -   2000   -   - 2,8 -

Der Kräftezustand hat sich gebessert, Patientin fühlte sich frischer. Das Wohlbefinden hielt nicht lange nach dem Kurgebrauche an. Patientin starb im Monat desselben Jahres.

66.

Herr P—f, Bildhauer aus Petersburg, 51 Jahre alt, war stets gesund, sah kräftig aus. Im Jahre 1861 machte er Tag und Nacht unausgesetzt eine Reise nach Sebastopol, erkältete sich und genoss dabei auch sehr unzweckmässige Nahrung, sehr viel Wassermelonen. Es stellte sich schon während der Reise Durst und Schwächegefühl ein und er kam nach drei Wochen wesentlich abgemagert zu Hause an. Das Leiden wurde nicht erkannt. Patient wurde mit Purgirmitteln behandelt und ein blandes Regime, Mehl- und Fruchtnahrung, angeordnet. Der Zustand verschlimmerte sich täglich, die Harnmenge betrug oft 10 Kg per Tag. Dr. Cantzler, der dann consultirt wurde, verordnete Fleischregime, den Gebrauch von Tannin; die Harnmenge sank auf 3 Kg, und der Kräftezustand besserte sich so weit, dass Patient wieder arbeiten konnte. Im Winter 1863 bis 1864 war dann wieder durch unzweckmässige Lebensweise eine wesentliche Verschlimmerung des Leidens eingetreten.

Stat. praes. 25. August. Körper sehr abgemagert, Haut trocken, schuppig, ohne Elasticität, Arme sehr dünn, untere Extremitäten bis weit über das Knie ödematös. Herzimpuls schwach, Lungen mit Ausnahme eines Katarrhs normal. Fast jeden Vormittag treten diarrhoische Stuhlentleerungen ein, die dunkel gefärbt sind. Durst beträchtlich, Appetit mässig.

28. Aug. 24 stünd. Harnm. 2400 ccm, Zucker 5,5 pCt., kein Eiweiss.

9. Sept. - - 1700 - - 5,5 -

17. - - - 2000 - - 4,8 -

Das Oedem war geringer geworden, Patient hatte sich erholt und konnte grössere Strecken gehen. Meinen Rath, den Winter im Süden zuzubringen, konnte Patient nicht befolgen, er kehrte spät nach Petersburg zurück, starb daselbst während des Winters.

67.

Frl. M—ch, 18 Jahre alt, die Tochter eines an Diabetes verstorbenen Vaters, war mit Ausnahme eines schweren Typhus, den sie vor 8 Jahren bestand, stets gesund, war blühend und kräftig, regelmässig menstruirt. Im Frühjahre 1863 begann sie blass auszusehen, hüstelte, hatte einen schnellen Puls, es traten Menstruationsanomalien auf. Bald traten heftige Diarrhoen auf, die längere Zeit anhielten und die Patientin sehr schwächten. Der Gebrauch von Eisen besserte bald alle Symptome, und Patientin wurde blühender und corpulenter als je zuvor. Den Winter über blieb sie vollständig gesund. Im Frühling traten in Folge gemütlicher Aufregung Erscheinungen von Gereiztheit und Verstimmung wechselnd auf. Im Juli zeigten sich dieselben Krankheitssymptome, welche im vorigen Sommer vorhanden gewesen waren. Die Menstruation blieb aus, Diarrhoe, heftiger Durst, grosses Schwächegefühl, Hüsteln, schnelles Athmen, Puls 110—120, es erfolgte sehr rasche Atmagerung. Der sehr reichlich gelassene Harn ergab bei der Untersuchung 3,5 pCt. Zucker.

Stat. praes. Die Patientin ist noch ziemlich wohl genährt, aber die Muskeln sind matsch, das Gesicht blass, abgespannt, die Haut trocken, spröde. Gemütsstimmung sehr niedergedrückt, Patientin ist sehr ängstlich und dabei in hohem Grade reizbar. Lunge normal, Puls frequent, Schwächegefühl sehr bedeutend. Appetit übermässig gross.

30. Aug. 24 stündige Harnmenge 2400 ccm, Zucker 1,2 pCt.

9. Sept. - - 3000 - - 2,8 -

Patientin hatte sich in der ersten Woche wesentlich besser gefühlt, in der Nacht vom 8. zum 9. war sie durch äussere Veranlassung sehr erschrocken, es trat heftige Diarrhoe ein, und die Zuckerquantität war vermehrt. Seitdem hatte sich die Diarrhoe oft wiederholt, und es konnten nur die kleinsten Quantitäten Wasser getrunken werden.

16. Sept. 24 stünd. Harnmenge 1700 ccm, Zucker 2,5 pCt.

21. - - - 2050 - - 2,8 -

Während des Winters schritt das Uebel unaufhaltsam fort, animalische Diät konnte wegen der übergrossen Begier der Patientin nach süssen Speisen und Mehlnahrung nicht eingehalten werden. Der Tod erfolgte im Herbste 1865 infolge allmäliger Erschöpfung, die Lungen waren gesund geblieben.

68.

Mme. Z—g aus Hamburg, 58 Jahre alt, war übermässig corpulent, ging deshalb im Jahre 1863 nach Marienbad. Gibt an, schon dort stärkeren Durst empfunden zu haben. Im Herbste magerte sie etwas ab. Die Aengstlichkeit der Patientin veranlasste eine Harnanalyse, es wurde 1,9 pCt. Zucker gefunden. Bei streng animalischer Kost kein Zucker.

Stat. praes. 1864. Patientin ist noch immer sehr fettleibig mit gut gefärbtem wohlgenährtem Gesichte und macht durchaus nicht den Eindruck einer diabetischen Kranken. Die Symptome der Krankheit sind auch gering, nur über häufiges Harnbedürfnis und Schwächegefühl klagt Patientin. 12 stündiger Harn 550 g, trüb, reichlicher Schleimabsatz, Spuren von Zucker. Diese steigern sich anfangs beträchtlich bei Genuss von Amylaceen, gegen Ende ist auch bei gemischter Kost kein Zucker nachzuweisen.

1865. Die Patientin fühlte sich im Winter kräftiger, hat um $6^{1}/_{2}$ kg zugenommen, wiegt jetzt 104 kg. Zucker in Spuren vorhanden. Dieser Zustand hat sich bei alljährlichem Gebrauche von Carlsbad bis 1874 unverändert erhalten.

69.

Herr L—y jun., 22 Jahre alt, war stets zart, aber im Ganzen gesund. Vor zwei Jahren erkrankte er nach einem schweren Familienereignisse gleichzeitig mit seinem Vater an Diabetes mellit. Nach seiner Angabe war die Harnausscheidung nie übermässig gross, auch die Abmagerung nicht beträchtlich, nur das Schwächegefühl trat immer mehr in den Vordergrund, und jede körperliche Anstrengung erschöpfte ihn im hohen Grade. Er wurde in England mit Tonicis behandelt, ohne dass dadurch ein wesentlicher Erfolg erzielt wurde.

Stat. praes. 1864. Körper zart gebaut, aber die Muskulatur nicht sehr schlaff; das Gesicht blass, Organe normal, klagt vorzüglich über rasche Ermüdung; nach der Ankunft in Carlsbad enthielt der Harn 5 pCt. Zucker, Gewicht 55 kg.

27. Mai 1864 24 stündiger Harn 1600 ccm, Zucker 6 pCt.

4. Juni	-	-	-	2000	-	-	6,2 -
14. -	-	-	-	2000	-	-	7 -
22. -	-	-	-	2000	-	-	7,5 -
28. -	-	-	-	2000	-	-	6,2 -

Das Körpergewicht ist $55^{3}/_{4}$ kg.

Ich schickte Patienten nach Schwalbach, er fühlt sich daselbst sehr wohl. Ich habe ihn im November 1865 wiedergesehen und fand ihn wohl aussehend, er gibt an, keine Beschwerde zu fühlen, körperlichen Anstrengungen gewachsen zu sein, selbst Tanzen erschöpfte ihn sehr wenig. Den Urin hat er seit einem Jahre nicht untersuchen lassen.

Im Jahre 1869 ist er plötzlich gestorben.

70.

Frl. D—z, 25 Jahre alt, war seit ihrem 13. Jahre immer regelmässig menstruirt. Die Menstruation war stets sehr copiös. Im 15. Jahre hat sie sehr häufig an Migränen gelitten, später an Magenkrämpfen und an ziehenden Schmerzen in den Beinen. Sie wurde aber später kräftig und nahm bei angestrengter Beschäftigung mit der Landwirtschaft an Körperfülle zu. Vor einem Jahre bekam sie plötzlich ohne Ursache heftige Kopfschmerzen, die vom Hinterkopfe ausgehend sich über den ganzen Kopf erstreckten, die Kopfschmerzen wiederholten sich sehr häufig, dabei wurde sie mit jedem Tage matter, so dass sie oft das Bett hüten musste; sie magerte ab, hatte starken Durst, die Urinausscheidung steigerte sich, und die Untersuchung des Harns ergab Zucker (über die Quantität der Zuckerausscheidung kann ich nichts erfahren). Die Menstruation war wenig verändert. Zuweilen fühlte Patientin Schmerz im linken Hypochondrium, der Milz entsprechend.

Stat. praes. 26. Juli 1864. Patientin ist kräftig gebaut, gut gefärbt, gibt an, magerer geworden zu sein. Organe normal. Hauptklage ist das grosse Mattigkeitsgefühl, das rasche Ermüden bei der leichtesten Anstrengung.

24stündige Harnmenge 1000 ccm, Zuckerreaction deutlich, Quantität unbestimmbar.

Nach zweiwöchentlichem Kurgebrauche ist die Zuckerreaction viel schwächer, schwindet aber nie ganz.

Während des Winters fühlt sich Patientin viel kräftiger, kann wieder der gewohnten Beschäftigung nachgeben, hat an Körpergewicht zugenommen.

14. Mai 1865. Die Kupferlösung wird bei reichlichem Zusatz von Harn entfärbt, eine Trübung bildet sich nicht.

25. Mai. Keine Entfärbung der Fehling'schen Flüssigkeit.

71.

Herr U—r, Beamter aus Berlin, 58 Jahre alt, war mit Ausnahme von hartnäckiger Obstipation stets gesund. Seit 6 Wochen traten plötzlich Symptome des Diabetes auf, grosse Mattigkeit, Durst, reichliche Harnsecretion und Trübung der Sehkraft.

Stat. praes. 11. Aug. 1865. Patient ist noch gut genährt, in hohem Grade nervös, die Hände zittern, häufig entstehen Wadenkrämpfe im linken Beine. Brust- und Bauchorgane normal, Sehkraft geschwächt, Doppelsehen, an den Linsen ist keine Trübung wahrzunehmen.

Harnmenge in 24 Stunden 2500 ccm, Zucker, 8,3 pCt.

Patient hat bis jetzt kein Regime befolgt, ich verordne strenge Fleischkost.

26. Aug. 24stündige Harnmenge 1400 ccm, Zucker-Spuren, mit Saccharimeter nicht nachzuweisen.

Während des Winters bei entsprechender Fleischdiät war bis in den Monat Februar kein Zucker nachzuweisen, von da ab schwankte die Menge zwischen 0,2—0,5 pCt.

15. Mai 1865. 24stündige Harnmenge 1100 ccm, reichlicher Bodensatz von Harnsäure. Spec. Gew. 1028, Zucker-Spuren.

20. Mai 1865. Ich hatte versuchsweise gemischte Nahrung, ziemlich viel Brod verordnet, der Harn enthielt 0,6 pCt.

30. Mai. Bei gleicher gemischter Diät Zucker 0.

72.

Herr K—r aus Ungarn, 58 Jahre alt, hat früher viel an Wechselfieber gelitten. Vor 4 Jahren begann er an Kopfschmerz zu leiden. Der Schmerz trat täglich um 5 Uhr auf, zur selben Zeit, in welcher sonst die Fieberanfälle aufgetreten waren, der Schmerz war rechtsseitig und so heftig, dass er dem Kranken fast die Besinnung raubte, er dauerte stets einige Stunden und liess eine grosse Erschöpfung zurück. Im Januar 1863 wurde die Mattigkeit bedeutender, es stellte sich auch häufiges Harnbedürfnis ein, und quälende Trockenheit des Mundes. Die von Kletzinsky vorgenommene Untersuchung des Harns wies eine beträchtliche Zuckermenge nach, die aber bei Ausschluss von Amylaceen sich wesentlich verringerte.

Stat. praes. 3. Mai 1863. Patient ist nicht mager, aber in hohem Grade decrepid, er macht den Eindruck eines viel älteren Mannes, er kann nur kurze Strecken gehen, ermüdet auch da sehr rasch, er klagt über einen fortwährenden Druck im Kopfe, die heftigen Schmerzen treten jetzt nur selten auf, er gibt an, dass durch die häufigen Kopfschmerzen auch seine Geisteskräfte gelitten haben, dass insbesondere sein Gedächtnis sehr geschwächt sei. Leber und Milz sind etwas vergrössert. Brustorgane normal. Appetit gering, hartnäckige Stuhlverstopfung, häufiges Harnbedürfnis, die ausgeschiedene Harnmenge gering.

Der Harn enthält Spuren von Zucker und Eiweiss.

Während des Winters 1863—1864 hat Patient sich wohler gefühlt, die Darmthätigkeit war eine regelmässigere, der Kopf ist freier. Bei der Wiederkehr nach Carlsbad im Juni 1864 ist der Harn vollkommen zuckerfrei.

73.

Frl. v. F—g, 22 Jahre alt, der Vater der Patientin ist an Diabetes gestorben, sie selbst litt viel an Stockschnupfen, im 15. Jahre menstruirt. Menstruation schmerzhaft, nicht sehr reichlich. Vor 5 Jahren litt sie an Gelenkrheumatismus, vor 4 Jahren an Furunculose. Im Januar 1865 trat angeblich nach einer starken Erkältung heftiger Durst auf, und zeigten sich alle Symptome des Diabetes.

Stat. praes. Körper besonders an den Extremitäten mager, das Gesicht gut gefärbt, die Haut trocken. Dornfortsätze des sechsten und siebenten Halswirbels bedeutend verdickt, bei vorgebeugtem Kopfe sehr hervortretend. Diese Auftreibung hat sich nach Angabe der Patientin ungefähr 1 Jahr vor dem Beginne des Diabetes entwickelt, war bedeutender als jetzt und gegen Druck empfindlich, jetzt ist keine Empfindlichkeit vorhanden. Brust- und Bauchorgane normal.

Durst und Appetit übermässig gross. Körpergewicht 49,5 kg. 14. Mai 1865. 24stünd. Harnm. 5780 ccm, Zucker 6,8 pCt. = 394 g.

Patientin hat bis jetzt Mehlnahrung, auch Kartoffeln reichlich genossen, ich verordne vorwaltende Fleischdiät.

16. Mai 24stünd. Harnm. 3350 ccm, Zucker 4,8 pCt. = 160 g.

25.	-	-	-	1320	-	-	5,9	-	= 78,8 -
26.	-	-	-	1820	-	-	5,6	-	= 101,9 -
*)27.	-	-	-	2640	-	-	4,6	-	= 126,7 -
28.	-	-	-	2890	-	-	4,5	-	= 130 -
29.	-	-	-	2480	-	-	4,9	-	= 121 -
30.	-	-	-	2150	-	-	5,6	-	= 120 -
31.	-	-	-	2350	-	-	4,1	-	= 96 -
1. Juni	-	-	2480	-	-	4,5	-	= 111 -
2.	-	-	-	2310	-	-	4,2	-	= 97 -
**)13.	-	-	-	1000	-	-	3,0	-	= 30 -
17.	-	-	-	2320	-	-	4,2	-	= 97,4 -
18.	-	-	-	2640	-	-	4,5	-	= 118 -

Das Körpergewicht war bei der Abreise 48 kg, der Durst war fast ganz verschwunden, während der Nacht konnte Patientin ungestört schlafen. Patientin fühlte sich kräftiger.

74.

Herr v. K—i aus Polen, 22 Jahre alt, war bis zu seinem 16. Jahre sehr kräftig und neigte zur Fettbildung. Seit jener Zeit hat er wiederholt an Katarrhen der Athmungsorgane (Larynx und Lungen) gelitten. Häufig waren auch Verdauungsbeschwerden, Appetitlosigkeit und Stuhlverstopfung vorhanden. Die gegenwärtige Krankheit begann nach Angabe des Kranken vor

---

*) Vermehrung des Brodquantums.

**) Nach vorausgegangener Erkältung, bei ziemlich heftigem Fieber, rheumatischen Schmerzen in den Extremitäten, gänzlicher Appetitlosigkeit. Der Fieberzustand dauerte zwei Tage.

ungefähr 1½ Jahren mit Fieber, mit heftigem Durste und reicher Harnausscheidung, sie wurde lange nicht erkannt, und unzweckmässiges Regime angeordnet.

25. Mai 1865. Patient ist zart, blass und mager, er spricht auffallend heiser, gibt an, dass diese Heiserkeit schon fast 3 Jahre dauert. Kein Husten, Lunge normal. Durst und Appetit bedeutend. Kräftezustand noch ziemlich gut.

Datum	Harnmenge	Zucker		Phosphorsäure	
	ccm	pCt.	p. d.	pCt.	p. d.
25. Mai	7400	8,9 = 658 g		0,09 = 6,66 g	
5. Juni	3750	9,6 = 360 -		0,165 = 5,18 -	
15. -	3150	7,2 = 229 -		0,048 = 1,51 -	
16. -	3400	6,6 = 224 -		0,027 = 0,91 -	
17. -	2700	7,2 = 193 -		0,060 = 1,35 -	
23. -	2400	6,9 = 195 -		0,055 = 1,32 -	

75.

Herr S—r aus Frankfurt a. M., 31 Jahre alt, war früher immer gesund, im Januar 1864 glaubte er, in Folge einer heftigen Erkältung an Diabetes erkrankt zu sein. Das Leiden wurde nicht erkannt, die Lebensweise war sehr unzweckmässig. Die Schwäche nahm so überhand, dass er im Beginne des Jahres 1865 das Bett nicht verlassen konnte. Im März trat eine bedeutende Lungenblutung ein.

Stat. praes. Körper zumal an den Extremitäten sehr abgemagert, an beiden Lungenspitzen gedämpfter Percussionston, unbestimmtes Athemgeräusch, verlängertes Exspirium, Schleimrasseln. Hochgradiges Schwächegefühl. Körpergewicht 66 kg. Appetit übermässig gross.

29. Mai 1865. 24stünd. Harnmenge 2100 ccm, Zucker 5 pCt.

9. Juni	-	-	-	3200	-	-	4,2	-
16. -	-	-	-	3000	-	-	5,2	-
24. -	-	-	-	2810	-	-	3,3	-
30. -	-	-	-	2060	-	-	6,0	-

76.

Fr. O—g, 36 Jahre alt, war stets zart, in früheren Jahren soll sie häufig an Lungenkatarrh gelitten haben, in den letzten 2 Jahren häufige Anfälle von Cardialgie. Vor etwa 9 Monaten nach langer sorgenvoller, mit Gemüthsaufregung verbundener Krankenpflege traten die Erscheinungen des Diabetes auf. Als die lästigste Erscheinung Pruritus pudendorum, gleichzeitig damit hatte sich eine Ptosis palpebrarum gebildet. Das Leiden wurde erst im Laufe des Winters erkannt, und der starke Durst und die Schlaflosigkeit mit Opium bekämpft. Die Zuckermenge schwankte zwischen 3—9 pCt.

Stat. praes. Patientin ist noch ziemlich gut genährt, das Gesicht

wohl gefärbt, hat einen etwas ängstlichen Ausdruck, die oberen Augenlider
können erhoben werden, sinken rasch zurück und schliessen die Augen. Lunge
und Leber normal. Trockenheit im Munde und häufig Schlaflosigkeit. Appetit
mässig, rasche Erschöpfung bei mässiger Anstrengung.

ccm

8. Juni 1865. 24stünd. Harnmenge 1100, Zucker 6,6 pCt. Sp. Gew. 1050.
27.   -   -   -   -   2250,   -   0,9 -
14. Juli -   -   -   2100,   -   0,3 -
20.   -   -   -   -   3000,   -   0,3 -
Patientin fühlt sich viel kräftiger. Die Ptosis ist unverändert.
2. Juni 1866. 24stünd. Harnmenge 1300 ccm, Zucker 4,2 pCt.
11. -   -   -   -   2470   -   -   2,1 -
21. -   -   -   -   2400   -   -   2,7 -
3. Juli -   -   -   3300   -   -   1,0 -
10. Jan. 1867.   Nachtharn   1080   -   -   5,4 -
1. Juli - 24stünd. Harnmenge 1800   -   -   5,2 -
17. -   -   -   -   1500   -   -   4,8 -

Im Winter 1867—1868 wurden, nach Mitteilung des behandelnden
Arztes Prof. Jacobson, alle Symptome des Diabetes heftiger. Zucker stieg
auf 10 pCt. Hautanästhesien, leichte Parese der Extremitäten, ab und zu
heftige Neuralgien. Unter heftigen Neuralgien und Krämpfen in den Bauch-
muskeln Abgang von massenhaftem Eiter und Blut mit dem Urin. Eine vorübergehende Besserung, dann plötzlich Schüttelfrost mit sofort aufgehobenem
Bewusstsein, nach 36 Stunden Tod. Von Seiten der Lungen und des Herzens
keine Symptome. Section wurde nicht gestattet.

77.

Herr B—n, Lehrer aus Herrnhut, 30 Jahre alt, war immer schwächlich,
hat in seiner Kindheit und in seinen Jünglingsjahren viele Krankheiten überstanden, wie Bräune, Scharlach, Typhus, Entzündung des Kniegelenks. Im
Jahre 1863 empfand er nach vorangegangener anhaltender Geistesanstrengung an einzelnen streng umschriebenen Stellen des
Vorderkopfes heftige Kopfschmerzen — an diesen Stellen fielen auch
bald die Haare aus, bald trat auch grosse Dürre des Mundes ein, die Zunge
wurde trocken und schwarzbraun belegt, die Dürre des Mundes war so gross,
dass die Bewegung der Zunge und damit das Sprechen erschwert ward. Das
Leiden wurde erst spät erkannt, es variirte damals die Harnmenge zwischen
12 bis 14 Seidel, die Zuckermenge zwischen 3 bis 6 Unzen per Tag. Auf
den Gebrauch von Coccionella trat eine geringe Besserung ein, vorzüglich
besserte sich die Zunge.

Stat. praes. 12. Mai 1865. Patient ist zart gebaut, sehr blass und
schwächlich, die Muskulatur schlaff, Haut trocken, rechte Pupille kleiner als
die linke. Patient gibt an, dass diese Veränderung schon seit vielen Jahren

bestehe. Lunge normal. Durst ziemlich bedeutend, Zunge nicht rissig. Appetit
gut, kein Heisshunger.

24 stündiger Harn 3100 ccm, Zucker 7,5 pCt.

25. Juni   -   -   1750   -   -   0,3   -
9. Juli   -   -   1300   -   -   0   -

78.

Herr T—n aus Reval, 53 Jahre, war früher immer gesund, mit Ausnahme von häufigen Schmerzen im Hinterhaupte, im August 1864
begann der Diabetes, wurde im September erkannt, und es wurde fast ausschliesslich Fleischkost genossen.

Stat. praes. Patient ist nicht sehr abgemagert, fühlt sich ziemlich
kräftig. Organe normal. Durst mässig. Appetit gut.

28. Juni 1865 24 stündige Harnmenge 4200 ccm, Zucker 7,5 pCt.

15. Juli   -   -   -   800   -   -   0,8   -
29. -   -   -   -   1200   -   -   0

79.

Herr J—ff, Beamter aus Reval, 29 Jahre, hat im Jahre 1862 an Dysenterie gelitten, später an Lues. Im März 1865 begann der Diabetes mit sehr
heftigem Durste, die Harnausscheidung betrug bis 6,5 kg mit 6 Unzen Zucker
per Tag.

Stat. praes. Patient ist sehr nervös, übermässig ängstlich, nicht sehr
abgemagert. Muskulatur ziemlich kräftig, gibt an, häufig an Kopfschmerz
und an Schmerzen im Rücken zu leiden, bestimmte Stellen weiss er
nicht anzugeben, Durst mässig, Appetit sehr bedeutend.

27. Juni 1865 Harnmenge in 24 Stunden 2800 ccm, Zucker 4,5 pCt.

14. Juli   -   -   -   -   2890   -   -   Spuren.
27. -   -   -   -   -   2150   -   -   0.

80.

Helene L—g aus Dorpat, 11 Jahre alt, die Mutter geisteskrank.
Die kleine Patientin hat viel an nervösen Kopfschmerzen gelitten. Klagte
schon lange Zeit über starken Durst, Mattigkeit. Erkannt wurde das Leiden
als Diabetes im August 1864. Dr. Ammon fand sie damals bedeutend abge-
magert, bleich, trockene Haut, saurer Geruch aus dem Munde, beginnende
Caries der Zähne. Harn zwischen 2—3,5 kg per Tag, Zucker 7—7 $\frac{1}{2}$ pCt.
Auf Gebrauch von kohlensaurem Natron bei streng animalischer Kost und
Oleum jecor. aselli bessern sich die Symptome. Körpergewicht nimmt zu, die
Zuckermenge sinkt auf 2—2,5 pCt. Im März 1865 tritt Verschlimmerung ein.

Stat. praes. Patientin ist sehr zart und blass, in hohem Grade abgemagert, insbesondere sind Arme und Beine sehr mager. Der Kopf ist im Ver-

hältnis zum Körper auffallend gross. Die kleine Kranke hat etwas Aengstliches, Scheues in ihrem Wesen. Die Lunge normal. Durst bedeutend. Heisshunger, hartnäckige Stuhlverstopfung, ermüdet nach der geringsten Anstrengung. Körpergewicht 24,5 kg.

13. Juli 24 stünd. Harnmenge 1940 ccm, Zucker 4,9 pCt.

29. -   -   -   1960 - - 5,1 -

12. Aug. - - 1750 - - 4,2 -

19. -   -   -   1800 - - 4,8 -

24. -   -   -   1875 - - 3,9 - Körpergewicht 24,5 kg.

81.

Herr H—l aus Berlin, 56 Jahre alt, war ein sehr kräftiger, zu Fettleibigkeit neigender Mann. Litt häufig an Lungenkatarrh und an leichten Hämorrhoidalbeschwerden. Seit dem Beginne des Jahres 1864 begann Patient abzumagern, die Abmagerung betrug in Jahresfrist 25 kg. Diese Abmagerung veranlasste die Harnanalyse vor ungefähr einem Jahre — es fand sich reichlich Zucker. Appetit war nie vermehrt, der Harn stets dunkel gefärbt, die Haut nicht trocken, zu Schweissen neigend.

Bemerkt muss werden, dass eine Schwester des Patienten um dieselbe Zeit an Diabetes insipidus erkrankte.

Stat. praes. 14 Juli. Patient kräftig gebaut, aber beträchtlich abgemagert, die schlaff herabhängenden Bauchdecken weisen auf den grossen Fettverlust hin, in beiden Lungen starkes Schleimrasseln, die Leber etwa 1—2 Zoll unter dem Rippenrand hervorragend, glatt, unempfindlich. Durst mässig. Appetit gut, kein Heisshunger, hartnäckige Stuhlverstopfung.

24 stündige Harnmenge 2100 ccm, Zucker 3,9 pCt.

Patient, dem das Wesen seiner Krankheit nicht bekannt war, wollte nie ein strengeres Fleischregime beobachten. Er beginnt jetzt vorwaltend Fleisch zu geniessen.

3. August 1800 ccm Harn, Zucker — Spuren.

15. - 2100 - - - 0

Im Winter ist Patient an Gehirnhämorrhagie gestorben.

82.

Herr J—y, Kaufmann aus Hamburg, 56 Jahre alt, war früher sehr fettleibig, seit 13 Jahren ist eine leichte Insuficienz der Mitralklappe vorhanden, hat wegen seiner Fettleibigkeit wiederholt Marienbad gebraucht. Der Diabetes begann im Jahre 1861, nach Angabe des Patienten in Folge grosser moralischer Aufregung. Die Hauptbeschwerde bestand in sehr häufigem Harnbedürfnis. Die Harnuntersuchungen in früheren Jahren wiesen 5—7 pCt. Zucker nach. Patient hat wiederholt Vichy gebraucht, und es haben sich dann immer für einige Zeit die Symptome des Diabetes gemildert.

Stat. praes. Patient ist mager, schwächlich, sehr lebhaft, im hohen

Grade nervös erregbar. Puls unregelmässig in Bezug auf den Rhythmus, im linken Herzen ein schwaches systolisches Geräusch. Das Volumen des Herzens nicht wesentlich vergrössert. Lunge normal. Patient gibt an, dass er zuweilen doppelt sehe. Seine Hauptklage bildet das häufige Harnbedürfnis, er muss fast jede halbe Stunde Urin lassen. Durst mässig. Appetit übermässig.

19. Juli 1865 24 stündige Harnmenge 3050 ccm, Zucker 4,2 pCt.

8. Aug. - - - 2300 - - 1,2 -

23. - - - - 1900 - - 1,2 -

27. - - - - 1750 - - 0,9 -

Das häufige Harnbedürfnis ist vermindert, Patient braucht nur in Zwischenräumen von 4—5 Stunden Urin zu lassen.

83.

Herr L—f, Kaufmann aus Süddeutschland, 55 Jahre alt, war nie krank, hat nur häufig an Ischias gelitten. Im Anfange April 1865 bemerkte er Zunahme seines Durstes, empfand Trockenheit im Munde, fühlte sich matt. Eine im Juni vorgenommene Untersuchung wies eine Gewichtsabnahme von 87,5 auf 75 kg nach.

Stat. praes. Patient ist noch wohlgenährt, etwas fettleibig, das Gesicht gut gefärbt. Organe normal.

27. Juli 1865 2 stündige Harnmenge 750 ccm, Zucker 1,2 pCt.

9. Aug. - Zucker 0.

Patient gibt an, dass er 14 Tage vor seiner Hierherkunft mit seiner gewohnten Brille nicht sehen konnte, es erschienen ihm die Gegenstände unklar, umflort, er musste eine schärfere Brille nehmen und diese selbst zum Lesen und Schreiben verwenden. Nach zweiwöchentlichem Kurgebrauche war die ursprüngliche Sehkraft wieder hergestellt, er kann die scharfe Brille nicht mehr brauchen. Die geschlechtliche Potenz, welche ganz erloschen war, ist während des Kurgebrauches wiedergekehrt.

84.

Herr H—n, Kaufmann, 54 Jahre alt, war früher fettleibig, seit ungefähr 5 Jahren bemerkte er allmalig Gewichtsabnahme, später erst trat Mattigkeit, Durst und vermehrte Harnsecretion auf. Die Krankheit wurde im Jahre 1864 erkannt. Im letzten Jahre hatte er an verschiedenen Körperstellen 3 Furunkel. Patient glaubt, Kummer habe sein Leiden verursacht.

Stat. praes. Patient ist noch ziemlich gut genährt. Brust- und Bauchorgane normal. Dis Hauptklage ist das rasche Ermüden nach körperlicher Anstrengung. Durst mässig, grosse Trockenheit im Munde, niemals Gefühl von Heisshunger.

24. Juni 1865 24 stündige Harnmenge 2120 ccm, Zucker 3,9 pCt.

14. Juli - - - 2400 - - 0,3 -

85.

Herr K—r aus Berlin, 51 Jahre alt, war stets gesund, wurde sehr fettleibig und gebrauchte desswegen Marienbad. Im Winter 1864—1865 fühlte er oft Drang zum Uriniren, die entleerte Harnmenge war aber immer nur gering. Dieses häufige Urinlassen bestimmte den mit chemischen Arbeiten häufig beschäftigten Mann zu einer Harnanalyse, und er fand Zucker.

Stat. praes. Patient macht den Eindruck eines sehr kräftigen wohlgenährten gesunden Mannes, nach seiner Angabe hat er an Körperumfang beträchtlich abgenommen. Krankhafte Symptome werden nicht angegeben. Der Harndrang hat, seitdem vorwaltend Fleisch genossen wird, abgenommen.

15. Juni 1865. Der Nachtharn entfärbt Kupferlösung.

Der nach dem Frühstücke (Kaffee mit Semmel) gelassene Harn reducirt das Kupferoxyd zu Oxydulhydrat, es bildet sich ein gelber, nicht klar sich absetzender Niederschlag. Nachmittagsharn nach ausschliesslicher Fleischnahrung bringt keine Entfärbung der Kupferlösung hervor. Der Harn enthält ein reiches Sediment von Uraten.

Nach vierwöchentlichem Kurgebrauche zeigt sich nach reichlichem Genuss von Amylaceen (nach dem Frühstück) nur eine geringe Entfärbung, keine Trübung.

86.

Herr P., Officier aus Norddeutschland, 37 Jahre alt, ein vollsaftiger corpulenter Mann, war stets gesund. Im September (nach Angabe des Patienten infolge einer während des Mittagessens durch einen Brief veranlassten grossen moralischen Erregung und heftigen Aergers) stellte sich Appetitlosigkeit ein, bald darauf allgemeine Verstimmung, Schwächegefühl und Abmagerung. Im Verlaufe von 2 Monaten war das Körpergewicht von 92 kg auf 85 kg gesunken. Der behandelnde Arzt, der den Patienten im November sah, veranlasste eine Harnanalyse, und es fand sich 5,5 pCt. Zucker. Bei näherem Examen stellte es sich heraus, dass auch die anderen gewöhnlichen Erscheinungen des Diabetes: Durst, Trockenheit im Munde, etwas vermehrte Harnausscheidung vorhanden waren, doch waren alle diese Symptome nur in geringem Grade vorhanden — und es war, wie Dr. Newmann sich selbst ausdrückt, ein mehr instinctives Erraten der Krankheit, ohne dass aus den Klagen des Patienten sich bestimmte Anhaltspunkte für dieselbe ergeben hatten. Ein entsprechendes Regime und der Gebrauch von Natrium bicarbon. verringerten rasch die Zuckermenge, sie variirte später zwischen 1,3 und 0,5 bis 0,6 pCt. Das Körpergewicht nahm gleichfalls zu.

Stat. praes. 29. Mai 1865. Patient macht den Eindruck eines sehr kräftigen Mannes, ist noch sehr gut genährt, das Körpergewicht 89 kg. Brust- und Bauchorgane normal. Durst sehr mässig. Harnsecretion nicht sehr beträchtlich, die geschlechtliche Potenz hat abgenommen. Appetit mässig. Beim Beginne der Krankheit war Appetitlosigkeit das vorwaltendste Krankheitssymptom.

Der Harn ist sehr dunkel, nach einiger Zeit bildet sich ein reichlicher ziegelroter Bodensatz von Uraten, Zucker 0,3.

2. Juni Zucker — Spuren.
11. - Keine Entfärbung der Kupferlösung.

Diese tritt auch bei reichlicherem Genuss von Brot nicht auf.

Patient fühlte sich während des Winters 1865/66 sehr wohl, konnte im Sommer 1866 den Feldzug mitmachen, ertrug die grössten Strapazen, und genoss reichlich Amylaceen, hat während des Jahres 1866 ein Kind gezeugt.

Im Sommer 1867 kam Patient nach Carlsbad, sein Körpergewicht betrug 87,5 kg.

24. Juni 24 stündige Harnmenge 2800 ccm, Zucker 1,0 pCt.
14. Juli - - — - - Spuren.

Das Körpergewicht war auf 82 kg gesunken.

Im Verlaufe des Winters 1867/68 nahm er wieder um 6 kg an Körpergewicht zu. Bei seiner Ankunft in Carlsbad:

26. Juni 1868 24 stünd. Harnmenge 2000 ccm, Zucker 3,9 pCt.
20. Juli - - - 1250 - - Spuren.

Während des Winters um 4 kg zugenommen, ein Kind gezeugt.

11. Juni 1869 24 stünd. Harnmenge 1800 ccm, Zucker Spuren.
30. - - - - 2000 - - -

87.

Herr R—n, Kaufmann aus Brüssel, 56 Jahre alt, war früher sehr fettleibig, hat an Hämorrhoidalstasen gelitten — träger Stuhlgang, Neigung zu Lungenkatarrhen — und an harnsaurer Diathese, Gries- und Sandbildung. Wegen dieser Leiden hat er wiederholt Carlsbad gebraucht und auch den Winter über Vichywasser getrunken. Im Juli 1865 kam er zum Besuch von Verwandten nach Carlsbad, er erzählte mir, dass er sehr viel Wasser trinke, häufig Trockenheit im Munde empfinde. Dieser Umstand veranlasste mich, den Harn zu untersuchen, und ich fand reichlich Zucker.

Stat. praes. Patient macht den Eindruck eines gesunden Mannes, er ist nicht fettleibig, aber noch immer gut genährt. Die Fettleibigkeit hat in den letzten Jahren allmälig abgenommen, Patient setzt dies auf Rechnung wiederholten Kurgebrauches in Carlsbad und Vichy, und war damit zufrieden. Lunge und Leber normal, er gibt an, dass er aus Gewohnheit seit sehr vielen Jahren ungewöhnlich grosse Mengen Wasser getrunken habe, und glaubt, dass nur diese Angewöhnung sein häufiges Bedürfnis zu trinken veranlasst habe. Beschwerden hat er sonst nicht empfunden. Die geschlechtliche Potenz hat in den letzten Jahren beträchtlich abgenommen.

Der Zuckergehalt des Nachtharns bei der ersten Untersuchung war 5,1 pCt.

5. Juli 1865 24stünd. Harnmenge 3290 ccm, Spec. Gew. 1038, Zucker 5,5 pCt.

13. - - - - 1080 - - 1025, - Spuren.

88.

Herr W—l, Kaufmann aus Berlin, 58 Jahre alt (der Bruder des Patienten ist an einer Rückenmarksaffection gestorben). Patient wurde schon in seiner frühen Jugend fettleibig, war aber stets gesund. Vor 5 Jahren begann Patient abzumagern. Da aber sein Gewicht früher sehr bedeutend war (100 kg), fühlte er sich durch diese Abmagerung behaglicher, ein häufiger Harndrang war das einzige lästige Symptom. Im letzten Sommer fühlte er sich zuweilen matt, und seine Umgebung bemerkte, dass er sehr viel trank. Eine veranlasste Harnuntersuchung ergab 6,4 pCt. Zucker.

Stat. praes. Patient ist noch sehr wohlgenährt, wiegt 76,5 kg. Auf dem behaarten Kopfe eine etwa eigrosse Balggeschwulst. Gesicht etwas blass, Ausdruck ängstlich, gibt an, sich vollkommen wohl zu fühlen. Die Trinklust ist grösser als sonst, aber kein quälender Durst, in der Nacht mehrmaliges Harnbedürfnis. Organe normal.

12. Aug. 1865 Zucker des Nachtharns 5,4 pCt., Spec. Gew. 1035.

19. - - 24stündige Harnmenge 2100 ccm, Zucker 2,4 pCt.

29. - - - - 1800 - - 0,2 -

11. Sept. - - - 2400 - - Spuren.

Das Körpergewicht hat während des Kurgebrauches um 2,5 kg abgenommen.

Patient, der sehr gewissenhaft fast ausschliessliche Fleischkost geniesst, war während des Winters 1865/66 vollkommen wohl. Bei seiner Rückkehr nach Carlsbad 13. Juni 1866 war der Harn zuckerfrei.

Als ich ihn veranlasste durch 2 Tage ziemlich viel Amylaceen zu geniessen, enthielt der Harn Spuren von Zucker.

In den Jahren 1867 und 1868 blieb der Harn ebenfalls zuckerfrei. Selbst nach Genuss von süssen Speisen trat nur eine sehr schwache Reduction (klare gelbe Entfärbung) auf.

Im Herbste 1868 begann Patient über Störungen des Sehvermögens zu klagen. Die Untersuchung mit dem Augenspiegel wies eine Retinitis apoplectica nach. Die Harnanalyse zeigte, dass derselbe reich an Eiweiss sei. Im Laufe des Winters entwickelten sich alle weiteren Symptome des Morbus Brightii, die sich aber infolge einer Kaltwasserkur wieder besserten.

89.

Graf S—, 64 Jahre alt, in hohem Grade erregbar, war früher fettleibig, hat in früheren Jahren viel an Nierenkoliken und Abgang von harn-

sauren Nierensteinchen gelitten.   Die letzte Colica nephritica war im Jahre
1860 aufgetreten. Ausserdem hatte er häufig Hämorrhoidalbeschwerden, Knoten
etc. und vor eintretender Blutung Congestionen nach dem Kopfe, die mehrere
Male so heftig waren, dass Patient bewusstlos zusammenstürzte.   Im Sommer
1863 bemerkte er zuerst Trockenheit im Munde und hatte viel Durst, im April
1864 wurde der Harn zuerst untersucht, und es wurden 8 pCt. Zucker gefunden.
Häufige von Trapp angestellte Analysen zeigten ein ganz auffallendes Schwanken im Zuckergehalt von 4 pCt. bis zu Spuren. Der Morgenharn enthielt oft nur
Spuren, der Tagharn derselben 24 Stunden hatte einen reichlichen Zuckergehalt.   Im December 1864 hatte ich Gelegenheit, den Harn wiederholt zu
untersuchen, die Menge betrug in 24 Stunden zwischen 2500—3000 ccm,
Zucker war ursprünglich 3 pCt. und sank bei strengerer Diät auf 1,5 pCt.

Die letzten Analysen von Trapp ergaben:
> 19. Mai 1865: Morgenharn 1,8.
> Abendharn 3,9.
> 25. -   -   Morgenharn 0,3.
> Abendharn 2,2.

Stat. praes. 24. Juni 1865. Patient ist noch gut genährt, doch zeigen
die Hautfalten, dass das Fett bedeutend geschwunden ist, nach seiner Angabe
ist das Gewicht in den letzten Jahren von 80 auf 65 kg gesunken.   Das Gesicht gut gefärbt. Lungen normal, im linken Herzen ein systolisches Geräusch,
der Durchmesser des Herzens normal. Die Leber ragt 3 Zoll unter dem Rippenrande hervor, ist beim Drucke empfindlich, glatt anzufühlen. Geringe Trockenheit im Munde, Durst und Harnsecretion nicht vermehrt.   Appetit normal.
Kräftezustand sehr gut.

> 24. Juni Morgenharn Zucker 0,3 pCt.
> Abendharn   -   0,3 -
> 29. -   Morgenharn   -   1,0 -
> Abendharn   -   2,5 -
> 13. Juli Morgenharn   -   0,8 -
> Abendharn   -   1,8 -
> 20. -   Morgenharn   -   Spuren.
> Abendharn   -   0,6 pCt.

Im Jahre 1868 sah ich den Patienten wieder, er war beträchtlich abgemagert, die Erscheinungen des Diabetes waren sehr mässig.   Die Hauptklage
des Patienten waren neuralgische Schmerzen in einzelnen Hautnerven der
unteren Extremitäten, die so heftig waren, dass sie das Gehen sehr erschwer-
ten. Die Zuckermenge des Harns war mässig, Nachmittagsharn enthielt 0,6 bis
2 pCt. Zucker.   Nachtharn 1,2—0.

Im Jahre 1869 waren die diabetischen Erscheinungen unverändert mässig,
die neuralgischen Schmerzen waren nach dem Gebrauche von Ragaz besser
geworden. Der Kranke erhielt sich in gleicher Weise noch durch 4 Jahre. Im
Jahre 1873 starb er an Pneumonie.

90.

Frau L—f aus Wien, 45 Jahre alt, Mutter von 6 Kindern, hat als Mädchen und als junge Frau viel an Migräne gelitten. Später war sie gesund, nur war die Magenverdauung leicht gestört, sie wurde oft durch Magensäure gequält, und von Zeit zu Zeit trat heftige Cardialgie auf. Die Zeichen des Diabetes traten vor einem Jahre auf. Abmagerung und Schwäche seit 2—3 Monaten rapid vorgeschritten.

Stat. praes. 13. Mai 1866. Der Körper ist in hohem Grade abgemagert, das Aussehen der Patientin ist das einer viel älteren Frau, die Haut welk, faltig. Appetit sehr stark, aber noch immer Säurebildung, zeitweilig Erbrechen einer sauren Flüssigkeit. Neigung zur Diarrhoe. Beide Lungenspitzen tuberculös infiltrirt. Die Sehkraft hat seit 6 Monaten wesentlich abgenommen. Linse nicht getrübt, Körpergewicht 49 kg.

Datum	Harnmenge	Zucker		Harnstoff		Phosphorsäure	
		pCt.	p. d.	pCt.	p. d.	pCt.	p. d.
13. Mai	4910 ccm,	5,8	284,7	1,1	54	0,085	4,17
27. -	3850 -	5,9	227,1	—		—	
8. Juni	4200 -	4,8	201,6	1,4	58	0,100	4,20
19. -	3150 -	3,3	103,9	1,7	53,5	0,110	3,46
30. -	2100 -	3,9	81,0	2,3	49,0	0,130	2,73

In der Nacht vom 24. auf den 25. Juni war eine ziemlich starke Fieberbewegung aufgetreten. Pulsfrequenz 102. Temperatur erhöht. Patientin hustet mehr als sonst. Bei der Auscultation hört man überall starkes Schleimrasseln.

Der 12 stündige Nachtharn 1400 ccm, Zucker pCt. 4,2 $= 58,8$ g
- - Tagharn 1750 - - - 3,6 $= 63$ -
$$121,8 \text{ g}$$

Nach einigen Tagen minderten sich die Fiebererscheinungen. Patientin konnte nach Hause reisen. Während des Winters soll sich dieselbe wohler gefühlt haben, im Herbste 1867 starb sie an Tuberculose.

91.

Herr Bur—r aus Holstein, 26 Jahre alt, erzählt, dass er in seinem 4. Lebensjahre einen heftigen Fall gethan habe, durch 14 Tage bewusstlos geblieben und durch ein Jahr an Händen und Füssen gelähmt gewesen sei. Ob die Lähmung beiderseits gewesen, weiss Patient nicht anzugeben. Später hatte er öfter an Kopfschmerz gelitten, sich aber sonst gut entwickelt und ist stets gesund gewesen. Vom 17. Jahre häufige nächtliche Pollutionen. Vor 3 Jahren bemerkte er Abnahme der Potenz, Durst trat vor einem Jahre bemerkenswert hervor. Patient wog noch im 21. Jahre 65 kg.

Stat. praes. Patient ist zart, blass, mager, Muskeln schlaff, Haut trocken. Sehkraft geschwächt, von Zeit zu Zeit wie ein Flor vor den Augen, keine Linsentrübung, an der rechten Brusthälfte bis zur 3. Rippe ein gedämpfter Percussionsschall, unbestimmtes Athmen, Schleimrasseln, linke Lunge normal, geschlechtliche Potenz erloschen, sehr rasches Ermüden, zumal beim Treppensteigen. Körpergewicht 51 kg.

Datum	24stündige Harnmenge	Zucker pCt. p.d.		Harnstoff pCt. p.d.		Phosphorsäure pCt. p.d.	
28. Mai	2310 ccm,	4,8	110,8	1,9	43,8	0,155	3,58
16. Juni	1400 -	4,8	67,8	3,4	47,6	0,185	2,59
17. -	1700 -	4,8	81,6	2,9	49,3	0,160	2,72
18. -	1650 -	4,8	79,2	3,2	52,8	0,160	2,74
25. -	1700 -	3,6	61,2	3,1	52,7	0,165	2,80
3. Juli	1680 -	3,6	60,4	3,2	53,7	0,195	3,19

92.

Herr H—n, Kaufmann, 48 Jahre alt, gibt an, dass zwei seiner Brüder an Lungentuberculose gestorben sind, er selbst war immer gesund bis zum Jahre 1859. Er erkrankte damals an einer Lungenentzündung; nachdem diese geheilt war, entwickelte sich rasch eine hochgradige Fettleibigkeit und alle Erscheinungen von Unterleibsplethora. Nach dem Gebrauche von Kissingen trat Besserung ein. Im Herbste 1864 bemerkte Patient die ersten Zeichen des Diabetes, gleichzeitig entwickelten sich kleine Furunkel an verschiedenen Körperstellen und ein Eczem am behaarten Kopfe. Seit September 1865 beobachtet Patient strenge Fleischdiät, geniesst von Amylaceen nur mässige Mengen Brod.

Stat. praes. Gesichtsausdruck ängstlich nervös, die Haut feucht, leicht transpirirend. Verdauung normal, mässige Constipation, die Leber ragt zwei Zoll unter dem Rippenbogen hervor, glatt, nicht empfindlich. Lunge und Herz normal, Potenz nicht ganz erloschen. Sehkraft unverändert, Körpergewicht 53 kg. Harn stets trübe, nach Angabe des Patienten ist dies seit langer Zeit der Fall.

Datum	24stündige Harnmenge	Zucker pCt. p.d.		Harnstoff pCt. p.d.		Phosphors. pCt. p.d.		
21. Mai 1866	1400 ccm	3,0	42	2,8	39,2	0,165	2,2	Der Harn reich an Eiweiss.
8. Juni -	1650 -	1,2	19,8					
19. - -	2760 -	1,2	33,1					
30. - -	1950 -	1,2	23,4					Eiweiss verringert
4. - -	2300 -	1,8	41,4					Spuren v. Eiweiss.
								Spuren.

93.

Frau A—ch aus Mainz, 56 Jahre alt, war stets gesund, übermässig corpulent, so dass sie dadurch Unbehagen verspürte und sich daher freute, dass seit 2 Jahren der Körperumfang sich minderte; sie führt den Beginn

der Krankheit auf lange peinliche moralische Aufregung zurück. Das Leiden
wurde erst vor 4 Wochen erkannt. Auf Gebrauch von natr. bicarb. alle
Symptome des Diabetes gebessert.

Stat. praes. Patientin ist noch ziemlich gut genährt, Gesichtsfarbe
gut. Haut feucht, transpirirt viel, zumal Nachts; hustet häufig. Die Untersuchung ergibt gedämpften Percussionston an der rechten Lungenspitze. Verdauung normal, Appetit jetzt mässig, noch vor wenigen Wochen Heisshunger.
Die Hauptbeschwerde Trockenheit im Munde. Sehkraft unverändert. Körpergewicht 56 kg. Nach Angabe der Patientin war dasselbe noch vor einem
Jahre 70 kg.

	Harnmenge in 24 Stunden.	Zucker pCt. p. d.	
2. Juni	1700 ccm,	3	51 Grm.
22. -	2400 -	mit Saccharimeter 0, mit Kupferoxyd Entfärbung.	
29. -	2100 -	keine Entfärbung.	

Im Winter 1866/67 bei entsprechender Diät hat Patientin sich sehr wohl
befunden, nach Angabe des behandelnden Arztes waren immer nur Spuren
Zucker vorhanden gewesen. Die Untersuchung des Harnes, welcher in der
auf die Reise folgenden Nacht entleert wurde, ergab 3. Mai 1867 3,5 pCt.
Zucker, trotzdem nach Versicherung der ängstlichen, glaubwürdigen Patientin
die Diät auf der Reise unverändert eingehalten war.

7. Mai Nachtharn 1,4 pCt. Zucker.
22. -   -   mit Saccharimeter 0.

Auch der Winter 1867/68 war sehr gut. Patientin fühlt keine Beschwerden.

Nachtharn vom 6. Juni 1868 nach der Ankunft 2,4 pCt. Zucker.
14. -   -   Spuren mit Kupferoxyd.
2. Juli mit Saccharimeter 0. mit Kupferoxyd Entfärbung.

Während des Winters schwankte der Zuckergehalt zwischen 0,3—1 pCt.,
im Frühling 1869 stieg die Zuckerquantität plötzlich auf 3,8 pCt.

Nack der Ankunft in Carlsbad
4. Mai 1869 enthielt der Nachtharn 6,1 pCt. Zucker.
8. -   - 24stünd. Harnm. 1650 ccm, 0,7 pCt. Zucker.
1. Juni -   -   - 1650   0,0 -   -

94.

Frl. C— aus Hamburg, 29 Jahre alt, war nje sehr kräftig, hat viel an
Bleichsucht gelitten, war nie regelmässig menstruirt, oft Pausen von 6—8 Monaten. Die Symptome des Diabetes traten vor 2 Jahren auf nach grossen
Gemütserschütterungen. Es entwickelte sich rasch hochgradige Schwäche und
als lästiges Symptom heftige Schmerzen in beiden Beinen. Der Zuckergehalt
schwankt in der letzten Zeit zwischen 5—6 pCt.

Stat. praes. Patientin ist zum Skelett abgemagert. Haut spröde,

Gesichtsausdruck ängstlich, hochgradige Taubheit, die schon alten Datums sein soll. Oefteres Husten, in den Lungen durch Auscultation und Percussion nichts Abnormes nachzuweisen. Appetit mässig, grosse Dürre im Munde. Die Beine bis über die Knöchel ödematös angeschwollen. Die Schwäche ist so gross, dass der kleinste Gang Patientin erschöpft.

12. Juni 1866 Harnm. in 18 St. 2100 Zucker 5,4 pCt. = 113,4 g
27. -   -   - - 24 - 3200   -   3,6 - = 115,2 -
12. Juli -   - - 18 - 2500   -   4,2 - = 105   -
21. -   -   - - 18 - 2400   -   4,5 - = 108   -

Die krankhaften Symptome wesentlich gebessert, der Durst ganz aufgehört, der Kräftezustand so verändert, dass Patientin grosse Spaziergänge machen kann. Mehrere Wochen nach dem Kurgebrauche traten wieder die früheren Erscheinungen auf. Patientin starb während des Winters.

95.

Frau B—r aus Preussen, 42 Jahre alt, Mutter von 8 Kindern, war stets gesund, erfreute sich eines blühenden Aussehens und wurde allmälig fettleibig. Vor ungefähr $1\frac{1}{2}$ Jahren nach dem sie erschütternden Tode eines erwachsenen Sohnes fing sie an abzumagern. Es gesellte sich bald Schwächegefühl dazu, und die in Folge der raschen Abmagerung vom Arzte veranlasste Harnanalyse wies 7,8 pCt. Zucker nach. Auf Anordnung von animalischer Diät besserten sich bald die Erscheinungen.

Stat. praes. Patientin ist noch ziemlich gut genährt, im Gesichte gut gefärbt, Haut feucht, transpirirt leicht. Menstruation normal, Appetit mässig; Brust und Bauchorgane zeigen keine Anomalie. Patientin klagt, dass sie häufig an Kopfschmerzen leide, dass sie zumal beim Treppensteigen einen bohrenden Schmerz im Scheitel fühle.

	24 stündige Harnmenge.	Zucker pCt.
21. Juni 1866	1800 ccm,	1,2
9. Juli -	— -	0,3
26. - -	— -	0

Im Jahre 1867 zeigte der Harn bei der Ankunft in Carlsbad nur Spuren Zucker. Im Frühjahre 1868 hatte Patientin viel Kummer, bei der Ankunft in Carlsbad fand ich sie wesentlich abgemagert.

14. Juni 1868 im Nachtharn		4,5 pCt. Zucker
23. - - - -		1,8 - -
1. Juli - - -		2,4 - -
18. - - Harn in 24 Stunden	3600 ccm,	3,0 - -
20. Juni 1869 - - -	2100 -	3,5 - -
12. Juli - - - -	2200 -	4,4 - -

96.

Herr S—r aus Sachsen, 30 Jahre alt. Die Mutter ist an einer nicht näher bezeichneten Leberkrankheit, der Vater geisteskrank gestorben. Patient selbst war stets gesund, wurde in seinem 26—27. Jahre sehr corpulent, wog 90 kg. Im Sommer 1865 traten die Symptome des Diabetes auf, vorzüglich Durst und Heisshunger; das Körpergewicht sank bis zum Februar 1866 auf 69¹/₄ kg. Die Untersuchung des Harnes ergab damals 7 pCt. Zucker. Der behandelnde Arzt verordnete Jodtinctur in steigender Dosis bis 10 Tropfen p. d. Zugleich wurde die Diät geregelt. Der Zuckergehalt sank bis auf 1 pCt., das Körpergewicht stieg auf 7¹/₂ kg. Nach sechswöchentlichem Jodgebrauch schien die Fortsetzung dem Arzte contraindicirt; dasselbe wurde ausgesetzt, und darauf stieg die Harnmenge wieder und der Zuckergehalt nahm zu.

Stat. praes. Der Körper ist noch gut genährt, die Muskulatur der Beine kräftig, die der Arme ist schlaff; Gesicht gut gefärbt, Haut feucht. Patient hatte früher viel geschwitzt, im Sommer des vorigen Jahres hatte die Transpiration ganz aufgehört und ist nun seit einigen Monaten wieder gekommen. Appetit normal, geschlechtliche Potenz nicht abgenommen, Sehkraft für die Ferne gut, in der Nähe sind die Gegenstände zuweilen umflort, keine Linsentrübung.

Datum	Harnmenge in 24 Stunden	Zucker pCt.	Zucker p. d.	Harnstoff pCt.	Harnstoff p. d.	Phosphorsäure pCt.	Phosphorsäure p. d.
16. Sept. 1866	5320	6,0	319,2 g	1,4	35,2 g	0,105	2,07 g
24. - -	4480	4,5	201,6				
31. - -	3920	4,8	188,0				
11. Oct. -	3500	4,8	168,0				

Das Körpergewicht war während der Kurdauer fast unverändert geblieben, es war beim Beginn der Kur 67 kg, beim Schlusse 67,2 kg.

97.

Herr P—r aus Oberösterreich, 53 Jahre alt, war mit Ausnahme von häufig auftretenden Lungenkatarrhen stets gesund, war früher ziemlich fettleibig, wog 82 kg. Im Monate März 1868 hatte er durch den Tod eines erwachsenen Sohnes schweren Kummer, wurde sehr erregbar, litt an Schlaflosigkeit, magerte sichtlich ab, und es zeigten sich bald die Erscheinungen des Diabetes.

Stat. praes. Bedeutend abgemagert, ängstlicher Gesichtsausdruck, Haut schlaff, trocken. Appetit mässig, Stuhlverstopfung mit Diarrhoe wechselnd. Leber rechts 4″ unter dem Rippenrande, links bis an den Rippenbogen ragend, glatt, Rand nicht zu fühlen. Rechts bis zur dritten Rippe dumpfer Percussionsschall, unbestimmtes Athmen, linke Lunge und Herz normal. Körpergewicht 60 kg.

Datum	24 stündige Harnmenge	Zucker pCt.	p. d.	Harnstoff pCt.	p. d.	Phosphorsäure pCt.	p. d.
19. Aug. 1866	5200	3,6	187,2	1,2	62,4	0,080	4,16
28. - -	4350	3,6	156	1,4	60,9	0,085	3,69
4. Sept. -	3600	3,9	140	1,5	54,6	0,100	3,60
11. - -	2800	4,2	144				
15. - -	2800	4,8	134				
19. - -	2700	5,1	137,7	1,45	39,1	0,100	2,70

Patient ist im Winter 1866/67 plötzlich, wie berichtet, an einer Hirn-hämorrhagie gestorben.

98.

Herr F. B., Kaufmann aus Preussen, 29 Jahre alt, litt laut Bericht des Arztes als Knabe an einer Intermittens anomala, an oft auftretenden Kopfschmerzen und an einem häufigen Harndrang, er musste zu Zeiten jede halbe Stunde Urin lassen. In den Knabenjahren hatte er oft Furunkel. Im Jahre 1855 gebrauchte er ein Ostseebad, und darauf trat Besserung aller dieser Erscheinungen auf. Dagegen wird angegeben, dass im Jahre 1858 häufig Nasenbluten sich eingestellt habe, und dass durch einige Zeit starker Durst und reichliche Harnausscheidung vorhanden gewesen sei. Im damals unter-suchten Urin soll (?) nichts Anomales vorhanden gewesen sein. Um dieselbe Zeit wurden fast alle Zähne cariös und mussten plombirt werden. Im Jahre 1861 trat der Kopfschmerz wieder auf; besonders an der linken Kopfhälfte, zugleich stellte sich oft heftiges Durstgefühl ein. Patient excedirte viel in venere. Im Jahre 1865 heiratete Patient und zeugte einen im Frühjahre 1866 geborenen kräftigen Knaben. Vielfache gemütliche Aufregungen, ins-besondere eine unbeschreibliche Angst vor der Cholera quälten den Patienten während des Jahres 1865. Im Herbste jenes Jahres traten abermals die Kopf-schmerzen häufig auf, meist von einem Froste eingeleitet. Das häufige Be-dürfnis zum Harnen hatte sich wieder eingestellt. Eine von dem behandeln-den Arzte veranlasste Analyse ergab 8. December 1866 7,9 pCt. Zucker. Es wurde entsprechende Diät und ferrum pyrophosphor. angeordnet. Die Kopf-schmerzen hörten nahezu ganz auf, und der Zuckergehalt war am 21. De-cember auf 3 pCt. gesunken. Gegen Ende December nahmen die Kopfschmer-zen wieder zu, der Zuckergehalt stieg und schwankte zwischen 4—7 pCt. Auf Chiningebrauch sank der Zuckergehalt nicht.

Stat. praes. Patient sieht blühend aus, wohl genährt, vortreffliche Gesichtsfarbe, der ganze Eindruck der einer hochgradigen nervösen Erregbar-keit, ungeduldig, ängstlich, schwankend, Stimmung continuirlich wechselnd. Die Haut ist feucht, Verdauung normal, Appetit sehr bedeutend, Durst gross, häufige Trockenheit im Munde. Bauch- und Brustorgane der Untersuchung gegenüber normal. Patient klagt über häufigen Kopfschmerz, der den gesamm-ten Kopf trifft, er schildert es, als ob eine schwere Decke auf seinem Kopfe lastete. Keine Störung im Bereiche der Nervensphären. Die Potenz unverändert, übermässige geschlechtliche Aufregung und Pollution, wenn der Coitus nicht häufig geübt wird.

Datum	Harnmenge in 24 Stunden	Zucker pCt.
1867 29. April	1850	3,5
7. Mai	1850	1,7
16. -	1850	2,1

Während des Winters 1867-68 schwankte der Zuckergehalt zwischen 4—7 pCt., die Kopfschmerzen, welche während des Kurgebrauches ganz aufgehört hatten, steigerten sich wieder. Nach einer Erholungsreise im Frühjahre besserten sich die Erscheinungen, aber die im April zu Hause vorgenommene Harnanalyse ergab einen Zuckergehalt von 9 pCt. bei 2000 ccm Harn. Bei seiner Ankunft im Mai 1868 fand ich sein Aussehen nicht wesentlich verändert. Der Körper ist nicht mager, aber die Muskulatur schlaffer, und gibt Patient an, dass er jetzt sehr leicht ermüde. Die Kopfschmerzen sind fast permanent. Die Missstimmung, die Erregbarkeit grösser als je.

Datum	24 stündige Harnmenge	Zucker mit Saccharimeter pCt.	Zucker mit Kupfer pCt.
1868 6. April	3960	6,6	7,1
14. Mai	2970	5,2	
27. -	2310	4,8	
8. -	2310	2,4	

Der Kopfschmerz ist abermals nach der ersten Kurwoche wesentlich gemildert, die Stimmung heiterer, das Kraftgefühl besser.

Datum	24 stündige Harnmenge	Zucker pCt.
1869 3. Mai	2550	6,1
13. -	2120	4,2
27. -	2550	3,4
1. Juni	2500	2,8

Kopfschmerz war diesmal während des Kurgebrauches hartnäckiger, hochgradige nervöse Erregtheit. Geschlechtslust noch immer gesteigert.

99.

Herr M., Handelsmann aus Baden, 43 Jahre alt, war nie ernstlich krank; ohne bekannte Ursache erschienen im Juni 1866 die Symptome des Diabetes, im Juli desselben Jahres wurde Carlsbader Wasser getrunken, und darauf besserten sich die Symptome, der Zuckergehalt betrug 0,5—0,8 pCt., später als das Wasser ausgesetzt wurde, stieg derselbe auf circa 2 pCt.

Stat. praes. Patient ist mager, soll aber nie fettleibig gewesen sein, jetzt beträgt das Körpergewicht 61 kg. Gesichtsausdruck ängstlich, Muskulatur schlaff, Haut nicht trocken, Appetit mässig, Stuhlgang normal, Zunge roth, voll Querrisse, zumal sind diese Risse gegen die Zungenränder häufig, gegen die Zungenspitze sind die Papillen besonders roth, hervorragend mit weisser Umrandung. Bauch- und Brustorgane normal.

Datum	24 stündige Harnmenge	Zucker
1867 22. Mai	1500 ccm,	5,5
31. -	1800 -	2,5
7. Juni	1800 -	2,8
23. -	2400 -	3,5

100.

Herr K., Kaufmann, 53 Jahre alt. Eine Schwester nach heftiger Aufregung an Gehirnhämorrhagie plötzlich gestorben. Patient war stets gesund, wurde allmälig sehr fettleibig, und wurde von Zeit zu Zeit von grossem Durste gequält. Er gibt an, dass zumal nach Weingenuss, auch wenn dieser sehr mässig war, ein fast unstillbarer Durst sich einstellte, so dass er aus diesem Grunde das Weintrinken ängstlich mied. Patient war stets in hohem Grade reizbar, er konnte durch unverhältnismässig geringe Veranlassung in die höchste Aufregung gerathen und so heftig werden, dass er sich dessen nachträglich schämte. Bei Gemüthsbewegungen trat leicht Appetitlosigkeit auf, starker Durst und dicker Zungenbeleg. Im Sommer 1866 hatte er schwere Sorge, die nächste Folge war gesteigerte Reizbarkeit, und wenige Monate später war die Abmagerung schon eine sehr merkliche. Zugleich trat allgemeine Mattigkeit auf und reissende Schmerzen in den Unterschenkeln. Der Durst war gross, der Appetit vermindert. Die Anfälle von Heftigkeit sehr häufig. Die qualitative Analyse des Harnes wies Zucker nach.

Stat. praes. Patient ist noch ziemlich gut genährt, doch weisen die Falten in der Bauchdecke auf eine bedeutende Fettverminderung hin. Die Haut feucht, Zunge belegt, Appetit gering, Leber 2'' unter dem Rippenbogen hervorragend, glatt; Brustorgane normal. Klagt über gänzliches Erloschensein der geschlechtlichen Potenz, Sehkraft unverändert.

Datum	Harnmenge in 24 Stunden	Zucker pCt.
22. Mai	1710 ccm,	5,5
31. -	1520 -	mit Saccharimeter 0, mit Kupfer deutlich gelbe Trübung.

Der Appetit ist wesentlich besser, der Kräftezustand gebessert.

101.

Herr Q—dt, Landmann aus Apolda, 54 Jahre alt, war nie ernstlich krank, nur hatte er häufig an Frontalkopfschmerz gelitten. Seine Verdauung war gut, doch konnte er nie Butter verdauen, er bekam nach Buttergenuss Erbrechen. Kartoffeln musste er mit Leinöl geniessen. Am 4. Januar 1867 fing er ohne ihm bekannte Ursache an, plötzlich starken Durst zu verspüren, von da ab liess er auch viel Urin, und schon nach 4 Wochen war das Schwächegefühl sehr bedeutend. Im April wurde das Leiden von Professor Gerhard diagnosticirt und die entsprechende Diät angeordnet.

Stat. praes. Patient sieht stramm und ziemlich rüstig aus, gute gebräunte Gesichtsfarbe, Musculatur schlaff, sehr geringes Fettpolster, Körpergewicht 61,5 kg, soll nach Angabe des Patienten vor Beginn der Krankheit 72 kg gewesen sein. Appetit gut, Zunge voll leichter Querrisse, Leber normal, ebenso die Brustorgane.

Datum	24stündige Harnmenge	Zucker pCt.
1876 6. Juni	3540 ccm,	7
1. Juli	2450 -	0 mit Saccharimeter,
		mit Kupfer keine Entärbung.

102.

Herr G—e, Landmann aus dem Grossherzogthum Weimar, 47 Jahre alt, war stets gesund, erkrankte ohne ihm bekannte Ursache im Winter 1866/67. Die ersten Erscheinungen waren starker Durst und reichliche Urinausscheidung. Bald gesellte sich auch Husten dazu und trat ein solches Schwächegefühl ein, dass er nicht arbeiten konnte; im Mai begann seine Sehkraft abzunehmen, und er fing an die Gegenstände wie durch einen Schleier zu sehen.

Stat. praes. Körper mager, doch war nie Fettleibigkeit vorhanden. Haut trocken, Appetit bedeutend, an der linken Brusthälfte bis zur vierten Rippe gedämpfter Percussionsschall, schwaches unbestimmtes Inspirium, deutliches Exspirium, Schleimrasseln, rechts keine Dämpfung, Schleimrasseln. Sehkraft sehr vermindert, alle Gegenstände erscheinen trüb. Beim Beginne der Kur am

6. Juni war die 24stündige Harnmenge 2800 ccm, Zucker 5,8 pCt.

1. Juli - - - 2800 - - 4,6 -

103.

Herr v. P., Gutsbesitzer aus Sachsen, 51 Jahre alt, hat einen Bruder an Diabetes verloren, während des Krankheitsverlaufes hatte derselbe einen Carbunkel. Patient selbst war stets gesund, nur wurde er übermässig fettleibig, sein Körpergewicht betrug über 100 kg. Er litt stets an unruhigem Schlafe; vor 5 Jahren traten ohne Veranlassung heftige Kopfschmerzen auf, die durch 14 Tage dauerten und auch seine Sehkraft schwächten. Vor 2 Jahren entwickelte sich ein Carbunkel am Rücken; um diese Zeit bemerkte er auch, dass er wesentlich abmagere. Die lästigen Symptome des Diabetes machten sich im Sommer 1867 bemerklich, und die Harnuntersuchung ergab 7 pCt. Zucker,

Stat. praes. Patient ist noch immer sehr gut genährt, macht den

Eindruck eines kräftigen Mannes, sein Körpergewicht beträgt 78,5 kg. Die Haut transpirirt sehr stark. Verdauungsapparat und Brustorgane normal. Sehkraft etwas geschwächt; Potenz nicht erloschen, aber Patient fühlte sich nach jedem Coitus sehr erschöpft.

18. Juli 1867 24 stünd. Harnmenge 1800 ccm, Zucker 3 pCt.

16. Aug. -   -   -   1800   - mit Saccharimeter 0
                                              mit Kupfer Entfärbung.

104.

Herr S—r, Kaufmann aus Liverpool, 40 Jahre alt. Vater an Diabetes gestorben, ebenso das Kind einer Schwester an Diabetes und Gehirnerweichung. Ein Bruder des Patienten ist sehr fettleibig, seit seinem zehnten Jahre leidet er an nervösen (?) Hustenanfällen und Kitzeln im Halse. Schon seit 15 Jahren litt er zuweilen an heftigem Durst. Vor 6 Jahren litt er an heftigem Durst, wieder einmal bei dieser Gelegenheit wurde sein Urin untersucht und Zucker gefunden, seit circa 8 Jahren ist er allmälig abgemagert; seit 6 Jahren geniesst er fast vorwaltend Fleischkost. Hat 3 Kinder gezeugt, das jüngste ist 14 Monate alt.

Stat. praes. Patient sieht wohl aus, Gesicht gut gefärbt. Der Körper sehr mager, Rippen deutlich sichtbar, Haut nicht trocken, Appetit gut, nicht übermässig, Mund trocken, häufiges Durstgefühl, Leber 2″ unter dem Rippenbogen hervorragend, glatt, an beiden Lungenspitzen gedämpfter Percussionsschall, rauh vesiculäres Inspirium, deutliches Exspirium.

15. Aug. 1867 24 stünd. Harnmenge 2000 ccm, Zucker 5 pCt.

9. Sept. -   -   -   2000   - mit Saccharimeter 0, mit Kupfer deutliche braune Trübung.

Bei der Rückkehr fand der Arzt seinen Patienten bedeutend gebessert. Während des Winters war der Durst sehr mässig, die Nächte nicht durch häufiges Harnbedürfnis gestört. Im Verlaufe des Winters nahm die Sehkraft ab, zumal konnte Patient nicht mehr bei künstlicher Beleuchtung lesen. Sehr häufig bildeten sich kleine aphthöse Geschwüre an der Zunge, der Schleimhaut der linken Wange und im Schlunde, sie heilten immer rasch unter dem Gebrauche von Kali chloricum. Patient hat im Mai 1868 ein Kind gezeugt. Bei seiner Ankuft in Carlsbad enthielt:

17. Juni der Nachtharn mit Saccharimeter keinen Zucker, mit Kupfer
                                              klare Entfärbung.

18. -   24 stünd. Harnmenge 2000 ccm, Zucker 2,4 pCt.

2. Juli -   -   2000   - mit Saccharimeter 0.

13. -   -   -   1800   - mit Saccharimeter 0, m. Kupfer
                                              braungelbe Trübung.

Während des Winters ist Patient wohl, vollkommen arbeitsfähig, die Sehkraft schwächer, ohne dass die Untersuchung einen materiellen Grund nachweisen kann. Körpergewicht 53 kg.

1869 Harn unmittelbar nach der Reise gelassen enthält 5,4 pCt. Zucker.

21. Mai 24 stündige Harnmenge 2000 ccm, Zucker 3,3 -
1. Juni   -   -   2400 -   - 1,4 -
15. -   -   -   1950 -   . 1,7 -

105.

Herr von W., Franzose, 57 Jahre alt, war mit Ausnahme von zeitweilig sich einstellenden Hustenanfällen stets gesund und wurde sehr fettleibig, sein Gewicht stieg auf 99 kg. Hat sehr ausgedehnte, seine geistigen Kräfte in hohem Grade in Anspruch nehmende Geschäfte, lebte sehr gut und machte wenig Bewegung. Vor 5 Jahren bekam er plötzlich einen heftigen Schmerz im Hinterkopfe, gleichzeitig trat starker Durst auf, und er fühlte eine allgemeine Ermattung. Die von Mialhe vorgenommene Harnuntersuchung ergab einen Zuckergehalt von 5,8 pCt. Der französische Arzt verordnete Jodtinctur bis zu 15 Tropfen per Tag. Der Kopfschmerz liess nach, und der Zuckergehalt verschwand. Seitdem sind nur zeitweilig Mahnungen an Kopfschmerzen und dann auch gleichzeitig Durst wiedergekommen. Vor 3 Jahren ist er auf der Strasse plötzlich bewusstlos zusammengestürzt, ohne dass eine Lähmung die Folge gewesen wäre, nur eine 3—4 tägige Harnretention folgte dem Unfalle. Der Gebrauch der Jodtinktur hat den früher sehr gut verdauenden Magen etwas empfindlich gemacht. Patient leidet oft an Sodbrennen.

Stat. praes. Patient ist noch sehr gut genährt, noch ziemlich starker Fettbauch, wiegt 82,5 kg. Das Gesicht sehr gut gefärbt, die Haut leicht transpirirend, Bauch und Brustorgane normal. Die Sehkraft hat für die Nähe etwas abgenommen, im Uebrigen noch kräftig. Durst und Trockenheit im Munde bilden die Hauptklage, aber die Symptome sind, wie dies seit Jahren der Fall ist, sehr wechselnd.

28. Sept. 24 stünd. Harnm., 2200 ccm, Zucker 0,4 pCt.
17. Oct.   -   -   2200 -   - 0   - keine Entfärbung.

Während des Winters 1867/68 keine wesentliche Veränderung im Befinden, Durstperioden waren seltener. Bei der Rückkehr im Sommer 1868

17. Juni Nachtharn   Zucker 2,1 pCt.
2. Juli 24 stünd. Harnmenge 2400 ccm,   - 0

106.

Frau von H., 60 Jahre alt. Vater und Grossvater in Folge von Schlaganfällen gestorben; hatte seit ihren Jugendjahren stets Neigung zu Diarrhoe, sonst war sie stets gesund, wurde sehr fettleibig, vor etwa sechs Jahren trat häufiges Harnbedürfnis mit starkem Durste, zugleich ein Flimmern vor den Augen ein, sie sah alle Gegenstände wie durch farbige Gläser. Augenschwäche durch 14 Tage dauernd, schon damals wurde sie auf Fleischkost gesetzt und Vichy angeordnet, worauf die Erscheinungen sich bald besserten.

Nach 3 Jahren wurde die Sehkraft plötzlich so geschwächt, dass Gefahr zu
erblinden vorhanden war. Der Zustand dauerte 10 Tage, die Haut, die
früher leicht transpirirte, wurde ganz trocken, so dass Patientin die Augenschwäche auf unterdrückten Schweiss bezog, abermals besserte sich der Zustand bald auf Gebrauch von inneren Medicamenten, die Patientin nicht näher
anzugeben weiss. Die. beginnende Abmagerung datirt Patientin schon auf
15 Jahre zurück.

    Stat. praes. Patientin ist zart, nervös, sehr erregbar, aber im Ganzen
frisch und für ihr Alter elastisch. Der Körper nicht sehr mager, die
Haut feucht. Die Leber ragt etwas unter dem Rippenrande hervor, ist gegen
Druck empfindlich, ebenso ist der Magen an einzelnen Stellen empfindlich,
aber nirgends eine Härte zu fühlen. Appetit mässig, oft Druck im Magen
nach eingenommener Mahlzeit, grosse Neigung zu Diarrhoe, zumal nach Genuss von Gemüsen. Häufiger Harndrang bei mässiger Harnausscheidung.
Trockenheit im Munde, Sehkraft gut. Am 13. Mai Zucker im Nachtharn
0,5 pCt. Diese Menge hielt in den ersten Wochen an, verminderte sich dann
auf Spuren, am 6. Juni war durch Kupfer keine Spur Zucker nachzuweisen.
Im Jahre 1866 fand ich bei der Rückkehr der Patientin abermals Spuren
Zucker, die bald verschwanden, in den Jahren 1867 und 1868 enthielt der
Harn keinen Zucker. Die früheren Durstperioden hatten sich nicht wieder
eingestellt, die Sehkraft ist unverändert geblieben.

                                    107.

    Herr von S—z aus Russland, 53 Jahre alt, Bruder der vorgenannten Pa-
tientin, erfreute sich stets vollständig guter Gesundheit, nur musste er stets
bei Aufregung sehr häufig Harn lassen. Im Jahre 1863 wurde bei ähnlicher
Veranlassung der Harn untersucht, und in demselben etwas Zucker gefunden;
bei entsprechender Diät und Tanningebrauch verschwand der Zucker. Im
Winter 1867/68 entwickelte sich am linken Unterschenkel eine Geschwürfläche,
aus einer durch unvorsichtiges Reiben veranlassten Hautabschürfung entstanden. Die oberflächliche Excoriation begann zu eitern, verbreitete sich, die
Epidermis unterminirend, erreichte den Umfang von circa $2\frac{1}{2}''$ und zeigte wenig
Tendenz zum Heilen. Bei einer während der Behandlung vorgenommenen
Harnanalyse zeigte derselbe 3 pCt. Zucker. Die Diät wurde geregelt,
Vichywasser verordnet, der Zucker verschwand, und nun heilte das Ge-
schwür rascher.

    Stat. praes. Der Körper ist sehr wohl genährt, 81 kg schwer, das Ge-
sicht gut gefärbt, im Ganzen das Aussehen eines gesunden Mannes, nur ist
Patient sehr leicht erregbar, überaus ängstlich. Beschwerden werden fast
gar nicht angegeben, mit Ausnahme des häufigen Bedürfnisses Urin zu lassen.
Der Durst ist sehr mässig, Appetit mässig, Brust- und Bauchorgane normal.
Die Analyse am 10. September 1868 ergab 0,4 pCt. Schon nach 8 Tagen

ist der Zuckergehalt ganz geschwunden, tritt nur zuweilen wieder in Spuren auf. Bei der Rückkehr im Jahre 1869 waren auch nur Spuren Zucker nachzuweisen.

108.

Herr Dr. L—n aus Holland, 24 Jahr alt. Vater an Apoplexie, Mutter an Phthisis gestorben, 2 Brüder gesund. War ein sehr kräftiges Kind mit normaler geistiger Entwicklung. In seinem 15. Jahre hat er einen Fall auf's Hinterhaupt gethan, hat dabei das Bewusstsein für einen Augenblick verloren und erinnert sich, dass er, als er sich erhob und die Hände aufstützte, ein eigenthümliches Gefühl (?) in den Händen hatte. Durch $1/2$ Tag nach dem Falle konnte er nicht gehen. Ungefähr ein halbes Jahr nach diesem Unfalle bekam er häufig, ungefähr alle 14 Tage, heftige Kopfschmerzen, die von der Stirne nach rückwärts gingen. Um diese Zeit begann er, wenn er ferne Gegenstände unterscheiden wollte, doppelt zu sehen. Vom Jahre 1860—64 studirte er an der Militärakademie und war, die Kopfschmerzen abgerechnet, vollkommen gesund. In seinem 20. Jahre ist er innerhalb 3 Monate sehr dick geworden, sein Körpergewicht betrug 143 Pfund (holl.). In seinem 21. Lebensjahre, Ende 1864, ging er als Arzt nach Indien, war in Java und Batavia, hatte dort einige schwache, rasch durch Chinin coupirte Fieberanfälle. Die Kopfschmerzen, die ihn früher gequält, hatten aufgehört, aber das Doppelsehen nahm zu, allmälig wurde sein Gang unsicher, schwankend, zumal fühlte er sich auf dem rechten Beine unsicher und schwankte immer gegen links. Die rechte Hand wurde kraftlos, verlor allmälig den Tastsinn, und er konnte mit der rechten Hand nicht schreiben. Sein Gedächtnis verlor sich so, dass er unfähig war, die Namen seiner besten Freunde zu nennen. Dabei traten die Erscheinungen des Diabetes auf, quälendster Durst, Heisshunger, übermässige Harnsecretion, und das Körpergewicht sank auf 96 Pfund. Bei seiner Rückkehr nach Holland Ende 1866 war er fast unfähig zu gehen. Während des Winters hat er sich wesentlich erholt.

Stat. praes. Körper noch ziemlich gut genährt, die Muskeln der linken Seite gut entwickelt, rechts die Muskulatur des Oberarms und die Brustmuskeln schwach. Lungen normal, ebenso Herz, Leber und Milz. Pupillen sehr gross, Conjunctiva injicirt, starkes Doppelsehen. Tastsinn der rechten Hand erloschen, er vermag Gegenstände nicht nach ihrer Härte zu unterscheiden. Empfindung für Temperaturen rechts sehr fein, ebenso die Empfindlichkeit für Schmerz (bei leisem Stechen, Kneipen) sehr gross, Tastsinn der linken Hand normal, dagegen fast vollständige Unempfindlichkeit für Temperatur und Schmerz. Dieser Gegensatz in der Sensibilität erstreckt sich auf die ganzen Körperhälften. Gang sehr schwankend, Pat. fühlt den Boden unter dem rechten Fusse weniger als unter dem linken. Die Potenz, die früher sehr bedeutend war, hat sehr abgenommen, ist aber nicht ganz erloschen. Zunge normal. Puls 100 Schläge, in Indien meist 120 Schläge in der Minute.

1 Juni 1867 24 stünd. Harnm. 4900 ccm, Zucker pCt. 6,9 p.d, 338

7. -	-	-	-	1920	-	- - 3,8 -	82,0
15. -	-	-	-	2080	-	- - 2,8 -	58,2
23. -	-	-	-	1920	-	- - 6,0 -	115,0
7. Aug. -		-	-	2080	-	- - 7,5 -	156

Alle Erscheinungen hatten sich gebessert, die Kräfte hatten zugenommen, Durst war gering, Doppelsehen verringert.

Im Verlaufe des Winters trat Husten mit Auswurf auf. Im December heftige Haemoptoe. Im Februar 1868 starb Patient.

Die Section der Kopfhöhle (mitgeteilt durch Dr. Dompeling, Neederl. Arch. voor Genesk. 1868) ergab einen Tumor, der die ganze rechte Hälfte der Med. oblongata einnahm und ohne scharfe Grenze in dieselbe überging. An der oberen und unteren Fläche des Tumors waren zwei mit Flüssigkeit gefüllte Bläschen, deren Inhalt jedoch keine Cysticercuselemente enthielt. Das übrige Gehirn war normal. Die Subarachnoidalflüssigkeit etwas getrübt. Der Tumor war ein Spindelzellensarcom mit starken capillären Gefässwucherungen. An einzelnen Stellen fand sich nur fibrilläres Bindegewebe mit Gefässen, Krebselemente liessen sich nicht wahrnehmen. Der Tumor ist unter der Pia mater entstanden, seine Grösse ist die einer grossen wälschen Nuss. Nach einer Längenincision kann man in der Tiefe keine Grenze zwischen dem Gewebe der Medulla und dem des Sarcoms auffinden. Beide gehen allmälig in einander über. Die Geschwulst hat den Sulcus longitudinalis am Boden des 4. Ventrikels stark nach links gedrängt. Die Wurzeln des n. accessorius Wilisii und die unteren Wurzeln des Vagus sind stark atrophisch, Acusticus- und Facialiswurzeln normal.

109.

Herr L—n, Gutsbesitzer, 38 Jahre alt, der Vater an Diabetes gestorben, Schwester ist diabetisch, der Vater und dessen Geschwister waren sehr fettleibig. Patient war im 4. Lebensjahre an einer Gehirnentzündung erkrankt, später vollkommen gesund, wurde sehr früh fettleibig, wog im Alter von 32 Jahren 96 kg. Vor etwa 6 Jahren begann die Abmagerung, die mit Rücksicht auf die Beschwerden, welche die Fettleibigkeit verursacht hatte, sehr willkommen war. Patient gibt an, dass der Beginn dieser Abmagerung in eine Periode schwerer Sorgen gefallen war. Mit der Abmagerung stellten sich bald auch alle übrigen Erscheinungen des Diabetes ein.

Stat. praes. Körper noch wohl genährt, Gewicht 70 kg, Haut transpirirt mässig, Appetit gering, Brust- und Bauchorgane normal, nur ist eine Verstärkung des zweiten Pulmonaltons auffallend. Patient gibt an, dass sein Gedächtnis in den letzten Jahren gelitten habe. Geschlechtliche Potenz hat sehr abgenommen.

24 stündige Harnmenge 2500 ccm, Zucker 4,5 pCt. $=$ 112 g p.d.

Die Kur wurde durch äussere Verhältnisse unterbrochen, eine weitere Analyse war dadurch unmöglich.

110.

Herr R— aus Holstein, 26 Jahre alt; die Mutter ist an Diabetes gestorben. Patient war ein zartes schwächliches Kind, schlecht ernährt, hat von seiner Jugend an Verdauungsstörungen gelitten, Sodbrennen, Druck im Magen. Die jetzige Krankheit begann vor 2 Jahren.

Stat. praes. Patient ist sehr mager, 49 kg schwer, doch nicht sehr schwach, vermag grosse Spaziergänge zu machen, die Haut transpirirt. Der Appetit ist mässig gross, und ist jetzt keine seiner früheren Verdauungsbeschwerden vorhanden; die Leber ragt 3—4 Zoll unter dem Rippenrande hervor, ist glatt, unempfindlich, die Sehkraft ist verringert, er hat zuweilen, aber selten, nächtliche Pollutionen, Coitus nie geübt, oft Erectionen. Ich sah Patienten bloss vor seiner Abreise von Carlsbad am Schlusse einer 6 wöchentlichen Kur. Die Harnuntersuchung ergab:

18. Juli 1867. Harnmenge in 24 Stunden 3600 ccm.

Zucker 3 pCt. $= 108$ g p. d.

111.

Herr v. E—t, 51 Jahre alt, hatte in seinen Jugendjahren an schlechter Verdauung gelitten, später wurde die Verdauung sehr gut. Mit Ausnahme von häufigen Kopfschmerzen war er stets gesund. Wurde sehr fettleibig, wog 100 kg. Im Jahre 1860/61 fing er an allmälig abzumagern, und es zeigten sich alle anderen Symptome des Diabetes.

Stat. praes. Patient ist skelettartig abgemagert, macht den Eindruck eines alten Mannes. Gesicht runzlig, blauröthliche Farbe der Wangen, der eigentümliche schnalzende Ton im Munde auf grosse Trockenheit deutend. Haut dürr, faltig. Bauch- und Brustorgane normal, Sehkraft seit 8 Jahren vermindert, übermässige Schwäche der Beine, unvermögend, einen etwas längeren Spaziergang zu machen.

7. Juli 1868 Harnmenge in 24 Stunden: 3200 Zucker 8 pCt. $= 156$ g

18. -   -   -   -   -   3000   -   4   - $= 120$ -

7. August   -   -   -   3100   -   1,2 - $= 37,2$ -

112.

Herr C—, Kaufmann, 42 Jahre alt, war als Knabe zart, nach einer längeren, nicht erkannten Krankheit, entwickelte er sich kräftig und wurde mit 18 Jahren fettleibig. Im Alter von 20 Jahren wog er 102 kg. In der Familie des Patienten ist Fettleibigkeit häufig, doch nimmt dieselbe fast immer gegen das 40. Jahr ab. Seit 1856 hatte er übermässige geistige Anstrengung. Vor ungefähr 1½ Jahr erkrankte er an nervösen Schmerzen im Verlaufe des N. ischiadicus und peronaeus mit Schwäche in den Beinen und Abnahme des Geschlechtstriebes. Die Harnuntersuchung soll damals nichts Anomales gezeigt haben. Da die Symptome des Diabetes immer bestimmter auftraten, wurde im Februar d. J. eine erneuerte Analyse vorgenommen und reichlich Zucker gefunden.

27. Februar 24 stündige Harnmenge 4297 Zucker pCt. 3,9 p. d. 167 g
28. März   -   -   3807   -   - 4,7   -   179 -
24. April   -   -   3940   -   - 5,0   -   197 -

Die entsprechende Diät wird seit Februar eingehalten.

Stat. praes. Körper noch ziemlich gut genährt, Gewicht 71 kg, Muskulatur schlaff, Gesicht blass, Appetit gross, Durst bedeutend, Trockenheit im Munde, Brust- und Bauchorgane normal. Sehr leicht ermüdet, Potenz ganz erloschen, Sehkraft unverändert.

Datum.	24 stünd. Harnmenge	Zucker mit Saccharimeter	Zucker mit Kupfersol.
1868 3. Mai	2140	5,5	6,2
11. -	1800	1,0	
18. -	1750	0,9	

Das Allgemeinbefinden wesentlich gebessert, zumal die Muskelkraft, Patient macht die weitesten Spaziergänge ohne sehr zu ermüden.

113.

Frau P. H. aus Gh. Weimar, 56 Jahre alt, war bis Michaeli 1867 vollkommen gesund, wurde ziemlich corpulent. Im Herbste des genannten Jahres bemerkte sie zuerst einen unangenehmen Geschmack im Munde, nach dem Ausdrucke der Patientin ein Modergeschmack, bald trat heftiger Durst und grosses Mattigkeitsgefühl auf. Um Weihnachten war die Trockenheit im Munde so gross, dass Patientin nur mit Mühe die Zunge bewegen konnte. Die Abmagerung und Erschöpfung schritten sehr rasch vor. Um Weihnachten begann die Sehkraft etwas abzunehmen, Patientin sah die Gegenstände wie durch einen Nebel, später wurde die Gesichtsabnahme so bedeutend, dass Patientin nicht mehr lesen konnte. Im Februar d. J. wurde durch Prof. Gerhardt der Diabetes mit einem beträchtlichen Zuckergehalt im Urin constatirt, er verordnete strenge Fleischkost, und schon nach einigen Wochen waren alle diabetischen Symptome gemildert, der Zuckergehalt war vollständig verschwunden, nur das sp. Gew. des Harnes war erhöht, und die Linsentrübung ging zurück. Doch waren um dieselbe Zeit (wahrscheinlich in Folge des zu reichlichen Fleischgenusses) Erscheinungen des Magenkatarrhs aufgetreten.

Stat. praes. Mai 1868. Patientin ist sehr mager, die Haut nicht trocken, Appetit mässig, ebenso der Durst, Brustorgane normal, ebenso die Leber, der Magen gegen Druck sehr empfindlich. Schwache Trübung beider

Linsen, die Sehkraft etwas geschwächt, aber Patientin vermag Zeitungsschrift
zu lesen. Harnsecretion mässig. Die Analyse weist kaum Spuren Zucker im
Harne nach. Ich lasse im Kurverlaufe Amylacea in etwas grösserer Menge
geniessen, aber auch dann bleibt der Harn vollständig zuckerfrei.

114.

Herr Gi— aus Preussen, 38 Jahre alt, war bis vor 4 Jahren gesund,
wurde etwas fettleibig, wog 83,5 kg. Vor etwa 4 Jahren entwickelte sich
ziemlich plötzlich Gelbsucht. Vor einigen Monaten heftige Krämpfe in der
Magengegend (Gallensteinkolik?). Icterus ist dem Krampfanfalle nicht gefolgt.
Um Weihnachten 1866 begann er wegen seiner zunehmenden Fettleibigkeit
die Bantingkur zu gebrauchen. Um Weihnachten 1867 fühlte er zuerst quälenden Durst, um Ostern 1868 war die Sehkraft so geschwächt, dass er sich
deswegen an den Augenarzt Dr. Cohn in Breslau wendete. Dieser fand bei
der vorgenommenen Leseprobe als Sehschärfe rechts $1/3$ links $5/6$. Die brechenden Medien waren klar, im Augenhintergrunde nichts Abnormes, höchstens scheinen die Venen der Papilla optica dextra ein wenig stärker gefüllt
als links. Farbe der Sehnerven und der Netzhaut normal. Dr. Cohn veranlasste eine Harnanalyse, und es fand sich, dass der Urin grosse Mengen Zucker
enthielt.

Stat. praes. Patient ist sehr mager, die Muskulatur sehr schwach,
Körpergewicht 62 kg, das Aussehen noch ziemlich frisch, Haut nicht dürre,
Brust- und Bauchorgane normal. Appetit übermässig gross, Durst ziemlich
stark. Sehkraft wie früher geschildert, Potenz nicht erloschen, grosse Muskelschwäche, insbesondere Schwäche der Beine.

25. Juni 24stündige Harnmenge 3300 Zucker pCt. 7   p. d. 231
 9. Juli   -   -   2010   -   - 1,8   -   36,4
20. -   -   -   1360   -   - 1,8   -   24,0
 1. August   -   -   1190   -   - 2,1   -   24,9

Das Allgemeinbefinden bedeutend gebessert. Appetit mässig, Durst hat
ganz aufgehört, Pat. vermag stundenlange Spaziergänge zu machen, die Sehschärfe wesentlich gebessert, er liest ohne Mühe die kleinste Zeitungsschrift.

Während des Winters war das Befinden gut, Körpergewicht auf 63,5 kg
gestiegen.

Datum	24stündige Harnmenge.	Zucker.
1869. 3. Mai	2400	3,14
15. -	2400	5,80
25. -	1700	4,20

115.

Herr O— aus Wien. 54 Jahre alt, war stets gesund, nur hatte er stets
reichlich Wasser getrunken. Der Durst weckte ihn seit vielen Jahren mehrere-

mal während der Nacht, und er musste auch ziemlich häufig Harn lassen. Sonst hatte er keine Beschwerde, und wurde sein Aussehen in den letzten Jahren eher besser und kräftiger, als es vorher war.

Bei einer ganz zufälligen Untersuchung, welche Dr. O—, der Sohn des Patienten, mit dem Harne vornahm, entdeckte er einen Zuckergehalt. Eine genaue Analyse ergab am 25. Juli in 24 Stunden eine Harnmenge von 3000 ccm mit 4,6 pCt. Zucker. Patient hatte früher vorwaltend, oft fast ausschliessend mehlhaltige Nahrung genossen, dieser wurde nun eine streng animalische Nahrung mit einer geringen Quantität Brot substituirt, der Zuckergehalt sank rasch, er war 26. Juli 3,5 pCt. — 27. Juli 2,3 pCt. — 29. Juli 1,6 pCt., am 30. Juli bei einer Gesammtharnmenge von 2115 ccm 1,1 pCt. — am 1. August 0,6 pCt. — am 3. August Gesammtmenge in 24 Stunden 2080, Zucker 0,4—5 pCt. Der Durst hatte ganz aufgehört, und der früher unterbrochene Schlaf war ungestört.

Stat. praes. 15. August 1869, Patient ist sehr gut genährt, fast fettleibig, vortreffliche Gesichtsfarbe, Haut feucht, hat gar keine Klage, will nicht begreifen, warum er eine Kur gebrauchen soll, da er gar keine Beschwerden fühle. Brust- und Bauchorgane normal.

Zuckerspuren mit Saccharimeter nicht nachzuweisen, mit Kupfer Entfärbung, keine Trübung. Dasselbe Verhalten des Harnes war auch bei der Schlussprüfung nach beendigter Kur.

116.

Herr W— aus Wien, 58 Jahre alt. Zwei seiner Geschwister haben in einem Anfalle von Melancholie ihr Leben geendet. Patient selbst war stets gesund, nahm bei ausgezeichneter Verdauung stets sehr reiche Mahlzeiten zu sich und wurde ziemlich fettleibig. Vor einigen Jahren empfand er während eines Aufenthaltes in Frankreich einen starken Durst, er schob diesen auf veränderte Lebensweise; er hat, wie er sich jetzt erinnert, damals ungewöhnlich viel Süsses gegessen. Während des Krieges 1866 war er sehr aufgeregt, und im Herbste bemerkte er, dass er wesentlich abgemagert sei. Im October 1866, abermals während eines Aufenthaltes in Paris, verspürte er viel Durst, in der Nacht des 25. October hatte er in erschreckender Weise reichlich Urin gelassen, und Morgens beim Aufstehen hatte er einen so heftigen Schwindelanfall, dass er sich nur mit Hilfe des Dieners aufrecht erhielt. Bei seiner Rückkehr nach Wien, wohin er, weil er sich krank fühlte, rasch zurückgereist war, ergab die angestellte Harnanalyse am 28. October 6 pCt. Zucker. Folgende Analysen wurden im Laufe des Winters und Frühjahres 1867 ausgeführt.

Datum	24 stündige Harnmenge	sp. Gew.	Zucker pCt.	p. d.	Harnstoff pCt.	p. d.	Phosphors. pCt.	p. d.
14. Februar	3200	1031	2,95	94,4	2,78	88,9	0,19	5,8
15. April	2880	1035	4,58	132	2,30	66,2	0,20	5,7

Im Mai 1867 kam Patient nach Carlsbad.

Stat. praes. Gesicht blass, ängstlicher Ausdruck, Augen etwas hervorstehend, Körper nicht mager, Gewicht 66 kg, Haut spröde, Appetit sehr bedeutend, Trockenheit im Munde, Zunge an den beiden Rändern gekerbt, leicht rissig, Brust- und Bauchorgane normal, Potenz ganz erloschen.

	24 stündige Harnmenge	sp. Gew.	Zucker pCt.	p. d.
11. Mai	2500	1035	4,5	113
15. -	2880	—	3,1	90,4
24. -	3520	—	1,4	49,2
31. -	3200	—	2,5	80,0
7. -	2800	1015	0,7	19,6

Das Körpergewicht war zu Ende der Kur 65 kg. Während der Nachkur in Gastein nahm das Körpergewicht um 2,5 kg zu. Während des Winters 1867/8 schritt die Abmagerung immer fort, und der Kräftezustand des Patienten nahm ab, insbesondere trat das grosse Gefühl der Ermüdung in den Kniekehlen nach kurzem Gehen auf. Der Appetit blieb gut, nur klagte Patient zuweilen über sehr bittern Geschmack im Munde, der manchmal plötzlich während des Essens so intensiv wird, dass er mit dem Essen einhalten muss. Die Harnanalysen ergaben:

	Harn- menge	Zucker pCt.	p. d.	Harnstoff pCt.	p. d.	Schwefels. pCt.	p. d.	Phosphors. pCt.	p. d.	Chloride pCt.	p. d.
3. Febr.	3540	4,55	166,2	1,32	48,5	0,076	2,69	0,10	3,57	0,34	12,03
3. März	3480	4,00	139	1,80	62,6	0,194	3,39	0,144	5,69	5,32	11,70
3. April	3700	3,26	124,3	2,15	79,5	0,132	4,89	0,164	6,07	0,32	12,80

Bei seiner Rückkehr nach Carlsbad im Mai 1868 war er gegen das Vorjahr wesentlich abgemagert, Körpergewicht 51 kg, die Mattigkeit ist sehr bedeutend.

19. Mai 24 stündige Harnmenge	4500 ccm,	Zucker pCt. 3,5	p. d. 157,5		
2. Juni	-	-	5250 -	- 3,5	183,7
14. -	-	-	5650 -	- 3,8	213,7
25. -	-	-	4875 -	- 3,8	185,2

1869.

11. Mai	-	-	4420 -	- 4,0	
19. -	-	-	5100 -	- 4,2	
25. -	-	-	4080 -	- 2,2	bei gänzlicher
1. Juni			4040 -	Nachtharn 2,4	Abstinenz von
-			3060 -	Tagharn 4,2	Brod.
8. -			2040 -	Nachtharn 3,8	
-			3060 -	Tagharn 4,1	

Das Körpergewicht war von 51,5 auf 53 kg gestiegen.

Patient fühlte sich behaglicher. Im October 1869 starb er plötzlich während der Nacht, nachdem er noch den Abend wie gewöhnlich in seinem Club zugebracht hatte. Die Section ergab: käsige Infiltrationen in beiden

Lungenspitzen, Leber klein, welk, Pancreas auf die Hälfte des Volumens geschwunden, schlaff, das Ganglion des Plexus solaris klein, welk. Kopfhöhle wurde leider nicht geöffnet

117.

Herr K., aus Kassel, 53 Jahre alt, war früher sehr kräftig, hatte grosse Neigung zu Lungenkatarrhen, in den letzten Jahren öfters asthmatische Anfälle, war ziemlich fettleibig, sein Körpergewicht betrug vor 36 Jahren 78 kg. Im Jahre 1864 fing er an abzumagern, und sein Gewicht sank allmälig auf 60 kg. Es stellte sich grosse Mattigkeit und zeitweilig Durst ein. Bei der Harnuntersuchung soll eine beträchtliche Zuckermenge vorhanden gewesen sein, er beobachtete ein absolutes Fleischregime und gebrauchte im Sommer 1865 die Kur in Carlsbad, hat während der Kur nach seiner Aussage noch 4,5 kg an Körpergewicht abgenommen.

Stat. praes. Patient sieht viel älter aus als seinen Jahren entspricht, Gesicht geröthet. Auffallend sind die bedeutend hervortretenden Augen, die Lider decken die Augen nicht, und es treten häufig Entzündungen der Conjunctiva auf. Auch jetzt ist die Conj. palp. sehr geröthet. Die Haut feucht, transpirirt sehr stark. Auf dem stark hervortretenden Kehlkopf sitzt eine kleine haselnussgrosse runde bewegliche nicht empfindliche Geschwulst. Das Athmen vesiculär, überall Schleimrasseln. Das Herz im Breitendurchmesser vergrössert, an der Herzspitze statt des ersten Tones ein Geräusch, zweiter Pulmonalton verstärkt. Verdauung gut, Leber normal, Sehkraft nicht gestört, nur zeitweiliges Flimmern vor den Augen. Potenz vollständig erloschen. Die Harnanalyse ergab bei ausschliesslicher Fleischkost keine Zuckerreaction, bei Genuss von mässigen Mengen Brotes wurde die Kupferlösung durch Nachtharn entfärbt, durch 3 Stunden nach dem Frühstück gelassenen Harn gelbgrün getrübt.

Diese Harnreaction dauerte unverändert während der ganzen Kurperiode fort.

118.

Herr Sch., aus Frankfurt, 65 Jahre alt, war mit Ausnahme von leichten Hämorrhoidalbeschwerden stets gesund, wurde sehr fettleibig, wog 92,5 kg. Patient lebte sehr reich, und seine Hauptnahrung bildeten süsse Speisen und Amylacea. Von animalischer Kost genoss er mit Vorliebe und sehr häufig Gansleberpasteten. Er empfand seit einigen Jahren Trockenheit im Munde und klagte über Durst und begann an Umfang abzunehmen. Im Frühjahr 1863 hätte der behandelnde Arzt Gelegenheit zu beobachten, dass Patient ungewöhnlich grosse Mengen Flüssigkeit zu sich nahm, er veranlasste eine Harnanalyse, und diese wies 1 pCt. Zucker nach. Patient hatte um diese Zeit noch mehr süsse Speisen und Getränke als gewöhnlich genossen, ausserdem hatte er wegen des Hustens grosse Mengen Bonbons zu sich genommen.

Der behandelnde Arzt regelte die Diät, verordnete kleine Mengen Natr. carb.,
und nach 14 tägiger Beobachtung dieses Regimes war der Zucker vollständig
geschwunden, und die subjectiven Beschwerden hatten aufgehört. Nach
6 Wochen wurde der bis dahin streng animalischen Kost noch etwas Amylacea
hinzugefügt, der Harn blieb zuckerfrei. Der Arzt glaubte an eine vollständige
Heilung, aber im Juni traten wieder die Klagen über Trockenheit im Munde
auf, eine Untersuchung wurde wegen der nahen Abreise nicht vorgenommen.
Stat. praes. 18. Juni 1863. Patient ist noch wohl genährt, Gewicht
72 kg, Gesichtsfarbe gut, Haut feucht, Brust- und Bauchorgane normal, klagt
bloss über Trockenheit im Munde, zeitweiliges Bedürfnis in der Nacht zu
trinken und Harn zu lassen, sonst erklärt Patient vollkommen wohl zu sein
und nicht zu begreifen, warum er eine Kur gebrauchen soll (vom Diabetes
weiss er nichts). Appetit sehr gut, nicht heisshungrig, geniesst grosse Mengen
Fleisch, sehr wenig Amylaceen. Harn enthält deutlich Zucker.

21. Juni 1864. Das Wohlbefinden unverändert, Harn enthält 3 pCt.
Zucker.

21. Juli. Zucker reichliche Spuren, quantitativ nicht zu bestimmen.

Patient ist in den Jahren 1865, 1866, 1867 und 1869 nach Carlsbad gekommen, sein Harn enthielt stets bei der Ankunft 3 pCt. Zucker, und der
Zuckergehalt sank während der Kur auf kleine, quantitativ nicht zu bestimmende Mengen. Patient befindet sich dabei vollkommen wohl, ist sehr rüstig
trotz seiner 70 Jahre, versichert, dass er eigentlich nur zu seinem Vergnügen
nach Carlsbad komme, da er sich ganz wohl fühle. Er geniesst sehr grosse
Mengen Fleisch, wenig Amylacea.

119.

Herr W—r, 61 Jahre alt, war stets gesund, wurde sehr stark und erreichte
ein Gewicht von 125 kg. Vor etwa 9 Jahren trat ohne vorangegangene
Ursache hochgradige Hypochondrie auf, während welcher die Unfähigkeit zu
einem Entschlusse zu gelangen das hervorragendste Symptom bildete. Durch
eine Kaltwasserbehandlung wurde Patient von der Hypochondrie geheilt. Im
Jahre 1866 entwickelte sich ein grosser Carbunkel in der Kreuzbeingegend,
kurz darauf litt Patient an zahlreichen Geschwüren (kleinen Furunkeln) an
beiden Unterschenkeln, welche langsam heilten und roth-braune Flecke mit
Substanzverlust zurückliessen. In den letzten zwei Jahren hatte Patient oft
über Hautjucken zu klagen. Die Haut wurde blutig gekratzt. Prof. Hebra,
den der Patient consultirte, liess den Harn untersuchen, und es zeigte sich,
dass derselbe reichlich Zucker enthalte. Jetzt erst gab Patient an, dass er
seit 5 Jahren viel trinke, dass er oft Dürre im Munde empfinde, dass er ferner
abgemagert sei, was ihm aber nur angenehm gewesen wäre, dass endlich seine
Potenz seit 4 Jahren abgenommen habe.

Stat. praes. Ich sah Patienten unmittelbar nach seiner Consultation
bei Prof. Hebra, sein Körpergewicht beträgt 92 kg. Gesichtsausdruck etwas

ängstlich, Haut trocken, Appetit gut, Zunge normal, in beiden Lungen Schleimrasseln zu hören, Leber normal. Auf beiden Oberarmen und längs des Nackens zahlreiche Kratzeffecte, die bei ihrer Heilung bedeutende Substanzverluste zurückliessen. Patient klagt, dass er leicht ermüdet. Sehkraft normal, Harnanalyse vom 28. Januar 1869:

Harnmenge in 24 Stunden 2170 ccm, sauer, sp. Gew. 1033.

	pCt.	p. d.
Harnstoff	1,9	41 g
Chloride	0,5	10,8 -
Phosphorsäure	0,13	2,8 -
Zucker	4,0	87.

Ich verordnete ein entsprechendes Regime, vorwaltende Fleischkost, Ausschluss von Zucker und Amylaceen, mässige Mengen Brot wurden gestattet· Die am 3. Februar vorgenommene Analyse ergab:

Harnmenge in 24 Stunden 1570 ccm, sp. Gew. 1028.

	pCt.	p. d.
Harnstoff	3,3	51,8 g
Chloride	0,8	12,6 -
Phosphorsäure	0,24	3,7 -
Zucker	1,4	22.

Die Diät wurde fortgesetzt, kein Heilmittel genommen, und schon nach weiteren 3 Tagen war der Zucker auf Spuren herabgesunken.

Eine am 23. Februar in Frankfurt a. M. veranlasste Analyse ergab:

24stündige Harnmenge 2225 ccm, sp. Gew. 1022.

	pCt.	p. d.
Harnstoff	2,45	54,5
Chloride	0,84	17,9
Phosphorsäure	0,14	3,25
Zucker	0,02 (?)	0,489.

Am 19. Mai 1869 kam Patient nach Carlsbad. Der unmittelbar nach der Nachtreise untersuchte Harn ergab mit Kupferlösung eine schmutzig braune Trübung. Mit dem Polarisationsapparate konnte kein Zucker nachgewiesen werden. Am 19. Juni: der Morgenharn reducirt die Kupferlösung zu einer klar gelben Flüssigkeit; der Nachmittagsharn bringt in der Kupferlösung eine dichroitische Trübung hervor. Im Herbste und Winter 1869 wurden mehrfache Analysen vorgenommen, der Harn enthält unmessbare Spuren Zucker. Das Gesammtbefinden ist vortrefflich. Patient geniesst mässige Mengen Brot und schliesst auch Zucker nicht mehr ganz aus. Diese mässige Toleranz gegen Amylacea hatte sich erhalten, die Zuckerausscheidung betrug nie mehr als 0,3—0,6 pCt. Im Jahre 1872 erlitt Patient durch einen Wagen eine Verletzung am Unterschenkel. Es trat Gangrän dazu, und Patient starb.

120.

Herr H—r, aus der Schweiz, 29 Jahre, war stets gesund, litt nur häufig an Lungenkatarrh. Im Herbste 1868 traten ohne dem Patienten bekannte Ursachen die Symptome des Diabetes auf. Stat. praes. Patient ist sehr mager, Körpergewicht 54 kg, Rippen sichtbar, Haut trocken, Gesicht in der Gegend der Backenknochen bläulich roth. Appetit nicht übermässig gross, Zunge etwas verdickt, leichte Querrisse. Leber 2 Zoll unter dem Rippenbogen hervorragend. Rechte Lunge infiltrirt, überall gedämpfter Percussionsschall, unbestimmtes Athmen, Schleimrasseln. Herz normal. Sehkraft unverändert. Geschlechtslust verringert, nicht ganz erloschen.

Harnanalysen:

Datum.	24stündige Harnmenge.	Zucker. pCt.
7. Mai.	3025 ccm	5,19
15. -	1920 -	3,80
22. -	2080 -	4,20
29. -	1800 -	5,90

Das Körpergewicht, beim Kurbeginne 54 kg, war nach 4 wöchentlichem Kurgebrauche auf 50,25 kg gefallen.

121.

Herr P—r, aus Oesterreich, 25 Jahre alt. Ein Cousin des Patienten, Mutterschwestersohn, ist an Diabetes gestorben. Patient hat in seiner Kindheit viel an Kopfschmerz gelitten, vor 4 Jahren hat er einen Typhus überstanden. Im Frühjahre 1868 fühlt Patient heftigen Durst, der sich ins Colossale steigert. Das Körpergewicht sank rasch von 81,5 kg auf 70 kg. Die Harnausscheidung war nie übermässig, dagegen war die Transspiration, als die Krankheit auf ihrer Höhe war, bedeutend. Eroctionen und Pollutionen haben nie aufgehört.

Stat. praes. Patient ist noch wohlgenährt, gute Gesichtsfarbe, Brust- und Bauchorgane, soweit sie den physikalischen Untersuchungen zugänglich sind, normal. Zunge verdickt, zumal an den Rändern fast viereckig (carrée), Papillen vergrössert. Sehkraft unverändert.

Eine von Dr. Unzelmann in Wien am 21. April vorgenommene Untersuchung ergab 7 pCt. Zucker. Nach entsprechend geregelter Diät wies die nächste, 3 Wochen später ausgeführte Analyse nur 3 pCt. Zucker nach, die tägliche Harnmenge war damals 2000 ccm. Die während des Kurgebrauches in Carlsbad vorgenommene Analyse ergab:

Datum.	24stündige Harnmenge.	Zucker. pCt.
6. Mai.	1320 ccm.	2,8
11. -	1480 -	2,0

24. Mai mit Saccharimeter kein Zucker nachgewiesen, mit Kupferlösung eine grüngelbe Trübung.

5. Juni nach grosser körperlicher Anstrengung 1 pCt. Zucker. Patient nahm 2 Brötchen täglich, sonst keine amylumhaltige Nahrung, das Körpergewicht blieb unverändert 70 kg.

122.

Herr H—n aus Holland, 56 Jahre alt, war in seiner Kindheit sehr schwächlich, später hochgradig nervös, begann erst in seinem 20. Jahre sich einer kräftigen Gesundheit zu erfreuen. Vom 40. Jahre ab hat Pat. häufig an einem Hautausschlag gelitten, dessen Natur nicht näher bezeichnet werden kann. Der Gebrauch von Creuznach soll denselben geheilt haben. Bis zum Alter von 52 Jahren ist er sehr wohl gewesen, jeder körperlichen Anstrengung gewachsen. Um diese Zeit hatte er schweren, anhaltenden Kummer, und da zeigte sich das erste Symptom von Diabetes, ein heftiger, quälender Durst. Die Krankheit wurde nicht erkannt, und ausschliesslich vegetabilische Kost angeordnet. Innerhalb 7 Tage wurde er in Folge dieses Regimes ganz elend. Die Körperkräfte nahmen so ab, dass er nur mit Mühe gehen konnte. Bei entsprechender Anordnung der Diät besserten sich bald alle Symptome.

Stat. praes. 31. Mai 1858. Patient ist mager, war es aber nach seiner Aussage stets. Gesichtsausdruck unruhig, jede Minute wechselnd, eine gleiche Unruhe zeigt das ganze Gebahren des Patienten, die Stimmung ist wechselnd — von Trübsinn zu überschwänglicher Hoffnungsseligkeit rasch umspringend. Haut trocken, Zunge geröthet, trocken, rissig. Brust und Bauchorgane normal. Patient klagt über grosse Schwäche der Beine, sehr leichte Ermüdung.

Datum.	24 stündige Harnmenge.	Zucker.
31. Mai	1820	5,2
15. Juni	1800	0,3

Während des Winters fühlte sich Patient sehr wohl, konnte arbeiten und grosse Spaziergänge machen.

Die Harnuntersuchungen während des Winters ergaben:

December 1868 Zucker 0,9 pCt.
Februar   1869   -   1,3 -
25. April 1869   -   2,3 -

Bei seiner Ankunft in Carlsbad, 6. Mai 1869, brachte er Harn mit, den er vor der Abreise gelassen hatte, derselbe enthielt 2,1 pCt. Zucker, am 19. Mai 24 stündige Harnmenge 1900 ccm mit Saccharimeter 0, mit Kupferlösung eine ockergelbe Trübung.

123.

Mr. J—s aus New-York, 49 Jahre alt. Der Vater leidet seit 10 Jahren an Diabetes insipidus. Patient war stets gesund mit Ausnahme von zahlreichen Anfällen von hay-fever, die stets einige Wochen dauerten und den Patienten sehr erschöpften. Einen ähnlichen Anfall hatte Patient im August des Jahres 1868. Während dieser Zeit trat zuerst vermehrte Harnausscheidung und heftiger Durst auf, und er verlor innerhalb eines Zeitraumes von 4 Wochen 13,5 kg an Körpergewicht; dabei wurde die Schwäche so gross, dass Patient zu Bette liegen musste. Nach dem Gebrauch von tonischen Mitteln und kräftiger Kost besserten sich die Symptome, und Patient wurde nach Italien geschickt. In Rom, wo abermals die Schwäche hochgradig wurde, wurde das Vorhandensein von Zucker im Harn constatirt, und Patient nach Carlsbad dirigirt.

Stat. praes. Patient ist sehr mager, schwächlich, hinfällig, mit eingesunkenen Wangen und blasser Gesichtsfarbe. Körpergewicht 58 kg, Haut trocken, spröde, Zunge trocken, vielfach gefurcht, die Furchen bilden eine Zeichnung, wie auf einer Crocodilhaut. Hunger und Durst übermässig gross. Sehkraft normal, Geschlechtslust fast erloschen, — hie und da eine Erection.

Datum.	24 stündige Harnmenge.	Zucker.
1869. 18. Juli	3150	6,89
27. -	2600	5,20
7. August	3800	2,80
21. -	2470	5,70

Die Körperkraft ist wesentlich gebessert — das Gewicht während des Kurgebrauches unverändert geblieben.

124.

Herr G—n, 45 Jahre alt, war stets sehr leicht erregbar, hat ein reich bewegtes, stürmisches Leben geführt, war aber mit Ausnahme häufiger secundärer Affectionen stets gesund und wurde sehr fettleibig. In den letzten Jahren litt Patient häufig an Kopfschmerzen, es traten ferner während der Nacht nach heftiger Aufregung oft Schwindelanfälle auf, die aber auf Ruhe und auf Nervina wie auf Aq. Laurocer. und Valeriana besser wurden. In den linken Extremitäten waren paretische Erscheinungen aufgetreten, Gefühl von Eingeschlafensein, geringere Empfindlichkeit und eine verringerte Beweglichkeit. Im letzten Jahre stellten sich häufig heftige neuralgische Schmerzen in der unteren Extremität ein, die zuweilen das Gehen unmöglich machten. An dem rechten Unterschenkel entwickelte sich ein variköses Geschwür und bedeutende ödematöse Anschwellung. Oberhalb des Geschwüres eine Knochenauftreibung. Im letzten Jahre klagte Patient häufig über Durst und Hinfälligkeit. Die Untersuchung des Harnes wies Zucker nach. Die Summe der Erscheinungen wurde als constitutionelle Syphilis aufgefasst, Jodkali mit kleineren Gaben von Bromkali und Eisen verabreicht, worauf alle Krankheitserscheinungen sich besserten, und der Zucker aus dem Harn verschwand.

Stat. praes. Patient gross, kräftig, sehr wohlgenährt, wiegt noch 90 kg, ist aber nervös, sehr erregbar, klagt über allerlei nervöse Schmerzen, und insbesondere über Schmerzen in den Beinen beim Gehen, die Haut ist feucht, leichtes Oedem beider Füsse bis an die Knöchel reichend. Am linken Unterschenkel ein nicht ganz geheiltes variköses Geschwür, keine Knochenauftreibung, der Bauch sehr faltenreich, Brust und Bauchorgane normal.

24 stündige Harnmenge.		Zucker.	
10. Juni	3200 ccm	5,9	Spuren von
19. -	2400 -	2,8	Eiweiss.
25. -	- mit Saccharim. 0, mit Kupferlösung dichroitische Trübung.		
6. Juli	1200	Keine Entfärbung mit Kupferlösung.	

125.

Herr Sch—e aus Württemberg, 39 Jahre alt, hat von Jugend an sehr viel an Kopfschmerzen gelitten, vor 8 Jahren traten wiederholt kolikartige heftige Leibschmerzen auf mit Erbrechen. Gelbsucht ist nicht erfolgt. (Gallensteine?) Vor 4 Jahren entwickelte sich allmälig allgemeine Wassersucht, welche 3 Monate dauerte, und nachher wieder vollständig verschwand. Die Ursache des Hydrops war nicht zu ermitteln. Im Frühjahre des Jahres 1860 traten Symptome des Diabetes auf.

Stat. praes. 24. Juli 1869. Patient ist sehr abgemagert, die Bauchdecken sehr ausgedehnt, und die oberflächlichen Venen auf denselben erweitert, die Haut trocken, Durst gross, Heisshunger. Zunge verdickt, seitlich gekerbt, Brust- und Bauchorgane normal. Grosse Schwäche der Muskeln, Sehkraft unverändert, Potenz erloschen.

Datum.	24 stündige Harnmenge.	Zucker.	
1869. 24. Juli	4800	9,3	
7. August	3800	3,8	keine Spur
23. -	5040	6,9	von Eiweiss.
1. September	5160	5,5	

126.

Frau S—a aus Mecklenburg, 63 Jahre alt, war stets gesund, überaus kräftig, wurde ausserordentlich corpulent, so dass sie dem Arzte, der wegen eines anderen Krankheitsfalles in ihr Haus gerufen wurde, wegen dieser Corpulenz auffiel. Im Februar d. J. wurde derselbe Arzt zu der Dame gerufen, und diese klagte blos über Trockenheit im Munde und häufigen Durst, aber die Abmagerung schien dem Arzte so auffallend, dass er eine Harnanalyse vornehmen liess, und diese wies 6 pCt. Zucker nach. Durch entsprechende Regelung der Diät sank der Zuckergehalt rasch auf 2,3 pCt.

Stat. praes. Patientin macht noch den Eindruck einer sehr kräftigen Matrone, der man ihr Alter nicht ansieht, sie selbst fühlt sich so kräftig, dass sie noch 2—3 Stunden zu Fuss gehen kann, sie klagt blos über zeitweilige Trockenheit im Munde. Haut feucht, Lunge und Leber normal. Sehkraft ungeschwächt.

Datum.	Harnmenge in 24 Stunden.	Zucker pCt.	
4. Mai	2130	4,3	Harn trübe von Uraten.
19. -	1700	1,4	
1. Juni	—	2,8	

Patientin begeht viele diätetische Sünden.

127.

Herr W—f aus Berlin, 53 Jahre alt, der Bruder des Patienten leidet gleichfalls an Diabetes, Patient war stets gesund, sehr kräftig, hat häufig an Schwindel gelitten. Seit 3 Jahren häufige Furunkelbildung. Vor etwa zwei Jahren wurde der Harn untersucht und Zucker gefunden. Vor einem Jahre erfolgte ein plötzlicher Anfall von Schwindel mit Erbrechen, nach demselben war Lähmung der rechten Seite zurückgeblieben. Es war wahrscheinlich eine Gehirnhämorrhagie. Die Daten sind von dem etwas confusen Patienten nicht klar zu erhalten. Seit einem Jahre Abnahme der Sehkraft.

Stat. praes. Patient ist noch gut genährt, aber nicht kräftig, die rechte untere Extremität noch ziemlich schwer beweglich, der Druck der rechten Hand schwächer als der der linken. An beiden Augen sehr vorgeschrittene Linsentrübung. Zunge dick, roth, mit Querrissen, wird in der Medianlinie herausgestreckt, Appetit mässig, Brust- und Bauchorgane normal.

Datum.	24 stündige Harnmenge,	Zucker pCt.
3. Mai	1700 ccm, ·	6,9
19. -	— ·	0,9

25. Mai mit Saccharimeter 0, mit Kupferlösung eine gelbe Trübung.

128.

Herr B— aus Sachsen, 30 Jahre alt, der Vater ist an Diabetes gestorben, nachdem er früher sehr fettleibig war. Patient war stets gesund, wurde, als er ungefähr 20 Jahre alt war, sehr fettleibig, vor 3 Jahren ungefähr verspürte er häufig Durst, hatte aber sonst nie ein krankhaftes Symptom. Als er vor einigen Monaten sein Leben versichern lassen wollte, wurde der Urin untersucht, und bei dieser Gelegenheit wurde reichlich Zucker gefunden.

Stat. praes. Patient macht den Eindruck eines gesunden, kräftigen Mannes, er wiegt 100 kg, Gesicht geröthet, Haut feucht, oft sehr stark transpirirend, Appetit gut, nicht übermässig, Zunge an den Rändern gekerbt, vom Epithel entblösst, Brust- und Bauchorgane normal. Sehkraft normal, geschlechtliche Potenz geschwächt, Patient beobachtet seit der Entdeckung des Leidens entsprechendes Regime.

Datum.	Harnmenge in 24 Stunden.	Zucker
21. Mai	2600	Spuren.
10. Juni	—	0

129.

Herr H—r, 42 Jahre alt, Rheinbaier, war stets gesund, wurde in seinen
Jünglingsjahren rasch fettleibig, wog mit 20 Jahren 47,5 kg, und das
Gewicht stieg in wenigen Jahren auf 88,5 kg, er hat eine zahlreiche Familie und
muss sehr spärlich leben. Seit 2 Jahren magerte er auffallend ab, empfand
Durst und Hinfälligkeit.

Stat. praes. Sieht recht wohl aus, Gesicht geröthet, Gewicht 66 kg,
Haut feucht, Appetit normal, Zunge dick an den Rändern leicht gekerbt.
Patient hat oft farblose Stuhlgänge. Leberumfang normal. Sehkraft
normal, Potenz etwas vermindert.

Datum.	Harnmenge in 24 Stunden.	Zuckor.
22. Mai	3150 ccm.	5,2 pCt.
2. Juni	2940 -	1,0 -
15. -	3325 -	0,5 -

130.

Mr. B—n aus London, 42 Jahre alt, erinnert sich nicht je ernstlich krank
gewesen zu sein, hat stets gut gelebt, übermässig viel geistig gearbeitet in
einem mit vielen Aufregungen verbundenen Geschäft, hatte oft leichte
Mahnungen von gichtischen Schmerzen, nie einen eigentlichen Gichtanfall,
seit 3 Jahren hat er viel Durst empfunden und ein häufiges Harnbedürfnis
gehabt, sonst gar keine Beschwerden.

Stat. praes. Patient ist das Bild blühender Gesundheit, gut ge-
färbtes Gesicht, wohl genährt, Körpergewicht 88,1 kg, Brust- und Bauchorgane,
sowie sie der Untersuchung zugänglich sind, normal. Ein lästiges Symptom
ist ein Eczem, welches sich an der Glans penis, zwischen dieser und dem
Präputium gebildet hat. Der Harn ist dunkel, trüb, reich an Uraten, bei
längerem Stehen scheiden sich Krystalle von Harnsäure aus.

Mit Saccharimeter ist kein Zucker nachzuweisen, mit Kupferlösung eine
deutliche Reaction. Eiweiss in beträchtlicher Menge.

Während des Winters blieben alle Erscheinungen unverändert. Eine in
London 30. März 1869 vorgenommene Harnanalyse ergab:

4 Gran Zucker per Unze Harn
25 - Albumin - - -

Bei seiner Rückkehr nach Carlsbad 12. August 1869 fand ich dieselbe
Zucker- und Eiweissreaction wie im vorigen Jahre, dabei war das Aussehen
des Patienten unverändert, sein Körpergewicht war 89,5 kg.

31. August Nachmittagsharn 0,7 Zucker. ⎫ reichlich Eiweiss.
    Nachtharn dichroitische Trübung ⎭
15. August keine Spur von Zucker, Eiweissgehalt unverändert.

131.

Mrs. B—n, die Gattin des Vorhergenannten mit demselben sonst nicht verwandt, 40 Jahre alt, hat seit ihrem 16. Jahre häufig an Nierenkolik mit Abgang von Nierensteinchen (Harnsäure) gelitten, sonst war sie stets gesund. Im Alter von 25—27 Jahren wurde sie auffallend corpulent, das Gewicht stieg von 45 auf 80 kg. Vor ungefähr 5 Jahren hat sie durch den Tod erwachsener Kinder schwer gelitten, aus dieser Zeit datirt sie die ersten Erscheinungen des Diabetes.

Stat. praes. Patientin ist noch gut genährt, gute Gesichtsfarbe, Haut feucht, schwitzt sehr leicht, Appetit gut, nicht übermässig, Brust- und Bauchorgane normal, hochgradiger Fluor albus. Sehkraft seit zwei Jahren abgenommen. Dr. Bowman, der die Patientin ophthalmoskopisch untersuchte, konnte keine Ursache für die Abnahme der Sehkraft nachweisen. Bedeutende Muskelschwäche. Der Harn enthielt 3 pCt. Zucker; ich hatte zu keiner zweiten Analyse Gelegenheit.

Wie mir Patientin nachträglich berichtet, hat sie sich im Winter 1868/1869 wesentlich wohler gefühlt, war zumal kräftiger geworden. Eine am 23. März in London vorgenommene Analyse ergab:

Zucker in 24 Stunden 1075 Gran, Eiweiss 16 Gran
Am 28. Juni   -   -   3020   -   -   26 -

Im August 1869 kam Patientin nach Carlsbad, das Aussehen war gut, die Gesichtsfarbe frisch, Durst sehr mässig, Appetit gut Körpergewicht 72 kg.

Harnanalysen			Zucker in pCt.
12. August	Nachtharn	-	4,9
14. -	12stünd. Tagharn 40 Unzen -		5,5
- -	Nachth. 44	- -	5,5
16. -	Tagharn 30	- -	⎫ 4,2
- -	Nachth. 27	- -	⎭
6. Sept.	Tagharn 33	- -	⎫ 4,2
- -	Nachth. 51	- -	⎭
14. October	Nachth. 51	- -	3,4
17. -	Tagharn 23	- -	⎫ 4,86 mit Saccharimeter.
			⎭ 5,26 mit Kupferlösung.
- -	Nachth. 40	- -	⎫ 3,14 mit Saccharimeter.
			⎭ 3,50 mit Kupferlösung.

Eiweiss war stets in geringer Menge vorhanden.
Patientin starb an Bright'scher Nierenentartung.

132.

Herr Sch—r aus Berlin, 42 Jahre alt, war früher schlank, wurde circa im 25. Lebensjahre rasch auffallend dick, wog 120 kg, hatte in Folge dessen allerlei Beschwerden, und kam wegen der Fettleibigkeit nach Carlsbad. Vor ungefähr 18 Jahren begann er an reissenden Schmerzen in beiden unteren Extremitäten zu leiden. Diese Schmerzen schwinden manchmal für längere Zeit, treten dann wieder auf, sie werden durch die Bettwärme nicht vermehrt. Später trat eine eigentümliche Ulceration auf der Stirnhaut auf, der Patient beschreibt dieselbe wie kleine Furunkel. Patient versichert nie syphilitisch gewesen zu sein; das erste Auftreten der erwähnten Ulceration bringt er damit in Zusammenhang, dass er längere Zeit in einem Zimmer geschlafen habe, dessen Tapeten mit einer arsenikhaltigen Farbe gefärbt waren. Vor zwei Jahren soll Patient während seines Aufenthaltes in Carlsbad um 17,5 kg abgenommen haben, er hat schon damals viel an Durst gelitten und ein häufigeres Bedürfnis Harn zu lassen gehabt.

Vor einigen Monaten wurde, ohne dass neue Erscheinungen aufgetreten waren, sein Harn untersucht, und derselbe reich an Zucker gefunden.

Stat. praes. Patient ist noch sehr wohl genährt, Körpergewicht 100 kg, Haut feucht, an der Sirn- und Kopfhaut sind zahlreiche kleine weisse Narben, an der linken Schläfegegend ein kleiner Furunkel, auf der Kopfhaut ein impetiginöses Eczem. Brust- und Bauchorgane normal. Zunge normal. Sehkraft etwas geschwächt. Die Hauptklage sind die reissenden Schmerzen in den unteren Extremitäten, von aussen keine Veränderung wahrzunehmen, weder Oedem noch Knochenauftreibung.

Datum	Harnmenge in 24 Stunden	Zucker
20. August	1890	3 pCt.
6. September	1800	schwache Entfärbung.

133.

Fr. Sch—r, die Gattin des vorgenannten, sonst nicht mit ihm verwandt, die Mutter ist an Diabetes mellitus leidend, ein Bruder an Diabetes gestorben. Patientin war stets gesund, hat nur häufig an rechtseitiger Hemicranie gelitten, hat 4 mal geboren, wurde fettleibig. Vor einem Jahre empfand sie plötzlich Abnahme der Sehkraft am rechten Auge. Gräfe, der die Patientin untersuchte, konnte keine Veränderung im Auge nachweisen.

Stat. praes. Patientin fühlt sich ganz wohl, weder Durst noch vermehrte Diurese, Appetit normal, die Zunge eigentümlich verändert, die einzelnen Papillen gross, roth, scharf hervortretend, zumal die Papillen der Zungenspitze; die einzelnen Risse fast 2 Linien tief; nach Angabe der Patientin werden die Risse zuweilen noch tiefer und schmerzhaft. Der Zungenrand ist gezackt, einzelne Papillen ragen wie Condylome hervor. Diese

Zungenbeschaffenheit veranlasste mich den Harn zu untersuchen; ich fand deutliche Zuckerspuren. Reduction der Kupferlösung, dichroitische Trübung, erst nach dieser Untersuchung erfuhr ich, dass Patientin aus einer diabetischen Familie stamme.

134.

Herr B. aus Preussen, 47 Jahre alt, der Vater ist an Gehirnerweichung gestorben. Patient weiss sich keiner ernsten Krankheit zu erinnern, hat von seinem 20. bis 40. Jahre in venere et in baccho ziemlich excedirt. War stets sehr leicht nervös erregbar.

Vor einigen Jahren, als er während eines heftigen Gewitters an dem Fenster eines hoch gelegenen Zimmers stand, überkam ihn „plötzlich wie eine Manie" die Idee sich aus dem Fenster zu stürzen, und es bedurfte der grössten Willensstärke diesem „Drange" nicht zu folgen. Aehnliche Anfälle hatte Patient auch später noch wiederholt, wenn er an einem geöffneten Fenster stand. Er beschreibt den Anfall als mit einem grossen physischen Unbehagen verbunden, „meine Brust war beklommen, mein Blut siedend heiss, eine unendliche Angst überfiel mich, ich hatte nur noch die Kraft von dem Fenster in eine ferne Zimmerecke zu fliehen.

Griesinger, welchem Patient im Jahre 1865 diese Symptome mittheilte, liess den Harn untersuchen und fand in demselben 3—4 pCt. Zucker.

Seitdem hat Patient Carlsbad wiederholt gebraucht, der Zucker verschwindet daselbst stets, steigt aber im Winter wieder. Die Analysen des letzten Winters ergaben im Januar 3 pCt., im Mai war die Zuckermenge auf 6 pCt. gestiegen.

Ein Hautausschlag specifischer Natur veranlasste eine entsprechende Behandlung, es wurden circa 2³/₄ Gran Sublimat injicirt, das Hautleiden wurde gebessert, aber der Zucker nahm unter der Behandlung zu.

Stat. praes. 3. Juli 1869. Patient ist wohlgenährt, fettleibig, Gesichtsfarbe gut, am Nacken zahlreiche Ecthymapusteln verdächtigen Charakters. Haut feucht, leicht transspirirend, Leber etwa 2 Zoll unter dem Rippenrande hervorragend, glatt, unempfindlich, Appetit gut, mässiger Durst, häufig Harndrang, ein Gefühl grosser Müdigkeit und Schwere in den Gliedern, oft Angstgefühl, aber nicht mehr in dem Grade wie früher.

Harnmenge in 24 Stunden 1800 ccm, Zucker 3 pCt.

17. Juni   -   1600 -   - 0,5 -

24. -   -   1400 -   - mit Saccharimeter 0, Kupferlösung wird entfärbt, keine Trübung.

Das Allgemeinbefinden wesentlich gebessert.

135.

Fr. B—r aus Wien, 36 Jahre alt, hatte vor 12 Jahren durch 3 Jahre
Febris intermittens im Banate. Vor etwa 5 Jahren wurde sie nach einem Wochenbette plötzlich auffallend corpulent. Schon damals waren Durst und
Mattigkeit aufgetreten, beide Symptome hatten sich später aber wieder gebessert und traten vor einem Jahre abermals und entschieden auf, während zugleich eine rasche Abmagerung erfolgte, mit ihnen zugleich zeigten sich alle anderen Symptome des Diabetes, Heisshunger, Dürre im Munde, Trockenheit der
Haut, Lockerwerden der Zähne — es war mit einem Worte ein Diabetes in
seiner heftigsten, verheerendsten Form. Die von Prof. Kletzinsky vorgenommene Harnanalyse ergab folgende Resultate.

Datum.	Harnmenge in 24 Stunden.	Harnstoff. pCt. p. d.		Zucker. pCt. p. d.	
13. November 1868	5000 ccm,	2	100 g	8	400 g
4. December -	4500 -	1,8	81 -	5	225 -
16. Januar 1869	4500 -	1,8	81 -	7	315 -

Stat. praes. 24. Mai. Patientin ist zum Skelett abgemagert, Gesicht
eingefallen, blau-röthlich, Lippen dürr, Zähne cariös, Zunge trocken, Zahn-
fleisch ganz aufgelockert, blutend, an beiden Lungenspitzen gedämpfter Percussionsschall, rechts unbestimmtes Inspirium, protrahirtes Exspirium, häufig
Husten und Auswurf eines zähen Schleimes. Durst gross, Heisshunger, der
kaum zu stillen ist; Leber normal, Milz etwas vergrössert, grösste Hinfälligkeit, hochgradige Muskelschwäche, Menstruation stets normal, copiös.

Datum.	Harnmenge. in 24 Stunden.	Zucker. pCt. p. d.	
24. Mai	3240	6	194
16. Juni	4310	5,2	224

Während des Kurgebrauches litt Patientin häufig an heftiger Diarrhoe
und der Schwächezustand wurde täglich grösser.

136.

Herr F—n, 45 Jahre alt. Der Bruder leidet an Diabetes. Patient
selbst war stets gesund, kräftig, mässig fettleibig, höchstes Körpergewicht
97 kg. Am 21. Juni während des Wollmarktes in Berlin war er in Folge von
Geschäften in hohem Grade aufgeregt. Am Abende bemerkte er, dass er mehr
müde sei, als sonst, und dass er viel trinken müsse. Da er die Symptome
durch seinen Bruder kannte, liess er am nächsten Tage den Harn untersuchen
und Simon fand in demselben 4 pCt. Zucker. Patient kam sogleich nach
Carlsbad.

Stat. praes. Patient ist gross, kräftig gebaut, wiegt 52 kg, Haut
feucht, Appetit mässig, Durst gering, Zunge verdickt, an den Rändern fein
gekerbt, Brust- und Bauchorgane normal, Potenz unverändert, ebenso die
Sehkraft; Harnmenge in 24 Stunden 1500 ccm, Zucker 0,3 pCt. Nach 14tägi-
gem Kurgebrauche sind nur Spuren von Zucker vorhanden.

137.

Herr W—l, Förster, 39 Jahre alt, war stets gesund, nie fettleibig, Vater von vier Kindern, lebte in kümmerlichen Verhältnissen, hatte aber nie besondere Gemüthsaufregung. Ende April 1869 verspürte er auffallende Mattigkeit und Durst, kurz darauf wurde Zucker im Harn nachgewiesen. Stat. praes. Patient ist zart, blass, mager, wiegt 55 kg, Haut feucht, Appetit gut, nicht übermässig, Brust- und Bauchorgane normal, Sehkraft normal, Potenz ganz erloschen.

Datum.	Harnmenge in 24 Stunden.	Zucker pCt.
18. August	2625	2,6
2. September	2540	2,1
10. -	2520	1,4
18. -	2800	1,4

138.

Baronin M—f, 62 Jahre alt, erfreute sich einer sehr kräftigen Gesundheit, wurde auffallend fettleibig, führte ein sehr bewegtes Leben, hatte zweimal in den letzten Jahren grosse, fortdauernde gemütliche Aufregung, schweren Kummer. Fühlte seit langer Zeit heftigen Durst und Abnahme der Kräfte. Das lästigste Symptom, welches sie veranlasste einen Arzt zu consultiren, war ein heftiges Jucken an der Vulva. Ricord, welcher consultirt wurde, bezeichnete das Leiden als Eczema glycosurique, die von ihm veranlasste Harnanalyse ergab 8 pCt. Zucker. Es wurden Sublimatwaschungen verordnet, innerlich der Gebrauch von Jodtinctur. Der Zuckergehalt fiel auf 3,5 pCt. Stat. praes. Patientin gross, starkknochig, sehr abgemagert, Haut trocken. Grosse Hinfälligkeit, zuweilen unvermögend zu gehen. Appetit mässig, Durst gross, Zunge vielfach zerklüftet, die einzelnen Risse tief gehend, Papillen vergrössert, gerötet. Klagt über häufige Uterinalkrämpfe. Das Eczem ist fast ganz geheilt, nur einzelne kleine nässende Bläschen. Sehkraft wesentlich geschwächt, sie sieht wie durch einen Schleier, keine Linsentrübung.

19. Juli Harnmenge in 24 Stunden	2400 ccm,	Zucker 4,2 pCt.
9. August -	2300 -	- 2,1 -
18. - -	1375 -	- 1,4 -

139.

Fr. v. Sz., 48 Jahre alt, hat nie geboren, wurde sehr fettleibig und litt an sogenannten Hämorrhoidalbeschwerden, für die sie häufig Carlsbad und Marienbad gebrauchte. Vor etwa 2 Jahren bekam sie ein Eczem an den äusseren Genitalien, welches sich allmälig weiter ausbreitete, die innere Fläche beider Schenkel und einen grossen Teil der Bauchdecken einnahm, und der Patientin hochgradige Beschwerden verursachte. Bei dieser Gelegenheit wurde der Harn untersucht und sehr zuckerreich gefunden. Im Winter 1868

war zuweilen heftiger Durst und übermässiger Appetit vorhanden. Der Zuckergehalt schwankte zwischen 4 und 7 pCt.

Stat. praes. Patientin ist noch sehr fettleibig, zumal ist eine grosse
Fettansammlung im Zellgewebe der Bauchdecken, so dass die darunter gelegenen Organe nicht durchgefühlt werden können. Die Haut ist feucht, Appetit
gut, nicht übermässig, häufige Trockenheit im Munde, häufiges Bedürfnis
Urin zu lassen, sonst gar keine Beschwerde. Patientin fühlt sich eigentlich
ganz wohl.

1. Juni.	Harnmenge in 24 Stunden 2400 ccm, Zucker 6,08 pCt. 145,9 g p. d.					
9. Aug.	Tagharn	-	4,80	-		
	Nachtharn	-	2,10	-		
25. -	24 stündige Harnmenge	1980	-	- 3,10	- 61,3 - -	
5. Sept.	- -	1900	-	- 1,40	- 26,6 - -	

Später zeigte sich Eiweiss im Harne, die Patientin starb an Bright'scher
Nierenentartung.

140.

Herr R—n, Kaufmann, weiss sich keiner ernstlichen Krankheit zu erinnern, wurde sehr corpulent, wog 100 kg. Im Jahre 1856 litt er an einem
nicht näher bezeichneten Hautausschlage an den Händen und an der Kopfhaut,
auf den Gebrauch von Schwefelbädern heilte derselbe. Im Jahre 1857 hatte
er heftige Gemütsaffecte. Im Jahre 1860/61 traten zuerst die Erscheinungen
des Diabetes auf. Der Durst war fürchterlich, und die Zuckerausscheidung
war nach Angabe des Patienten so gross, dass der Zucker auf den Kleidern, die
durch einzelne Harntropfen verunreinigt waren, herauskrystallisirte, er nahm
damals nach seiner Angabe um 2 Fuss im Umfange ab (?), und das Gewicht
sank auf 61,5 kg. Die geschlechtliche Potenz erlosch vollständig. Patient
ging im Jahre 1866 zum ersten Male nach Carlsbad, und von da ab besserte
sich das Befinden stetig.

Ich sah ihn zuerst im Jahre 1868. Ich fand einen wohlgenährten, kräftigen Mann, das Körpergewicht betrug wieder 75 kg, der Appetit ist gut,
kein Durst, die Zunge etwas verdickt, an den Rändern gekerbt. Bauch- und
Brustorgane normal, die geschlechtliche Potenz, die sehr darniederlag, ist
wieder vollständig zurückgekehrt, und die Haut, welche durch 3 Jahre nicht
transspirirt hat, ist feucht. Die Harnmenge beträgt in 24 Stunden 2400 ccm,
deutliche Zuckerreaction. Im Jahre 1869 kam Patient wieder nach Carlsbad,
das Befinden ist unverändert gut, der Nachmittagsharn reducirt deutlich die
Kupferlösung.

Gedruckt bei L. Schumacher in Berlin.